高等学校土木建筑专业应用型本科系列规划教材

基础工程

主　编　程　晔　王丽艳
副主编　王　蕊　于清泉

东南大学出版社
·南京·

内 容 简 介

本书根据全国高等学校土木工程专业指导委员会编制的教学大纲编写。内容包括了地基基础的设计原则、浅基础、桩基础、挡土墙、基坑工程、地基处理、特殊土地基、地基基础抗震等基础工程设计和施工的相关知识。注重基本概念阐述和工程设计实践，并与我国现行的有关规范或规程保持一致。每章的重要知识点有例题讲解，章后附有习题与思考题。

本书可作为高等学校土木工程专业本科教材，也可供从事土木工程研究、设计和施工等工作的工程技术人员参考。

图书在版编目(CIP)数据

基础工程 / 程晔，王丽艳主编. —南京：东南大学出版社，2014.2

ISBN 978-7-5641-2609-4

Ⅰ.①基… Ⅱ.①程… ②王… Ⅲ.①基础(工程)-高等学校-教材 Ⅳ.①TU47

中国版本图书馆 CIP 数据核字(2014)第 015502 号

基础工程

出版发行：东南大学出版社
社　　址：南京市四牌楼 2 号　邮编：210096
出 版 人：江建中
责任编辑：史建农　戴坚敏
网　　址：http://www.seupress.com
电子邮箱：press@seupress.com
经　　销：全国各地新华书店
印　　刷：大丰市科星印刷有限责任公司
开　　本：787mm×1092mm　1/16
印　　张：23.75
字　　数：608 千字
版　　次：2014 年 2 月第 1 版
印　　次：2014 年 2 月第 1 次印刷
书　　号：ISBN 978-7-5641-2609-4
印　　数：1—3 000 册
定　　价：49.00 元

高等学校土木建筑专业应用型本科系列
规划教材编审委员会

总前言

国家颁布的《国家中长期教育改革和发展规划纲要(2010—2020年)》指出,要"适应国家和区域经济社会发展需要,不断优化高等教育结构,重点扩大应用型、复合型、技能型人才培养规模";"学生适应社会和就业创业能力不强,创新型、实用型、复合型人才紧缺"。为了更好地适应我国高等教育的改革和发展,满足高等学校对应用型人才的培养模式、培养目标、教学内容和课程体系等的要求,东南大学出版社携手国内部分高等院校组建土木建筑专业应用型本科系列规划教材编审委员会。大家认为,目前适用于应用型人才培养的优秀教材还较少,大部分国家级教材对于培养应用型人才的院校来说起点偏高、难度偏大、内容偏多,且结合工程实践的内容往往偏少。因此,组织一批学术水平较高、实践能力较强、培养应用型人才的教学经验丰富的教师,编写出一套适用于应用型人才培养的教材是十分必要的,这将有力地促进应用型本科教学质量的提高。

经编审委员会商讨,对教材的编写达成如下共识:

一、体例要新颖活泼。学习和借鉴优秀教材特别是国外精品教材的写作思路、写作方法以及章节安排,摒弃传统工科教材知识点设置按部就班、理论讲解枯燥无味的弊端,以清新活泼的风格抓住学生的兴趣点,让教材为学生所用,使学生对教材不会产生畏难情绪。

二、人文知识与科技知识渗透。在教材编写中参考一些人文历史和科技知识,进行一些浅显易懂的类比,使教材更具可读性,改变工科教材艰深古板的面貌。

三、以学生为本。在教材编写过程中,"注重学思结合,注重知行统一,注重因材施教",充分考虑大学生人才就业市场的发展变化,努力站在学生的角度思考问题,考虑学生对教材的感受,考虑学生的学习动力,力求做到教材贴合学生实际,受教师和学生欢迎。同时,考虑到学生考取相关资格证书的需要,教材中还结合各类职业资格考试编写了相关习题。

四、理论讲解要简明扼要，文例突出应用。在编写过程中，紧扣"应用"两字创特色，紧紧围绕着应用型人才培养的主题，避免一些高深的理论及公式的推导，大力提倡白话文教材，文字表述清晰明了、一目了然，便于学生理解、接受，能激起学生的学习兴趣，提高学习效率。

五、突出先进性、现实性、实用性、可操作性。对于知识更新较快的学科，力求将最新最前沿的知识写进教材，并且对未来发展趋势用阅读材料的方式介绍给学生。同时，努力将教学改革最新成果体现在教材中，以学生就业所需的专业知识和操作技能为着眼点，在适度的基础知识与理论体系覆盖下，着重讲解应用型人才培养所需的知识点和关键点，突出实用性和可操作性。

六、强化案例式教学。在编写过程中，有机融入最新的实例资料以及操作性较强的案例素材，并对这些素材资料进行有效的案例分析，提高教材的可读性和实用性，为教师案例教学提供便利。

七、重视实践环节。编写中力求优化知识结构，丰富社会实践，强化能力培养，着力提高学生的学习能力、实践能力、创新能力，注重实践操作的训练，通过实际训练加深对理论知识的理解。在实用性和技巧性强的章节中，设计相关的实践操作案例和练习题。

在教材编写过程中，由于编写者的水平和知识局限，难免存在缺陷与不足，恳请各位读者给予批评斧正，以便教材编审委员会重新审定，再版时进一步提升教材的质量。本套教材以"应用型"定位为出发点，适用于高等院校土木建筑、工程管理等相关专业，高校独立学院、民办院校以及成人教育和网络教育均可使用，也可作为相关专业人士的参考资料。

高等学校土木建筑专业应用型
本科系列规划教材编审委员会

前　言

本书根据全国高等学校土木工程专业指导委员会编制的教学大纲编写。各章作者充分考虑了教学的要求，注重基本概念讲解，着重阐明基本原理和基本方法，力求深入浅出。同时，在写作上与现行有关工程技术规范的精神保持一致，取材方面以房屋建筑为主。

本教材参编单位、人员和分工如下：南京航空航天大学程晔编写第1、2、5、10章；三江学院于清泉编写第3、4章；江苏科技大学王丽艳编写第6、7、8章；金陵科技学院王蕊编写第9章。

在本教材的编写中，南京航空航天大学的王巍巍、商红磊、夏佩云，江苏科技大学的高鹏、符仁建等多位研究生参与了资料整理、绘图等具体工作。

作者参考和引用了许多科研、高校和工程单位的研究成果和工程实例。

在此一并表示衷心感谢！

限于水平，难免有欠妥之处，敬请读者指正。

编　者

2014年1月

目 录

1 绪 论

1) 地基及基础的概念

任何建筑物都建造在一定的地层上，通常把直接承受建筑物荷载影响的地层称为地基，如图 1-1。其深度范围是基础宽度（“宽度”一词是指基础底面尺寸的短边）的 1.5～5 倍左右，而其宽度范围为基础宽度的 1.5～3 倍左右，视基础的形状与荷载而异。从理论上讲，基础荷载可以传到很深与很宽范围内的土层上。但由于在远处其产生的土中应力与土自重相比很小且不足以产生工程上有影响的土的变形，因此，在实用上不必注意这些地方，也就不将这些应力与变形很小的地方包含在“地基”一词的含义之内。

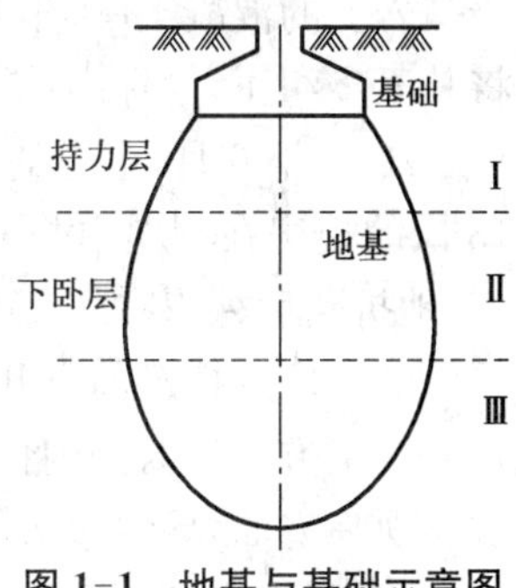

图 1-1 地基与基础示意图
（Ⅰ、Ⅱ、Ⅲ为土层顺序号）

未加处理就可满足设计要求的地基称为天然地基。软弱、承载力不能满足设计要求，需对其进行加固处理的（例如采用换土垫层、深层密实、排水固结、化学加固、加筋土技术等方法进行处理）地基，则称为人工地基。

基础是将建筑物承受的各种荷载传递到地基上的实体结构。房屋建筑及附属构筑物通常由上部结构及基础两大部分组成，基础是指室内地面标高（±0.00）以下的结构。带有地下室的房屋，地下室和基础统称为地下结构或下部结构。基础应埋入地下一定深度，进入较好的地层。根据基础的埋置深度不同可分为浅基础和深基础。埋置深度不大（一般浅于5 m）的基础称为浅基础；反之，若浅层土质不良，须将基础埋置于较深的良好土层，采用专门的施工方法和机具建造的基础称为深基础。

基础工程既是结构工程中的一部分，又是相对独立的。基础工程设计必须满足四个基本条件：

（1）地基强度要求：作用于地基上的荷载不得超过地基承载能力，保证地基不因地基土承受应力超过其强度而破坏，具有足够的安全储备。

（2）变形要求：基础沉降不得超过地基变形允许值，保证建筑物不因地基变形而损坏或影响其正常使用。

（3）稳定性要求：地基基础保证具有足够防止失稳破坏的安全储备。

（4）结构强度等要求：基础结构自身必须满足强度、刚度和耐久性方面的要求。

基础工程勘察、设计和施工质量的好坏将直接影响建筑物的安危、经济和正常使用。基础工程施工常在地下或水下进行，往往需挡土挡水，施工难度大。在一般高层建筑中，其造价约占总造价的 25%，工期约占 25%～30%。若需采用深基础或人工地基，其造价和工期所占比例更大。

此外，基础工程为隐蔽工程，是建筑物的根本。基础设计和质量直接关系着建筑物的安危。大量例子表明，建筑物发生的事故，很多与基础问题有关。基础一旦发生事故，补救很困难，有时甚至必须爆破重建。

图 1-2 上海的一处高楼因桩基破坏倒覆

1913 年建造的加拿大特朗斯康谷仓由 65 个圆柱形筒仓组成，高 31 m，宽 23.5 m，采用了筏板基础。建成后贮存谷物时，谷仓西侧突然陷入土中 8.8 m，东侧抬高 1.5 m，仓身整体倾斜 26°53′，地基发生整体滑动，丧失稳定性。事后发现基础下埋藏有厚达 16 m 的软黏土层，贮存谷物后使基底平均压力超过了地基的极限承载能力。因谷仓整体性很强，筒仓完好无损。在筒仓下增设 70 多个支承于基岩上的混凝土墩，用了 388 个 50 t 的千斤顶才将其逐步纠正，但标高比原来降低了 4 m。

2009 年 6 月，上海的一栋竣工未交付使用的高楼整体倒覆。该栋楼整体朝南侧倒下，13 层的楼房在倒塌中并未完全粉碎，楼房底部原本应深入地下的数十根混凝土管桩被“整齐”地折断后裸露在外。事发楼房附近有过两次堆土施工，第二次堆土是造成楼房倒覆的主要原因。事发楼盘前方开挖基坑，土方紧贴建筑物堆积在楼房北侧，堆土在 6 天内即高达 10 m。土方在短时间内快速堆积，产生了 3 000 t 左右的侧向力，加之楼房前方由于开挖基坑出现临空面，导致楼房产生 10 cm 左右的位移，对 PHC 桩产生很大的偏心弯矩，最终破坏桩基，引起楼房整体倒覆。

大量事故充分表明，必须慎重对待基础工程。只有深入地了解地基情况，掌握勘察资料，经过精心设计与施工，才能保证基础工程经济合理，安全可靠。

2）基础工程学科发展概况

基础工程既是一项古老的工程技术，又是一门年轻的应用科学，其工程应用往往超前于理论研究。

追本溯源，世界文化古国的先民，在先前的建筑活动中，就已经创造了自己的基础工艺。如钱塘江南岸发现了河姆渡文化遗址中 7 000 年前打入沼泽地的木桩；秦代修筑驰道时采用的“隐以金椎”（《汉书》）路基压实方法。

针对不同地质条件和其他自然条件，古代的工匠们采用了巧夺天工的思路建造了建筑物的基础。宋代，蔡襄在水深流急的洛阳江建造的泉州万安石板桥，采用殖蛎固基，形成宽 25 m、长 1 km 的类似筏板基础。北宋初，木工喻皓建造开封开宝寺木塔时（公元 989 年），因当地多西北风而将建于饱和土上的塔身向西北倾斜，以借长期风力作用而渐趋复正，克服建筑物地基不均匀沉降。

此外，如我国举世闻名的万里长城、隋朝南北大运河、赵州石拱桥等工程，都因奠基牢固，虽经历了无数次强震强风仍安然无恙。两千多年来在世界各地建造的宫殿楼宇、寺院教堂、高塔亭台、古道石桥、码头、堤岸等工程，无论是至今完好，还是不复存在，都凝聚着古时建造者的智慧。采用石料修筑基础、木材做成桩基础、石灰拌土夯成垫层或浅基础、砂土水撼加密、填土击实等修筑地基基础的传统方法，目前在某些范围内还在应用。

土力学是基础工程的理论基础，研究工程载体岩土的特性及其应力应变、强度、渗流的基本规律；基础工程则为在岩土地基上进行工程的技术问题，两者互为理论与应用的整体，所以“基础工程”就是岩土地层中建筑工程的技术问题。

18 世纪到 19 世纪，人们在大规模的建设中遇到了许多与岩土工程相关的问题，促进了土力学的发展。例如法国科学家C. A. 库仑(Coulomb)在1773年提出了砂土抗剪强度公式和挡土墙土压力的滑楔理论;英国学者W. J. M. 朗肯(Rankine)又从另一途径建立了土压力理论;法国工程师H. 达西(Darcy)在1856年提出了层流运动的达西定律;捷克工程师E. 文克勒(Winkler)在1867年提出了铁轨下任一点的接触压力与该点土的沉降成正比的假设;法国学者J. 布辛奈斯克(Boussinesq)在1885年提出了竖向集中荷载作用下半无限弹性体应力和位移的理论解答。这些先驱者的工作为土力学的建立奠定了基础。

通过许多学者的不懈努力和经验积累,1925年,美国太沙基(Terzaghi)在归纳发展已有成就的基础上,出版了第一本土力学专著,较系统完整地论述了土力学与基础工程的基本理论和方法,促进了该学科的高速发展。

1936年,国际土力学与基础工程学会成立,并举行了第一次国际学术会议,从此土力学与基础工程作为一门独立的现代科学而取得不断发展。许多国家和地区也都定期地开展各类学术活动,交流和总结本学科新的研究成果和实践经验,出版各类土力学与基础工程刊物,有力地推动了基础工程学科的发展。

新中国成立后,社会主义经济取得举世瞩目的成就,开展了大规模的基础设施建设,促进了我国基础工程学科的迅速发展。

在基础工程应用技术上,数百米高的超高层建筑物、地下百余米深多层基础工程、大型钢厂的深基础、海洋石油平台基础、海上大型混凝土储油罐、人工岛、条件复杂的高速公路路基、跨海跨江大桥的桥梁基础等工程的成功实践技术,使基础工程技术不断革新,有效地促进了我国基础工程的发展。

自人工挖孔桩于100年前在美国问世以来,灌注桩基础得到了极大的发展,出现了很多新的桩型。单桩承载力可达上万吨,最大的灌注桩直径可达数米,深度已超过100 m。苏通大桥的桩长达到了约120 m,绍嘉通道的单桩直径达到了3.8 m。钢管桩、大型钢桩、预应力混凝土管桩、DX挤扩桩、劲性水泥土搅拌桩等新老桩型也在大量采用。桩基础的设计理论也得到较大的发展和应用,如考虑桩和土共同承担荷载的复合桩基础等。

随着城市的发展,高层和超高层建筑地下室的修建,地铁车站的建造,以及城市地下空间的开发利用等,出现了大量的深基坑工程开挖和支护问题,有的开挖深度达30 m以上。基坑工程具有很强的地域性,不同地区采取的支护型式会有不同的特点和习惯做法。基坑工程还具有很强的个性,即使在同一地区同样深度的基坑,由于基坑周围环境条件如建筑物、道路、地下管线的情况不同,支护方案也可能完全不同。近年来,我国在基坑围护体系的种类、各种围护体系的设计计算方法、施工技术、监测手段以及基坑工程的研究方面取得了很大的进展。

土工合成材料,如塑料、化纤、合成橡胶等为原料,制成各种类型的产品,置于土体内部、表面,可加强或保护土体。土工合成材料埋在土体之中,可以扩散土体的应力,增加土体的模量,传递拉应力,限制土体的侧向位移,提高土体及相关建筑物的稳定性。土工合成材料在地基处理方面得到了广泛的应用。

国内外历史上有名的多次大地震导致了大量建筑物的破坏,其中有不少是因基础抗震设计不当所致。经过大量地震震害调查和理论研究,人们逐渐总结发展出基础抗震设计的理论和方法。

随着我国社会主义建设事业的发展,对基础工程要求的日益提高,我国土力学与基础工程学科也必将得到新的更大的发展。

3）基础工程今后发展的重要方向

（1）基础性状的理论研究不断深入

由于计算机的应用日趋广泛，许多计算方法如有限元法、边界元法、特征线法等都在基础工程性状的分析中得到应用；土工离心机模型试验，已成为验证计算方法和解决包括基础工程在内的土工问题的有力手段。土的本构模型也是基础工程分析中的一个重要组成部分。

（2）现场原位测试技术和基础工程质量检测技术的发展

为了改善取样试验质量或者进行现场施工监测，原位测试技术和方法有很大发展。如旁压试验、动静触探、测斜仪、压力传感器和孔隙水压力测试仪等测试仪器和手段已被广泛应用。测试数据采集和资料整理自动化、试验设备和试验方法的标准化以及广泛采用新技术已成为发展方向。

（3）高层建筑深基础继续受到重视

随着高层建筑物修建数量的增多，各类高层建筑深基础大量修建，尤其是大直径桩墩基础、桩筏、桩箱等基础类型更受重视。

由于深基坑开挖支护工程的需要，如地下连续墙、挡土灌注桩、深层搅拌挡土结构、锚杆支护、钢板桩、铅丝网水泥护坡和沉井等地下支护结构的设计、施工方法都引起人们极大兴趣。

（4）软弱地基处理技术的发展

在我国各地区的经济建设中，有许多建筑物不得不建造在比较松软的不良地基上。这类地基如不加特殊处理就很难满足上部建筑物对控制变形、保证稳定和抗震的要求。因此，各种不同类型的地基处理新技术因需要而产生和发展，成为岩土工程中的一个重要专题。

地基处理的目的在于改善地基土的工程性质，例如提高土的强度、改善变形模量或提高抗液化性能等。地基处理的方法很多，每种方法都有其不同的加固原理和适用条件，在实际工程中必须根据地基土的特点选用最适宜的方法。今后，随着建筑物的层高和荷载的不断增大，软弱地基的概念和范围也有新的变化，各种新的处理方法会不断出现，地基处理技术必然会进一步发展。

（5）既有房屋增层和基础加固与托换

由于目前城市的快速发展，对原有房屋改建增层工程日趋增多。同时部分原有房屋基础与新建地铁规划冲突，为此必须对已有建筑物的地基进行正确的评价，进行地基基础的加固或托换，相应的工程技术将不断发展。

4）本课程的特点和学习要求

本课程是土木工程专业的一门核心课程，讲解在岩土地层上建筑物基础及有关结构物的设计与建造的相关知识。本课程的许多内容涉及工程地质学、土力学、结构设计和施工等学科领域，内容广泛，综合性、理论性和实践性很强。相关先修课程的基本内容和基本原理是本课程学习的基础。

基础工程的工作特点是根据建筑物对基础功能的要求，首先通过勘探、试验、原位测试等了解岩土地层的工程性质，然后结合工程实际，运用土力学及工程结构的基本原理，分析岩土地层与基础工程结构物的相互作用及其变形与稳定的规律，做出合理的基础工程方案和建造技术措施，确保建筑物的安全与稳定。

基础工程应以工程要求和勘探试验为依据，以岩土与基础共同作用和变形与稳定分析为核心，以优化基础方案与建筑技术为灵魂，以解决工程问题，确保建筑物安全与稳定为目的。

我国地域辽阔，由于自然地理环境的不同，分布着各种各样的土类，地基基础问题具有明显的区域性特征。此外，天然地层的性质和分布也因地而异，且在较小范围内可能变化很大。由于地基土性质的复杂性以及建筑物类型、荷载情况可能又各不相同，因而在基础工程中不易找到完全相同的实例。学习时应注意理论联系实际，通过各个教学环节，紧密结合工程实践，提高理论认识和增强处理实际基础工程问题的能力。

基础工程的设计和施工必须遵循法定的规范、规程。但不同行业有不同的专门规范，且各行业间不尽平衡。本教材以工民建方向的相关规范为主要依据，学习时应注重相应的设计计算方法的基本原理。在具体实践中，结合所从事的行业，依据相应行业规范开展具体的设计和施工。

思考题与习题

1. 什么是地基？什么是基础？
2. 基础工程设计需要满足的基本条件有哪些？

2 地基基础的设计原则

2.1 概述

基础是连接上部结构与地基之间的过渡结构。它将上部结构承受的各种荷载传递至地基,并使地基在建筑物允许的沉降变形值内正常工作,从而保证建筑物的正常使用。因此,基础工程的设计必须根据地基土的物理力学性质,上部结构传力体系的特点,建筑物对地下空间使用功能的要求,结合施工设备能力,坚持保护环境,考虑经济造价等各方面要求,合理选择地基基础设计方案。

进行基础工程设计时,必须考虑上部结构、地基、基础之间的相互作用,对于地基选择合理的分析模型。本章将简要介绍基础工程设计的有关基本原则、各种地基类型和基础类型等。

1) 基础工程设计的目的

土木工程结构设计时,应根据结构破坏可能产生的后果(危及人的生命、造成经济损失、产生社会影响等)的严重性,采用不同的安全等级。建筑工程结构应按表 2-1 划分为三个安全等级。现行的《建筑地基基础设计规范》(GB 50007—2011)(以下简称《地基规范》),将地基基础设计分三个设计等级,如表 2-2。现行《建筑抗震设计规范》(GB 50011—2010)规定根据建筑使用功能的重要性划分为四个抗震设防类别,如表 2-3。现行《建筑基坑支护技术规程》(JGJ 120—99)规定根据支护结构破坏后果划分三个安全等级,如表 2-4。

同时,在设计规定的期限内,结构或结构构件只需进行正常的维护(不需大修)即可按其预定目的使用。此期限为结构的设计使用年限,如表 2-5。

表 2-1 建筑结构的安全等级

安全等级	破坏后果	建筑物类型
一级	很严重	重要的建筑
二级	严 重	一般的建筑
三级	不严重	次要的建筑

注:① 对特殊的建筑物其安全等级应根据具体情况另行确定。
② 地基基础设计等级按抗震要求设计安全等级,尚应符合有关规范规定。

表 2-2 地基基础设计等级

设计等级	建筑和地基类型
甲级	重要的工业与民用建筑; 30 层以上的高层建筑;

续表 2-2

设计等级	建筑和地基类型
甲级	体型复杂，层数相差超过10层的高低层连成一体建筑物； 大面积的多层地下建筑物(如地下车库、商场、运动场等)； 对地基变形有特殊要求的建筑物； 复杂地质条件下的坡上建筑物(包括高边坡)； 对原有工程影响较大的新建建筑物； 场地和地基条件复杂的一般建筑物； 位于复杂地质条件及软土地区的2层及2层以上地下室的基坑工程； 开挖深度大于15 m的基坑工程； 周边环境条件复杂、环境保护要求高的基坑工程
乙级	除甲级、丙级以外的工业与民用建筑物； 除甲级、丙级以外的基坑工程
丙级	场地和地基条件简单、荷载分布均匀的7层及7层以下民用建筑及一般工业建筑；次要的轻型建筑； 非软土地区且场地地质条件简单、基坑周边环境条件简单、环境保护要求不高且开挖深度小于5.0 m的基坑工程

表 2-3 建筑抗震设防分类

抗震设防类别	抗震建筑类型
甲类	使用上有特殊设施，涉及国家公共安全的重大建筑工程和地震时可能发生严重次生灾害等特别重大灾害后果，需要进行特殊设防的建筑
乙类	地震时使用功能不能中断或需尽快恢复的生命线相关建筑，以及地震时可能导致大量人员伤亡等重大灾害后，需要提高设防标准的建筑
丙类	除甲、乙、丁类以外按标准要求进行设防的建筑
丁类	使用上人员稀少且震损不致产生次生灾害，允许在一定条件下适度降低要求的建筑

表 2-4 基坑支护结构的安全等级

安全等级	破坏后果	适用范围
一级	很严重	有特殊安全要求的支护结构
二级	严重	重要的支护结构
三级	不严重	一般的支护结构

表 2-5 设计使用年限分类

类别	设计使用年限(年)	举　例
1	1～5	临时性结构
2	25	易于替换的结构构件
3	50	普通房屋和构筑物
4	100	纪念性建筑和特别重要的建筑结构

根据具体的地基基础设计等级，设计使用年限分类，首先应根据结构在施工和使用中的

环境条件和影响，区分下列三种设计状况：

(1) 持久状况。在结构使用过程中一定出现，持续期很长的状况，如结构自重、车辆荷载。持续期一般与设计使用年限为同一数量级。

(2) 短暂状况。在结构施工和使用过程中出现概率较大，而与设计使用年限相比，持续期很短的状况，如施工和维修等。

(3) 偶然状况。在结构使用过程中出现概率很小，且持续期很短的状况，如火灾、爆炸、撞击等。

对三种设计状况，工程结构均应按承载能力极限状态设计。对持久状况，尚应按正常使用极限状态设计。对短暂状况，可根据需要按正常使用极限状态设计；对偶然状况，可不按正常使用极限状态设计。

2) 基础工程设计的任务

对于不同的设计状况，可采用不同的基础结构体系，并对该体系进行结构效应分析和结构抗力及其他性能的分析。

结构效应分析是基础工程设计的首要任务。确定由于地基反力上部结构荷载作用在基础结构上的作用效应，即基础结构内力——弯矩、剪力、轴力等。

其次，应根据拟定的基础截面进行结构抗力及其他性能的分析，确定基础结构截面的承受能力及其性能。

2.2 地基基础设计原则

2.2.1 概率极限设计法与极限状态设计原则

目前正在发展的极限状态设计法，从结构的可靠度指标(或失效概率)来度量结构的可靠度，并且建立了结构可靠度与结构极限状态方程关系，这种设计方法就是以概率论为基础的极限状态设计法，简称概率极限状态设计法。该方法一般要已知基本变量的统计特性，然后根据预先规定的可靠度指标求出所需的结构构件抗力平均值，并选择截面。

该方法能比较充分地考虑各有关影响因素的客观变异性，使所设计的结构比较符合预期的可靠度要求，并且在不同结构之间设计可靠度具有相对可比性。对一般常见的结构使用这种方法设计工作量很大。其中有些参数由于统计资料不足，在一定程度上还要凭经验确定。

整个结构或结构构件超过某一特定状态就不能满足设计规定的某一功能要求，此特定状态应称为该功能的极限状态。极限状态分为下列两类：

(1) 承载能力极限状态。这种极限状态对应于结构或结构构件达到最大承载能力或不适于继续承载的变形或变位。当基础结构出现下列状态之一时，应认为超过了承载能力极限状态：①整个结构或结构的一部分作为刚体失去平衡(如倾覆等)；②结构构件或连接因超过材料强度而破坏(包括疲劳破坏)，或因过度塑性变形而不适于继续承载；③结构转变为机动体系；④结构或结构构件丧失稳定(如压屈等)；⑤地基丧失承载能力而破坏(如失稳等)。

(2) 正常使用极限状态。这种极限状态对应于结构或结构构件达到正常使用或耐久性能的某项规定限值。当结构、结构构件或地基基础出现下列状态之一时,应认为超过了正常使用极限状态:①影响正常使用或外观的变形;②影响正常使用或耐久性能的局部破坏(包括裂缝);③影响正常使用的振动;④影响正常使用的其他特定状态。

由以上的建筑物功能要求,长期荷载作用下地基变形对上部结构的影响程度,地基基础设计和计算应该满足以下设计原则:①各级建筑物均应进行地基承载力计算,防止地基土体剪切破坏,对于经常受水平荷载作用的高层建筑、高耸结构和挡土墙,以及建造在斜坡上的建筑物,尚应验算稳定性;②应根据前述基本规定进行必要的地基变形计算,控制地基的变形计算值不超过建筑物的地基变形特征允许值,以免影响建筑物的使用和外观;③基础结构的尺寸、构造和材料应满足建筑物长期荷载作用下的强度、刚度和耐久性的要求。

2.2.2 地基基础设计资料

1) 荷载资料

一般建筑物结构设计时,将上部结构、基础与地基三者分开独立进行。基础工程设计的第一份资料是按相关规范计算的传至基础顶面和底面的荷载(包括竖向轴力、水平剪力和弯矩)。

地基基础设计时,所采用的荷载效应最不利组合与相应的抗力或限值应按下列规定:

(1) 按地基承载力确定基础底面积及埋深或按单桩承载力确定桩数时,传于基础或承台底面上的荷载效应应按正常使用极限状态下荷载效应的标准组合。相应的抗力应采用地基承载力特征值或单桩承载力特征值。

(2) 计算地基变形时,传至基础底面上的荷载效应应按正常使用极限状态下荷载效应的准永久组合,不应计入风荷载和地震作用。相应的限值应为地基变形允许值。

(3) 计算挡土墙土压力、地基或斜坡稳定及滑坡推力时,荷载效应应按承载能力极限状态下荷载效应的基本组合,但其荷载分项系数为1.0。

(4) 在确定基础或桩台高度、支挡结构截面、计算基础或支挡结构内力、确定配筋和验算材料强度时,上部结构传来的荷载效应组合和相应的基底反力,应按承载能力极限状态下荷载效应的基本组合,采用相应的荷载分项系数。

当需要验算基础裂缝宽度时,应按正常使用极限状态荷载效应标准组合。

(5) 结构重要性系数 γ_0 取值不应小于1.0。

基础内力计算是根据基础顶面作用的荷载与基础底面地基的反力作为外荷载,运用静力学、结构力学的方法进行求解。荷载组合要考虑多种荷载同时作用在基础顶面,又要按承载力极限状态和正常使用状态分别进行组合,并取各自的最不利组合进行设计计算。一般荷载效应组合的规定如下。

正常使用极限状态下,荷载效应的标准组合值 S_k 可用下式表示:

$$S_k = S_{G_k} + \psi_{c_1} S_{Q_{1k}} + \psi_{c_2} S_{Q_{2k}} + \cdots + \psi_{c_n} S_{Q_{nk}} \tag{2-1}$$

式中:S_{G_k}——按永久荷载标准值 G_k 计算的荷载效应值;

$S_{Q_{ik}}$——按可变荷载标准值 Q_{ik} 计算的荷载效应值;

ψ_{ci}——可变荷载 Q_i 的组合值系数,按现行《建筑结构荷载规范》(GB 50009—2012)(以下简称《荷载规范》)的规定取值。

正常使用极限状态下，荷载效应的准永久组合值 S 可用下式表示：

$$S = S_{G_k} + \sum_{i=1}^{n} \psi_{qi} S_{Q_{ik}} \tag{2-2}$$

式中：ψ_{qi}——按可变荷载 Q_i 计算的准永久系数。

承载能力极限状态下，由可变荷载效应控制的基本组合设计值 S，可用下式表达：

$$S_k = \gamma_G S_{G_k} + \gamma_{Q_1} S_{Q_{1k}} + \gamma_{Q_2} \psi_{c_2} S_{Q_{2k}} + \cdots + \gamma_{Q_n} \psi_{c_n} S_{Q_{nk}} \tag{2-3}$$

式中：γ_G——永久荷载的分项系数，按现行《荷载规范》的规定取值；

γ_{Q_i}——第 i 个可变荷载的分项系数，按现行《荷载规范》的规定取值。

对由永久荷载效应控制的基本组合，可采用简化规则，荷载效应组合的设计值 S 按下式确定：

$$S = 1.35 S_k \leqslant R \tag{2-4}$$

式中：R——结构构件抗力的设计值，按有关建筑结构设计规范的规定确定；

S_k——荷载效应的标准组合值。

【例 2-1】 在各种荷载条件下，建筑物上部结构的荷载传至基础底面的压力及土和基础的自重压力分别见表 2-6，基础埋置深度为 3 m，基础底面以上土的平均重度为 12 kN/m³，土和基础的自重压力 60 kPa。

表 2-6　荷载传至基础底面的平均压力(kPa)

正常使用极限状态		承载力极限状态
标准组合	准永久组合	基本组合
165	150	$1.35 \times 165 = 222.75$

注：恒载为主。

试求：

(1) 确定基础尺寸时，基础底面的压力值；

(2) 计算地基变形时，基础底面的压力值；

(3) 需验算建筑物的地基稳定时，基础底面的压力值；

(4) 计算基础结构内力时，基础底面的压力值；

(5) 验算基础裂缝宽度时，基础底面的压力值。

【解】 (1) 按上述规定(1)，按地基承载力确定基础底面积及埋深或按单桩承载力确定桩数时，传至基础或承台底面上的荷载效应应按正常使用极限状态下荷载效应的标准组合。表 2-6中，165 kPa 为上部结构传至基础底面的压力标准值，再加上土和基础的自重压力 60 kPa，得 225 kPa。

(2) 按上述规定(2)，计算地基变形时，传至基础底面上的荷载效应应按正常使用极限状态下荷载效应的准永久组合，不计入风荷载和地震作用。从表 2-6 中按要求取上部结构传至基础底面的压力准永久值 150 kPa，加上土和基础的自重 60 kPa，得基础底面总压力 210 kPa，再减去基础底面处土的有效自重压力 $3\ \text{m} \times 12\ \text{kN/m}^3 = 36\ \text{kPa}$，得变形计算时的基础底面附加压力为 174 kPa。

(3) 按上述规定(3)，计算挡土墙土压力、地基或斜坡稳定及滑坡推力时，荷载效应应按承载能力极限状态下荷载效应的基本组合，但其荷载分项系数均为 1.0。在表 2-6 中，

165 kPa为上部结构传至基础底面的压力标准值，乘分项系数 1.0 后仍为 165 kPa，再加上土和基础的自重压力 60 kPa，得 225 kPa。

(4) 按上述规定(4)，在确定基础或桩台高度、支挡结构截面、计算基础或支挡结构内力、确定配筋和验算材料强度时，上部结构传来的荷载效应组合和相应的基底反力，应按承载能力极限状态下荷载效应的基本组合。因恒载为主，采用相应的分项系数为 1.35。取相应于荷载标准值的基底净反力 165 kPa，乘以 1.35 的分项系数，得净反力设计值 222.75 kPa。

(5) 按上述规定(4)第 2 段要求，当需要验算基础裂缝宽度时，应按正常使用极限状态荷载效应标准组合为 165 kPa。

2) *岩土工程勘察资料*

基础将上部结构荷载传递至其下的地基，地基的性质对基础的选型、埋深、尺寸设计等起着至关重要的作用，基础工程设计的第二份资料是反映有关地基性能的岩土工程勘察报告。

(1) 岩土工程勘察报告应提供下列资料：

① 有无影响建筑场地稳定性的不良地质条件及其危害程度。

② 建筑物范围内的地层结构及其均匀性，以及各岩土层的物理力学性质。

③ 地下水埋藏情况、类型和水位变化幅度及规律，以及对建筑材料的腐蚀性。

④ 在地震设防区应划分场地土类型和场地类别，并对饱和砂土及粉土进行液化判别。

⑤ 对可供采用的地基基础设计方案进行论证分析，提出经济合理的设计方案建议；提供与设计要求相对应的地基承载力及变形计算参数，并对设计与施工应注意的问题提出建议。

⑥ 当工程需要时，尚应提供：深基坑开挖的边坡稳定计算和支护设计所需的岩土技术参数，论证其对周围已有建筑物和地下设施的影响；基坑施工降水的有关技术参数及施工降水方法的建议；提供用于计算地下水浮力的设计水位。

(2) 地基评价宜采用钻探取样、室内土工试验、触探并结合其他原位测试方法进行。甲级建筑物应提供载荷试验指标、抗剪强度指标、变形参数指标和触探资料；乙级建筑物应提供抗剪强度指标、变形参数指标和原位测试资料；丙级建筑物应提供触探及必要的钻探和土工试验资料。

(3) 各级建筑物均应进行施工验槽。如地基条件与原勘察报告不符时，应进行施工勘察。

设计者应通过阅读《岩土工程勘察报告书》，熟悉建筑物场地的地层分布情况，每层土的厚度、均匀程度、物理力学性质指标，从而根据上部结构力系的特点(中心受压、偏心受压)和使用要求合理选择基础持力层(基础底面直接受力土层)。确定持力层的地基承载力时，大部分情况下可直接使用勘察报告书的结果。对于甲级建筑物并缺乏当地建筑物经验资料时，承载力值应以现场载荷实验为依据，以避免造成设计失误。

对于地质条件复杂的地区，要全面细致地阅读报告及附件内容。例如场地的地质构造(断层、褶皱等)，不良地质现象(泥石流、滑坡、崩塌、岩溶、塌陷等)，避开不稳定的区域，查清分布规律、危害程度，在确保场地稳定性的条件下进行结构设计。如不能改变场地区域，必须预先采取有力措施，防患于未然。对报告书中的结论和建议，应结合具体工程，判断其适用性，发现问题应及时与勘察部门联系解决。基础工程施工过程中，地基持力层、桩周土层均可肉眼直接观察或用简单仪器测试，此时是校核报告书成果可靠性的最佳时机。可以及时发现地基勘察中失真的数据与未发现的问题。

3) *原位测试资料*

基础工程设计第三份资料应是地基承载力、单桩竖向承载力以及地基变形模量等的原位测试报告。

通过地基土的静载荷实验得到地基承载力进行基础工程的设计具有较高的可靠性。建筑物采用桩基础形式时，对于甲级基础工程或地质条件复杂，确定单桩竖向承载力的可靠性较低的乙级基础工程，必须进行单桩静载荷实验。

2.2.3 地基基础设计基本规定

根据建筑物地基基础设计等级及长期荷载作用下地基变形对上部结构的影响程度，地基基础设计应符合下列规定：

(1) 所有建筑物的地基计算均应满足承载力计算的有关规定。

(2) 甲级、乙级建筑物均应按地基变形设计。

(3) 表 2-7 所列范围内的丙级建筑物可不作变形验算，如有下列情况之一时，仍应作变形验算：①地基承载力特征值小于 130 kPa，且体型复杂的建筑；②在基础上及其附近有地面堆载或相邻基础荷载差异较大，可能引起地基产生过大的不均匀沉降时；③软弱地基上的建筑物存在偏心荷载时；④相邻建筑距离过近，可能发生倾斜时；⑤地基内有厚度较大或厚薄不均的填土，其自重固结未完成时。

(4) 对经常受水平荷载作用的高层建筑、高耸结构和挡土墙等，以及建造在斜坡上或边坡附近的建筑物和构筑物，尚应验算其稳定性。

(5) 基坑工程应进行稳定性验算。

(6) 当地下水埋藏较浅，建筑地下室或地下构筑物存在地下室上浮问题时，尚应进行抗浮验算。

从以上规定可以知道，基础工程设计时必须对地基的承载力、变形及地基基础的稳定性进行验算。

表 2-7 可不作地基变形计算的丙级建筑物范围

地基主要受力层情况	地基承载力特征值 f_{ak}(kPa)			$80 \leqslant f_{ak} < 100$	$100 \leqslant f_{ak} < 130$	$130 \leqslant f_{ak} < 160$	$160 \leqslant f_{ak} < 200$	$200 \leqslant f_{ak} < 300$
	各土层坡度(%)			$\leqslant 5$	$\leqslant 10$	$\leqslant 10$	$\leqslant 10$	$\leqslant 10$
建筑类型	砌体承重结构、框架结构(层数)			$\leqslant 5$	$\leqslant 5$	$\leqslant 6$	$\leqslant 6$	$\leqslant 7$
	单层排架结构(6 m柱距)	单跨	吊车额定起重量(t)	10～15	15～20	20～30	30～50	50～100
			厂房跨度(m)	$\leqslant 18$	$\leqslant 24$	$\leqslant 30$	$\leqslant 30$	$\leqslant 30$
		多跨	吊车额定起重量(t)	5～10	10～15	15～20	20～30	30～75
			厂房跨度(m)	$\leqslant 18$	$\leqslant 24$	$\leqslant 30$	$\leqslant 30$	$\leqslant 30$
	烟囱		高度(m)	$\leqslant 40$	$\leqslant 50$	$\leqslant 75$		$\leqslant 100$
	水塔		高度(m)	$\leqslant 20$	$\leqslant 30$	$\leqslant 30$		$\leqslant 30$
			容积(m^3)	50～100	100～200	200～300	300～500	500～1 000

注:① 地基主要受力层系指条形基础底面下深度为 $3b$(b 为基础底面宽度),独立基础下为 $1.5b$,且厚度均不小于 5 m 的范围(2 层以下一般的民用建筑除外)。
② 地基主要受力层中如有承载力特征值小于 130 kPa 的土层时,表中砌体承重结构的设计,应符合《地基规范》中软弱地基上建筑结构的有关要求。
③ 表中砌体承重结构和框架结构均指民用建筑,对于工业建筑可按厂房高度、荷载情况折合成与其相当的民用建筑层数。
④ 表中吊车额定起重量、烟囱高度和水塔容积的数值系指最大值。

2.3 地基类型

2.3.1 天然地基

1) 土质地基

在漫长的地质年代中,岩石经历风化、剥蚀、搬运、沉积生成土。按地质年代划分为“第四纪沉积物”,根据成因的类型分为残积物、坡积物和洪积物,平原河谷冲积物(河床、河漫滩、阶地),山区河谷冲积物较前者沉积物质粗(大多为砂料所充填的卵石、圆砾)等。粗大的土粒是岩石经物理风化作用形成的碎屑,或是岩石中未产生化学变化的矿物颗粒,如石英和长石等;而细小土料主要是化学风化作用形成的次生矿物和生成过程中混入的有机物质。粗大土粒其形状呈块状或粒状,而细小土粒其形状主要呈片状。土按颗料级配或塑性指数可划分为碎石土、砂土、粉土和黏性土。碎石土和砂土的划分应符合表 2-8、表 2-9 的规定。

表 2-8 碎石、砾石类土的分类

土的名称	颗粒形状	粒组含量
漂石 块石	圆形及亚圆形为主 棱角形为主	粒径大于 200 mm 的颗粒超过总重的 50%
卵石 碎石	圆形及亚圆形为主 棱角形为主	粒径大于 20 mm 的颗粒超过总重的 50%
圆砾 角砾	圆形及亚圆形为主 棱角形为主	粒径大于 2 mm 的颗粒超过总重的 50%

注:分类时应根据粒组含量栏从上到下以最先符合者确定。

表 2-9 砂土的分类

土的名称	粒组含量
砾砂	粒径大于 2 mm 者占总重的 25%～50%
粗砂	粒径大于 0.5 mm 者占总重的 50%以上
中砂	粒径大于 0.25 mm 者占总重的 50%以上
细砂	粒径大于 0.075 mm 者占总重的 85%以上
粉砂	粒径大于 0.075 mm 者占总重的 50%以上

粒径大于 0.075 mm 的颗粒不超过全部质量 50%,且塑性指数等于或小于 10 的土,应定为粉土。

黏性土当塑性指数大于 10，且小于或等于 17 时，应定为粉质黏土；当塑性指数大于 17 时，应定为黏土。土质地基一般是指成层岩石以外的各类土，在不同行业的规范中其名称与具体划分的标准略有不同。

土质地基一般处于地壳的表层，施工方便，基础工程造价较经济，是建筑物基础经常选用的持力层。

由于地基是承受荷载的土体，因而在基础底面传给土层的外荷载作用下将在土体内部产生压、切应力与相应的变形。根据竖向压应力水平或分层土变形水平可确定地基土层的范围，在构筑物通过基础传给土层的荷载确定时，即可估算地基土层的沉降变形。

土质地基承受建筑物荷载时，土体内部切应力数值不得超过土体的抗剪强度，并由此确定了地基土体的承载力，并控制了基础底面尺寸。

2) *岩石地基*

岩石的承载能力一般大于土体，当土层地基的承载力、变形验算不能满足相关规范要求时，则可考虑选择埋置较深的岩石地基。

岩石根据其成因不同，分为岩浆岩、沉积岩、变质岩。它们具有足够的抗压强度，除全风化、强风化岩石外均属于连续介质。它们较土粒堆积而成的多孔介质的力学性能优越许多。硬质岩石的饱和单轴极限抗压强度可高达 60 MPa 以上，当岩层埋深浅，施工方便时，它应是首选的天然地基持力层。表 2-10 为岩石的坚硬程度分类。

表 2-10　岩石的坚硬程度分类

坚硬程度	坚硬岩	较硬岩	较软岩	软　岩	极软岩
饱和单轴抗压强度(MPa)	$f_r > 60$ MPa	30 MPa $< f_r \leqslant$ 60 MPa	15 MPa $< f_r \leqslant$ 30 MPa	5 MPa $< f_r \leqslant$ 15 MPa	$f_r \geqslant 5$ MPa

长期风化作用(昼夜、季节温差，大气及地下水中的侵蚀性化学成分的渗浸等)使岩体受风化程度加深，导致岩层的承载能力降低，变形量增大。根据风化程度，将岩石分为未风化、微风化、中等风化、强风化、全风化。不同的风化等级对应不同的承载能力。表 2-11 为岩石的完整程度分类。

表 2-11　岩石的完整程度分类

完整程度	完整	较完整	较破碎	破碎	极破碎
完整性指数	>0.75	$0.75 \sim 0.55$	$0.55 \sim 0.35$	$0.35 \sim 0.15$	<0.15

建筑物荷载在岩层中引起的压、切应力分布的深度范围内，往往不是一种单一的岩石，而是由若干种不同强度的岩石组成。同时，由于地质构造运动引起地壳岩石变形和变位，形成岩层中有多个不同方向的软弱结构面，或有断层存在。实际工程中，岩体中产生的切应力没有达到岩体的抗剪强度时，由于岩体中存在一些纵横交错的结构面，在切应力作用下该软弱结构面产生错动，使得岩石的抗剪强度降低，导致岩体的承载能力降低。所以，当岩体中存在有延展较大的各类结构面特别是倾角较陡的结构面时，岩体的承载能力可能受该结构面的控制。

实际工程中，岩石的分类需要综合考虑岩石强度、岩体完整性、结构面状态、受地质构造影响程度、围岩应力状态、地下水及结构面与工程轴线组合关系等因素的影响。表 2-12 为隧道工程中岩体基本质量分级标准。

表 2-12 工程岩体基本质量分级标准表

岩体稳定分类	基本质量级别	岩体基本质量定性特征	岩体基本质量指标(BQ)
稳定岩体	Ⅰ	坚硬岩,岩体完整	＞550
	Ⅱ	坚硬岩,岩体较完整 较坚硬岩,岩体完整	550～451
中等稳定岩体	Ⅲ	坚硬岩,岩体较破碎 较坚硬岩或软硬岩互层,岩体较完整 较软岩,岩体完整	450～351
	Ⅳ	坚硬岩,岩体破碎 较坚硬岩,岩体较破碎～破碎 较软岩或软硬岩互层,且以软岩为主,岩体较完整～较破碎	350～251
不稳定岩体	Ⅴ	较软岩, 岩体破碎 软岩,岩体较破碎～破碎 全部极软岩及全部极破碎岩	＜250

3) 特殊土地基

我国地域辽阔,工程地质条件复杂。在不同的区域,由于气候条件、地形条件、季风作用在成壤过程中形成具有独特物理力学性质的区域土概称为特殊土。我国特殊土地基通常有湿陷性黄土地基、膨胀土地基、冻土地基、红黏土地基等。

(1) 湿陷性黄土地基

湿陷性黄土是指在一定压力下受水浸湿,土结构迅速破坏,并发生显著附加下沉的黄土。湿陷性黄土主要为马兰黄土和黄土状土。前者属于晚更新世 Q_3 黄土;后者属于全新世纪 Q_4 黄土。

在一定压力和充分浸水条件下,下沉稳定为止的变形量称为总湿陷量。在地基计算中,当建筑物地基的压缩变形、湿陷变形或强度不满足设计要求时,应针对不同土质条件和使用要求,在地基压缩层内采取处理措施。选择地基处理的方法,应根据建筑物的类别、湿陷性黄土的特性、施工条件和当地材料,并经综合技术经济比较确定,从而避免湿陷变形给建筑物的正常使用带来危害。在湿陷性黄土地基上设计基础的底面积尺寸时,其承载力的确定应遵守相关规定。

(2) 膨胀土地基

土中黏粒成分主要由亲水性矿物组成,同时具有显著的吸水膨胀和失水收缩两种变形特性的黏性土称为膨胀土。在一定压力下,浸水膨胀稳定后,土样增加的高度与原高度之比称为膨胀率。由于膨胀率的不同,在基底压力作用时,膨胀变形数值不同。反之,气温升高,水分蒸发引起的收缩变形数值也不相同。

基础某点的最大膨胀上升量与最大收缩下沉量之和应小于或等于建筑物地基容许变形值。如不满足,应采取地基处理措施。因而在膨胀土地区进行工程建设,必须根据膨胀土的特性和工程要求,综合考虑气候特点、地形地貌条件、土中水分的变化情况等因素,因地制宜,采取相应的设计计算与治理措施。

(3) 冻土地基

含有冰的土(岩)称为冻土。冻结状态持续两年或两年以上的土(岩)称为多年冻土。地表层冬季冻结,夏季全部融化的土,称为季节冻土。冻土中易溶盐的含量超过规定的限值时称盐渍化冻土。冻土由土颗粒、冰、未冻水、气体四相组成。低温冻土作为建筑物或构筑物基础的地基时,强度高,变形小,甚至可以看成是不可压缩的。高温冻土在外荷作用下表现出明显的塑性,在设计时,不仅要进行强度计算,还必须考虑按变形进行验算。

利用多年冻土作地基时,由于土在冻结与融化两种不同状态下,其力学性质、强度指标、变形特点与构造的热稳定性等相差悬殊,当从一种状态过渡到另一种状态时,一般情况下将发生强度由大到小、变形由小到大的突变。因此,在施工、设计中要特别注意建筑物周围的环境生态平衡,保护覆盖植被,避免地温升高,减少冻土地基的融沉量。

在季节冻土地区的地基,一个年度周期内经历未冻土—冻结土两种状态,因此,季节冻土地区的地基基础设计,首先应满足非冻土地基中有关规范的规定,即在长期荷载作用下,地基变形值在允许数值范围内,在最不利荷载作用下地基不发生失稳。然后根据有关冻土地基规范的规定计算冻结状态引起的冻胀力大小和对基础工程的危害程度。同时,应对冻胀力作用下基础的稳定性进行验算。冻土地基的最大特点是土的工程性质与土温息息相关,土温又与气温相关,两者的数值不相等。这是因为气温升高或降低产生的热辐射能,首先被土中水发生相变(水变成冰或反之)而消耗,其次土中的其他组成成分吸热或放热导致土体温度改变。当地温降低时,土中水由液态转为固态引起体积膨胀,弱结合水的水分迁移加大了膨胀数值,这种向上膨胀趋势给地基中的基础增加了非冻土中不存在的向上冻胀力。地温升高时,土中冰转为液态水,体积收缩,土的刚度减弱,引起很大的沉降变形,产生非冻土中不存在的融沉现象。当融沉变形不均匀产生时,引起道路开裂、边坡滑移、房屋倾斜、基础失稳。

(4) 红黏土地基

红黏土为碳酸盐岩系的岩石经红土化作用(岩石在长期的化学风化作用下的成土过程),形成的高塑性黏土,其液限一般大于50。经再搬运后仍保留红黏土基本特征,液限大于45的土应为次生红黏土。

红黏土以含结合水为主,它的天然含水量几乎与塑限相等,但液性指数较小。红黏土的含水量虽高,但土体一般为硬塑或坚硬状态,具有较高的强度和较低的压缩性。颜色呈褐红、棕红、紫红及黄褐色。

从土的性质来说,红黏土是较好的建筑物地基。但也存在一些不良工程特征:①有些地区的红黏土具有胀缩性;② 厚度分布不均,其厚度在短距离内相差悬殊;③上硬下软,接近下卧基岩面处,土的强度逐渐降低,压缩性逐渐增大。

红黏土是原岩化学风化剥蚀后的产物,因此其分布厚度主要受地形与下卧基岩面的起伏程度控制。地形平坦,下卧基岩起伏小,厚度变化不大,反之,在小范围内厚度变化较大,而引起地基不均匀沉降。

在勘察阶段应查清岩面起伏状况,并进行必要的处理。

2.3.2 人工地基

土质地基中含水量大于液限,孔隙比 $e \geqslant 1.5$ 或 $1.0 \leqslant e < 1.5$ 的新近沉积黏性土为淤

泥、淤泥质黏土、淤泥质粉质黏土、淤泥混砂、泥炭及泥炭质土。这类土具有强度低、压缩性高、透水性差、流变性明显和灵敏度高等特点，普遍承载能力较低，这类土都称为软土。当建筑物荷载在基础底部产生的基底压力大于软土层的承载能力或基础的沉降变形数据超过建筑物正常使用的允许值时，土质地基必须通过置换、夯实、挤密、排水、胶结、加筋和化学处理等方法对软土地基进行处理与加固，使其性能得以改善，满足承载能力或沉降的要求，此时地基称为人工地基。

在软土地基或松散地基中设置由散体材料(土、砂、碎石等)或弱胶结材料(石灰土、水泥土等)构成加固桩柱体(亦称增强体)，与桩间土一起共同承受外荷载，这类由两种不同强度的介质组成的人工地基，称为复合地基。复合地基中桩是人工地基的组成部分，起加固地基的作用，与土协调变形，共同受力，两者是彼此不可分割的整体。桩柱体的主要作用机理有置换作用和挤密作用。

人工地基一般是在基础工程施工以前，根据地基土的类别、加固深度、上部结构要求、周围环境条件、材料来源、施工工期、施工技术与设备条件进行地基处理方案选择、设计，力求达到方法先进、经济合理的目的。

2.4 基础类型

2.4.1 浅基础

1) 单独基础

单层工业厂房排架柱下或公共建筑框架柱下常采用单独基础，或称独立基础，如图 2-1。由于每个基础的长、宽可以自由调整，因此框架柱荷载不等时，通常可以采用该类型基础，调整相邻柱的基础底面积，控制不均匀沉降的差值达到允许值。有时墙下采用单独基础，在基础顶面设置钢筋混凝土基础梁，并于梁上砌砖墙体，如图 2-2。单独基础采用抗弯、抗剪强度低的砌体材料(如砖、毛石、素混凝土等)满足刚度要求时，通常称为刚性基础；而采用抗弯、抗剪强度高的钢筋混凝土材料时，称为柱下钢筋混凝土独立基础，简称扩展基础。

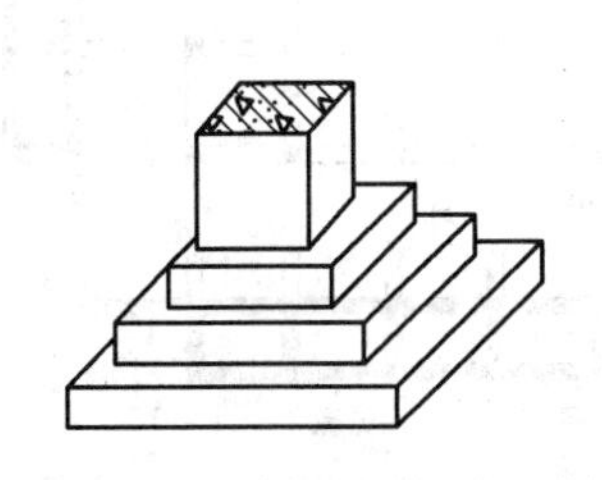

图 2-1 柱下单独基础

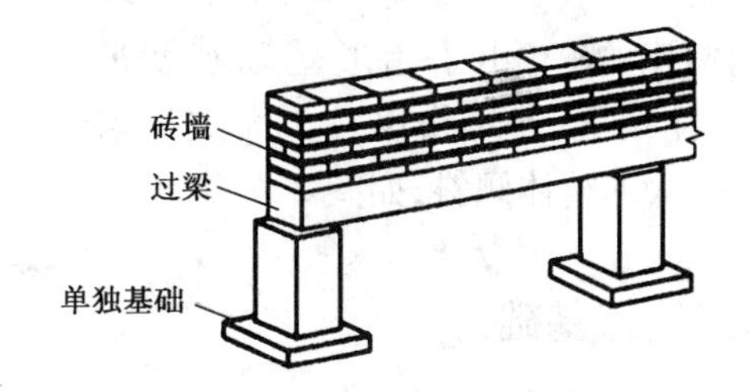

图 2-2 墙下单独基础(有钢筋混凝土过梁)

2) 条形基础

民用住宅砌体结构大部分采用墙下条形基础，此时按每延米长墙体传递的荷载计算墙下条形基础的宽度，如图 2-3。柱的荷载过大，地基承载力不足时，单独基础底面会连接形成柱下条形基础承受一排柱列的总荷载，如图 2-4。

3）十字交叉基础

柱下条形基础在柱网的双向布置，相交于柱位处形成交叉条形基础。当地基软弱，柱网的柱荷载不均匀，需要基础具有空间刚度以调整不均匀沉降时，多采用此类型基础，如图 2-5。

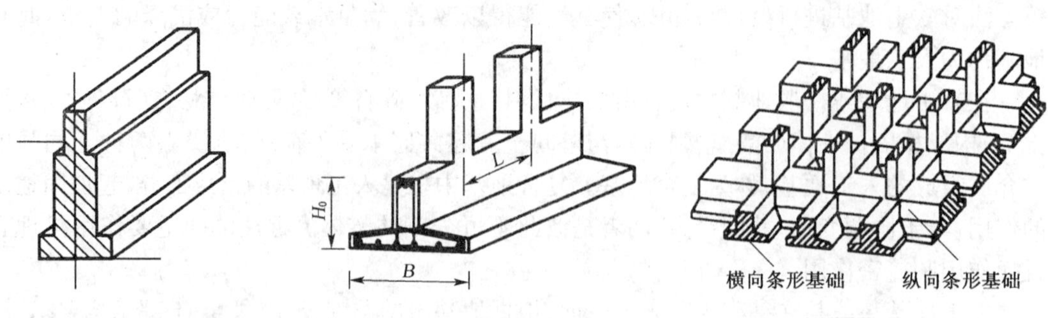

图 2-3　墙下条形基础　　图 2-4　柱下条形基础　　图 2-5　十字交叉基础

4）筏形和箱形基础

砌体结构房屋的全部墙底部，框架、剪力墙的全部柱、墙底部用钢筋混凝土平板或带梁板覆盖全部地基土的基础形式，称为筏形基础。当持力层埋深较浅或经人工处理得到硬壳持力层时采用墙下等厚度平板式筏形基础较为合理。柱下筏形基础在构造上，沿纵、横柱列方向加肋梁成为梁板式筏基础，如图 2-6。

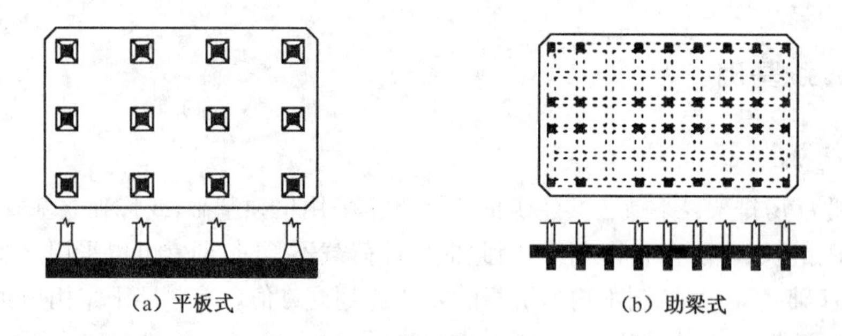

(a) 平板式　　(b) 肋梁式

图 2-6　筏形基础

箱形基础是由钢筋混凝土的底板、顶板和内外纵横墙体组成的格式空间结构，其埋深大、整体刚度好。由于箱形基础刚度很大，在荷载作用下，建筑物仅发生大致均匀的沉降与不大的整体倾斜，如图 2-7。

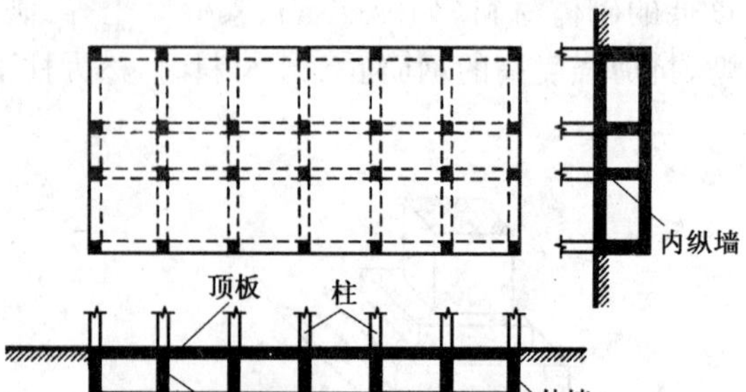

图 2-7　箱形基础

2.4.2　深基础

1）桩基础

桩基础是将上部结构荷载通过桩穿过较弱土层传递给下部坚硬土层的基础形式。它由若干根桩和承台两个部分组成。桩是全部或部分埋入地基土中的钢筋混凝土(或其他材料)柱体。承台是框架柱下或桥墩、桥台下的锚固端，从而使上部结构荷载可以向下传递。它又将全部桩顶箍住，将上部结构荷载传递给各桩使其共同承受外力，如图 2-8。桩基础多用于以下情况：

(1) 荷载较大，地基上部土层较弱，适宜的地基持力层位置较深，采用浅基础或人工地基在技术上、经济上不合理。

(2) 在建筑物荷载作用下，地基沉降计算结果超过有关规定或建筑物对不均匀沉降敏感时，采用桩基础穿过高压缩土层，将荷载传到较坚实土层，减小地基沉降并使沉降较均匀。另外，桩基础还能增强建筑物的整体抗震能力。

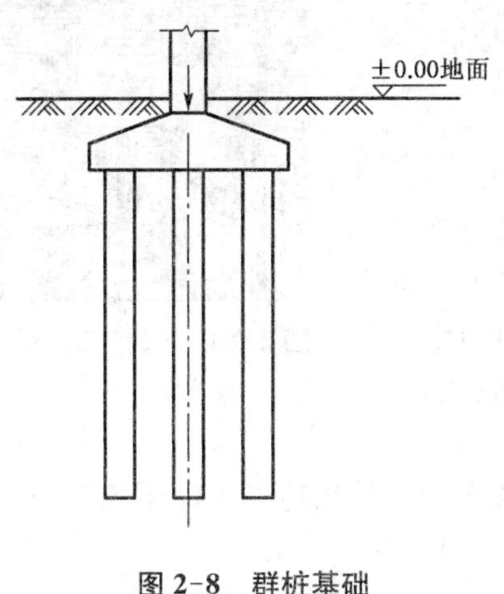

图 2-8　群桩基础

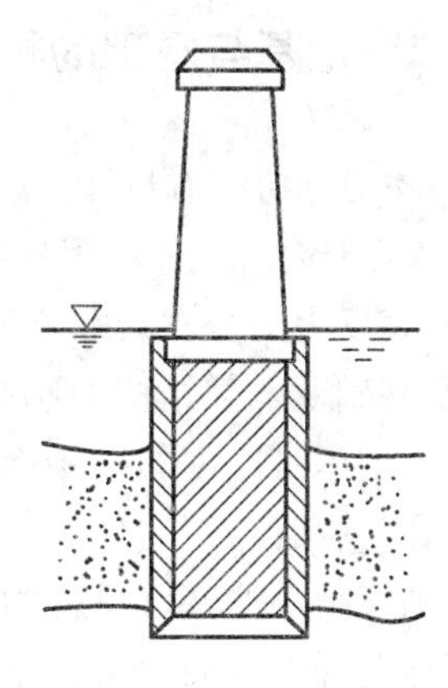

图 2-9　沉井基础

2) 沉井和沉箱基础

沉井是井筒状的结构，见图 2-9。它先在地面预定位置或在水中筑岛处预制井筒结构，然后在井内挖土、依靠自重克服井壁摩阻力下沉至设计标高，经混凝土封底，并填塞井内部，使其成为建筑物深基础。沉井既是基础，又是施工时挡水和挡土围堰结构物，在桥梁工程中得到较广泛的应用。

沉箱是一个有盖无底的箱形结构。水下施工时，为了保持箱内无水，需压入压缩空气将水排出，使箱内保持的压力在沉箱刃脚处与静水压力平衡，因而又称为气压沉箱，简称沉箱。沉箱下沉到设计标高后用混凝土将箱内部的井孔灌实。沉箱主要用于桥梁工程，由于施工受到条件限制，目前较少采用。

3) 地下连续墙深基础

地下连续墙是基坑开挖时，防止地下水渗流入基坑，支挡侧壁上体坍塌的一种基坑支护形式或直接承受上部结构荷载的深基础形式。它是在泥浆护壁条件下，使用开槽机械，在地基中按建筑物平面的墙体位置形成深槽，槽内以钢筋、混凝土为材料构成地下钢筋混凝土墙。它既是地下工程施工时的临时支护结构，又是永久建筑物的地下结构部分。

2.5　地基、基础与上部结构共同工作

2.5.1　共同工作的概念

建筑结构设计必须考虑地基、基础与上部结构的相互作用。地基基础问题的解决，不宜

图 2-10 不均匀沉降引起砌体开裂

单纯着眼于地基基础本身,更应把地基、基础与上部结构视为一个统一的整体,从三者相互作用的概念出发来考虑地基基础方案。图 2-10 为某砌体结构的多层房屋,由于地基不均匀沉降而产生开裂。尤其是当地基比较复杂时,如果能从上部结构方面配合采取适当的建筑、结构、施工等不同措施,往往可以收到合理、经济的效果。

2.5.2 地基与基础的相互作用

1) 基底反力的分布规律

在常规设计法中,通常假设基底反力呈线性分布。但事实上,基底反力的分布是非常复杂的,除了与地基因素有关外,还受基础及上部结构的制约。为了便于说明问题,下面仅考虑基础本身刚度的作用而忽略上部结构的影响。

(1) 柔性基础

抗弯刚度很小的基础可视为柔性基础。它就像一块放在地基上的柔软薄膜,可以随着地基的变形而任意弯曲。柔性基础不能扩散应力,因此基底反力分布与作用于基础上的荷载分布完全一致,如图 2-11。

按弹性半空间理论所得的计算结果以及工程实践经验都表明,均布荷载下柔性基础的沉降呈碟形,即中部大、边缘小,如图 2-11(a)。显然,若要使柔性基础的沉降趋于均匀,就必须增大基础边缘的荷载,并使中部的荷载相应减少,这样,荷载和反力就变成了图 2-11(b)所示的非均布的形状了。

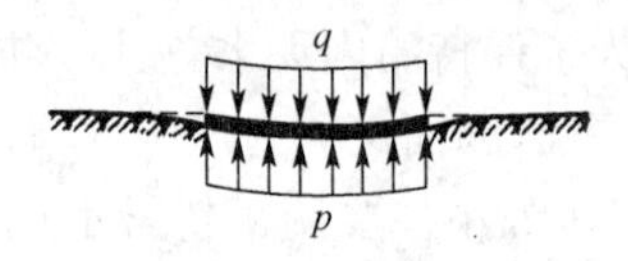

(a) 荷载均布时, $p(x, y)$ = 常数

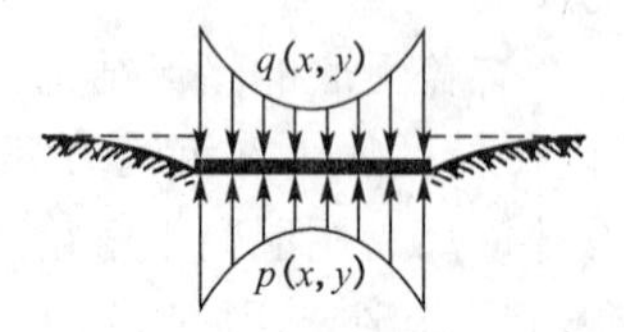

(b) 沉降均匀时, $p(x, y) \neq$ 常数

图 2-11 柔性基础的基底反力和沉降

(2) 刚性基础

刚性基础的抗弯刚度极大,原来是平面的基底,沉降后依然保持平面。因此,在中心荷载作用下,基础将均匀下沉。根据上述柔性基础沉降均匀时基底反力不均匀的论述,可以推断,中心荷载下的刚性基础基底反力分布也应该是边缘大、中部小。图 2-12 中的实线反力图为按弹性半空间理论求得的刚性基础基底反力图,在基底边缘处,其值趋于无穷大。事实上,由于地基土的抗剪强度有限,基底边缘处的土体将首先发生剪切破坏,因此,此处的反力将被限制在一定的数值范围内,随着反力的重新分布,最终的反力图可呈如图 2-12 中虚线所示的马鞍形。由此可见,刚性基础能跨越基底中部,将所承担的荷载相对集中地传至基底边缘,这种现象称为基础的"架越作用"。

图 2-13 是分别置于砂土和硬黏土上的圆形刚性基础模型底面的实测反力分布图。对

于硬黏土上的刚性基础，基底反力均呈马鞍形分布(图(b)和图(d))；对于砂土，由于基底边缘处的砂粒极易朝侧向挤出，因此邻近基底边缘的塑性区随荷载的增加而迅速开展，所增加的荷载必须靠基底中部反力的增大来平衡，基底反力接近抛物线分布(图(a)和图(c))。

(a) 中心荷载　　(b) 偏心荷载

图 2-12　刚性基础

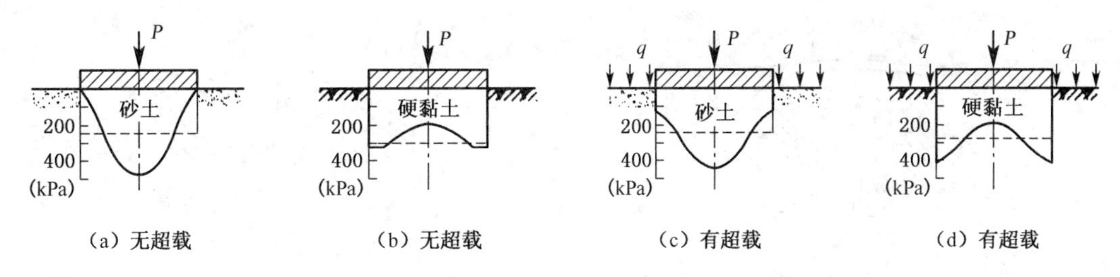

(a) 无超载　　(b) 无超载　　(c) 有超载　　(d) 有超载

图 2-13　圆形刚性基础模型底面反力分布图

一般来说，无论黏性土还是无黏性土地基，只要刚性基础埋深和基底面积足够大，而荷载又不太大时，基底反力均呈马鞍形分布。

(3) 基础相对刚度的影响

图 2-14(a)表示黏性土地基上相对刚度很大的基础。当荷载不太大时，地基中的塑性区很小，基础的架越作用很明显；随着荷载的增加，塑性区不断扩大，基底反力将逐渐趋于均匀。在接近液态的软土中，反力近乎呈直线分布。

图 2-14(c)表示岩石地基上相对刚度很小的基础，其扩散能力很低，基底出现反力集中的现象，此时基础的内力很小。

对于一般黏性土地基上相对刚度中等的基础(图 2-14(b))，其情况介于上述两者之间。

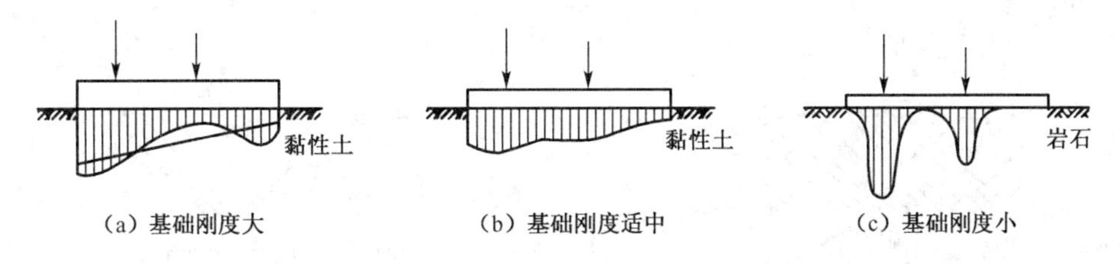

(a) 基础刚度大　　(b) 基础刚度适中　　(c) 基础刚度小

图 2-14　基础相对刚度与架越作用

基础架越作用的强弱取决于基础的相对刚度、土的压缩性以及基底下塑性区的大小。一般来说，基础的相对刚度愈强，沉降就愈均匀，但基础的内力将相应增大，故当地基局部软硬变化较大时(如石芽型地基)，可以采用整体刚度较大的连续基础；而当地基为岩石或压缩性很低的土层时，宜优先考虑采用扩展基础，如采用连续基础，抗弯刚度不宜太大，这样可以取得较为经济的效果。

(4) 邻近荷载的影响

上述有关基底反力分布的规律是在无邻近荷载影响的情况下得出的。如果基础受到相邻荷载影响,受影响一侧的沉降量会增大,从而引起反力卸载,并使反力向基础中部转移,此时基底反力分布会发生明显的变化。受相邻建筑荷载影响,已有高层的箱基纵向基底反力测试结果呈现为中间大两端小的向下凸的双拱形,而显著地有别于无邻近荷载影响时的马鞍形分布。

2) 地基非均质性的影响

当地基压缩性显著不均匀时,按常规设计法求得的基础内力可能与实际情况相差很大。图 2-15 表示地基压缩性不均匀时的两种相反情况,两基础的柱荷载相同,但其挠曲情况和弯矩图则截然不同。

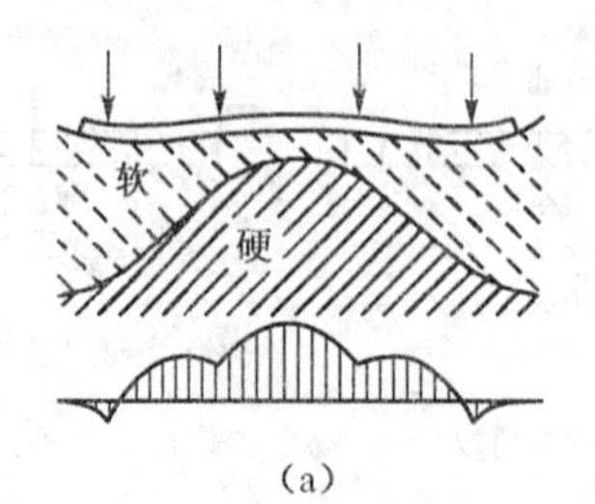

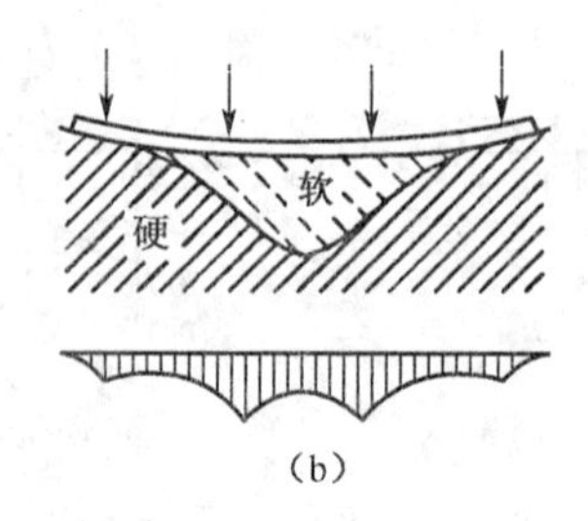

图 2-15 地基压缩性不均匀的影响

柱荷载分布情况的不同也会对基础内力造成不同的影响。在图 2-16 中,图(a)和图(b)的情况最为有利,而图(c)和图(d)则是最不利的。

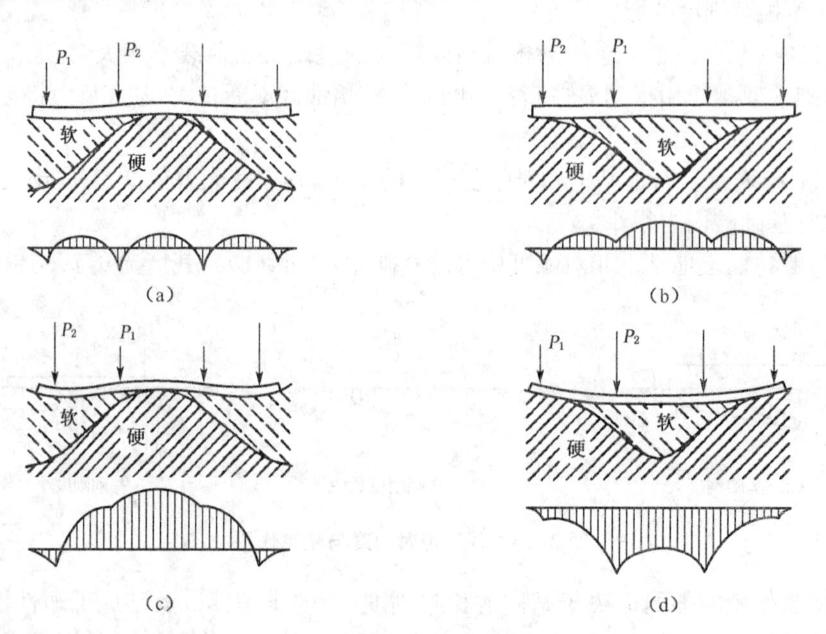

图 2-16 不均匀地基上条形基础柱荷载分布的影响

2.5.3 地基变形对上部结构的影响

整个上部结构对基础不均匀沉降或挠曲的抵抗能力，称为上部结构刚度，或称为整体刚度。根据整体刚度的大小，可将上部结构分为柔性结构、敏感性结构和刚性结构三类。

以屋架—柱—基础为承重体系的木结构和排架结构是典型的柔性结构。由于屋架铰接于柱顶，这类结构对基础的不均匀沉降有很大的顺从性，故基础间的沉降差不会在主体结构中引起多少附加应力。但是，高压缩性地基上的排架结构会因柱基不均匀沉降而出现围护结构的开裂，以及其他结构上和使用功能上的问题。因此，对这类结构的地基变形虽然限制较宽，但仍然不允许基础出现过量的沉降或沉降差。

不均匀沉降会引起较大附加应力的结构，称为敏感性结构，例如砖石砌体承重结构和钢筋混凝土框架结构。敏感性结构对基础间的沉降差较敏感，很小的沉降差异就足以引起可观的附加应力，因此，若结构本身的强度储备不足，就很容易发生开裂现象。

上部结构的刚度愈大，其调整不均匀沉降的能力就愈强。因此，可以通过加大或加强结构的整体刚度以及在建筑、结构和施工等方面采取适当的措施来防止不均匀沉降对建筑物的损害。对于采用单独柱基的框架结构，设置基础梁(地梁)是加大结构刚度、减少不均匀沉降的有效措施之一。

坐落在均质地基上的多层多跨框架结构，其沉降规律通常是中部大、端部小。这种不均匀沉降不仅会在框架中产生可观的附加弯矩，还会引起柱荷载重分配现象，这种现象随着上部结构刚度增大而加剧。对一 8 跨 15 层框架结构的相互作用分析表明，边柱荷载增加了 40%，而内柱则普遍卸载，中柱卸载可达 10%。对于高压缩性地基上的框架结构，设计时如不考虑相互作用，将会使上部结构偏于不安全。

基础刚度愈大，其挠曲愈小，则上部结构的次应力也愈小。因此，对高压缩性地基上的框架结构，基础刚度一般宜刚而不宜柔；而对柔性结构，在满足允许沉降值的前提下，基础刚度宜小不宜大，而且不一定需要采用连续基础。

刚性结构指的是烟囱、水塔、高炉、筒仓这类刚度很大的高耸结构物，其下常为整体配置的独立基础。当地基不均匀或在邻近建筑物荷载或地面大面积堆载的影响下，基础转动倾斜，但几乎不会发生相对挠曲。

2.5.4 上部结构刚度对基础受力状况的影响

目前，梁、板式基础的计算，还不能普遍考虑与上部结构的相互作用。然而，当上部结构具有较大的相对刚度(与基础刚度之比)时，对基础受力状况的影响是不小的。

现用条形基础为例来讨论：为了便于说明概念，以绝对刚性和完全柔性的两种上部结构对条形基础的影响进行对比。

如图 2-17(a)中的上部结构假定是绝对刚性的，因而当地基变形时，各个柱子只能同时下沉，对条形基础的变形来说，相当于在柱位处提供了不动支座，在地基反力作用下，犹如倒置的连续梁(不计柱脚的抗角变能力)。图 2-17(b)中的上部结构假想为完全柔性的，因此，它除了传递荷载外，对条形基础的变形毫无制约作用，即上部结构不参与相互作用。

由图 2-17 中的对比可知,在上部结构为绝对刚性和完全柔性这两种极端情况下,条形基础的挠曲形式及相应的内力图形差别很大。实际工程中,除了像烟囱、高炉等整体构筑物可以认为是绝对刚性的外,绝大多数建筑物的实际刚度介于绝对刚度和完全柔性之间。实际工程中还难于定量计算,但可大致定性地判断其比较接近哪一种极端情况。例如剪力墙体系和筒体结构的高层建筑是接近绝对刚性的;单层排架和静定结构是接近完全柔性的。

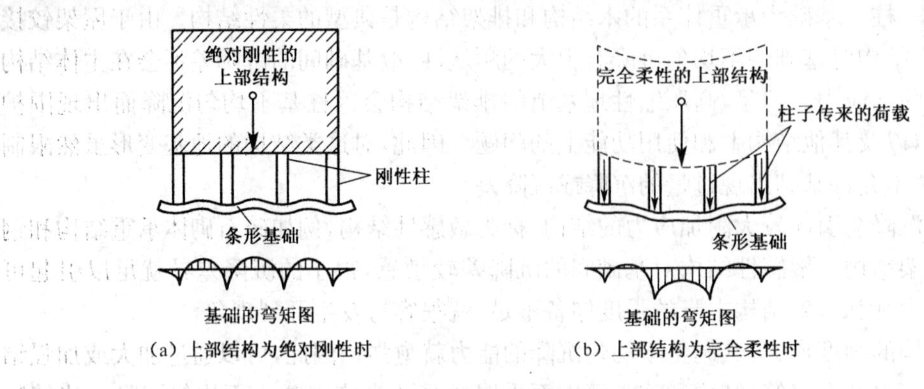

图 2-17 上部结构刚度对基础受力状况的影响

增大上部结构刚度,将减小基础挠曲和内力。已有研究表明,框架结构的刚度随层数增加而增加,但增加的速度逐渐减缓,到达一定层数后便趋于稳定。例如,上部结构抵抗不均匀沉降的竖向刚度在层数超过 15 层后就基本上保持不变了。由此可见,在框架结构中下部一定数量的楼层结构明显起着调整不均匀沉降、削减基础整体弯曲的作用,同时自身也将出现较大的次应力,且层次位置愈低,其作用也愈大。

如果地基土的压缩性很低,基础的不均匀沉降很小,则考虑地基—基础—上部结构三者相互作用的意义就不大。因此,在相互作用中起主导作用的是地基,其次是基础,而上部结构则是在压缩性地基上基础整体刚度有限时起重要作用的因素。

2.6 线性变形体的地基计算模型

2.6.1 文克勒地基模型

1867 年,文克勒(Winkler)提出土体表面任一点的压力强度与该点的沉降成正比的假设。即

$$p = k \cdot s \tag{2-5}$$

式中:p——土体表面某点单位面积上的压力(kN/m^2);

s——相应于某点的竖向位移(m);

k——基床系数(kN/m^3)。

根据这一假设,地基表面某点的沉降与其他点的压力无关,故可把地基土体划分成许多竖直的土柱,如图 2-18(a)。每条土柱可用一根独立的弹簧来代替,如图 2-18(b)。如果在

这种弹簧体系上施加荷载，则每根弹簧所受的压力与该弹簧的变形成正比。这种模型的基底反力图形与基础底面的竖向位移形状是相似的。如果基础刚度非常大，受荷后基础底面仍保持为平面，则基底反力图按直线规律变化，如图 2-18(c)。

按照图 2-18 所示的弹簧体系，每根弹簧与相邻弹簧的压力和变形毫无关系。这样，由弹簧所代表的土柱，在产生竖向变形的时候，与相邻土柱之间没有摩阻力，也即地基中只有正应力而没有剪应力。因此，地基变形只限于基础底面范围之内。

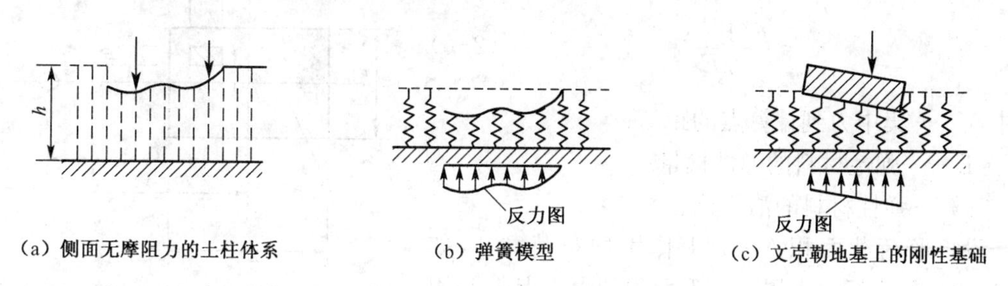

(a) 侧面无摩阻力的土柱体系　　(b) 弹簧模型　　(c) 文克勒地基上的刚性基础

图 2-18　文克勒地基模型

事实上，土柱之间(即地基中)存在着剪应力。正是由于剪应力的存在，才使基底压力在地基中产生应力扩散，并使基底以外的地表发生沉降。

尽管如此，文克勒地基模型由于参数少、便于应用，所以仍是目前最常用的地基模型之一。在下述情况下，可以考虑采用文克勒地基模型：

(1) 地基主要受力层为软土。由于软土的抗剪强度低，因而能够承受的剪应力值很小。

(2) 厚度不超过基础底面宽度之半的薄压缩层地基。这时地基中产生附加应力集中现象，剪应力很小。

(3) 基底下塑性区相应较大时。

(4) 支承在桩上的连续基础，可以用弹簧体系来代替群桩。

公式中的基床系数可按静载荷实验结果确定或按压缩实验确定。国内外的学者与工程技术人员根据实验资料和工程实践对基床系数的确定积累了经验数值，如表 2-13 所示，供参考。

表 2-13　基床系数 k 的经验值

土的类别	基床系数(10^4 kN/m^3)
弱淤泥质土或有机土	0.5～1.0
黏性土 软弱状态 可塑状态 硬塑状态	 1.0～2.0 2.0～4.0 4.0～10.0
砂土 松散状态 中密状态 密实状态	 1.0～1.5 1.5～2.5 2.5～4.0
中密的砾石土	2.5～4.0
黄土及黄土状粉质黏土	4.0～5.0

注：本表适用于建筑物面积大于 10 m^2。

2.6.2 弹性半空间地基模型

将地基土体视为均质弹性半空间体，当其表面作用一集中力 F 时，由布森涅斯克解，可得弹性半空间体表面任一点的竖向位移

$$y = \frac{F(1-\nu^2)}{\pi E r} \tag{2-6}$$

式中：r——集中力到计算点的距离；

E——弹性材料的弹性模量；

ν——弹性材料的泊松比。

设矩形荷载面积 $b \times c$ 上作用均布荷载 p，如图 2-19。将坐标原点置于矩形面积的中心点 j，利用式(2-6)对整个矩形面积积分，求得在 x 轴上 j 点的竖向位移为

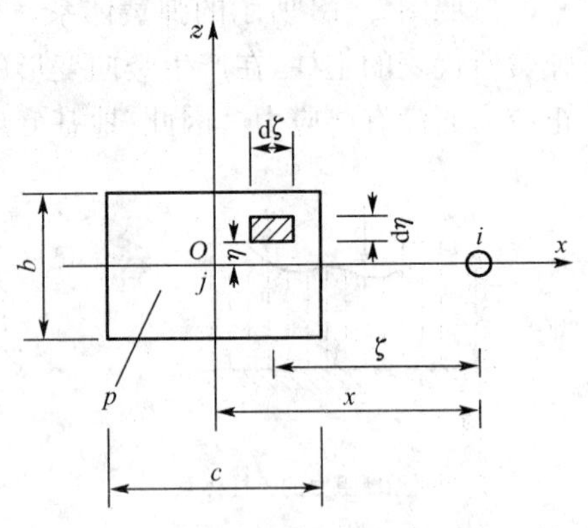

图 2-19 弹性半空间体表面的位移计算

$$y_{ij} = 2p\int_{\xi=x-\frac{c}{2}}^{\xi=x+\frac{c}{2}}\int_{\eta=0}^{\eta=\frac{b}{2}} \frac{1-\nu^2}{\pi E} \cdot \frac{\mathrm{d}\xi\mathrm{d}\eta}{\sqrt{\xi^2+\eta^2}} = \frac{1-\nu^2}{\pi E} \cdot p \cdot b \cdot F_{ij} \tag{2-7}$$

式中：p——均布荷载(kN/m²)；

b——矩形面积的宽度(m)；

F_{ij}——系数。

由于弹性半空间地基模型假设地基土体是各向均质的弹性体，因而往往导致该模型的扩散能力超过地基的实际情况，计算所得的基础位移和基础内力都偏大。但是该模型求解基底各点的沉降时不仅与该点的压力大小相关，而且与整个基底其他点的反力有关，因而它比文克勒地基模型进了一步。同时，对基底的积分可以用数值方法求得近似解答。即

$$\boldsymbol{s} = \boldsymbol{f} \cdot \boldsymbol{F} \tag{2-8}$$

式中：$\boldsymbol{s}$——基底各网格中点沉降列向量；

$\boldsymbol{F}$——基底各网格集中力列向量；

$\boldsymbol{f}$——地基的柔度矩阵。

地基柔度矩阵 $\boldsymbol{f}$ 中的各元素 f_{ij}，当 $i \neq j$ 时，可近似按式(2-6)计算，当 $i = j$ 时，按式(2-7)计算。

2.6.3 分层地基模型

天然土体具有分层的特点，每层土的压缩特性不同。基底荷载作用下土层中应力扩散范围随深度增加而扩大，附加应力数值减小，由该数值引起的地基沉降值小于有关规定时，该深度即为地基的有限压缩层厚度。分层地基模型亦称为有限压缩模型，它根据土力学中分层总和法计算基础沉降的基本原理求解地基的变形，使其结果更符合实际。用分层总和

法计算基础沉降的公式为

$$s=\sum_{i=1}^{n}\frac{\bar{\sigma}_{zi}\cdot\Delta H_i}{E_{si}} \tag{2-9}$$

式中：$\bar{\sigma}_{zi}$——第 i 土层的平均附加应力($\mathrm{kN/m^2}$)；

ΔH_i——第 i 土层的厚度(m)；

E_{si}——第 i 土层的压缩模量($\mathrm{kN/m^2}$)；

n——压缩层深度范围内的土层数。

采用数值方法计算时，可按图 2-20 将基础底面划分为 n 个单元，设基底 j 单元作用集中附加压力 $F_j=1$，由布森涅斯克解得 $F_j=1$ 时作用在 j 单元中点下第 k 土层中点产生的附加应力 σ_{kij}，由式(2-9)可得 i 单元中点沉降计算公式为

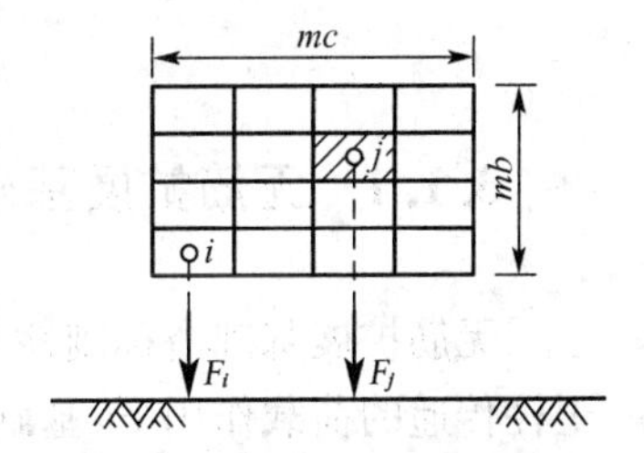

图 2-20 基础底面计算单元划分

$$f_{ij}=\sum_{i=1}^{n}\frac{\sigma_{kij}\cdot\Delta H_{ki}}{E_{ski}} \tag{2-10}$$

式中：f_{ij}——单位力作用下 i 单元中点沉降值(m)；

E_{ski}——i 单元第 k 土层的压缩模量($\mathrm{kN/m^2}$)；

ΔH_{ki}——i 单元下第 k 土层的厚度(m)；

m——i 单元下的土层数。

根据叠加原理，i 单元中点的沉降 s_i 为基底各单元压力分别在该单元引起的沉降之和：

$$s_i=\sum_{i=1}^{n}f_{ij}F_j \tag{2-11}$$

或写成

$$s=fF$$

式中字母代表的定义与式(2-8)相同。

分层地基模型改进了弹性半空间地基模型地基土体均质的假设，更符合工程实际情况，因而被广泛应用。模型参数可由压缩实验结果取值。

目前，共同工作概念与计算方法已有较大的进展，相信在不久的将来会在实际工程技术设计中得到广泛的应用。

思考题与习题

1. 试述地基基础设计时，所采用的荷载效应最不利组合与相应的抗力或限值的规定。
2. 试述土质地基、岩石地基的优缺点。
3. 简述基础工程常用的几种浅基础形式适用条件。
4. 刚性基础的架越作用是什么意思？
5. 简述基础相对刚度对基底反力的影响。
6. 文克勒地基模型的基本假定是什么？

3 刚性基础与扩展基础

3.1 概述

3.1.1 无筋扩展基础

无筋扩展基础俗称刚性基础，其构造剖面示意图如图 3-1 所示。在承重墙或钢筋混凝土柱传递的荷载作用下，基础底面（基础与土接触面）将承受地基（土）的反力（抗力），此时基础受力特征类似倒置的两边外伸的悬臂梁，该结构在柱、墙边或断面高度突然变化的台阶边缘处极易产生弯曲破坏或剪切破坏。通常在工程实践中，无筋扩展基础常以素混凝土、毛石混凝土、砖、毛石、灰土、三合土等材料修筑，这些材料都具有较大的抗压强度，然而抗弯、抗剪强度却较低。因此，为了有效利用材料抗压性能，同时保证基础的拉应力和剪应力不超过相应的材料强度设计值，工程中通常以构造限制避免该种基础的弯曲破坏或剪切破坏。经过长期的工程实践证明，通过限制基础台阶宽高比即可达到构造限制的目的，表 3-1 列出了不同材料基础台阶的允许宽高比。

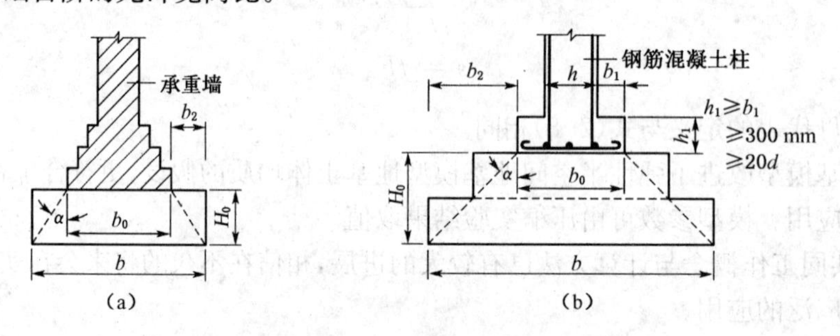

图 3-1 无筋扩展基础构造示意图

表 3-1 无筋扩展基础台阶宽高比的允许值

基础材料	质量要求	台阶宽高比的允许值		
		$p_k \leqslant 100$	$100 < p_k \leqslant 200$	$200 < p_k \leqslant 300$
混凝土基础	C15 混凝土	1∶1.00	1∶1.00	1∶1.25
毛石混凝土基础	C15 混凝土	1∶1.00	1∶1.25	1∶1.50
砖基础	砖不低于 MU10，砂浆不低于 M5	1∶1.50	1∶1.50	1∶1.50

续表 3-1

基础材料	质量要求	台阶宽高比的允许值		
		$p_k \leqslant 100$	$100 < p_k \leqslant 200$	$200 < p_k \leqslant 300$
毛石基础	砂浆不低于 M5	1∶1.25	1∶1.50	—
灰土基础	体积比为 3∶7 或 2∶8 的灰土，其最小干密度：粉土 1 550 kg/m³，粉质黏土 1 500 kg/m³，黏土 1 450 kg/m³	1∶1.25	1∶1.50	—
三合土基础	体积比 1∶2∶4～1∶3∶6（石灰∶砂∶骨料），每层约虚铺 220 mm，夯至 150 mm	1∶1.50	1∶2.00	—

注：① p_k为作用标准组合时基础底面处的平均压力值(kPa)。
② 阶梯形毛石基础的每阶伸出宽度，不宜大于 200 mm。
③ 当基础由不同材料叠合组成时，应对接触部分作抗压验算。
④ 混凝土基础单侧扩展范围内基础底面处的平均压力值超过 300 kPa 时，尚应进行抗剪验算；对基底反力集中于立柱附近的岩石地基，应进行局部受压承载力验算。

这些不同材料基础台阶的允许宽高比即图 3-1 中所示的 α 角的正切值，角度 α 称为刚性角，其值与基础材料及基底反力大小有关。无筋扩展基础除了有刚性角限制外，不同的材料也有相应的砌筑标准。

1) *混凝土*

无筋扩展基础所用混凝土强度等级通常采用 C15 或更高一级，其抗压强度、抗冻性能及耐久性均优于砖基础，施工机械化程度高。但由于水泥消耗较大，施工过程中往往需要支、拆模板，故造价稍高，多用于地下水系丰富地区的基础。

在石料资源丰富的地区，有时为了节约水泥用量，在混凝土中适量掺入一定体积的毛石（不超过基础体积的 20%～30%），可形成毛石混凝土基础。

2) *石料*

石料是基础的良好材料，包括料石（亦称条石，是由人工或机械开拆出的较规则的六面体石块，略经加工凿琢而成）、毛石和大漂石，具有抗压强度高、抗冻性能好等特点。石料基础的应用有一定的地缘性，需要就地取材，往往山区用得更多。做基础的石料需选用质地坚硬、不易风化的岩石，其最小厚度不宜小于 150 mm，强度等级要求详见表 3-2。

表 3-2　基础用砖、石材及砂浆最低强度等级

地基的潮湿程度	黏土砖		石材	白灰、水泥混合砂浆	水泥砂浆
	严寒地区	一般地区			
稍潮湿的	MU10	MU7.5	MU20	M2.5	M2.5
很潮湿的	MU15	MU15	MU20	M5	M5
含水饱和的	MU20	MU20	MU30	—	M5

3）砖和砂浆

根据地基土的潮湿程度和地区的严寒程度，砖和砂浆砌筑基础所用砖和砂浆的强度等级不尽相同。地面以下或防潮层以下的砖砌体所用材料强度等级不得低于表 3-2 所列数值。

4）灰土及三合土

我国华北及西北广大区域，环境干燥，土冻胀性小，常采用灰土为材料修筑基础。灰土是将熟石灰粉（经过消解后的石灰粉）和黏土按一定比例拌和均匀，在一定含水率条件下夯实而成。石灰粉用量常为灰土总重的 10%～30%，即一九灰土、二八灰土和三七灰土。由于碱性石灰粉和黏土中的二氧化硅、三氧化二铝之间产生了复杂的化学反应，夯实后的灰土具有很好的强度和整体性。

灰土在水中硬化较慢，早期强度较低，抗水性能和抗冻性能都比较差。因此，灰土只能用作位于地下水以上的基础。为了改善灰土性能，有工程在灰土中加入适量的水泥做成三合土，可以获得更高的强度和抗水性。

无筋扩展基础稳定性好，施工便捷，对于房屋、桥梁、涵洞等结构来说，只要地基强度足够高，一般应首选此类型基础形式。当然，该基础形式也有其不足之处，如消耗材料多、自重大等；当基础承受荷载较大，需要的基础底面宽度也较大时，为了满足刚性角的要求，则需要较大的基础高度，导致基础埋深增大，反而会造成施工的难度和造价的增加。所以，无筋扩展基础通常用于六层及以下（如以三合土为材料，不宜超过四层）的民用建筑、砌体承重的厂房以及小荷载的桥梁基础。同时，如果无筋扩展基础上的柱子为钢筋混凝土柱时，其柱脚高度 h_1 不得小于 b_1（图 3-1），并不应小于 300 mm 且不小于 $20d$（d 为柱中纵向受力钢筋的最大直径）。当柱纵向钢筋在柱脚内的竖向锚固长度不满足锚固要求时，可沿水平方向弯折，弯折后的水平锚固长度不应小于 $10d$，也不应大于 $20d$。

3.1.2 扩展基础

当外部环境限制不便采用无筋扩展基础或采用无筋扩展基础经济性较差时，通常在基础中配置钢筋，形成钢筋混凝土扩展基础（简称扩展基础）。工程中，将柱下钢筋混凝土独立基础和墙下钢筋混凝土条形基础，统称为钢筋混凝土扩展基础；其抗弯性能和抗剪性能较无筋扩展基础有了很大的改善和提高，基础的高度不再受台阶宽高比的限制，可应用于竖向荷载大、地基承载力不高的基础工程。同时，与无筋基础相比，由于没有宽高比限制，使“宽基浅埋”成为可能。例如，当建筑场地地质情况良好，浅层土承载力较高，即土浅层具有一定厚度的“硬壳层”，而在该“硬壳层”下土层的承载力较低时，欲利用该硬壳层作为持力层，可考虑采用此类基础形式。

1）柱下钢筋混凝土独立基础

柱下钢筋混凝土独立基础的构造如图 3-2 所示，民用建（构）筑物的柱子、桥梁中的桥墩多为现浇，现浇柱（墩）的独立基础一般做成阶梯形状或锥台形状；而装配式工业厂房的柱子多为预制，预制柱的独立基础往往采用杯口形状。

阶梯型基础的每阶高度，宜为 300～500 mm；锥台型基础的边缘高度不宜小于200 mm，且两个方向的坡度不宜大于 1∶3。

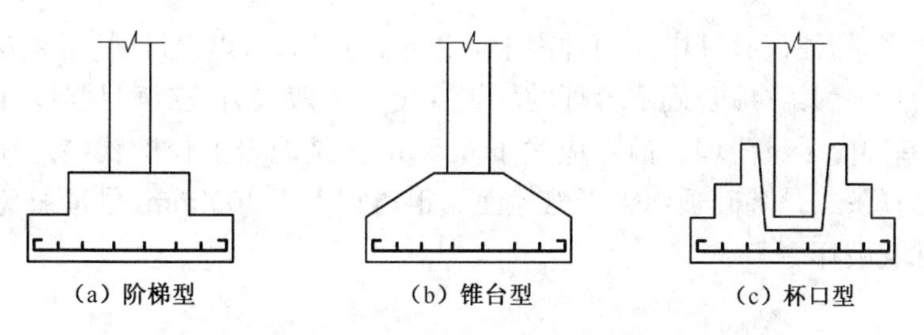

图 3-2 柱下钢筋混凝土扩展基础

2) 墙下钢筋混凝土条形基础

墙下钢筋混凝土扩展基础的构造如图 3-3 所示，砌体承重结构墙体及挡土墙、涵管下常用该形式基础。一般情况下，可直接采用无肋的墙基础。当地基不均匀或承受荷载有差异时，为了增强基础的整体性和抗弯能力，可以采用有肋的墙基础，肋部应配置足够的纵向钢筋和箍筋。

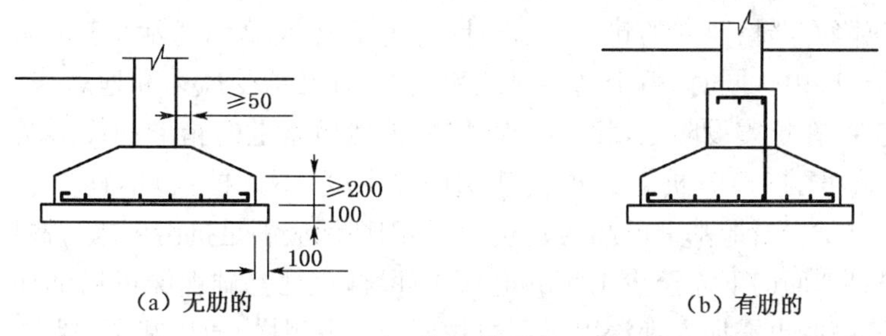

图 3-3 墙下钢筋混凝土扩展基础

部分无筋扩展基础（砖基础、毛石基础、混凝土基础）和扩展基础在施工前常在基坑底面摊铺强度等级为 C10 的混凝土垫层，垫层的厚度不宜小于 70 mm，工程上常为 100 mm。垫层主要用于保护坑底土体不被人为扰动和雨水浸泡，同时改善基础的施工条件。另外，扩展基础底板受力钢筋的最小直径不宜小于 10 mm，间距不应大于 200 mm，也不应小于 100 mm。墙下钢筋混凝土条形基础纵向分布钢筋的直径不应小于 8 mm，间距不应大于 300 mm，每延米分布钢筋的面积应不小于受力钢筋面积的 15%。当有垫层时，钢筋保护层的厚度不应小于 40 mm，无垫层时不应小于 70 mm。混凝土强度等级不应低于 C20，且应满足耐久性要求。

3.2 基础埋置深度选择

基础埋置深度（简称埋深）为基础底面至天然地面的距离，是地基基础设计中的重要步骤和环节，涉及结构物的牢固、稳定及正常使用的问题，关系地基基础方案的优劣、施工的难易和造价的高低。确定基础埋深的主要思想是必须把基础设置在变形较小、强度较高的持力层上，以保证地基强度满足要求，且不致产生过大的沉降或不均匀沉降；同时，还要使基础具有足够的埋置深度，以保证基础的稳定性。当然，影响基础埋深选择的因素很多，主要有建筑物自身特征、工程地质条件、水文地质条件、地基冻融条件及场地环境条件等。对于某一具体工程而言，往往仅有其中一两种因素起决定性作用，所以设计时，必须从实际出发，抓住影响埋深的主要因素，综合确定合理的埋置深度。一般而言，在满足强度、刚度及有关条件的前提下，基础应尽量浅埋。但不应浅于 0.5 m，一是地表土较松软，易受雨水及外界影响，不宜作持力层；二是基础顶面距天然地面的距离宜大于 100 mm，尽量避免基础外露，遭受外界的侵蚀及破坏。

3.2.1 建筑物自身特征

建筑物自身特征包括建筑物用途、类型、规模与性质，这些特征对建筑物的基础布置和型式提出了要求，也成为基础埋深选择的先决条件，例如必须设置地下室、带有地下设施、属于半埋式结构物等。

建筑物地基沉降引起的危害，随其结构类型不同而不同。坐落于土质地基上的高层建筑、对不均匀沉降有严格要求的建筑，在设计时，为了减小沉降，通常将基础埋置在较深的有良好承载力的土层中。同时，由于高层建筑荷载大，且又承受风力和地震作用等水平荷载，为了满足稳定性，在抗震设防区，除岩石地基外，天然地基上的箱形和筏形基础埋置深度不宜小于建筑物高度的 1/15；桩箱或桩筏基础埋置深度（不计桩长）不宜小于建筑物高度的 1/18～1/20。位于岩石地基上的高层建筑，其基础埋深应满足抗滑要求。高层建筑物中，电梯井底面一般自地面向下需至少 1.4 m 电梯缓冲坑，该处基础埋深可局部加大。输电塔等受有上拔力的基础，也需加大埋深以满足抗拔要求。电视塔、通信基站、烟囱、水塔等高耸结构的基础，则需满足抗倾覆稳定性要求。当建筑物内采用不同类型的基础时，如单层工业厂房排架柱基础与邻近的设备基础（如图 3-4），若两基础间的净距与其底面间的标高差不满足图中要求时，则应按埋深大的基础统一考虑。

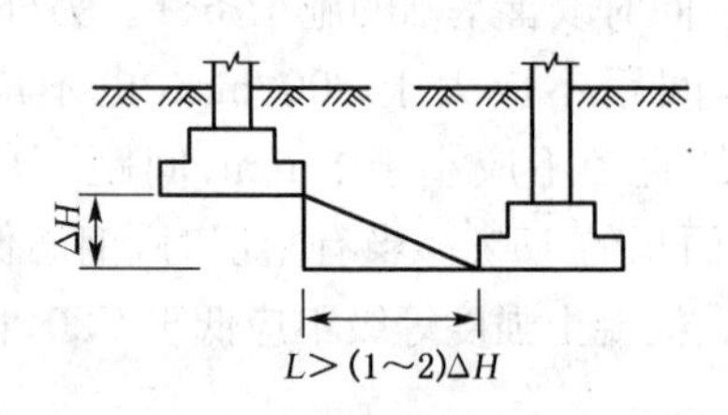

图 3-4 相邻基础的埋深

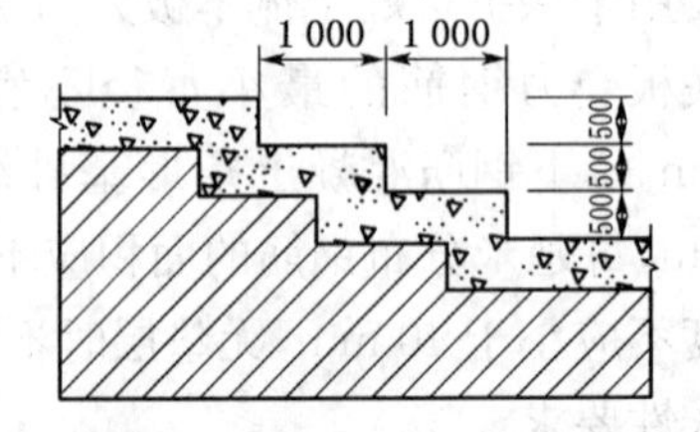

图 3-5 台阶形基础示意图

3.2.2 工程地质条件

工程地质条件是影响基础埋置深度的关键因素。一般来说，地基由多层土构成，直接支承基础的土层称为持力层，其下的各土层称为下卧层。当地基承载力和地基变形能满足建筑物的要求时，基础应尽量浅埋，利用浅层土作持力层。但需要考查是否存在软弱下卧层，若有则需考虑软弱下卧层的承载力和地基变形也应满足要求。

通常，将坚硬、硬塑或可塑状态的黏性土层，密实或中密状态的砂土层或碎石土层，以及属于低、中压缩性的其他土层视作良好土层；将软塑、流塑状态的黏土层，松散状态的砂土层，以及未经处理的填土和其他高压缩性土层视作软弱土层。这两类土层在基础作用范围内常见的分布组合有：

(1) 自上而下全是良好土层。此时，基础埋深可按其他条件和最小埋深共同确定。

(2) 自上而下全是软弱土层。此时，若建筑本身属于轻型建筑，则仍可按“(1)”确定；否则应综合比选其他非天然基础方案。

(3) 上部为软弱土层，下部为良好土层。此时，需根据上部软弱土层的厚度确定基础的埋深，当软弱土层小于 2 m 时，埋深应大于软弱土层厚度即基础埋置于良好土层内；而当软弱土层较厚时，可按“(2)”确定。

(4) 上部为良好土层，下部为软弱土层。此时，应选 3.1.2 节中所述“宽基浅埋”方案，我国东部沿海地区这种基础常见。

当地基土分界面不再水平时，同一建筑物的基础可选不同的埋深，以调整基础的不均匀沉降，各埋深不同的分段长度不应小于 1.0 m，底面标高差异不应大于 0.5 m，如图 3-5 所示。

基础在风化岩石层中的埋置深度应根据其风化程度、冲刷深度及相应的承载力来确定。如岩层表面倾斜时，应尽可能避免将基础同时置于基岩和土层中，以避免基础由于不均匀沉降而发生倾斜甚至断裂。

3.2.3 水文地质条件

建筑物基础的埋深还需考虑地下水埋藏条件、动态变化以及地表水的情况。当建筑物所建区域有地下水时，基础应尽量埋置在地下水位以上，避免地下水对基坑开挖、基础施工和使用期间的影响。当基础底面必须埋置在地下水位以下时，应考虑基坑排水、坑壁围护以及确保地基土不受扰动(不发生流砂、管涌)等施工和设计问题。此外，地下水的浮托力对基础底板内力也有不同程度的影响，在设计时应加以考虑。如果地下水有侵蚀性，还应采用抗侵蚀的水泥和其他相应措施。

对埋藏在承压含水层上的地基，选择基础埋深时必须考虑承压水的作用，以免在开挖基坑时坑底土被承压水冲破，从而引起突涌流砂现象。故须限制基坑开挖深度，满足坑底土的总覆盖压力 σ 大于承压含水层顶部的净水压力 u，一般取 $u/\sigma < 0.7$，如图 3-6 所示；当不能满足该要求时，应采取措施降低承压水头。σ、u 的具体意义，$\sigma = \sum \gamma_i h_i$，分别为各层土的重度，对于水位以下的土取饱和重度；h_i 为各覆盖层厚度；$u = \gamma_w h$，h 为按预估的最高承压水位确定，或以孔隙压力计确定。

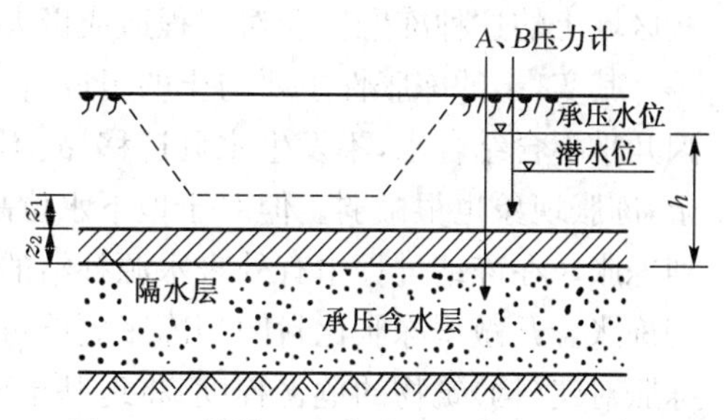

图 3-6 基坑下埋藏有承压含水层的情况

另外，地表流水也会影响建(构)筑物基础的埋深。如，桥梁墩台的修建使河水流速增加，引起水流对河床冲刷加剧，为防止冲刷导致基础四角和基底下土层脱空，基础必须埋置在设计洪水的最大冲刷线以下一定深度。一般来说，小的桥涵基础底面在设计洪水冲刷线以下不小于 1 m，大的桥梁基础则需综合考虑各种因素予以确定。

3.2.4 地基冻融条件

当地基土的温度低于0℃时，土中部分孔隙水将冻结形成冻土。根据时间连续性，冻土可分为季节性冻土和多年冻土。季节性冻土在冬季冻结夏季融化，每年冻融交替一次，土体也随着出现冻胀和融陷。土体冻胀是由于土层在冻结期，冻结区周围未冻结的土中水分逐步向冻结区迁移、集聚所致。具体来讲，弱结合水的外层在－0.5℃时冻结，越靠近土粒表面，其冰点越低，大约在－20～－30℃以下才能全部冻结。当大气负温传入土中时，土中的自由水首先冻结成冰晶体，弱结合水的最外层也开始冻结，使冰晶体逐渐扩大，于是冰晶体周围土粒的结合水膜变薄，土粒产生剩余的分子引力；另外，由于结合水膜的变薄，使得水膜中的离子浓度增加，产生渗附压力，在这两种引力的作用下，下面未冻结区水膜较厚处的弱结合水便被上吸到水膜较薄的冻结区，并参与冻结，使冻结区的冰晶体增大，而不平衡引力却继续存在。如果下面未冻结区存在着水源（如地下水位距冻结深度很近）及适当的水源补给通道（即毛细通道），能连续不断地补充到冻结区来，那么，未冻结区的水分（包括弱结合水和自由水）就会继续向冻结区迁移和积聚，使冰晶体不断扩大，在土层中形成冰夹层，土体随之发生隆起，出现冻胀现象。土体融陷是由于环境温度上升，土层开始解冻，土层中积聚的冻晶体融化，土体开始下陷。冻胀和融陷对基础均会造成不同程度的影响，位于冻胀区内的基础受到的冻胀力如果大于建（构）筑物基底以上的竖向荷载，基础就可能被抬起，造成门窗不能开启，甚至引起墙体开裂；当土体开始解冻时，土中水分高度集中，土体变得十分松软而引起融陷，这种融陷往往是不均匀的，容易引起建（构）筑物开裂、倾斜甚至倒塌。

在道路工程中，土体的冻胀使路基隆起，柔性路面出现鼓包、开裂，刚性路面出现错缝、折断。土体融陷后，在车辆反复碾压下，轻者路面变得松软，限制行车速度，重者路面开裂、冒泥，即翻浆现象，使路面完全破坏。

我国东北、华北和西北地区的季节性冻土厚度在0.5 m以上，最大的已达3 m左右。这些区域土的这种冻融性会对工程造成极大的危害，必须采取一定的措施。

其实，土的冻胀性主要与土的组成、含水量及地下水位高低等条件有关。对于粗粒土，因几乎不含结合水，不发生水分迁移，故不存在冻胀现象。对于含结合水量较少的坚硬黏性土，冻胀现象也很微弱。但对于地下水位高或通过毛细水可以补充冻结区的情况，将发生强烈冻胀。在冻结过程中有外来水源补给的称为开敞型冻胀；没有外来水源补给的称为封闭型冻胀。开敞型冻胀比封闭型冻胀更严重，冻胀量也较大。《建筑地基基础设计规范》根据冻胀对建（构）筑物的危害程度，将地基土冻胀性划分为不冻胀、弱冻胀、冻胀、强冻胀和特强冻胀五类。

基础处于不冻胀区可不考虑冻结深度的影响，反之则应满足最小埋深要求，可按下式确定：

$$d_{min} = z_d - h_{max} \tag{3-1}$$

式中：z_d——设计冻深；

h_{max}——基底下允许残留冻土层的最大厚度，可按《建筑地基基础设计规范》的5.1.7和附录G的相关规定确定。

此外，对于处于冻胀、强冻胀和特强冻胀地基上的建(构)筑物，还应采取相应的防冻害措施。

3.2.5 场地环境条件

基础埋于地表，经常受树木根系生长、各种生物活动、地表径流及气候条件的影响，故一般规定除岩石地基外，其埋深不宜小于0.5 m。

在靠近原有建筑物修建新基础时，为了保证在施工期间原有建筑物能正常使用以及安全，减小对原有建筑物的影响，新建建筑物的基础埋深不宜大于原有建筑基础，不然新老基础间应保持一定净距，其数值应根据原有建筑物荷载大小、基础形式、土质情况及结构刚度大小而定，且不宜小于该相邻两基础底面高差的1～2倍，如图3-4所示。当无法满足这一要求时，应采取相关措施，如分批施工、设置临时加固支撑或板桩支撑、设置地下连续墙等。

建筑物外墙常有上下水、煤气等各种管道穿行，这些管道的标高往往受城市管网的控制，不易改变，而这些管道一般不可以设置在基础底面以下，故需采取相应措施，如对该处墙基础进行局部加深等。

位于稳定土坡坡顶的建筑，最靠近土坡边缘的基础与土坡边缘的距离应满足一定的要求。当垂直于坡顶边缘线的基础底面边长小于或等于3 m时，该距离应符合下式要求，但不应小于2.5 m。

(1) 条形基础

$$a \geqslant 3.5b - \frac{d}{\tan\beta} \tag{3-2}$$

(2) 矩形基础

$$a \geqslant 2.5b - \frac{d}{\tan\beta} \tag{3-3}$$

式中符号含义如图3-7所示。当不满足上述要求或β大于45°、坡高大于8 m时，应进行地基稳定性验算。

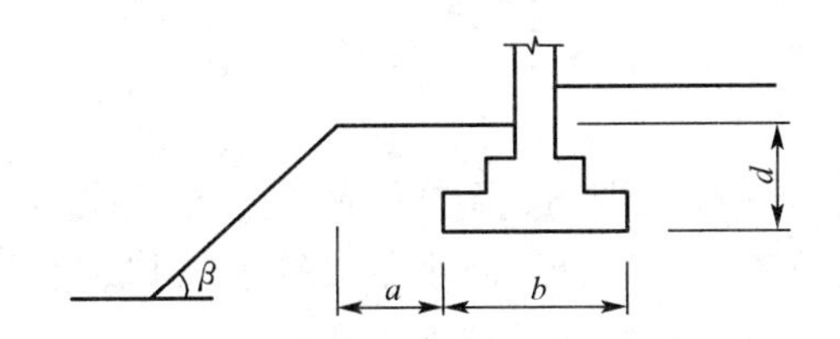

图3-7 基础底面外边缘线至坡顶的水平距离

【例3-1】 某冻土地区，设计冻深为1.4 m，允许残留最大厚度为0.95 m，问最小基础埋深取多少？

【解】 根据$d_{min} = z_d - h_{max}$，可知d_{min}为0.45 m，但非岩石区不得小于0.5 m，故最小基础埋深取0.5 m。

3.3 地基承载力

地基承载力是单位面积地基土所承受荷载的能力。在确定了基础类型及其埋深后,需要进行基础几何尺寸选定,就必须了解地基承载力。在工程实践中,通常以地基承载力特征值进行各级各类建筑物浅基础承载力验算的参照标准,因为地基承载力特征值反映了建筑物沉降量不超过允许值时的地基承载力,即该值同时具有强度和变形属性。由此可以看出,地基承载力特征值不是定值,其取值与建筑物沉降允许值有关。对于同一种土,建筑物允许沉降量越大,地基承载力特征值就越大;反之,则越小。若不允许建筑物发生沉降,地基承载力特征值则为零。

3.3.1 地基承载力特征值确定

确定地基承载力特征值通常有四种方法:①根据土的抗剪强度指标进行理论计算;②由现场载荷试验曲线确定;③按规范经验值确定;④在地质条件基本相同的情况下,参照邻近工程的经验数据确定。在工程实践中,需根据地基基础的设计等级、场地地质条件等综合考虑选择适当方法,有时可按多种方法综合选定。

1) 按土的抗剪强度指标以理论公式计算

(1) 地基极限承载力理论公式

20 世纪 20 年代开始,国内外就有很多学者开始研究地基极限承载力,形成了丰富的成果。如,Prandtl、Terzaghi、Meyerhof、Hansen、Vesic、Березанцев、Skempton 和沈珠江等。其中 Hansen 和 Vesic 公式能考虑多种因素,包括基础底面的形状、偏心和倾斜荷载、基础两侧覆盖层的抗剪强度、基底和地面倾斜、土的压缩性影响等。这些理论公式计算所得为地基极限承载力 p_u,不能直接用于工程中,还需考虑安全系数 K,其取值与建筑物的安全等级、荷载的性质、土的抗剪强度指标的可靠程度以及地基条件等因素有关,对长期承载力一般取 $K=2\sim3$。因此,地基承载力特征值可用下式计算:

$$f_a = p_u/K \tag{3-4}$$

(2) 规范甄选公式

各国规范根据本国行业实际情况,选择了合适的公式,并提出了相关修订方法。我国《建筑地基基础设计规范》推荐,当偏心距(e)小于或等于 0.033 倍基础底面宽度时,根据土的抗剪强度指标确定地基承载力特征值可按下式计算,并应满足变形要求:

$$f_a = M_b\gamma b + M_d\gamma_m d + M_c c_k \tag{3-5}$$

式中:f_a——由土的抗剪强度指标确定的地基承载力特征值(kPa);

M_b、M_d、M_c——承载力系数,按表 3-3 确定;

γ——基底以下土的重度,地下水以下取有效重度;

γ_m——基底以上土的加权平均重度,地下水以下取有效重度;

b——基础底面宽度(m),大于 6 m 时按 6 m 取值,对于砂土小于 3 m 时按 3 m 取值;

d——基础埋深；

φ_k、c_k——基底下一倍短边宽度的深度范围内土的内摩擦角(°)和黏聚力标准值(kPa)。

表 3-3 承载力系数 M_b、M_d、M_c

土的内摩擦角标准值 φ_k(°)	M_b	M_d	M_c
0	0	1.00	3.14
2	0.03	1.12	3.32
4	0.06	1.25	3.51
6	0.10	1.39	3.71
8	0.14	1.55	3.93
10	0.18	1.73	4.17
12	0.23	1.94	4.42
14	0.29	2.17	4.69
16	0.36	2.43	5.00
18	0.43	2.72	5.31
20	0.51	3.06	5.66
22	0.61	3.44	6.04
24	0.80	3.87	6.45
26	1.10	4.37	6.90
28	1.40	4.93	7.40
30	1.90	5.59	7.95
32	2.60	6.35	8.55
34	3.40	7.21	9.22
36	4.20	8.25	9.97
38	5.00	9.44	10.80
40	5.80	10.84	11.73

实际工程中，当地基持力层透水性和排水性条件不良时，由于建筑施工速度较快，荷载快速增加，地基土无法充分排水固结而发生破坏。为了避免发生工程事故，应采用土的不排水抗剪强度计算分析，即不排水内摩擦角 $\varphi_u = 0$。查表可知，$M_b = 0$，$M_d = 1$，$M_c = 3.14$，而 c_k 可变为 c_u（土的不排水强度），此时式(3-5)可变为计算土短期承载力公式：

$$f_a = \gamma_m d + 3.14 c_u \tag{3-6}$$

按土的抗剪强度指标计算地基承载力时，土的抗剪强度指标的取值至关重要，故一般取原状土样进行多次（至少 6 组）三轴试验测得的强度指标。除了与土的强度指标密切相关外，地基承载力还与基础的大小、形状、埋深及荷载类别等多种因素有关，如饱和软土内摩擦角为零，承载力计算公式同式(3-6)，由该式可知增大基础底面积不能提高地基承载力，但如果土的内摩擦角大于零，由式(3-5)可知此时增大基础底面积却能提高地基承载力。

虽然从式(3-5)可以看出增加基础埋深可以提高地基承载力，但对于扩展基础而言，增大基础埋深必然导致基础自重和回填土重量的增加，增加的重量与增加的地基承载力大部分情况相互抵消了，故增加基础埋深不能明显提高地基承载力。

按式(3-5)和式(3-6)确定的地基承载力并没有考虑建筑物对地基变形的要求，故在后期设计时还需要进行地基变形验算。

此外，我国《港口工程技术规范》、《公路桥涵地基与基础设计规范》以及部分地区性地基基础规范都提出了不同的计算公式，应视具体工程情况选择合适的计算方法。

2) 按现场载荷试验确定

地基土现场载荷试验属于原位测试的一种，是在工程现场通过千斤顶逐级对置于地基土上的载荷板施加荷载，观测记录沉降随时间的发展以及稳定时的沉降量 s，将得到的各级荷载与相应的稳定沉降量绘制成 $p-s$ 曲线，根据该曲线确定地基承载力。载荷试验包括浅层平板载荷试验(适用于浅层地基)、深层平板试验和螺旋板载荷试验(适用于深层地基)。

对于密实砂土、较硬的黏性土等低压缩性土，其 $p-s$ 曲线通常有较明显的起始直线段和极限值，属于急进破坏的"陡降型"，如图 3-8(a)所示。从安全角度出发，"陡降型"曲线的土的承载力特征值一般取曲线的比例界限荷载(图中 p_1)。其实，比例界限荷载对应的变形量很小，一般均满足建筑物的沉降要求，此时离破坏荷载(图中 p_u)也有一段距离，有一定安全储备；当然也存在某些少量"脆性"破坏的土，从 p_1 发展到破坏(极限荷载 p_u)过程较短，如果 $p_u < 2.0p_1$，则取 $p_u/2$ 作为地基承载力特征值。

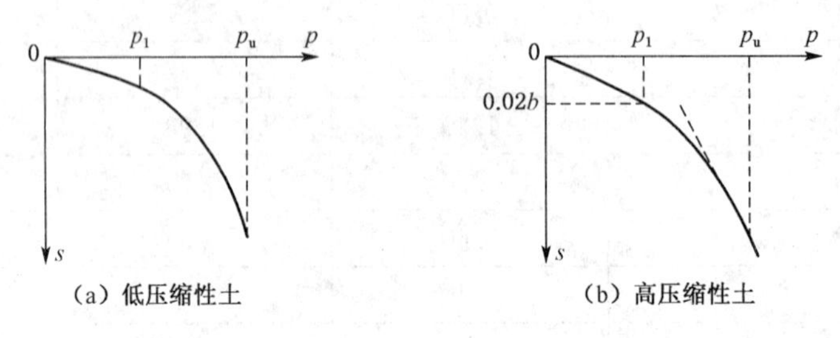

图 3-8 按载荷试验成果确定地基承载力基本值

对于松砂、较软的黏性土，其 $p-s$ 曲线并无明显转折点，但曲线的斜率随荷载的增大而逐渐增大，最后稳定在某个最大值，即呈渐进性破坏的"缓变型"，如图 3-8(b)，此时，极限荷载可取曲线斜率开始到达最大值时所对应的荷载。但此时要取得 p_u值，必须把载荷试验进行到载荷板有很大的沉降，而实践中往往因受加荷设备的限制，或出于对试验安全的考虑，不便使沉降过大，因而无法取得 p_u值。此外，对中、高压缩性土，地基承载力往往受建筑物基础沉降量的控制，故应从允许沉降的角度出发来确定承载力。规范总结了许多实测资料，当承压板面积为 $0.25 \sim 0.5\,m^2$ 时，可取 $s/b = 0.01 \sim 0.015$ 所对应的荷载为承载力特征值(b 为承压板的宽度)，但其值不应大于最大加载量的一半。

3) 按规范经验值确定

之前，我国地方规范根据本地区野外勘探情况给出了土性鉴别和室内物理、力学指标，或由现场动力触探试验锤击数查取地基承载力特征值 f_{ak}的表格，这些数据是基于大量试验数据回归分析并结合地区经验编制的。但新的地基规范去除了这些表格，建议地基承载力特征值可由载荷试验或其他原位测试、公式计算，并结合工程实践经验等方法综合确定。

当基础宽度大于 3 m 或埋置深度大于 0.5 m 时，从载荷试验或其他原位测试、经验值等方法确定的地基承载力特征值，需要按式(3-7)进行修正。

$$f_a = f_{ak} + \eta_b \gamma (b - 3) + \eta_d \gamma_m (d - 0.5) \tag{3-7}$$

式中：f_a——修正后的地基承载力特征值。

f_{ak}——由载荷试验或其他原位测试、经验等方法确定的地基承载力特征值。

η_b、η_d——基础宽度和埋深的地基承载力修正系数，按基底下土类查表 3-4。

γ——基础底面以下土的重度，地下水位以下取有效重度。

b——基础底面宽度(m)，当基础底面宽度小于 3 m 时按 3 m 取值，大于 6 m 时按 6 m 取值。

γ_m——基础底面以上土的加权平均重度，地下水位以下取有效重度。

d——基础埋置深度(m)，一般自室外地面算起。在填方整平地区，可自填土地面标高算起，但填土在上部结构施工后完成时，应从天然地面标高算起。对于地下室，如采用箱形基础或筏基时，基础埋置深度自室外地面标高算起；如果采用独立基础或条形基础时，应从室内地面标高算起。

表 3-4 承载力修正系数

土的类别		η_b	η_d
淤泥和淤泥质土		0	1.0
人工填土 e 或 I_L 大于等于 0.85 的黏性土		0	1.0
红黏土	含水比 $\alpha_w > 0.8$	0	1.2
	含水比 $\alpha_w \leqslant 0.8$	0.15	1.4
大面积压实填土	压实系数大于 0.95、黏粒含量 $\rho_c \geqslant 10\%$ 的粉土	0	1.5
	最大干密度大于 2.1 t/m^3 的级配砂石	0	2.0
粉土	黏粒含量 $\rho_c \geqslant 10\%$ 的粉土	0.3	1.5
	黏粒含量 $\rho_c < 10\%$ 的粉土	0.5	2.0
e 及 I_L 均小于 0.85 的黏性土		0.3	1.6
粉砂、细砂(不包括很湿与饱和的稍密状态)		2.0	3.0
中砂、粗砂、砾砂和碎石土		3.0	4.4

注：①强风化和全风化的岩石，可参照所风化成的相应土类取值，其他状态下的岩石不修正。
② 地基承载力特征值按规范深层平板载荷试验确定时 η_d 取 0。
③ 含水比是指土的天然含水量与液限的比值。
④ 大面积压实填土是指填土范围大于 2 倍基础宽度的填土。

4) 按近场工程经验值确定

一般在拟建场地附近，常有不同时期建造的各类建筑物。这些建筑的结构类型、基础形式、地基条件和使用现状等，对确定拟建场地的地基承载力具有一定的参考价值。

当然，如果以已建建筑经验确定承载力时，需要全面了解拟建场地是否存在人工填土、暗浜或暗沟、土洞、软弱夹层等不利情况。对于地基持力层，可以通过现场开挖，再根据土的类别和状态估计地基承载力。最后还需在基坑开挖验槽时进行验证。

【例 3-2】 某场地地表土为中砂，厚度为 1.8 m，重度为 18.9 kN/m^3，承载板试验测得

f_{ak} 为 220 kPa;中砂层下为粉质黏土,重度为 18.0 kN/m³,饱和重度为 19.3 kN/m³,$\varphi_k=22°$、$c_k=12$ kPa,地下水位 2 m 处,此处要修建基础地面尺寸为 2.5 m×2.8 m,试确定当基础埋深分别为 0.8 m 和 2 m 时持力层的承载力特征值。

【解】 (1) 基础埋深 0.8 m

持力层为中砂,因基础埋深 0.8 m>0.5 m,需进行修正,查表得 $\eta_b=3$,$\eta_d=4.4$,代入式(3-7),即

$$\begin{aligned} f_a &= f_{ak}+\eta_b\gamma(b-3)+\eta_d\gamma_m(d-0.5) \\ &= 220+3\times18.9\times(3-3)+4.4\times18.9\times(0.8-0.5) \\ &= 245\ \text{kPa} \end{aligned}$$

(2) 基础埋深 2 m

当埋深为 2 m 时,基础持力层为粉质黏土,此时题目已知为土的力学指标,可根据式(3-5)来确定地基承载力特征值。由 $\varphi_k=22°$ 查表 3-3 可知,$M_b=0.61$,$M_d=3.44$,$M_c=6.04$。由于基础底面有地下水,故取有效重度,基础底面以上有两层土,需取平均重度,即

$$\gamma'=19.3-10=9.3\ \text{kN/m}^3$$

$$\gamma_m=(18.9\times1.8+18\times0.2)/2=18.81\ \text{kN/m}^3$$

$$\begin{aligned} f_a &= M_b\gamma b+M_d\gamma_m d+M_c c_k \\ &= 0.61\times9.3\times2.5+3.44\times18.81\times2+6.04\times12 \\ &= 216\ \text{kPa} \end{aligned}$$

3.3.2 地基变形验算

在上节中所述地基承载力特征值,是建筑物对地基的强度要求,即能防止地基剪切破坏,至于地基变形方面却无法保证。而建筑物的刚度要求其实不可忽略,若地基变形超出了允许范围,通常需降低地基承载力特征值,以满足变形的要求,保证建筑物的正常使用和安全可靠。

通常,在设计计算中,先确定持力层承载力特征值,再选定基础底面面积,最后根据需要验算地基变形,使地基变形计算值不大于地基变形允许值。地基变形值其实又有平均沉降量、沉降差、倾斜和局部倾斜四种类型,见表 3-5。其中,沉降量指独立基础或刚性特别大的基础中心的沉降量;沉降差指两相邻独立基础中心点沉降量之差;倾斜指独立基础在倾斜方向两端点的沉降差与其距离的比值;局部倾斜指砌体承重结构沿纵向 6~10 m 内基础两点的沉降差与其距离的比值。

表 3-5 地基变形特征示意表

地基变形指标	图 例	计算方法
沉降量	s_1	s_1 基础中点沉降值

续表 3-5

地基变形指标	图　例	计算方法
沉降差	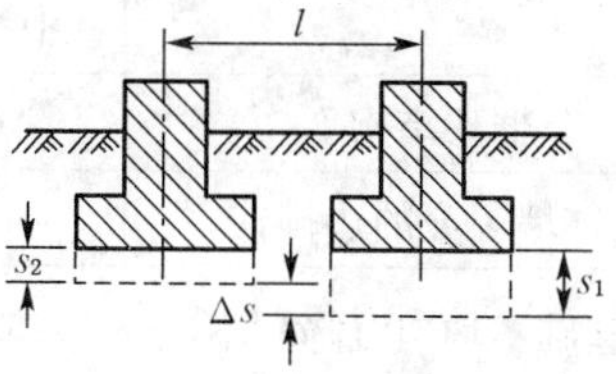	两相邻独立基础沉降值之差 $\Delta s = s_1 - s_2$
倾斜	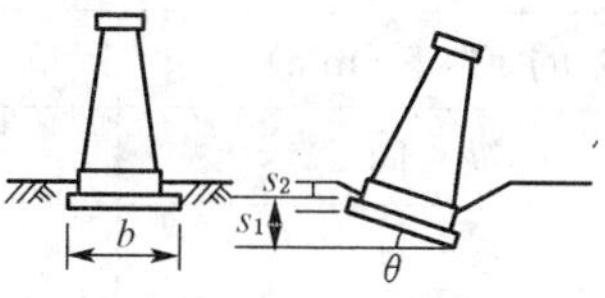	$\tan\theta = \frac{s_1 - s_2}{b}$
局部倾斜	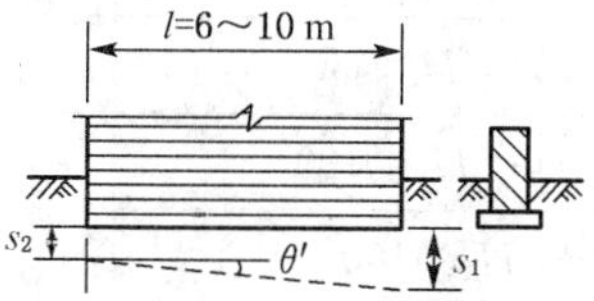	$\tan\theta' = \frac{s_1 - s_2}{l}$

在计算地基变形时，对于砌体承重结构应由局部倾斜值控制，因为砌体承重结构对地基的不均匀沉降是很敏感的，其墙体极易产生呈 45°左右的斜裂缝，如果中部沉降大，墙体正向挠曲，裂缝呈正八字形开展；反之，两端沉降大，墙体反向挠曲，裂缝呈反八字形开展。对于框架结构和单层排架结构应由相邻柱基的沉降差控制，因为框架结构相邻两基础的沉降差过大，将引起结构中梁、柱产生较大的次应力，而在常规设计中，梁、柱的截面确定及配筋是没有考虑这种应力影响的；对于有桥式吊车的厂房，如果沉降差过大，将使吊车梁倾斜（厂房纵向）或吊车桥倾斜（厂房横向），严重者吊车卡轨，基至不能正常使用。对于多层或高层建筑和高耸结构应由倾斜值控制，必要时尚应控制平均沉降量。因为这类结构物的重心高，基础倾斜使重心移动引起的附加偏心矩，不仅使地基边缘压力增加而影响其倾覆稳定性，而且还会导致结构物本身的附加弯矩；另一方面，高层建筑物、高耸结构物的整体倾斜将引起人们视觉上的关注，造成恐惧。

另外，有时还需分别预估建筑物在施工期间和使用期间的地基变形值，以便预留建筑物有关部分之间的净空，选择连接方法和施工顺序。

地基变形允许值，需根据建筑物的特点和具体使用要求、对地基不均匀沉降的敏感程度以及结构强度储备要求等因素进行确定。规范建议建筑物的地基变形应按表 3-6 中的规定采用。对表中未包括的建筑物，其地基变形允许值应根据上部结构对地基变形的适应能力和使用上的要求确定。

表 3-6　建筑物的地基变形允许值

变　形　特　征	地基土类别	
	中、低压缩性土	高压缩性土
砌体承重结构基础的局部倾斜	0.002	0.003

续表 3-6

<table>
<tr><th colspan="2" rowspan="2">变 形 特 征</th><th colspan="2">地基土类别</th></tr>
<tr><th>中、低压缩性土</th><th>高压缩性土</th></tr>
<tr><td rowspan="3">工业与民用建筑相邻柱基的沉降差</td><td>框架结构</td><td>$0.002l$</td><td>$0.003l$</td></tr>
<tr><td>砌体墙填充的边排柱</td><td>$0.000\,7l$</td><td>$0.001l$</td></tr>
<tr><td>当基础不均匀沉降时不产生附加应力的结构</td><td>$0.005l$</td><td>$0.005l$</td></tr>
<tr><td colspan="2">单层排架结构(柱距为 6 m)柱基的沉降量(mm)</td><td>(120)</td><td>200</td></tr>
<tr><td rowspan="2">桥式吊车轨面的倾斜(按不调整轨道考虑)</td><td>纵 向</td><td colspan="2">0.004</td></tr>
<tr><td>横 向</td><td colspan="2">0.003</td></tr>
<tr><td rowspan="4">多层和高层建筑的整体倾斜</td><td>$H_g \leqslant 24$</td><td colspan="2">0.004</td></tr>
<tr><td>$24 < H_g \leqslant 60$</td><td colspan="2">0.003</td></tr>
<tr><td>$60 < H_g \leqslant 100$</td><td colspan="2">0.002 5</td></tr>
<tr><td>$H_g > 100$</td><td colspan="2">0.002</td></tr>
<tr><td colspan="2">体型简单的高层建筑基础的平均沉降量(mm)</td><td colspan="2">200</td></tr>
<tr><td rowspan="6">高耸结构基础的倾斜</td><td>$H_g \leqslant 20$</td><td colspan="2">0.008</td></tr>
<tr><td>$20 < H_g \leqslant 50$</td><td colspan="2">0.006</td></tr>
<tr><td>$50 < H_g \leqslant 100$</td><td colspan="2">0.005</td></tr>
<tr><td>$100 < H_g \leqslant 150$</td><td colspan="2">0.004</td></tr>
<tr><td>$150 < H_g \leqslant 200$</td><td colspan="2">0.003</td></tr>
<tr><td>$200 < H_g \leqslant 250$</td><td colspan="2">0.002</td></tr>
<tr><td rowspan="3">高耸结构基础的沉降量(mm)</td><td>$H_g \leqslant 100$</td><td colspan="2">400</td></tr>
<tr><td>$100 < H_g \leqslant 200$</td><td colspan="2">300</td></tr>
<tr><td>$200 < H_g \leqslant 250$</td><td colspan="2">200</td></tr>
</table>

注:① 本表数值为建筑物地基实际最终变形允许值。
② 有括号者仅适用于中压缩性土。
③ l 为相邻柱基的中心距离(mm);H_g为自室外地面起算的建筑物高度(m)。
④ 倾斜指基础倾斜方向两端点的沉降差与其距离的比值。
⑤ 局部倾斜指砌体承重结构沿纵向 6~10 m 内基础两点的沉降差与其距离的比值。

建筑物如果发生的是均匀沉降,即便沉降量较大,也不会对结构本身造成损坏,但有可能会影响建筑物的正常使用,或对邻近建(构)筑物及相关其他设施(各种管网)造成损坏。

砌体承重结构、框架结构和单层排架结构的整体刚度不大,往往容易发生地基的不均匀沉降,其结构对不均匀沉降很敏感,因为这些结构的不均匀沉降会造成墙体的挠曲、构件受剪扭曲而损坏。因此,这些结构的地基变形由沉降差控制。

高耸结构和高层建筑的整体刚度较大,其地基变形由建筑物的整体倾斜控制,必要时应控制平均沉降量。地基土层分布不均匀及邻近建筑物的影响往往是此类建筑物倾斜的重要原因。这类建筑物的重心高，地基倾斜使其重心侧向移动引起偏心荷载，影响倾覆稳定性并产生附加弯矩。因此，随着结构高度的增加，倾斜允许值变小。目前，高层建筑横向整体倾斜允许值主要取决于人们视觉的敏感程度，人们能察觉的倾斜值大致为1/250，而造成结构损坏却大致为1/150。

到目前为止，各种地基沉降计算方法还比较粗糙，对土层特性明确、结构简单的建筑物尚可；但对于重要或复杂，或对不均匀沉降有严格控制要求的建筑物，则应进行系统的地基沉降观测。通过观测，一方面，可以修正沉降计算；另一方面，可以提前预测沉降发展变化，判断最终沉降是否满足要求，若不能可提前采取措施。

此外，建筑物的沉降不是一蹴而就的，施工结束后还有很长一段发展变化过程，有时出于使用功能，需预留建筑物有关部位的净空，这就要了解施工期间沉降量和最终沉降量的关系，对于砂土可认为施工阶段完成80%以上的沉降，对于压缩性土可认为完成了50%～80%，对于中压缩性土可认为完成20%～50%，对于高压缩性土可认为完成5%～20%。

当地基变形计算值大于允许值时，可考虑增大基底面积，调整基底形心位置或埋深，如仍然不能满足要求，可再考虑从建筑、结构、施工等方面采取有效措施以防止沉降对建筑物的损害，以致改用其他地基基础设计方案。

3.4 地基验算及基础尺寸确定

3.4.1 地基承载力验算

前文中已经提到，直接支承基础的地基土层称为持力层，在持力层下面的各土层称为下卧层，若某下卧层承载力较持力层承载力低，则称为软弱下卧层。地基承载力的验算应进行持力层的验算和软弱下卧层的验算。下面先介绍持力层的验算。

1）轴心荷载作用

各级各类建筑物浅基础的地基承载力验算需满足基底平均压力不得大于修正后的地基承载力特征值。即

$$p_k \leqslant f_a \tag{3-8}$$

式中：f_a——修正后的地基承载力特征值；

p_k——荷载效应标准组合值，$p_k = (F_k + G_k)/A$；

A——基础底面面积；

F_k——上部结构传至基础顶面的竖向力值；

G_k——基础自重和基础上的土重，对一般实体基础，可近似地取 $G_k = \gamma_G Ad$（γ_G 为基础及回填土的平均重度，可取 $\gamma_G = 20\,\text{kN/m}^3$），但在地下水位以下部分应扣去浮托力。

因此，基础底面面积计算公式为：

$$A \geqslant F_k/(f_a - \gamma_G d + \gamma_w h_w) \tag{3-9}$$

在利用上式设计基础底面尺寸时，需先假定深度，对地基承载力特征值进行深度修正，然后算得基底宽度 b，判断是否需要对地基承载力特征值进行宽度修正。若需要修正，修正后重新按式(3-9)计算基底宽度，如此迭代一两次即可。最后所得的基底尺寸 b 和 l 往往取 100 mm 的倍数。

【例 3-3】 某场地持力层为黏土，重度为 18 kN/m^3，孔隙比为 0.68，液性指数为 0.78，地基承载力特征值 f_{ak} 为 240 kPa。现修建一柱下独立基础，柱底轴心荷载为 850 kN，基础埋深选取 1 m(室外地坪起算)，而室内地面比室外地面高 0.2 m，地下水位于室外地面下 2 m。试确定方形基础底面尺寸。

【解】 承载力特征值需进行深度修正，查表 3-4 可知深度修正系数取 1.6，故

$$\begin{aligned} f_a &= f_{ak} + \eta_d \gamma_m (d - 0.5) \\ &= 240 + 1.6 \times 18 \times (1 - 0.5) \\ &= 254.4 \text{ kPa} \end{aligned}$$

由于室内外地坪高度不同，算 G_k 时一般可取平均基础埋深 $(1+1.2)/2 = 1.1$ m，按式(3-9)计算可得：

$$A \geqslant 850/(254.4 - 20 \times 1.1) = 3.66 \text{ m}^2 \text{，边长为 } 1.91 \text{ m}$$

故可取基础宽度为 2 m，小于 3 m 不必进行承载力宽度修正。

2）偏心荷载作用

工程实践中，有时基础不仅承受轴心竖向荷载，还可能承受柱、墩等传来的弯矩及水平作用，即此时基础需承受偏心荷载作用。如果地基承载力特征值是通过 Hansen 和 Vesic 公式计算获得，由于这两个公式已经考虑了荷载偏心、基础倾斜引起的地基承载力折减，故承载力特征值只需满足式(3-8)即可。如果地基承载力特征值是按其他方法确定的，则其除了满足式(3-8)外，还需满足下式：

$$p_{kmax} \leqslant 1.2 f_a \tag{3-10}$$

式中：p_{kmax}——相应于作用的标准组合时，按直线分布假定计算的基底边缘处的最大压力值。

对于常见单向偏心矩形基础，当偏心距 $e \leqslant b/6$（b 为力矩作用方向基础底面边长）时，基底最大压力可按下式计算：

$$p_{kmax} = \frac{F_k + G_k}{A} + \frac{M_k}{W} \tag{3-11}$$

$$p_{kmin} = \frac{F_k + G_k}{A} - \frac{M_k}{W} \tag{3-12}$$

式中：M_k——相应于作用的标准组合时，作用于基础底面的力矩值(kN·m)；

W——基础底面的抵抗矩(m^3)；

p_{kmin}——相应于作用的标准组合时，基础底面边缘的最小压力值(kPa)。

当基础底面形状为矩形且偏心距 $e > b/6$ 时(图 3-9)，p_{kmax} 应按下式计算：

$$p_{kmax}=\frac{2(F_k+G_k)}{3la} \tag{3-13}$$

式中：l——垂直于力矩作用方向的基础底面边长(m)；

a——合力作用点至基础底面最大压力边缘的距离(m)。

在进行地基承载力验算和基础底面尺寸确定时，可按下述步骤进行：

(1) 假定基础深度，进行地基承载力特征值深度修正。

(2) 根据荷载偏心情况，将按轴心荷载作用计算得到的基底面积增大10%～40%。

(3) 选取基底长边与短边比值，计算具体的长短边长。

(4) 判断是否需要进行地基承载力宽度修正，如需要则在承载力宽度修正后，重复步骤(2)、(3)，使宽度前后一致。

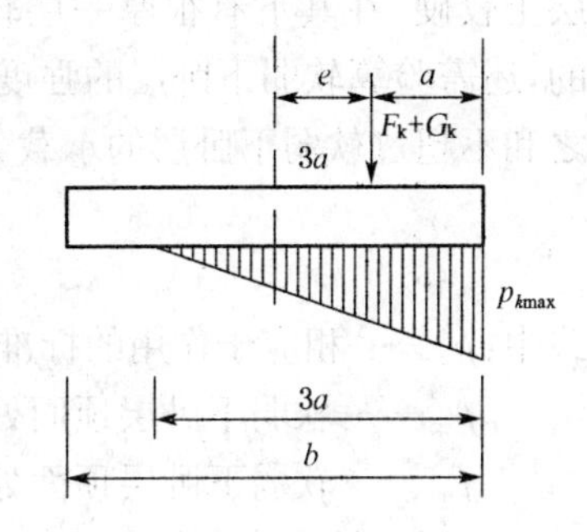

图3-9 偏心荷载($e>b/6$)下基底压力计算示意图

(5) 计算偏心距和基底最大压力，判断是否满足要求。若不满足可调整长短边比值，重复步骤一两次，便可确定出合适的尺寸。

【例3-4】 同例3-3，但作用在基础顶面处的荷载还有150 kN·m和水平荷载30 kN，基础厚0.6 m，试确定矩形基础底面尺寸。

【解】 (1) 初步确定基础底面尺寸

考虑是偏心荷载，初步将基底面积放大20%，即

$$A=1.2\times850/(254.4-20\times1.1)=4.4\ \text{m}^2$$

先假定取长短边之比为2，那么

$$b=\sqrt{A/n}=\sqrt{4.4/2}\approx1.5\ \text{m}\ ,\ l=2\times1.5=3\ \text{m}$$

由于宽度不超过3 m，故无需进行宽度修正。

(2) 计算荷载偏心距

基底处的总竖向力：$F_k+G_k=850+20\times1.5\times3\times1.1=949\ \text{kN}$

基底处的总力矩：$M_k=150+30\times0.6=168\ \text{kN}$

偏心距：$e=M_k/(F_k+G_k)=168/949=0.177\ \text{m}<1.5/6=0.25\ \text{m}$

(3) 基底最大压力

$$\begin{aligned}p_{kmax}&=\frac{F_k+G_k}{bl}\left(1+\frac{6e}{l}\right)=\frac{949}{1.5\times3}\left(1+\frac{6\times0.177}{3}\right)\\&=285.5\ \text{kPa}<1.2f_a=305\ \text{kPa}\end{aligned}$$

所以，基底尺寸为1.5 m×3.0 m。

3.4.2 地基软弱下卧层承载力验算

建筑场地土大多数是成层的，一般土层的强度随深度而增加，而外荷载引起的附加应力

则随深度而减小，因此，正常情况只要基础底面持力层承载力满足设计要求即可。然而，当持力层较薄，在持力层以下受力层范围内存在软弱土层，其承载力很低（如我国沿海地区表层土较硬，在其下有很厚一层较软的淤泥、淤泥质土层），此时仅满足持力层的要求是不够的，还需验算软弱下卧层的强度，要求传递到软弱下卧层顶面处土体的附加应力与自重应力之和不超过软弱下卧层的承载力特征值，即：

$$p_z + p_{cz} \leqslant f_{az} \tag{3-14}$$

式中：p_z——相应于作用的标准组合时，软弱下卧层顶面处的附加压力值（kPa）；

p_{cz}——软弱下卧层顶面处土的自重压力值（kPa）；

f_{az}——软弱下卧层顶面处经深度修正后的地基承载力特征值（kPa）。

根据弹性半空间体理论，下卧层顶面土体的附加应力，在基础中轴线处最大，向四周扩散呈非线性分布，如果考虑上下层土的性质不同，应力分布规律将十分复杂。《地基规范》通过试验研究并参照双层地基中附加应力分布的理论解答提出了以下简化方法：当持力层与下卧软弱土层的压缩模量比值 $E_{s1}/E_{s2} \geqslant 3$ 时，对矩形和条形基础，式(3-14)中 p_z 可按压力扩散角的概念计算。如图 3-10 所示，假设基底处的附加压力（$p_0 = p_k - p_c$）在持力层内往下传递时按某一角度 θ 向外扩散，且均匀分布于较大面积上，根据扩散前作用于基底平面处附加压力合力与扩散后作用于下卧层顶面处附加压力合力相等的条件，得到 p_z 的表达式如下：

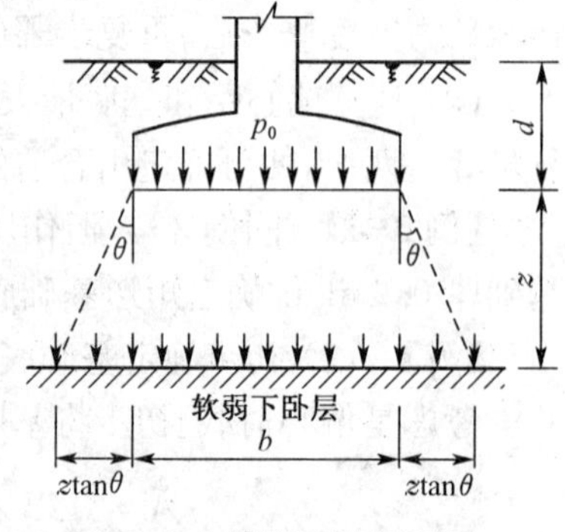

图 3-10 软弱下卧层顶面附加应力计算

矩形基础

$$p_z = \frac{lb(p_k - p_c)}{(b + 2z\tan\theta)(l + 2z\tan\theta)} \tag{3-15}$$

条形基础

$$p_z = \frac{b(p_k - p_c)}{b + 2z\tan\theta} \tag{3-16}$$

式中：b——矩形基础或条形基础底边的宽度（m）；

l——矩形基础底边的长度（m）；

p_c——基础底面处土的自重压力值（kPa）；

z——基础底面至软弱下卧层顶面的距离（m）；

θ——地基压力扩散线与垂直线的夹角（°），可按表 3-7 采用。

按双层地基中应力分布的概念，当上层土较硬、下层土软弱时，应力分布将向四周更为扩散。也就是说，持力层与下卧层的模量比 E_{s1}/E_{s2} 越大，应力扩散越快，故 θ 值越大。另外，按均质弹性体应力扩散的规律，荷载的扩散程度随深度的增加而增加，表 3-7 中的压力扩散角 θ 的大小就是根据这种规律确定的。

表 3-7 地基压力扩散角 θ

E_{s1}/E_{s2}	z/b	
	0.25	0.50
3	6°	23°
5	10°	25°
10	20°	30°

注:① E_{s1} 为上层土压缩模量;E_{s2} 为下层土压缩模量。
② $z/b < 0.25$ 时取 $\theta = 0°$,必要时,宜由试验确定;$z/b > 0.50$ 时 θ 值不变。
③ z/b 在 $0.25 \sim 0.50$ 之间可插值使用。

从上两式中可以看出,若要减小作用与软弱下卧层表面的附加应力,可加大基底面积或减少基础埋深。但需要注意的是,加大基底面积会增加附加应力影响深度,从而使软弱下卧层沉降量反而增加;而减小基础埋深却可以使基底到软弱下卧层的距离增加,使附加应力在软弱下卧层中的影响变小,基础沉降量也随之减小。因此,当存在软弱下卧层时,基础宜浅埋,这样不仅使上层持力层充分发挥应力扩散作用,同时也减小了基础的沉降。

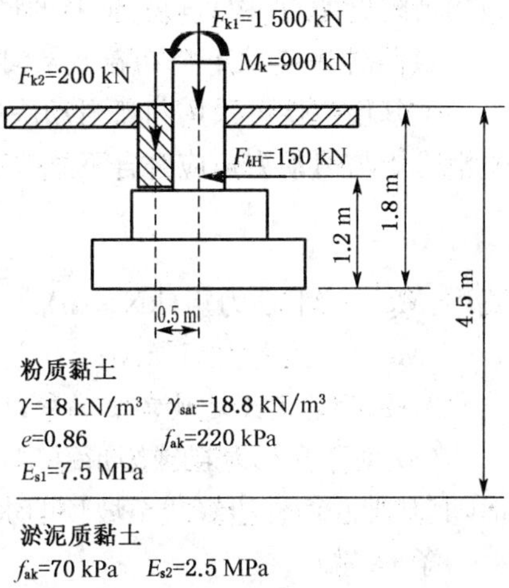

【例 3-5】 如图 3-11 所示,柱下矩形基础底面尺寸为 5 m×2.5 m,试根据图中各项资料验算持力层和软弱下卧层的承载力是否满足要求。

图 3-11 例 3-5 图

【解】 (1) 持力层承载力验算

查表 3-4,得 $\eta_b = 0$,$\eta_d = 1$,由式(3-7)有

$$f_a = f_{ak} + \eta_b \gamma (b-3) + \eta_d \gamma_m (d-0.5)$$
$$= 220 + 1 \times 18 \times (1.8 - 0.5) = 243.4 \text{ kPa}$$

基底处的总竖向力:$F_k + G_k = 1\,500 + 200 + 20 \times 2.5 \times 5 \times 1.8 = 2\,150 \text{ kN}$

基底处的总力矩:$M_k = 900 + 200 \times 0.5 + 150 \times 1.2 = 1\,180 \text{ kN} \cdot \text{m}$

基底平均压力:$p_k = \dfrac{F_k + G_k}{A} = \dfrac{2\,150}{2.5 \times 5} = 172 \text{ kPa} < f_a = 243.4 \text{ kPa}$(满足)

偏心距:$e = \dfrac{M_k}{F_k + G_k} = \dfrac{1\,180}{2\,150} = 0.549 > 0.417 = \dfrac{b}{6}$(满足)

基底最大压力:$p_{kmax} = p_k\left(1 + \dfrac{6e}{l}\right) = 172 \times \left(1 + \dfrac{6 \times 0.549}{5}\right) = 285.3 < 292 = 1.2 f_a$(满足)

(2) 软弱下卧层承载力验算

由 $E_{s1}/E_{s2} = 7.5/2.5 = 3$,$z/b = 2.7/2.5 = 1.08$,查表 3-7 可得 $\theta = 23°$,即

$$p_z = \frac{lb(p_k - p_c)}{(b + 2z\tan\theta)(l + 2z\tan\theta)}$$
$$= \frac{5 \times 2.5 \times (172 - 18 \times 1.8)}{(2.5 + 2 \times 2.7 \times 0.424)(5 + 2 \times 2.7 \times 0.424)} = 50 \text{ kPa}$$

下卧层顶面处自重应力：$p_{cz}=18\times1.8+(18.8-10)\times2.7=56.16\ \text{kPa}$

下卧层以上平均重度：$\gamma_m=\dfrac{p_{cz}}{d+z}=\dfrac{56.16}{4.5}=12.48\ \text{kN/m}^3$

承载力特征值修正：$f_{az}=70+1\times12.48\times(4.5-0.5)=119.92\ \text{kPa}$

因 $p_z+p_{cz}=50+56.16=106.16\ \text{kPa}<119.92\ \text{kPa}=f_{az}$

故基础底面尺寸及埋深满足要求。

3.4.3 地基基础的稳定性验算

上述承载力验算只考虑了竖向向下荷载，没有考虑水平荷载和浮力的作用。对经常承受水平荷载的建(构)筑物，如水工建筑物、挡土结构、高层建筑、高耸建筑以及建造在斜坡上或边坡附近的建(构)筑物，地基的稳定问题可能成为地基的主要问题。

1) 在水平荷载和竖向荷载共同作用下，基础可能和深层土层一起发生整体滑动破坏

地基稳定性可采用圆弧滑动法进行验算。最危险的滑动面上诸力对滑动中心所产生的抗滑力矩与滑动力矩应符合下式要求：

$$M_R/M_S\geqslant1.2 \tag{3-17}$$

式中：M_S——滑动力矩(kN·m)；

M_R——抗滑力矩(kN·m)。

2) 位于稳定土坡坡顶上的建筑，应符合的要求

(1) 对于条形基础或矩形基础，当垂直于坡顶边缘线的基础底面边长小于或等于 3 m 时，其基础底面外边缘线至坡顶的水平距离(图 3-12)应符合下式要求，且不得小于 2.5 m。

条形基础

$$a\geqslant3.5b-\frac{d}{\tan\beta} \tag{3-18}$$

矩形基础

$$a\geqslant2.5b-\frac{d}{\tan\beta} \tag{3-19}$$

式中：a——基础底面外边缘线至坡顶的水平距离(m)；

b——垂直于坡顶边缘线的基础底面边长(m)；

d——基础埋置深度(m)；

β——边坡坡角(°)。

(2) 当基础底面外边缘线至坡顶的水平距离不满足式(3-18)、(3-19)的要求时，可根据基底平均压力按公式(3-17)确定基础距坡顶边缘的距离和基础埋深。

(3) 当边坡坡角大于 45°、坡高大于 8 m 时，尚应按式(3-17)验算坡体稳定性。

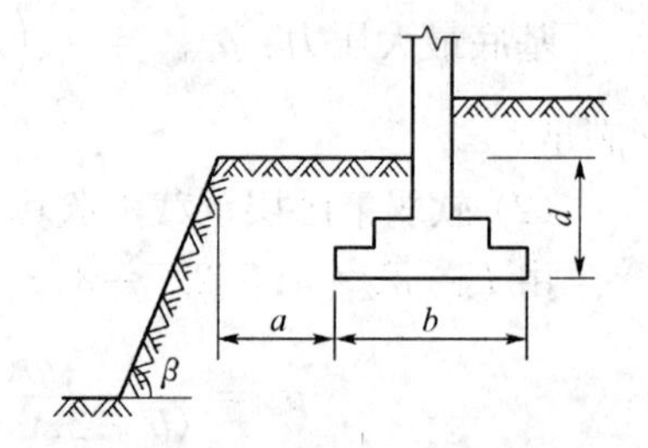

图 3-12 基础底面外边缘线至坡顶的水平距离示意图

（4）建筑物基础存在浮力作用时应进行抗浮稳定性验算，并应符合下列规定：

① 对于简单的浮力作用情况，基础抗浮稳定性应符合下式要求：

$$\frac{G_k}{N_{w,k}} \geqslant k_w \tag{3-20}$$

式中：G_k——建筑物自重及压重之和(kN)；

$N_{w,k}$——浮力作用值(kN)；

k_w——抗浮稳定安全系数，一般情况下可取 1.05。

② 抗浮稳定性不满足设计要求时，可采用增加压重或设置抗浮构件等措施。在整体满足抗浮稳定性要求而局部不满足时，也可采用增加结构刚度的措施。

3.5 扩展基础设计

3.5.1 无筋扩展基础

如 3.1 节中所述，无筋扩展基础材料的抗弯、抗剪及抗拉强度均较低，在设计过程中必须严控基础内的拉应力和剪应力。规范中根据不同材料提出了无筋扩展基础台阶宽高比的允许值(见表 3-1)。设计时一般先选择适当的基础埋深及基础底面尺寸，假设基底宽度后，按表 3-1 要求确定基础高度。

按规范规定的台阶宽高比要求，计算得到的无筋扩展基础的高度一般都较大，此时需注意求得的高度不应大于基础埋深；否则，应加大基础埋深或选择刚性角较大的基础类型(如混凝土基础)，如仍不满足，则需采用扩展基础(钢筋混凝土基础)。

3.5.2 扩展基础

1）墙下钢筋混凝土条形基础

墙下钢筋混凝土条形基础设计包括确定基础宽度(前节中已经讨论)、基础高度和基础底板配筋。在叙述具体设计前，需了解地基反力和地基净反力的概念。

建筑皆由上部结构和基础两部分构成，建筑物的荷载通过基础传递给地基，在基础底面和与之相接触的地基之间便产生了接触压力，基础作用于地基表面单位面积上的压力，称为基底压力。根据作用与反作用原理，地基又给基础底面大小相等的反作用力，这就是地基反力。

由于基础及其上面土的重力产生的地基反力正好与重力相抵消，对基础本身不产生内力，一般在计算中不考虑这些重力，而只考虑地基净反力(以 p_j 表示)，以下关于基础的结构设计中所涉及的均为地基净反力 p_j。

通常，在具体计算时，一般沿墙长度方向取 1 m 作为一个计算单元进行计算。而地基规范对扩展基础的基本构造进行了如下规定：

（1）锥形基础的边缘高度不宜小于 200 mm，且两个方向的坡度不宜大于 1∶3；阶梯形基础的每阶高度，宜为 300～500 mm。

(2) 垫层的厚度不宜小于 70 mm，垫层混凝土强度等级不宜低于 C10。

(3) 扩展基础受力钢筋最小配筋率不应小于 0.15%，底板受力钢筋的最小直径不宜小于 10 mm，间距不宜大于 200 mm，也不宜小于 100 mm。墙下钢筋混凝土条形基础纵向分布钢筋的直径不宜小于 8 mm；间距不宜大于 300 mm；每延米分布钢筋的面积应不小于受力钢筋面积的 15%。当有垫层时，钢筋保护层的厚度不应小于 40 mm；无垫层时，不应小于 70 mm。

(4) 混凝土强度等级不应低于 C20。

(5) 当柱下钢筋混凝土独立基础的边长和墙下钢筋混凝土条形基础的宽度大于或等于 2.5 m 时，底板受力钢筋的长度可取边长或宽度的 9/10，并宜交错布置(图 3-13)。

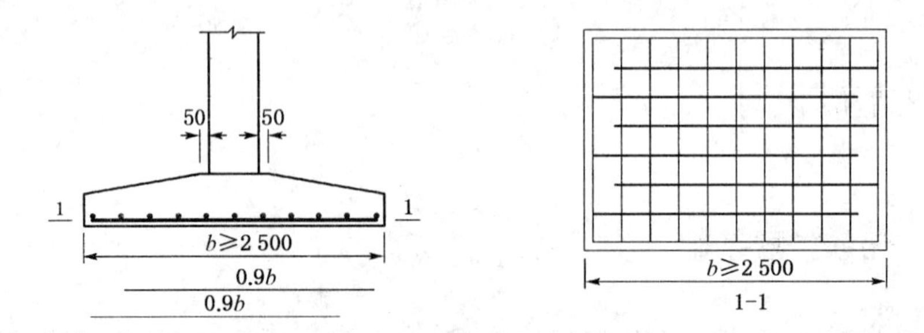

图 3-13　柱下独立基础底板受力钢筋布置

(6) 钢筋混凝土条形基础底板在 T 形及十字形交接处，底板横向受力钢筋仅沿一个主要受力方向通长布置，另一方向的横向受力钢筋可布置到主要受力方向底板宽度 1/4 处(图 3-14)。在拐角处，底板横向受力钢筋应沿两个方向布置(图 3-14)。

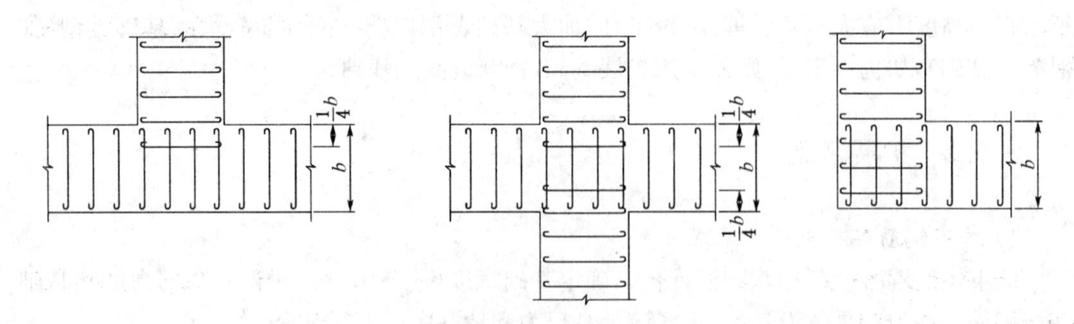

图 3-14　墙下条形基础纵横交叉处底板受力钢筋布置

至于上部结构与基础的锚固长度详见《建筑地基基础设计规范》的第 8.2.2 款。

(1) 基础高度验算

由于基础内只有底板配分布筋，不配抗剪的箍筋或弯起筋，因此基础高度由混凝土的受剪承载力确定。如图 3-15 所示，受剪承载力应满足：

$$V_s \leqslant 0.7\beta_{hs} f_t A_0 \tag{3-21}$$

$$\beta_{hs} = (800/h_0)^{1/4} \tag{3-22}$$

式中：V_s——柱与基础交接处的剪力设计值(kN)，图 3-15 中的阴影面积乘以基底平均净反力；

β_{hs}——受剪切承载力截面高度影响系数，当 $h_0<800$ mm 时取 $h_0=800$ mm，当 $h_0>2\,000$ mm 时取 $h_0=2\,000$ mm；

A_0——验算截面处基础的有效截面面积(m^2)，当验算截面为阶形或锥形时，可将其截面折算成矩形截面，截面的折算宽度和截面的有效高度按图 3-16、图 3-17 及式(3-23)、(3-24)计算。

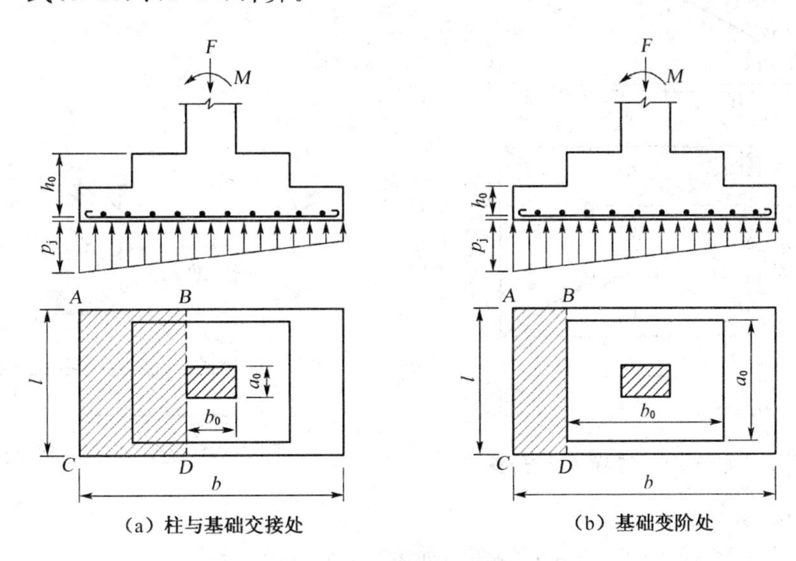

图 3-15 验算阶形基础受剪切承载力示意图

当然，墙下条形基础为单向受力，A_0为验算截面处基础底板的单位长度垂直截面有效面积，V_s为墙与基础交接处由基底平均净反力产生的单位长度剪力设计值。

对于阶梯形承台斜截面如图 3-16 所示，计算变阶处截面 A_1-A_1、B_1-B_1的斜截面受剪承载力时，其截面有效高度均为 h_{01}，截面计算宽度分别为 b_{y1}和 b_{x1}。而计算柱(墙)边截面 A_2-A_2、B_2-B_2的斜截面受剪承载力时，其截面有效高度均为 $h_{01}+h_{02}$，截面计算宽度按式(3-23)、(3-24)计算。

对 A_1-A_1 $$b_{y0}=\frac{b_{y1}\cdot h_{01}+b_{y2}\cdot h_{02}}{h_{01}+h_{02}} \tag{3-23}$$

对 B_1-B_1 $$b_{x0}=\frac{b_{x1}\cdot h_{01}+b_{x2}\cdot h_{02}}{h_{01}+h_{02}} \tag{3-24}$$

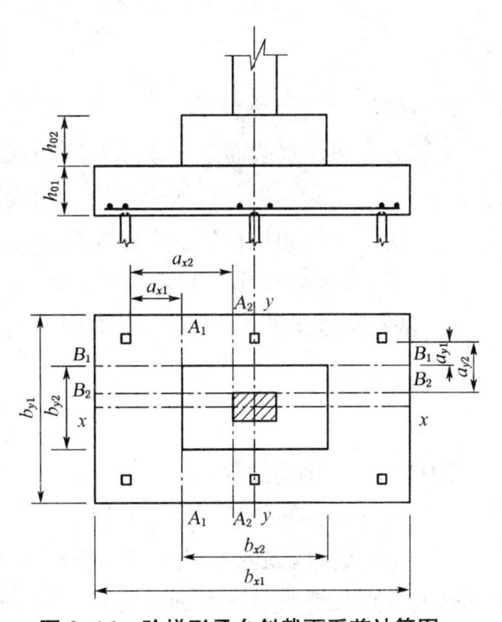

图 3-16 阶梯形承台斜截面受剪计算图

对于锥形承台截面如图 3-17 所示，计算变截面的有效高度均为 h_0，截面的计算宽度按式(3-25)、(3-26)计算。

对 $A-A$ $$b_{y0}=\left[1-0.5\frac{h_1}{h_0}\left(1-\frac{b_{y2}}{b_{y1}}\right)\right]b_{y1} \tag{3-25}$$

对 $B-B$
$$b_{x0}=\left[1-0.5\frac{h_1}{h_0}\left(1-\frac{b_{x2}}{b_{x1}}\right)\right]b_{x1} \tag{3-26}$$

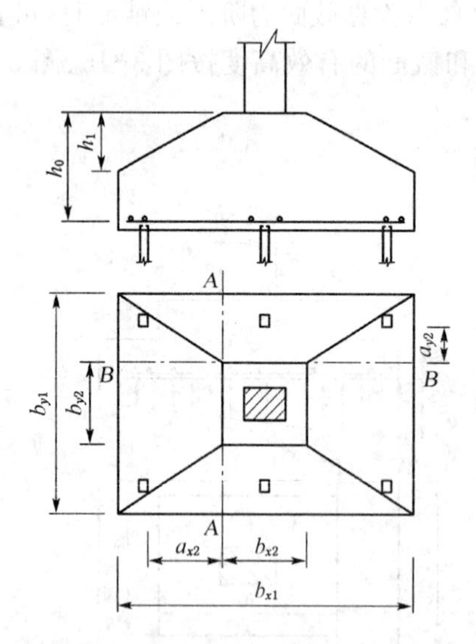

图 3-17　锥形承台斜截面受剪计算图

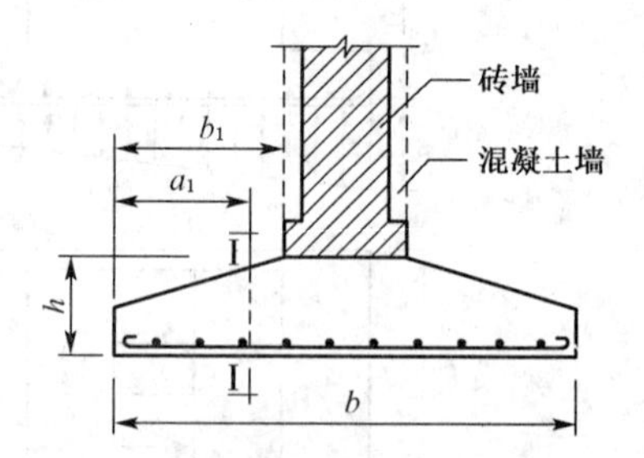

图 3-18　墙下条形基础的计算示意图

(2) 基础底板配筋

基础底板任意截面每延米宽度的弯矩如图 3-18 所示，为

$$M_{\mathrm{I}}=\frac{1}{6}a_1^2\left(2p_{\max}+p-\frac{3G}{A}\right) \tag{3-27}$$

式中：M_{I}——任意截面Ⅰ－Ⅰ处相应于作用的基本组合时的弯矩设计值(kN·m)；

a_1——任意截面Ⅰ－Ⅰ至基底边缘最大反力处的距离(m)，当墙体材料为混凝土时，取 $a_1=b_1$，如为砖墙且放脚不大于 1/4 砖长时，取 $a_1=b_1+1/4$ 砖长；

$p_{\max}$——相应于作用的基本组合时的基础底面边缘最大地基反力设计值(kPa)；

p——相应于作用的基本组合时在任意截面Ⅰ-Ⅰ处基础底面地基反力设计值(kPa)。

基础每延米的受力钢筋截面面积为

$$A_s=\frac{M}{0.9f_yh_0} \tag{3-28}$$

式中：A_s——钢筋面积；

f_y——钢筋抗拉强度设计值。

基础底板配筋除满足计算和最小配筋率要求外，尚应符合构造要求。计算最小配筋率时，对阶形或锥形基础截面，可将其截面折算成矩形截面，截面的折算宽度和截面的有效高度计算方法同前。

【例 3-6】 某房屋砖墙厚 240 mm，荷载标准组合及基本组合时作用在基础顶面的轴心荷载分别为 154 kN/m 和 180 kN/m，基础的埋深为 0.5 m，地基承载力特征值为120 kPa，设计此基础。

【解】 基础拟采用墙下条形基础，用 C20 混凝土，HRB 335 的钢筋 300 N/mm²。

(1) 计算基础底面宽度

$$b=\frac{F_{k}}{f_{a}-\gamma_{G}d}=\frac{154}{120-20\times0.5}=1.4\ \text{m}$$

(2) 地基的净反力

$$p_{j}=\frac{F_{l}}{b}=\frac{180}{1.4}=128.6\ \text{kPa}$$

(3) 基础有效高度

先假定基础高度小于 800 mm,取 $\beta_{hs}=1$,则

$$h_{0}\cdot1\geqslant\frac{V_{s}}{0.7\beta_{hs}f_{t}}=\frac{128.6\times(1.4-0.24)/2}{0.7\times1\times1\,100}=0.097\ \text{m}^{2}$$

因此,基础高度满足小于 800 mm 假定,$\beta_{hs}=1$ 成立。若取基础的高度为 300 mm,则

$$h_{0}=300-40=260\ \text{mm}$$

(4) 基础底板弯矩

$$\begin{aligned}M_{\text{I}}&=\frac{1}{6}a_{1}^{2}\left(2p_{\max}+p-\frac{3G}{A}\right)\\&=\frac{1}{6}\times0.58^{2}\times\left(2\times128.6+128.6-\frac{3\times20}{1.4}\right)\\&=19.2\ \text{kN}\cdot\text{m}\end{aligned}$$

(5) 配筋

$$A_{s}=\frac{M}{0.9f_{y}h_{0}}=\frac{19.2\times10^{6}}{0.9\times300\times260}=273.5\ \text{mm}^{2}$$

采用 ϕ10@200,$A_{s}=392\ \text{mm}^{2}$,满足。分布筋采用 ϕ8@250,垫层采用 100 mm 厚 C15 混凝土。

2) 柱下钢筋混凝土独立基础

柱下钢筋混凝土独立基础除要符合上述扩展基础基本构造外,还要满足以下规定:

(1) 现浇柱的基础,其插筋的数量、直径以及钢筋种类应与柱内纵向受力钢筋相同。插筋的锚固长度应满足地基基础规范规定,插筋与柱的纵向受力钢筋的连接方法,应符合现行国家标准《混凝土结构设计规范》(GB 50010—2010)的有关规定。插筋的下端宜做成直钩放在基础底板钢筋网上。当符合下列条件之一时,可仅将四角的插筋伸至底板钢筋网上,其余插筋锚固在基础顶面下 l_{a} 或 l_{aE} 处,如图 3-19 所示。当柱为轴心受压或小偏心受压,基础高度大于等于 1 200 mm;当柱为大偏心受压,基础高度大于等于 1 400 mm。

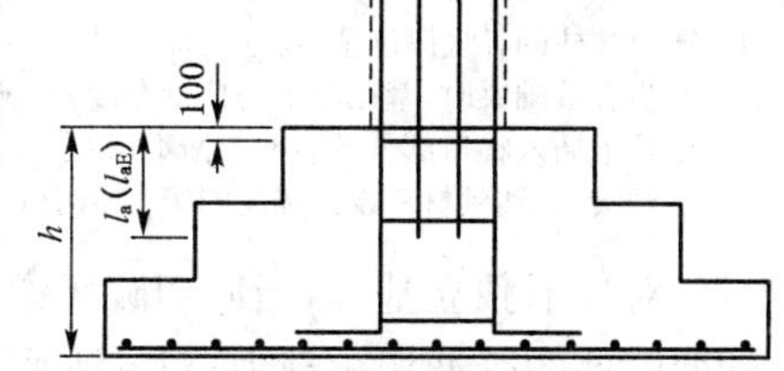

图 3-19 现浇柱的基础中插筋构造示意图

(2) 预制钢筋混凝土柱与杯口基础的连接如图 3-20 所示,应符合下列规定:

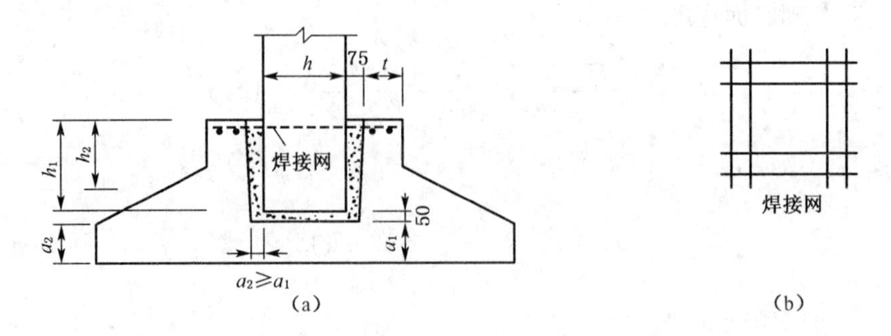

图 3-20 预制钢筋混凝土柱与杯口基础的连接示意图

柱的插入深度，可按表 3-8 选用，并应满足本规范规定的钢筋锚固长度的要求及吊装时柱的稳定性。

表 3-8 柱的插入深度 h_1(mm)

矩形或工字形柱				双肢柱
$h<500$	$500\leqslant h<800$	$800\leqslant h\leqslant 1\,000$	$h>1\,000$	
$h\sim1.2h$	h	$0.9h$ 且≥800	$0.8h$ ≥1 000	$(1/3\sim2/3)h_a$ $(1.5\sim1.8)h_b$

注：① h 为柱截面长边尺寸；h_a为双肢柱全截面长边尺寸；h_b为双肢柱全截面短边尺寸。
② 柱轴心受压或小偏心受压时，h_1可适当减小，偏心距大于 $2h$ 时，h_1应适当加大。

基础的杯底厚度和杯壁厚度，可按表 3-9 选用。

表 3-9 基础的杯底厚度和杯壁厚度

柱截面长边尺寸 h(mm)	杯底厚度 a_1(mm)	杯壁厚度 t(mm)
$h<500$	≥150	150～200
$500\leqslant h<800$	≥200	≥200
$800\leqslant h<1\,000$	≥200	≥300
$1\,000\leqslant h<1\,500$	≥250	≥350
$1\,500\leqslant h<2\,000$	≥300	≥400

注：① 双肢柱的杯底厚度值，可适当加大。
② 当有基础梁时，基础梁下的杯壁厚度，应满足其支承宽度的要求。
③ 柱子插入杯口部分的表面应凿毛，柱子与杯口之间的空隙，应用比基础混凝土强度等级高一级的细石混凝土充填密实，当达到材料设计强度的 70%以上时方能进行上部吊装。

对柱下独立基础，当冲切破坏锥体落在基础底面以内时，应验算柱与基础交接处以及基础变阶处的受冲切承载力；对基础底面短边尺寸小于或等于柱宽加两倍基础有效高度的柱下独立基础，应验算柱(墙)与基础交接处的基础受剪切承载力；基础底板的配筋，应按抗弯计算确定；当基础的混凝土强度等级小于柱的混凝土强度等级时，尚应验算柱下基础顶面的局部受压承载力。

(1) 基础高度

不同于墙下条形基础，柱下独立基础的高度取决于混凝土受冲切承载力。柱与基础相连处局部受压，若基础高度不足则容易发生冲切破坏，产生沿柱边或基础台阶变截面处近似于45°方向斜拉裂缝，形成冲切锥体。为了避免这种破坏，由冲切破坏锥体以外的地基净反力所产生的冲切力应小于基础可能冲切面上的混凝土抗冲切能力。对于矩形基础，沿柱短边一侧率先发生冲切破坏，故而只需通过验算短边一侧的冲切破坏条件，即可获得基础高度限值，即：

$$F_l \leqslant 0.7\beta_{hp} f_t a_m h_0 \tag{3-29}$$

$$a_m = (a_t + a_b)/2 \tag{3-30}$$

$$F_l = p_j A_l \tag{3-31}$$

式中：β_{hp}——受冲切承载力截面高度影响系数，当 h 不大于 800 mm 时，β_{hp}取 1.0；当 h 大于等于 2 000 mm 时，β_{hp}取 0.9，其间按线性内插法取用。

f_t——混凝土轴心抗拉强度设计值(kPa)。

h_0——基础冲切破坏锥体的有效高度(m)。

a_m——冲切破坏锥体最不利一侧计算长度(m)。

a_t——冲切破坏锥体最不利一侧斜截面的上边长(m)，当计算柱与基础交接处的受冲切承载力时，取柱宽；当计算基础变阶处的受冲切承载力时，取上阶宽。

a_b——冲切破坏锥体最不利一侧斜截面在基础底面积范围内的下边长(m)，当冲切破坏锥体的底面落在基础底面以内(图 3-20)，计算柱与基础交接处的受冲切承载力时，取柱宽加两倍基础有效高度；当计算基础变阶处的受冲切承载力时，取上阶宽加两倍该处的基础有效高度。

p_j——扣除基础自重及其上土重后相应于作用的基本组合时的地基土单位面积净反力(kPa)，对偏心受压基础可取基础边缘处最大地基土单位面积净反力。

A_l——冲切验算时取用的部分基底面积(m^2)(图 3-21 中的阴影面积 $ABCDEF$)。

F_l——相应于作用的基本组合时作用在 A_l上的地基土净反力设计值(kPa)。

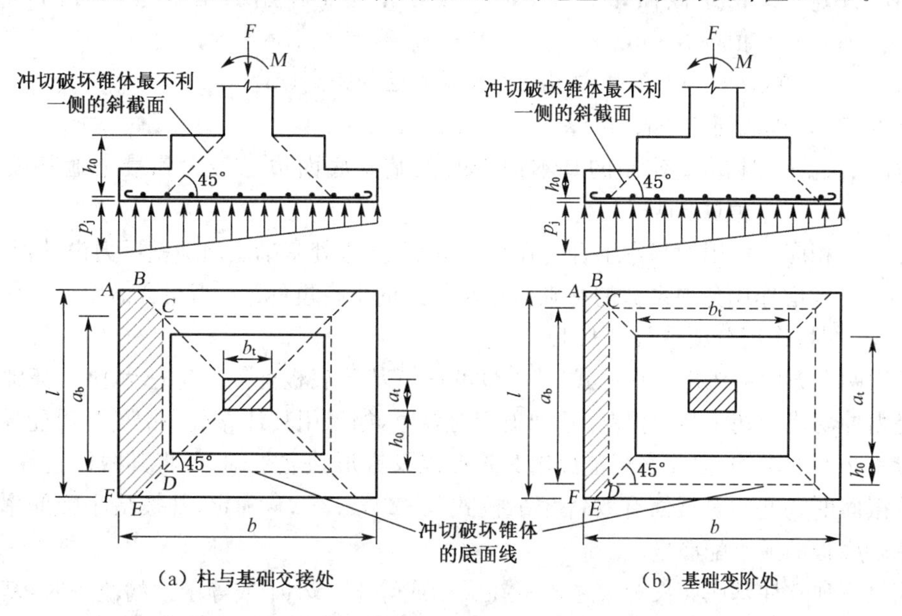

图 3-21 计算阶形基础的受冲切承载力截面位置

设计时可先按经验假定基础高度，用式(3-29)进行验算，如不满足可增大基础高度，反复迭代，直至抗冲切力稍大于冲切力为止。当基础底面全部落在 45°冲切破坏锥体底边内时，冲切验算面积为零，式(3-29)恒成立，故无需进行冲切验算。

此外，当基础底面短边尺寸小于或等于柱宽加两倍基础有效高度时，还应按式(3-21)验算柱与基础交接处截面受剪承载力。

(2) 底板配筋

在地基净反力作用下，基础将沿着柱子周围向上弯曲，通常矩形基础的长宽比均小于 2，此时基础为双向受弯，如果弯曲应力过大，超过基础的抗弯强度时，就会发生弯曲破坏，其破坏特征为沿着柱角至基础角形成贯通的裂缝，将基础底面分裂为四块梯形面积。因此，配筋时可将基础底板看成四块固定在柱边的梯形悬臂板，如图 3-22 所示。

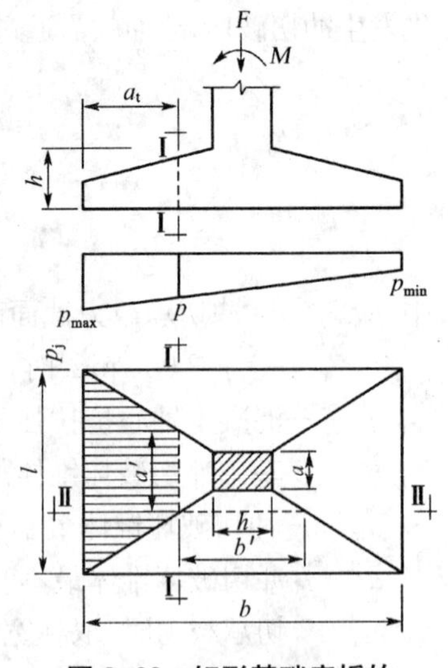

图 3-22 矩形基础底板的计算示意图

在轴心荷载或单向偏心荷载作用下，当台阶的宽高比小于或等于 2.5 和偏心距小于或等于 1/6 基础宽度时，柱下矩形独立基础任意截面的底板弯矩可按下列简化方法进行计算(图 3-21)：

$$M_{\mathrm{I}} = \frac{1}{12}a_1^2\left[(2l+a')\left(p_{max}+p-\frac{2G}{A}\right)+(p_{max}-p)l\right] \tag{3-32}$$

$$M_{\mathrm{II}} = \frac{1}{48}(l-a')^2(2b+b')\left(p_{max}+p_{min}-\frac{2G}{A}\right) \tag{3-33}$$

式中：M_{I}、M_{II}——任意截面Ⅰ－Ⅰ、Ⅱ－Ⅱ处相应于作用的基本组合时的弯矩设计值(kN·m)；

a_1——任意截面Ⅰ-Ⅰ至基底边缘最大反力处的距离(m)；

l、b——基础底面的边长(m)；

p_{max}、p_{min}——相应于作用的基本组合时的基础底面边缘最大和最小地基反力设计值(kPa)；

p——相应于作用的基本组合时在任意截面Ⅰ-Ⅰ处基础底面地基反力设计值(kPa)；

G——考虑作用分项系数的基础自重及其上的土自重(kN)，当组合值由永久作用控制时，作用分项系数可取 1.35。

求得两个方向的弯矩后根据式(3-28)可计算基础底板配筋。考虑到独立基础的高度一般是由冲切或剪切承载力控制，基础板相对较厚，如果用其计算最小配筋量可能导致底板用钢量不必要的增加，因此本规范提出对阶形以及锥形独立基础，可将其截面折算成矩形，其折算截面的宽度 b_0 及截面有效高度 h_0 按式(3-23)、(3-24)确定，并按最小配筋率0.15%计算基础底板的最小配筋量。

当柱下独立柱基底面长短边之比 ω 在大于或等于 2、小于或等于 3 的范围时，基础底板短向钢筋应按下述方法布置：将短向全部钢筋面积乘以 λ 后求得的钢筋，均匀分布在与柱中心线重合的宽度等于基础短边的中间带宽范围内(如图 3-23 所示),其余的短向钢筋则均匀分布在中间带宽的两侧。长向配筋应均匀分布在基础全宽范围内。其中 λ 按下式计算:

$$\lambda = 1 - \frac{\omega}{6} \tag{3-34}$$

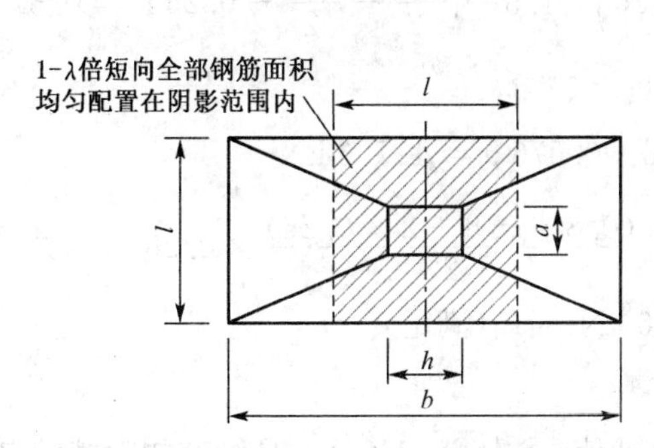

图 3-23 基础底板短向钢筋布置示意图

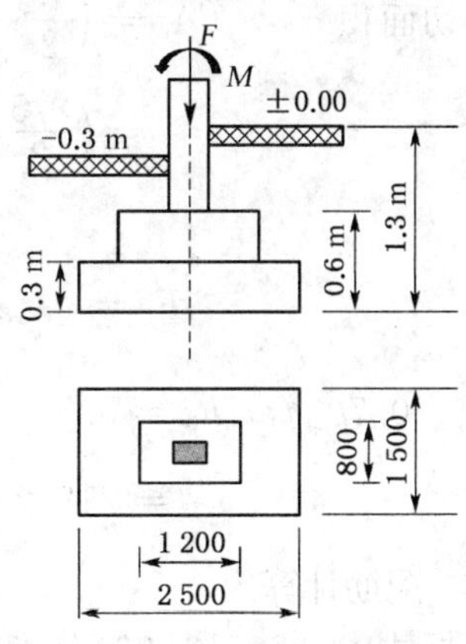

图 3-24 基础示意图

【例 3-7】 某柱下独立基础(如图 3-24 所示),相应于荷载效应基本组合时 $F=650$ kN,$M=75$ kN·m,柱截面尺寸为 300 mm×400 mm,基础底面尺寸为 1.5 m×2.5 m。设计此基础。

【解】 基础拟采用 C20 混凝土,HRB 335 的钢筋300 N/mm^2。

(1) 基底净反力设计值

$$p_j = \frac{F}{bl} = \frac{650}{2.5 \times 1.5} = 173.3 \text{ kPa}$$

偏心距 $$e_0 = \frac{M}{F} = \frac{75}{650} = 0.115 \text{ m}$$

基底最大净反力设计值 $$p_{jmax} = p_j\left(1 + \frac{6e_0}{b}\right) = 173.3 \times \left(1 + \frac{6 \times 0.115}{2.5}\right) = 221.1 \text{ kPa}$$

(2) 基础高度

① 柱边高度

设 $h = 600$ mm,$h_0 = 560$ mm,则 $a_t + 2h_0 = 0.3 + 2 \times 0.56 = 1.42$ m,在基础底面内。

冲切面积 $$A_l = \left(\frac{b}{2} - \frac{b_t}{2} - h_0\right)l - \left(\frac{l}{2} - \frac{a_t}{2} - h_0\right)^2$$

$$= \left(\frac{2.5}{2} - \frac{0.4}{2} - 0.56\right) \times 1.5 - \left(\frac{1.5}{2} - \frac{0.3}{2} - 0.56\right)^2 = 0.733\,4 \text{ m}^2$$

$$F_l = p_{jmax}A_l = 221.1 \times 0.733\,4 = 162.1 \text{ kN}$$

$$0.7\beta_{hp} f_t a_m h_0 = 0.7 \times 1 \times 1\,100 \times \frac{(0.3 + 0.3 + 2 \times 0.56)}{2} \times 0.56$$

$$= 370.8 \text{ kN} > 162.1 \text{ kN} = F_l \text{(满足)}$$

② 变阶处高度

变阶处设 $h=300\,\text{mm}, h_0=260\,\text{mm}, b_t=1\,200\,\text{mm}, a_t=800\,\text{mm}$，则 $a_t+2h_0=0.8+2\times 0.26=1.32\,\text{m}$，在基础底面内。

冲切面积 $$A_l=\left(\frac{b}{2}-\frac{b_t}{2}-h_0\right)l-\left(\frac{l}{2}-\frac{a_t}{2}-h_0\right)^2$$

$$=\left(\frac{2.5}{2}-\frac{1.2}{2}-0.26\right)\times 1.5-\left(\frac{1.5}{2}-\frac{0.8}{2}-0.26\right)^2=0.576\,9\,\text{m}^2$$

$$F_l=p_{jmax}A_l=221.1\times 0.576\,9=127.6\,\text{kN}$$

$$0.7\beta_{hp}f_t a_m h_0=0.7\times 1\times 1\,100\times \frac{(0.8+0.8+2\times 0.26)}{2}\times 0.26$$

$$=212.2\,\text{kN}>127.6\,\text{kN}=F_l(\text{满足})$$

(3) 配筋计算

根据式(3-32)、(3-33)分别计算弯矩设计值，式中 p_{max}、p、p_{min} 是没有扣除基础自重及其上土重的，公式中都减去了 $2G/A$，故可直接用 p_{jmax}、p_j、p_{jmin} 进行计算。

长边柱边弯矩 $$M_I=\frac{1}{12}a_1^2\left[(2l+a')\left(p_{max}+p-\frac{2G}{A}\right)+(p_{max}-p)l\right]$$

$$=\frac{1}{12}\times\left(\frac{2.5-0.4}{2}\right)^2\times\left[(2\times 1.5+0.3)\times(221.1+173.3)+(221.1-173.3)\times 1.5\right]=126.2\,\text{kN}$$

$$A_s=\frac{M}{0.9f_y h_0}=\frac{126.2\times 10^6}{0.9\times 300\times 560}=835\,\text{mm}^2$$

长边变阶处弯矩 $$M_I=\frac{1}{12}a_1^2\left[(2l+a')\left(p_{max}+p-\frac{2G}{A}\right)+(p_{max}-p)l\right]$$

$$=\frac{1}{12}\times\left(\frac{2.5-1.2}{2}\right)^2\times\left[(2\times 1.5+0.8)\times(221.1+173.3)+(221.1-173.3)\times 1.5\right]=55.3\,\text{kN}$$

$$A_s=\frac{M}{0.9f_y h_0}=\frac{55.3\times 10^6}{0.9\times 300\times 260}=787\,\text{mm}^2$$

选 126.2 kN 配筋需满足面积不小于 835 mm^2。

短边柱边弯矩 $$M_{II}=\frac{1}{48}(l-a')^2(2b+b')\left(p_{max}+p_{min}-\frac{2G}{A}\right)$$

$$=\frac{1}{48}\times(1.5-0.3)^2\times(2\times 2.5+0.4)\times 173.3\times 2=56.1\,\text{kN}$$

$$A_s=\frac{M}{0.9f_y h_0}=\frac{56.1\times 10^6}{0.9\times 300\times 560}=371\,\text{mm}^2$$

短边变阶处弯矩 $$M_{II}=\frac{1}{48}(l-a')^2(2b+b')\left(p_{max}+p_{min}-\frac{2G}{A}\right)$$

$$= \frac{1}{48} \times (1.5 - 0.8)^2 \times (2 \times 2.5 + 1.2) \times 173.3 \times 2 = 21.9\ \text{kN}$$

$$A_s = \frac{M}{0.9 f_y h_0} = \frac{21.9 \times 10^6}{0.9 \times 300 \times 260} = 311\ \text{mm}^2$$

选 56.1 kN 配筋需满足面积不小于 371 mm^2。

3.6 联合基础

实际工程中，为避免出现因两根柱子间距比较近而基础重叠的现象，或为达到阻止相距大的扩展基础转动、调整各自底面压力趋于均匀的目的，可设置联合基础。典型的双柱联合基础可以分为矩形联合基础、梯形联合基础和连梁式联合基础三种类型。其中，矩形和梯形联合基础一般用于柱距较小的情况，连梁式联合基础则用于柱距较大的情况。

在进行联合基础设计时，通常有如下假定：①基础高度不小于 1/6 柱距时，基础是刚性的；②基底压力点线性分布；③地基土在影响范围内匀质；④不考虑上部结构刚度的影响。

矩形联合基础的设计要点为：①计算柱荷载的合力作用点位置；②确定基础长度，让基础底面形心尽量靠近柱荷载合力作用点（最好重合）；③按地基承载力确定基础的宽度；④根据假定②计算基底净反力设计值，将基础视为倒置的梁计算基础内力（弯矩和剪力）；⑤假定基础的高度，验算基础的抗冲切和抗剪承载力是否满足要求；⑥根据第(4)步求得的正负最大弯矩进行纵向配筋；⑦按“等效梁”理念进行横向配筋。所谓“等效梁”由 J. E. Bowles 提出，认为靠近柱的区段，基础的横向刚度很大，可在柱两边以外横向取 $0.75h_0$ 的宽度，与柱宽一起作为“等效梁”的宽度，该区域荷载按柱边截面弯矩计算，并进行相应的基础横向钢筋计算，而区域外的钢筋按构造要求配置。

梯形联合基础的设计大体与矩形联合基础的设计要点相同，在确定基础底面形状和大小时，需根据基底形心与合力作用点重合、基底面积满足地基承载力要求以及基底面积计算公式三个表达式联立进行求解。在进行内力计算和分析时，应注意基础宽度是沿着纵向变化的，因此倒置梁上的荷载是呈梯形分布的。“等效梁”沿横向的长度可取该段的平均长度。

当柱间距增大，矩形和梯形联合基础不再适用时，连梁式联合基础同样能使基础获得均匀的基底反力。其设计要点为：①连梁必须有足够的刚度，梁宽不应小于最小柱宽；②两基础的基底底面尺寸应满足地基承载力要求，并避免不均匀沉降过大；③连梁底面不应着地以简化计算，同时可忽略其自重。

3.7 减轻不均匀沉降危害的措施

一般来讲，除非过大的影响建筑物使用功能的沉降，适度的整体沉降对建筑物结构的影响不大，往往是不均匀沉降导致建筑物的开裂损坏。为了减轻不均匀沉降危害，有两种途径:①增强上部结构对不均匀沉降的适应能力;②选择合理的基础形式,从源头减少基础的不均匀沉降。工程实践中,往往从建筑、结构和施工三方面采取措施,减轻不均匀沉降。

1）建筑措施

建筑设计时可从五个方面采取措施,减轻不均匀沉降:①力求简单体型,增强建筑物的整体刚度(相对于“L”、“T”、“H”形,等高的“一”字形是较为简单的体型);②控制建筑物的长高比,合理布置纵、横墙;③在建筑物特殊部位设置沉降缝(如建筑平面转折点、建筑物高度或荷载有很大差别处、地基土压缩性显著变化处、结构或基础类型变化处、新老建筑交界处等);④保持与相邻建筑的间距;⑤正确预估沉降,调整某些设计标高。

2）结构措施

结构措施主要以减重和构造为主,大致有:①减轻建筑物自重(如减少墙体重量、选用轻型结构、减少基础及其上回填土重量等);②设置圈梁;③设置基础梁;④减小或调整基底附加压力(如设置地下室或增大基底尺寸);⑤采用对不均匀沉降不敏感的结构类型(如排架、三铰钢架等)。

3）施工措施

施工顺序和施工方法对施工对象影响较大,施工过程中应始终遵循先重后轻、先高后低的施工顺序,注意堆载、降水对邻近建筑物的影响,保护基坑底土体。

思考题与习题

1. 天然地基浅基础有哪些类型?各有什么特点?各适用于什么条件?
2. 确定基础埋深时应考虑哪些因素?
3. 确定地基承载力的方法有哪些?地基承载力的深、宽修正系数与哪些因素有关?
4. 何谓刚性基础?它与钢筋混凝土基础有何区别?适用条件是什么?构造上有何要求?台阶允许宽高比的限值与哪些因素有关?
5. 钢筋混凝土柱下独立基础、墙下条形基础构造上有何要求?适用条件是什么?如何计算?
6. 为什么要进行地基变形验算?地基变形特征有哪些?
7. 如何进行地基的稳定性验算?
8. 简述旱地、水中基础的施工要点。
9. 某条形基础底宽1.6 m,埋深1.2 m,地基土为黏土,$\varphi_k = 18°$,$c_k = 15$ kPa,地下水位与基底平,土的有效重度10 kN/m³,基底上的土重19 kN/m³,试确定地基承载力特征值。
10. 某砌体承重结构,底层墙厚500 mm,在荷载效应的标准组合下,传至±0.00标高(室内地面)的竖向荷载$F_k = 280$ kN/m,室外地面标高为−0.30 m,建设地点的标准冻深1.5 m。场地条件如下:天然地面下4.5 m厚黏土层下为35 m厚中密稍湿状态的中砂,黏土层的$e = 0.72$,$\gamma = 18$ kN/m³,$w = 30\%$,$w_L = 39\%$,$w_p = 18\%$,$c_k = 23$ kPa,$\varphi_k = 18°$,中砂层的$\gamma = 19$ kN/m³,$\varphi_k = 30°$。试设计该基础(基础材料自定)。

4 柱下条形基础、筏形基础和箱形基础

4.1 概述

柱下条形基础、筏形基础和箱形基础统称为连续基础。连续基础具有一些共同的优点：①一般具有较大的基础底面积，能承担较大的建筑物荷载，易于满足地基承载力的要求；②其连续性有效地增强了建筑物的整体刚度，有利于减小不均匀沉降，同时提高了建筑物的抗震性能；③箱形基础以及设置了地下室的筏形基础，在有效提高地基承载力的同时还能以挖去的土重补偿建筑物的部分(或全部)自重。

这些基础一般被看成地基上的受弯构件，其挠曲特征、基底反力和截面内力分布都与地基、基础以及上部结构的相对刚度特征有关(前面已经详细阐述)，故本章从介绍弹性地基上梁的力学模型及其分析入手，再分类介绍柱下条形基础、筏形基础和箱形基础的构造要求和简化计算方法。

4.2 弹性地基上梁的分析

进行地基上受弯构件分析时，必须解决基底压力分布和地基沉降计算问题，即地基应力与应变。描述地基应力与应变的关系已经有不少模型，如文克勒地基模型、弹性半空间地基模型、有限压缩层地基模型等。虽然每一模型都尽可能地模拟地基与基础相互作用时表现的主要力学特性，并尽量简便，但或多或少都存在一定的局限性。在众多模型中，文克勒模型最为简单，本节将详细介绍文克勒地基上梁的计算。

4.2.1 文克勒地基上无限长梁解答

在进行弹性地基上梁的分析时，不论基于何种模型假设，也不论采用何种数学方法，都应满足以下两个基本条件：①计算前后基础底面与地基不出现脱开现象，即地基与基础之间的变形协调条件；②基础在外荷载和基底反力的作用下必须满足静力平衡。根据这两个基本条件可以组列解答问题所需的方程式，然后结合必要的边界条件求解。

1) *微分方程式*

1867 年，文克勒(Winkler)提出了土体表面任一点的压力强度 p 与该点的沉降 s 成正比的假设。即

$$p = k \cdot s \tag{4-1}$$

式中：k——基床系数(kN/m^3)。

图 4-1 表示外荷作用下文克勒地基上等截面梁在位于梁主平面内的挠曲曲线及梁的微单元。梁底反力为 p(kPa)，梁宽为 b(m)，梁底反力沿长度方向的分布为 bp(kN/m)，梁和地基的竖向位移为 ω，取微段梁 dx(图 4-1(b))，其上作用分布荷载 q 和梁底反力 bp 及相邻截面作用的弯矩 M 和剪力 V，根据梁元素上竖向力的静力平衡条件可得：

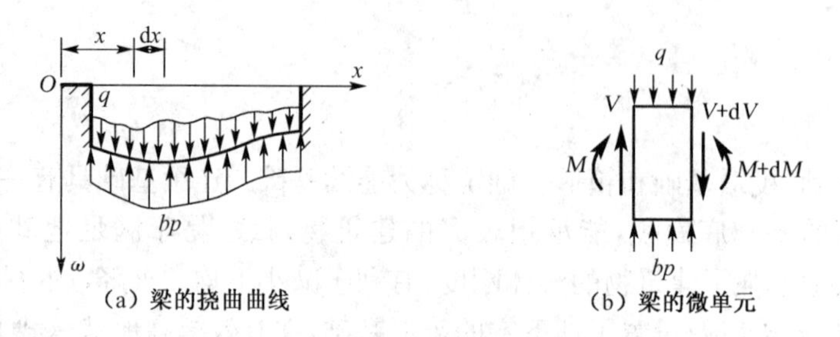

(a) 梁的挠曲曲线　　(b) 梁的微单元

图 4-1　文克勒地基上梁的计算图示

$$\frac{dV}{dx} = bp - q \tag{4-2}$$

又 $V = dM/dx$，故上式可写成：

$$\frac{d^2M}{dx^2} = bp - q \tag{4-3}$$

根据挠曲线方程 $EI(d^2\omega/dx^2) = -M$，连续对 x 取两次导数后，将式(4-3)代入可得：

$$EI\frac{d^4\omega}{dx^4} = -\frac{d^2M}{dx^2} = -bp + q \tag{4-4}$$

引入文克勒假设，$p = ks$，并按接触条件，即梁全长的地基沉降应与梁的挠度相等，$s = \omega$，从而可得文克勒地基上梁的挠曲微分方程式为：

$$EI\frac{d^4\omega}{dx^4} = -bk\omega + q \tag{4-5}$$

2) 微分方程通解

为了对式(4-5)求解，先考虑梁上无荷载部分，即 $q = 0$，并令 $\lambda = \sqrt[4]{bk/4EI}$，则式(4-5)可写为：

$$\frac{d^4\omega}{dx^4} + 4\lambda^4\omega = 0 \tag{4-6}$$

上式为常系数线性齐次方程，式中 λ 称为弹性地基梁的弹性特征，λ 的量纲为(长度$^{-1}$)，它的倒数 $1/\lambda$ 称为特征长度。显然，特征长度 $1/\lambda$ 越大梁相对越刚，因此，λ 值是影响挠曲线形状的一个重要因素。该式的通解是：

$$\omega = e^{\lambda x}(C_1\cos\lambda x + C_2\sin\lambda x) + e^{-\lambda x}(C_3\cos\lambda x + C_4\sin\lambda x) \tag{4-7}$$

根据 $d\omega/dx=\theta$，$-EI(d^2\omega/dx^2)=M$，$-EI(d^3\omega/dx^3)=V$，由式(4-7)可得梁的角变位 θ、弯矩 M 和剪力 V。式中待定的积分常数 C_1、C_2、C_3 和 C_4 的数值，在挠曲线及其各阶导数是连续的梁段中是不变的，可由荷载情况及边界条件确定。

3）集中荷载作用下的解答

(1) 竖向集中力作用下

图 4-2(a)为无限长梁受集中力 F_0 作用，假定 F_0 的作用点为坐标原点 O，梁两侧对称，其边界条件为：

① 当 $x\to\infty$ 时，$\omega=0$。

② 当 $x=0$ 时，因荷载和地基反力关于原点对称，故该点挠曲线的斜率为零，即 $d\omega/dx=0$。

③ 当 $x=0$ 时，在 O 点处紧靠 F_0 的右边，则作用于梁右半部截面上的剪力应等于地基总反力之半，并指向下方，即 $V=-EI\,d^3\omega/dx^3=-F_0/2$。

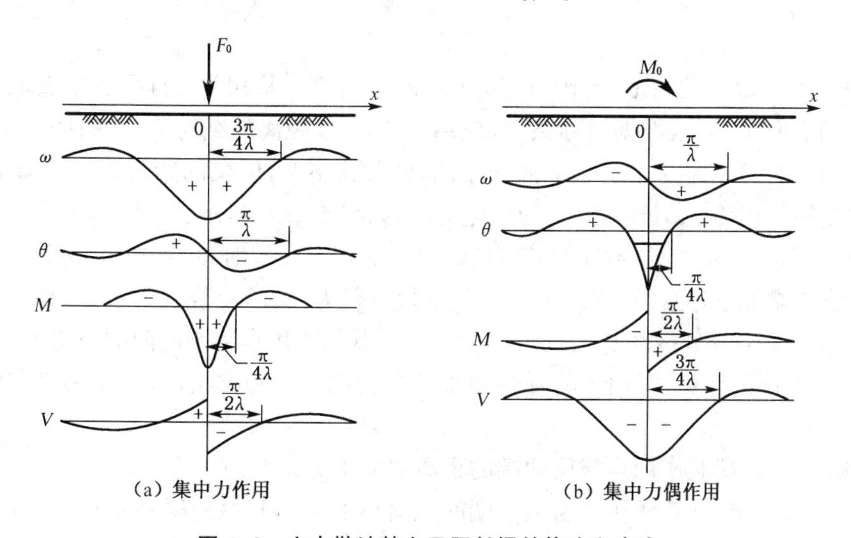

(a) 集中力作用　　(b) 集中力偶作用

图 4-2　文克勒地基上无限长梁的挠度和内力

由边界条件①得：$C_1=C_2=0$。则对梁的右半部有：

$$\omega=e^{-\lambda x}(C_3\cos\lambda x+C_4\sin\lambda x) \tag{4-8}$$

由边界条件②得：$C_3=C_4=C$，再根据边界条件③，可得 $C=F_0\lambda/2kb$

$$\omega=\frac{F_0\lambda}{2kb}e^{-\lambda x}(\cos\lambda x+\sin\lambda x) \tag{4-9}$$

再对式(4-9)分别求导，可得梁的截面转角 $\theta=d\omega/dx$、弯矩 $M=-EI(d^2\omega/dx^2)$、剪力 $V=-EI(d^3\omega/dx^3)$ 和基底反力 $p=k\omega$。若令 $K=kb$ 为集中基床系数，则：

$$\omega=\frac{F_0\lambda}{2K}e^{-\lambda x}(\cos\lambda x+\sin\lambda x)=\frac{F_0\lambda}{2K}A_x \tag{4-10}$$

$$\theta=-\frac{F_0\lambda^2}{2K}e^{-\lambda x}\sin\lambda x=-\frac{F_0\lambda^2}{2K}B_x \tag{4-11}$$

$$M = \frac{F_0}{4\lambda} e^{-\lambda x} (\cos\lambda x - \sin\lambda x) = \frac{F_0}{4\lambda} C_x \tag{4-12}$$

$$V = -\frac{F_0}{2} e^{-\lambda x} \cos\lambda x = -\frac{F_0}{2} D_x \tag{4-13}$$

$$p = \frac{F_0 \lambda}{2b} e^{-\lambda x} (\cos\lambda x + \sin\lambda x) = \frac{F_0 \lambda}{2b} A_x \tag{4-14}$$

其中

$$A_x = e^{-\lambda x} (\cos\lambda x + \sin\lambda x) \tag{4-15}$$

$$B_x = e^{-\lambda x} \sin\lambda x \tag{4-16}$$

$$C_x = e^{-\lambda x} (\cos\lambda x - \sin\lambda x) \tag{4-17}$$

$$D_x = e^{-\lambda x} \cos\lambda x \tag{4-18}$$

A_x、B_x、C_x 和 D_x 均为 λx 的函数，其值可由 λx 计算或从相关设计手册中查取。而对于集中力作用点左半部分，根据对称条件，应用上式，x 取距离的绝对值，梁的挠度 ω、弯矩 M 及基底反力 p 计算结果与梁的右半部分相同，即公式不变，但梁的转角 θ 与剪力 V 则取相反的符号。可绘出 ω、θ、M、V 随 λx 的变化情况，如图 4-2(a)所示。

由式(4-10)可知，当 $x = 0$ 时，$\omega = F_0\lambda/2K$；当 $x = 2\pi/\lambda$ 时，$\omega = 0.00187F_0\lambda/2K$。即梁的挠度随 x 的增加迅速衰减，在 $x = 2\pi/\lambda$ 处的挠度仅为 $x = 0$ 处挠度的 0.187%，在 $x = \pi/\lambda$ 处的挠度仅为 $x = 0$ 处挠度的 4.3%，故当集中荷载的作用点离梁的两端距离 $x > \pi/\lambda$ 时，可近似按无限长梁计算，实用中将弹性地基梁分为以下三种类型，有限长梁将在后续节中讨论：

① 无限长梁：荷载作用点与梁两端的距离都大于 π/λ。

② 半无限长梁：荷载作用点与梁一端的距离小于 π/λ，与另一端距离大于 π/λ。

③ 有限长梁：荷载作用点与梁两端的距离都小于 π/λ，梁的长度大于 $\pi/(4\lambda)$。当梁的长度小于 $\pi/(4\lambda)$ 时，梁的挠曲很小，可以忽略，称为刚性梁。

(2) 集中力偶作用下

图 4-2(b)为无限长梁受一个顺时针方向的集中力偶 M_0 作用，仍取集中力偶作用点为坐标原点 O，式(4-9)中的积分常数可由以下边界条件确定：

① 当 $x \to \infty$ 时，$\omega = 0$。

② 当 $x = 0$ 时，$\omega = 0$。

③ 当 $x = 0$ 时，在 O 点处紧靠 M_0 作用点的右侧，则作用于梁右半部截面上的弯矩为 $M_0/2$，即 $M = -EI(d^2\omega/dx^2) = M_0/2$。

同理，根据上述边界条件可得 $C_1 = C_2 = C_3 = 0$，$C_4 = M_0\lambda^2/K$

$$\omega = \frac{M_0\lambda^2}{K} e^{-\lambda x} \sin\lambda x = \frac{M_0\lambda^2}{K} B_x \tag{4-19}$$

$$\theta = \frac{M_0\lambda^2}{K} e^{-\lambda x} (\cos\lambda x - \sin\lambda x) = \frac{M_0\lambda^2}{K} C_x \tag{4-20}$$

$$M = \frac{M_0}{2} e^{-\lambda x} \cos\lambda x = \frac{M_0}{2} D_x \tag{4-21}$$

$$V = -\frac{M_0 \lambda}{2} e^{-\lambda x} (\cos\lambda x + \sin\lambda x) = -\frac{M_0 \lambda}{K} A_x \tag{4-22}$$

$$p = k \frac{M_0 \lambda^2}{K} e^{-\lambda x} \sin\lambda x = \frac{M_0 \lambda^2}{b} B_x \tag{4-23}$$

其中系数 A_x、B_x、C_x 和 D_x 与式(4-15)~式(4-18)相同。

对于集中力偶作用点的左半部分，根据反对称条件，x 取绝对值，梁的转角 θ 与剪力 V 计算结果与梁的右半部分相同，但对梁的挠度 ω、弯矩 M 及基底反力 p 则取相反的符号。ω、θ、M、V 随 λx 的变化情况如图 4-2(b)所示。

4.2.2 文克勒地基上半无限长梁解答

1）集中力作用下

如果一半无限长梁的一端受集中力 F_0 作用(图 4-3(a))，另一端延至无穷远时，仍取坐标原点为 F_0 的作用点，则边界条件为：

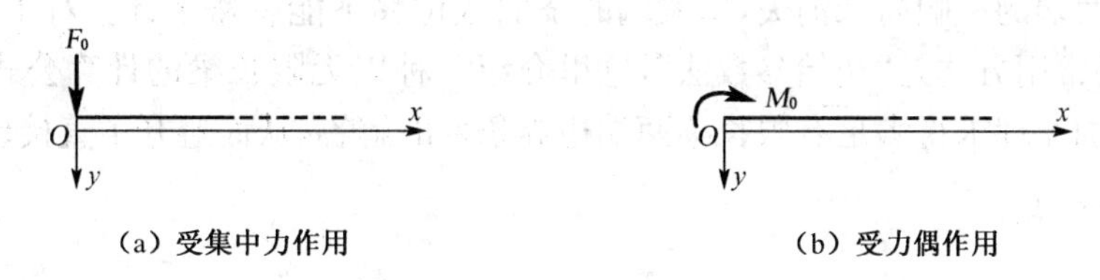

图 4-3 半无限长梁

(1) 当 $x \to \infty$ 时，$\omega = 0$。

(2) 当 $x = 0$ 时，$M = -EI(d^2\omega/dx^2) = 0$。

(3) 当 $x = 0$ 时，$V = -EI(d^3\omega/dx^3) = -F_0$。

由此可导得 $C_1 = C_2 = C_4 = 0$，$C_3 = 2F_0/K$。

将以上结果代入式(4-9)，则梁的挠度 ω、转角 θ、弯矩 M 和剪力 V 为：

$$\omega = \frac{2F_0 \lambda}{K} D_x \tag{4-24}$$

$$\theta = -\frac{2F_0 \lambda^2}{K} A_x \tag{4-25}$$

$$M = \frac{F_0}{\lambda} B_x \tag{4-26}$$

$$V = -F_0 C_x \tag{4-27}$$

2）力偶作用下

当一半无限长梁的一端受集中力偶 M_0 作用(图 4-3(b))，另一端延伸至无穷远时，则边界条件为：

(1) 当 $x \to \infty$ 时，$\omega = 0$。

(2) 当 $x = 0$ 时，$M = -EI(\mathrm{d}^2\omega/\mathrm{d}x^2) = M_0$。

(3) 当 $x = 0$ 时，$V = 0$。

同理可得式(4-9)中的积分常数为：$C_1 = C_2 = 0, C_3 = -C_4 = -2M_0\lambda^2/K$。故此时梁的挠度 ω、转角 θ、弯矩 M 和剪力 V 的表达式为：

$$\omega = \frac{2M_0\lambda^2}{kb}C_x \tag{4-28}$$

$$\theta = \frac{4M_0\lambda^2}{kb}D_x \tag{4-29}$$

$$M = M_0A_x \tag{4-30}$$

$$V = -2M_0\lambda B_x \tag{4-31}$$

4.2.3 文克勒地基上有限长梁解答

在工程实践中，地基上的梁大多无法满足无限长的要求，只能看成有限长。对于有限长梁，荷载对梁两端的影响尚未消失，即梁端的挠曲或位移不能忽略不计。对于有限长梁，确定积分常数的常用方法是“初始参数法”，这里介绍一种以无限长梁的计算公式为基础的叠加法，利用叠加原理求得满足有限长梁两端边界条件的解答，从而避开了直接确定积分常数的繁琐，其原理如下。

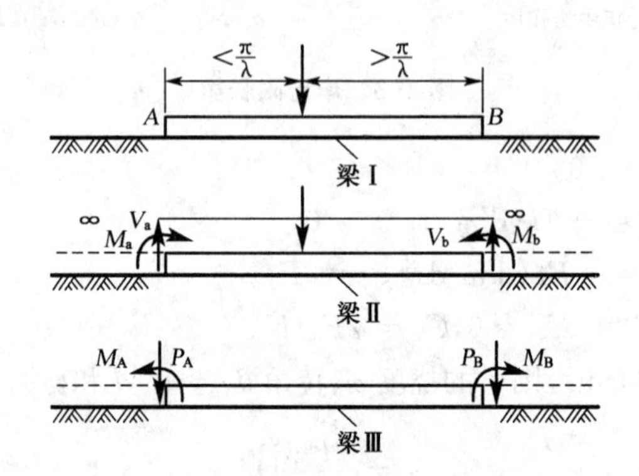

图 4-4 有限长梁内力、位移计算

图 4-4 中有一根长为 l 的弹性地基梁(梁Ⅰ)上作用有任意的已知荷载，其端点 A、B 均为自由端，若将 A、B 两端向外无限延长形成无限长梁(梁Ⅱ)，则该无限长梁在已知荷载作用下在相应于 A、B 两截面有弯矩 M_a、M_b 以及剪力 V_a、V_b，这与实际梁Ⅰ的 A、B 两端是自由界面，不存在任何内力不相符。为了利用无限长梁Ⅱ计算公式，需设法消除发生在梁Ⅱ中 A、B 两截面的弯矩和剪力，以满足梁Ⅰ的边界条件，可在梁Ⅱ的 A、B 两点外侧分别加上一对集中荷载 M_A、P_A 和 M_B、P_B，使梁Ⅱ在 A、B 两截面中所产生的弯矩和剪力分别等于 $-M_a$、$-V_a$ 及 $-M_b$、$-V_a$(梁Ⅲ)，根据前面所得无限长梁的结果，可得以下方程组：

$$\frac{P_A}{4\lambda}+\frac{P_B}{4\lambda}C_l+\frac{M_A}{2}-\frac{M_B}{2}D_l=-M_a \tag{4-32a}$$

$$-\frac{P_A}{2}+\frac{P_B}{2}D_l-\frac{\lambda M_A}{2}-\frac{\lambda M_B}{2}A_l=-V_a \tag{4-32b}$$

$$\frac{P_A}{4\lambda}C_l+\frac{P_B}{4\lambda}+\frac{M_A}{2}D_l-\frac{M_B}{2}=-M_b \tag{4-32c}$$

$$-\frac{P_A}{2}D_l+\frac{P_B}{2}-\frac{\lambda M_A}{2}A_l-\frac{\lambda M_B}{2}=-V_b \tag{4-32d}$$

解上列方程组得：

$$\left.\begin{aligned}
P_A&=(E_l+F_lD_l)V_a+\lambda(E_l-F_lA_l)M_a-(F_l+E_lD_l)V_b+\lambda(F_l-E_lA_l)M_b\\
M_A&=-(E_l+F_lC_l)\frac{V_a}{2\lambda}-(E_l-F_lD_l)M_a+(F_l+E_lC_l)\frac{V_b}{2\lambda}-(F_l-E_lD_l)M_b\\
P_B&=(F_l+E_lD_l)V_a+\lambda(F_l-E_lA_l)M_a-(E_l+F_lD_l)V_b+\lambda(E_l-F_lA_l)M_b\\
M_B&=(F_l+E_lC_l)\frac{V_a}{2\lambda}+(F_l-E_lD_l)M_a-(E_l+F_lC_l)\frac{V_b}{2\lambda}+(E_l-F_lD_l)M_b
\end{aligned}\right\} \tag{4-33}$$

式中：

$$A_l=e^{-\lambda l}(\cos\lambda l+\sin\lambda l),\ B_l=e^{-\lambda l}\sin\lambda l,\ C_l=e^{-\lambda l}(\cos\lambda l-\sin\lambda l),\ D_l=e^{-\lambda l}\cos\lambda l$$

$$E_l=\frac{2e^{\lambda l}sh\lambda l}{sh^2\lambda l-\sin^2\lambda l},\ F_l=\frac{2e^{\lambda l}\sin\lambda l}{\sin^2\lambda l-sh^2\lambda l}$$

原来梁Ⅰ延伸为无限长梁Ⅱ之后，其 A、B 两截面处的连续性是靠内力 M_a、V_a 和 M_b、V_b 来维持的，而附加荷载 M_A、P_A 和 M_B、P_B 的作用则正好抵消了这两对内力。其效果相当于把梁Ⅱ在 A 和 B 处切断而成为梁Ⅰ。由于 M_A、P_A 和 M_B、P_B 是为了在梁Ⅱ上实现梁Ⅰ的边界条件所必需的附加荷载，所以叫做梁端边界条件力。

现将有限长梁Ⅰ上任意点 x 的 ω、θ、M 和 V 的计算步骤归纳如下：

(1)以叠加法计算已知荷载在梁Ⅱ上相应于梁Ⅰ两端的 A 和 B 截面引起的弯矩和剪力 M_a、V_a、M_b、V_b。

(2)按式(4-33)计算梁端边界条件力 M_A、P_A 和 M_B、P_B。

(3)再按叠加法计算在已知荷载和边界条件力的共同作用下，梁Ⅱ上相应于梁Ⅰ的 x 点处的 ω、θ、M 和 V 值。

另外，当有限长梁的长度满足 $l\leqslant 4\pi/l$ 时，梁的相对刚度很大，荷载作用下其挠曲很小，可以忽略不计，称为短梁或刚性梁。这类梁发生位移时，是平面移动，一般假设基底反力按直线分布，可按静力平衡条件求得。其截面弯矩及剪力也可由静力平衡条件求得。

【例 4-1】 请推导图 4-5 所示的外伸半无限长梁在集中力 F 作用下，力作用点的挠度。

【解】 如图 4-5 所示，外伸半无限长梁Ⅰ可看成图中无限长梁Ⅱ以叠加法求解，即在 P_A、M_A 和荷载 F_0 的共同作用下，梁Ⅱ的 A 点的弯矩和剪力为零，根据式(4-12)、式(4-13)列方程如下：

$$\begin{cases} \dfrac{P_A}{4\lambda}+\dfrac{M_A}{2}+\dfrac{P_0}{4\lambda}C_x=0 \\ -\dfrac{P_A}{2}-\dfrac{M_A\lambda}{2}+\dfrac{P_0}{2}D_x=0 \end{cases}$$

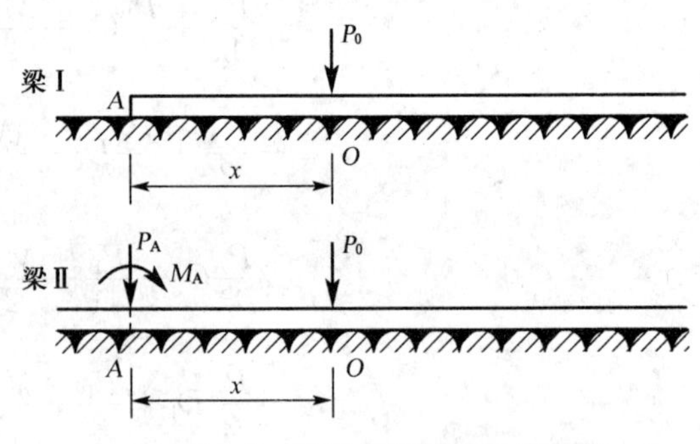

图 4-5 外伸半无限长梁示意图

解方程组得：

$$\begin{cases} P_A=P_0(C_x+2D_x) \\ M_A=-\dfrac{P_0}{\lambda}(C_x+D_x) \end{cases}$$

O 点的挠度根据式(4-10)、式(4-19)为：

$$\begin{aligned} \omega_0&=\frac{P_0\lambda}{2K}+\frac{P_A\lambda}{2K}A_x+\frac{M_A\lambda^2}{K}B_x \\ &=\frac{P_0\lambda}{2K}[1+(C_x+2D_x)A_x-2(C_x+D_x)B_x] \\ &=\frac{P_0\lambda}{2K}[1+e^{-2\lambda x}(1+2\cos^2\lambda x-2\cos\lambda x\sin\lambda x)] \end{aligned}$$

若令
$$Z_x=1+e^{-2\lambda x}(1+2\cos^2\lambda x-2\cos\lambda x\sin\lambda x) \tag{4-34}$$

则
$$\omega_0=\frac{P_0\lambda}{2K}Z_x \tag{4-35}$$

根据式(4-34)可知，当 $x=0$ 时(半无限长梁)，$Z_x=4$；当 $x\to\infty$(无限长梁)时，$Z_x=1$。

4.3 柱下条形基础

4.3.1 构造要求

柱下条形基础除了需满足扩展基础的一般构造要求外，还需满足下述规定：

(1) 柱下条形基础梁的高度宜为柱距的 1/4～1/8。翼板厚度不应小于 200 mm。当翼板厚度大于 250 mm 时，宜采用变厚度翼板，其顶面坡度宜小于或等于 1∶3。

(2) 条形基础的端部宜向外伸出，其长度宜为第一跨距的 0.25 倍。

(3) 现浇柱与条形基础梁的交接处，基础梁的平面尺寸应大于柱的平面尺寸，且柱的边缘至基础梁边缘的距离不得小于 50 mm(图 4-6)。

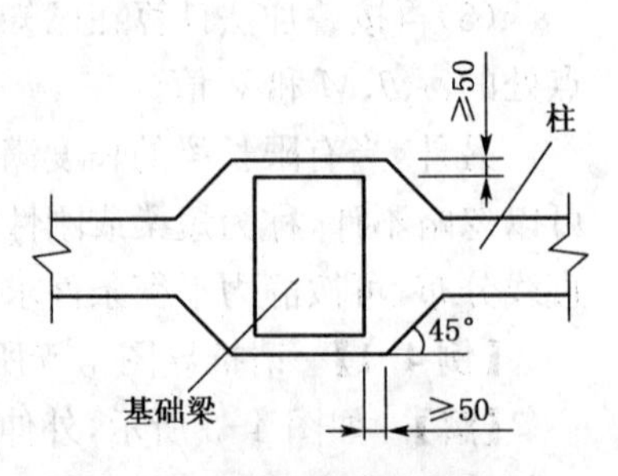

图 4-6 现浇柱与条形基础梁交接处平面尺寸

(4)条形基础梁顶部和底部的纵向受力钢筋除应满足计算要求外，顶部钢筋应按计算配筋全部贯通，底部通长钢筋不应少于底部受力钢筋截面总面积的 1/3。

(5) 柱下条形基础的混凝土强度等级不应低于 C20。

4.3.2 一般设计

1) 基础底面尺寸

根据扩展基础构造的一般要求和条形基础构造的特殊要求，先确定条形基础的长度 l，再将基础视为刚性矩形基础，按地基承载力特征值确定基础底面宽度 b。在确定基础长度时，应尽量使其形心与基础所受外力合力重心相重合，使地基反力均匀分布，如图 4-7(a)所示，基础宽度可按式(3-5)确定。若基础底面形心与基础所受外力合力重心不能重合，基础受偏心受荷，如图 4-7(b)所示，则基底反力沿长度方向呈梯形分布，基础宽度除满足式(3-5)外，还应按式(3-10)～(3-12)进行验算。

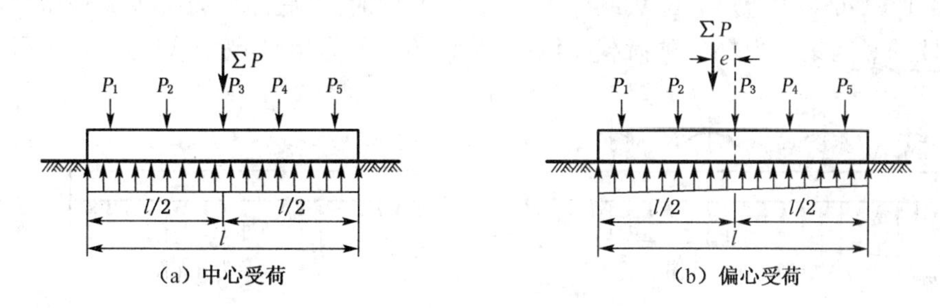

图 4-7 简化计算法的基底反力分布

2) 翼板的计算

柱下条形基础翼板的计算方法与墙下钢筋混凝土条形基础相同。在计算基底净反力设计值时，荷载沿纵向和横向的偏心情况都要予以考虑。当各跨的净反力相差较大时，可依次对各跨底板进行计算，净反力可取本跨内的最大值。

翼板可视为悬臂于肋梁两侧的悬臂板进行设计，其剪力仍可按式(3-21)中剪力计算方法计算，然后按斜截面的抗剪能力确定翼板厚度；其弯矩可按式(3-27)计算，并确定条形基础翼板内的横向配筋。

3) 基础梁纵向内力分析

(1)简化计算方法

根据上部结构刚度的大小，简化计算法可分为静定分析法(静定梁法)和倒梁法两种。这两种方法均假设基底反力为直线(平面)分布。为满足这一假定，要求条形基础具有足够的相对刚度。当柱距相差不大时，通常要求基础上的平均柱距 l_m 应满足下列条件：

$$l_m \leqslant 1.75\left(\frac{1}{\lambda}\right) \tag{4-36}$$

式中：$1/\lambda$——文克勒地基上梁的特征长度，$\lambda = \sqrt[4]{kb/4EI}$。

对一般柱距及中等压缩性的地基，按上述条件进行分析，条形基础的高度应不小于平均柱距的 1/6。

① 静定分析法

静定分析法适用于上部结构刚度很小(如单层排架结构)而基础刚度相对较大的情况。计算时假定基底反力呈线性分布，求出基底净反力，然后将柱荷载直接作用于基础梁上，这样就可以在基础梁上所有作用力均已知的情况下，根据静力平衡条件计算出任一截面的弯矩和剪力，进而进行地基梁的配筋。

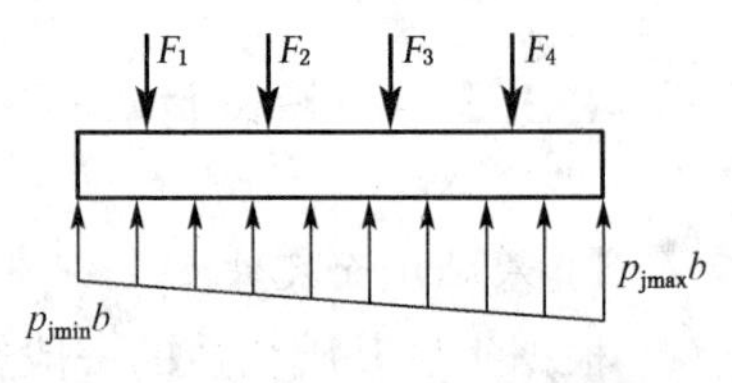

图 4-8 静定分析法计算简图

该法由于忽略了基础与上部结构的相互作用，即未考虑上部结构刚度的有利影响，荷载作用下基础梁将产生整体弯曲，计算所得结果与其他方法相比不利截面上的弯矩绝对值一般偏大很多。

② 倒梁法

倒梁法假定上部结构绝对刚性，各柱之间没有差异沉降，因而可把柱脚视为条形基础的铰支座，支座间不存在相对竖向位移，基础的挠曲变形不致改变地基反力，将基础梁按倒置的连续梁计算（可采用弯矩分配法或弯矩系数法）。此时，基底净反力（$p_j b$，kN/m）呈线性分布，且除柱的竖向集中力外各种荷载作用（包括柱传来的力矩）均为已知，如图 4-9 所示。

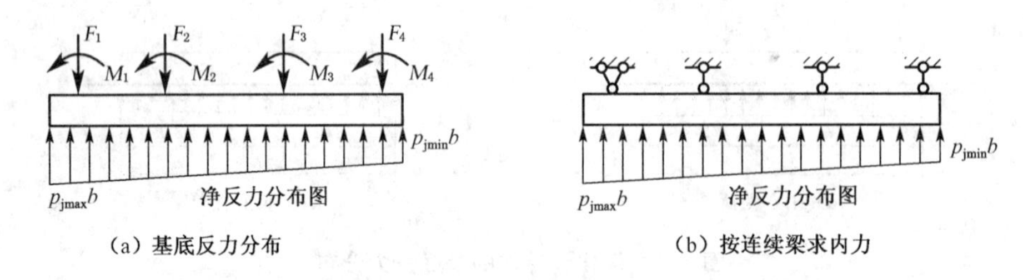

图 4-9 用倒梁法计算地基梁简图

应该指出，该计算模型仅考虑了柱间基础的局部弯曲，而忽略了基础全长发生的整体弯曲，因而所得的柱位处截面的正弯矩与柱间最大负弯矩绝对值比其他方法计算结果均衡，所以基础不利截面的弯矩较小。另外，用倒梁法求得的支座反力一般不等于原柱作用的竖向荷载，可理解为上部结构的整体刚度对基础整体弯曲的抑制作用，使柱荷载分布均匀化。实际上，如荷载和地基土层分布比较均匀，基础将发生正向弯曲，对于多层多跨框架结构下的条形基础，靠近基础中间的一些柱将发生较大的竖向位移，而边柱位移偏小。由于上部结构的协同工作，各柱的竖向位移趋于均匀，即中柱位移减小，边柱位移增大，从而导致边柱所受的实际荷载增大，中柱所受的实际荷载减小。

倒梁法求得的支座反力不等于原柱作用的竖向荷载，实践中常采用所谓“基底反力局部调整法”进行修正，即将支座处的不平衡力均匀分布在本支座两侧各 1/3 跨度范围内求解梁的内力，该内力与前面求得的内力进行叠加，如此反复多次，直到支座反力接近柱荷载为止。

考虑到按倒梁法计算时基础及上部结构的刚度都较好，由于存在上述分析的架越作用，基础两端部的基底反力会比按直线分布的反力有所增加。所以，两边跨的跨中和柱下截面受力钢筋宜在计算钢筋面积的基础上适当增加，一般可增加 15%～20%。由于计算模型不能较全面地反映基础的实际受力情况，设计时不仅允许而且应该做些调整。

综上所述，在比较均匀的地基上，上部结构刚度较好，荷载分布和柱距较均匀（如相差不超过 20%），且条形基础梁的高度不小于 1/6 柱距时，基底反力可按直线分布，基础梁的内力可按倒梁法计算。

当条形基础的相对刚度较大时，由于基础的架越作用，其两端边跨的基底反力会有所增大，故两边跨的跨中弯矩及第一内支座的弯矩值宜乘以 1.2 的增大系数。需要指出的是，当荷载较大、土的压缩性较高或基础埋深较浅时，随着端部基底下塑性区的开展，架越作用将减弱、消失，甚至出现基底反力从端部向内转移的现象。

肋梁的配筋计算与一般的钢筋混凝土 T 形截面梁相仿，即对跨中按 T 形、对支座按矩形截面计算。当柱荷载对单向条形基础有扭力作用时，应作抗扭计算。

需要特别指出的是，静定分析法和倒梁法实际上代表了两种极端情况，且有诸多前提条件。因此，在对条形基础进行截面设计时，切不可拘泥于计算结果，而应结合实际情况和设计经验，在配筋时作某些必要的调整。

(2)弹性地基梁法

当无法满足简化计算法条件时，需按弹性地基梁法计算基础内力。根据地基条件的复杂程度，一般可分为下列三种情况：

① 对基础宽度不小于可压缩土层厚度两倍的薄压缩层地基，如地基的压缩性均匀，则可按文克勒地基上梁的解析解计算。

② 当基础宽度满足情况①的要求，但地基沿基础纵向的压缩性不均匀时，可沿纵向将地基划分成若干段(每段内的地基较为均匀)，每段分别计算基床系数，然后按文克勒地基上梁的数值分析法计算。

③ 当基础宽度不满足情况①的要求，或应考虑邻近基础或地面堆载对所计算基础的沉降和内力的影响时，宜采用非文克勒地基上梁的数值分析法进行迭代计算。

【例 4-2】 如图 4-10 所示柱下条形基础，已选取基础埋深 1.5 m，修正后的地基承载力特征值为 130 kPa，图中所示的荷载为设计值，标准值可近似取设计值的 0.74 倍。地基比较均匀，上部结构的刚度较大。试确定基础底面尺寸，并计算基础梁的内力。

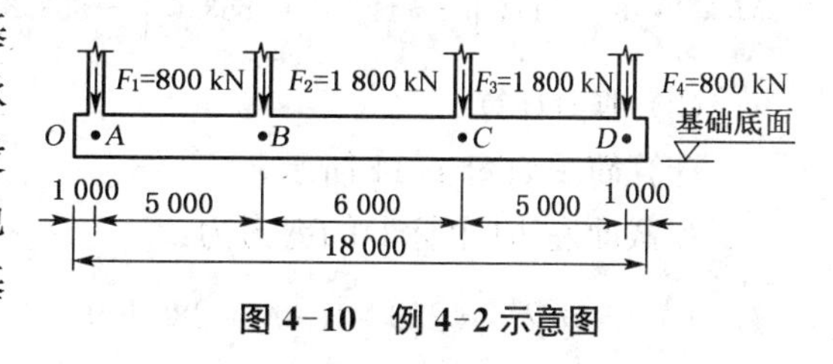

图 4-10 例 4-2 示意图

【解】 由于地基比较均匀，上部结构的刚度较大，跨度相差不足 20%，故可按倒梁法计算。

(1) 确定基础底面尺寸

设基础端部外伸长度为边跨跨距的 0.2 倍，即 1.0 m，则基础总长度 $l = 2\times(1+5)+6 = 18\ \text{m}$，于是基底宽度为：

$$b = \frac{\sum F}{l(f-20d)} = \frac{2\times(800+1\,800)\times 0.74}{18\times(130-20\times 1.5)} = 2.2\ \text{m}$$

(2) 内力分析

拟以弯矩分配法计算肋梁弯矩，先求等效倒梁计算条件。

沿基础纵向的地基净反力为：

$$bp_{\text{j}} = \frac{\sum F}{l} = \frac{5\,200}{18} = 289\ \text{kN/m}$$

边跨固端弯矩为：

$$M_{BA}=\frac{1}{12}bp_j l_1^2=\frac{1}{12}\times 289\times 5^2=602\ \text{kN}\cdot\text{m}$$

中跨固端弯矩为：

$$M_{BC}=\frac{1}{12}bp_j l_2^2=\frac{1}{12}\times 289\times 6^2=867\ \text{kN}\cdot\text{m}$$

A截面(左边)伸出端弯矩为：

$$M_A^l=\frac{1}{2}bp_j l_0^2=\frac{1}{2}\times 289\times 1^2=144\ \text{kN}\cdot\text{m}$$

	A		B		C		D	
分配系数	0	1.0	0.47	0.53	0.53	0.47	1.0	0
固端弯矩	144	−602	602	−867	867	−602	602	−144
		458	229			−229	−458	
			16.92	19.08	−19.08	−16.92		
				−9.54	9.54			
			4.48	5.06	−5.06	−4.48		
				−2.53	2.53			
			1.19	1.34	−1.34	−1.19		
M(kN·m)	144	−144	853.6	−853.6	853.6	−853.6	144	−144

(3) 剪力计算

计算简图如图4-11所示。

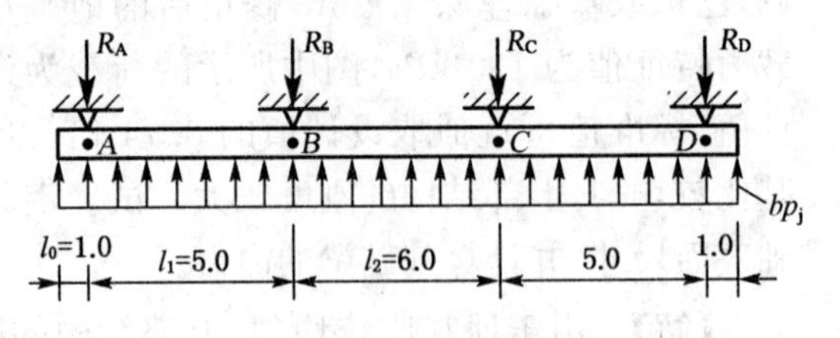

图4-11 计算简图

A截面左边(上标l)的剪力为：

$$V_A^l=bp_j l_0=289\times 1.0=289\ \text{kN}$$

取*OB*段作脱离体，计算A截面的支座反力：

$$R_A=\frac{1}{l_1}\left[\frac{1}{2}bp_j\,(l_0+l_1)^2-M_B\right]=\frac{1}{5}\left[\frac{1}{2}\times 289\times 6^2-853.6\right]=869.68\ \text{kN}$$

A截面右边(上标r)的剪力为：

$$V_A^r=bp_j l_0-R_A=289\times 1-869.68=-580.68\ \text{kN}$$

B截面左边(上标l)的剪力为：

$$V_B^l=bp_j(l_0+l_1)-R_A=289\times 6-869.68=864.32\ \text{kN}$$

取*BC*段作脱离体，计算B截面的支座反力：

$$V_B^r=\frac{1}{l_2}\left(\frac{1}{2}bp_j l_2^2+M_B-M_C\right)=\frac{1}{6}\left(\frac{1}{2}\times 289\times 6^2+853.6-853.6\right)=867\ \text{kN}$$

$$R_B=V_B^l+V_B^r=864.32+867=1\,731.32\ \text{kN}$$

按跨中剪力为零的条件来求跨中最大负弯矩：

OB 段：
$$bp_{j}x-R_{A}=289x-869.68=0$$

$$x=\frac{869.68}{289}=3.0\ \mathrm{m}$$

所以 $M_{1}=\frac{1}{2}bp_{j}x^{2}-R_{A}\times 2=\frac{1}{2}\times 289\times 3^{2}-869.68\times 2=-438.86\ \mathrm{kN\cdot m}$

BC 段为对称，最大负弯矩在中间截面：

$$M_{2}=-\frac{1}{8}bp_{j}l_{2}^{2}+M_{B}=-\frac{1}{8}\times 289\times 6^{2}+853.6=-446.9\ \mathrm{kN\cdot m}$$

由以上计算结果可作出条形基础的弯矩图和剪力图如图 4-12 和图 4-13 所示。

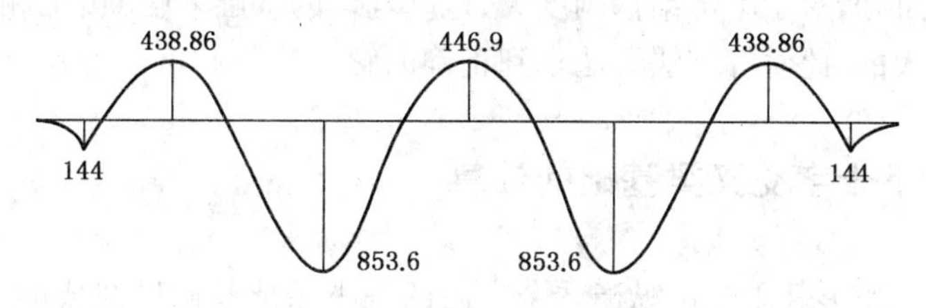

图 4-12 弯矩图

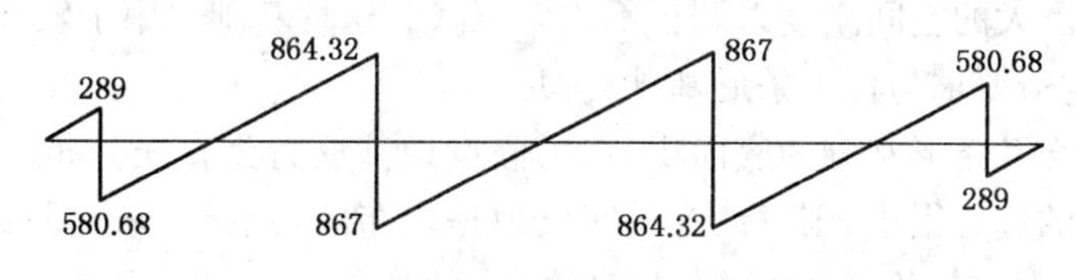

图 4-13 剪力图

【例 4-3】 若按静定分析法重新分析例 4-2，内力又如何？

【解】 计算支座处剪力：

$$V_{A}^{l}=bp_{j}l_{0}=289\times 1=289\ \mathrm{kN}$$

$$V_{A}^{r}=V_{A}^{l}-F_{1}=289-800=-511\ \mathrm{kN}$$

$$V_{B}^{l}=bp_{j}(l_{0}+l_{1})-F_{1}=289\times 6-800=934\ \mathrm{kN}$$

$$V_{B}^{r}=V_{B}^{l}-F_{2}=934-1\,800=-866\ \mathrm{kN}$$

计算截面弯矩：

$$M_{A}=\frac{1}{2}bp_{j}l_{0}^{2}=\frac{1}{2}\times 289\times 1=144\ \mathrm{kN\cdot m}$$

按剪力 $y=0$ 的条件，确定边跨跨中最大负弯矩的截面位置（至条形基础左端点的距离为 x）：

$$x=\frac{F_{1}}{bp_{j}}=\frac{800}{289}=2.77\ \mathrm{m}$$

于是：

$$M_1 = \frac{1}{2}bp_j x^2 - F_1(x - l_0) = \frac{1}{2} \times 289 \times 2.77^2 - 800 \times 1.77 = -307.3 \text{ kN} \cdot \text{m}$$

$$M_B = \frac{1}{2}bp_j (l_0 + l_1)^2 - F_1 l_1 = \frac{1}{2} \times 289 \times (1 + 5)^2 - 800 \times 5 = 1202 \text{ kN} \cdot \text{m}$$

中跨最大负弯矩在跨中央：

$$\begin{aligned} M_2 &= \frac{1}{2}bp_j(l_0 + l_1 + \frac{l_2}{2})^2 - F_1(l_1 + \frac{l_2}{2}) - F_2\left(\frac{l_2}{2}\right) \\ &= \frac{1}{2} \times 289 \times 9^2 - 800 \times 8 - 1\,800 \times 3 = -95.5 \text{ kN} \cdot \text{m} \end{aligned}$$

由计算结果可知，对于上部结构刚度大、地基均匀的基础采用倒梁法和静定法求得的内力差别还是比较大的，此时静定法无法求到正确的解。

4.3.3 柱下十字交叉梁基础的计算

柱下十字交叉条形基础是由纵横两个方向的柱下条形基础所组成的一种空间结构，各柱位于两个方向基础梁的交叉结点处。这种基础，一方面可以进一步扩大基础底面积，另一方面可以利用其巨大的空间刚度以调整不均匀沉降。这种基础适用于软弱地基上柱距较小的框架结构，其构造要求与柱下条形基础类似。

在初步选择交叉条形基础的底面积时，可假设地基反力为直线分布。如果所有荷载的合力对基底形心的偏心很小，则可认为基底反力是均布的，由此可求出基础底面的总面积，然后具体选择纵、横向各条形基础的长度和底面宽度。

要对交叉条形基础的内力进行比较仔细的分析是相当复杂的，目前常用的方法是简化计算法。

当上部结构具有很大的整体刚度时，可以像分析条形基础时那样，将交叉条形基础作为倒置的 2 组连续梁来对待，并以地基的净反力作为连续梁上的荷载。如果地基较软弱而均匀，基础刚度又较大，那么可以认为地基反力是直线分布的。

如果上部结构的刚度较小，则常采用比较简单的方法，把交叉结点处的柱荷载分配到纵横两个方向的基础梁上，待柱荷载分配后，把交叉条形基础分离为若干单独的柱下条形基础，并按照上节方法进行分析和设计。

确定交叉结点处柱荷载的分配值时，无论采用什么方法，都必须满足以下两个条件：

1）静力平衡条件

各结点分配在纵、横基础梁上的荷载之和，应等于作用在该结点上的总荷载，即：

$$F_i = F_{ix} + F_{iy} \tag{4-37}$$

式中：F_i——i 节点上的竖向柱荷载(kN)；

F_{ix}——x 方向基础梁在 i 节点承受的竖向荷载(kN)；

F_{iy}——y 方向基础梁在 i 节点承受的竖向荷载(kN)。

2）变形协调条件

纵、横基础梁在交叉结点处的位移应相等。

$$\omega_{ix} = \omega_{iy} \tag{4-38}$$

式中：ω_{ix}——x 方向在 i 节点处的竖向位移；

ω_{iy}——y 方向在 i 节点处的竖向位移。

为了简化计算，设交叉结点处纵、横梁之间为铰接。当一个方向的基础梁有转角时，另一个方向的基础梁内不产生扭矩。结点上两个方向的弯矩分别由同向的基础梁承担，一个方向的弯矩不致引起另一个方向基础梁的变形。这就忽略了纵、横基础梁的扭转。为了防止这种简化计算使工程出现问题，在构造上，基础梁柱位的四周都必须配置封闭型的抗扭箍筋（用 $\phi10 \sim \phi12$），并适当增加基础梁的纵向配筋量。

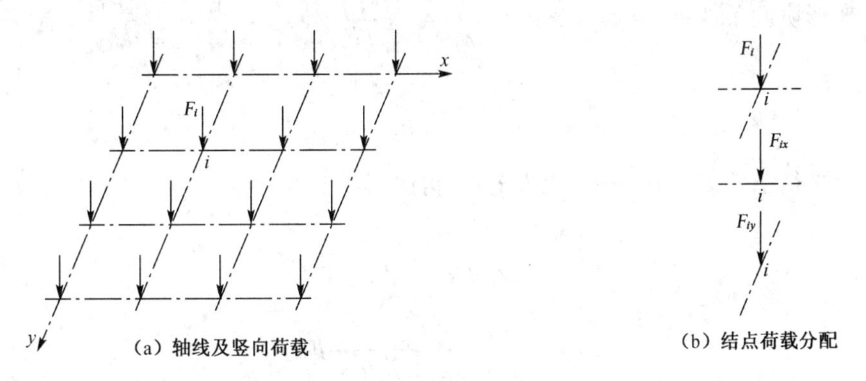

图 4-14 十字交叉条形基础示意图

如采用文克勒地基上梁的分析方法来计算 ω_{ix} 和 ω_{iy}，并忽略相邻荷载的影响，则结点荷载的分配计算就可大为简化。交叉条形基础的交叉结点类型可分为角柱、边柱和内柱三类。下面给出结点荷载的分配计算公式。

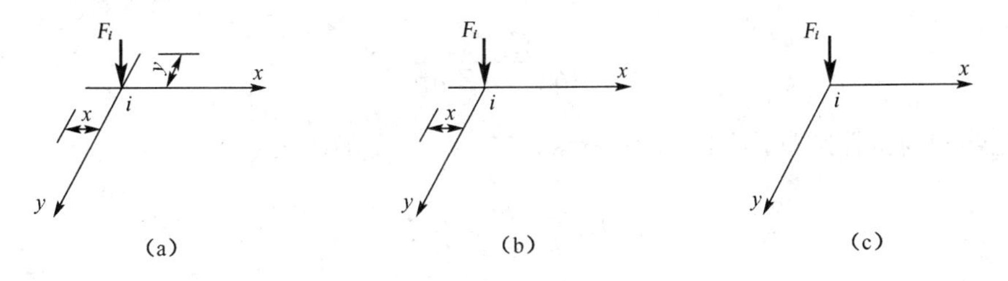

图 4-15 角柱结点

（1）角柱结点

图 4-15(a)所示为最常见的角柱结点，即 x、y 方向基础梁均可视为外伸半无限长梁，外伸长度分别为 x、y，故结点 i 的竖向位移可按式(4-35)求得：

$$\omega_0 = \frac{P_0 \lambda}{2K} Z_x$$

$$\omega_{ix} = \frac{F_{ix} \lambda_x}{2kb_x} Z_x \tag{4-39a}$$

$$\omega_{iy}=\frac{F_{iy}\lambda_y}{2kb_y}Z_y \tag{4-39b}$$

式中：b_x、b_y——分别为 x、y 方向基础的底面宽度；

λ_x、λ_y——分别为 x、y 方向基础梁的柔度特征值；

k——地基的基床系数；

E——基础材料的弹性模量；

I_x、I_y——分别为 x、y 方向基础梁的截面惯性矩。

Z_x（或 Z_y）是 λ_x（或 λ_y）的函数，可查表 4-1 或按式(4-34)计算，即：

$$Z_x=1+e^{-2\lambda x}(1+2\cos^2\lambda x-2\cos\lambda x\sin\lambda x) \tag{4-40}$$

根据变形协调条件 $\omega_{ix}=\omega_{iy}$，令 $s_x=\frac{1}{\lambda_x}=\sqrt[4]{\frac{4EI_x}{kb_x}}$，$s_y=\frac{1}{\lambda_y}=\sqrt[4]{\frac{4EI_y}{kb_y}}$，有：

$$\frac{Z_xF_{ix}}{b_xs_x}=\frac{Z_yF_{iy}}{b_ys_y}$$

将静力平衡条件 $F_i=F_{ix}+F_{iy}$ 代入上式，可解得：

$$F_{ix}=\frac{Z_yb_xs_x}{Z_yb_xs_x+Z_xb_ys_y}F_i \tag{4-41a}$$

$$F_{iy}=\frac{Z_xb_ys_y}{Z_yb_xs_x+Z_xb_ys_y}F_i \tag{4-41b}$$

以上两式即为所求的交叉结点柱荷载分配公式。

对图 4-15(b)，$y=0$，$Z_y=4$，分配公式成为：

$$F_{ix}=\frac{4b_xs_x}{4b_xs_x+Z_xb_ys_y}F_i \tag{4-41c}$$

$$F_{iy}=\frac{Z_xb_ys_y}{4b_xs_x+Z_xb_ys_y}F_i \tag{4-41d}$$

对无外伸的角柱结点，图 4-15(b)所示，$Z_x=Z_y=4$，分配公式为：

$$F_{ix}=\frac{b_xs_x}{b_xs_x+b_ys_y}F_i \tag{4-41e}$$

$$F_{iy}=\frac{b_ys_y}{b_xs_x+b_ys_y}F_i \tag{4-41f}$$

(2) 边柱结点

对图 4-16(a)所示的边柱结点，y 方向梁为无限长梁，即 $y=\infty$，$Z_y=1$，故得：

$$F_{ix}=\frac{b_xs_x}{b_xs_x+Z_xb_ys_y}F_i \tag{4-42a}$$

$$F_{iy}=\frac{Z_xb_ys_y}{b_xs_x+Z_xb_ys_y}F_i \tag{4-42b}$$

对图 4-16(b)，$Z_x=1$，$Z_y=4$，从而：

$$F_{ix}=\frac{b_x s_x}{b_x s_x+4b_y s_y}F_i \tag{4-42c}$$

$$F_{iy}=\frac{4b_y s_y}{b_x s_x+4b_y s_y}F_i \tag{4-42d}$$

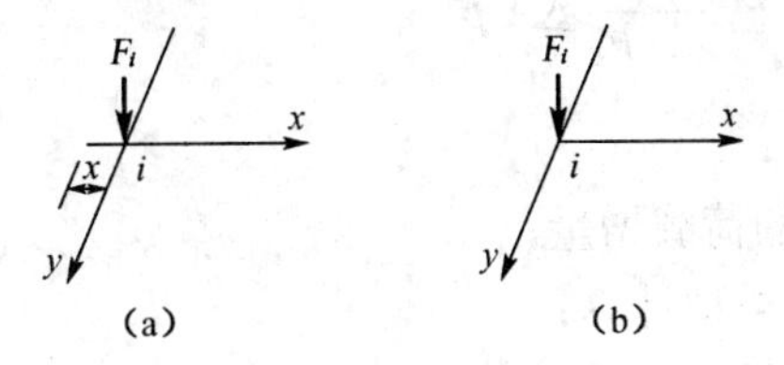

图 4-16　边柱结点

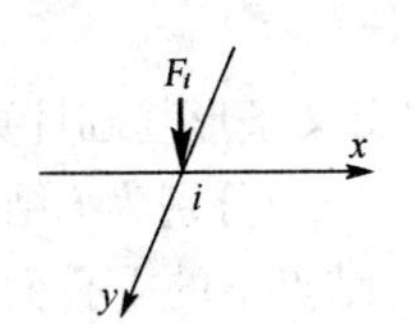

图 4-17　内柱结点

(3) 内柱结点

对内柱结点，如图 4-17 所示，$Z_x=Z_y=1$，故得：

$$F_{ix}=\frac{b_x s_x}{b_x s_x+b_y s_y}F_i \tag{4-43a}$$

$$F_{iy}=\frac{b_y s_y}{b_x s_x+b_y s_y}F_i \tag{4-43b}$$

表 4-1　Z_x 函数表

λ_x	Z_x	λ_x	Z_x	λ_x	Z_x
0	4.000	0.24	2.501	0.70	1.292
0.01	3.921	0.26	2.410	0.75	1.239
0.02	3.843	0.28	2.323	0.80	1.196
0.03	3.767	0.30	2.241	0.85	1.161
0.04	3.693	0.32	2.163	0.90	1.132
0.05	3.620	0.34	2.089	0.95	1.109
0.06	3.548	0.36	2.018	1.00	1.091
0.07	3.478	0.38	1.952	1.10	1.067
0.08	3.410	0.40	1.889	1.20	1.053
0.09	3.343	0.42	1.830	1.40	1.044
0.10	3.277	0.44	1.774	1.60	1.043
0.12	3.150	0.46	1.721	1.80	1.042
0.14	3.029	0.48	1.672	2.00	1.039
0.16	2.913	0.50	1.625	2.50	1.022
0.18	2.803	0.55	1.520	3.00	1.008
0.20	2.697	0.60	1.431	3.50	1.002
0.22	2.596	0.65	1.355	≥4.00	1.000

当交叉条形基础按纵、横向条形基础分别计算时，结点下的底板面积其实被使用了两次（纵横向重叠部分）。若各结点下重叠面积之和占基础总面积的比例较大，则设计可能偏于不安全。为此，可通过加大结点荷载的方法加以平衡。调整后的结点竖向荷载为：

$$F'_{ix}=F_{ix}+\Delta F_{ix}=F_{ix}+\frac{F_{ix}}{F_i}\Delta A_i p_{\mathrm{j}} \tag{4-44a}$$

$$F'_{iy}=F_{iy}+\Delta F_{iy}=F_{iy}+\frac{F_{iy}}{F_i}\Delta A_i p_{\mathrm{j}} \tag{4-44b}$$

式中：p_{j}——按交叉条形基础计算的基底净反力；

ΔF_{ix}、ΔF_{iy}——分别为 i 结点在 x、y 方向的荷载增量；

ΔA_i——i 结点下的重叠面积，按下述结点类型计算：

第Ⅰ类型，如图 4-15(a)、4-16(a)、4-17 所示：$\Delta A_i=b_x b_y$；

第Ⅱ类型，如图 4-15(b)、4-16(b)所示，此时横向梁只伸到纵向梁宽度的一半处，故重叠面积只取交叉面积的一半：$\Delta A_i=\frac{1}{2}b_x b_y$；

第Ⅲ类型，如图 4-15(c)所示：$\Delta A_i=0$。

4.4 筏形基础与箱形基础

对于高层建筑，由于上部结构荷载过大，采用柱下交梁基础已不能满足地基承载力要求，或虽能满足承载力要求，但无法满足基础刚度时，可考虑采用筏形基础或箱形基础。

筏形基础又称筏板基础、片筏基础或满堂红基础，按结构组成可分为平板式和肋梁式，如图 4-18 所示。

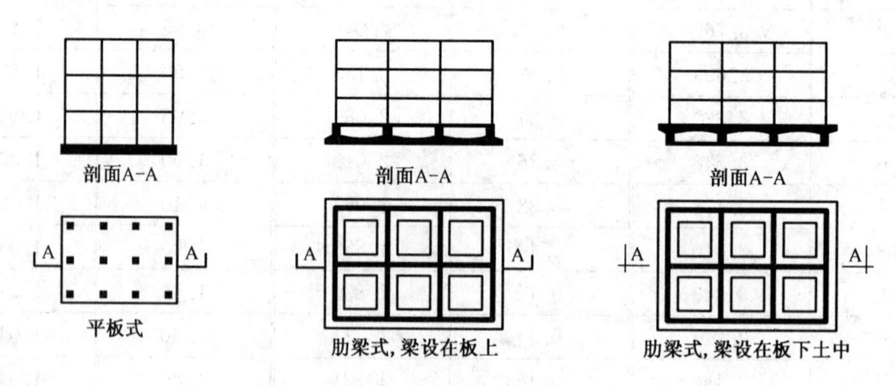

图 4-18 筏形基础示意图

箱形基础在筏形基础上增加了顶板、内墙、外墙等组成元素，形成了一种空间整体结构，如图 4-19 所示。

筏形基础与箱形基础设计计算包括地基计算、内力分析、强度计算以及构造要求等方面。在确定筏形基础和箱形基础的平面尺寸时，应根据地基土的承载力、上部结构的布置及

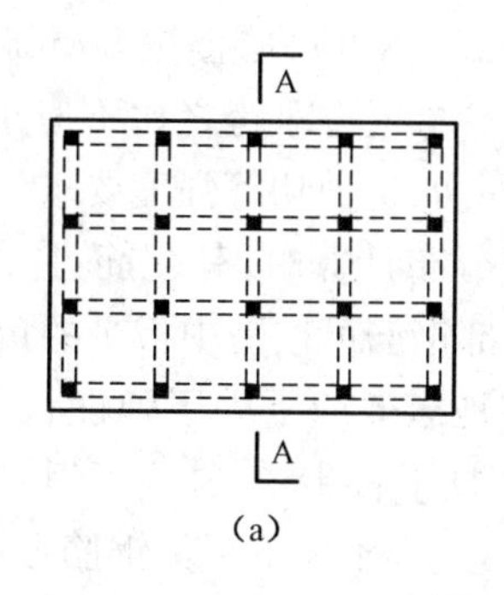

(a)

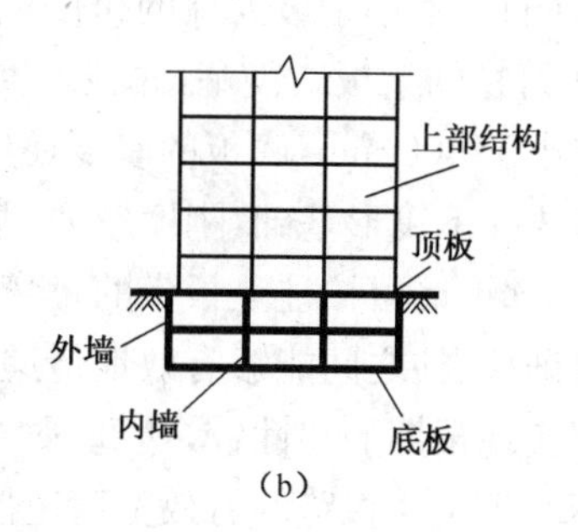

(b)

图 4-19 箱形基础组成示意图

荷载分布等因素确定。平面布置时，应尽量使筏形基础底面形心与结构竖向永久荷载合力作用点重合。若偏心距较大，可通过调整筏板基础外伸悬挑长度的办法进行调整。不同的边缘部位，采用不同的悬挑长度，尽量使其偏心效应最小。对单幢建筑物，当地基土比较均匀时，在荷载效应准永久组合下，偏心距 e 宜符合下式要求：

$$e \leqslant 0.1W/A \tag{4-45}$$

式中：W——与偏心距方向一致的基础底面边缘抵抗矩(m^3)；

A——基础底面面积(m^2)。

基础底面压力除应符合式(3-5)和(3-10)的要求外，对于非抗震设防的高层建筑筏形和箱形基础，还要求基础底面边缘的最小压力标准值 p_{kmin} 必须大于等于零。

对于抗震设防的建筑，还需考虑地震效应组合后的基底压应力平均值和基底边缘最大压力值 p_k 及 p_{kmax}，满足以下两式：

$$p_k \leqslant f_{aE} \tag{4-46}$$

$$p_{kmax} \leqslant 1.2 f_{aE} \tag{4-47}$$

式中：f_{aE}——经修正、调整后的地基抗震承载力，$f_{aE} = \zeta_a f_a$ (kPa)；

ζ_a——地基土抗震承载力调整系数，应用时，按现行《建筑抗震设计规范》中的有关规定采用。

当基础底面地震效应组合的边缘最小压力出现零应力时，零应力区的面积不应超过基础底面面积的 15%。对宽高比大于 4 的高层建筑，则不宜出现零应力区。

高层建筑筏基和箱基的埋深一般都较大，有的甚至设置了 3～4 层地下室，因此在计算地基最终沉降量时，应将地基的回弹再压缩变形考虑在内。

4.4.1 筏形基础

1) 构造要求

通常筏形基础的底板边缘应伸出边柱和角柱外侧包线以外，伸出长度一般不大于伸出方向边跨跨度的 1/4。对肋梁不外伸的悬挑板，为减少板内弯矩，挑出长度不宜超过 1.5～2.0 m。当悬挑板做成坡状时，其边缘最小厚度不宜小于 200 mm。

一般多层建筑物的筏形基础，底板厚度不宜小于 200 mm，梁板式筏形基础底板不应小于 300 mm，同时，不小于最大柱网跨度或支撑跨度的 1/20，亦可每层楼按 50 mm 考虑，对 12 层以上建筑物的梁板式筏基，底板厚度与最大双向板格的短边净跨之比不应小于 1/14，且板厚不应小于 400 mm，底板的厚度还应满足抗弯、抗冲切、抗剪切等强度要求。

对平板式柱下筏形基础，刚度较大、基底反力按直线分布计算时，其配筋可按无梁楼盖计算，板的下部钢筋可按柱上板带的正弯矩计算配置，上部钢筋可按跨中板带的负弯矩计算配置。为保证板、柱之间能够有效地传递弯矩，使筏板在地震效应下处于弹性状态，保证能够在柱根部实现预期的塑性铰，达到“强柱弱梁”的目的，柱下板带中，柱宽及其两侧各 0.5 倍板厚且不大于 1/4 板跨的有效宽度范围内，其配筋量不应小于柱下板带钢筋数量的一半，且应能承受通过弯曲传递来的不平衡弯矩 $\alpha_m M_{unb}$（α_m 为不平衡弯矩通过弯曲来传递的分配系数，$\alpha_m = 1 - \alpha_s$，α_s 见式(4-48)，M_{unb} 为作用在冲切临界截面重心上的不平衡弯矩）。平板式筏形基础柱下板带和跨中板带的底部钢筋应有 1/2～1/3 贯通全跨，且配筋率不应小于 0.15%；顶部钢筋应按计算配筋全部连通。

$$\alpha_s = 1 - 1/\left(1 + \frac{2}{3}\sqrt{c_1/c_2}\right) \tag{4-48}$$

对有抗震设防要求的无地下室或单层地下室平板式筏基，计算柱下板带受弯承载力时，柱内力应按地震作用不利组合计算。当筏板厚度大于 2 000 mm 时，宜在板厚中间部位设置直径不小于 12 mm、间距不大于 300 mm 的双向钢筋网。当地基土比较均匀，上部结构刚度较好，梁板式筏基梁的高跨比或平板式筏基的厚跨比不小于 1/6，且相邻柱荷载及柱间距的变化不超过 20%时，筏形基础可仅考虑局部弯曲作用，筏基内力可按基底反力直线分布计算。计算时，基底反力应扣除底板及其上回填土的自重。当不满足上述要求时，应按弹性地基梁板进行分析计算。有抗震设防要求时，对无地下室且抗震等级为一、二级的框架结构，基础梁除应满足抗震构造要求外，计算时尚应将柱下端组合的弯矩设计值分别乘以 1.5 和 1.25 的增大系数。

对设有较密内墙的墙下筏形基础，宜采用等厚的钢筋混凝土平板，若地基比较均匀，上部结构刚度较好且地基土压缩模量 $E_s \leqslant 4$ MPa 时，可按支撑在墙体上的单向或双向连续板计算配筋。考虑到基础的架越作用，端部第一、二开间内配筋应比计算值增加 10%～20%，板内上、下均匀配置；所有筏形基础受力钢筋的最小直径一般不小于 12 mm，间距常为 100～200 mm；当板厚 $h \leqslant 250$ mm 时分布钢筋可采用 ϕ8@250，当板厚 $h > 250$ mm 时分布钢筋可采用 ϕ10@200。配筋满足计算要求的同时，纵横向支座尚应分别有 0.15%和 0.10%的钢筋连通，且跨中钢筋应全部连通。

当采用梁板式筏形基础时，梁的高度可按前节柱下交梁基础的要求选取，梁板式筏基的基础梁除满足正截面抗弯及斜截面抗剪承载力要求外，尚应按现行《混凝土结构设计规范》有关规定验算底层柱下基础梁顶面的受压承载力。按基底反力直线分布计算的梁板式筏基的内力可按连续梁分析，由于基础的架越作用引起的端部反力的增加效应可通过对边跨跨中以及第一内支座的弯矩值乘以 1.2 的放大系数来考虑。

梁板式筏形基础的底板和基础梁的配筋除应满足计算要求外，纵、横向底部尚应有 1/2～1/3 贯通全跨，且配筋率不应小于 0.15%，顶部钢筋按计算全部连通。对肋梁不外伸的双向外伸悬挑板，边缘部位最好切角，如图 4-20 所示，并在板底配置辐射状、直径与边跨的受力钢筋相同、内锚长度大于外伸长度且大于混凝土受拉锚固长度的附加钢筋，其外端的最大间距不大于 200 mm。

筏形基础的混凝土强度等级不应低于 C30，且应满足耐久性的要求。在设计使用年限为 50 年的条件下，严寒地区混凝土的最大水灰比应不超过 0.55，最大氯离子含量应不超过水泥用量的 0.2%；寒冷地区混凝土的最大水灰比应小于 0.60，最大氯离子含量应小于水泥用量的 0.3%。无论是寒冷地区还是严寒地区，其最大碱含量均不应超过 3.0 kg/m^3。

当有地下室时，应采用防水混凝土，其抗渗等级应根据地下水的最大水头与防渗混凝土厚度的比值按现行《地下工程防水技术规范》选用，但不应小于 0.6 MPa，必要时，宜设架空排水层。

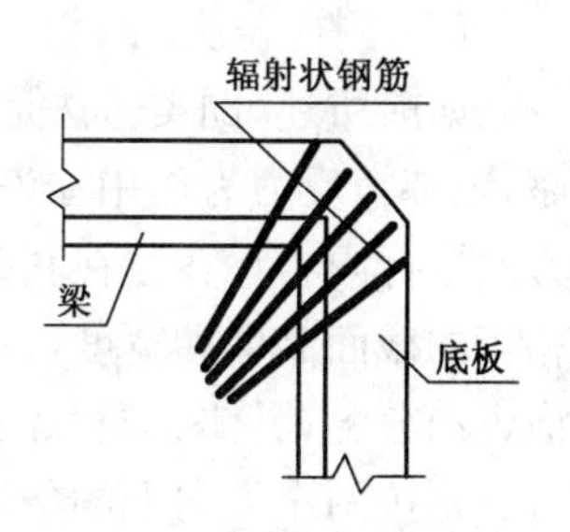

图 4-20　双向外伸板切角及辐射状钢筋示意图

采用筏形基础的地下室，钢筋混凝土外墙厚度不应小于 250 mm，内墙不应小于 200 mm，墙的截面设计除满足承载力要求外，尚应考虑变形、抗裂及防渗等要求。墙体内应设置双面钢筋网，钢筋不宜采用光面圆钢筋，竖向钢筋的直径不应小于 10 mm，水平钢筋的直径不应小于 12 mm，间距不应大于 200 mm。筏板与地下室外墙的接缝及地下室外墙沿高度处的水平接缝应严格按施工缝的要求施工，必要时可设通长止水带。

高层建筑很多情况下都设有地下室及裙房，地下室底层柱或剪力墙与梁板式筏基的基础梁连接时，柱、墙边缘至基础梁边缘的距离不应小于 50 mm，当交叉基础梁的宽度小于柱截面边长时，交叉基础梁连接处应设置八字角，角柱与八字角之间的净距不宜小于 50 mm，单向基础梁与柱的连接以及基础梁与剪力墙间的连接要求见图 4-21。

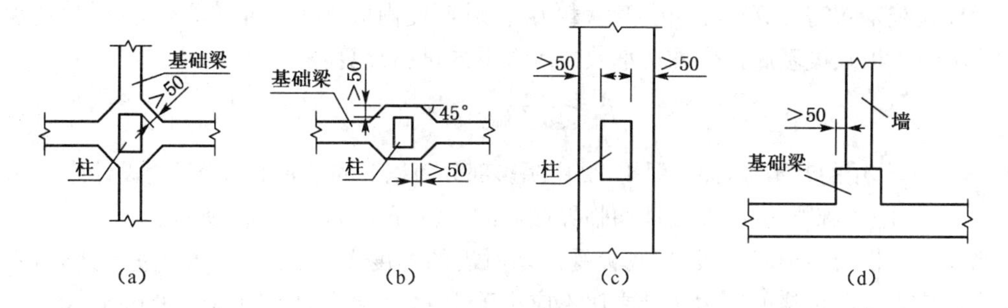

图 4-21　地下室底层柱或剪力墙与基础梁连接的构造要求

2) 内力计算

筏形基础内力分析比较复杂，工程实践中，通常采用简化方法近似进行筏形基础内力计算，即假定基础是绝对刚性，基底反力呈线性分布，并按静力学方法计算基底反力。

如果上部结构和基础刚度足够大，这种假设是合理的，因此可采用前述柱下板带、柱上板带及单向、双向多跨连续板的计算方法；若柱网布置比较均匀，相邻柱荷载相差不大，可沿轴向、柱列向分别将基础底板划分成若干个计算板带，以相邻柱间的中心线作为板带间的界线，各自按独立的条形基础计算内力，忽略板带间切应力的影响，计算方法可大为简化；对柱下肋梁式筏板基础，如果框架柱网在两个方向的尺寸比小于 2，且柱网内无小基础梁时，可将筏形基础视为一倒置的楼盖，以地基净反力作为外荷载，筏板按双向多跨连续板、肋梁按多跨连续梁计算内力；若柱网内有小基础梁，把底板分割成长短边比大于 2 的矩形格板时，底板可按单向板计算，主、次肋仍按连续梁计算，即所谓“倒楼盖”法。否则，应按弹性地基上的梁板进行内力分析。

(1) 倒楼盖法

如前所述，倒楼盖法是将筏形基础视为一放置在地基上的楼盖，柱或墙视为该楼盖的支座，地基净反力为作用在该楼盖上的外荷载，按混凝土结构中的单向或双向梁板的肋梁楼盖方法进行内力计算。在基础工程中，对框架结构中的筏形基础，常将纵、横方向的梁设置成相等的截面高度和宽度，在节点处，由于纵、横方向的基础梁交叉，柱的竖向荷载需要在纵、横方向分配，具体分配方法详见 4.3.3 节。求得柱荷载在纵、横两个方向的分配值，肋梁就可分别按两个方向上的条形基础计算了。

(2) 弹性地基上板的简化计算

如果柱网及荷载分布都比较均匀(变化不超过 20%)，当筏形基础的柱距小于 1.75λ(λ 为基础梁的柔度指数)或筏形基础上支撑着刚性的上部结构(如上部结构为剪力墙)时，其内力及基底反力可按前述倒楼盖法计算；否则，筏基的刚度较弱，属于柔性基础，应按弹性地基上的梁板进行分析。若此时柱网及荷载分布仍比较均匀，可将筏形基础划分成相互垂直的条状板带，板带宽度即为相邻柱中心线间的距离，按前述文克勒弹性地基梁的办法计算。若柱距相差过大，荷载分布不均匀，则应按弹性地基上的板理论进行内力分析。

3) 结构验算

待分析完筏形基础内力后，还需对基础梁板的弯、剪及冲切承载力进行验算，并满足构造要求。

(1) 梁板式筏形基础

梁板式筏基除需计算正截面受弯承载力外，其厚度尚应满足受冲切承载力、受剪切承载力的要求。梁板式筏基底板受冲切承载力应按下式进行计算：

$$F_1 \leqslant 0.7\beta_{hp} f_t u_m h_0 \tag{4-49}$$

式中：F_1——作用的基本组合时，图 4-22 中阴影部分面积上的基底平均净反力设计值(kN)；

u_m——距基础梁边 $h_0/2$ 处冲切临界截面的周长(m)，如图 4-22 所示。

当底板区格为矩形双向板时，底板受冲切所需的厚度 h_0 应按式(4-50)进行计算，其底板厚度与最大双向板格的短边净跨之比不应小于 1/14，且板厚不应小于 400 mm。

$$h_0 = \frac{(l_{n1} + l_{n2}) - \sqrt{(l_{n1} + l_{n2})^2 - \dfrac{4p_n l_{n1} l_{n2}}{p_n + 0.7\beta_{hp} f_t}}}{4} \tag{4-50}$$

式中：l_{n1}、l_{n2}——计算板格的短边和长边的净长度(m)；

p_n——扣除底板及其上填土自重后，相应于作用的基本组合时的基底平均净反力设计值(kPa)。

梁板式筏基双向底板斜截面受剪承载力应按下式进行计算：

$$V_s \leqslant 0.7\beta_{hs} f_t (l_{n2} - 2h_0) h_0 \tag{4-51}$$

式中：V_s——距梁边缘 h_0 处，作用在图 4-23 中阴影部分面积上的基底平均净反力产生的剪力设计值(kN)。

当底板板格为单向板时，其斜截面受剪承载力按式(3-21)验算，其底板厚度不应小于400 mm。

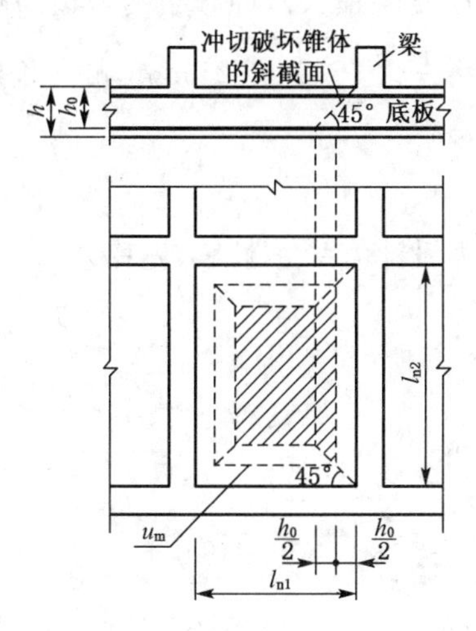

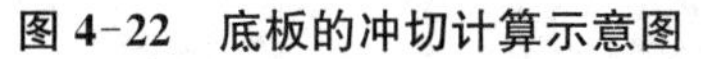

图 4-22　底板的冲切计算示意图

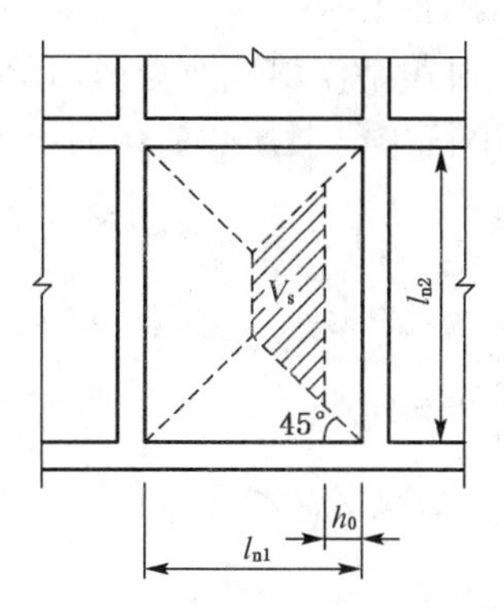

图 4-23　底板剪切计算示意图

【例 4-4】 某 16 层高层建筑的梁板式筏基底板，如图 4-24 所示，采用 C35 级混凝土，$f_t=1.57\ \mathrm{N/mm^2}$，筏基底面处相应于荷载效应基本组合的地基上，平均净反力设计值 $p=320$ kPa。设 $a_s=60$ mm，请确定筏板厚度，并对筏板作剪切和冲切承载力验算。

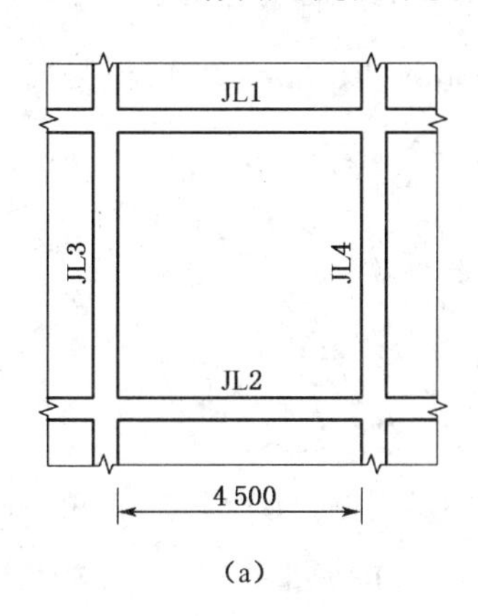

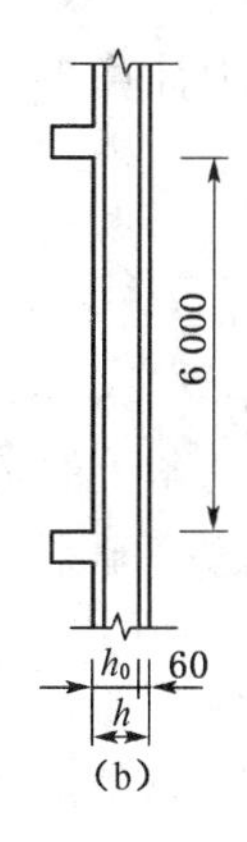

图 4-24　例 4-4 示意图

【解】 (1) 确定板厚

① 当底板区格为矩形双向板时，底板受冲切所需的厚度 h_0 按式(4-50)计算，计算板格的短边净长度 $l_{n1}=4.5$ m，计算板格长边的净长度 $l_{n2}=6.0$ m。

先假定板厚小于 800 mm，则 $\beta_{hp}=1.0$，代入式(4-50)中：

$$h_0=\frac{(l_{n1}+l_{n2})-\sqrt{(l_{n1}+l_{n2})^2-\dfrac{4pl_{n1}l_{n2}}{p+0.7\beta_{hp}f_t}}}{4}$$

$$=\frac{(4.5+6)-\sqrt{(4.5+6)^2-\dfrac{4\times320\times4.5\times6}{320+0.7\times1\times1.57\times10^3}}}{4}=0.308\ \mathrm{m}$$

$$h = h_0 + a_s = 308 + 60 = 368\ \text{mm}$$

② 而对12层以上建筑的梁板式筏基，其底板厚度与最大双向板格的短边净跨之比不应小于1/14，且板厚不应小于400 mm。$h \geqslant \frac{1}{14} l_{n1} = \frac{1}{14} \times 4\,500 = 321\ \text{mm}$，故可确定板厚为450 mm，满足要求。

(2) 对筏基作斜截面受剪切承载力验算

① 平行于梁JL4的剪切面上(一侧)的最大剪力设计值 V_s 的计算，先算 A_1。

$$a = \frac{l_{n1}}{2} - h_0 = \frac{4.5}{2} - 0.39 = 1.86\ \text{m}$$

$$b = \frac{l_{n2}}{2} - h_0 = \frac{6.0}{2} - 0.39 = 2.61\ \text{m}$$

$$A_l = 2ab - a^2 = 2 \times 1.86 \times 2.61 - 1.86^2 = 6.249\,6\ \text{m}^2$$

或

$$A_l = 2\left(\frac{l_{n1}}{2} - h_0\right)\left(\frac{l_{n2}}{2} - h_0\right) - \left(\frac{l_{n1}}{2} - h_0\right)^2$$

$$= 2 \times \left(\frac{4.5}{2} - 0.39\right)\left(\frac{6.0}{2} - 0.39\right) - \left(\frac{4.5}{2} - 0.39\right)^2 = 6.249\,6\ \text{m}^2$$

剪力设计值 $V_s = p_j A_l = 320 \times 6.249\,6 = 1\,999.87\ \text{kN}$

② 抗剪承载力计算：$h = 450\ \text{mm} < 800\ \text{mm}$，取 $\beta_{hs} = 1.0$，根据式(4-51)进行验算。

$$0.7\beta_{hs} f_t (l_{n2} - 2h_0) h_0 = 0.7 \times 1.0 \times 1.57 \times (6 - 2 \times 0.39) \times 0.39 \times 10^6 = 2\,237\ \text{kN}$$

③ 因 $0.7\beta_{hs} f_t (l_{n2} - 2h_0) h_0 = 2\,237\ \text{kN} > V_s = 1\,999.87\ \text{kN}$，故抗剪承载力满足要求。

(3) 对筏基作受冲剪承载力验算

① 作用在冲切角上的最大冲切力 F_l 的计算

根据《建筑地基基础设计规范》8.4.5条规定，$l_{n1} = 4.5\ \text{m}$，$l_{n2} = 6.0\ \text{m}$

$$p_j = 320\ \text{kPa},\ h_0 = h - a_s = 450 - 60 = 390\ \text{mm}$$

$$A_l = (l_{n1} - 2h_0)(l_{n2} - h_0) = (4.5 - 2 \times 0.39) \times (6.0 - 2 \times 0.39) = 19.42\ \text{mm}^2$$

冲切力设计值：$F_l = p_j A_l = 320 \times 19.42 = 6\,214\ \text{kN}$

② 抗冲切承载力的计算

$$h = 450\ \text{mm} < 800\ \text{mm}，取\ \beta_{hp} = 1.0$$

$$u_m = 2(l_{n1} - h_0 + l_{n2} - h_0) = 2 \times (4.5 - 0.39 + 6.0 - 0.39) = 19.44\ \text{m}$$

根据式(4-49)，$0.7\beta_{hp} f_t u_m h_0 = 0.7 \times 1.0 \times 1.57 \times 19\,440 \times 390 = 8\,332.2\ \text{kN}$

③ 因 $0.7\beta_{hp} f_t u_m h_0 = 8\,332.2\ \text{kN} > F_l = 6\,214\ \text{kN}$，故冲切承载力满足要求。

(2) 平板式筏形基础

高层建筑平板式筏形基础的板厚按受冲切承载力的要求计算时，应考虑作用在冲切临界截面重心上的不平衡弯矩产生的附加剪力。距柱边 l_{n1}、l_{n2} 处冲切临界截面的最大切应力

τ_{max}应按式(4-52)计算，且应满足式(4-53)要求，板的最小厚度不应小于500 mm。

$$\tau_{max} = F_l/u_m h_0 + \alpha_s M_{unb} c_{AB}/I_s \tag{4-52}$$

$$\tau_{max} \leqslant 0.7(0.4 + 1.2/\beta_s)\beta_{hp} f_t \tag{4-53}$$

式中：F_l——相应于作用的基本组合时的冲切力(kN)，对内柱取轴力设计值减去筏板冲切破坏锥体内的地基反力设计值，对边柱和角柱取轴力设计值减去筏板冲切临界截面范围内的基底反力设计值，地基反力值应扣除底板的自重；

β_s——柱截面长边与短边的比值，当$\beta_s<2$时取$\beta_s=2$，当$\beta_s>4$时取$\beta_s=4$；

M_{unb}——作用在冲切临界截面重心上的不平衡弯矩设计值，按下式计算，如图4-25所示。

$$M_{unb} = Ne_N - Pe_P \pm M_c \tag{4-54}$$

N——柱根部柱轴力设计值(kN)；

M_c——柱根部弯矩设计值(kN·m)；

P——冲切临界截面范围内基底反力设计值(kN)；

e_N——柱根部轴向力N到冲切临界截面重心的距离(m)；

e_P——冲切临界截面范围内基底反力设计值之和对冲切临界截面重心的偏心距(m)，对内柱，由于对称的缘故，$e_N=e_P=0$，所以，$M_{unb}=M$；

α_s——不平衡弯矩通过冲切临界截面上的偏心剪力来传递的分配系数，按式(4-55)计算：

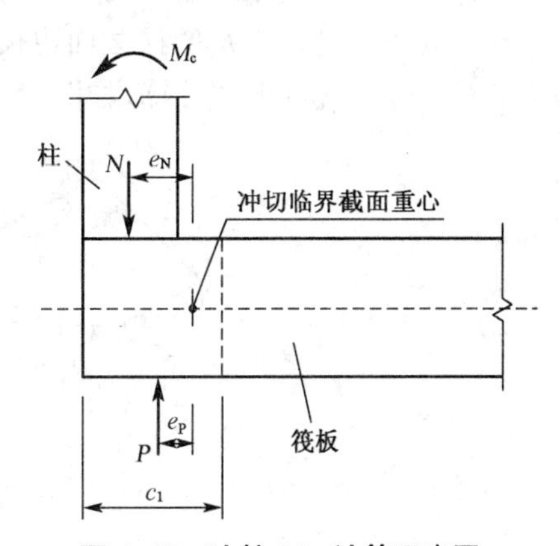

图4-25　边柱M_{unb}计算示意图

$$\alpha_s = 1 - \frac{1}{1 + \frac{2}{3}\sqrt{\frac{c_1}{c_2}}} \tag{4-55}$$

c_1——与弯矩作用方向一致的冲切临界截面的边长(m)；

c_2——垂直于c_1的冲切临界截面边长(m)；

h_0——筏板的有效高度(m)；

u_m——距柱边$h_0/2$处冲切临界截面的周长(m)；

c_{AB}——沿弯矩作用方向，冲切临界截面重心至冲切临界截面最大剪切点的距离(m)；

I_s——冲切临界截面对其重心的极惯性矩(m^4)。

冲切临界截面的周长u_m以及冲切临界截面对其重心的极惯性矩I_s等，应根据柱所处位置的不同分别进行计算：

① 内柱应按下式计算，如图4-26所示：

$$u_m = 2c_1 + 2c_2$$

$$I_s = c_1 h_0^3/6 + c_1^3 h_0/6 + c_2 h_0 c_1^2/2$$

$$c_1 = h_c + h_0,\quad c_2 = b_c + h_0,\quad c_{AB} = c_1/2$$

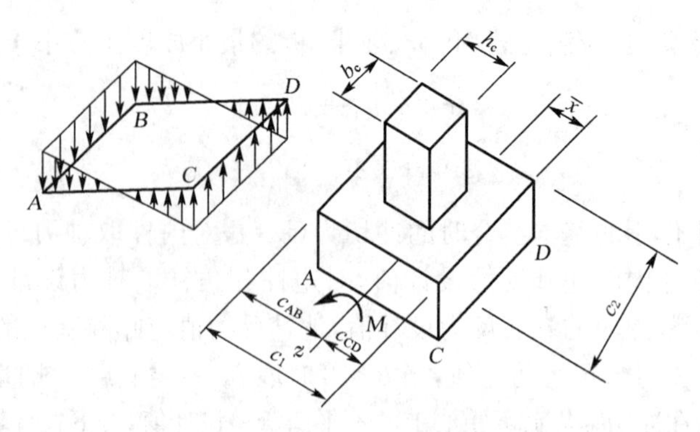

图 4-26　内柱冲切临界截面示意图

式中：h_c——与弯矩作用方向一致的柱截面边长(m)；

b_c——垂直于 h_c 的柱截面边长(m)。

② 边柱应按下式计算，如图 4-27 所示：

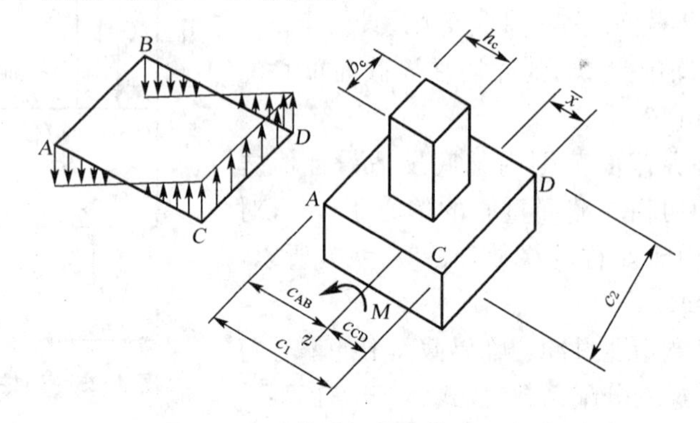

图 4-27　边柱冲切临界截面示意图

$$u_m = 2c_1 + c_2$$

$$I_s = \frac{c_1 h_0^3}{6} + \frac{c_1^3 h_0}{6} + 2h_0 c_1 \left(\frac{c_1}{2} - \overline{x}\right)^2 + c_2 h_0 \overline{x}^2$$

$$c_1 = h_c + \frac{h_0}{2}, \quad c_2 = b_c + h_0, \quad c_{AB} = c_1 - \overline{x}, \quad \overline{x} = \frac{c_1^2}{2c_1 + c_2}$$

式中：$\overline{x}$——冲切临界截面重心位置(m)。

③ 角柱按下式计算，如图 4-28 所示：

$$u_m = c_1 + c_2$$

$$I_s = \frac{c_1 h_0^3}{12} + \frac{c_1^3 h_0}{12} + h_0 c_1 \left(\frac{c_1}{2} - \overline{x}\right)^2 + c_2 h_0 \overline{x}^2$$

$$c_1 = h_c + \frac{h_0}{2}, \quad c_2 = b_c + \frac{h_0}{2}, \quad c_{AB} = c_1 - \overline{x}, \quad \overline{x} = \frac{c_1^2}{2c_1 + 2c_2}$$

当柱荷载较大，等厚度筏板的抗冲切承载力不能满足要求时，可在筏板上面增设柱墩或在筏板下局部增加板厚或采用抗冲切箍筋来提高抗冲切承载能力。

高层建筑在楼梯、电梯间大都设有内筒，采用平板式筏基时，内筒下的板厚也应满足抗

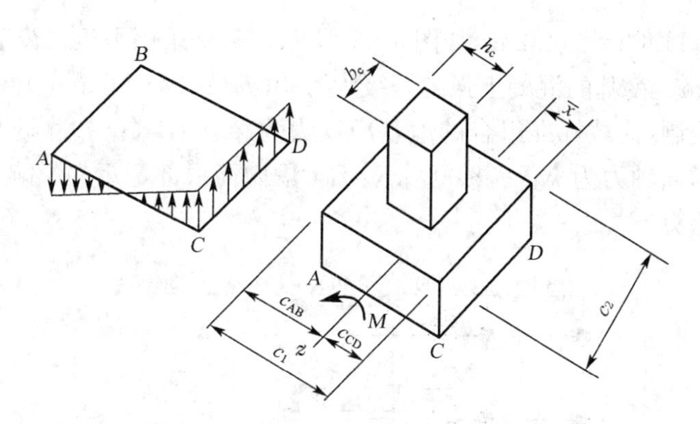

图 4-28 角柱冲切临界截面示意图

冲切承载力的要求，其抗冲切承载力按下式计算，如图 4-29 所示：

$$F_l/u_m h_0 \leqslant 0.7\beta_{hp} f_t/\eta \tag{4-56}$$

式中：F_l——相应于作用的基本组合时，内筒所承受的轴力设计值减去内筒下筏板冲切破坏锥体内的基底净反力设计值(kN)；

u_m——距内筒外表面 $h_0/2$ 处冲切临界截面的周长(m)(图 4-29)；

h_0——距内筒外表面 $h_0/2$ 处筏板的截面有效高度(m)；

η——内筒冲切临界截面周长影响系数，取 1.25。

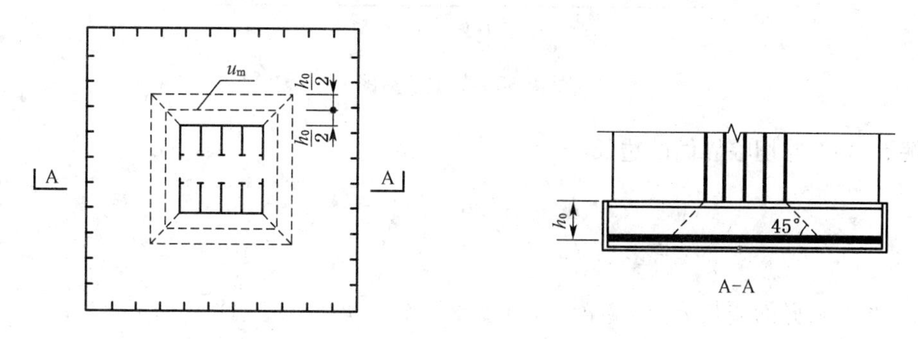

图 4-29 筏板受内筒冲切的临界截面位置示意图

当需要考虑内筒根部弯矩的影响时，距内筒外表面 $h_0/2$ 处冲切临界截面的最大剪应力可按公式(4-52)计算，此时 $\tau_{max} \leqslant 0.7\beta_{hp} f_t/\eta$。

平板式筏板基础除满足受冲切承载力外，尚需验算距内筒边缘或柱边缘 h_0 处的筏板受剪承载力。受剪承载力可按式(4-57)验算，当筏板的厚度大于 2 000 mm 时，宜在板厚中间部位设置直径不小于 12 mm、间距不大于 300 mm 的双向钢筋网。

$$V_s \leqslant 0.7\beta_{hs} f_t b_w h_0 \tag{4-57}$$

式中：V_s——相应于作用的基本组合时，基底净反力平均值产生的距内筒或柱边缘 h_0 处筏板单位宽度的剪力设计值(kN)；

b_w——筏板计算截面单位宽度(m)；

h_0——距内筒或柱边缘 h_0 处筏板的截面有效高度(m)。

【例 4-5】 某安全等级为二级的高层建筑采用混凝土框架一核心筒结构体系，筒体平

面尺寸为 $h_c \times b_c = 11.6\ \text{m} \times 11.2\ \text{m}$，如图 4-30 所示。基础采用平板式筏基，板厚 1.4 m，计算时取 $h_0 = 1.35$ m。筏基的混凝土强度等级为 C30（$f_t = 1.43\ \text{N/mm}^2$）。传至基础的荷载效应由永久荷载控制，荷载标准组合的地基净反力为 240 kPa（已扣除筏基自重）。按荷载效应标准组合的内筒轴力为 $N_k = 78\,000$ kN，不考虑内筒根部弯矩的影响。求：筒体下板厚的受冲切承载力验算。

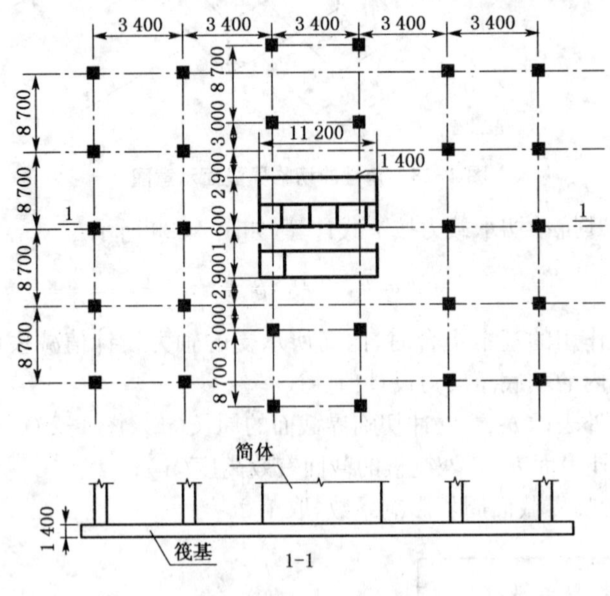

图 4-30　基础示意图

【解】（1）冲切临界面的边长

$$c_1 = h_c + h_0 = 11.6 + 1.35 = 12.95\ \text{m}$$
$$c_2 = b_c + h_0 = 11.2 + 1.35 = 12.55\ \text{m}$$

（2）冲切临界面周长 $u_m = 2(c_1 + c_2) = 2 \times (12.95 + 12.55) = 51$ m

（3）相应于荷载效应基本组合时的集中力 F_l 为：

$$F_l = 1.35[N_k - p_k(h_c + 2h_0)(b_c + 2h_0)]$$
$$= 1.35[78\,000 - 240(11.6 + 2 \times 1.35)(11.2 + 2 \times 1.35)] = 40\,898.52\ \text{kN}$$

（4）$F_l / u_m h_0 = 44\,025.93/(51 \times 1.35) = 594\ \text{kPa}$

（5）$0.7\beta_{hp} f_t / \eta = 0.7 \times 0.95 \times 1.43 \times 10^3 / 1.25 = 760.76\ \text{kPa}$

（6）$0.7\beta_{hp} f_t / \eta = 760.76\ \text{kPa} > F_l / u_m h_0 = 594\ \text{kPa}$，受冲切承载力满足要求。

【例 4-6】 某高层框—剪结构底层内柱，其横截面为 600 mm×1 650 mm，柱的混凝土强度等级为 C60，按荷载效应标准组合的柱轴力 15 000 kN，弯矩为 210 kN·m，柱网尺寸为 7 m×9.45 m，采用平板式筏形基础，筏板厚度为1.2 m，柱下局部板厚为 1.8 m。筏板变厚度处台阶的边长分别为 2.4 m 和 4 m。荷载标准组合地基净反力 238 kPa，筏板混凝土强度等级为 C30（$f_t = 1.43\ \text{N/mm}^2$），保护层厚度取 60 mm。试验算筏板的受冲切承载力。

【解】（1）验算柱下受冲切筏板厚度

与弯矩作用方向一致的冲切临界截面的边长 c_1 为：

$$c_1 = h_c + h_0 = 1.65 + 1.74 = 3.39 \text{ m}$$

垂直于 c_1 的冲切临界截面的边长 c_2 为：

$$c_2 = b_c + h_0 = 0.6 + 1.74 = 2.34 \text{ m}$$

冲切临界截面的周长 u_m 为：

$$u_m = 2(c_1 + c_2) = 2 \times (3.39 + 2.34) = 11.46 \text{ m}$$

内柱冲切临界截面的惯性矩 I_s 为：

$$I_s = \frac{c_1 h_0^3}{6} + \frac{c_1^3 h_0}{6} + \frac{c_2 h_0 c_1^2}{2}$$
$$= \frac{3.39 \times 1.74^3}{6} + \frac{3.39^3 \times 1.74}{6} + \frac{2.34 \times 1.74 \times 3.39^2}{2}$$
$$= 37.67 \text{ m}^4$$

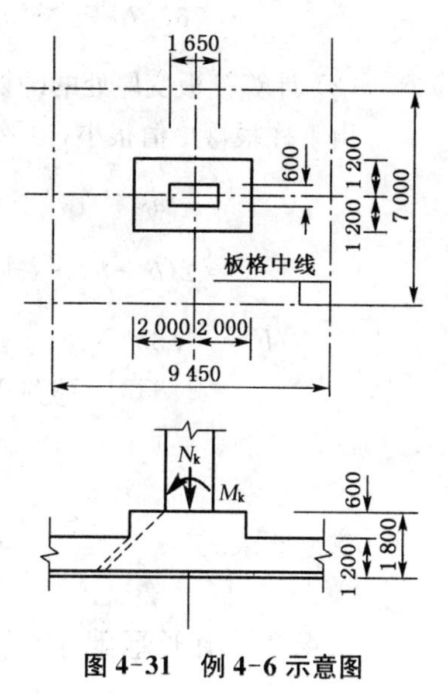

图 4-31 例 4-6 示意图

沿弯矩作用方向，冲切临界截面重心至冲切临界截面最大剪应力点的距离 c_{AB} 为：

$$c_{AB} = \frac{c_1}{2} = \frac{3.39}{2} = 1.695 \text{ m}$$

相应于荷载效应基本组合时的集中力 F_l 为：

$$F_l = 1.35[N_k - p_k(h_c + 2h_0)(b_c + 2h_0)]$$
$$= 1.35 \times [15\,000 - 238 \times (1.65 + 2 \times 1.74)(0.6 + 2 \times 1.74)] = 13\,525 \text{ kN}$$

作用在冲切临界截面重心上的不平衡弯矩设计值 M_{unb} 为：

$$M_{unb} = 1.35 M_{ck} = 1.35 \times 210 = 283.5 \text{ kN} \cdot \text{m}$$

不平衡弯矩通过冲切临界截面上的偏心剪力传递的分配系数 α_s 为：

$$\alpha_s = 1 - \frac{1}{1 + \frac{2}{3}\sqrt{\frac{c_1}{c_2}}} = 1 - \frac{1}{1 + \frac{2}{3}\sqrt{\frac{3.39}{2.34}}} = 0.445$$

冲切临界截面上最大剪应力 τ_{max} 为：

$$\tau_{max} = \frac{F_l}{u_m h_0} + \frac{\alpha_s M_{unb} c_{AB}}{I_s} = \frac{13\,525}{11.46 \times 1.74} + \frac{0.445 \times 283.5 \times 1.695}{37.67} = 684 \text{ kPa}$$

柱截面长边与短边的比值 β_{hp} 为：

$$\beta_{hp} = 1 - \frac{h - 0.8}{1.2} \times 0.1 = 1 - \frac{1.8 - 0.8}{1.2} \times 0.1 = 0.917$$

受冲切混凝土剪应力设计值 τ_c 为：

$$\tau_c = 0.7 \times \left(0.4 + \frac{1.2}{\beta_s}\right)\beta_{hp} f_t = 0.7 \times \left(0.4 + \frac{1.2}{2.75}\right) \times 0.917 \times 1\,430$$

$$= 767.7\ \text{kPa} > \tau_{max} = 684\ \text{kPa}$$

(2) 计算筏板变厚处的冲切临界截面的最大剪应力

由于柱根弯矩值很小，当忽略其影响时：

$$h_0 = 1.2 - 0.06 = 1.14\ \text{m}\ ,\ b = 4.0\ \text{m}\ ,\ l = 2.4\ \text{m}$$

$$u_m = 2(b + h_0 + l + h_0) = 2 \times (4 + 1.14 + 2.4 + 1.14) = 17.36\ \text{m}$$

$$F_l = 1.35[N_k - p_{jk}(l + 2h_0)(b + 2h_0)]$$
$$= 1.35 \times [15\,000 - 238 \times (2.4 + 2 \times 1.14) \times (4.0 + 2 \times 1.14)] = 10\,807\ \text{kN}$$

$$\tau_{max} = \frac{F_l}{u_m h_0} = \frac{10\,807}{17.36 \times 1.14} = 546\ \text{kPa}$$

满足要求。

4.4.2 箱形基础

1）构造要求

箱形基础的高度应满足结构强度、刚度和使用要求，其值不宜小于长度的 1/20，并不宜小于 3 m。箱形基础的埋置深度应满足抗倾覆和抗滑移的要求，在抗震设防地区，其埋深不宜小于建筑物高度的 1/15，同时，基础高度要适合做地下室的使用要求，净高不应小于 2.2 m(箱基高度指箱基底板底面到顶板顶面的外包尺寸)。

箱形基础的外墙应沿建筑物四周布置，内墙宜按上部结构柱网尺寸和剪力墙位置纵、横交叉布置；一般每平方米基础面积上墙体长度不小于 400 mm 或墙体水平截面总面积不宜小于箱形基础外墙外包尺寸的水平投影面积的 1/10(不包括底板悬挑部分面积)，对基础平面长宽比大于 4 的箱基，其纵墙水平截面积不得小于外墙外包尺寸的水平投影面积的1/18。计算墙体水平截面积时不扣除洞口部分。

箱基的墙体厚度应根据实际受力情况确定，外墙不应小于 250 mm，常用 250～400 mm；内墙不宜小于 200 mm，常用 200～300 mm。墙体一般采用双向、双层配筋，无论竖向、横向其配筋均不宜小于 ϕ10@200。除上部结构为剪力墙外，箱形基础墙顶部均宜配置两根以上不小于 ϕ20 的通长构造钢筋。

箱形基础中尽量少开洞口，必须开设洞口时，门洞应设在柱间居中位置，洞边至柱中心的距离不宜小于 1.2 m，洞口上过梁的高度不宜小于层高的 1/5，洞口面积不宜大于柱距与箱形基础全高乘积的 1/6，墙体洞口周围按计算设置加强钢筋。洞口四周附加钢筋面积应不小于洞口内被切断钢筋面积的一半，且不少于两根直径为 16 mm 的钢筋，此钢筋应从洞口边缘处延长 40 倍钢筋直径。

箱基顶、底板及墙身的厚度应根据受力、整体刚度及防水要求确定。一般底板厚度不应小于 300 mm，顶、底板厚度应满足受剪承载力和冲切承载力要求。

底层柱主筋应伸入箱形基础一定深度，三面或四面与箱形基础墙相连的内柱，除四角钢筋直通基底外，其余钢筋伸入顶板底面以下的长度不小于其直径的 35 倍，外柱、与剪力墙相连的柱、其他内柱主筋应直通到板底。

另外，上部结构的嵌固部位可取箱基的顶部（单层地下室）或地下一层、顶部（多层地下室）等的规定，以及顶板除满足正截面受弯承载力和斜截面受剪承载力的要求外，顶板厚度的构造要求详见《高层建筑箱形与筏形基础技术规范》。

2) 地基反力计算

箱形基础的底面尺寸应按持力层土体承载力计算确定，并应进行软弱下卧层承载力验算，同时还应满足地基变形要求。验算时，除了符合筏形基础土体承载力要求外，还应满足 $p_{kmin} \geqslant 0$（p_{kmin} 为荷载效应标准组合时基底边缘的最小压力值）。计算地基变形时，仍采用前述的线性变形体条件下的分层总和法。

实际工程中，箱形基础的基底反力分布受诸多因素影响，如土的性质、上部结构的刚度、基础刚度、形状、埋深、相邻荷载等，若要精确分析将十分困难。

我国于 20 世纪 70～80 年代在北京、上海等地进行的典型工程实测资料表明：一般的软黏土地基上，纵向基底反力分布呈马鞍形（如图 4-32），反力最大值距基底端部约为基础长边的 1/8～1/9，反力最大值约为平均值的 1.06～1.34 倍；一般第四纪黏土地基纵向基底反力分布呈抛物线形，基底反力最大值为平均值的 1.25～1.37 倍。在大量实测资料的统计结果上，我国《高层建筑箱形基础设计与施工规程》中规定了基底反力的实用计算法，即把基础底面的纵向分成 8 个区格，横向分成 5 个区格，总计 40 个区格，对于方形基底面积，则纵向、横向均分为 8 个区格，总计 64 个区格。不同的区格采用表 4-2、表 4-3 所示不同的基底平均反力的倍数。这两表适用于上部结构与荷载比较均匀的框架结构，地基土比较均匀，底板悬挑部分不超过 0.8 m，不考虑相邻建筑物影响及满足各项构造要求的单幢建筑物的箱形基础。当纵横方向荷载不很均匀时，应分别求出由于荷载偏心引起的不均匀的地基反力，将该地基反力与按反力系数表求得的反力叠加，此时偏心所引起的基底反力可按直线分布考虑。对于上部结构刚度及荷载不对称、地基土层分布不均匀等不符合基底反力系数法计算的情况，应采用其他有效的方法进行基底反力的计算。

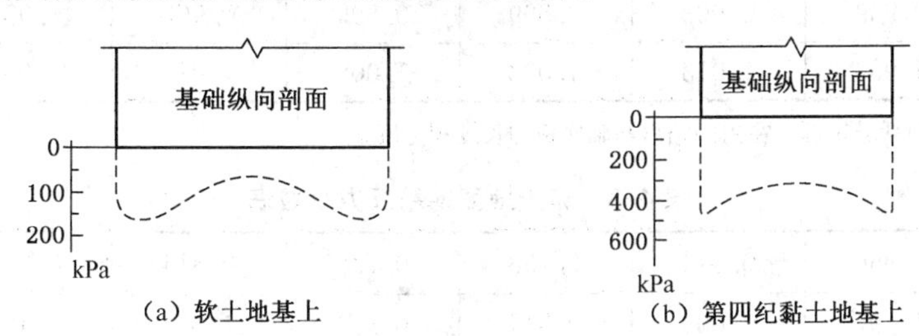

图 4-32 箱形基础实测基底反力分布图

表 4-2 黏土地基反力系数表

$l/b=1$							
1.381	1.179	1.128	1.108	1.108	1.128	1.179	1.381
1.179	0.952	0.898	0.879	0.879	0.898	0.952	1.179
1.128	0.898	0.841	0.821	0.821	0.841	0.898	1.128
1.108	0.879	0.821	0.800	0.800	0.821	0.879	1.108
1.108	0.879	0.821	0.800	0.800	0.821	0.879	1.108

续表 4-2

l/b=1							
1.128	0.898	0.841	0.821	0.821	0.841	0.898	1.128
1.179	0.952	0.898	0.879	0.879	0.898	0.952	1.179
1.381	1.179	1.128	1.108	1.108	1.128	1.179	1.381
l/b=3～4							
1.265	1.115	1.075	1.061	1.061	1.075	1.115	1.265
1.073	0.904	0.865	0.853	0.853	0.865	0.904	1.073
1.046	0.875	0.835	0.822	0.822	0.835	0.875	1.046
1.073	0.904	0.865	0.853	0.853	0.865	0.904	1.073
1.265	1.115	1.075	1.061	1.061	1.075	1.115	1.265
l/b=4～5							
1.229	1.042	1.014	1.003	1.003	1.014	1.042	1.229
1.096	0.929	0.904	0.895	0.895	0.904	0.929	1.096
1.082	0.918	0.893	0.884	0.884	0.893	0.918	1.082
1.096	0.929	0.904	0.895	0.895	0.904	0.929	1.096
1.229	1.042	1.014	1.003	1.003	1.014	1.042	1.229
l/b=6～8							
1.214	1.053	1.013	1.008	1.008	1.013	1.053	1.214
1.083	0.939	0.903	0.899	0.899	0.903	0.939	1.083
1.070	0.927	0.892	0.888	0.888	0.892	0.927	1.070
1.083	0.939	0.903	0.899	0.899	0.903	0.939	1.083
1.214	1.053	1.013	1.008	1.008	1.013	1.053	1.214

注：表中 l、b 分别为包括悬挑部分在内的箱形基础底板的长度和宽度。

表 4-3　软土地区地基反力系数表

0.906	0.966	0.814	0.738	0.738	0.814	0.966	0.906
1.124	1.197	1.009	0.914	0.914	1.009	1.197	1.124
1.235	1.314	1.109	1.006	1.006	1.109	1.314	1.235
1.124	1.197	1.009	0.914	0.914	1.009	1.197	1.124
0.906	0.966	0.814	0.738	0.738	0.814	0.966	0.906

3）箱形基础内力分析

在上部结构荷载和基底反力共同作用下，箱形基础其实是一个复杂的空间多次超静定体系，将同时产生整体弯曲和局部弯曲。

（1）若上部结构为剪力墙体系，箱基墙体与上部结构的剪力墙直接相连，可认为箱基的抗弯刚度为无穷大，此时顶、底板犹如一支撑在不动支座上的受弯构件，仅产生局部弯曲，而不产生整体弯曲，故只需计算顶、底板的局部弯曲效应。顶板按实际荷载（包括板自重）普通楼盖计算；底板按均布的基底净反力（计入箱基自重后扣除底板自重所余的反力）倒楼盖计算。底板一般均设计成双向肋梁板或双向平板，根据板边界实际支撑条件按弹性理论的双向板计算。需注意的是，考虑到整体弯曲的影响，配置钢筋时除符合计算要求外，纵、横向支座尚应分别有 0.15%和 0.10%的钢筋连通配置，跨中钢筋全部连通。

（2）当上部结构为框架体系时，上部结构刚度较弱，基础的整体弯曲效应增大，箱形基础内力分析应同时考虑整体弯曲与局部弯曲的共同作用。整体弯曲计算时，为简化起见，工程上常将箱形基础当作一空心截面梁，按照截面面积、截面惯性矩不变的原则，将其等效成工字形截面，以一个阶梯形变化的基底反力和上部结构传下来的集中力作为外荷载，用静定分析或其他有效的方法计算任一截面的弯矩和剪力，其基底反力值可按前述基底反力系数法确定。由于上部结构共同工作，上部结构刚度对基础的受力有一定的调整、分担，基础的实际弯矩值要比计算值小。因此，应将计算的弯矩值按上部结构刚度的大小进行调整。

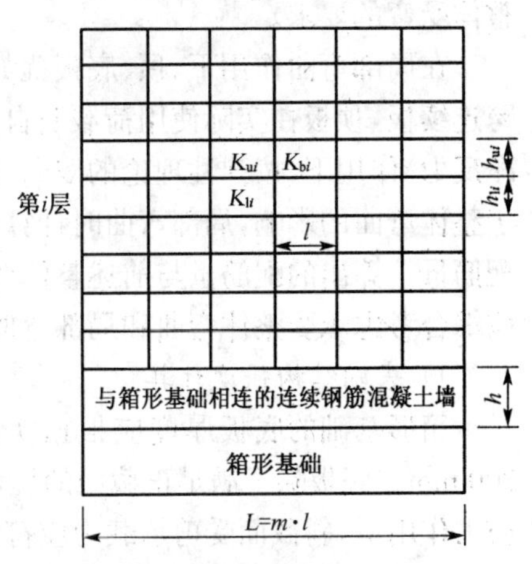

图 4-33 框架结构示意图

1953 年，梅耶霍夫(Meyerhof)首次提出了框架结构等效抗弯刚度的计算式，后经修正，列入我国《高层建筑箱形基础设计与施工规程》中。对于图 4-33 所示的框架结构，等效抗弯刚度的计算公式为：

$$M_{\mathrm{F}} = \frac{E_{\mathrm{F}} I_{\mathrm{F}}}{E_{\mathrm{F}} I_{\mathrm{F}} + E_{\mathrm{B}} I_{\mathrm{B}}} \cdot M \tag{4-58}$$

式中：M_{F}——考虑上部结构共同作用时箱形基础的整体弯矩（折减后）(kN·m)；

M——不考虑上部结构共同作用时箱形基础的整体弯矩(kN·m)；

E_{F}——箱形基础混凝土的弹性模量(kPa)；

I_{F}——箱形基础按工字形截面计算的惯性矩(m^4)，工字形截面的上、下翼缘宽度分别为箱形基础顶、底板的全宽，腹板厚度为在弯曲方向墙体厚度的总和；

$E_{\mathrm{B}} I_{\mathrm{B}}$——上部结构总折算刚度，按式(4-59)计算：

$$E_{\mathrm{B}} I_{\mathrm{B}} = \sum_{i=1}^{n} \left[E_{\mathrm{b}} I_{\mathrm{b}i} \left(1 + \frac{K_{\mathrm{u}i} + K_{\mathrm{l}i}}{2K_{\mathrm{b}i} + K_{\mathrm{u}i} + K_{\mathrm{l}i}} m^2 \right) \right] + E_{\mathrm{w}} I_{\mathrm{w}} \tag{4-59}$$

式中：E_{b}——梁、柱混凝土弹性模量(kPa)；

$K_{\mathrm{u}i}$、$K_{\mathrm{l}i}$、$K_{\mathrm{b}i}$——第 i 层上柱、下柱和梁的线刚度，其值分别为 $I_{\mathrm{u}i}/h_{\mathrm{u}i}$、$I_{\mathrm{l}i}/h_{\mathrm{l}i}$、$I_{\mathrm{b}i}/l$；

$I_{\mathrm{u}i}$、$I_{\mathrm{l}i}$、$I_{\mathrm{b}i}$——第 i 层上柱、下柱和梁的惯性矩(m^4)；

$h_{\mathrm{u}i}$、$h_{\mathrm{l}i}$——第 i 层上柱、下柱的高度(m)；

L、l——上部结构弯曲方向的总长度和柱距(m)；

$I_{\mathrm{b}i}$——第 i 层梁的截面惯性矩(m^4)；

E_{w}——在弯曲方向与箱形基础相连的连续钢筋混凝土墙的弹性模量(kPa)；

I_{w}——在弯曲方向与箱形基础相连的连续钢筋混凝土墙的截面惯性矩(m^4)，其值为

$I_w = th^3/12$，其中 t、h 为弯曲方向与箱形基础相连的连续钢筋混凝土墙体的厚度总和与高度(m)；

m——在弯曲方向的节间数。

在整体弯曲作用下，箱基的顶、底板可看成是工字形截面的上、下翼缘。靠翼缘的拉、压形成的力矩与荷载效应相抗衡，其拉力或压力等于箱基所承受的整体弯矩除以箱基的高度。由于箱基的顶、底板多为双层、双向配筋，所以按混凝土结构中的拉、压构件计算出顶板或底板整体弯曲时所需的钢筋用量应除以 2，均匀地配置在顶板或底板的上层和下层，即可满足整体受弯的要求。

在局部弯曲作用下，顶、底板犹如一个支撑在箱基内墙上，承受横向力的双向或单向多跨连续板，顶板在实际使用荷载及自重，底板在基底压力扣除底板自重后的均布荷载(地基净反力)作用下，按弹性理论的双向或单向多跨连续板可求出局部弯曲作用时的弯矩值。由于整体弯曲的影响，局部弯曲时计算的弯矩值乘以 0.8 的折减系数后再用其计算顶、底板的配筋量。算出的配筋量与前述整体弯曲配筋量叠加，即得顶、底板的最终配筋量。配置时，应综合考虑承受整体弯曲和局部弯曲钢筋的位置，以充分发挥钢筋的作用。

4) 基础结构强度计算

箱形基础的底板厚度应根据实际受力情况、整体刚度及防水要求确定，并不应小于 300 mm。底板除了满足正截面的抗弯要求外，还需要满足抗剪及抗冲切要求，对于底板在剪力作用下，斜截面受剪承载力应符合下列要求：

$$V_s \leqslant 0.7 f_c b h_0 \tag{4-60}$$

式中：V_s——扣除底板自重后基底净反力产生的板支座边缘处总的剪力设计值(kN)；

b——支座至边缘处板的净宽(m)；

f_c——混凝土轴心抗压强度设计值(10^3 kN/m^2)；

h_0——底板的有效高度(m)。

箱形基础底板应满足受冲切承载的要求。当底板区格为矩形双向板时，底板的截面有效高度应符合式(4-50)。与高层建筑相连的门厅等低矮单元基础，可采用从箱形基础挑出的基础梁方案(如图 4-34)。挑出长度不宜大于 0.15 倍箱基宽度，并应考虑挑梁对箱基产生的偏心荷载的影响。挑出部分下面应填充一定厚度的松散材料，或采取其他能保证挑梁自由下沉的措施。

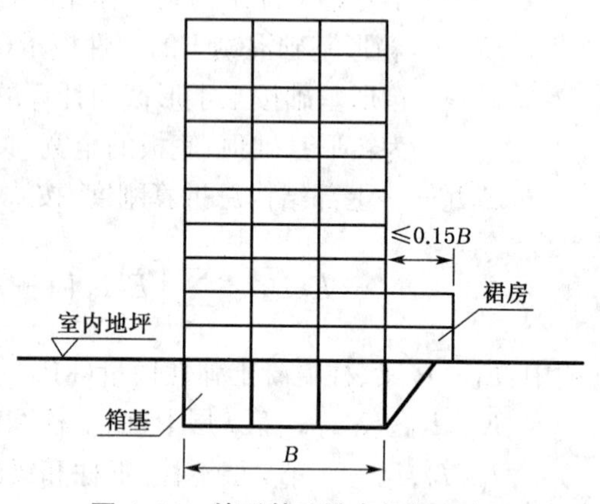

图 4-34　箱形基础挑出部位示意图

箱形基础的内、外墙，除与剪力墙连接者外，由柱根传给各片墙的竖向剪力设计值，可按相交于该柱下各片墙的刚度进行分配。墙身的受剪截面应符合下式要求：

$$V_w \leqslant 0.25 f_c A_w \tag{4-61}$$

式中：V_w——由柱根轴力传给各片墙的竖向剪力设计值(kN)；

f_c——混凝土轴心受压强度设计值($10^3\,kN/m^2$)；

A_w——墙身竖向有效截面面积(m^2)。

箱形基础纵墙墙身截面的剪力计算时，一般可将箱形基础当做一根在外荷和基底反力共同作用下的静定梁，用力学方法求得各截面的总剪力 V_j 后，按下式将其分配至各道纵墙上：

$$\overline{V_{ij}} = \frac{V_j}{2}\left(\frac{b_i}{\sum b_i} + \frac{N_i}{\sum N_{ij}}\right) \tag{4-62}$$

式中：$\overline{V_{ij}}$ ——第 i 道纵墙 j 支座所分得的剪力值，将该剪力值分配至支座的左右截面后得：

$$V_{ij} = \overline{V_{ij}} - p(A_1 + A_2) \tag{4-63}$$

V_{ij}——在第 i 道纵墙 j 支座处截面左右处的剪力设计值(kN)；

b_i——第 i 纵墙宽度(m)；

$\sum b_i$——各道纵墙宽度总和(m)；

N_{ij}——第 i 道纵墙 j 支座处柱竖向荷载设计值(kN)；

$\sum N_{ij}$——横向同一柱列中各柱的竖向荷载设计值之和(kN)；

A_1、A_2——求 V_{ij} 时的底板局部面积(m^2)，按图 4-35 中阴影部分面积计算。

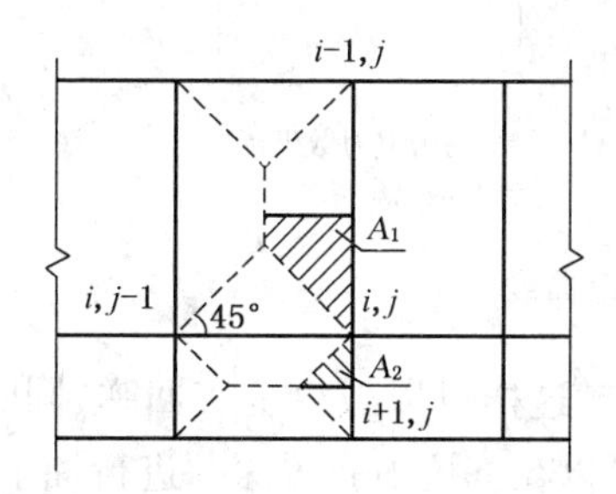

图 4-35 底板局部面积示意图(纵向)

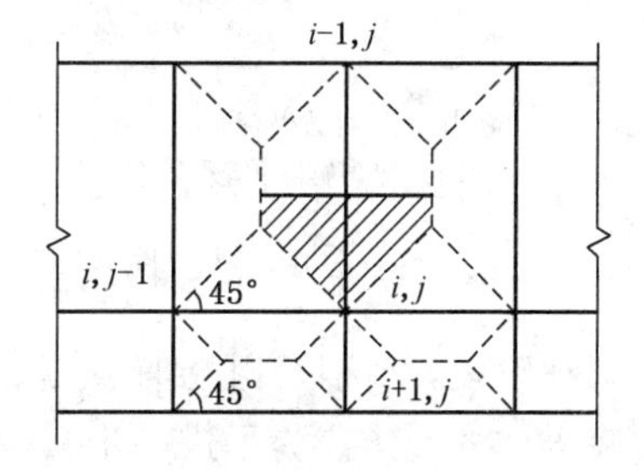

图 4-36 底板局部面积示意图(横向)

横墙截面剪力设计值 V_{ij} 为图 4-36 中阴影部分面积与 p 的乘积。

底层柱与箱形基础交接处，柱边与墙边或柱角和八字角之间的净距不宜小于 50 mm，并应验算底层柱下墙体的局部受压承载力。当不能满足时，应增加墙体的承压面积或采取其他有效措施。

4.4.3 地下室设计时应考虑的几个问题

1) 地基基础的补偿性设计概念

在软弱地基上建造采用浅基础的高层建筑时，常常会遇到地基承载力或地基沉降不满足要求的情况。采用补偿性基础设计是解决这一问题的有效途径之一。

如果把建筑物的基础或地下部分做成中空、封闭的形式，那么被挖去的土重就可以用来补偿上部结构的部分甚至全部重量。这样，即使地基极其软弱，地基的稳定性和沉降也都很容易得到保证。

按照上述原理进行的地基基础设计，可称为补偿性基础设计，这样的基础，称为补偿性基础。当基底实际平均压力 p（已扣除水的浮力）等于基底平面处土的自重应力 σ_c 时，称全补偿性基础；小于 σ_c 时，称超补偿基础；大于 σ_c 时为欠补偿基础。箱形基础和具有地下室的筏形基础是常见的补偿性基础类型。

虽然补偿性基础设计使得基底附加压力 p_0 大为减小，由 p_0 产生的地基沉降自然也大大减小甚至可以不予考虑，但基础仍然存在沉降问题，因为在深基坑开挖过程中所产生的坑底回弹及随后修筑基础和上部结构的再加荷可能引起显著的沉降。可以说，任何补偿性基础都不免有一定的沉降发生。

坑底的回弹是在开挖过程中连续、迅速发生的，因而无法完全避免，但如能减少应力的解除量，亦即减少膨胀，则再加荷时的随后沉降将显著减小，因为减小应力的解除，再压缩曲线的滞后程度也将相应减小，如图 4-37 所示。

为了尽量减少应力的解除，可以设法用建筑物的重量不断地替换被挖除的土体重量，以保持地基内的应力状态不变。

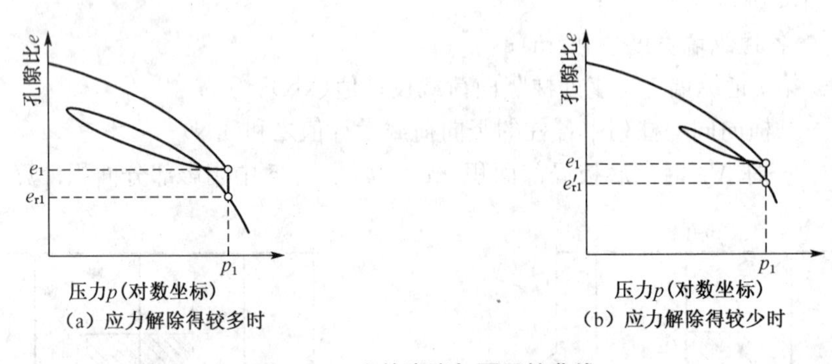

（a）应力解除得较多时　（b）应力解除得较少时

图 4-37　土的膨胀与再压缩曲线

在第一阶段，基坑只开挖到预定总深度的一半左右，这样可以减少坑底回弹，同时也有利于坑底土体的稳定。为了进一步减少应力解除，还可以在基坑内布置深井进行抽水，以便大幅度降低地下水位，使地基中的有效自重压力增加。

第二阶段的开挖，采用重量逐步置换法。即按照箱基隔墙的位置逐个开挖基槽，到达基底标高后，在槽内浇筑钢筋混凝土隔墙，让墙体的重量及时代替挖除的土重。接着建造一部分上部结构，然后依次挖去墙间的土并浇捣底板，形成封闭空格后立即充水加压。

基坑开挖时还需注意避免长时间浸水，开挖后应及时修建基础，因为应力的解除会导致土中黏土颗粒表面的结合水膜增厚，使土体体积膨胀、坑底隆起，结果将加剧基础的沉降。

2）地下室的抗浮设计

上述有关筏形基础和箱形基础的计算都是针对建筑物使用阶段进行的。在施工阶段，在地下室底板（箱基底板或筏板）完工后，上部结构底下几层完工前这一期间，如果出现地下水位高出底板底标高很多的情况，则应对地下室的抗浮稳定性和底板强度进行验算。

（1）地下室的抗浮稳定性验算

地下室的整体抗浮稳定性可按式（3-20）计算。此外，还需考虑自重 G_k 与浮力 F_w 作用点是否基本重合。如果偏心过大，可能会出现地下室一侧上抬的情况。

当无法满足式（3-21）要求时，可以采用如下措施以提高地下室的抗浮稳定性：①加快上部结构的施工，增大建筑上部的结构自重；②在箱格内充水、在地下室底板上堆砂石等重物或在顶板上覆土，作为平衡浮力的临时措施；③将底板沿地下室外墙向外延伸，利用其上的填土压力来平衡浮力；④在底板下设置抗拔桩或抗拔锚杆，当基坑周围有支护桩(墙)时，可将其作为抗拔桩来加以利用。

(2) 底板强度验算

地下室在施工期间，须确保其底板在地下水浮力作用下具有足够的强度和刚度，并满足抗裂要求。地下室底板(特指筏基)在使用期间通常是按倒楼盖法进行内力分析的。但在施工期间，由于上部结构尚未建造，或上部结构已建造但其刚度尚未形成，故底板的内力计算不能按倒楼盖法进行，应结合具体情况选择合适的计算简图。如果底板的截面尺寸过大或配筋过多，可考虑在底板下设置抗拔锚杆或抗拔桩以改变底板的受力状态。

(3) 后浇带的设置

地下室一般均属于大体积钢筋混凝土结构。为避免大体积混凝土因收缩而开裂，当地下室长度超过 40 m 时，宜设置贯通顶、底板和内外墙的后浇施工缝，缝宽不宜小于800 mm。在该缝处，钢筋必须贯通。

为减少高层建筑主楼与裙房间的差异沉降，施工时通常在裙房一侧设置后浇带，后浇带的位置宜设在距主楼边柱的第二跨内。后浇带混凝土宜根据实测沉降值并在计算后期沉降差能满足设计要求后方可进行浇筑。后浇带的处理方法与施工缝相同。施工缝与后浇带的防水处理要与整片基础同时做好，并要采取必要的保护措施，以防止施工时损坏。

思考题与习题

1. 十字交叉梁基础，某中柱节点承受荷载 P=2 300 kN，一个方向基础宽度 b_x=1.5 m，抗弯刚度 EI_x=750 MPa·m^4，另一个方向基础宽度 b_y=1.2 m，抗弯刚度 EI_y=500 MPa·m^4，基床系数 k=4.6 MN/m^3。试计算两个方向分别承受的荷载 P_x、P_y。

2. 某场地均质黏土地基，其孔隙比 e=0.86，土的重度 γ=18 kN/m^3，在如图 4-38 所示的框架结构中拟修建柱下筏形基础，按正常使用极限状态下的荷载效应标准组合时，传至各柱室内地面(±0.00)标高的荷载如图所示，室外算起的基础埋深 d=1.80 m，室外标高 −0.30 m，地基土承载力特征值 f_{ak}=120 kPa。试设计该基础(图中柱荷载单位为kN，柱采用 C50 现浇混凝土，截面尺寸为 600 mm×600 mm)。

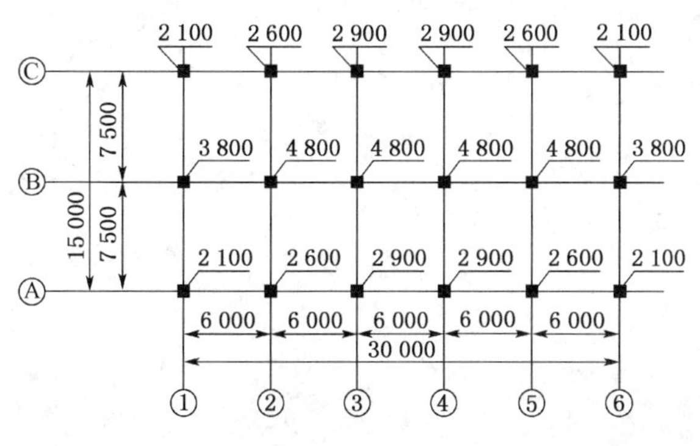

图 4-38 习题 2 图

3. 某隧道底面宽度为 38 m，有 A、B 两段地基土性各有不同。A 段为粉质黏土，软塑，厚度为 3 m，E_s=4.5 MPa，其下为基岩；B 段为黏土，硬塑，厚度为 15 m，E_s=17 MPa，其下也为基岩。请计算 A、B 段地基基床系数。

4. 粉质黏土地基上的柱下条形基础，按荷载效应基本组合各柱传递到基础上的轴力设计值如图 4-39 所示，基础梁底宽 b=2.5 m，高 h=1.2 m，地基修正后的承载力特征值 f_a=130 kPa。试用倒梁法求基底反力分布与基础梁内力。

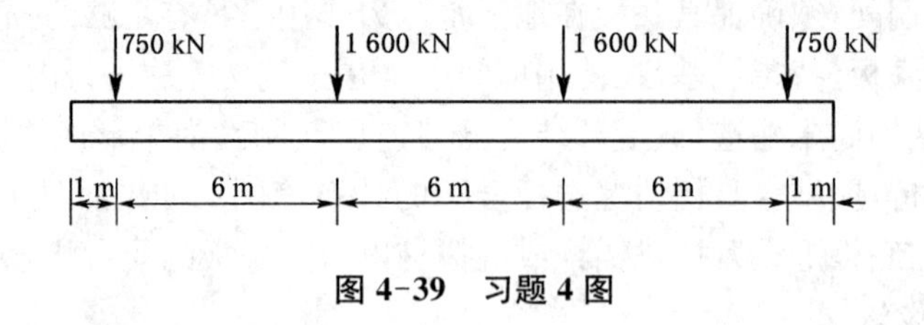

图 4-39　习题 4 图

5. 十字交叉梁基础，柱节点承受荷载 P=1 900 kN，一个方向基础的宽度 b_x=1.5 m，抗弯刚度 EI_x=780 MPa・m^4，另一个方向基础的宽度 b_y=1.2 m，抗弯刚度 EI_y=500 MPa・m^4，基床系数 k=4.5 MN/m^3。试计算两个方向分别承受的荷载 P_x、P_y。

5 桩基础

5.1 概述

天然地基上浅基础一般造价低廉，施工简便，所以，在工程建设中应优先考虑采用。当建筑场地的浅层土质不能满足建筑物对地基承载力和变形的要求，而又不适宜采取地基处理措施时，就要考虑采用深基础方案了。深基础是埋深较大、以下部坚实土层或岩层作为持力层的基础，其作用是把所承受的荷载相对集中地传递到地基的深层，而不像浅基础那样，是通过基础底面把所承受的荷载扩散分布于地基的浅层。深基础主要有桩基础、地下连续墙和沉井等几种类型，其中桩基础是一种最为古老且应用最为广泛的基础形式。本章主要介绍桩基础的相关内容。

5.1.1 桩基础及其应用

当基础沉降量过大或地基的稳定性不能满足设计要求时，就有必要采取一定的措施，如进行地基加固处理或改变上部结构，或选择合适的基础类型等。当地基的上覆软土层很厚，即使采用一般地基处理仍不能满足设计要求或耗费巨大时，往往采用桩基础将建筑物的荷载传递到深处合适的坚硬土层上，以保证建筑物对地基稳定性和沉降量的要求。

桩是设置于土中的竖直或倾斜的柱型基础构件，其横截面尺寸比长度小得多，它与连接桩顶和承接上部结构的承台组成深基础，简称桩基，如图 5-1。桩基础是一种常用而古老的深基础形式，有着悠久的历史，早在史前的建筑活动中，人类远祖就已经在湖泊和沼泽地带采用木桩来支承房屋。

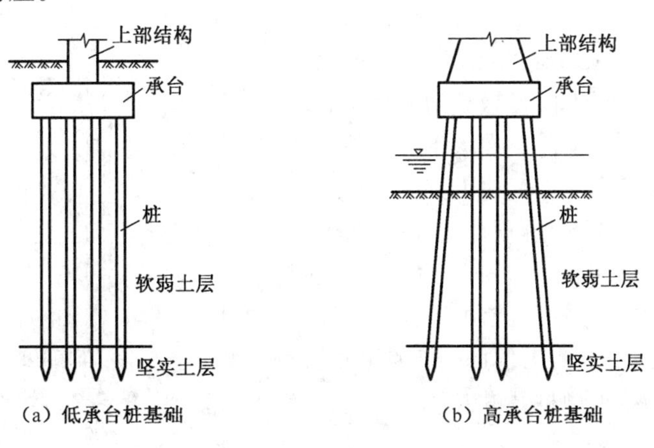

图 5-1 桩基础示意图

由于桩基础具有承载力高、稳定性好、沉降稳定快和沉降变形小、抗震能力强，以及能适应各种复杂地质条件等特点，在桥梁工程、港口工程、近海采油平台、高耸和高重建筑物、支挡结构、抗震工程结构以及特殊土地基的工程中得到了广泛应用。桩基础除主要用来承受竖向抗压荷载，还用于承受侧向土压力、波浪力、风力、地震力、车辆制动力、冻胀力、膨胀力等水平荷载和竖向抗拔荷载等。

随着近代工业技术和科学技术的发展，桩的材料、种类和桩基型式、桩的施工工艺和设备、桩基设计计算理论和方法、桩的原型试验和检测方法等各方面都有了很大的发展。目前我国桩基最大入土深度已超过 100 m，桩径已超过 5 m。

5.1.2 桩和桩基础的分类

当确定采用桩基础后，合理地选择桩的类型是桩基设计中很重要的环节。分类的目的是为了掌握其不同的特点，以供设计桩基时根据现场的具体条件选择适当的桩型。桩可以按不同的方法进行分类，以下主要是《建筑桩基技术规范》(JGJ 94—2008)(以下简称《建筑桩基规范》)推荐的分类方法。

1) 桩基础的分类

桩基础可以采用单根桩的形式以承受和传递上部结构荷载，这种独立基础称单桩基础。但绝大多数桩基础的桩数不止一根，而是由 2 根或 2 根以上的多根桩组成桩群，由承台将桩群在上部联结成一个整体，建筑物的荷载通过承台分配给各根桩，桩群再把荷载传给地基，这种由 2 根或 2 根以上组成的桩基础称群桩基础。群桩基础中的单桩称基桩。

桩基础由桩和承台两部分组成，如图 5-1。根据承台与地面的相对位置，一般可分为低承台桩基和高承台桩基。当承台底面位于土中时，称低承台桩基；当承台底面高出土面以上时，称高承台桩基。在一般房屋建筑和水工建筑物中最常用的是低承台桩基，而高承台桩基则常用于桥梁工程、港口码头及海洋工程中。

2) 桩的分类

桩基中的桩可以是竖直或倾斜的，工业与民用建筑大多以承受竖向荷载为主而多用竖直桩。根据桩的承载性状、施工方法、桩身材料及桩的设置效应等又可把桩划分为各种类型。

(1) 按承载性状分类

桩的承载方式与浅基础的承载方式不一样。浅基础是把上部荷载在水平方向扩散到地基中去；而桩除去以桩端阻力的方式对上部荷载在水平方向进行扩散外，还在竖向以桩侧摩阻力的方式对上部荷载进行扩散。

桩在竖向荷载作用下，桩顶荷载由桩侧阻力和桩端阻力共同承受。但由于桩的尺寸、施工方法、桩侧和桩端地基土的物理力学性质等因素的不同，桩侧和桩端所分担荷载的比例是不同的，根据此分担荷载的比例而把桩分为摩擦型桩和端承型桩，如图 5-2。

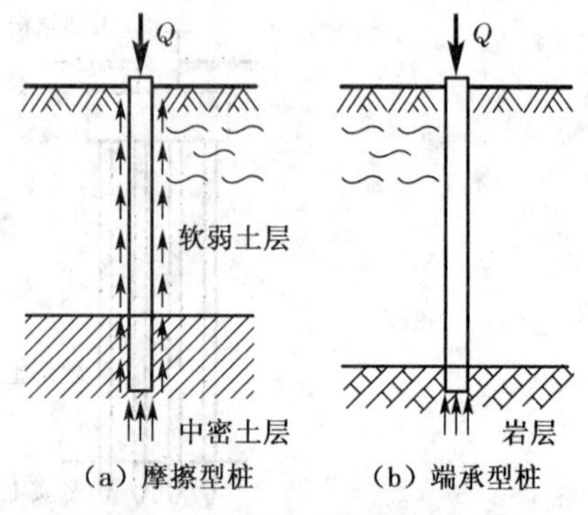

图 5-2 摩擦型桩和端承型桩

① 摩擦型桩

在承载能力极限状态下，如果桩顶荷载全部或主要由桩侧阻力承担，这种桩称摩擦型桩。根据桩侧阻力分担荷载的比例，摩擦型桩又分为摩擦桩和端承摩擦桩两类。

摩擦桩：桩顶极限荷载绝大部分由桩侧阻力承担，桩端阻力可忽略不计。以下桩可按摩擦桩考虑：桩长径比很大，桩顶荷载只通过桩身压缩产生的桩侧阻力传递给桩周土，桩端土层分担荷载很小；桩端下无较坚实的持力层；桩底残留虚土或沉渣的灌注桩；桩端出现脱空的打入桩等。

端承摩擦桩：桩顶极限荷载由桩侧阻力和桩端阻力共同承担，但桩侧阻力分担荷载较大。这类桩的长径比不是很大，桩端持力层为较坚实的黏性土、粉土和砂类土时，除桩侧阻力外，还有一定的桩端阻力。这类桩所占比例很大。

② 端承型桩

在承载能力极限状态下，如果桩顶荷载全部或主要由桩端阻力承担，这种桩称端承型桩。根据桩端阻力分担荷载的比例，又可分为端承桩和摩擦端承桩两类。

端承桩：桩顶极限荷载绝大部分由桩端阻力承担，桩侧阻力可忽略不计。桩的长径比较小，桩端设置在密实砂类、碎石类土层中或位于中、微风化及新鲜基岩层中的桩可认为是端承桩。

摩擦端承桩：桩顶极限荷载由桩侧阻力和桩端阻力共同承担，但桩端阻力分担荷载较大。桩的侧阻力虽属次要，但不可忽略。这类桩的桩端通常进入中密以上的砂层、碎石类土层中或位于中、微风化及新鲜基岩顶面。

此外，当桩端嵌入岩层一定深度(要求桩的周边嵌入微风化或中等风化岩体的最小深度不小于 0.5 m)时，称为嵌岩桩。对于嵌岩桩，桩侧与桩端荷载分担比例与孔底沉渣及进入基岩深度有关，桩的长径比不是制约荷载分担的唯一因素。

(2) 按施工方法分类

根据桩的施工方法不同，主要可分为预制桩和灌注桩两大类。

① 预制桩

预制桩桩体可以在施工现场预制，也可以在工厂制作，然后运至施工现场。预制桩可以是木桩，也可以是钢桩或预制钢筋混凝土桩等。

预制桩的截面形状、尺寸和桩长可在一定范围内选择，桩尖可达坚硬黏性土或强风化基岩，具有承载能力高、耐久性好且质量较易保证等优点。但其自重大，需大能量的打桩设备，并且由于桩端持力层起伏不平而导致桩长不一，施工中往往需要接长或截短。

A. 混凝土预制桩。混凝土预制桩的横截面有方、圆等多种形状。一般普通实心方桩的截面边长为 300～500 mm，桩长在 25～30 m 以内，工厂预制时分节长度≤12 m，沉桩时在现场连接到所需桩长。分节接头应保证质量以满足桩身承受轴力、弯矩和剪力的要求，连接方法有焊接接桩、法兰接桩和硫黄胶泥接桩三种。混凝土预制桩自重大，其配筋主要受起吊、运输、吊立和沉桩等各阶段的应力控制，用钢量大。

B. 预应力混凝土管桩。为减轻自重、节约钢材、提高桩的承载力和抗裂性，可采用预应力混凝土管桩。它采用先张法预应力工艺和离心成型法制作，如图 5-3。经高压蒸汽养护生产的为 PHC 管桩，桩身混凝土强度等级≥C80；未经高压蒸汽养护生产的为 PC 管桩(强度为 C60～C80)。建筑工程中常用的 PHC、PC 管桩的外径为 300～600 mm，每节长 5～

13 m。桩的下端设置开口的钢桩尖或封口十字刃钢桩尖，如图 5-4。沉桩时桩节处通过焊接端头板接长。

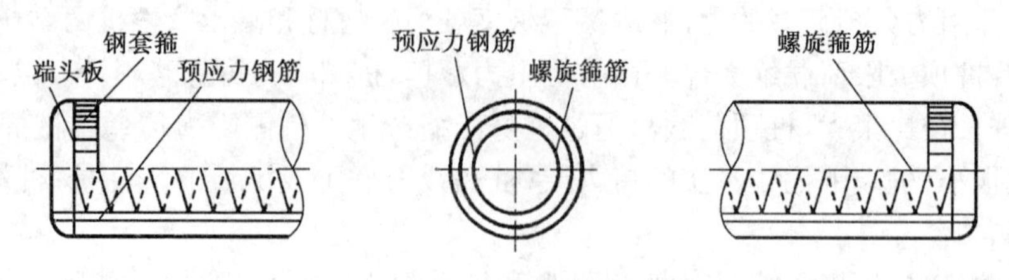

图 5-3　预应力混凝土管桩

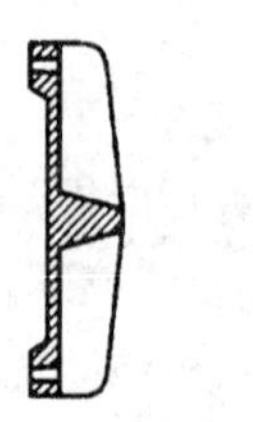
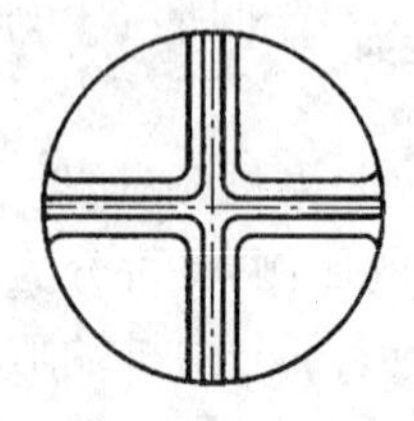

图 5-4　预应力混凝土管桩的封口十字刃钢桩尖

C. 钢桩。常用的钢桩有下端开口或闭口的钢管桩和 H 型钢桩等。一般钢管桩的直径为 400～3 000 mm。钢桩的穿透能力强，自重小，锤击沉桩效果好，承载能力强，无论起吊、运输或是沉桩、接桩都很方便。其缺点是耗钢量大，成本高，易锈蚀，我国只在少数重点工程中使用。

D. 木桩。木桩常用松木、杉木或橡木做成，一般桩径为 160～260 mm，桩长 4～6 m，桩顶锯平并加铁箍，桩尖削成棱锥形。木桩制作和运输方便，打桩设备简单，在我国使用历史悠久，目前已很少使用，只在某些加固工程或能就地取材的临时工程中采用。木桩在淡水中耐久性好，但在海水及干湿交替的环境中极易腐烂，因此一般应打入地下水位以下不少于 0.5 m。

预制桩的沉桩方式主要有锤击法、振动法和静压法等。

A. 锤击法沉桩。锤击法沉桩是用桩锤（或辅以高压射水）将桩击入地基中的施工方法，适用于地基土为松散的碎石土（不含大卵石或漂石）、砂土、粉土以及可塑黏性土的情况。锤击法沉桩伴有噪声、振动和地层扰动等问题，在城市建设中应考虑其对环境的影响。

B. 振动法沉桩。振动法沉桩是采用振动锤进行沉桩的施工方法，适用于可塑状的黏性土和砂土，对受振动时土的抗剪强度有较大降低的砂土地基和自重不大的钢桩，沉桩效果更好。

C. 静压法沉桩。静压法沉桩是采用静力压桩机将预制桩压入地基中的施工方法。静压法沉桩具有无噪声、无振动、无冲击力、施工应力小、桩顶不易损坏和沉桩精度较高等特点。但较长桩分节压入时，接头较多，会影响压桩的效率。

预制桩沉桩深度一般应根据地质资料及结构设计要求估算。施工时从最后贯入度和桩尖设计标高两方面进行控制。

② 灌注桩

灌注桩是直接在所设计桩位处成孔，然后在孔内下放钢筋笼（也有直接插筋或省去钢筋的)再浇灌混凝土而成。其横截面呈圆形,可以做成大直径和扩底桩。保证灌注桩承载力的关键在于桩身的成型及混凝土质量。灌注桩通常可分为以下几种。

A. 沉管灌注桩。利用锤击或振动等方法沉管成孔,然后浇灌混凝土,拔出套管,其施工程序如图 5-5 所示。一般可分为单打、复打(浇灌混凝土并拔管后,立即在原位再次沉管及浇灌混凝土)和反插法(灌满混凝土后,先振动再拔管,一般拔 0.5～1.0 m,再反插 0.3～0.5 m)三种。复打后的桩横截面面积增大,承载力提高,但其造价也相应提高。根据沉管工艺,可分为锤击沉管灌注桩、振动沉管灌注桩、内击式沉管灌注桩等。其优点是设备简单、打桩进度快、成本低。但很容易产生缩颈、断桩、局部夹土、混凝土离析及强度不足等质量问题。

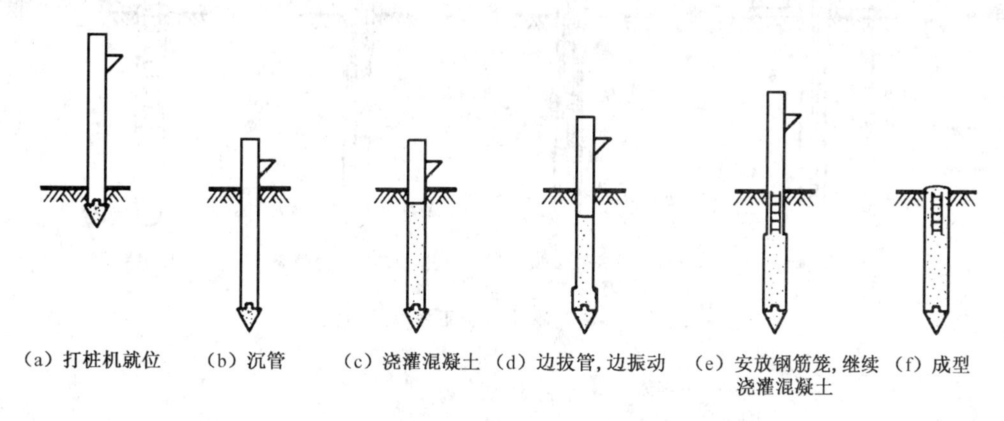

图 5-5　沉管灌注桩的施工程序示意图

锤击沉管灌注桩的常用桩径(预制桩尖的直径)为 300～500 mm,桩长常在 20 m 以内,可打至硬塑黏土层或中、粗砂层。

振动沉管灌注桩的钢管底端带有活瓣桩尖(沉管时桩尖闭合,拔管时活瓣张开以便浇灌混凝土),或套上预制混凝土桩尖。桩横截面尺寸一般为 400～500 mm。在黏性土中,其沉管穿透能力比锤击沉管灌注桩稍差,承载力也比锤击沉管灌注桩要低。

内击式沉管灌注桩施工时,先在竖起的钢套筒内放进约 1 m 高的混凝土或碎石,用吊锤在套筒内锤打,形成"塞头"。以后锤打时,塞头带动套筒下沉。至设计标高后,吊住套筒,浇灌混凝土并继续锤击,使塞头脱出筒口,形成扩大的桩端,其直径可达桩身直径的 2～3 倍。当桩端不再扩大而使套筒上升时,开始浇注桩身混凝土(若需配筋时先吊放钢筋笼),同时边拔套筒边锤击,直至达到所需高度为止。其优点是混凝土密实且与土层紧密接触,同时桩头扩大,承载力较高,效果较好,但穿越厚砂层能力较低,打入深度难以掌握。

B. 钻(冲)孔灌注桩。把孔位处土排出地面,然后清除孔底残渣,安放钢筋笼,浇灌混凝土,如图 5-6。

有的钻机成孔后,可在桩端或桩侧扩大桩孔,浇灌混凝土后在底端或桩身形成扩大头。根据不同土质,可采用不同的钻、挖工具,常用的有螺旋钻机、冲击钻机、冲抓钻机等。

目前,桩径为 600 mm 或 650 mm 的钻孔灌注桩,国内常用回转机具成孔,桩长 0～30 m;1 200 mm 以下的钻(冲)孔灌注桩在钻进时不下钢套筒,而是采用泥浆保护孔壁以防塌孔,清孔后,在水下浇灌混凝土。更大直径 1 500～3 000 mm 的钻(冲)孔桩一般用钢套筒护壁,所用钻机具有回旋钻进、冲击、磨头磨碎岩石和扩大桩底等多种功能,钻进速度快,深度可达 120 m，能克服流砂、消除孤石等障碍物，并能进入微风化硬质岩石。其最大优点是入土深，能进入岩层，刚度大，承载力高，桩身变形小，并可方便地进行水下施工。

C. 挖孔桩。挖孔桩可采用人工或机械挖掘成孔，逐段边开挖边支护，达所需深度后再进行扩孔、安装钢筋笼及浇灌混凝土而成。

挖孔桩一般内径应≥800 mm，开挖直径≥1 000 mm，护壁厚≥100 mm，分节支护，每节高 500～1 000 mm，可用混凝土预制块或砖砌筑，桩身长度宜限制在 40 m 以内。图 5-7 为某人工挖孔桩示例。

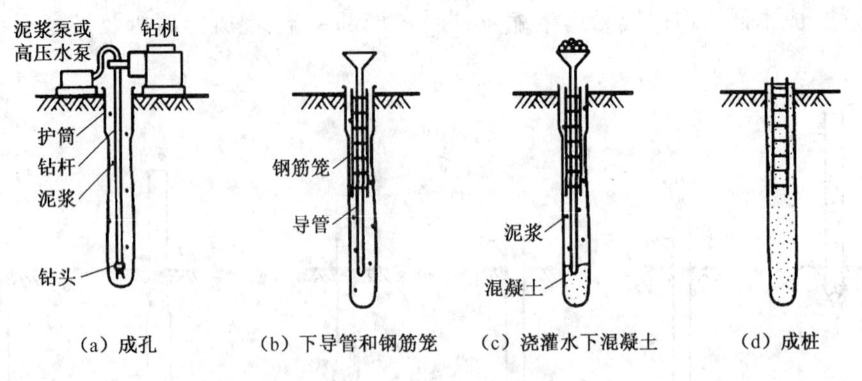

图 5-6　钻孔灌注桩施工程序示意图

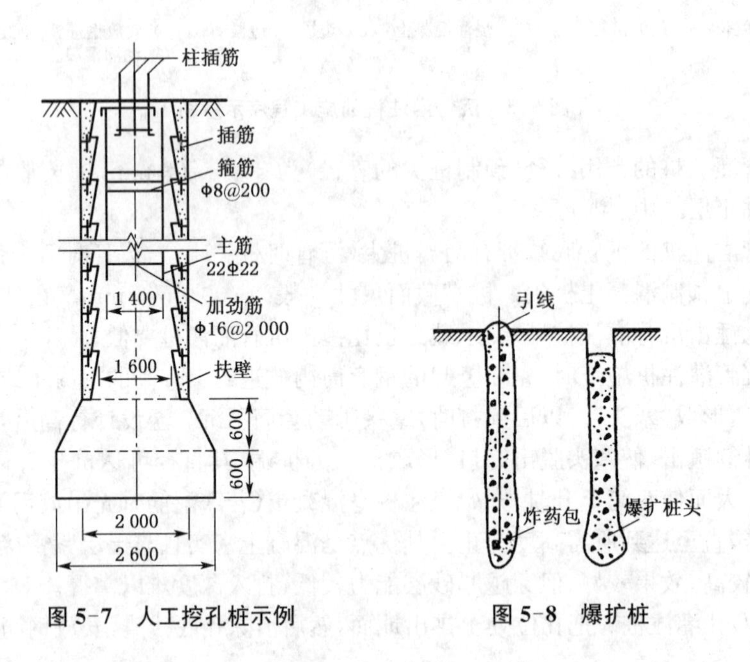

图 5-7　人工挖孔桩示例

图 5-8　爆扩桩

挖孔桩可直接观察地层情况，孔底易清除干净，设备简单，噪音小，场区内各桩可同时施工，且桩径大、适应性强，比较经济。但由于挖孔时可能存在塌方、缺氧、有害气体、触电等危险，易造成安全事故，因此应严格执行有关安全操作的规定。此外，难以克制流砂现象。

D. 爆扩桩。对各类灌注桩，都可以在孔底预先放置适量的炸药，在灌注混凝土后引爆，使桩底扩大呈球形，以增加桩底支承面积而提高桩的承载力，这种爆炸扩底的桩称爆扩桩（图 5-8）。这种桩的适应性强，除软土的新填土外，其他各种地层均可使用，最适宜在黏土中成型并支承在坚硬密实土层上的情况。

表5-1给出了我国常用灌注桩的适用范围。

表5-1 常用灌注桩的桩径、桩长及适用范围

成孔方法		桩径(mm)	桩长(mm)	适用范围
泥浆护壁成孔	冲抓 冲击 回转钻	≥800	≤30 ≤50 ≤80	碎石土、砂类土、粉土、黏性土及风化岩。当进入中等风化和微风化岩层时,冲击成孔的速度比回转钻快
	潜水钻	500～800	≤50	黏性土、淤泥、淤泥质土及砂类土
干作业成孔	螺旋钻	300～800	≤30	地下水位以上的黏性土、粉土、砂类土及人工填土
	钻孔扩底	300～600	≤30	地下水位以上坚硬、硬塑的黏性土及中密以上砂类土
	机动洛阳铲	300～500	≤20	地下水位以上的黏性土、粉土、黄土及人工填土
沉管成孔	锤　击	340～800	≤30	硬塑黏性土、粉土及砂类土,直径≥600 mm的可达强风化岩
	振　动	400～500	≤24	可塑黏性土、中细砂
爆扩成孔		≤350	≤12	地下水位以上的黏性土、黄土、碎石土及风化岩
人工挖孔		≥100	≤40	黏性土、粉土、黄土及人工填土

(3) 按桩的设置效应分类

随着桩的设置方法(打入或钻孔成桩等)不同,桩周土所受的排挤作用也很不同。排挤作用将使土的天然结构、应力状态和性质发生很大变化,从而影响桩的承载力和变形特性。这些影响统称为桩的设置效应。桩按设置效应可分为下列三类。

① 挤土桩。实心的预制桩、下端封闭的管桩、木桩以及沉管灌注桩等打入桩,在锤击、振动贯入或压入过程中,都将大量排挤桩位处的土,因而使桩周土层受到严重扰动,土的原状结构遭到破坏,土的工程性质有很大变化。黏性土由于重塑作用而降低了抗剪强度(过一段时间可恢复部分强度);而非密实的无黏性土则由于振动挤密而使抗剪强度提高。

② 部分挤土桩。开口的钢管桩、H型钢桩和开口的预应力混凝土管桩,在成桩过程中,都对桩周土体稍有挤土作用,但土的原状结构和工程性质变化不大。因此,由原状土测得的物理力学性质指标一般可用于估算部分挤土桩的承载力和沉降。

③ 非挤土桩。先钻孔后再打入的预制桩和钻(冲或挖)孔桩,在成桩过程中,都将与桩体积相同的土体挖出,故设桩时桩周土不但没有受到排挤,相反可能因桩周土向桩孔内移动而产生应力松弛现象。因此,非挤土桩的桩侧摩阻力常有所减小。

5.1.3 桩的质量检验

桩基础属于地下隐蔽工程,尤其是灌注桩,很易出现缩颈、夹泥、断桩或沉渣过厚等多种形态的质量缺陷,影响桩身结构完整性和单桩承载力,因此必须进行施工监督、现场记录和质量检测，以保证质量，减少隐患。对于柱下单桩或大直径灌注桩工程，保证桩身质量就更为重要。目前已有多种桩身结构完整性的检测技术，下列几种较为常用。

(1) 开挖检查。只限于对所暴露的桩身进行观察检查。

(2) 抽芯法。抽芯法可检测混凝土桩的桩长、桩身强度、桩底沉渣厚度和持力层岩土性状，可判断桩身完整性类别。在灌注桩桩身内钻孔（直径 100～150 mm），取混凝土芯样进行观察和单轴抗压试验，了解混凝土有无离析、空洞、桩底沉渣和夹泥等桩身缺陷现象。有条件时也可采用钻孔电视直接观察孔壁孔底质量。

(3) 声波透射法。声波透射法可检测桩身缺陷程度及位置，判定桩身完整性类别。预先在桩中埋入 3～4 根金属管，利用超声波在不同强度（或不同弹性模量）的混凝土中传播速度的变化来检测桩身质量。试验时在其中一根管内放入发射器，而在其他管中放入接收器，通过测读并记录不同深度处声波的传递时间来分析判断桩身质量。

(4) 动测法。包括锤击激振、机械阻抗、水电效应、共振等小应变动测，PDA（打桩分析仪）等大应变动测及 PIT（桩身结构完整性分析仪）等。对于等截面、质地较均匀的预制桩测试效果较可靠；而对于灌注桩的动测检验，目前已有相当多的实践经验，具有一定的可靠性。

5.1.4 桩基设计原则

《建筑桩基规范》规定，桩基础应按下列两类极限状态设计：

1) 承载能力极限状态

桩基达到最大承载能力、整体失稳或发生不适于继续承载的变形。

2) 正常使用极限状态

桩基达到建筑物正常使用所规定的变形限值或达到耐久性要求的某项限值。

根据建筑规模、功能特征、对差异变形的适应性、场地地基和建筑物体型的复杂性以及由于桩基问题可能造成建筑破坏或影响正常使用的程度，桩基设计分为表 5-2 所列的三个设计等级。

表 5-2　建筑桩基设计等级

设计等级	建筑类型
甲级	(1)重要的建筑 (2) 30 层以上或高度超过 100 m 的高层建筑 (3) 体型复杂且层数相差超过 10 层的高低层（含纯地下室）连体建筑 (4) 20 层以上框架－核心筒结构及其他对差异沉降有特殊要求的建筑 (5) 场地和地基条件复杂的 7 层以上的一般建筑及坡地、岸边建筑 (6) 对相邻既有工程影响较大的建筑
乙级	除甲级、丙级以外的建筑
丙级	场地和地基条件简单、荷载分布均匀的 7 层及 7 层以下的一般建筑

桩基须进行承载能力计算和稳定性验算的情况如下：

(1) 应根据桩基的使用功能和受力特征分别进行桩基的竖向承载力计算和水平承载力计算。

(2) 应对桩身和承台结构承载力进行计算，对于桩侧土不排水抗剪强度小于 10 kPa 且长径比大于 50 的桩应进行桩身压屈验算；对于混凝土预制桩应按吊装、运输和锤击作用进行桩身承载力验算；对于钢管桩应进行局部压屈验算。

(3) 当桩端平面以下存在软弱下卧层时，应进行软弱下卧层承载力验算。

(4) 对位于坡地、岸边的桩基应进行整体稳定性验算。

(5) 对于抗浮、抗拔桩基，应进行基桩和群桩的抗拔承载力计算。

(6) 对于抗震设防区的桩基应进行抗震承载力验算。

桩基须进行沉降计算的情况如下：

(1) 设计等级为甲级的非嵌岩桩和非深厚坚硬持力层的建筑桩基。

(2) 设计等级为乙级的体型复杂、荷载分布显著不均匀或桩端平面以下存在软弱土层的建筑桩基。

(3) 软土地基多层建筑减沉复合疏桩基础。

桩基设计满足正常使用极限状态的其他要求如下：

(1) 对受水平荷载较大，或对水平位移有严格限制的建筑桩基，应计算其水平位移。

(2) 应根据桩基所处的环境类别和相应的裂缝控制等级，验算桩和承台正截面的抗裂和裂缝宽度。

桩基设计时，所采用的作用效应组合与相应的抗力应符合下列规定：

(1) 确定桩数和布桩时，应采用传至承台底面的荷载效应标准组合；相应的抗力应采用基桩或复合基桩承载力特征值。

(2) 计算荷载作用下的桩基沉降和水平位移时，应采用荷载效应准永久组合；计算水平地震作用、风载作用下的桩基水平位移时，应采用水平地震作用、风载效应标准组合。

(3) 验算坡地、岸边建筑桩基的整体稳定性时，应采用荷载效应标准组合；抗震设防区，应采用地震作用效应和荷载效应的标准组合。

(4) 在计算桩基结构承载力、确定尺寸和配筋时，应采用传至承台顶面的荷载效应基本组合。当进行承台和桩身裂缝控制验算时，应分别采用荷载效应标准组合和荷载效应准永久组合。

(5) 桩基结构设计安全等级、结构设计使用年限和结构重要性系数 γ_0 应按现行有关建筑结构规范的规定采用，除临时性建筑外，重要性系数 γ_0 不应小于 1.0。

(6) 当桩基结构进行抗震验算时，其承载力调整系数 γ_{RE} 应按现行国家标准《建筑抗震设计规范》(GB 50011—2010)的规定采用。

5.2 桩的竖向抗压承载力和沉降

5.2.1 竖向荷载下单桩的工作性能

单桩工作性能的研究是单桩承载力分析理论的基础。通过桩土相互作用分析，了解桩土间的传力途径和单桩承载力的构成及其发展过程，以及单桩的破坏机理等，对正确评价单桩轴向承载力设计值具有一定的指导意义。

1）单桩的轴向荷载传递

桩在竖向荷载作用下，桩身材料会产生弹性压缩变形，桩和桩侧土之间产生相对位移，因而桩侧土对桩身产生向上的桩侧摩阻力。如果桩侧摩阻力不足以抵抗竖向荷载，一部分竖向荷载会传递到桩底，桩底持力层也会产生压缩变形，桩底土也会对桩端产生阻力。通过桩侧摩阻力和桩端阻力，桩将荷载传给土体。

设桩顶竖向荷载为 Q，桩侧总摩阻力为 Q_s，桩端总阻力为 Q_b，取桩为脱离体，由静力平衡条件，得到如下关系式：

$$Q = Q_s + Q_b \tag{5-1}$$

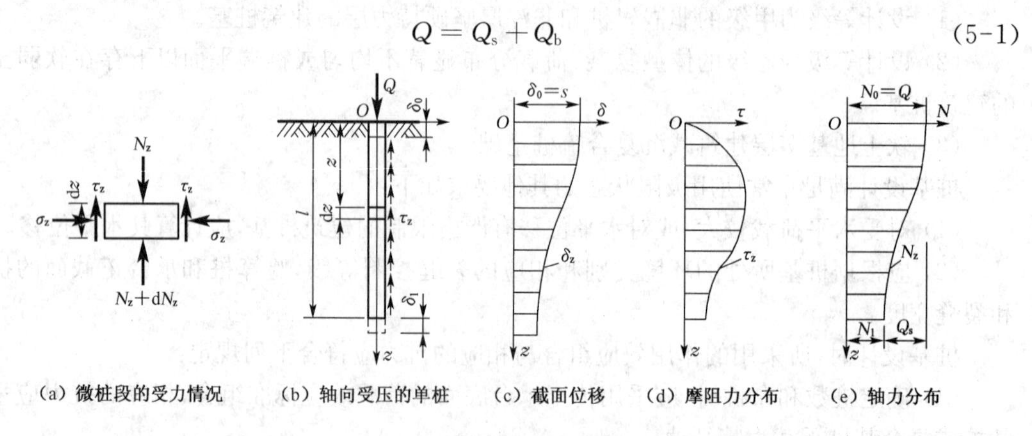

（a）微桩段的受力情况　（b）轴向受压的单桩　（c）截面位移　（d）摩阻力分布　（e）轴力分布

图 5-9　单桩轴向荷载传递

对于细长桩，逐级增加单桩桩顶荷载时，桩身上部受到压缩而产生相对于土的向下位移，从而使桩侧表面受到土的向上摩阻力。随着荷载增加，桩身压缩和位移随之增大，使桩侧摩阻力从桩身上段向下渐次发挥；桩底持力层也因受压引起桩端反力，导致桩端下沉、桩身随之整体下移，这又加大了桩身各截面的位移，引发桩侧上下各处摩阻力的进一步发挥。当沿桩身全长的摩阻力都到达极限值之后，桩顶荷载增量就全归桩端阻力承担，直到桩底持力层破坏、无力支承更大的桩顶荷载为止。此时，桩顶所承受的荷载就是桩的极限承载力。单桩轴向荷载的传递过程就是桩侧阻力与桩端阻力的发挥过程。

如图 5-9(b)所示的桩，竖向荷载 Q 在桩身各截面引起的轴向力 N_z，可以通过桩的静载试验，利用埋设于桩身内的测试元件量测得到，从而可以绘出轴力沿桩身的分布曲线图 5-9(e)。该曲线称荷载传递曲线。由于桩侧土的摩阻作用，轴向力 N_z 随深度 z 的增大而减小，其衰减的快慢反映了桩侧土摩阻作用的强弱。桩顶的轴向力 N_0 与桩顶竖向荷载 Q 相平衡，即 $N_0 = Q$；桩端的轴向力 N_l 与桩端总阻力 Q_b 相平衡，即 $N_l = Q_b$。

荷载传递曲线确定了 z 深度处轴向力 N_z 与 z 的函数关系。有了该曲线，可以由桩的微分方程求得 z 深度截面的轴向位移 δ_z 以及桩侧单位面积摩阻力 τ_z。

设桩的长度为 l，横截面积为 A，周长为 u。现从桩身任意深度 z 处取 dz 微分段，如图 5-9(a)，根据微分段的竖向力平衡条件（忽略桩身自重），可得：

$$N_z - \tau_z \cdot u \cdot dz - (N + dN_z) = 0 \tag{5-2}$$

$$\tau_z = -\frac{1}{u}\frac{dN_z}{dz} \tag{5-3}$$

式(5-3)表明,任意深度处单位侧摩阻力 τ_z 的大小与该处轴力 N_z 的变化率成正比。负号表明当 τ_z 方向向上时,桩身轴力 N_z 将随深度的增加而减少。桩底的轴力 N_1 即桩端总阻力 $Q_b=N_1$,而桩侧总阻力 $Q_s=Q-Q_b$。

根据桩段 dz 的桩身压缩变形 δ_z 与桩身轴力 N_z 之间的关系 $d\delta_z=-N_z\dfrac{dz}{A_pE_p}$,可得:

$$N_z=-A_pE_p\frac{d\delta_z}{dz} \tag{5-4}$$

式中:A_p——桩的横截面面积(m^2);

E_p——桩身材料的弹性模量(kN/m^2)。

将式(4-4)代入式(4-3)得:

$$\tau_z=-\frac{A_pE_p}{u_p}\frac{d^2\delta_z}{dz^2} \tag{5-5}$$

式(5-5)是单桩的荷载传递基本微分方程。它表明桩侧摩阻力 τ 是桩截面对桩周土的相对位移 δ 的函数[$\tau=f(\delta)$],如图 5-10。

由图 5-9(a)可知,任一深度 z 处的桩身轴力 N_z 应为桩顶荷载 $N_0=Q$ 与 z 深度范围内的桩侧总阻力之差:

$$N_z=Q-\int_0^z U_p\tau_z dz \tag{5-6}$$

只要测得桩身轴力 N_z 的分布曲线,即可用此式求桩侧摩阻力的大小与分布(对 N_z 微分一次),见图 5-9(d)。

当顶部作用有轴向荷载 Q 时,其桩顶截面位移 δ_0(亦即桩顶沉降 s)一般由两部分组成,一部分为桩端下沉量 δ_1,另一部分则为桩身材料在轴力 N_z 作用下产生的压缩变形 δ_s,可表示为 $s=\delta_1+\delta_s$。

任意深度处的桩截面位移 δ_z 和桩端位移 δ_1,即:

$$\delta_z=s-\frac{1}{E_pA_p}\int_0^z N_z\cdot dz \tag{5-7}$$

$$\delta_l=s-\frac{1}{E_pA_p}\int_0^l N_z\cdot dz \tag{5-8}$$

2) 桩的荷载传递的一般规律

桩在竖向荷载 Q 作用下,侧阻与端阻的发挥程度与多种因素有关,并且侧阻与端阻也是相互影响的。一般情况下,桩侧阻力与桩端阻力并非同时发挥,更不是同时达到极限。

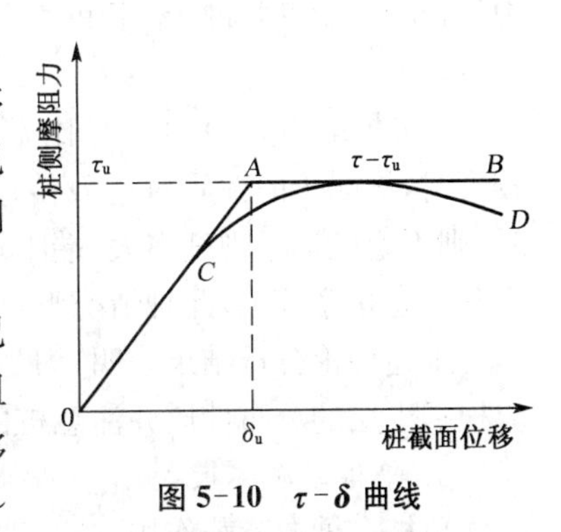

图 5-10 τ-δ 曲线

侧阻与端阻的发挥程度与桩土之间的相对位移情况有关,如图 5-10,并且通常桩侧阻力的发挥先于桩端阻力。试验资料表明,侧阻充分发挥所需要的桩土相对位移趋于定值,认为一般在黏性土中桩土相对位移约为 4～

6 mm、砂土中约为 6～10 mm 时，桩侧阻充分发挥。也有的学者根据现场试验研究取得的成果，认为土层的埋藏深度对侧阻的发挥有显著的影响，埋藏深度不同，充分发挥侧阻所需要的相对位移不同。另外，侧阻的发挥与桩径、土性及成桩方法等多种因素有关，其性状还需要进一步研究。

桩端阻力的发挥不仅滞后于桩侧阻力，而且其充分发挥所需的桩端位移值比桩侧摩阻力到达极限所需的桩身截面位移值大得多。桩端阻力的发挥程度与桩端土的性质、桩的类型和施工方法等因素有关，其研究成果同侧阻研究成果比起来要少得多。根据小直径桩的试验结果，砂类土的桩底极限位移约为(0.08～0.1)d，一般黏性土为 0.25d，硬黏土为 0.1d。同时，也有研究结果表明，发挥桩端阻力所需要的位移因桩的类型不同而有较大差别。

许多学者通过室内模型试验和现场原型试验研究，发现桩侧阻和桩端阻都存在深度效应。当桩端入土深度 $l \leqslant h_{cp}$ 时，桩的极限端阻力随深度而增加，但当 $l > h_{cp}$ 后，极限端阻力基本保持不变，h_{cp} 称为端阻临界深度。桩侧摩阻力一般随桩的入土深度增加而线性增大，但当桩入土深度超过一定值后，侧阻力不再随深度增加而增大，该一定深度 h_{cs}，称侧阻临界深度。根据砂土中模型试验和现场试验结果，得到侧阻临界深度与端阻临界深度的关系为 $h_{cs} = (0.3 \sim 1.0)h_{cp}$。关于侧阻和端阻的深度效应问题有待进一步研究。

Poulos 等运用弹性理论来分析桩基，结果表明竖向受压时桩的荷载传递有以下规律：

(1) 轴向压力下的桩的荷载传递与其长径比 l/d 及桩端土与桩侧土的刚度比 E_b/E_s 有关。E_b/E_s 愈小，桩身轴力沿深度衰减愈快，即传递到桩端的荷载愈小。对于中长桩，当 $E_b/E_s = 1$(即均匀土层)时，桩侧摩阻力接近于均匀分布，几乎承担了全部荷载，桩端阻力仅占荷载的 5% 左右，即属于摩擦桩；当 E_b/E_s 增大到 100 时，桩身轴力上段随深度减小，下段近乎沿深度不变，即桩侧摩阻力上段可得到发挥，下段则因桩土相对位移很小(桩端无位移)而无法发挥出来，桩端阻力分担了 60% 以上荷载，即属于端承型桩；E_b/E_s 再继续增大，对桩端阻力分担荷载比的影响不大。

(2) 桩端阻力和桩土刚度比 E_p/E_s 相关。E_p/E_s 愈大，传递到桩端的荷载愈大，但当 E_p/E_s 超过 1 000 后，对桩端阻力分担荷载比的影响不大。而对于 $E_p/E_s \leqslant 10$ 的中长桩，其桩端阻力分担的荷载几乎接近于零。这说明对于砂桩、碎石桩、灰土桩等低刚度桩组成的基础，应按复合地基工作原理进行设计。

(3) 对扩底桩，增大扩底直径与桩身直径之比 D/d，桩端分担的荷载可以提高。在均质土中，当 $l/d \approx 25$ 时，桩端分担的百分比对等直径桩仅约 5%，对 $D/d = 3$ 的扩底桩可增至 35% 左右。

(4) 桩端阻力 Q_b 随长径比 l/d 增大而减小，桩身下部侧阻的发挥也相应降低。当桩长较大时，桩端土的性质对荷载传递的影响较小，荷载主要由桩侧的摩阻力分担。当桩很长时，则不论桩端土刚度多大，端阻均可忽略不计，荷载全部由桩侧阻力分担。因此，很长的桩实际上总是摩擦桩，此种情况下，用扩大桩端直径来提高承载力是徒劳的。

上述理论分析结果表明，为了有效地发挥桩的承载性能和取得良好的经济效益，设计时应根据土层的分布性质并注意桩的荷载传递特性，合理确定桩长、桩径和桩端持力层。

3) 单桩的破坏模式

单桩在轴向荷载作用下，其破坏模式主要取决于桩周土的抗剪强度、桩端支承情况、桩的尺寸以及桩的类型等条件。图 5-11 给出了轴向荷载下可能的单桩破坏模式简图。

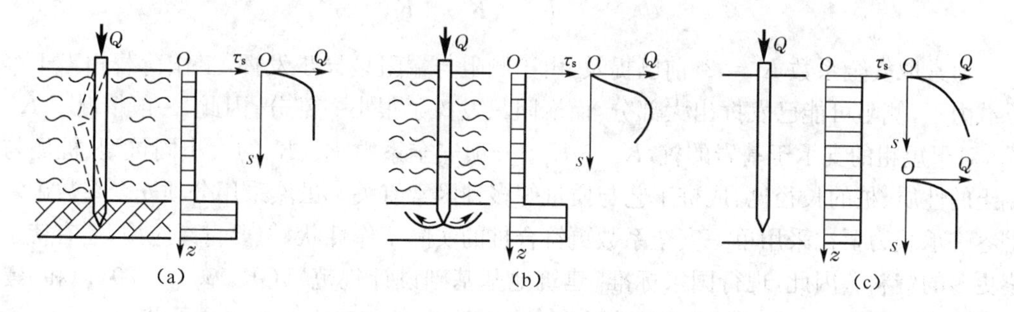

图 5-11 轴向荷载下单桩的破坏模式

(1) 压屈破坏

当桩底支承在坚硬的土层或岩层上，桩周土层极为软弱，桩身无约束或侧向抵抗力。桩在轴向荷载作用下，如同一细长压杆出现纵向压屈破坏，荷载-沉降($Q-s$)关系曲线为“急剧破坏”的陡降型，其沉降量很小，具有明确的破坏荷载，如图 5-11(a)。桩的承载力取决于桩身的材料强度。穿越深厚淤泥质土层中的小直径端承桩或嵌岩桩、细长的木桩等多属于此种破坏。

(2) 整体剪切破坏

当具有足够强度的桩穿过抗剪强度较低的土层，达到抗剪强度较高的土层，且桩的长度不大时，桩在轴向荷载作用下，由于桩底上部土层不能阻止滑动土楔的形成，桩底土体形成滑动面而出现整体剪切破坏。因为桩端较高强度的土层将出现大的沉降，桩侧摩阻力难以充分发挥，主要荷载由桩端阻力承受，$Q-s$ 曲线也为陡降型，呈现明确的破坏荷载，如图 5-11(b)。桩的承载力主要取决于桩端土的支承力。一般打入式短桩、钻扩短桩等的破坏均属于此种破坏。

(3) 刺入破坏

当桩的入土深度较大或桩周土层抗剪强度较均匀时，桩在轴向荷载作用下将出现刺入破坏，如图 5-10(c)所示。此时桩顶荷载主要由桩侧摩阻力承担，桩端阻力极微，桩的沉降量较大。一般当桩周土质较软弱时，$Q-s$ 曲线为“渐进破坏”的缓变型，无明显拐点，极限荷载难以判断，桩的承载力主要由上部结构所能承受的极限沉降 s_u 确定；当桩周土的抗剪强度较高时，$Q-s$ 曲线可能为陡降型，有明显拐点，桩的承载力主要取决于桩周土的强度。一般情况下的钻孔灌注桩多属于此种情况。

5.2.2 单桩竖向承载力的确定

单桩竖向承载力的确定，取决于两方面：其一，桩身的材料强度；其二，地层的支承力。设计时分别按这两方面确定后取其中的小值。如按桩的载荷试验确定，则已兼顾到这两方面。

单桩竖向极限承载力 Q_u 由桩侧总极限摩阻力 Q_{su} 和桩端总极限阻力 Q_{bu} 组成，若忽略二者间的相互影响，可表示为：

$$Q_u = Q_{su} + Q_{bu} \tag{5-9}$$

以单桩竖向极限承载力 Q_u 除以安全系数 K 即得单桩竖向承载力特征值 R_a：

$$R_a = \frac{Q_u}{K} = \frac{Q_{su}}{K_s} + \frac{Q_{bu}}{K_p} \tag{5-10}$$

通常取安全系数 $K=2$。前已提及，由于侧阻与端阻呈异步发挥，工作荷载相当于容许承载力下，侧阻可能已发挥出大部分，而端阻只发挥了很小一部分。因此，一般情况下 $K_s < K_p$，对于短粗的支承于基岩的桩，$K_s > K_p$。分项安全系数 K_s、K_p 的大小同桩型、桩侧与桩端土的性质、桩的长径比、成桩工艺与质量等多种因素有关。虽然采用分项安全系数确定单桩容许承载力要比采用单一安全系数更符合桩的实际工作性状，但要付诸应用，还有待于积累更多的资料。因此，现行国家标准《建筑地基基础设计规范》(GB 50007—2011)和《建筑桩基技术规范》(JGJ 94—2008)仍采用单一安全系数 K 来确定单桩竖向承载力。

1) 按材料强度确定

按材料强度计算低承台桩基的单桩承载力时，通常把桩视作轴心受压杆件，而且不考虑纵向压屈的影响(取纵向弯曲系数为 1)，这是由于桩周存在土的约束作用之故。对于通过很厚的软黏土层而支承在岩层上的端承型桩或承台底面以下存在可液化土层的桩以及高承台桩基，则应考虑压屈影响。

按材料强度确定单桩竖向承载力时，可将桩视为轴心受压杆件。

(1) 当桩顶以下 $5d$ 范围的桩身螺旋式箍筋间距不大于 100 mm，且符合《建筑桩基规范》第 4.1.1 条中桩身配筋率、配筋长度、主筋和箍筋的构造要求时：

$$N \leqslant \psi_c f_c A_{ps} + 0.9 f'_y A'_s \tag{5-11}$$

(2) 当桩身配筋不符合上述规定时：

$$N \leqslant \psi_c f_c A_{ps} \tag{5-12}$$

式中：N——荷载效应基本组合下的桩顶轴向压力设计值(kN)。

ψ_c——基桩成桩工艺系数。混凝土预制桩、预应力混凝土空心桩 $\psi_c = 0.85$；干作业非挤土灌注桩 $\psi_c = 0.90$；泥浆护壁和套管护壁非挤土灌注桩、部分挤土灌注桩、挤土灌注桩 $\psi_c = 0.7 \sim 0.8$；软土地区挤土灌注桩 $\psi_c = 0.6$。

f_c——混凝土轴心抗压强度设计值(kN/m^2)。

f'_y——纵向主筋抗压强度设计值(kN/m^2)。

A'_s——纵向主筋截面面积(m^2)。

A_{ps}——扣除主筋外的桩身截面面积(m^2)。

计算轴心受压混凝土桩正截面受压承载力时，一般取稳定系数 $\varphi = 1.0$。对于高承台基桩、桩身穿越可液化土或不排水抗剪强度小于 10 kPa 的软弱土层的基桩，应考虑压屈影响，可按式(5-11)、(5-12)计算所得桩身正截面受压承载力乘以 φ 折减。

稳定系数 φ 可根据桩身压屈计算长度 l_c 和桩的设计直径 d(或矩形桩短边尺寸 b)的比值查表确定。而桩身压屈计算长度 l_c 可根据桩顶的约束情况、桩身露出地面的自由长度、桩的入土长度、桩侧和桩底的土质条件查表确定。

【例 5-1】 如图 5-12 所示，某柱下桩基础，采用 8 根沉管灌注桩，桩身设计直径 $D = 377$ mm，桩身有效计算长度 $l = 13.6$ m，桩中心距 1.5 m。作用于承台顶面的外力有竖向力设计值 F、力矩设计值 M 和水平剪力设计值 V。承台埋深 1.5 m，其平面尺寸见图 5-13，承台中间厚度为 1.0 m。柱截面尺寸 400 mm×400 mm。桩身的混凝土强度等级为 C25。主筋 6ϕ10、桩顶以下 3.0 m 范围内箍筋为 ϕ6@100。

试确定在轴心受压荷载下的桩身承载力。

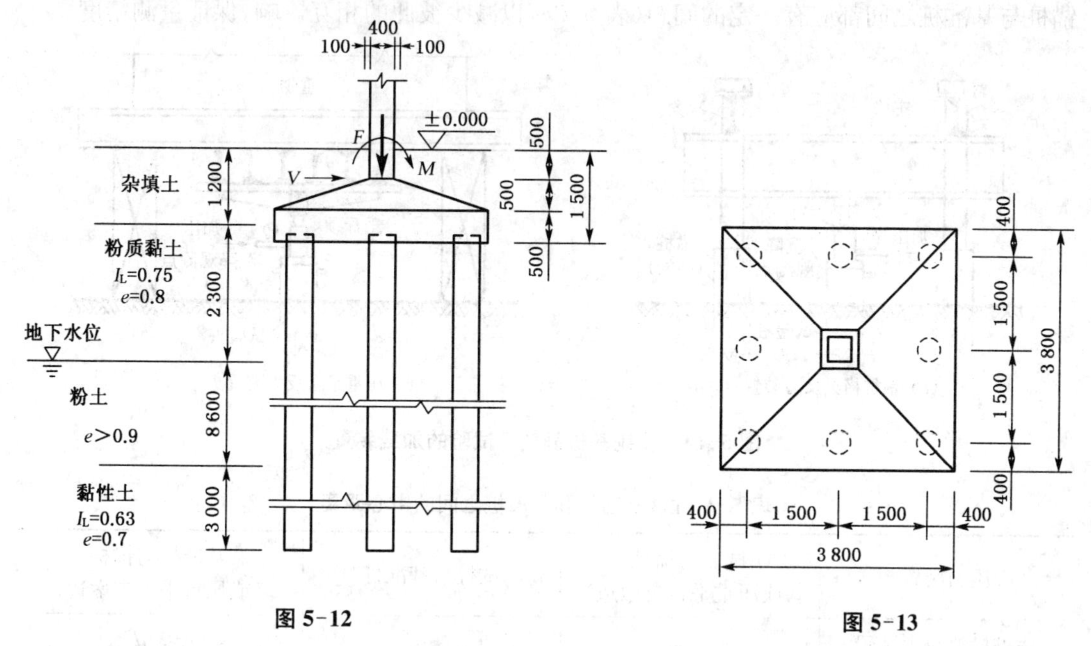

图 5-12　　　　图 5-13

【解】 $A_{ps} = 111\,628\ \text{mm}^2$，$A_s = 678\ \text{mm}^2$，$\rho = 0.61\%$，符合要求。

查《混凝土结构设计规范》得 $f_c = 11.9\ \text{N/mm}^2$，$f_y = 210\ \text{N/mm}^2$

根据式(5-11)，成桩工艺系数 $\psi_c = 0.7 \sim 0.8$，因地下水位较高，属水下灌注桩，取 $\psi_c = 0.7$。

则桩身承载力

$$N = A_{ps} f_c \psi_c + 0.9 f'_y A'_s = \frac{\pi \times 377^2}{4} \times 11.9 \times 0.7 + 0.9 \times 210 \times 678$$

$$= 1\,058\,004\ \text{N} \approx 1\,058\ \text{kN}$$

2）按竖向抗压静载试验法确定

静载荷试验是评价单桩承载力最为直观和可靠的方法，不仅考虑到地基土的支承能力，也计入了桩身材料强度对于承载力的影响。

(1) 试桩数量要求

对于一级建筑物，必须通过静载荷试验。在同一条件下的试桩数量不宜少于总数的 1%，并不应少于 3 根。

(2) 试桩休止期要求

对于预制桩，由于打桩时土中产生的孔隙水压力有待消散，土体因打桩扰动而降低的强度随时间逐渐恢复。因此，为了使试验能真实反映桩的承载力，要求在桩身强度满足设计要求的前提下，砂类土间歇时间不少于 10 d，粉土和黏性土不少于 15 d，饱和黏性土不少于 25 d。

(3) 传统静载荷试验装置及方法

传统静载荷试验装置主要由加荷稳压、提供反力和沉降观测三部分组成，如图 5-14。

桩顶的油压千斤顶对桩顶施加压力，千斤顶的反力由锚桩、压重平台的重力或用若干根地锚组成的伞状装置来平衡。安装在基准梁上的百分表或电子位移计用于量测桩顶的沉降。

试桩与锚桩（或与压重平台的支墩、地锚等）之间、试桩与支承基准梁的基准桩之间以及锚桩与基准桩之间都应有一定的间距（表 5-3），以减少彼此的相互影响，保证量测精度。

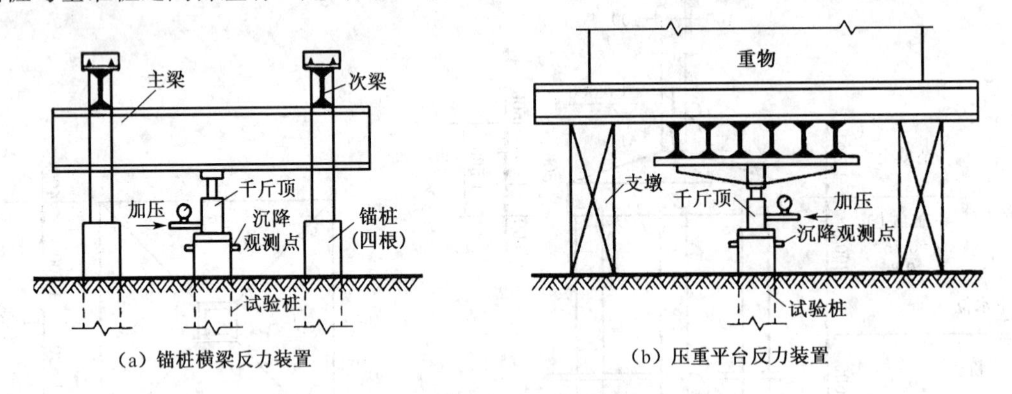

（a）锚桩横梁反力装置　（b）压重平台反力装置

图 5-14　传统基桩静载荷试验的加载装置

表 5-3　试桩、锚桩和基准桩之间的中心距离

压力装置	试桩与锚桩（或压重平台支墩边）	试桩与基准桩	基准桩与锚桩（或压重平台支墩边）
锚桩横梁反力装置 压重平台反力装置	≥4d ≮2.0 m	≥4d ≮2.0 m	≥4d ≮2.0 m

注：d 为试桩或锚桩的设计直径，取其较大者；当为扩底桩时，试桩与锚桩的中心距不应小于 2 倍扩大端直径。

（4）自平衡法

自平衡法将一种特制的加载设备——荷载箱，与钢筋笼相接，埋入桩的指定位置，由高压油泵向荷载箱充油而加载。荷载箱上部桩身的摩擦力与下部桩身的摩擦力及端阻力相平衡来维持加载，如图 5-15 所示。通过试验可以获得“向上的力与位移图”及“向下的力与位移图”，及相应的 $s-\lg t$ 和 $s-\lg Q$ 等曲线。

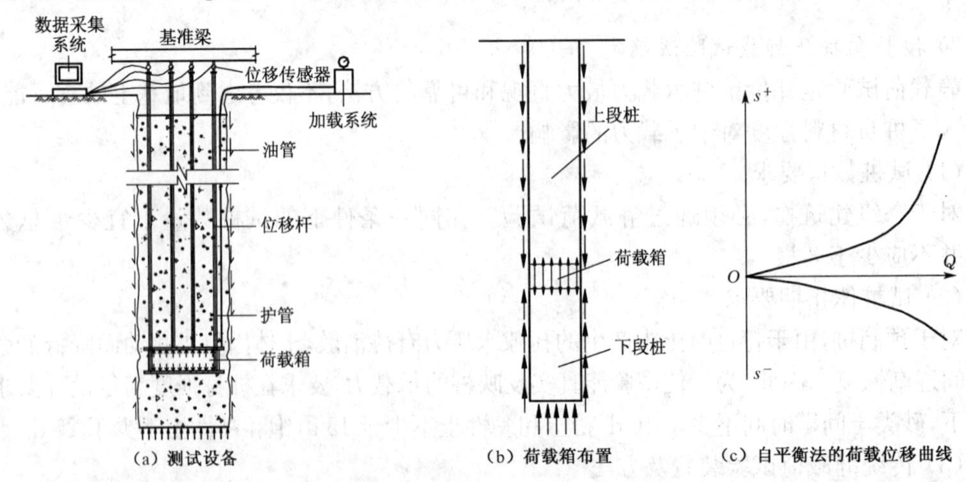

（a）测试设备　（b）荷载箱布置　（c）自平衡法的荷载位移曲线

图 5-15　桩承载力自平衡试验示意图

实测荷载箱向上($Q^{+}-s^{+}$)、向下($Q^{-}-s^{-}$)两条曲线,根据位移协调原则,可转换成传统桩顶 $Q-s$ 曲线(图 5-16),判断试桩极限承载力。

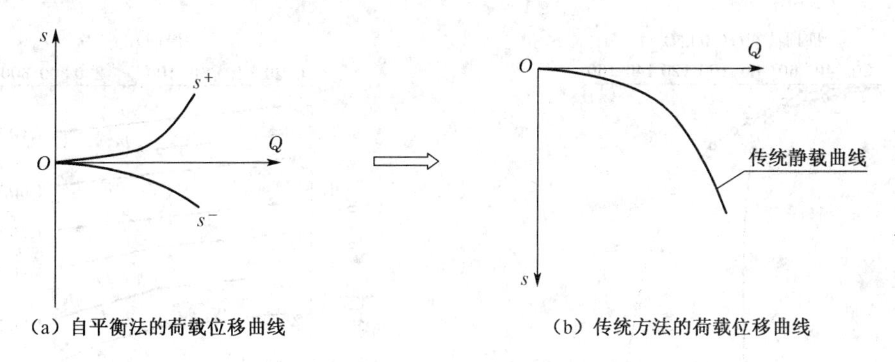

图 5-16 转换示意图

自平衡法无需笨重的反力架和大量的堆载,装置简单,特点如下:①利用桩的侧阻与端阻互为反力,因而可以直接测得侧阻力与端阻力以及各自的荷载-位移曲线;②几乎不受试桩荷载吨位的限制,可以测得大吨位桩基的承载力。目前该方法最大试验荷载达到 279 000 kN(工程地点:Incheon Bridge, Seoul);③几乎不受场地条件的限制,不但可以在传统堆载法无法进行的水上、坡地、基坑底、狭窄场地等恶劣情况下实现试桩,也可对用传统试桩法难以进行的斜桩、嵌岩桩、抗拔桩等进行测试;④装置较简单。测试不需运入数百吨或数千吨物料,不需构筑笨重的反力架,没有大量的堆载,也不用专门修建道路、制作加强桩头及平整加固场地;测试时可实现多根桩同时测试,基本不受天气影响,故总工期可以大大缩短。

(5) 试验加载方式

试验时加载方式通常有慢速维持荷载法、快速维持荷载法、等贯入速率法、等时间间隔加载法以及循环加载法等。工程中最常用的是慢速维持荷载法。即逐级加载,每级荷载值约为单桩承载力设计值的 1/5~1/8,当每级荷载下桩顶沉降量小于 0.1 mm/h 时,则认为已趋稳定,然后施加下一级荷载直到试桩破坏,再分级卸载到零。对于工程桩的检验性试验,也可采用快速维持荷载法,即一般每隔 1 h 加一级荷载。

(6) 终止加载条件

当出现下列情况之一时即可终止加载:①某级荷载下,桩顶沉降量为前一级荷载下沉降量的 5 倍;②某级荷载下,桩顶沉降量大于前一级荷载下沉降量的 2 倍,且经 24 h 尚未达到相对稳定;③已达到锚桩最大抗拔力或压重平台的最大重量时。

(7) 按试验成果确定单桩承载力

一般认为,当桩顶发生剧烈或不停滞的沉降时,桩处于破坏状态,相应的荷载称为极限荷载(极限承载力,Q_u)。由桩的静载荷试验结果给出荷载与桩顶沉降关系 $Q-s$ 曲线,再根据 $Q-s$ 曲线特性,采用下述方法确定单桩竖向极限承载力 Q_u。

① 根据沉降随荷载的变化特征确定 Q_u

如图 5-17 中曲线①所示,对于陡降型 $Q-s$ 曲线,可取曲线发生明显陡降的起始点所对应的荷载为 Q_u。该方法的缺点是作图比例将影响 $Q-s$ 曲线的斜率和所选择的 Q_u,因此宜按一定的作图比例,一般可取整个图形比例,横 : 竖 = 2 : 3。

因 $Q-s$ 曲线拐点的确定易加入绘图者的主观因素,有些曲线拐点也不甚明了,因此国外多用切线交会法,即取相应于 $Q-s$ 曲线始段和末段两点切线交点所对应的荷载作为极限荷载 Q_u。

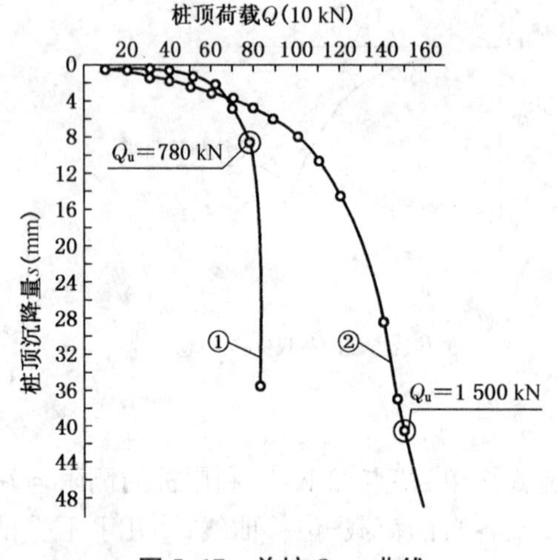

图 5-17　单桩 $Q-s$ 曲线

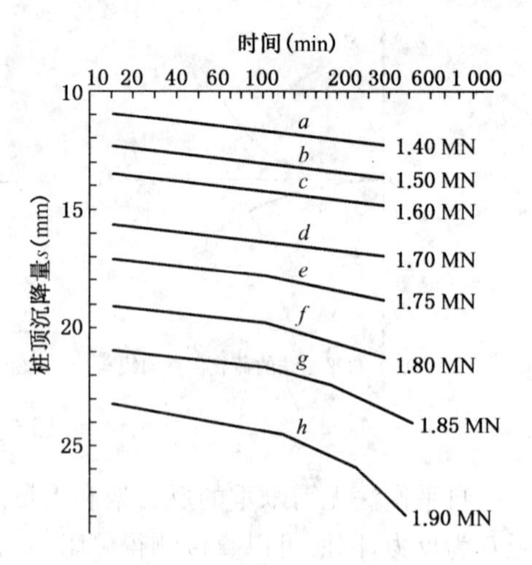

图 5-18　单桩 $s-\lg t$ 曲线

② 根据沉降量确定 Q_u

对于缓变型 $Q-s$ 曲线(图 5-17 中曲线②),一般可取 $s=40\sim60$ mm 对应的荷载值为 Q_u。对于大直径桩可取 $s=0.03\sim0.06d$(d 为桩端直径)所对应的荷载值(大桩径取低值,小桩径取高值)。对于细长桩($l/d>80$),可取 $s=60\sim80$ mm 对应的荷载。

此外,也可根据沉降随时间的变化特征确定 Q_u,取 $s-\lg t$ 曲线(如图 5-18)尾部出现明显向下弯曲的前一级荷载值作为 Q_u;也可根据终止加载条件②中的前一级荷载值作为 Q_u。

③ 单桩竖向抗压极限承载力统计值的确定

A. 参加统计的试桩结果,当满足其极差不超过平均值的 30%时,取其平均值为单桩竖向抗压极限承载力。

B. 当极差超过平均值的 30%时,应分析极差过大的原因,结合工程具体情况综合确定,必要时可增加试桩数量。

C. 对桩数为 3 根或 3 根以下的柱下承台,或工程桩抽检数量少于 3 根时,应取低值。

D. 单位工程同一条件下的单桩竖向抗压承载力特征值应按单桩竖向抗压极限承载力统计值的一半取值。

3) 按土的抗剪强度指标确定

以土力学原理为基础的单桩极限承载力公式在国外广泛采用。该类公式在土的抗剪强度指标的取值上考虑理论公式无法概括的某些影响因素,例如土的类别和排水条件、桩的类型和设置效应等,所以仍是经验性的。其单桩极限承载力 Q_u 一般可以下式表示:

$$Q_u = Q_{su} + Q_{pu} - (G - \gamma A_p l) \tag{5-13}$$

式中:Q_{su}、Q_{pu}——桩侧总极限摩阻力和桩端总极限阻力;

G、γ——桩的自重和桩长以内土的平均重度;

$G-\gamma A_p l$——因桩的设置而附加于地基的重力,$\gamma A_p l$ 为与桩同体积的土重,常假设其值等于桩重 G。

极限摩阻力 τ_u 可用类似于土的抗剪强度的库伦公式表达：

$$\tau_u = c_a + \sigma_z \tan\varphi_a \tag{5-14}$$

式中：c_a——桩侧表面与土之间的附着力(kPa)；

φ_a——桩侧表面与土之间的摩擦角(°)；

σ_z——深度 z 处作用于桩侧表面的法向压力(kPa)，$\sigma_z = K_s \sigma'_v$；

K_s——桩侧土的压力系数；

σ'_v——桩侧土的竖向有效应力(kPa)。

$$q_{pu} = \zeta_c c N_c^* + \zeta_q \gamma h N_q^* \tag{5-15}$$

式中：c——土的黏聚力(kPa)；

ζ_c、ζ_q——桩端的形状系数；

N_c^*、N_q^*——无量纲的承载力因数，仅与土的内摩擦角 φ 有关。

将式(5-13)中桩侧总摩阻力 Q_{su} 采用式(5-14)计算，桩端总极限阻力 Q_{pu} 采用式(5-15)计算：

$$Q_u = \int_0^l u_p (c_a + K_s \sigma'_v \tan\varphi_a) dz + (\zeta_c c N_c^* + \zeta_q \gamma h N_q^*) A_p - G \tag{5-16}$$

针对黏性土、无黏性土，式(5-16)中的各参数不同。如无黏性土中单桩的承载力表达为：

$$Q_u = u_p \sum \sigma'_{vc} (K_s \tan \varphi'_a)_i l_i + \sigma'_{vb} (N_q - 1) A_p \tag{5-17}$$

式中：σ'_{vc}——桩侧土中竖向有效自重压力(kPa)；

σ'_{vb}——桩端土的竖向有效自重压力(kPa)；

K_s——桩侧土的侧压力系数。

4) 按静力触探法确定

静力触探是将圆锥形的金属探头，以静力方式按一定的速率均匀地压入土中。借助探头的传感器，测出探头侧阻 f_s 及端阻 q_c。探头由浅入深测出各种土层的这些参数后，即可算出单桩承载力。根据探头构造的不同，又可分为单桥探头和双桥探头两种。

静力触探与桩的静载荷试验虽有很大区别，但与桩打入土中的过程基本相似，所以可把静力触探近似看成是小尺寸打入桩的现场模拟试验，其设备简单，自动化程度高，可用于确定预制桩单桩承载力。

《建筑桩基规范》中针对单桥探头和双桥探头均给出单桩承载力的计算方法。这里仅介绍采用双桥探头静力触探资料，确定混凝土预制桩单桩竖向极限承载力标准值 Q_{uk}。对于黏性土、粉土和砂土，可按下式计算：

$$Q_{uk} = \alpha q_c A_p + u \sum l_i \beta_i f_{si} \tag{5-18}$$

式中：q_c——桩端平面上、下探头阻力(kPa)，取桩端平面以上 $4d$ 范围内探头阻力加权平均值，再与桩端平面以下 $1d$ 范围内的探头阻力进行平均；

α——桩端阻力修正系数，对黏性土、粉土取 2/3，饱和砂土取 1/2；

f_{si}——第 i 层土的探头平均侧阻力(kPa)；

β_i——第 i 层上桩侧阻力综合修正系数，按下式计算：

黏性土和粉土

$$\beta_i = 10.04\,(f_{si})^{-0.55} \tag{5-19}$$

砂类土

$$\beta_i = 5.05\,(f_{si})^{-0.45} \tag{5-20}$$

5）按经验公式法确定

利用经验公式确定单桩承载力的方法是一种沿用多年的传统方法，广泛适用于各种桩型。《建筑桩基规范》针对不同的常用桩型，推荐了下述不同的估算表达式：

(1) 一般预制桩及中小直径灌注桩

对预制桩和直径 $d<800$ mm 的灌注桩，单桩竖向极限承载力标准值 Q_{uk} 可按下式计算：

$$Q_{uk} = Q_{sk} + Q_{pk} = u\sum q_{sik} l_i + q_{pk} A_p \tag{5-21}$$

式中：Q_{sk}——单桩总极限侧阻力标准值(kN)；

Q_{pk}——单桩总极限端阻力标准值(kN)；

q_{sik}——桩侧第 i 层土的极限侧阻力标准值(kPa)，采用当地经验取值，如无当地经验值时可根据成桩方法与工艺按表 5-4 取值。

q_{pk}——桩的极限端阻力标准值(kPa)，如无当地经验值时，根据成桩方法与工艺按表 5-5 取值。

表 5-4 桩的极限侧阻力标准值 q_{sik}(kPa)

土的名称	土的状态		混凝土预制桩	泥浆护壁钻(冲)孔桩	干作业钻孔桩
填土			22～30	20～28	20～28
淤泥			14～20	12～18	12～18
淤泥质土			22～30	20～28	20～28
黏性土	流塑	$I_L>1$	24～40	21～38	21～38
	软塑	$0.75<I_L\leqslant 1$	40～55	38～53	38～53
	可塑	$0.50<I_L\leqslant 0.75$	55～70	53～68	53～66
	硬可塑	$0.25<I_L\leqslant 0.50$	70～86	68～84	66～82
	硬塑	$0<I_L\leqslant 0.25$	86～98	84～96	82～94
	坚硬	$I_L\leqslant 0$	98～105	96～102	94～104
红黏土	$0.7\leqslant a_w\leqslant 1$		13～32	12～30	12～30
	$0.5<a_w\leqslant 0.7$		32～74	30～70	30～70
粉土	稍密	$e>0.9$	26～46	24～42	24～42
	中密	$0.75\leqslant e\leqslant 0.9$	46～66	42～62	42～62
	密实	$e<0.75$	66～88	62～82	62～82

续表 5-4

土的名称	土的状态		混凝土预制桩	泥浆护壁钻(冲)孔桩	干作业钻孔桩
粉细砂	稍密	$10<N\leqslant 15$	24～48	22～46	22～46
	中密	$15<N\leqslant 30$	48～66	46～64	46～64
	密实	$N>30$	66～88	64～86	64～86
中砂	中密	$15<N\leqslant 30$	54～74	53～72	53～72
	密实	$N>30$	74～95	72～94	72～94
粗砂	中密	$15<N\leqslant 30$	74～95	74～95	76～98
	密实	$N>30$	95～116	95～116	98～120
砾砂	稍密	$5<N_{63.5}\leqslant 15$	70～110	50～90	60～100
	中密(密实)	$N_{63.5}>15$	116～138	116～130	112～130
圆砾、角砾	中密、密实	$N_{63.5}>10$	160～200	135～150	135～150
碎石、卵石	中密、密实	$N_{63.5}>10$	200～300	140～170	150～170
全风化软质岩		$30<N\leqslant 50$	100～120	80～100	80～100
全风化硬质岩		$30<N\leqslant 50$	140～160	120～140	120～150
强风化软质岩		$N_{63.5}>10$	160～240	140～200	140～220
强风化硬质岩		$N_{63.5}>10$	220～300	160～240	160～260

注：① 对于尚未完成自重固结的填土和以生活垃圾为主的杂填土，不计算其侧阻力。

② a_w 为含水比，$a_w = w/w_L$，w 为土的天然含水量，w_L为土的液限。

③ N 为标准贯入击数，$N_{63.5}$ 为重型圆锥动力触探击数。

④ 全风化、强风化软质岩和全风化、强风化硬质岩系指其母岩分别为 $f_{rk} \leqslant 15$ MPa、$f_{rk} > 30$ MPa 的岩石。

(2) 大直径桩灌注桩

对于桩径大于等于 800 mm 的大直径桩，其侧阻及端阻要考虑尺寸效应。侧阻的尺寸效应主要发生在砂、碎石类土中，这是因为大直径桩一般为钻、挖、冲孔灌注桩，在无黏性土中的成孔过程中将会出现孔壁土的松弛效应，从而导致侧阻力降低。孔径越大，降幅越大。大直径桩的极限端阻力也存在着随桩径增大而呈双曲线关系下降的现象。上述现象表明，在计算大直径桩的竖向受压承载力时，应考虑尺寸效应的影响。

根据现有研究成果，大直径桩的 Q_{uk} 可按下式计算：

$$Q_{uk} = Q_{sk} + Q_{pk} = u\sum \psi_{si} q_{sik} l_i + \psi_p q_{pk} A_p \tag{5-22}$$

式中：q_{sik}——桩侧第 i 层土的极限侧阻力标准值(kPa)，无当地经验值时，也可按表 5-4 取值，对于扩底桩变截面以下不计侧阻力。

q_{pk}——桩径 $d = 800$ mm 时的极限端阻力标准值，可采用深层载荷板试验确定；当不能按深层载荷板试验时，可采用当地经验值或按表 5-5 取值，对于清底干净的干作业桩，可按表 5-6 取值。

ψ_{si}、ψ_p——分别为大直径桩侧阻力、端阻力尺寸效应系数，按表 5-7 取值。

u——桩身周长(m)，当人工挖孔桩桩周护壁为振捣密实的混凝土时，桩身周长可按护壁外直径计算。

表 5-5　桩的极限端阻力标准值 q_{pk} (kPa)

土名称	土的状态（桩型）		混凝土预制桩桩长 l(m)				泥浆护壁钻(冲)孔桩桩长 l(m)				干作业钻孔桩桩长 l(m)		
			$l≤9$	$9<l≤16$	$16<l≤30$	$l>30$	$5≤l<10$	$10≤l<15$	$15≤l<30$	$30≤l$	$5≤l<10$	$10≤l<15$	$15≤l$
黏性土	软塑	$0.75<I_L≤1$	210~850	650~1 400	1 200~1 800	1 300~1 900	150~250	250~300	300~450	300~450	200~400	400~700	700~950
	可塑	$0.50<I_L≤0.75$	850~1 700	1 400~2 200	1 900~2 800	2 300~3 600	350~450	450~600	600~750	750~800	500~700	800~1 100	1 000~1 600
	硬可塑	$0.25<I_L≤0.50$	1 500~2 300	2 300~3 300	2 700~3 600	3 600~4 400	800~900	900~1 000	1 000~1 200	1 200~1 400	850~1 100	1 500~1 700	1 700~1 900
	硬塑	$0<I_L≤0.25$	2 500~3 800	3 800~5 500	5 500~6 000	6 000~6 800	1 100~1 200	1 200~1 400	1 400~1 600	1 600~1 800	1 600~1 800	2 200~2 400	2 600~2 800
粉土	中密	$0.75≤e≤0.9$	950~1 700	1 400~2 100	1 900~2 700	2 500~3 400	300~500	500~650	650~750	750~850	800~1 200	1 200~1 400	1 400~1 600
	密实	$e<0.75$	1 500~2 600	2 100~3 000	2 700~3 600	3 600~4 400	650~900	750~950	900~1 100	1 100~1 200	1 200~1 700	1 400~1 900	1 600~2 100
粉砂	稍密	$10<N≤15$	1 000~1 600	1 500~2 300	1 900~2 700	2 100~3 000	350~500	450~600	600~700	650~750	500~950	1 300~1 600	1 500~1 700
	中密、密实	$N>15$	1 400~2 200	2 100~3 000	3 000~4 500	3 800~5 500	600~750	750~900	900~1 100	1 100~1 200	900~1 000	1 700~1 900	1 700~1 900
细砂	中密、密实	$N>15$	2 500~4 000	3 600~5 000	4 400~6 000	5 300~7 000	650~850	900~1 200	1 200~1 500	1 500~1 800	1 200~1 600	2 000~2 400	2 400~2 700
中砂			4 000~6 000	5 500~7 000	6 500~8 000	7 500~9 000	850~1 050	1 100~1 500	1 500~1 900	1 900~2 100	1 800~2 400	2 800~3 800	3 600~4 400
粗砂			5 700~7 500	7 500~8 500	8 500~10 000	9 500~11 000	1 500~1 800	2 100~2 400	2 400~2 600	2 600~2 800	2 900~3 600	4 000~4 600	4 600~5 200
砾砂	中密、密实	$N>15$	6 000~9 500		9 000~10 500		1 400~2 000		2 000~3 200		3 500~5 000		
角砾、圆砾		$N_{63.5}>10$	7 000~10 000		9 500~11 500		1 800~2 200		2 200~3 600		4 000~5 500		
碎石、卵石		$N_{63.5}>10$	8 000~11 000		10 500~13 000		2 000~3 000		3 000~4 000		4 500~6 500		
全风化软质岩		$30<N≤50$	4 000~6 000				1 000~1 600				1 200~2 000		
全风化硬质岩		$30<N≤50$	5 000~8 000				1 200~2 000				1 400~2 400		
强风化软质岩		$N_{63.5}>10$	6 000~9 000				1 400~2 200				1 600~2 600		
强风化硬质岩		$N_{63.5}>10$	7 000~11 000				1 800~2 800				2 000~3 000		

注：① 砂土和碎石类土中桩的极限端阻力取值，宜综合考虑土的密实度，桩端进入持力层的深径比 h_b/d，土愈密实，h_b/d 愈大，取值愈高。

② 预制桩的岩石极限端阻力指桩端支承于中、微风化基岩表面或进入强风化岩、软质岩一定深度条件下极限端阻力。

③ 全风化、强风化软质岩和全风化、强风化硬质岩指其母岩分别为 $f_{rk}≤15$ MPa、$f_{rk}>30$ MPa 的岩石。

表 5-6 干作业桩(清底干净,$D=0.8$ m)极限端阻力标准值 q_{pk}(kPa)

土名称		状态		
黏性土		$0.25<I_L\leqslant 0.75$	$0<I_L\leqslant 0.25$	$I_L\leqslant 0$
		800~1 800	1 800~2 400	2 400~3 000
粉土			$0.75\leqslant e\leqslant 0.9$	$e<0.75$
			1 000~1 500	1 500~2 000
砂土碎石类土		稍密	中密	密实
	粉砂	500~700	800~1 100	1 200~2 000
	细砂	700~1 100	1 200~1 800	2 000~2 500
	中砂	1 000~2 000	2 200~3 200	3 500~5 000
	粗砂	1 200~2 200	2 500~3 500	4 000~5 500
	砾砂	1 400~2 400	2 600~4 000	5 000~7 000
	圆砾、角砾	1 600~3 000	3 200~5 000	6 000~9 000
	卵石、碎石	2 000~3 000	3 300~5 000	7 000~11 000

注:① q_{pk}取值宜考虑桩端持力层土的状态及桩进入持力层的深度效应,当进入持力层深度 h_b为:$h_b\leqslant D$,$D<h_b<4D$,$h_b\geqslant 4D$时,q_{pk}可分别取较低值、中值、较高值。D为桩端扩底直径。

② 砂土密实度可根据标贯击数 N 判定,$N\leqslant 10$ 为松散,$10<N\leqslant 15$ 为稍密,$15<N\leqslant 30$ 为中密,$30<N$ 为密实。

③ 当桩的长径比 $l/d\leqslant 8$ 时,q_{pk}宜取较低值。

④ 当对沉降要求不严时,可适当提高 q_{pk}值。

表 5-7 大直径桩侧阻力尺寸效应系数 ψ_{si}、端阻力尺寸效应系数 ψ_p

土类型	黏性土、粉土	砂土、碎石类土
ψ_{si}	$(0.8/d)^{1/5}$	$(0.8/d)^{1/3}$
ψ_p	$(0.8/D)^{1/4}$	$(0.8/D)^{1/3}$

注:表中 D 为桩端直径。

【例 5-2】 某建筑柱下有一根灌注桩,柱、承台及其上土重传到桩基顶面的竖向力设计值 $F_k+G_k=1\,400$ kN,承台埋深 2.0 m。灌注桩为圆形,直径为 900 mm,桩端 2 m 范围内直径扩到 1 200 mm,地基地质条件如图 5-19 所示。要求验算桩的竖向承载力是否符合要求。

【解】 ① 根据条件计算采用式(5-22)

$$Q_{uk}=Q_{sk}+Q_{pk}=u\sum\psi_{si}q_{sik}l_i+\psi_p q_{pk}A_p$$

② 极限侧阻力 Q_{sk}的确定

$$Q_{sk}=u\sum\psi_{si}q_{sik}l_{si}$$

ψ_{si}由"对于扩底桩变截面以上 $2d$ 长度范围不计侧阻力"的规定仅考虑黏土和粉砂两层土的侧阻力,桩端 2 m 范围不计侧阻力。

ψ_{si}为大直径桩侧阻力尺寸效应系数,按表 5-7:

对黏性土、粉土取 $\psi_{s1}=\left(\frac{0.8}{0.9}\right)^{1/5}$，对砂土、碎石类土取 $\psi_{s2}=\left(\frac{0.8}{0.9}\right)^{1/3}$，此处 d 为桩的设计直径。

故黏土 $\psi_{s1}=\left(\frac{0.8}{0.9}\right)^{1/5}=0.977$，粉砂 $\psi_{s2}=\left(\frac{0.8}{0.9}\right)^{1/3}=0.96$。

u 为桩身周长，$u=3.14\times0.9=2.827\ \text{m}$

则 $Q_{sk}=2.827\times[0.977\times30\times3+0.96\times40\times(9-2)]=1\,008\ \text{kN}$

③ 极限端阻力 Q_{pk} 的确定

$$Q_{pk}=\psi_p q_{pk} A_p$$

ψ_p 为大直径桩端阻力尺寸效应系数，根据表 5-7，对砂土、碎石类土 $\psi_p=\left(\frac{0.8}{D}\right)^{1/3}$，此处 D 为桩端直径。故 $\psi_p=\left(\frac{0.8}{D}\right)^{1/3}=0.87$。

A_p 为桩端面积，$A_p=\frac{\pi D^2}{4}$

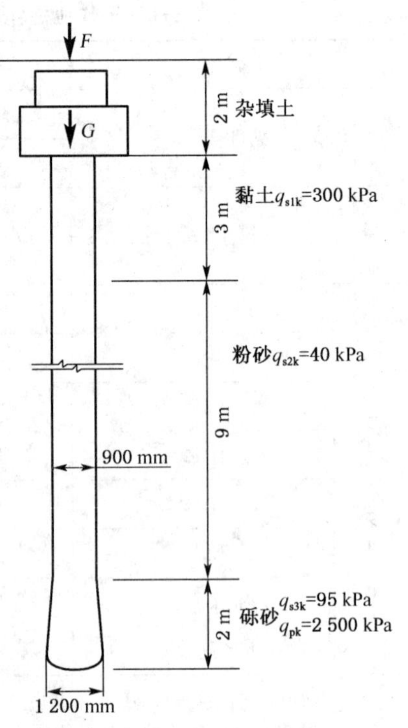

图 5-19 某扩底桩剖面图

$$Q_{pk}=0.87\times2\,500\times\pi\times1.2^2/4=2\,470\ \text{kN}$$

④ 竖向承载力特征值的确定 R

$$Q_{uk}=Q_{sk}+Q_{pk}=1\,008+2\,470=3\,478\ \text{kN}$$

则其承载力特征值为

$$R=Q_{uk}/2=3\,478/2=1\,739\ \text{kN}$$

⑤ 承载力验算

$$F_k+G_k=1\,400\ \text{kN}<R=1\,794\ \text{kN}，满足要求$$

(3) 端部开口管桩

常用的管桩有钢管桩和混凝土空心管桩。当其端部封闭时，其承载力计算按普通预制桩计算；当其端部开口时，其单桩竖向极限承载力的标准值可按下列公式计算：

$$Q_{uk}=Q_{sk}+Q_{pk}=u\sum q_{sik}l_i+q_{pk}(A_j+\lambda_p A_{p1}) \tag{5-23}$$

$$当\ h_b/d<5\ 时，\lambda_p=0.16h_b/d \tag{5-24}$$

$$当\ h_b/d\geqslant5\ 时，\lambda_p=0.8 \tag{5-25}$$

式中：q_{sik}、q_{pk}——分别按表 5-4、表 5-5 取与混凝土预制桩相同值；

λ_p——桩端土塞效应系数，对于闭口管桩 $\lambda_p=1$，对于敞口管桩按式(5-24)、(5-25)取值；

A_j——空心桩桩端净面积：$A_j = \frac{\pi}{4}(d^2 - d_1^2)$；对于钢管桩，管壁较薄时，取 $A_j = 0$；

h_b——桩端进入持力层深度；

d——钢管桩外径；

d_1——空心桩内径。

对于带隔板的半敞口钢管桩，应以等效直径 d_e 代替 d 确定 λ_p；$d_e = d/\sqrt{n}$，其中 n 为桩端隔板分割数(图 5-20)。

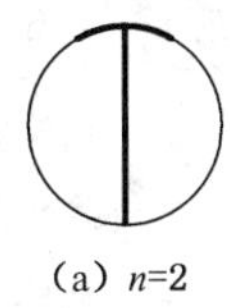
(a) n=2

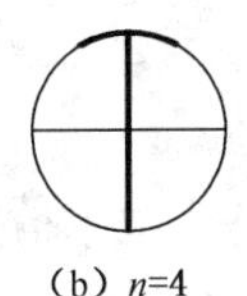
(b) n=4

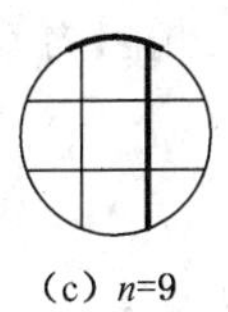
(c) n=9

图 5-20 隔板分割

(4) 嵌岩桩

桩端置于完整、较完整基岩的嵌岩桩单桩竖向极限承载力，由桩周土总极限侧阻力和嵌岩段总极限阻力组成。当根据岩石单轴抗压强度确定单桩竖向极限承载力标准值时，可按下列公式计算：

$$Q_{uk} = Q_{sk} + Q_{rk} \tag{5-26}$$

$$Q_{sk} = u\sum q_{sik} l_i \tag{5-27}$$

$$Q_{rk} = \zeta_r f_{rk} A_p \tag{5-28}$$

式中：Q_{sk}、Q_{rk}——分别为土的总极限侧阻力、嵌岩段总极限阻力(kN)。

q_{sik}——桩周第 i 层土的极限侧阻力(kPa)，无当地经验时，可根据成桩工艺按表 5-4 取值。

f_{rk}——岩石饱和单轴抗压强度标准值(kPa)，黏土岩取天然湿度单轴抗压强度标准值。

ζ_r——嵌岩段侧阻和端阻综合系数，与嵌岩深径比 h_r/d、岩石软硬程度和成桩工艺有关，可按表 5-8 采用；表中数值适用于泥浆护壁成桩，对于干作业成桩(清底干净)和泥浆护壁成桩后注浆，ζ_r 应取表列数值的 1.2 倍。

表 5-8 嵌岩段侧阻和端阻综合系数 ζ_r

嵌岩深径比 h_r/d	0	0.5	1.0	2.0	3.0	4.0	5.0	6.0	7.0	8.0
极软岩、软岩	0.60	0.80	0.95	1.18	1.35	1.48	1.57	1.63	1.66	1.70
较硬岩、坚硬岩	0.45	0.65	0.81	0.90	1.00	1.04				

注：① 极软岩、软岩指 $f_{rk} \leqslant 15$ MPa，较硬岩、坚硬岩指 $f_{rk} > 30$ MPa，介于二者之间可内插取值。

② h_r 为桩身嵌岩深度，当岩面倾斜时，以坡下方嵌岩深度为准；当 h_r/d 为非表列值时，ζ_r 可内插取值。

【例 5-3】 某打入式嵌岩沉管灌注桩，直径 $d = 600$ mm，桩长 13.8 m，承台底面位于地面，桩侧土层分布情况如下：0 ~ 1.6 m 淤泥层，桩极限侧阻力标准值 $q_{sk} = 10$ kPa；1.6 ~

8.4 m 黏土层，$q_{sk}=55$ kPa；8.4～12.0 m 粉土层，$q_{sk}=48$ kPa；以下为中等风化软质岩层，嵌岩深度 $h_r=1.8$ m。岩石强度 $f_{rk}=10$ MPa。桩身混凝土强度等级 C30，$f_c=15$ MPa。试确定单桩竖向极限承载力标准值。

【解】 嵌岩桩的单桩极限承载力标准值可由式(5-26)计算。

嵌岩深度比 $h_r/d=1.8/0.6=3.0$，因为 $f_{rk}=10<15$ MPa，岩层属于极软岩，查表 5-8 得 $\xi_r=1.35$。

嵌岩段总极限阻力 $Q_{rk}=\xi_r f_{rk} A_p=1.35\times 10\times \pi\times 600^2/4=3\,817\,044\ \text{N}\approx 3\,817\ \text{kN}$

土的总极限侧阻力 $Q_{sk}=u\sum q_{sik} l_{si}=\pi\times 600(1.6\times 10+6.8\times 55+3.6\times 48)=1\,060\,855\ \text{N}\approx 1\,061\ \text{kN}$

则 $Q_{uk}=Q_{sk}+Q_{rk}=3\,817+1\,061=4\,878\ \text{kN}$

(5) 后注浆灌注桩

灌注桩在桩身预埋注浆管路，成桩后通过预埋管路在桩端和桩侧注入水泥浆，可有效改善桩端和桩侧土体的特性，提高相应部位的承载力。采用该工艺的灌注桩承载力按下式计算单桩承载力标准值：

$$\begin{aligned} Q_{uk} &= Q_{sk}+Q_{gsk}+Q_{gpk} \\ &= u\sum q_{sjk} l_j + u\sum \beta_{si} q_{sik} l_{gi} + \beta_p q_{pk} A_p \end{aligned} \tag{5-29}$$

式中：Q_{sk}——后注浆非竖向增强段的总极限侧阻力标准值(kN)。

Q_{gsk}——后注浆竖向增强段的总极限侧阻力标准值(kN)。

Q_{gpk}——后注浆总极限端阻力标准值(kN)。

u——桩身周长(m)。

l_j——后注浆非竖向增强段第 j 层土厚度(m)。

l_{gi}——后注浆竖向增强段内第 i 层土厚度(m)：对于泥浆护壁成孔灌注桩，当为单一桩端后注浆时，竖向增强段为桩端以上 12 m；当为桩端、桩侧复式注浆时，竖向增强段为桩端以上 12 m 及各桩侧注浆断面以上 12 m，重叠部分应扣除；对于干作业灌注桩，竖向增强段为桩端以上、桩侧注浆断面上下各 6 m。

q_{sik}、q_{sjk}、q_{pk}——分别为后注浆竖向增强段第 i 土层初始极限侧阻力标准值(kPa)、非竖向增强段第 j 土层初始极限侧阻力标准值(kPa)、初始极限端阻力标准值(kPa)。

β_{si}、β_p——分别为后注浆侧阻力、端阻力增强系数，无当地经验时，可按表 5-9 取值。对于桩径大于 800 mm 的桩，应进行侧阻和端阻尺寸效应修正。

表 5-9 后注浆侧阻力增强系数 β_{si}、端阻力增强系数 β_p

土层名称	淤泥 淤泥质土	黏性土 粉土	粉砂 细砂	中砂	粗砂 砾砂	砾石 卵石	全风化岩 强风化岩
β_{si}	1.2～1.3	1.4～1.8	1.6～2.0	1.7～2.1	2.0～2.5	2.4～3.0	1.4～1.8
β_p		2.2～2.5	2.4～2.8	2.6～3.0	3.0～3.5	3.2～4.0	2.0～2.4

注：干作业钻、挖孔桩，β_p 按表列值乘以小于 1.0 的折减系数。当桩端持力层为黏性土或粉土时，折减系数取 0.6；为砂土或碎石土时，取 0.8。

5.2.3 竖向荷载下的群桩基础

由基桩群与承台组成的桩基础称群桩基础。竖向荷载作用下,由于承台、桩、土相互作用,群桩基础中的一根桩单独受荷时的承载力和沉降性状,往往与相同地质条件和设置方法的同样独立单桩有显著差别,这种现象称为群桩效应。

因此,群桩基础的承载力 Q_g 常不等于其中各根单桩的承载力之和 $\sum Q_i$。通常用群桩效应系数($\eta = Q_g / \sum Q_i$)来衡量群桩基础中各根单桩的平均承载力比独立单桩降低($\eta < 1$)或提高($\eta > 1$)的幅度。

1)群桩基础的工作性状及其特点

群桩基础工作性状的竖向分析主要取决于竖向荷载的传递特征,不同受力条件的基桩有着不同的荷载传递特征,这也就决定了不同类型基桩的群桩基础呈现出不同的工作性状与特点。

(1)端承型群桩基础

端承型桩基的桩底持力层刚硬,桩端贯入变形较小。由桩身压缩引起的桩顶沉降也不大,因而承台底面土反力(接触应力)很小。这样,桩顶荷载基本上集中通过桩端传给桩底持力层,并近似地按某一压力扩散角(α)向下扩散,如图 5-21。且在距桩底深度为 $h = (s - d)/(2\tan\alpha)$ 之下产生应力重叠,但并不足以引起坚实持力层明显的附加变形。因此,端承型群桩基础中各根单桩的工作性状接近于独立单桩,群桩基础承载力等于各根单桩承载力之和,群桩效应系数 $\eta = 1$。

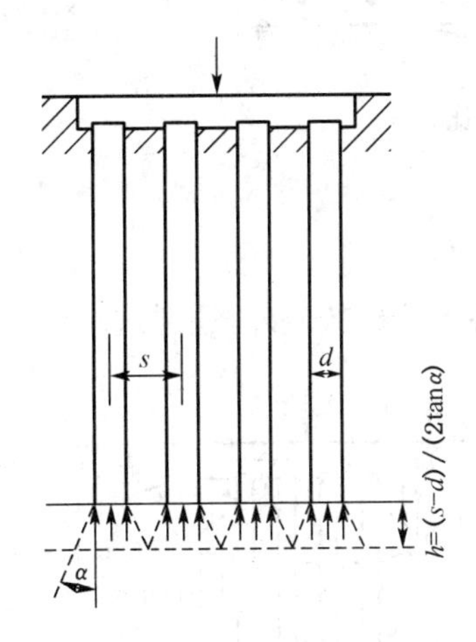

图 5-21 端承型群桩基础

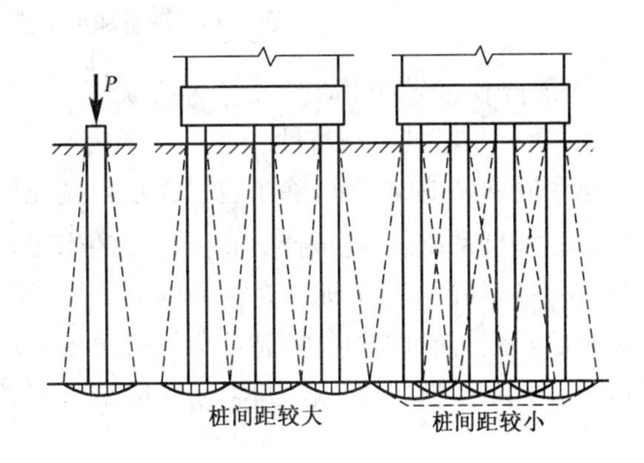

图 5-22 摩擦桩群桩底平面的应力分布

(2)摩擦桩群桩基础

① 承台底面脱地的情况

由摩擦桩组成的群桩基础,在竖向荷载作用下,桩顶上的作用荷载主要通过桩侧土的摩阻力传递到桩周土体。由于桩侧摩阻力的扩散作用,使桩底处的压力分布范围要比桩身截面积大得多,如图 5-22 所示,以使群桩中各桩传布到桩底处的应力可能叠加,群桩桩底处地基土受到的压力比单桩大;且由于群桩基础的基础尺寸大,荷载传递的影响范围也比单桩深，如图 5-23 所示，因此桩底下地基土层产生的压缩变形和群桩基础的沉降比单桩大。在桩的承载力方面，群桩基础的承载力也决不是等于各单桩承载力总和的简单关系。工程实践也说明，群桩基础的承载力常小于各单桩承载力之和，但有时也可能会大于或等于各单桩承载力之和。群桩基础除了上述桩底应力的叠加和扩散影响外，桩群对桩侧土的摩阻力也必然会有影响。摩擦桩群的工作性状与单桩相比有显著区别。群桩不同于单桩的工作性状所产生的效应，可称群桩效应，它主要表现在对桩基承载力和沉降的影响。

影响群桩基础承载力和沉降的因素很复杂，与土的性质、桩长、桩距、桩数、群桩的平面排列和大小等因素有关。通过模型试验研究和现场测试表明，上述诸因素中，桩距大小的影响是主要的，其次是桩数；并发现当桩距较小，土质较坚硬时，在荷载作用下，桩间土与桩群作为一个整体而下沉，桩底下土层受压缩，破坏时呈“整体破坏”，即指桩、土形成整体，破坏形态类似一个实体深基础；而当桩距足够大、土质较软时，桩与土之间产生剪切变形，桩群呈“刺入破坏”。在一般情况下，群桩基础兼有这两种性状。现通常认为当桩间中心距离 ≥ 6 倍桩径时，可不考虑群桩效应。

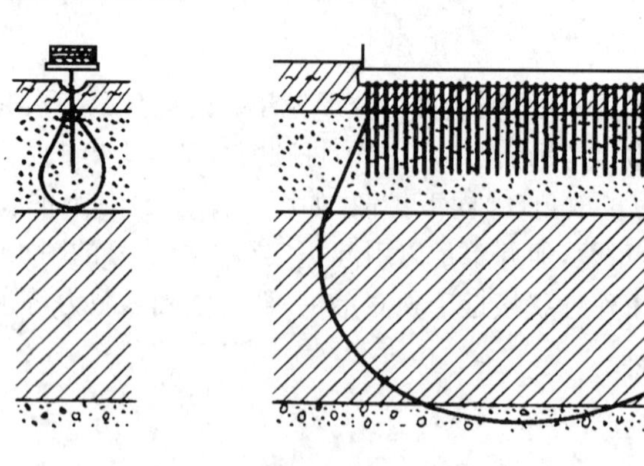

图 5-23　群桩和单桩应力传布深度比较

② 承台底面贴地的情况（复合桩基）

A. 复合桩基的承载特性

承台底面贴地的桩基，除了也呈现承台脱地情况下的各种群桩效应外，还通过承台底面土反力分担桩基荷载，使承台兼有浅基础的作用，而被称为复合桩基，如图 5-24 所示。它的单桩，因其承载力含有承台底土阻力的贡献在内，特称为复合单桩，以区别于承载力仅由桩侧和桩端阻力两个分量组成的非复合单桩。

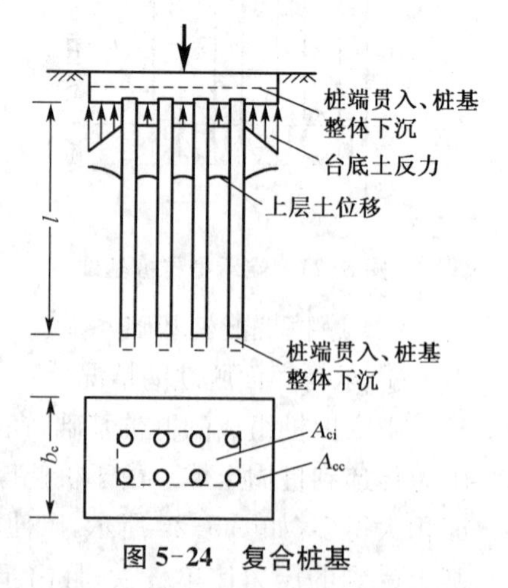

图 5-24　复合桩基

承台底分担荷载的作用是随着桩群相对于地基土向下位移幅度的加大而增强的。为了保证台底经常贴地并提供足够的土反力，主要应依靠桩端贯入持力层促使群桩整体下沉才能实现。当然，桩身受荷压缩引起的桩—土相对滑移，也会使台底反力有所增加，但其作用毕竟有限。因此，设计复合桩基时应注意：承台分担荷载既然是以桩基的整体下沉为前提，那么，只有在桩基沉降不会危及建筑物的安全和正常使用且台底不与软土直接接触时，才宜于开发利用承台底土反力的潜力。

刚性承台底面土反力呈马鞍形分布。如以桩群外围包络线为界，将承台底面积分为内外两区，如图 5-24 所示，则内区反力比外区小而且比较均匀，桩距增大时内外区反力差明显降低。承台底分担的荷载总值增加时，反力的塑性重分布不显著而保持反力图式基本不变。利用承台底反力分布的上述特征，可以通过加大外区与内区的面积比(A_{ce}/A_{ci})来提高承台分担荷载的份额。

由承台贴地引起的群桩效应可概括为下列三方面：

a. 对桩侧阻力的削弱作用。桩—承台整体沉降时，贴地承台迫使上部桩间土压缩而下移，这就减少了上部的桩—土相对滑移，从而削弱上段桩侧摩阻力的发挥(但是，随着桩长的增加，这种削弱作用所造成的平均侧阻降幅减少)，甚至会改变桩侧摩阻力逐步发挥的进行方向，使之与单桩的情况相反(即，随着桩端的向下贯入，桩侧摩阻力自桩身中、下段开始逐渐向上发挥)。对于桩身压缩位移不大的中、短桩来说，上述削弱作用更加明显。

b. 对桩端阻力的增强作用。当承台宽度与桩长之比 $b_c/l > 0.5$ 时，由台底扩散传布至桩端平面的竖向压力可以提高对桩底土侧方挤出的约束能力，从而增强桩端极限承载力。此外，承台底压力在桩间土中引起的桩侧法向应力，可以增强摩擦性土(砂类土、粉土)中的桩侧摩阻力。

c. 对地基土侧移的阻挡作用。承台下压时，群桩的存在以及承台—土接触面摩阻力的引发都对上部桩间土的侧向挤动产生阻挡作用，同时也引起桩身的附加弯矩。

概括地说，对发挥承台底土反力的有利因素是：桩顶荷载水平高、桩端持力层可压缩、承台底面下土质好、桩身细而短、布桩少而疏。

B. 考虑承台效应的复合基桩计算

对于符合下列条件之一的摩擦型桩基，宜考虑承台效应确定其复合基桩的竖向承载力特征值：

a. 上部结构整体刚度较好、体型简单的建(构)筑物。

b. 对差异沉降适应性较强的排架结构和柔性构筑物。

c. 按变刚度调平原则设计的桩基刚度相对弱化区。

d. 软土地基的减沉复合疏桩基础。

考虑承台效应的复合基桩竖向承载力特征值可按下列公式确定：

不考虑地震作用时

$$R = R_a + \eta_c f_{ak} A_c \tag{5-30}$$

考虑地震作用时

$$R = R_a + \frac{\zeta_a}{1.25}\eta_c f_{ak} A_c \tag{5-31}$$

$$A_c = (A - nA_{ps})/n \tag{5-32}$$

式中：η_c——承台效应系数，可按表 5-10 取值；

f_{ak}——承台下 1/2 承台宽度且不超过 5 m 深度范围内各层土的地基承载力特征值按厚度加权的平均值(kPa)；

A_c——计算基桩所对应的承台底净面积(m^2)；

A_{ps}——为桩身截面面积(m^2)；

A——为承台计算域面积(m^2)，对于柱下独立桩基，A 为承台总面积；对于桩筏基础，A 为柱、墙筏板的 1/2 跨距和悬臂边 2.5 倍筏板厚度所围成的面积；桩集中布置于单片墙下的桩筏基础，取墙两边各 1/2 跨距围成的面积，按条基计算 η_c；

ζ_a——地基抗震承载力调整系数，应按现行国家标准《建筑抗震设计规范》采用。

当承台底为可液化土、湿陷性土、高灵敏度软土、欠固结土、新填土时，沉桩引起超孔隙水压力和土体隆起时，不考虑承台效应，取 $\eta_c=0$。

表 5-10　承台效应系数 η_c

<table>
<tr><th rowspan="2">B_c/l</th><th colspan="5">s_a/d</th></tr>
<tr><th>3</th><th>4</th><th>5</th><th>6</th><th>>6</th></tr>
<tr><td>≤0.4</td><td>0.06～0.08</td><td>0.14～0.17</td><td>0.22～0.26</td><td>0.32～0.38</td><td rowspan="4">0.50～0.80</td></tr>
<tr><td>0.4～0.8</td><td>0.08～0.10</td><td>0.17～0.20</td><td>0.26～0.30</td><td>0.38～0.44</td></tr>
<tr><td>>0.8</td><td>0.10～0.12</td><td>0.20～0.22</td><td>0.30～0.34</td><td>0.44～0.50</td></tr>
<tr><td>单排桩条形承台</td><td>0.15～0.18</td><td>0.25～0.30</td><td>0.38～0.45</td><td>0.50～0.60</td></tr>
</table>

注：① 表中 s_a/d 为桩中心距与桩径之比；B_c/l 为承台宽度与桩长之比。当计算基桩为非正方形排列时，$s_a=\sqrt{A/n}$，A 为承台计算域面积，n 为总桩数。

② 对于桩布置于墙下的箱、筏承台，η_c 可按单排桩条基取值。

③ 对于单排桩条形承台，当承台宽度小于 1.5d 时，η_c 按非条形承台取值。

④ 对于采用后注浆灌注桩的承台，η_c 宜取低值。

⑤ 对于饱和黏性土中的挤土桩基、软土地基上的桩基承台，η_c 宜取低值的 0.8 倍。

③ 减沉桩基

对于软弱地基上的多层住宅建筑，当天然地基承载力已基本接近于满足建筑物荷载要求或虽能满足建筑物荷载要求但沉降量过大时，采用天然地基即使扩大基础面积，沉降量往往仍减不下来，采用各种地基处理方法的人工地基，其技术经济比较结果和实践效果也并非都很理想。于是，传统的做法是在基础下加桩，并假定桩和承台以某一固定比例分担外荷载(一般以桩承受荷载为主)，据此来确定桩数。显然，在天然地基强度已能满足要求的前提下，所增加的桩的作用仅仅是为了减少基础的沉降量。而按传统方法设计的桩是以承载为主，所需的桩数较多，这样做是不合理的。在这种情况下，若采用在基础下天然地基中设置少量的、大间距的摩擦型桩，按控制沉降的桩基础方案进行设计，则不仅能弥补承载力的不足，而且还能非常显著地减少建筑物的沉降量。

这种减沉桩基在承台产生一定沉降时，桩可充分发挥并进入极限承载状态，同时承台也分担了相当部分的荷载(甚至可高达 60%～70%)。因此，这种以减少沉降量为目的的桩基，是介于天然地基上的浅基础和常规意义的桩基础之间的一种基础类型，因其考虑了桩—土—承台的相互作用，故实质上也属于摩擦型群桩承台底面贴地时的"复合桩基"，但其设计概念与常规意义的复合桩基完全不同。

工程上，常规意义的复合桩基通常采用按外荷载由桩和承台以某一固定比例分担，或在确定单桩承载力时采用人为降低安全系数的方法来近似考虑桩与承台下土的共同作用并确定桩数；而减少沉降量为目的的桩基设计，则应按控制沉降量为原则来确定所需的用桩数量。与按传统方法设计的桩基相比，根据不同的允许沉降量要求，用桩数量有可能大幅度减少，桩的长度也有可能减短。能否实行这种设计方法，必须要有当地的经验，尤其是符合当地工程实践的桩基沉降计算方法，并应满足下列要求：A. 桩身强度应按桩顶荷载设计值验算；B. 桩、土荷载分配应按上部结构与地基共同作用分析确定；C. 桩端进入较好的土层，桩端平面处土层应满足下卧层承载力设计要求；D. 桩距可采用 $4d$～$6d$（d 为桩身直径）。

目前，减沉桩基的设计理论尚不成熟，设计时可按下列思路进行：以筏基为例，如果地基上部土层采用筏基方案按强度要求尚有一定安全储备，而沉降要求不能满足时，就可考虑按"减沉桩基"设计。首先，根据初步确定的筏基埋深及其底面尺寸，假定若干种不同用桩数量的方案，分别计算出相应的沉降量，得出桩数与沉降的关系曲线；其次，根据建筑物允许沉降量从桩数与沉降的关系曲线上确定所需的用桩数量；第三，验算桩基承载力，要求按承载力特征值计算的桩基承载力与土承载力之和应大于等于荷载效应标准组合作用于桩基承台顶面的竖向力与承台及其上土自重之和，以确保桩基有合理的安全度，必要时可适当调整筏基埋深及其底面尺寸。

2）群桩基础沉降验算

（1）单桩沉降的计算

竖向荷载作用下的单桩沉降由下述三部分组成：①桩身弹性压缩引起的桩顶沉降；②桩侧阻力引起的桩周土中的附加应力以压力扩散角 α 向下传递，致使桩端下土体压缩而产生的桩端沉降；③桩端荷载引起桩端下土体压缩所产生的桩端沉降。

上述单桩沉降组成三分量的计算，必须知道桩侧、桩端各自分担的荷载比，以及桩侧阻力沿桩身的分布图式，而荷载比和侧阻分布图式不仅与桩的长度、桩与土的相对压缩性、土的剖面有关，还与荷载水平、荷载持续时间有关。

当荷载水平较低时，桩端土尚未发生明显的塑性变形且桩周土与桩之间并未产生滑移，这时单桩沉降可近似用弹性理论进行计算；当荷载水平较高时，桩端土将发生明显的塑性变形，导致单桩沉降组成及其特性都发生明显的变化。此外，桩身荷载的分布还随时间而变化。即荷载传递也存在时间效应，如荷载持续时间很短，桩端土体压缩特性通常呈现弹性性能；反之，如荷载持续时间很长，则需考虑沉降的时间效应，即土的固结与次固结的效应。一般情况下，桩身荷载随时间的推移有向下部和桩端转移的趋势。因此，单桩沉降计算应根据工程问题的性质以及荷载的特点，选择与之相适应的计算方法与参数。

目前单桩沉降计算方法主要有荷载传递分析法、弹性理论法、剪切变形传递法、有限单元分析法以及其他简化方法。

（2）群桩基础沉降的计算

群桩的沉降主要是由桩间土的压缩变形（包括桩身压缩、桩端贯入变形）和桩端平面以下土层受群桩荷载共同作用产生的整体压缩变形两部分组成。群桩的沉降性状涉及群桩几何尺寸（如桩间距、桩长、桩数、桩基础宽度与桩长的比值等）、成桩工艺、桩基施工与流程、土的类别与性质、土层剖面的变化、荷载大小与持续时间以及承台设置方式等众多复杂因素，比单桩的沉降计算更为复杂。

《建筑地基基础规范》规定对以下桩基应进行沉降验算：①地基基础设计等级为甲级的建筑物桩基；②体形复杂、荷载不均匀或桩端以下存在软弱土层的设计等级为乙级的建筑物桩基;③摩擦型桩基。

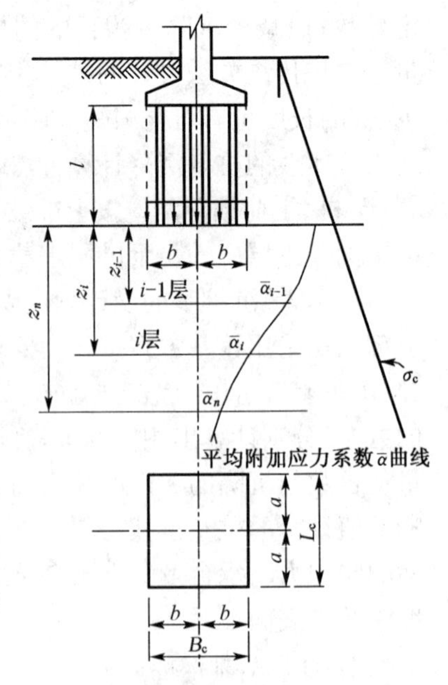

图 5-25 桩基沉降计算示意图

对于桩中心距不大于 6 倍桩径的桩基，其最终沉降量计算可采用等效作用分层总和法。等效作用面位于桩端平面，等效作用面积为桩承台投影面积，等效作用附加压力近似取承台底平均附加压力。等效作用面以下的应力分布采用各向同性均质直线变形体理论，计算模式如图 5-25 所示。

桩基任一点最终沉降量可用角点法按下式计算：

$$s=\psi\cdot\psi_e\cdot s'=\psi\cdot\psi_e\cdot\sum_{j=1}^{m}p_{0j}\sum_{i=1}^{n}\frac{z_{ij}\bar{\alpha}_{ij}-z_{(i-1)j}\bar{\alpha}_{(i-1)j}}{E_{si}}\tag{5-33}$$

式中：s——桩基最终沉降量(mm)；

s'——采用布辛奈斯克解，按实体深基础分层总和法计算出的桩基沉降量(mm)；

ψ——桩基沉降计算经验系数，当无当地可靠经验时可按表 5-11 确定；

ψ_e——桩基等效沉降系数，可按式(5-34)确定；

m——角点法计算点对应的矩形荷载分块数；

p_{0j}——第 j 块矩形底面在荷载效应准永久组合下的附加压力(kPa)；

n——桩基沉降计算深度范围内所划分的土层数；

E_{si}——等效作用面以下第 i 层土的压缩模量，采用地基土在自重压力至自重压力加附加压力作用时的压缩模量(MPa)；

z_{ij}、$z_{(i-1)j}$——桩端平面第 j 块荷载作用面至第 i 层土、第 $i-1$ 层土底面的距离(m)；

$\bar{\alpha}_{ij}$、$\bar{\alpha}_{(i-1)j}$——桩端平面第 j 块荷载计算点至第 i 层土、第 $i-1$ 层土底面深度范围内平均附加应力系数，可按《建筑桩基技术规范》附录 D 选用。

计算矩形桩基中点沉降时，桩基沉降量可按下式简化计算：

$$s=\psi\cdot\psi_e\cdot s'=4\cdot\psi\cdot\psi_e\cdot p_0\sum_{i=1}^{n}\frac{z_i\bar{\alpha}_i-z_{i-1}\bar{\alpha}_{i-1}}{E_{si}}\tag{5-34}$$

式中：p_0——在荷载效应准永久组合下承台底的平均附加压力；

$\bar{\alpha}_i$、$\bar{\alpha}_{i-1}$——平均附加应力系数，根据矩形长宽比 a/b 及深宽比 $\frac{z_i}{b}=\frac{2z_i}{B_c}$，$\frac{z_{i-1}}{b}=\frac{2z_{i-1}}{B_c}$，可按《建筑桩基技术规范》附录 D 选用。

桩基沉降计算深度 z_n 应按应力比法确定，即计算深度处的附加应力 $\sigma_z\leqslant 0.2\sigma_c$。

桩基等效沉降系数 ψ_e 可按下列公式简化计算：

$$\psi_e=C_0+\frac{n_b-1}{C_1(n_b-1)+C_2}\tag{5-35}$$

$$n_b=\sqrt{n\cdot B_c/L_c}\tag{5-36}$$

式中：n_b——矩形布桩时的短边布桩数，当布桩不规则时可按式(5-35)近似计算；

C_0、C_1、C_2——根据群桩距径比 s_a/d、长径比 l/d 及基础长宽比 L_c/B_c，按《建筑桩基技术规范》附录 E 确定；

L_c、B_c、n——分别为矩形承台的长、宽及总桩数。

当无当地可靠经验时，桩基沉降计算经验系数 ψ 可按表 5-11 选用。对于采用后注浆施工工艺的灌注桩，桩基沉降计算经验系数应根据桩端持力土层类别，乘以 0.7(砂、砾、卵石)～0.8(黏性土、粉土)折减系数；饱和土中采用预制桩(不含复打、复压、引孔沉桩)时，应根据桩距、土质、沉桩速率和顺序等因素，乘以 1.3～1.8 挤土效应系数，土的渗透性低，桩距小，桩数多，沉降速率快时取大值。

表 5-11　桩基沉降计算经验系数 ψ

$\overline{E}_s$(MPa)	≤10	15	20	35	≥50
ψ	1.2	0.9	0.65	0.50	0.40

注：① $\overline{E}_s$ 为沉降计算深度范围内压缩模量的当量值，可按下式计算：$\overline{E_s}=\sum A_i/\sum\frac{A_i}{E_{si}}$。式中，$A_i$ 为第 i 层土附加压力系数沿土层厚度的积分值，可近似按分块面积计算。

② ψ 可根据 $\overline{E}_s$ 内插取值。

3) 软弱下卧层验算

桩距不超过 $6d$ 的群桩，当桩端平面以下软弱下卧层承载力与桩端持力层相差过大(低于持力层的 1/3)且荷载引起的局部压力超出其承载力过多时，将引起软弱下卧层侧向挤出，桩基偏沉，严重者引起整体失稳。可按下列公式验算软弱下卧层的承载力(图 5-26)：

$$\sigma_z+\gamma_m z\leqslant f_{az} \tag{5-37}$$

$$\sigma_z=\frac{(F_k+G_k)-3/2(A_0+B_0)\cdot\sum q_{sik}l_i}{(A_0+2t\cdot\tan\theta)(B_0+2t\cdot\tan\theta)} \tag{5-38}$$

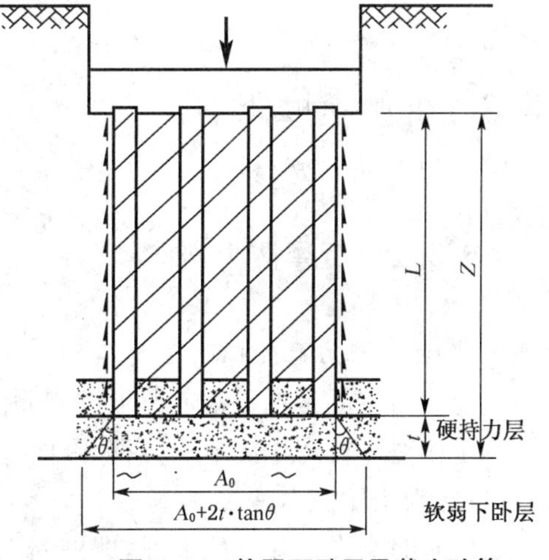

图 5-26　软弱下卧层承载力验算

式中：σ_z——作用于软弱下卧层顶面的附加应力(kPa)；

γ_m——软弱层顶面以上各土层重度(地下水位以下取浮重度)的厚度加权平均值(kN/m³)；

t——硬持力层厚度(m)；

f_{az}——软弱下卧层经深度 z 修正的地基承载力特征值(kPa)；

A_0、B_0——桩群外缘矩形底面的长、短边边长(m)；

q_{sik}——桩周第 i 层土的极限侧阻力标准值(kPa)；

θ——桩端硬持力层压力扩散角(°)，按表 5-12 取值。

表 5-12　桩端硬持力层压力扩散角 θ

E_{s1}/E_{s2}	$t = 0.25B_0$	$t \geqslant 0.50B_0$
1	4°	12°
3	6°	23°
5	10°	25°
10	20°	30°

注：① E_{s1}、E_{s2}为硬持力层、软弱下卧层的压缩模量。
② 当 $t < 0.25B_0$ 时，取 $\theta = 0°$，必要时，宜通过试验确定；当 $0.25B_0 < t < 0.50B_0$ 时，可内插取值。

实际工程持力层以下存在相对软弱土层是常见现象，只有当强度相差过大时才有必要验算。因下卧层地基承载力与桩端持力层差异过小，土体的塑性挤出和失稳也不致出现。

传递至桩端平面的荷载，按扣除实体基础外表面总极限侧阻力的 3/4 而非 1/2 总极限侧阻力。这是主要考虑荷载传递机理，在软弱下卧层进入临界状态前基桩侧阻力平均值已接近于极限。

软弱下卧层承载力只进行深度修正。这是因为下卧层受压区应力分布并非均匀，呈内大外小，不应作宽度修正；考虑到承台底面以上土已挖除且可能和土体脱空，因此修正深度从承台底部计算至软弱土层顶面。另外，既然是软弱下卧层，即多为软弱黏性土，故深度修正系数取 1.0。

5.3　桩侧负摩阻力

5.3.1　负摩擦力概念

1）负摩阻力产生机理

前面讨论的是在正常情况下桩和周围土体之间的荷载传递情况，即在桩顶荷载作用下，桩侧土相对于桩产生向上的位移，因而土对桩侧产生向上的摩擦力，构成了桩承载力的一部分，称之为正摩擦力。

但有时会发生相反的情况，即桩周围的土体由于某些原因发生下沉，且变形量大于相应深度处桩的下沉量，即桩侧土相对于桩产生向下的位移，土体对桩产生向下的摩擦力，这种摩擦力称为负摩擦力。

通常，在下列情况下应考虑桩侧负摩擦力作用：

(1) 在软土地区，大范围地下水位下降，使土中有效应力增加，导致桩侧土层沉降。

(2) 桩侧有大面积地面堆载使桩侧土层压缩。

(3) 桩侧有较厚的欠固结土或新填土，这些土层在自重下沉降。

(4) 在自重湿陷性黄土地区，由于浸水而引起桩侧土的湿陷。

(5) 在冻土地区，由于温度升高而引起桩侧土的融陷。

必须指出，在桩侧引起负摩擦力的条件是桩周围的土体下沉必须大于桩的沉降，否则可不考虑负摩擦力的问题。

负摩擦力对桩是一种不利因素。负摩擦力相当于在桩上施加了附加的下拉荷载 Q_n，它的存在降低了桩的承载力，并可导致桩发生过量的沉降。工程中，因负摩擦力引起的不均匀沉降造成建筑物开裂、倾斜或因沉降过大而影响使用的现象屡有发生，不得不花费大量资金进行加固，有的甚至因无法使用而拆除。所以，在可能发生负摩擦力的情况下，设计时应考虑其对桩基承载力和沉降的影响。

2）负摩擦力分布特性

（1）中性点

桩身负摩阻力并不一定发生于整个软弱压缩土层中，而是在桩周土相对于桩产生下沉的范围内。在地面发生沉降的地基中，长桩的上部为负摩擦力，而下部往往仍为正摩擦力。正负摩擦力分界的地方称为中性点。图 5-27 给出了桩穿过会产生负摩擦力的土层达到坚硬土层时竖向荷载的传递情况。

为了计算桩的负摩擦力的大小就必须知道负摩擦力在桩上的分布范围，亦即需要确定中性点的位置。由于桩周摩擦力的强度与土对桩的相对位移有关，中性点处的摩擦力为零，故桩对土的相对位移也为零，同时下拉荷载在中性点处达到最大值，即在中性点截面桩身轴力达到最大值（$Q+Q_n$）。地面至中性点的深度 l_n 与桩周土的压缩性和变形条件以及桩和持力层土的刚度等因素有关，理论上可根据桩的竖向位移和桩周地基内竖向位移相等的地方来确定中性点的位置。但由于桩在荷载作用下的沉降稳定历时、沉降速率等都与桩周围土的沉降情况不同，要准确确定中性点的位置比较困难，一般根据现场试验所得的经验数据近似地加以确定，即以 l_n 与桩周土层沉降的下限深度 l_0 的比值 β 的经验数值来确定中性点的位置。

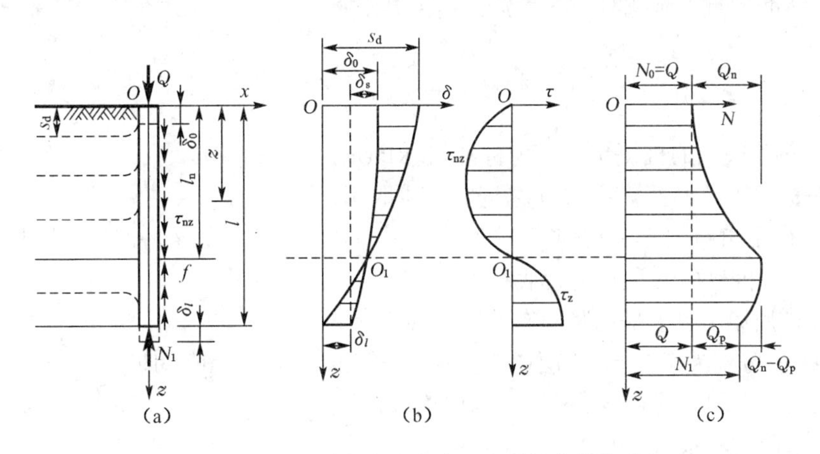

图 5-27 单桩在产生负摩阻力时的荷载传递

国外有些现场试验资料指出，对于端承桩，对允许产生沉降但不超过有害范围的桩，可取 $\beta=0.85\sim0.95$，对不允许产生沉降和基岩上的桩可取 $\beta=1.0$；对于摩擦桩，可取 $\beta=0.7\sim0.8$。表 5-13 为《建筑桩基规范》给出的中性点深度比 l_n/l_0，可供设计时参考。

表 5-13 中性点深度比 l_n/l_0

持力层土类	黏性土、粉土	中密以上砂	砾石、卵石	基岩
l_n/l_0	0.5～0.6	0.7～0.8	0.9	1.0

注：桩穿越自重湿陷性黄土时，l_n/l_0 按表列值增大 10%（持力层为基岩者除外）。

(2) 土体固结的影响

桩周土层的固结随时间而变化，故土层的竖向位移和桩身截面位移都是时间的函数。因此，在桩顶荷载 Q 的作用下，中性点位置、摩阻力以及轴力等也都相应地发生变化。当桩截面位移在桩顶荷载作用下稳定后，土层固结的程度和速率是影响 Q_n 大小和分布的主要因素。固结程度高、地面沉降大，中性点往下移；固结速率大，Q_n 增长快。但其增长需经过一定的时间才能达到极限值。在该过程中，桩身在 Q_n 作用下产生压缩，桩端处轴力增加，沉降也相应增大，由此导致土相对于桩的向下位移减少，Q_n 降低，而逐渐达到稳定状态。

5.3.2 单桩负摩擦力的计算

由于影响负摩擦力的因素较多，如桩侧与桩端土的变形与强度性质、土层的应力历史、桩侧上发生沉降的原因和范围以及桩的类型与成桩工艺等，从理论上精确计算负摩擦力是复杂而困难的。目前国内外学者均提出一些有关负摩擦力的计算方法，但提出的计算方法都是带有经验性质的近似公式。

多数学者认为桩侧负摩擦力的大小与桩侧土的有效应力有关。根据大量试验与工程实测结果，贝伦(Bjerrum)提出的“有效应力法”，其计算公式为：

$$q_{si}^{n} = \xi_n \sigma_i' \tag{5-39}$$

当填土、自重湿陷性黄土湿陷、欠固结土层产生固结和地下水降低时：$\sigma'_i = \sigma'_{\gamma i}$

当地面分布大面积荷载时：$\sigma'_i = p + \sigma'_{\gamma i}$，其中：

$$\sigma'_{\gamma i} = \sum_{m=1}^{i-1} \gamma_m \Delta z_m + \frac{1}{2}\gamma_i \Delta z_i \tag{5-40}$$

式中：q_{si}^{n}——第 i 层土的桩侧负摩擦力标准值(kPa)；

ξ_n——桩周土负摩擦力系数，可按表 5-14 取用。

$\sigma'_{\gamma i}$——由土自重引起的桩周第 i 层土平均竖向有效应力(kPa)；桩群外围桩自地面算起，桩群内部桩自承台底算起。

σ'_i——桩周第 i 层土平均竖向有效应力(kPa)。

γ_i、γ_m——分别为第 i 计算土层和其上第 m 土层的重度(kN/m^3)，地下水位以下取浮重度。

Δz_i、Δz_m——第 i 层土、第 m 层土的厚度(m)。

p——地面均布荷载(kPa)。

表 5-14 负摩阻力系数 ξ_n

桩周土类	饱和软土	黏性土、粉土	砂土	自重湿陷性黄土
ξ_n	0.15～0.25	0.25～0.40	0.35～0.50	0.20～0.35

注：① 在同一类土中，对于挤土桩，取表中较大值，对于非挤土桩，取表中较小值。
② 填土按其组成取表中同类土较大值。

单桩桩侧总的负摩阻力(即下拉荷载 Q_n^g)为：

$$Q_n^g = u \sum q_{si}^{n} \cdot l_i \tag{5-41}$$

式中：u——桩的周长(m)；

l_i——中性点以上各土层的厚度(m)。

对于摩擦型桩，由于受负摩阻力沉降增大，中性点随之上移，即负摩阻力、中性点与桩顶荷载处于动态平衡。作为一种简化，取假想中性点(按桩端持力层性质取值)以上摩阻力为零验算基桩承载力。可按下式验算基桩承载力：

$$N_k \leqslant R_a \tag{5-42}$$

对于端承型桩，由于桩受负摩阻力后不发生沉降或沉降量很小，桩土无相对位移或相对位移很小，中性点无变化，故负摩阻力构成的下拉荷载应作为附加荷载考虑。除应满足上式要求外，尚应考虑负摩阻力引起基桩的下拉荷载 Q_n^g，并可按下式验算基桩承载力：

$$N_k + Q_n^g \leqslant R_a \tag{5-43}$$

而当土层分布不均匀或建筑物对不均匀沉降较敏感时，由于下拉荷载是附加荷载的一部分，故应将其计入附加荷载进行沉降验算。基桩的竖向承载力特征值 R_a 只计中性点以下部分侧阻值及端阻值。

5.3.3　群桩基础负摩阻力的计算

对于桩距较小的群桩，其基桩的负摩阻力因群桩效应而降低。这是由于桩侧负摩阻力是由桩侧土体沉降而引起，若群桩中各桩表面单位面积所分担的土体重量小于单桩的负摩阻力极限值，将导致基桩负摩阻力降低，即显示群桩效应。计算群桩中基桩的下拉荷载时，应乘以群桩效应系数 $\eta_n < 1$。

群桩效应可按等效圆法(图 5-28)计算，即独立单桩单位长度的负摩阻力由相应长度范围内半径 r_e 形成的土体重量与之等效，得：

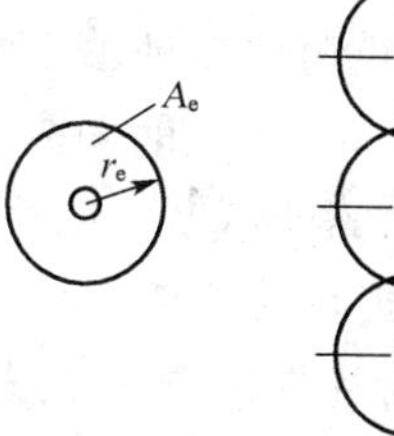

(a) 单桩　　(b) 群桩

图 5-28　负摩阻力群桩效应的等效圆法

$$\pi d q_s^n = \left(\pi r_e^2 - \frac{\pi d^2}{4}\right)\gamma_m \tag{5-44}$$

解上式得：

$$r_e = \sqrt{\frac{d q_s^n}{\gamma_m} + \frac{d^2}{4}} \tag{5-45}$$

式中：r_e——等效圆半径(m)；

d——桩身直径(m)；

q_s^n——单桩平均极限负摩阻力标准值(kPa)；

γ_m——桩侧土体加权平均重度(kN/m^3)，地下水位以下取浮重度。

以群桩各基桩中心为圆心，以 r_e 为半径作圆，由各圆的相交点作矩形。矩形面积 $A_r = s_{ax} \cdot s_{ay}$ 与圆面积 $A_e = \pi r_e^2$ 之比，即为负摩阻力群桩效应系数。

$$\eta_n = A_r/A_e = \frac{s_{ax} \cdot s_{ay}}{\pi r_e^2} = s_{ax} \cdot s_{ay}/\pi d(\frac{q_s^n}{\gamma_m} + \frac{d}{4}) \tag{5-46}$$

式中：s_{ax}、s_{ay}——分别为纵、横向桩的中心距。

$\eta_n \leqslant 1$，当计算 $\eta_n > 1$ 时，取 $\eta_n = 1$。

考虑群桩效应的基桩下拉荷载可按下式计算：

$$Q_n^g = \eta_n \cdot u \sum_{i=1}^{n} q_{si}^n l_i \tag{5-47}$$

式中：n——中性点以上土层数；

l_i——中性点以上第 i 土层的厚度(m)；

η_n——负摩阻力群桩效应系数；

s_{ax}、s_{ay}——分别为纵横向桩的中心距(m)；

q_s^n——中性点以上桩周土层厚度加权平均负摩阻力标准值(kPa)；

γ_m——中性点以上桩周土层厚度加权平均重度(地下水位以下取浮重度)(kN/m^3)。

5.3.4 负摩阻力工程措施

工程上可采取适当措施来消除或减小负摩擦力。

1) 地基处理

如填土建筑场地，填筑时要保证填土的密实度符合要求，尽量在填土沉降稳定后成桩；当建筑场地有大面积堆载时，成桩前采取预压措施，减小堆载时引起的桩侧土沉降；对湿陷性黄土地基，先进行强夯、素土或灰土挤密桩等方法处理，消除或减轻湿陷性。

2) 预制混凝土桩和钢桩的处理

一般采用涂以软沥青涂层的办法来减小负摩阻力，涂层施工时应注意不要将涂层扩展到需利用桩侧正摩阻力的桩身部分。涂层宜采用软化点较低的沥青，喷浇厚度为 6～10 mm 左右。一般来说，沥青涂层越软和越厚，减小的负摩擦力也越大。

对钢桩再加一层厚度为 3 mm 的塑料薄膜(兼作防锈蚀用)。

3) 灌注桩的处理

对穿过欠固结的土层支承于坚硬持力层上的灌注桩，可采用下列措施来减小负摩阻力：①在沉降土层范围内插入比钻孔直径小 50～100 mm 的预制混凝土桩段，然后用高稠度膨润土泥浆填充预制桩段外围形成隔离层；对泥浆护壁成孔的灌注桩，可在浇筑完下段混凝土后，填入高稠度膨润土泥浆，然后再插入预制混凝土桩段；②对干作业成孔灌注桩，可在沉降土层范围内的孔壁先铺设双层筒形塑料薄膜，然后再浇筑混凝土，从而在桩身与孔壁之间形成可自由滑动的塑料薄膜隔离层。

5.4 桩的水平承载特性

作用于桩顶的水平荷载性质包括：长期作用的水平荷载(如上部结构传递的或由土、水压力施加的以及拱的推力等水平荷载)，反复作用的水平荷载(如风力、波浪力、船舶撞击力以及机械制力等水平荷载)和地震作用所产生的水平力。承受水平荷载为主的桩基(如桥梁桩基)可考虑采用斜桩，在一般工业与民用建筑中即便采用斜桩更为有利，但常因施工条件限制等原因而很少采用斜桩。一般来说，当水平荷载和竖向荷载的合力与竖直线的夹角不超过 5°(相当于水平荷载的数值为竖向荷载的 1/10～1/12)时，竖直桩的水平承载力不难满足设计要求，应采用竖直桩。本节的内容仅限于竖直桩。

5.4.1 水平荷载下单桩的工作特点

在水平荷载作用下，桩产生变形并挤压桩周土，促使桩周土发生相应的变形而产生水平抗力。水平荷载较小时，桩周土的变形是弹性的，水平抗力主要由靠近地面的表层土提供；随着水平荷载的增大，桩的变形加大，表层土逐渐产生塑性屈服，水平荷载将向更深的土层传递；当桩周十失去稳定，或桩体发生破坏(低配筋率的灌注桩常是桩身首先出现裂缝，然后断裂破坏)，或桩的变形超过建筑物的允许值(抗弯性能好的混凝土预制桩和钢桩，桩身虽未断裂但桩周土如已明显开裂和隆起，桩的水平位移一般已超限)时，水平荷载也就达到极限。由此可见，水平荷载下桩的工作性状取决于桩-土之间的相互作用。

依据桩、土相对刚度的不同，水平荷载作用下的桩可分为刚性桩、半刚性桩和柔性桩，其划分界限与各计算方法中所采用的地基水平反力系数分布图式有关，若采用“m”法计算，$2h$ 为换算深度。当 $\alpha h \leqslant 2.5$ 时为刚性桩，$2.5 < \alpha h < 4.0$ 时为半刚性桩，$\alpha h \geqslant 4.0$ 时为柔性桩。半刚性桩和柔性桩统称为弹性桩。

(1) 刚性桩。当桩很短或桩周土很软弱时，桩-土的相对刚度很大，属刚性桩。由于刚性桩的桩身不发生挠曲变形且桩的下段得不到充分的嵌制，因而桩顶自由的刚性桩发生绕靠近桩端的一点作全桩长的刚体转动(图 5-29(a))，而桩顶嵌固的刚性桩则发生平移(图 5-29(a′))。刚性桩的破坏一般只发生于桩周土中，桩体本身不发生破坏。刚性桩常用极限平衡法计算。

(2) 弹性桩。半刚性桩(中长桩)和柔性桩(长桩)的桩-土相对刚度较低，在水平荷载作用下桩身发生挠曲变形，桩的下段可视为嵌固于土中而不能转动。随着水平荷载的增大，桩周土的屈服区逐步向下扩展，桩身最大弯矩截面也因上部土抗力减小而向下部转移。一般半刚性桩的桩身位移曲线只出现一个位移零点(图 5-29(b)、(b′))，柔性桩则出现两个以上位移零点和弯矩零点(图 5-29(c)、(c′))。当桩周土失去稳定，或桩身最大弯

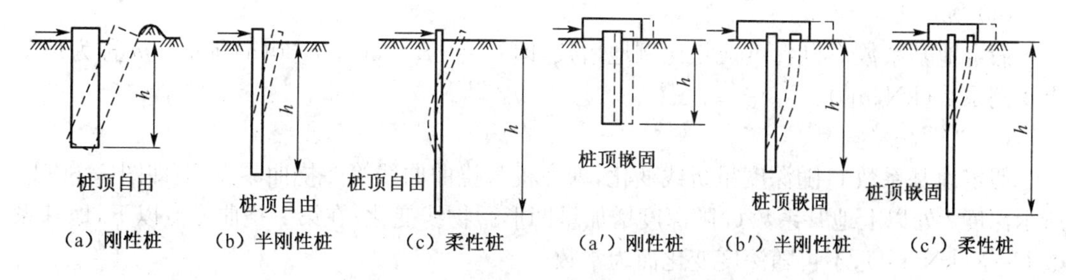

(a) 刚性桩　(b) 半刚性桩　(c) 柔性桩　(a′) 刚性桩　(b′) 半刚性桩　(c′) 柔性桩

图 5-29 水平荷载作用下桩的破坏性状

矩处(桩顶嵌固时可在嵌固处和桩身最大弯矩处)出现塑性屈服,或桩的水平位移过大时,弹性桩便趋于破坏。

单桩水平承载力的大小主要取决于桩身的强度、刚度、桩周土的性质、桩的入土深度以及桩顶的约束条件等因素。如何确定单桩水平承载力是个复杂的问题,还没有很好地解决。目前确定单桩水平承载力的途径有两类:一类是通过水平静载荷试验;另一类是通过理论计算。

5.4.2 水平荷载作用下弹性桩的计算

关于桩在水平荷载作用下桩身内力与位移计算,国内外学者曾提出了许多方法。现在普遍采用的是将桩作为弹性地基上的梁,按文克勒假定(见 2.6.1 节)的解法,简称弹性地基梁法。

1) 土体计算模型

桩在荷载(包括竖向荷载、水平向荷载和力矩)作用下要产生位移(包括竖向位移、水平位移和转角)。桩的竖向位移引起桩侧土的摩阻力和桩底土的抵抗力。桩身的水平位移及转角使桩挤压桩侧土体,桩侧土必然对桩产生一横向土抗力 σ_{zx}(见图 5-30 及图 5-31),它起抵抗外力和稳定桩基础作用,土的这种作用力称为土的弹性抗力。σ_{zx} 即指深度为 z 处的水平向土抗力,其大小取决于土体性质、桩身刚度、桩的入土深度、桩的截面形状、桩距及荷载等因素。假定土的水平向主抗力符合文克勒假定,可表示为:

$$\sigma_{zx} = Cx_z \tag{5-48}$$

式中:σ_{zx}——水平向土抗力(kN/m^2);

C——地基系数(kN/m^3);

x_z——深度 z 处桩的横向位移(m)。

地基系数 C 表示单位面积土在弹性限度内产生单位变形时所需加的力。它的大小与地基土的类别、物理力学性质有关。如能测得 x_z 并知道 C 值,σ_{zx} 值即可解得。

地基系数 C 值是通过对试桩在不同类别土质及不同深度进行实测 x_z 及 σ_{zx} 后反算得到。大量的试验表明,地基系数 C 值不仅与土的类别及其性质有关,而且也随着深度而变化。由于实测的客观条件和分析方法不尽相同等原因,所采用的 C 值随深度的分布规律也各有不同。常采用的地基系数分布规律如图 5-30 所示的几种形式,相应产生以下几种基桩内力和位移计算的方法:

(1)“m”法

假定地基系数 C 随深度成正比例地增长,即 $C = mz$,如图 5-30(a)所示。m 称为地基土比例系数(kN/m^4)。

(2)“K”法

假定地基系数 C 随深度呈折线变化,即在桩身挠曲曲线第一挠曲零点 B,即图 5-30(b)所示深度 t 处以上地基系数 C 随深度增加呈凹形抛物线变化;在第一挠曲零点以下,地基系数 $C=K$(kN/m^3),不再随深度变化而为常数。

(3)“c”法

假定地基系数 C 随着深度呈抛物线规律增加,即 $C=cz^{0.5}$,如图 5-30(c)所示。c 为地基土比例系数($kN/m^{3.5}$)。

(4) 常数法,又称“张有龄法”

假定地基系数 C 沿深度为均匀分布,不随深度而变化,即 $C = K_0$(kN/m^3) 为常数,如图 5-30(d)所示。

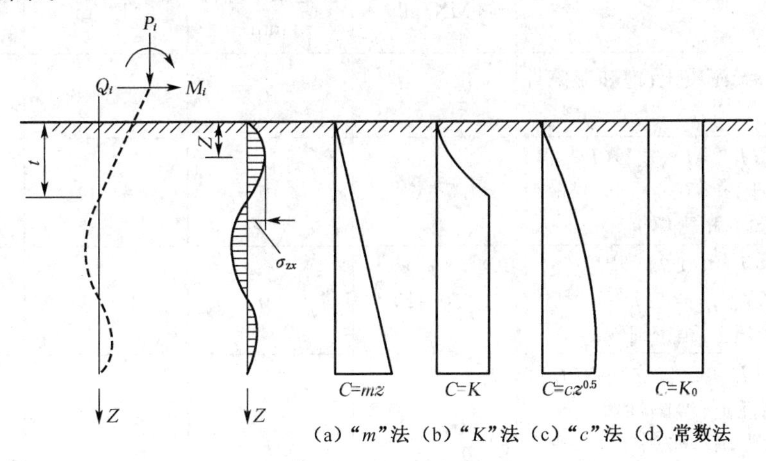

图 5-30 地基系数变化规律

上述四种方法均为按文克勒假定的弹性地基梁法,但各自假定的地基系数随深度分布规律不同,其计算结果是有差异的。从实测资料分析表明,宜根据土质特性来选择恰当的计算方法。本节介绍目前应用较广的“m”法。

2) 计算参数

(1) 桩身计算宽度 b_0

单桩在水平荷载作用下所引起的桩周土的抗力不仅分布于荷载作用平面内,而且,桩的截面形状对抗力有影响。计算时简化为平面受力,因此取桩的截面计算宽度 b_0 如下:

圆形桩:当直径 $d \leqslant 1$ m 时,$b_0 = 0.9(1.5d + 0.5)$;

当直径 $d > 1$ m 时,$b_0 = 0.9(d + 1)$。

方形桩:当边宽 $b \leqslant 1$ m 时,$b_0 = 1.5b + 0.5$;

当边宽 $b > 1$ m 时,$b_0 = b + 1$。

(2) 桩身抗弯刚度

对于钢筋混凝土桩,其桩身抗弯刚度 EI 为:

$$EI = 0.85E_c I_0 \tag{5-49}$$

式中:E_c——混凝土弹性模量;

I_0——桩身换算截面惯性矩:圆形截面为 $I_0 = W_0 d_0/2$;矩形截面为 $I_0 = W_0 b_0/2$。

(3) 比例常数 m

按“m”法计算时,地基土的比例系数 m 值可根据试验实测决定,无实测数据时可参考表 5-15 中的数值选用。

表 5-15　地基土水平抗力系数的比例系数 m 值

序号	地基土类别	预制桩、钢桩		灌注桩	
		m (MN/m^4)	相应单桩在地面处水平位移 (mm)	m (MN/m^4)	相应单桩在地面处水平位移 (mm)
1	淤泥;淤泥质土;饱和湿陷性黄土	2～4.5	10	2.5～6	6～12
2	流塑 ($I_L>1$)、软塑($I_L\leqslant 1$) 状黏性土;$e>0.9$ 粉土;松散粉细砂;松散、稍密填土	4.5～6.0	10	6～14	4～8
3	可塑 ($I_L\leqslant 0.75$) 状黏性土、湿陷性黄土;$e=0.75\sim0.9$ 粉土;中密填土;稍密细砂	6.0～10	10	14～35	3～6
4	硬塑 ($I_L\leqslant 0.25$)、坚硬($I_L\leqslant 0$) 状黏性土、湿陷性黄土;$e<0.75$ 粉土;中密的中粗砂;密实老填土	10～22	10	35～100	2～5
5	中密、密实的砾砂、碎石类土	—	—	100～300	1.5～3

注:① 当桩顶水平位移大于表列数值或灌注桩配筋率较高 (≥0.65%) 时,m 值应适当降低;当预制桩的水平向位移小于 10 mm 时,m 值可适当提高。

② 当水平荷载为长期或经常出现的荷载时,应将表列数值乘以 0.4 降低采用。

③ 当地基为可液化土层时,应将表列数值乘以土层液化影响折减系数 ψ_l。

(4) 水平变形系数 α 和换算深度 αh

桩的水平变形系数 α 计算如下式:

$$\alpha=\sqrt[5]{\frac{mb_0}{EI}} \tag{5-50}$$

式中:m——桩侧土水平抗力系数的比例系数(MN/m^4);

b_0——桩身的计算宽度(m);

EI——桩身抗弯刚度($kN\cdot m^2$)。

埋入土桩长为 h,则根据换算深度 αh,可判断为柔性桩或刚性桩。

3)"m"法柔性单桩的内力和位移计算

已知单桩桩顶作用水平荷载 Q_0、弯矩 M_0 以及竖向荷载 N_0,基于"m"法的基本假定,进行桩的内力与位移的理论公式推导和计算。

桩顶若与地面平齐 ($z=0$),在桩顶水平荷载 Q_0 及弯矩 M_0 作用下,桩将发生弹性挠曲,桩侧土将产生横向抗力 σ_{zx},如图 5-31 所示。从材料力学中知道,梁轴的挠度与梁上分布荷载 q 之间的关系式,即梁的挠曲微分方程为:

$$EI\frac{d^4x}{dz^4}=-q \tag{5-51}$$

式中:E、I——梁的弹性模量及截面惯性矩。

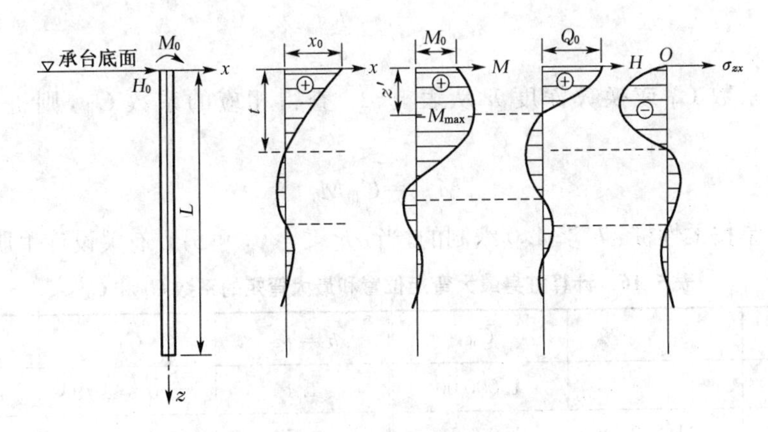

图 5-31 桩身受力图示

因此可以得到图 5-31 所示桩的挠曲微分方程为：

$$EI\frac{d^4x}{dz^4}=-q=-\sigma_{zx}\cdot b_1=-mzx_z\cdot b_1 \tag{5-52}$$

式中：E、I——桩的弹性模量及截面惯性矩；

σ_{zx}——桩侧土抗力，$\sigma_{zx}=Cx_z=mzx_z$，C 为地基系数；

b_1——桩的计算宽度；

x_z——桩在深度 z 处的横向位移(即桩的挠度)。

将上式整理可得：

$$\frac{d^4x}{dz^4}+\frac{mb_1}{EI}zx_z=0$$

或

$$\frac{d^4x}{dz^4}+\alpha^5zx_z=0 \tag{5-53}$$

式中：α——桩的变形系数。

从桩的挠曲微分方程(5-53)中，可以看出桩的横向位移与截面所在深度、桩的刚度(包括桩身材料和截面尺寸)以及桩周土的性质等有关，α 是与桩土变形相关的系数。

式(5-53)为四阶线性变系数齐次常微分方程，在求解过程中注意运用材料力学中有关梁的挠度 x_z 与转角 φ_z、弯矩 M_z 和剪力 Q_z 之间的关系，利用幂级数展开的方法求出桩挠曲微分方程的解(具体解法可参考有关专著)。从而求出桩身各截面的内力 M、V 和位移 x、φ 以及土的水平抗力 σ_x。计算相应的项目时，可查用已编制的系数表。

4) 桩身最大弯矩位置 $z_{M_{max}}$ 和最大弯矩 M_{max} 的确定

桩身各截面处弯矩 M_z 的计算，主要是检验桩的截面强度和配筋计算。为此要找出弯矩最大的截面所在的位置 $z_{M_{max}}$ 及相应的最大弯矩 M_{max} 值。为了简化起见，可根据桩顶荷载 Q_0、M_0 及桩的变形系数 α 计算如下：

$$C_{\mathrm{I}}=\alpha\frac{M_0}{Q_0} \tag{5-54}$$

由系数 C_{I} 从表 5-16 查得相应的换算深度 $\bar{h}$，则桩身最大弯矩的深度 $z_{M_{max}}$ 为：

$$z_{M_{\max}} = \frac{\bar{h}}{\alpha} \tag{5-55}$$

同时，由系数 C_{I} 或换算深度 $\bar{h}$ 从表 5-16 查得相应的系数 C_{II}，则桩身最大弯矩 $M_{\max}$ 为：

$$M_{\max} = C_{\mathrm{II}} M_0 \tag{5-56}$$

表 5-16 是按柔性桩 $\alpha h \geqslant 4.0$ 编制的，当 $\alpha h < 4.0$，可另查有关设计手册。

表 5-16　计算桩身最大弯矩位置和最大弯矩的系数 C_{I} 和 C_{II}

$\bar{h} = \alpha z$	C_{I}	C_{II}	$\bar{h} = \alpha z$	C_{I}	C_{II}
0.0	∞	1.000 00	1.4	−0.144 79	−1.596 37
0.1	131.252 34	1.000 50	1.5	−0.298 66	−1.875 85
0.2	34.186 40	1.003 82	1.6	−0.433 85	−1.128 38
0.3	15.544 33	1.012 48	1.7	−0.554 97	−0.739 96
0.4	8.781 45	1.029 14	1.8	−0.665 46	−0.530 30
0.5	5.539 03	1.057 18	1.9	−0.767 97	−0.396 00
0.6	3.708 96	1.101 30	2.0	−0.864 74	−0.303 61
0.7	2.565 62	1.169 02	2.2	−1.048 45	−0.186 78
0.8	1.791 34	1.273 65	2.4	−1.229 54	−0.117 95
0.9	1.238 25	1.440 71	2.6	−1.420 38	−0.074 18
1.0	0.824 35	1.728 00	2.8	−1.635 25	−0.045 30
1.1	0.503 03	2.299 39	3.0	−1.892 98	−0.026 03
1.2	0.245 63	3.875 72	3.5	−2.993 86	−0.003 43
1.3	0.033 81	23.437 69	4.0	−0.044 50	−0.011 34

5.4.3　单桩水平静载试验

桩的水平静载荷试验是在现场条件下进行的，影响桩的水平承载力的各种因素都将在试验过程中真实地反映出来，由此得到的承载力值和地基土水平抗力系数最符合实际情况。如果预先在桩身埋设量测元件，则试验资料还能反映出加荷过程中桩身截面的应力和位移，并可由此求出桩身弯矩。

1）试验装置

一般采用千斤顶施加水平力，力的作用线应通过工程桩基承台底面标高处，千斤顶与试桩接触处宜设置一球形铰座，以保证作用力能水平通过桩身轴线。桩的水平位移宜用大量程百分表量测，若需测定地面以上桩身转角时，在水平力作用线以上 500 mm 左右还应安装 1 只或 2 只百分表(图 5-32)。固定百分表的基准桩与试桩的净距不少于 1 倍试桩直径。

水平推力的反力可由相邻桩提供，当专门设置反力结构时，其承载能力和刚度应大于试验桩的 1.2 倍。

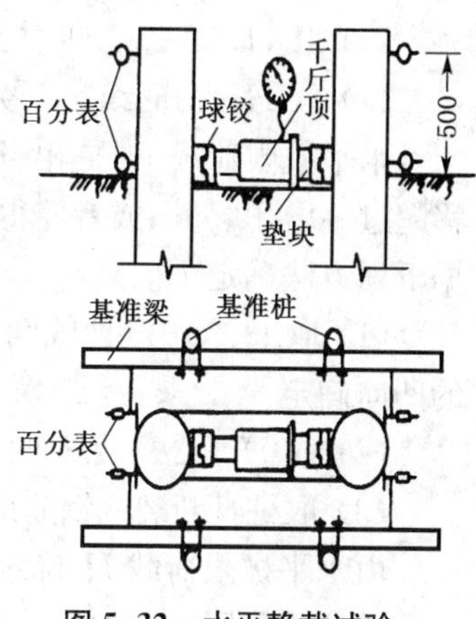

图 5-32 水平静载试验装置示意图

位移测量的基准点设置不应受试验和其他因素的影响，基准点应设置在与作用力方向垂直且与位移方向相反的试桩侧面，基准点与试桩净距不应小于 1 倍桩径。

2）试验加载方法

一般采用单向多循环加卸载法，每级荷载增量约为预估水平极限承载力的 1/10～1/15，根据桩径大小并适当考虑土层软硬。每级荷载施加后，恒载 4 min 测读水平位移，然后卸载至零，停 2 min 测读残余水平位移，或者加载、卸载各 10 min，如此循环 5 次，再施加下一级荷载，试验不得中途停歇。对于个别承受长期水平荷载的桩基也可采用慢速连续加载法进行，其稳定标准可参照竖向静载荷试验确定。

3）终止加载条件

当桩身折断或桩顶水平位移超过 30～40 mm（软土取40 mm），或桩侧地表出现明显裂缝或隆起时，即可终止试验。

4）水平承载力的确定

根据试验结果，一般应绘制桩顶水平荷载-时间-桩顶水平位移（$H-t_0-\mu_0$）曲线（图 5-33），或水平荷载-位移梯度（$H-\Delta\mu_0/\Delta H$）曲线（图 5-34），或水平荷载-位移（$H-\mu_0$）曲线。

当有桩身应力量测资料时，尚应绘制应力沿桩身分布图及水平荷载与最大弯矩截面钢筋应力 $H_0-\sigma_g$ 曲线（图 5-35）。

试验资料表明，上述曲线中通常有两个特征点，所对应的桩顶水平荷载，可分别称为临界荷载和极限荷载。

水平临界荷载 H_{cr} 是相当于桩身开裂、受拉区混凝土不参加工作时的桩顶水平力。其数值可按下列方法综合确定：

(1) 取 $H_0-t-\mu_0$ 曲线出现突变点（在荷载增量相同的条件下出现比前一级明显增大的位移增量）的前一级荷载。

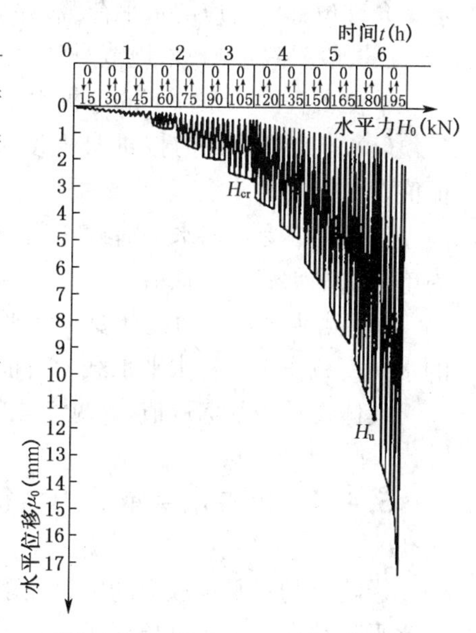

图 5-33 （$H-t_0-\mu_0$）关系曲线

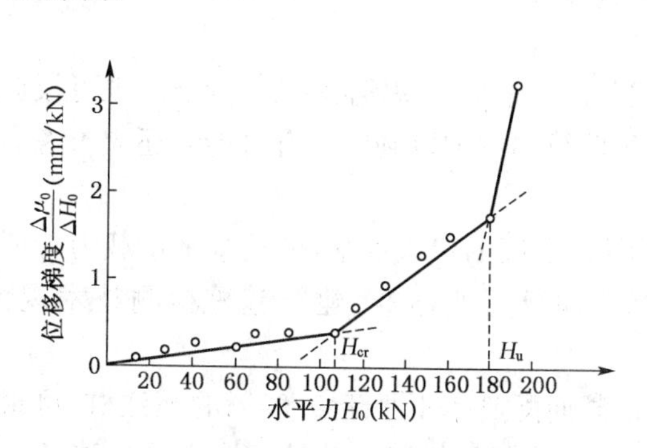

图 5-34 单桩 $H-\Delta\mu_0/\Delta H$ 关系曲线

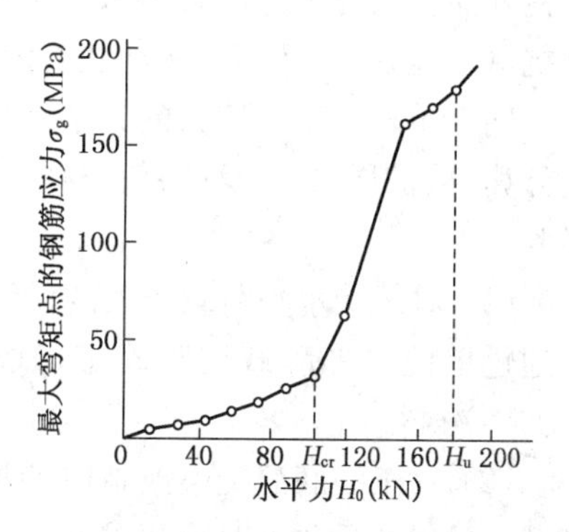

图 5-35 单桩 $H_0-\sigma_g$ 曲线

(2) 取 H_0-$\Delta\mu_0/\Delta H_0$曲线的第一直线段的终点所对应的荷载。

(3) 取 H_0-σ_g曲线第一突变点对应的荷载。

水平极限荷载 H_u是相当于桩身应力达到强度极限时的桩顶水平力，使得桩顶水平位移超过 30～40 mm，或者使得桩侧土体破坏的前一级水平荷载宜作为极限荷载看待。可根据下列方法确定 H_u：

(1) 取 H_0-t-μ_0曲线明显陡降的第一级荷载，或按该曲线各级荷载下水平位移包络线的凹向确定。

(2) 取 H_0-$\Delta\mu_0/\Delta H_0$曲线第二直线段终点对应的荷载。

(3) 取桩身断裂或钢筋应力达到流限的前一级荷载。

由水平极限荷载 H_u确定允许承载力时应除以安全系数 2.0。

单位工程同一条件下的单桩水平承载力特征值的确定应符合下列规定：

(1) 当水平极限承载力能确定时，应按单桩水平极限承载力统计值的一半取值，并与水平临界荷载相比较取小值。

(2) 当按设计要求的水平允许位移控制且水平极限承载力不能确定时，取设计要求的水平允许位移所对应的水平荷载，并与水平临界荷载相比较取小值。

《建筑桩基检测技术规范》规定如下：

单位工程同一条件下的单桩水平承载力特征值的确定应符合下列规定：

(1) 当水平承载力按桩身强度控制时，取水平临界荷载统计值为单桩水平承载力特征值。

(2) 当桩受长期水平荷载作用且桩不允许开裂时，取水平临界荷载统计值的 0.8 倍作为单桩水平承载力特征值。

(3) 当水平承载力设计要求水平允许位移控制时，可取设计要求的水平允许位移对应的水平荷载作为单桩水平承载力特征值，但应满足规范设计的要求。

具体设计中如何取值，详见 5.4.3 节的内容。

5.4.4 单桩水平承载力特征值

影响桩的水平承载力的因素较多。如桩的材料强度、截面刚度、入土深度、土质条件、桩顶水平位移允许值和桩顶嵌固情况等。显然，材料强度高和截面抗弯刚度大的桩，当桩侧土质良好而桩又有一定的入土深度时，其水平承载力也较高。桩顶嵌固(刚接)于承台中的桩，其抗弯性能好，因而其水平承载力大于桩顶自由的桩。

确定单桩水平承载力的方法，以水平静载荷试验最能反映实际情况。此外，也可根据理论计算，从桩顶水平位移限值、材料强度或抗裂验算出发加以确定。有可能时还应参考当地经验。

(1) 对于受水平荷载较大的设计等级为甲级、乙级的建筑桩基，单桩水平承载力特征值应通过单桩水平静载试验确定，试验方法可按现行行业标准《建筑基桩检测技术规范》JGJ 106 执行。

(2) 对于钢筋混凝土预制桩、钢桩、桩身正截面配筋率不小于 0.65%的灌注桩，可根据静载试验结果取地面处水平位移为 10 mm(对于水平位移敏感的建筑物取水平位移 6 mm)

所对应的荷载的75%为单桩水平承载力特征值。

(3) 对于桩身配筋率小于0.65%的灌注桩,可取单桩水平静载试验的临界荷载的75%为单桩水平承载力特征值。

(4) 当缺少单桩水平静载试验资料时,可按下列公式估算桩身配筋率小于0.65%的灌注桩的单桩水平承载力特征值:

$$R_{ha}=\frac{0.75\alpha\gamma_m f_t W_0}{\nu_M}(1.25+22\rho_g)\left(1\pm\frac{\zeta_N\cdot N}{\gamma_m f_t A_n}\right) \tag{5-57}$$

式中:α——桩的水平变形系数。

R_{ha}——单桩水平承载力特征值,“±”号根据桩顶竖向力性质确定,压力取“+”,拉力取“−”;

γ_m——桩截面模量塑性系数,圆形截面$\gamma_m=2$,矩形截面$\gamma_m=1.75$。

f_t——桩身混凝土抗拉强度设计值(kPa)。

W_0——桩身换算截面受拉边缘的截面模量(m^3),圆形截面为:$W_0=\frac{\pi d}{32}\left[d^2+2(\alpha_E-1)\rho_g {d_0}^2\right]$;方形截面为:$W_0=\frac{b}{6}[b^2+2(\alpha_E-1)\rho_g b_0^2]$。其中,$d$为桩直径,$d_0$为扣除保护层厚度的桩直径;$b$为方形截面边长,$b_0$为扣除保护层厚度的桩截面宽度;$\alpha_E$为钢筋弹性模量与混凝土弹性模量的比值。

ν_M——桩身最大弯矩系数,按表5-17取值,当单桩基础和单排桩基纵向轴线与水平力方向相垂直时,按桩顶铰接考虑。

ρ_g——桩身配筋率。

A_n——桩身换算截面积(m^2),圆形截面为:$A_n=\frac{\pi d^2}{4}[1+(\alpha_E-1)\rho_g]$;方形截面为:$A_n=b^2[1+(\alpha_E-1)\rho_g]$。

ζ_N——桩顶竖向力影响系数,竖向压力取0.5,竖向拉力取1.0。

N——在荷载效应标准组合下桩顶的竖向力(kN)。

表5-17 桩顶(身)最大弯矩系数ν_m和桩顶水平位移系数ν_x

桩顶约束情况	桩的换算埋深(αh)	ν_m	ν_x
铰接、自由	4.0	0.768	2.441
	3.5	0.750	2.502
	3.0	0.703	2.727
	2.8	0.675	2.905
	2.6	0.639	3.163
	2.4	0.601	3.526
固　接	4.0	0.926	0.940
	3.5	0.934	0.970
	3.0	0.967	1.028
	2.8	0.990	1.055
	2.6	1.018	1.079
	2.4	1.045	1.095

注:① 铰接(自由)的ν_m系桩身的最大弯矩系数,固接的ν_m系桩顶的最大弯矩系数。

② 当$\alpha h>4$时取$\alpha h=4.0$。

(5) 当桩的水平承载力由水平位移控制，且缺少单桩水平静载试验资料时，可按下式估算预制桩、钢桩、桩身配筋率不小于 0.65%的灌注桩单桩水平承载力特征值：

$$R_{ha} = 0.75 \frac{\alpha^3 EI}{\nu_x} x_{0a} \tag{5-58}$$

式中：EI——桩身抗弯刚度($kN \cdot m^2$)，对于钢筋混凝土桩，$EI = 0.85E_cI_0$，其中，I_0 为桩身换算截面惯性矩，圆形截面为 $I_0 = W_0d_0/2$，矩形截面为 $I_0 = W_0b_0/2$；

x_{0a}——桩顶允许水平位移(m)；

ν_x——桩顶水平位移系数，按表 5-17 取值，取值方法同 ν_m。

(6) 水平承载力验算

验算永久荷载控制的桩基的水平承载力时，应将按上述(2)～(5)款方法确定的单桩水平承载力特征值乘以调整系数 0.80。

验算地震作用桩基的水平承载力时，宜将按上述(2)～(5)款方法确定的单桩水平承载力特征值乘以调整系数 1.25。

5.5 承台设计

承台的作用是将各桩联成一个整体，把上部结构传来的荷载转换、调整、分配于各桩。桩基承台可分为柱下独立承台、柱下或墙下条形承台(梁式承台)，以及筏板承台和箱形承台等。各种承台均应按国家现行规范，进行受弯、受冲切、受剪切和局部承压承载力计算。

承台设计包括选择承台的材料及其强度等级、几何形状及其尺寸、进行承台结构承载力计算，并使其构造满足一定的要求。

承台的形状有矩形和三角形，其在弯矩、冲切力、剪力作用下，破坏模式不尽相同，本章仅介绍矩形多桩承台的设计计算内容。

5.5.1 构造要求

1) 承台尺寸的要求

(1) 独立柱下桩基承台的最小宽度不应小于 500 mm，边桩中心至承台边缘的距离不应小于桩的直径或边长，且桩的外边缘至承台边缘的距离不应小于 150 mm。对于墙下条形承台梁，桩的外边缘至承台梁边缘的距离不应小于 75 mm，承台的最小厚度不应小于300 mm。

(2) 高层建筑平板式和梁板式筏形承台的最小厚度不应小于 400 mm，墙下布桩的剪力墙结构筏形承台的最小厚度不应小于 200 mm。

2) 承台混凝土材料及其强度等级要求

承台混凝土材料及其强度等级应符合结构混凝土耐久性的要求和抗渗要求。

3) 承台的钢筋配置要求

(1) 柱下独立桩基承台纵向受力钢筋应通长配置，如图 5-36(a)，对四桩以上(含四桩)

承台宜按双向均匀布置，对三桩的三角形承台应按三向板带均匀布置，且最里面的三根钢筋围成的三角形应在柱截面范围内，如图 5-36(b)。纵向钢筋锚固长度自边桩内侧(当为圆桩时，应将其直径乘以 0.8 等效为方桩)算起，不应小于 $35d_g$(d_g 为钢筋直径)；当不满足时应将纵向钢筋向上弯折，此时水平段的长度不应小于 $25d_g$，弯折段长度不应小于 $10d_g$。承台纵向受力钢筋的直径不应小于 12 mm，间距不应大于 200 mm。柱下独立桩基承台的最小配筋率不应小于 0.15%。

(2) 柱下独立两桩承台，应按现行国家标准《混凝土结构设计规范》中的深受弯构件配置纵向受拉钢筋、水平及竖向分布钢筋。承台纵向受力钢筋端部的锚固长度及构造应与柱下多桩承台的规定相同。

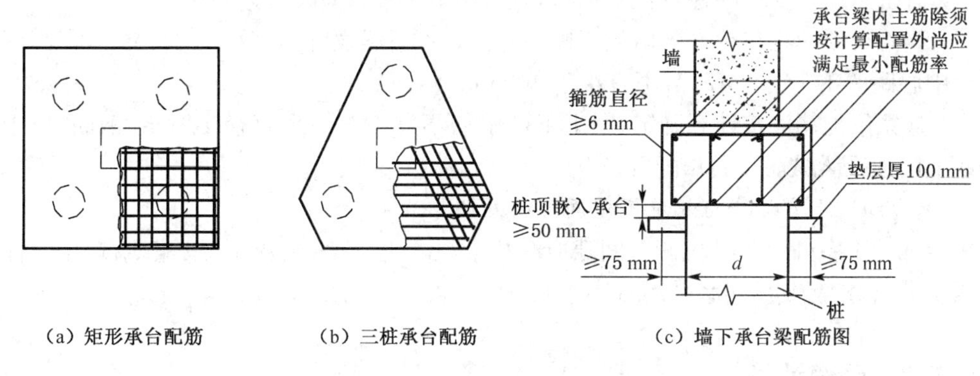

图 5-36 承台配筋示意图

(3) 条形承台梁的纵向主筋应符合现行国家标准《混凝土结构设计规范》中关于最小配筋率的规定，如图 5-36(c)，主筋直径不应小于 12 mm，架立筋直径不应小于 10 mm，箍筋直径不应小于 6 mm。承台梁端部纵向受力钢筋的锚固长度及构造应与柱下多桩承台的规定相同。

(4) 筏形承台板或箱形承台板在计算中当仅考虑局部弯矩作用时，考虑到整体弯曲的影响，在纵横两个方向的下层钢筋配筋率不宜小于 0.15%；上层钢筋应按计算配筋率全部连通。当筏板的厚度大于 2 000 mm 时，宜在板厚中间部位设置直径不小于 12 mm、间距不大于 300 mm 的双向钢筋网。

(5) 承台底面钢筋的混凝土保护层厚度，当有混凝土垫层时，不应小于 50 mm，无垫层时不应小于 70 mm。此外，尚不应小于桩头嵌入承台内的长度。

4) 桩与承台的连接要求

(1) 桩嵌入承台内的长度对中等直径桩不宜小于 50 mm，对大直径桩不宜小于 100 mm。

(2) 混凝土桩的桩顶纵向主筋应锚入承台内，其锚入长度不宜小于 35 倍纵向主筋直径。对于抗拔桩，桩顶纵向主筋的锚固长度应按现行国家标准《混凝土结构设计规范》确定。

(3) 对于大直径灌注桩，当采用一柱一桩时可设置承台或将桩与柱直接连接。

5) 柱与承台的连接构造

(1) 对于一柱一桩基础，柱与桩直接连接时，柱纵向主筋锚入桩身内长度不应小于 35 倍纵向主筋直径。

(2) 对于多桩承台,柱纵向主筋应锚入承台不应小于 35 倍纵向主筋直径;当承台高度不满足锚固要求时,竖向锚固长度不应小于 20 倍纵向主筋直径,并向柱轴线方向呈 90°弯折。

(3) 当有抗震设防要求时,对于一、二级抗震等级的柱,纵向主筋锚固长度应乘以 1.15 的系数;对于三级抗震等级的柱,纵向主筋锚固长度应乘以 1.05 的系数。

6) 承台与承台之间的连接要求

(1) 对于一柱一桩时,应在桩顶两个主轴方向上设置连系梁。当桩与柱的截面直径之比大于 2 时,可不设连系梁。

(2) 两桩桩基的承台,应在其短向设置连系梁。

(3) 有抗震设防要求的柱下桩基承台,宜沿两个主轴方向设置连系梁。

(4) 连系梁顶面宜与承台顶面位于同一标高。连系梁宽度不宜小于 250 mm,其高度可取承台中心距的 1/10～1/15,且不宜小于 400 mm。

(5) 连系梁配筋应按计算确定,梁上下部配筋不宜小于 2 根直径 12 mm 钢筋;位于同一轴线上的连系梁纵筋宜通长配置。

7) 承台和地下室外墙与基坑侧壁间隙的处理

承台和地下室外墙与基坑侧壁间隙应灌注素混凝土,或采用灰土、级配砂石、压实性较好的素土分层夯实,其压实系数不宜小于 0.94。

5.5.2 受弯计算

根据承台模型试验资料,柱下多桩矩形承台在配筋不足的情况下将产生弯曲破坏,其破坏特征呈梁式破坏。所谓梁式破坏,指挠曲裂缝在平行于柱边两个方向交替出现,承台在两个方向交替呈梁式承担荷载(图 5-37(a)),最大弯矩产生在平行于柱边两个方向的屈服线处。利用极限平衡原理可导得两个方向的承台正截面弯矩计算公式。

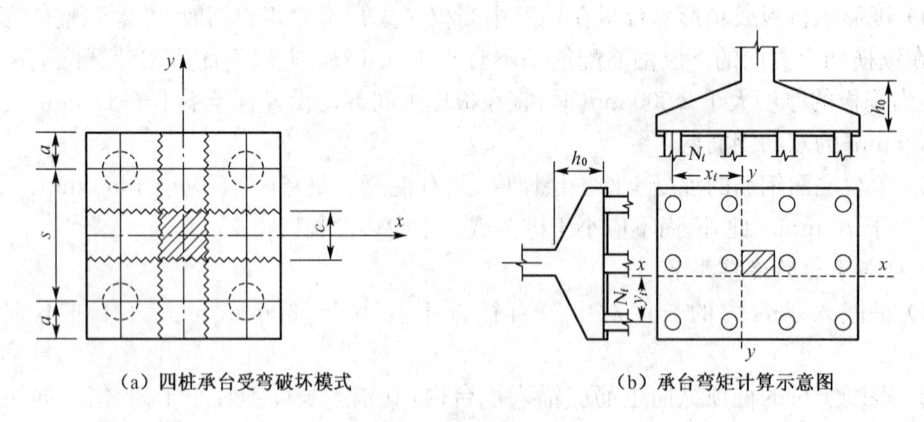

(a) 四桩承台受弯破坏模式　　(b) 承台弯矩计算示意图

图 5-37　矩形承台

柱下多桩矩形承台弯矩计算截面取在柱边和承台变阶处,如图 5-37(b),可按下列公式计算:

$$M_x = \sum N_i y_i \tag{5-59}$$

$$M_y = \sum N_i x_i \tag{5-60}$$

式中：M_x、M_y——分别为绕 x 轴和绕 y 轴方向计算截面处的弯矩设计值；

x_i、y_i——垂直 y 轴和 x 轴方向自桩轴线到相应计算截面的距离；

N_i——不计承台及其上土重，在荷载效应基本组合下的第 i 基桩或复合基桩竖向反力设计值。

5.5.3 受冲切计算

当桩基承台的有效高度不足时，承台将产生冲切破坏。承台冲切破坏的方式，一种是柱对承台的冲切，另一种是角桩对承台的冲切。冲切破坏锥体斜面与承台底面的夹角大于或等于45°，柱边冲切破坏锥体的顶面在柱与承台交界处或承台变阶处，底面在桩顶平面处（图5-38）；而角桩冲切破坏锥体的顶面在角桩内边缘处，底面在承台上方（图5-39）。

1）柱对承台的冲切承载力

可按下列公式计算：

$$F_l \leqslant \beta_{hp}\beta_0 u_m f_t h_0 \tag{5-61}$$

$$F_l = F - \sum Q_i \tag{5-62}$$

$$\beta_0 = \frac{0.84}{\lambda + 0.2} \tag{5-63}$$

式中：F_l——不计承台及其上土重，在荷载效应基本组合下作用于冲切破坏锥体上的冲切力设计值。

f_t——承台混凝土抗拉强度设计值（kPa）。

β_{hp}——承台受冲切承载力截面高度影响系数，当 $h \leqslant 800$ mm 时，β_{hp} 取1.0，$h \geqslant 2\,000$ mm 时，β_{hp} 取0.9，其间按线性内插法取值。

u_m——承台冲切破坏锥体一半有效高度处的周长（m）。

h_0——承台冲切破坏锥体的有效高度（m）。

β_0——柱（墙）冲切系数。

λ——冲跨比，$\lambda = a_0/h_0$，a_0 为柱（墙）边或承台变阶处到桩边水平距离；当 $\lambda < 0.25$ 时，取 $\lambda = 0.25$；当 $\lambda > 1.0$ 时，取 $\lambda = 1.0$。

F——不计承台及其上土重，在荷载效应基本组合作用下柱（墙）底的竖向荷载设计值（kN）。

$\sum Q_i$——不计承台及其上土重，在荷载效应基本组合下冲切破坏锥体内各基桩或复合基桩的反力设计值之和。

对于柱下矩形独立承台受柱冲切的承载力可按下列公式计算：

$$F_l \leqslant 2\left[\beta_{0x}(b_c + a_{0y}) + \beta_{0y}(h_c + a_{0x})\right]\beta_{hp} f_t h_0 \tag{5-64}$$

式中：β_{0x}、β_{0y}——由公式（5-63）求得，$\lambda_{0x} = a_{0x}/h_0$，$\lambda_{0y} = a_{0y}/h_0$，$\lambda_{0x}$、$\lambda_{0y}$ 均应满足0.25～1.0的要求；

h_c、b_c——分别为 x、y 方向的柱截面的边长(m)；

a_{0x}、a_{0y}——分别为 x、y 方向柱边离最近桩边的水平距离(m)。

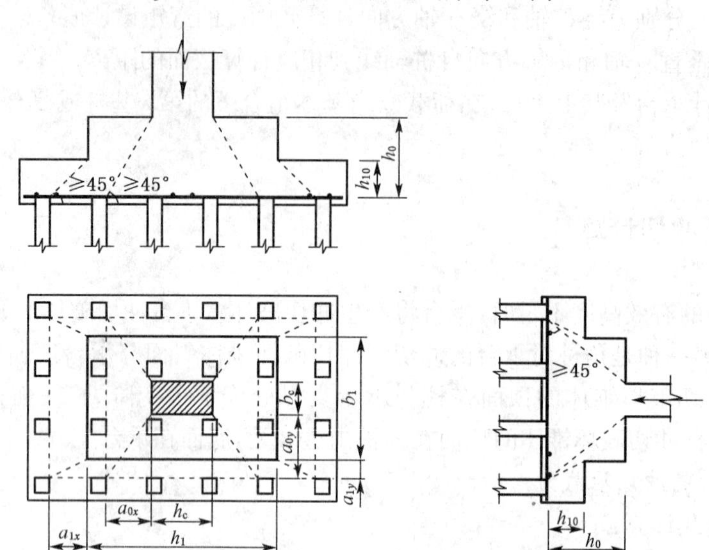

图 5-38 柱对承台的冲切计算示意图

2) 承台受上阶冲切的承载力

可按下列公式计算(图 5-38)：

$$F_l \leqslant 2\left[\beta_{1x}(b_1 + a_{1y}) + \beta_{1y}(h_1 + a_{1x})\right]\beta_{hp} f_t h_{10} \tag{5-65}$$

式中：β_{1x}、β_{1y}——由公式(5-63)求得，$\lambda_{1x} = a_{1x}/h_{10}$，$\lambda_{1y} = a_{1y}/h_{10}$，$\lambda_{1x}$、$\lambda_{1y}$ 均应满足 0.25～1.0 的要求；

h_1、b_1——分别为 x、y 方向承台上阶的边长(m)；

a_{1x}、a_{1y}——分别为 x、y 方向承台上阶边离最近桩边的水平距离(m)。

对于圆柱及圆桩，计算时应将其截面换算成方柱及方桩，即取换算柱截面边长 $b_c = 0.8d_c$ (d_c 为圆柱直径)，换算桩截面边长 $b_p = 0.8d$ (d 为圆桩直径)。

3) 承台受角桩冲切的承载力

可按下列公式计算(图 5-39)：

$$N_l \leqslant \left[\beta_{1x}(c_2 + a_{1y}/2) + \beta_{1y}(c_1 + a_{1x}/2)\right]\beta_{hp} f_t h_0 \tag{5-66}$$

$$\beta_{1x} = \frac{0.56}{\lambda_{1x} + 0.2} \tag{5-67}$$

$$\beta_{1y} = \frac{0.56}{\lambda_{1y} + 0.2} \tag{5-68}$$

式中：N_l——不计承台及其上土重，在荷载效应基本组合作用下角桩(含复合基桩)反力设计值(kN)；

β_{1x}、β_{1y}——角桩冲切系数；

a_{1x}、a_{1y}——从承台底角桩顶内边缘引 45°冲切线与承台顶面相交点至角桩内边缘的水平距离(m)，当柱(墙)边或承台变阶处位于该 45°线以内时，则取由柱(墙)

边或承台变阶处与桩内边缘连线为冲切锥体的锥线(图 5-39)；

h_0——承台外边缘的有效高度(m)；

λ_{1x}、λ_{1y}——角桩冲跨比，$\lambda_{1x}=a_{1x}/h_0$，$\lambda_{1y}=a_{1y}/h_0$，其值均应满足 0.25～1.0 的要求。

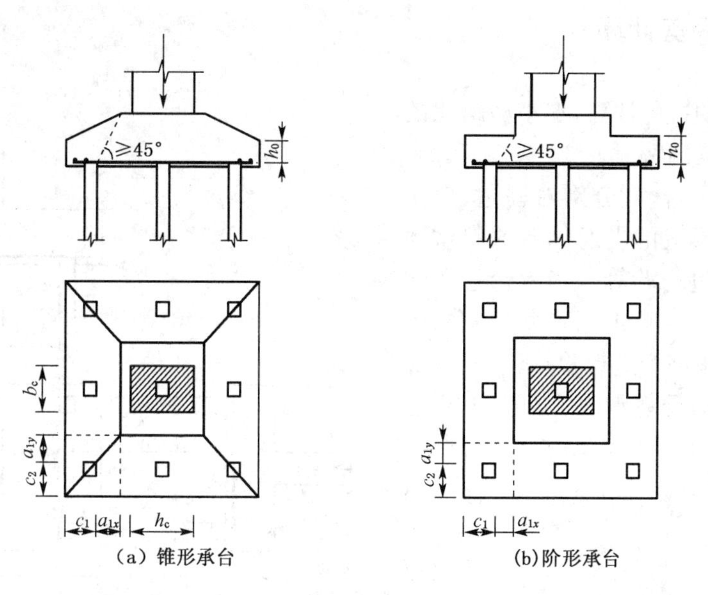

图 5-39 四桩以上(含四桩)承台角桩冲切计算示意图

【例 5-4】 某桩基承台如图 5-40 所示，承台尺寸为 4.0 m×2.4 m×1.2 m。作用于桩基础承台顶面竖向力设计值 $F=2\,200$ kN，弯矩 $M=154$ kN·m，承台的混凝土强度等级 C25，承台有效高度 $h_0=1.1$ m。柱的截面 400 mm×600 mm。选用桩端开口的预应力混凝土管桩外径400 mm，壁厚55 mm，混凝土强度等级 C60，桩顶嵌入承台 0.1 m。验算柱对承台的冲切承载力。

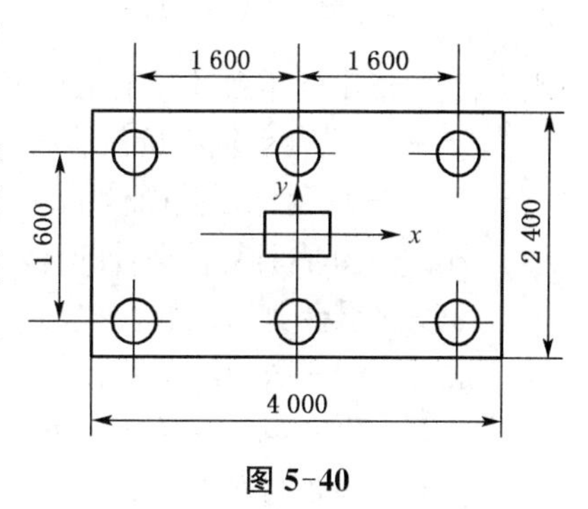

图 5-40

【解】 混凝土抗拉强度 $f_t=1.27$ N/mm²，$\beta_{hp}=0.967$。

$\phi 400$ 的圆桩按 $b=0.8d$ 折算为边长 320 mm 的方桩。

$b_c=0.4$ m，$h_c=0.6$ m，$h_0=1.1$ m

$a_{ox}=1.60-(0.60/2+0.32/2)=1.14$ m

$a_{oy}=1.60/2-(0.40/2+0.32/2)=0.44$ m

$\lambda_{ox}=a_{ox}/h_0=1.14/1.1=1.04>1.0$，取 $\lambda_{ox}=1.0$

$\beta_{ox}=0.84/(\lambda_{ox}+0.2)=0.84/(1+0.2)=0.7$

$\lambda_{oy}=a_{oy}/h_0=0.44/1.1=0.4>0.25$

$\beta_{oy}=0.84/(\lambda_{0y}+0.2)=0.84/(0.4+0.2)=1.4$

则承台抗冲切承载力为：

$$2[\beta_{ox}(b_c+a_{oy})+\beta_{oy}(h_c+a_{ox})]\beta_{hp}f_t h_0$$
$$=2\times[0.7\times(0.4+0.44)+1.4\times(0.6+1.14)]\times 0.967\times 1.27\times 1\,000\times 1.1$$

$= 870(\text{kN}) > F_l = 2\,200 - 0 = 2\,200(\text{kN})$

满足要求。

5.5.4 受剪计算

桩基承台的抗剪计算，在小剪跨比的条件下具有深梁的特征。

柱下桩基承台，应分别对柱边、变阶处和桩边连线形成的贯通承台的斜截面的受剪承载力进行验算。当承台悬挑边有多排基桩形成多个斜截面时，应对每个斜截面的受剪承载力进行验算。

承台斜截面受剪承载力可按下列公式计算：

$$V \leqslant \beta_{hs}\alpha f_t b_0 h_0 \tag{5-69}$$

$$\alpha = \frac{1.75}{\lambda + 1} \tag{5-70}$$

$$\beta_{hs} = \left(\frac{800}{h_0}\right)^{1/4} \tag{5-71}$$

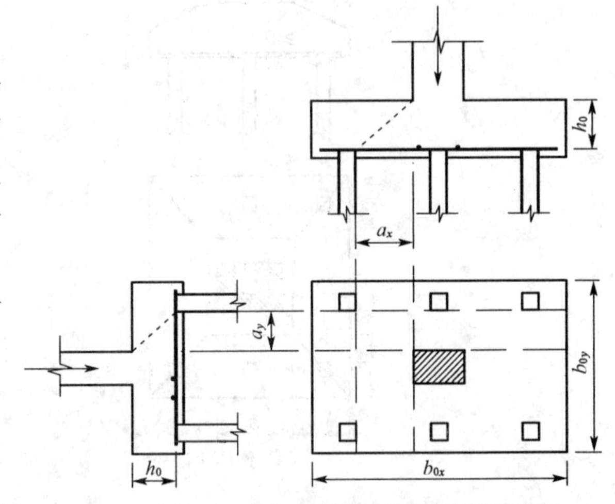

图 5-41　承台斜截面受剪计算示意图

式中：V——不计承台及其上土自重，在荷载效应基本组合下，斜截面的最大剪力设计值(kN)；

f_t——混凝土轴心抗拉强度设计值(kPa)；

b_0——承台计算截面处的计算宽度(m)；

h_0——承台计算截面处的有效高度(m)；

α——承台剪切系数，按公式(5-70)确定；

λ——计算截面的剪跨比，$\lambda_x = a_x/h_0$，$\lambda_y = a_y/h_0$，此处，a_x、a_y 为柱边(墙边)或承台变阶处至 y、x 方向计算一排桩的桩边的水平距离，当 $\lambda < 0.25$ 时取 $\lambda = 0.25$，当 $\lambda > 3$ 时取 $\lambda = 3$；

β_{hs}——受剪切承载力截面高度影响系数，当 $h_0 < 800$ mm 时取 $h_0 = 800$ mm，当 $h_0 > 2\,000$ mm 时取 $h_0 = 2\,000$ mm，其间按线性内插法取值。

(1) 对于阶梯形承台应分别在变阶处($A_1 - A_1$，$B_1 - B_1$)及柱边处($A_2 - A_2$，$B_2 - B_2$)进行斜截面受剪承载力计算，如图 5-42。计算变阶处截面($A_1 - A_1$，$B_1 - B_1$)的斜截面受剪承载力时，其截面有效高度均为 h_{10}，截面计算宽度分别为 b_{y1} 和 b_{x1}。计算柱边截面($A_2 - A_2$，$B_2 - B_2$)的斜截面受剪承载力时，其截面有效高度均为 $h_{10} + h_{20}$，截面计算宽度分别为：

对 $A_2 - A_2$
$$b_{y0} = \frac{b_{y1} \cdot h_{10} + b_{y2} \cdot h_{20}}{h_{10} + h_{20}} \tag{5-72}$$

对 $B_2 - B_2$
$$b_{x0} = \frac{b_{x1} \cdot h_{10} + b_{x2} \cdot h_{20}}{h_{10} + h_{20}} \tag{5-73}$$

(2) 对于锥形承台应对变阶处及柱边处($A - A$ 及 $B - B$)两个截面进行受剪承载力计

算，如图 5-43，截面有效高度均为 h_0，截面的计算宽度分别为：

对 $A-A$
$$b_{y0}=\left[1-0.5\frac{h_{20}}{h_0}\left(1-\frac{b_{y2}}{b_{y1}}\right)\right]b_{y1} \tag{5-74}$$

对 $B-B$
$$b_{x0}=\left[1-0.5\frac{h_{20}}{h_0}\left(1-\frac{b_{x2}}{b_{x1}}\right)\right]b_{x1} \tag{5-75}$$

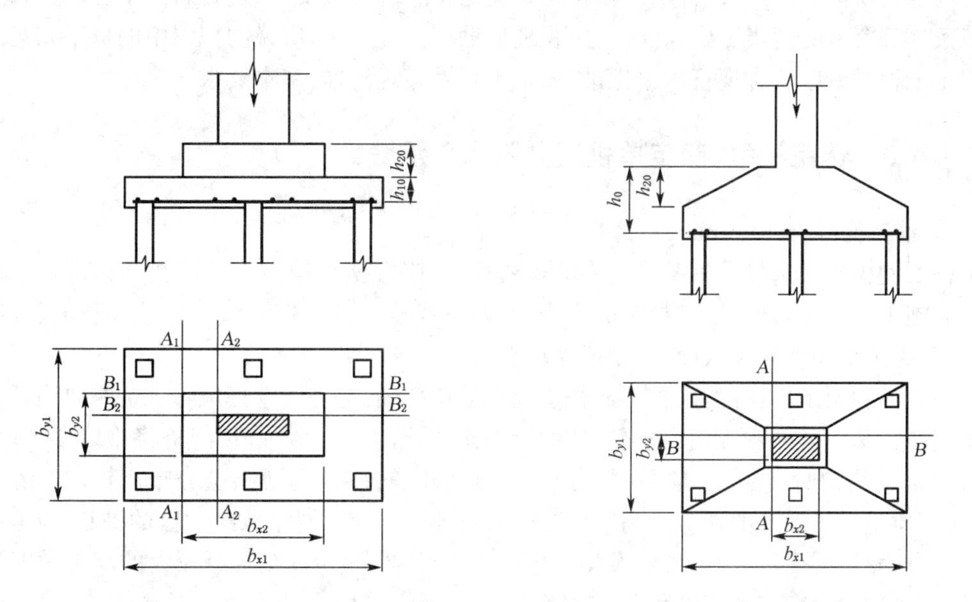

图 5-42 阶梯形承台斜截面受剪计算示意图　　图 5-43 锥形承台斜截面受剪计算示意图

5.5.5 局部受压计算及抗震计算要求

对于柱下桩基，当承台混凝土强度等级低于柱或桩的混凝土强度等级时，应验算柱下或桩上承台的局部受压承载力。

当进行承台的抗震验算时，应根据现行国家标准《建筑抗震设计规范》的规定对承台顶面的地震作用效应和承台的受弯、受冲切、受剪承载力进行抗震调整。

5.6 桩基础的设计

5.6.1 桩基础设计的一般步骤

桩基设计应符合安全、合理和经济的要求。对桩和承台来说，应有足够的强度、刚度和耐久性；对地基(主要是桩端持力层)来说，要有足够的承载力和不产生过量的变形。考虑到桩基相应于地基破坏的极限承载力甚高，因此，大多数桩基的首要问题在于控制沉降量，即桩基设计应按桩基变形控制设计。

5.6.2 必要的资料准备

桩基设计前必须具备的资料主要有:建筑物类型及其规模、岩土工程勘察报告、施工机具和技术条件、环境条件、检测条件及当地桩基工程经验等,其中,岩土工程勘察资料是桩基设计的主要依据。因此,设计前应根据建筑物的特点和有关要求,进行岩土工程勘察和场地施工条件等资料的搜集工作,在提出工程地质勘察任务书时,应说明拟议中的桩基方案。桩基岩土工程勘察应符合现行国家标准《岩土工程勘察规范》的基本要求。

5.6.3 选定桩型,确定单桩竖向及水平承载力

1) 桩的类型、截面和桩长的选择

桩类和桩型的选择是桩基设计中的重要环节,应根据结构类型及层数、荷载情况、地层条件和施工能力等,合理地选择桩的类别(预制桩或灌注桩)、桩的截面尺寸和长度、桩端持力层,并确定桩的承载性状(端承型或摩擦型)。

场地的地层条件、各类型桩的成桩工艺和适用范围,是桩类选择应考虑的主要因素。当土中存在大孤石、废金属以及花岗岩残积层中未风化的石英脉时,预制桩将难以穿越;当土层分布很不均匀时,混凝土预制桩的预制长度较难掌握;在场地土层分布比较均匀的条件下,采用质量易于保证的预应力高强混凝土管桩比较合理。对于软土地区的桩基,应考虑桩周土自重固结、蠕变、大面积堆载及施工中挤土对桩基的影响,在层厚较大的高灵敏度流塑黏性土中(如我国东南沿海的淤泥和淤泥质土),不宜采用大片密集有挤土效应的桩基,否则,这类土的结构破坏严重,致使土体强度明显降低,如果加上相邻各桩的相互影响,这类桩基的沉降和不均匀沉降都将显著增加,这时宜采用承载力高而桩数较少的桩基。同一结构单元宜避免采用不同类型的桩。

桩的截面尺寸选择应考虑的主要因素是成桩工艺和结构的荷载情况。从楼层数和荷载大小来看(如为工业厂房可将荷载折算为相应的楼层数),10 层以下的建筑桩基,可考虑采用直径 500 mm 左右的灌注桩和边长为 400 mm 的预制桩;10～20 层的可采用直径 800～1 000 mm 的灌注桩和边长 450～500 mm 的预制桩;20～30 层的可用直径 1 000～1 200 mm 的钻(冲、挖)孔灌注桩和边长或直径等于或大于 500 mm 的预制桩;30～40 层的可用直径大于 1 200 mm 的钻(冲、挖)孔灌注桩和直径 500～550 mm 的预应力混凝土管桩和大直径钢管桩。楼层更多的高层建筑所采用的挖孔灌注桩直径可达 5 m 左右。

桩的设计长度,主要取决于桩端持力层的选择。通常,坚实土(岩)层(可用触探试验或其他指标来鉴别)最适宜作为桩端持力层。对于 10 层以下的房屋,如在桩端可达的深度内无坚实土层时.也可选择中等强度的土层作为桩端持力层。

桩端进入坚实土层的深度,应根据地质条件、荷载及施工工艺确定,一般宜为 1～3 倍桩径(对黏性土、粉土不宜小于 2 倍桩径;砂类土不宜小于 1.5 倍桩径;碎石类土不宜小于 1 倍桩径)。对薄持力层且其下存在软弱下卧层时,为避免桩端阻力因受“软卧层效应”的影响而明显降低,桩端以下坚实土层的厚度不宜小于 3 倍桩径。当硬持力层较厚且施工条件许可时,为充分发挥桩的承载力,桩端全断面进入持力层的深度宜尽可能达到该土层桩端阻力的临界深度(砂与碎石类土为 3～10 倍桩径;粉土、黏性土为 2～6 倍桩径)。对于穿越软弱土

层而支承在倾斜岩层面上的桩，当风化岩层厚度小于2倍桩径时，桩端应进入新鲜或微风化基岩。端承桩嵌入微风化或中等风化岩体的最小深度，不宜小于0.5 m，以确保桩端与岩体接触。同一基础的邻桩桩底高差，对于非嵌岩桩，不宜超过相邻桩的中心距；对于摩擦型桩，在相同土层中不宜超过桩长的1/10。

嵌岩桩或端承桩桩端以下3倍桩径范围内应无软弱夹层、断裂破碎带、洞穴和空隙分布，这对于荷载很大的一柱一桩(大直径灌注桩)基础尤为重要。由于岩层表面往往崎岖不平，且常有隐伏的沟槽，特别是在可溶性的碳酸岩类(如石灰岩)分布区，溶槽、石芽密布，此时桩端极有可能坐落在岩面隆起的斜面上而易产生滑动。因此，为确保桩端和岩体的稳定，在桩端应力扩散范围内应无岩体临空面(例如沟、槽、洞穴的侧面，或倾斜、陡立的岩面)。实践证明，作为基础施工图设计依据的详细勘察阶段的工作精度，较难满足这类桩的设计和施工要求。所以，在桩基方案选定之后，还应根据桩位进行专门的桩基勘察，或施工时在桩孔下方钻取岩芯("超前钻")，以便针对各根桩的持力层选择埋入深度。对于高层或重型建筑物，采用大直径桩通常是有利的，但在碳酸岩类岩石地基，当岩溶很发育而洞穴顶板厚度不大时，为满足桩底下有3倍桩径厚度的持力层的要求及有利于荷载的扩散，宜采用直径较小的桩和条形或筏板承台。

当土层比较均匀、坚实土层层面比较平坦时，桩的施工长度常与设计桩长比较接近。但当场地土层复杂，或者桩端持力层层面起伏不平时，桩的施工长度则常与设计桩长不一致。因此，在勘察工作中，应尽可能仔细地探明可作为持力层的地层层面标高，以避免浪费和便于施工。为保证桩的施工长度满足设计桩长的要求，打入桩的入土深度应按桩端设计标高和最后贯入度(经试打确定)两方面控制。最后贯入度是指打桩结束以前每次锤击的沉入量，通常以最后每阵(10击)的平均贯入量表示。对于打进可塑或硬塑黏性土中的摩擦型桩，其承载力主要由桩侧摩阻力提供，沉桩深度宜按桩端设计标高控制，同时以最后贯入度作参考，并尽可能使同一承台或同一地段内各桩的桩端实际标高大致相同。而打到基岩面或坚实土层的端承型桩，其承载力主要由桩端阻力提供，沉桩深度宜按最后贯入度控制，同时以桩端设计标高作参考，并要求各桩的贯入度比较接近。大直径的钻(冲、挖)孔桩则以取出的岩屑(可分辨出风化程度)为主，结合钻进速度等来确定施工桩长。

2) 确定单桩竖向及水平承载力

桩的类型和几何尺寸确定之后，应初步确定承台底面标高。承台埋深的选择一般主要考虑结构要求和方便施工等因素。季节性冻土上的承台埋深，应考虑地基土的冻胀性的影响，并应考虑是否需要采取相应的防冻害措施。膨胀土上的承台，其埋深选择与此类似。

初定出承台底面标高后，便可按5.2节、5.4节的方法计算单桩竖向及水平承载力了。

5.6.4 桩的平面布置及承载力验算

1) 桩的根数和布置

(1) 桩的根数

初步估定桩数时，先确定单桩承载力特征值 R_a 后，可按式(5-76)估算桩数。当桩基为轴心受压时，桩数量应满足下式的要求：

$$n \geqslant \frac{F_k + G_k}{R_a} \tag{5-76}$$

式中：F_k——相应于荷载效应标准组合时，作用于桩基承台顶面的竖向力(kN)；

G_k——桩基承台及承台上土自重标准值(kN)。

偏心受压时，对于偏心距固定的桩基，如果桩的布置使得群桩横截面的重心与荷载合力作用点重合，则仍可按上式估定桩数；否则，桩的根数应按上式确定的增加10%～20%。所选的桩数是否合适，尚待各桩受力验算后确定。如有必要，还要通过桩基软弱下卧层承载力和桩基沉降验算才能最终确定。

承受水平荷载的桩基，在确定桩数时，还应满足对桩的水平承载力的要求。此时，可以取各单桩水平承载力之和，作为桩基的水平承载力。这样做通常是偏于安全的。

(2) 桩在平面上的布置

经验证明，桩的布置合理与否，对发挥桩的承载力、减小建筑物的沉降，特别是不均匀沉降是至关重要的。

桩的平面布置可采用对称式、梅花式、行列式和环状排列，如图5-44。为使桩基在其承受较大弯矩的方向上有较大的抵抗矩，也可采用不等距排列，此时，对柱下单独桩基和整片式的桩基，宜采用外密内疏的布置方式。

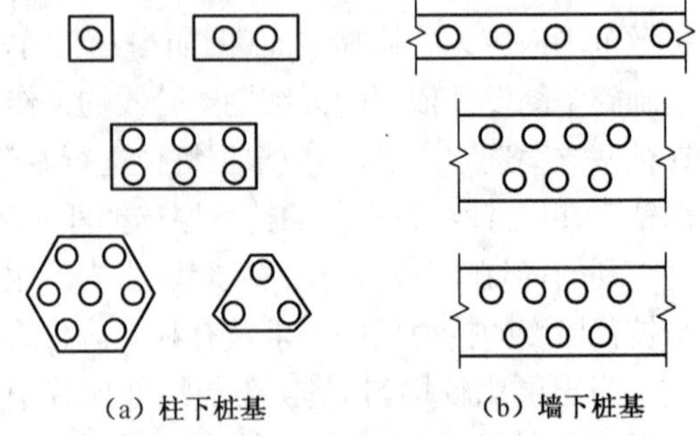

图5-44 桩的平面布置示例

为了使桩基中各桩受力比较均匀，群桩横截面的重心应与竖向永久荷载合力的作用点重合或接近。

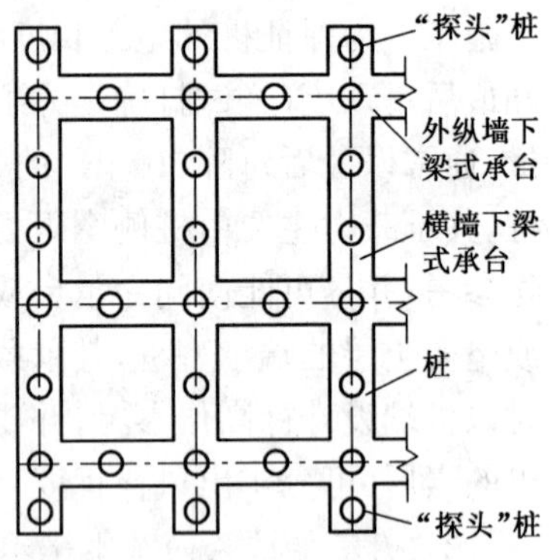

图5-45 横墙下的“探头”桩的布置

布置桩位时，桩的间距(中心距)一般采用3～4倍桩径。间距太大会增加承台的体积和用料，间距太小则将使桩基(摩擦型桩)的沉降量增加，且给施工造成困难。桩的最小中心距应符合表5-18的规定。在确定桩的间距时尚应考虑施工工艺中挤土等效应对邻近桩的影响。因此，对于大面积桩群，尤其是挤土桩，桩的最小中心距宜按表列值适当加大。

表5-18 桩的最小中心距

土类与成桩工艺		排数不少于3排且桩数不少于9根的摩擦型桩桩基	其他情况
非挤土灌注桩		3.0d	3.0d
部分挤土桩		3.5d	3.0d
挤土桩	非饱和土	4.0d	3.5d
	饱和黏性土	4.5d	4.0d
钻、挖孔扩底桩		2D或D+2.0 m(当D>2 m)	1.5D或D+1.5 m(当D>2 m)
沉管夯扩、钻孔挤扩桩	非饱和土	2.2D且4.0d	2.0D且3.5d
	饱和黏性土	2.5D且4.5d	2.2D且4.0d

注：① d——圆桩直径或方桩边长，D——扩大端设计直径。
② 当纵横向桩距不相等时，其最小中心距应满足“其他情况”一栏的规定。
③ 当为端承型桩时，非挤土灌注桩的“其他情况”一栏可减小至2.5d。

此外，还应注意：在有门洞的墙下布桩时，应将桩设置在门洞的两侧。梁式或板式承台下的群桩，布桩时应多布设在柱、墙下，减少梁和板跨中的桩数，以使梁、板中的弯矩尽量减小。对于横墙下桩基，可在外纵墙之外布设 1～2 根"探头"桩，如图 5-45 所示。

为了节省承台用料和减少承台施工的工作量，在可能情况下，墙下应尽量采用单排桩基，柱下的桩数也应尽量减少。一般来说，桩数较少而桩长较大的摩擦型桩基，无论在承台的设计和施工方面，还是在提高群桩的承载力以及减小桩基沉降量方面，都比桩数多而桩长小的桩基优越。如果由于单桩承载力不足而造成桩数过多、布桩不够合理时，宜重新选择桩的类型及几何尺寸。

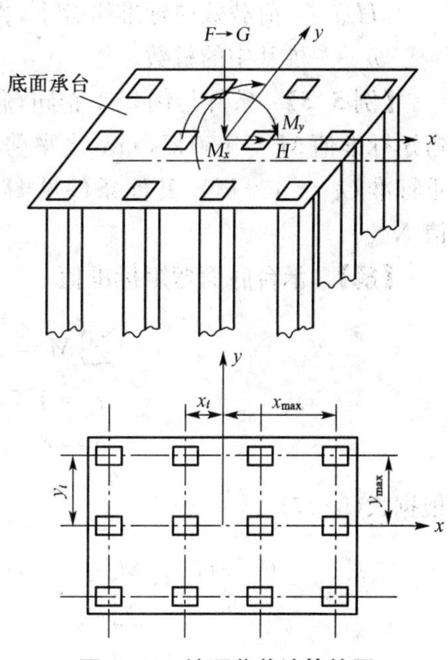

图 5-46　桩顶荷载计算简图

2) 桩基承载力验算

(1) 桩顶荷载计算

以承受竖向力为主的群桩基础，假设：①承台是刚性的；②各桩刚度相同；③x，y 是桩基平面的惯性主轴。

则其单桩(包括复合单桩)桩顶荷载效应可按下列公式计算(图 5-46)：

轴心竖向力作用下

$$N_k = \frac{F_k + G_k}{n} \tag{5-77}$$

偏心竖向力作用下

$$N_{ik} = \frac{F_k + G_k}{n} \pm \frac{M_{xk} y_i}{\sum y_j^2} \pm \frac{M_{yk} x_i}{\sum x_j^2} \tag{5-78}$$

水平力

$$H_{ik} = \frac{H_k}{n} \tag{5-79}$$

式中：F_k——荷载效应标准组合下，作用于承台顶面的竖向力；

G_k——桩基承台和承台上土自重标准值，对稳定的地下水位以下部分应扣除水的浮力；

N_k——荷载效应标准组合轴心竖向力作用下，基桩或复合基桩的平均竖向力；

N_{ik}——荷载效应标准组合偏心竖向力作用下，第 i 基桩或复合基桩的竖向力；

M_{xk}、M_{yk}——荷载效应标准组合下，作用于承台底面，绕通过桩群形心的 x、y 主轴的力矩；

x_i、x_j、y_i、y_j——第 i、j 基桩或复合基桩至 y、x 轴的距离；

H_k——荷载效应标准组合下，作用于桩基承台底面的水平力；

H_{ik}——荷载效应标准组合下，作用于第 i 基桩或复合基桩的水平力；

n——桩基中的桩数。

【例 5-5】 条件与例 5-1 相同，假定作用于承台顶面的竖向力标准值 $F_k = 3\,000$ kN，弯矩标准值 $M_k = 950$ kN·m，水平剪力标准值 $V_k = 265$ kN。桩基承台自重和承台上的土自重标准 $G_k = 450$ kN。其他条件见图 5-12 和图 5-13。要求单桩所承受的最大外力标准值 N_{kmax}。

【解】 承台底面弯矩标准值

$$\sum M = 950 + 265 \times 1 = 1\,215 \text{ kN} \cdot \text{m}$$

$$x = 1.50 \text{ m}$$

$$n = 8$$

根据式(5-77)

$$N_{kmax} = \frac{F_k + G_k}{n} + \frac{M_k x_i}{\sum x_i^2} = \frac{3\,000 + 450}{8} + \frac{1\,215 \times 1.5}{1.5^2 \times 6} = 431 + 135 = 566 \text{ kN}$$

(2) 单桩承载力验算

承受轴心竖向力作用的桩基，相应于荷载效应标准组合时作用于单桩的竖向力 N_k 应符合下式的要求：

$$N_k \leqslant R_a \tag{5-80}$$

承受偏心竖向力作用的桩基，除应满足式(5-80)的要求外，相应于荷载效应标准组合时作用于单桩的最大竖向力 N_{kmax} 尚应满足下式的要求：

$$N_{kmax} \leqslant 1.2R_a \tag{5-81}$$

承受水平力作用的桩基，相应于荷载效应标准组合时作用于单桩的水平力 H_{ik} 应符合下式的要求：

$$H_{ik} \leqslant R_{Ha} \tag{5-82}$$

上述三式中，R_a 和 R_{Ha} 分别为单桩竖向承载力特征值和水平承载力特征值。

抗震设防区的桩基应按现行《建筑抗震设计规范》有关规定执行。根据地震震害调查结果，不论桩周土的类别如何，单桩的竖向受震承载力均可提高 25%。因此，对于抗震设防区必须进行抗震验算的桩基，可按下列公式验算单桩的竖向承载力：

轴心竖向力作用下

$$N_{Ek} \leqslant 1.25R \tag{5-83}$$

偏心竖向力作用下，除满足上式外，尚应满足下式的要求：

$$N_{Ekmax} \leqslant 1.5R \tag{5-84}$$

式中：N_{Ek}——地震作用效应和荷载效应标准组合下，基桩或复合基桩的平均竖向力；

N_{Ekmax}——地震作用效应和荷载效应标准组合下，基桩或复合基桩的最大竖向力。

(3) 桩基软弱下卧层承载力验算

当桩基的持力层下存在软弱下卧层,尤其是当桩基的平面尺寸较大、桩基持力层的厚度相对较薄时,应考虑桩端平面下受力层范围内的软弱下卧层发生强度破坏的可能性。桩基软弱下卧层承载力验算详见 5.2.3 节的有关内容。

(4) 桩基沉降验算

一般来说,对地基基础设计等级为甲级的建筑物桩基,体型复杂、荷载不均匀或桩端以下存在软弱土层的设计等级为乙级的建筑物桩基,以及摩擦型桩基,应进行沉降验算;对于地基基础设计等级为丙级的建筑物、群桩效应不明显的建筑物桩基,可根据单桩静载荷试验的变形及当地工程经验估算建筑物的沉降量,也可不进行沉降验算。而对于嵌岩桩、对沉降无特殊要求的条形基础下不超过两排桩的桩基、吊车工作级别 A5 及 A5 以下的单层工业厂房桩基(桩端下为密实土层),可不进行沉降验算;当有可靠地区经验时,对地质条件不复杂、荷载均匀、对沉降无特殊要求的端承型桩基也可不进行沉降验算。

对于应进行沉降验算的建筑物桩基,其沉降不得超过建筑物的允许沉降值。桩基沉降计算按 5.2.3 节方法进行。

(5) 桩基负摩阻力验算

桩周土沉降可能引起桩侧负摩阻力时,应根据工程具体情况考虑负摩阻力对桩基承载力和沉降的影响。在考虑桩侧负摩阻力的桩基承载力验算中,单桩竖向承载力特征值 R_a 只计中性点以下部分的侧阻力和端阻力。区分摩擦型桩基和端承型桩基,按 5.3 节的有关内容进行验算。

5.6.5 桩身结构设计

桩身混凝土强度应满足桩的承载力设计要求,按 5.2.2 节中相关内容进行计算。

桩的主筋应经计算确定。打入式预制桩的最小配筋率不宜小于 0.8%;静压预制桩的最小配筋率不宜小于 0.6%;灌注桩最小配筋率不宜小于 0.2%~0.65%(小直径桩取大值)。

配筋长度:

(1) 受水平荷载和弯矩较大的桩,配筋长度应通过计算确定。

(2) 桩基承台下存在淤泥、淤泥质土或液化土层时,配筋长度应穿过淤泥、淤泥质土层或液化土层。

(3) 坡地岸边的桩、8 度及 8 度以上地震区的桩、抗拔桩、嵌岩端承桩应通长配筋。

(4) 桩径大于 600 mm 的钻孔灌注桩,构造钢筋的长度不宜小于桩长的 2/3。

通过上述计算及验算后,便可根据上部结构的柱网、隔墙及有关方面的要求等进行承台及地梁的平面布置、绘制桩基施工图了。

思考题与习题

1. 桩基础有何特点?它适用于什么情况?
2. 基桩按承载性状如何分类?按施工方法如何分类?
3. 桩的设置效应是什么?典型的部分挤土桩有哪些?

4. 试述单桩轴向承载的传递机理。

5. 桩侧摩阻力是如何形成的？它的分布规律是怎样的？

6. 有一钢筋混凝土预制方桩，边长为 35 cm，桩的入土深度为 $L=14$ m。地基由三层组成：第一层为杂填土，厚 1 m；第二层为淤泥质土，液性指数为 0.9，厚 4 m；第三层为黏土，厚 2 m，液性指数为 0.50；第四层为粗砂，中密，该层厚度较大，未击穿。试确定单桩竖向承载力标准值的取值范围。

7. 某工程中采用直径为 600 mm 的钢管桩，壁厚 10 mm，桩端带隔板开口桩，$n=2$，桩长 27 m，承台埋深 1.5 m。土层分布情况：0～3 m 填土，桩侧极限侧阻力标准值 $q_{sk}=24$ kPa；3.0 m ～ 8.0 m 黏土层，$q_{sk}=48$ kPa；8.5 m ～ 25.0 m 粉土层，$q_{sk}=63$ kPa；25.0 ～ 30.0 m 中砂，$q_{sk}=75$ kPa；$q_{pk}=7\,000$ kPa，计算单桩的竖向极限承载力标准值。

8. 什么是桩的负摩阻力？它产生的条件是什么？对基桩有什么影响？

9. 刚性桩、半刚性桩和柔性桩如何划分？它们在受水平荷载作用时，工作特点有什么不同？

10. 某桩基础承台，基本情况见图 5-47。

(1) 几何参数

承台边缘至桩中心距 $C=500$ mm，承台根部高度 $H=1\,000$ mm，承台端部高度 $h=1\,000$ mm，纵筋合力重心到底边的距离 $a_s=70$ mm，承台埋深 $h_m=1.50$ m，矩形柱截面宽 $B_c=600$ mm，高 $H_c=400$ mm，圆桩直径 $D_s=500$ mm。

(2) 荷载设计值(作用在承台顶部)

竖向荷载 $F=4\,000.00$ kN，x 向剪力 $V_x=100.00$ kN，y 向剪力 $V_y=0$，绕 x 轴弯矩 $M_x=0$，绕 y 轴弯矩 $M_y=600.00$ kN·m。

(3) 材料

混凝土强度等级为 C20，$f_c=9.60$ N/mm^2，$f_t=1.10$ N/mm^2，钢筋 HPB235 级，$f_y=210.00$ N/mm^2。

试计算纵向钢筋 A_s 值。

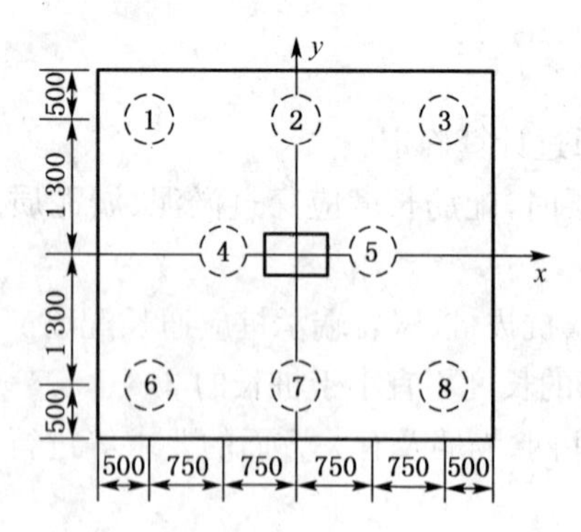

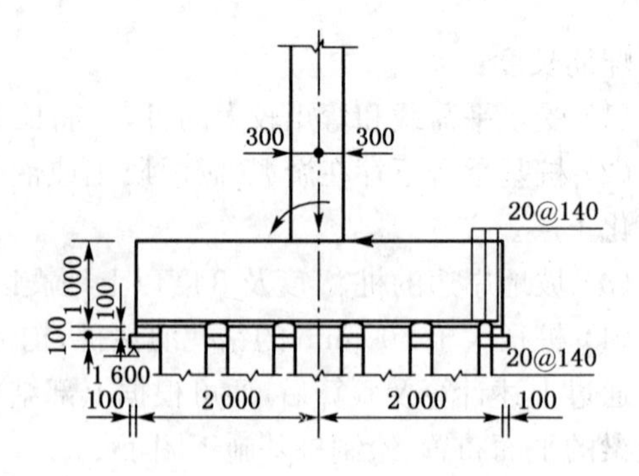

图 5-47

6 挡土墙

6.1 概述

挡土墙是防止土体坍塌的构筑物,其广泛应用于房屋建筑、水利、铁路、公路、港湾及桥梁等工程,比如支撑建筑物周围填土的挡土墙、地下室外墙和室外地下人防通道的侧墙、桥台及储藏粒状材料的挡墙等(如图 6-1)。

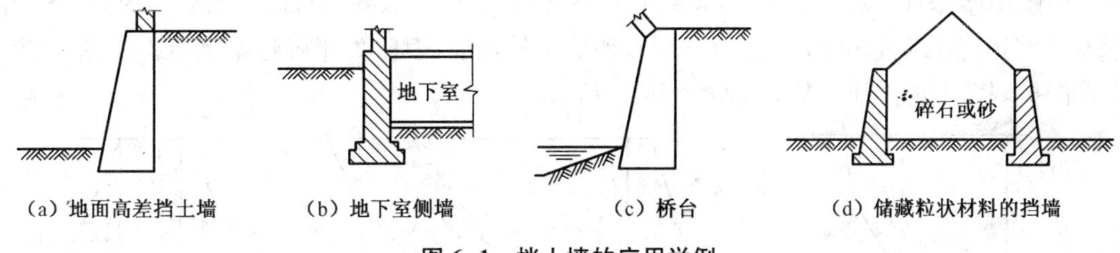

(a) 地面高差挡土墙　(b) 地下室侧墙　(c) 桥台　(d) 储藏粒状材料的挡墙

图 6-1 挡土墙的应用举例

挡土墙的土压力是指挡土墙后填土因自重或外荷载作用对墙背产生的侧向压力。严格来说,土压力的计算是比较复杂的,它不仅与土的性质、填土的过程和墙的刚度、形状等因素有关,还取决于墙的位移。如果挡土墙排水条件较差,或是岸边的挡土墙,还可能承受静水压力。若在挡土墙顶的地面上有公路或建有房屋等,则应考虑由于超载引起的附加应力。此外,建于地震区的挡土墙,还要考虑地震力所增加的土压力。土压力的计算有多种理论和方法,为简化计算,除了板桩墙外,一般假定墙是刚性的,并沿用朗肯和库仑的理论和计算方法。尽管这些理论都基于各种不同的理论和简化,但计算简便,且国内外大量挡土墙模型试验、原位观测及理论研究结果均表明其计算方法实用可靠。随着现代计算技术的提高,楔体试算法、"广义库仑理论"以及应用塑性理论的土压力解答等均得到了迅速发展,加筋土挡土墙设计理论亦日臻完善。

地基承载力是指地基单位面积上承受荷载的能力。为了保证地基在荷载作用下不至于出现整体剪切破坏而丧失其稳定性,在地基计算中必须验算地基的承载力。

6.2 作用在挡土墙上的土压力

6.2.1 土压力类型

影响土压力大小及分布的因素很多,其中最主要的因素为挡土墙的位移方向和位移量。根据挡土墙的位移情况和墙后土体所处的应力状态,土压力可以分为主动土压力、被动土压力、静止土压力三种。

(1) 主动土压力

当墙在土压力作用下产生向着离开土体方向的移动或绕墙根的转动时,墙后土体因侧面所受限制的放松而有下滑趋势,如图 6-2(a)。为阻止其下滑,土体内潜在滑动面上的剪应力增加,从而使作用在墙背上的土压力减少。当墙的移动或转动达到某一数量时,滑动面上的剪应力等于土的抗剪强度,墙后土体达到主动极限平衡状态,发生一般为曲线形的滑动面,这时作用在墙上的土推力达到最小值,称为主动土压力 E_a。

(2) 被动土压力

当墙在土压力作用下产生向着土体方向移动或绕墙根转动时,墙后土体受到挤压,有上滑趋势。为阻止其上滑,土体内剪应力反向增加,使作用在墙背上的土压力加大。直到墙的移动量足够大时,滑动面上的剪应力等于抗剪强度,墙后土体达到被动极限平衡状态,土体向上滑动,滑动面为曲面,如图 6-2(b),这时作用在墙上的土抗力达到最大值,称为被动土压力 E_p。

(3) 静止土压力

当围护墙体有足够的截面,并且建立在坚实的地基上(如基岩),墙在墙后土的推力作用下不产生任何移动或转动,如图 6-2 (c),墙后土体没有破坏,处于弹性平衡状态。这时,作用在围护墙背上的土压力称为静止土压力 E_0。

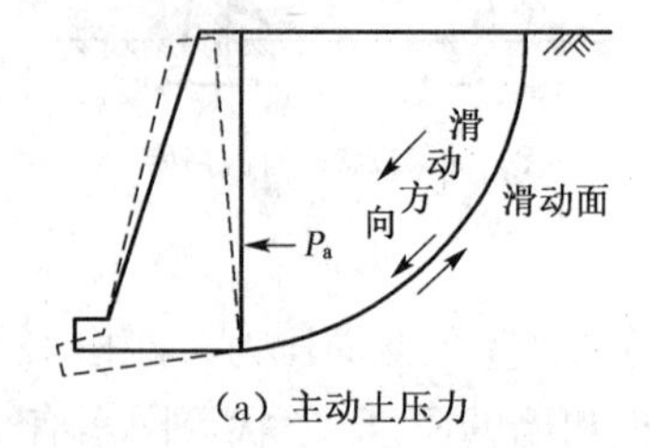

(a) 主动土压力

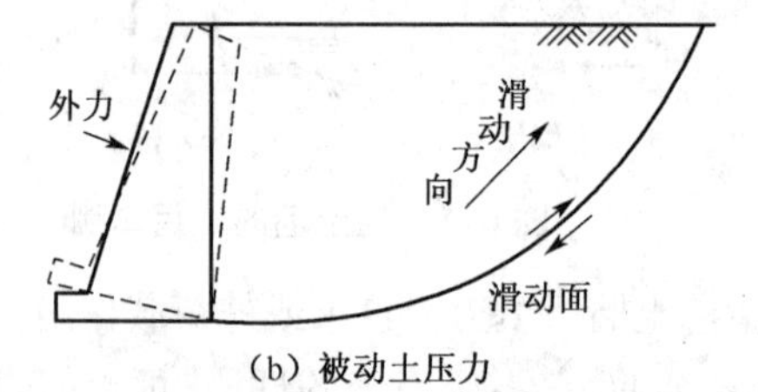

(b) 被动土压力

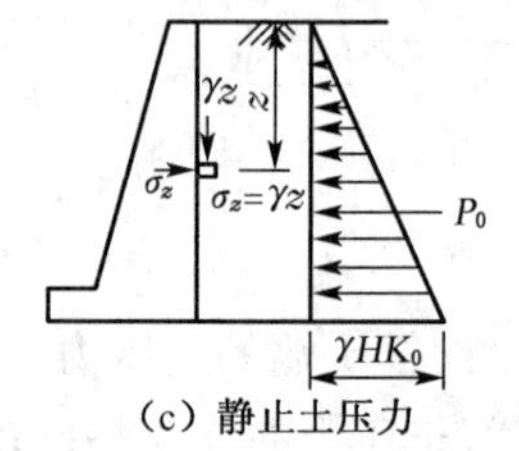

(c) 静止土压力

图 6-2 三种土压力类型

土压力的影响因素主要有土的性质、挡土墙的位移方向、挡土墙和土的相对位移量、土体与墙之间的摩擦、挡土墙类型等。其中最重要的影响因素为挡土墙和土的相对位移。图 6-3 为三种土压力与挡土墙位移的关系。已有的试验研究也均表明:在相同条件下,主动土压力小于静止土压力,而静止土压力又小于被动土压力,即:

$$E_a < E_0 < E_p$$

产生被动土压力所需的位移量 Δ_p 大大超过产生主动土压力所需的位移量 Δ_a,产生主动土压力和被动土压力所需位移量的参考值如表 6-1 所示。

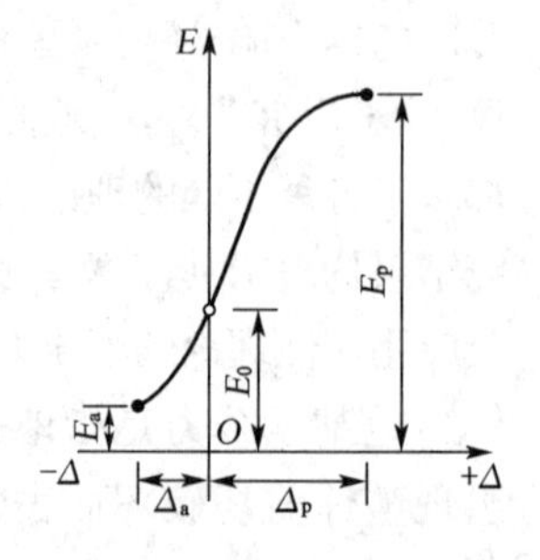

图 6-3 土压力与墙身位移关系

表 6-1 产生主动或被动土压力时所需挡土墙的位移量

土类	应力状态	挡土墙位移方式	所需位移量
砂土	主动	平移	$0.001h$
	主动	绕墙趾转动	$0.001h$
	被动	平移	$0.05h$
	被动	绕墙趾转动	$>0.1h$

续表 6-1

土类	应力状态	挡土墙位移方式	所需位移量
黏土	主动	平移	$0.004h$
	主动	绕墙趾转动	$0.004h$

注：h 为挡土墙高度。

6.2.2 静止土压力计算

计算静止土压力时，挡土墙后的填土处于弹性平衡状态。如果假设填土是半无限弹性体，由于墙体静止不动，故土体无侧向位移，这时水平向静止土压力可按水平向自重应力公式计算（如图 6-4），即：

$$\sigma_0 = K_0 \gamma z \tag{6-1}$$

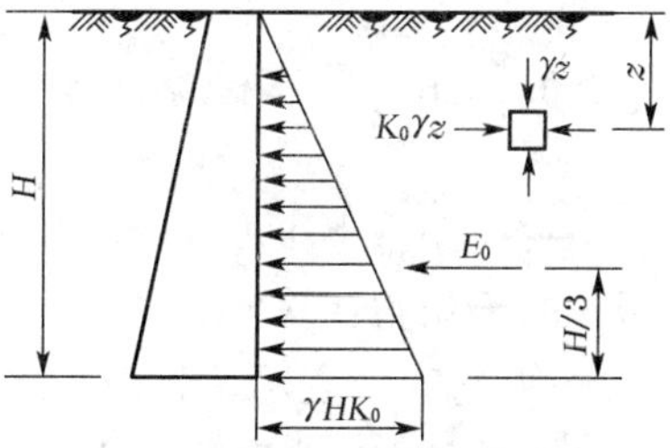

式中：K_0——静止土压力系数，或在自重应力计算中的土的静止侧向压力系数；

σ_0——静止土压力强度（kPa）；

γ——填土的重度（kN/m^3）；

z——计算点距离填土表面的深度（m）。

图 6-4 静止土压力的分布

静止土压力系数 K_0 与土的性质、密实程度等因素有关，对于砂土一般可取 0.35～0.5，黏性土通常取 0.5～0.7。对正常固结土，也可按下列半经验公式计算：

$$K_0 = 1 - \sin\varphi' \tag{6-2}$$

式中：φ'——土的有效内摩擦角（°）。

也可以参照表 6-2 取值。

表 6-2 静止土压力系数

土的类别	液限 w_L（%）	塑性指数 I_p	K_0	土的类别	液限 w_L（%）	塑性指数 I_p	K_0
饱和松砂	—	—	0.46	压实的残积黏土	—	31	0.66
饱和密砂	—	—	0.36	原状的有机质淤泥质黏土	74	45	0.57
干的密砂（$e=0.6$）	—	—	0.49	原状的高岭土	61	23	0.64～0.70
干的松砂（$e=0.8$）	—	—	0.64	原状的海相黏土(Oslo)	37	16	0.48
压实的残积黏土	—	9	0.42	灵敏黏土	34	10	0.52

表 6-2 为吴天行在《基础工程手册》一书中汇集的国外一些学者发表的有关静止土压力系数值。由表可以看出，虽然土类多样，但静止土压力系数变化不大，由式(6-2)可看出 K_0 仅为 φ' 的函数，而与土的种类无关。一般砂土 $\varphi' = 30° \sim 40°$，黏性土 $\varphi' = 20° \sim 35°$。

由公式(6-1)可以看出，静止土压力沿墙高呈三角形分布（如图 6-2(c)），如取单位墙长，则作用在墙上的静止土压力为：

$$E_0 = \frac{1}{2}\gamma h^2 K_0 \tag{6-3}$$

式中：h——挡土墙墙高(m)。

合力 E_0 的作用点在距离墙底 $h/3$ 处。

6.3 朗肯土压力理论

6.3.1 基本概念

古典朗肯土压力理论是通过研究弹性半空间体内的应力状态，根据土的极限平衡条件得出的土压力计算方法。

图 6-5(a)表示一表面为水平面的半空间，即土体向下和沿水平方向都伸展至无穷，在离地表 z 处取一单位微体 M，当整个土体都处于静止状态时，各点都处于弹性平衡状态，设土体的重度为 γ，显然 M 单元水平截面上的法向应力等于该处土的自重应力，即：

$$\sigma_z = \gamma z$$

竖直截面上的法向应力为：

$$\sigma_x = K_0 \gamma z$$

由于土体内每一竖直面都是对称面，因此竖直截面和水平截面上的剪应力都等于零，因而相应截面上的法向应力 σ_z 和 σ_x 都是主应力。

假设条件：墙顶土面水平，墙与土体间光滑，墙背与填土间无摩擦力产生，即无剪应力，墙背为主应力面。当挡土墙不出现位移处于静止状态时，墙后土体处于弹性平衡状态，作用在墙背上的应力状态与弹性半空间土体应力状态相同。在离填土面深度 z 处 $\sigma_z = \sigma_1 = \gamma z$，$\sigma_x = \sigma_3 = K_0 \gamma z$。用 σ_1 与 σ_3 作出的莫尔应力圆与土的抗剪强度曲线不相切(图 6-5(d)圆Ⅰ)。

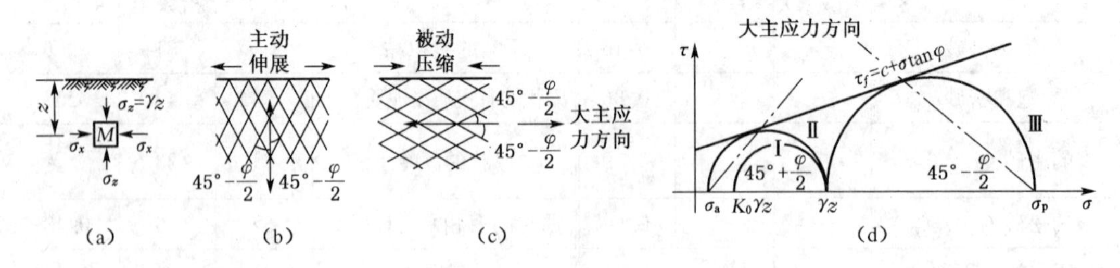

图 6-5 半空间的极限平衡状态

设想由于某种原因将使整个土体在水平方向均匀地伸展或压缩，使土体由弹性平衡状态转为塑性平衡状态，如果土体在水平方向伸展，则 M 单元在水平截面上的法向应力 σ_z 不变而竖直面上的法向应力却逐渐减小，直至满足极限平衡条件为止(称为主动朗肯状态)，此

时 σ_x 达最低限值 σ_a。因此，σ_a 是小主应力，而 σ_z 是大主应力，并且莫尔圆与抗剪强度包线相切，如图 6-5(d)圆Ⅱ所示。若土体继续伸展，则只能造成塑性流动，而不至于改变其应力状态。反之，如果土体在水平方向压缩，那么 σ_z 仍保持不变而 σ_x 却不断增加，直到满足极限平衡条件(称为被动朗肯状态)时 σ_x 达最大限值 σ_p，这时，σ_p 是大主应力而 σ_x 是小主应力，莫尔圆为图 6-5(d)中的圆Ⅲ。由于土体处于主动朗肯状态时大主应力所作用的面是水平面，故剪切破坏面与竖直面的夹角为$45°-\varphi/2$(图 6-5(b))；当土体处于被动朗肯状态时，大主应力的作用面是竖直面，故剪切破坏面与水平面的夹角为$45°-\varphi/2$(图 6-5(c))。因此，整个土体由互相平行的两簇剪切面组成。

朗肯将上述原理应用于挡土墙土压力计算中，设想用墙背直立的挡土墙代替半空间左边的土(图 6-6)，如果墙背与土的接触面上满足剪应力为零的边界条件以及产生主动或被动朗肯状态的边界变形条件，则墙后土体的应力状态不变。由此可以推导出主动和被动土压力计算公式。

6.3.2 主动土压力

由土的强度理论可知，当土体中某点处于极限平衡状态时，大主应力 σ_1 和小主应力 σ_3 之间应满足以下关系式：

黏性土
$$\sigma_1 = \sigma_3 \tan^2\left(45° + \frac{\varphi}{2}\right) + 2c\tan\left(45° + \frac{\varphi}{2}\right) \tag{6-4}$$

或
$$\sigma_3 = \sigma_1 \tan^2\left(45° - \frac{\varphi}{2}\right) - 2c\tan\left(45° - \frac{\varphi}{2}\right) \tag{6-5}$$

无黏性土
$$\sigma_1 = \sigma_3 \tan^2\left(45° + \frac{\varphi}{2}\right) \tag{6-6}$$

或
$$\sigma_3 = \sigma_1 \tan^2\left(45° - \frac{\varphi}{2}\right) \tag{6-7}$$

对于如图 6-5 所示的挡土墙，设墙背光滑、直立、填土面水平。当挡土墙偏离土体时，由于墙后土体中离地表为任意深度 z 处的竖向应力 $\sigma_z = \gamma z$ 不变，亦即大主应力不变，而水平应力 σ_x 却逐渐减小直至产生主动朗肯状态，此时 σ_x 是小主应力 σ_a，也就是主动土压力，由极限平衡条件式(6-5)和式(6-7)得：

无黏性土：
$$\sigma_a = \gamma z \tan^2\left(45° - \frac{\varphi}{2}\right) \tag{6-8}$$

或
$$\sigma_a = \gamma z K_a \tag{6-9}$$

黏性土：
$$\sigma_a = \gamma z \tan^2\left(45° - \frac{\varphi}{2}\right) - 2c\tan\left(45° - \frac{\varphi}{2}\right) \tag{6-10}$$

或
$$\sigma_a = \gamma z K_a - 2c\sqrt{K_a} \tag{6-11}$$

式中：K_a——主动土压力系数，$K_a = \tan^2\left(45° - \frac{\varphi}{2}\right)$；

γ——墙后填土的重度(kN/m³),地下水位以下用有效重度;

c——填土的黏聚力(kPa)。

由公式(6-9)可知,无黏性土的主动土压力与 z 成正比,沿墙高压力呈三角形分布,如图 6-6(b)所示,如取单位墙长计算,则主动土压力合力为:

$$E_a = \frac{1}{2}\gamma H^2 \tan^2\left(45° - \frac{\varphi}{2}\right) \tag{6-12}$$

或

$$E_a = \frac{1}{2}\gamma H^2 K_a \tag{6-13}$$

E_a 通过三角形形心,作用在离墙底 $H/3$ 处。

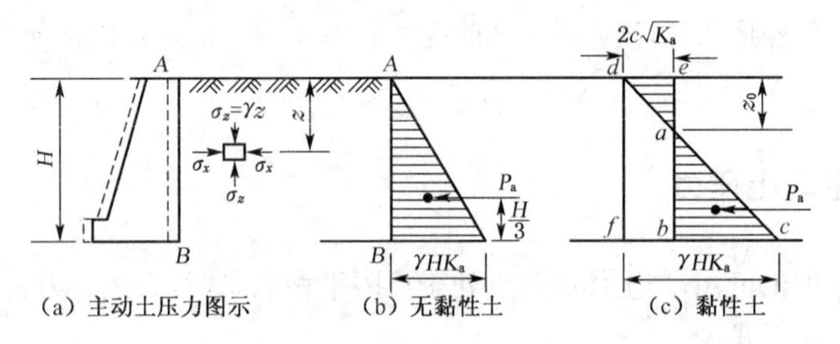

图 6-6　朗肯主动土压力分布

由公式(6-11)可知,黏性土的主动土压力包括两部分:一部分是由土自重引起的土压力 $\gamma z K_a$,另一部分是由黏聚力 c 引起的负侧压力 $2c\sqrt{K_a}$,这两部分土压力叠加的结果如图 6-6(c)所示,其中 ade 部分是负侧压力,对墙背是拉力,但实际上墙与土在很小的拉力下就会分离,故在计算土压力时这部分应略去不计,因此黏性土的土压力分布仅为 abc 部分。

a 点离填土面的深度 z_0 常称为临界深度,在填土面无荷载的条件下,可令式(6-11)为零,求得 z_0 值,即:

$$\sigma_a = \gamma z_0 K_a - 2c\sqrt{K_a} = 0$$

得临界深度:

$$z_0 = \frac{2c}{\gamma\sqrt{K_a}} \tag{6-14}$$

如取单位墙长计算,则主动土压力合力 E_a 为:

$$E_a = \frac{1}{2}(H - z_0)(\gamma H K_a - 2c\sqrt{K_a})$$

将式(6-14)代入上式后可得:

$$E_a = \frac{1}{2}\gamma H^2 K_a - 2cH\sqrt{K_a} + \frac{2c^2}{\gamma} \tag{6-15}$$

E_a 通过三角形压力分布图 abc 的形心,即作用在离墙底 $(H - z_0)/3$ 处。

6.3.3 被动土压力

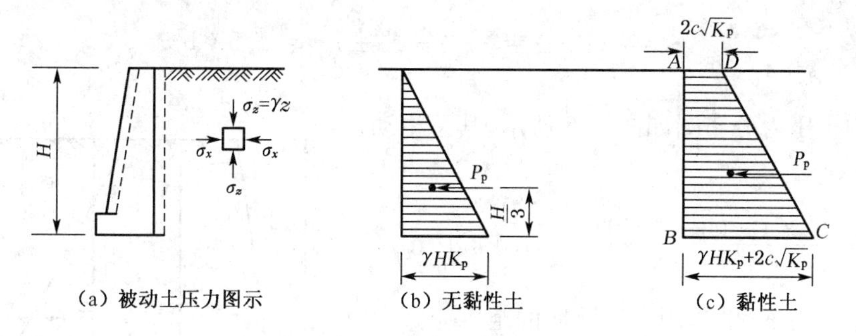

图 6-7 朗肯被动土压力分析

当墙受到外力作用而推向土体时(图 6-7(a)),墙土中任意一点的竖向应力 $\sigma_z=\gamma z$ 仍不变,而水平向应力 σ_x 却逐渐增大,直至出现被动朗肯状态,此时 σ_x 已达最大限值 σ_p,因此 σ_p 是大主应力,也就是被动土压力,而 σ_z 则是小主应力,于是由式(6-4)和式(6-6)可得:

无黏性土:
$$\sigma_p=\gamma z K_p \tag{6-16}$$

黏性土:
$$\sigma_p=\gamma z K_p+2c\sqrt{K_p} \tag{6-17}$$

式中:K_p——被动土压力系数,$K_p=\tan^2\left(45°+\frac{\varphi}{2}\right)$。

由式(6-16)和式(6-17)可知,无黏性土的被动土压力呈三角形分布(图 6-7(b)),黏性土的被动土压力则呈梯形分布(图 6-7(c))。如取单位墙长计算,则被动土压力合力 E_p 可由下式计算:

无黏性土
$$E_p=\frac{1}{2}\gamma H^2 K_p \tag{6-18}$$

黏性土
$$E_p=\frac{1}{2}\gamma H^2 K_p+2cH\sqrt{K_p} \tag{6-19}$$

被动土压力 E_p 通过三角形或梯形压力分布图的形心,可通过一次求矩得到。

【例 6-1】 已知某挡土墙,墙高 5.0 m,墙背直立、光滑,填土面水平。填土的物理力学性质指标如下:$c=10.0\,\text{kPa}$,$\varphi=20°$,$\gamma=18.0\,\text{kN/m}^3$。试求主动土压力合力及其作用点,并绘出主动土压力强度分布图。

【解】 墙背竖直光滑,填土面水平,满足朗肯条件,所以可以按照式(6-11)计算沿墙高的土压力强度。

$$K_a=\tan^2\left(45°-\frac{20°}{2}\right)=0.49$$

故地面处 $\sigma_a=\gamma z K_a-2c\sqrt{K_a}=18.0\times0\times0.49-2\times10.0\times\sqrt{0.49}=-14.00\,\text{kPa}$

墙底处 $\sigma_a = \gamma z K_a - 2c\sqrt{K_a} = 18.0 \times 5.0 \times 0.49 - 2 \times 10.0 \times \sqrt{0.49} = 30.10\ \text{kPa}$

因填土为黏性土，故须计算临界深度 z_0，由公式(6-14)可得：

$$z_0 = \frac{2c}{\gamma\sqrt{K_a}} = \frac{2 \times 10.0}{18.0 \times \sqrt{0.49}} = 1.59\ \text{m}$$

可绘制土压力分布图如图 6-8 所示，其总主动土压力为：

$$E_a = \frac{30.10 \times (5.00 - 1.59)}{2} = 51.4\ \text{kN/m}$$

主动土压力 E_a 的作用点离墙底的距离为：

$$\frac{H - z_0}{3} = \frac{5.00 - 1.59}{3} = 1.14\ \text{m}$$

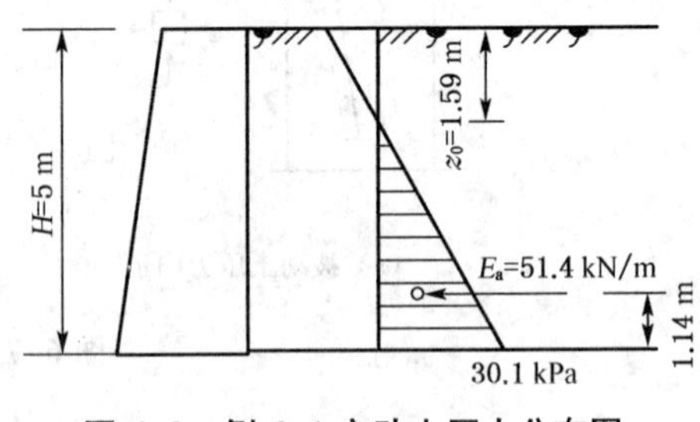

图 6-8 例 6-1 主动土压力分布图

6.3.4 其他几种情况下的土压力计算

1)填土表面有连续的均布荷载

当挡土墙后填土表面有连续均布荷载 q 作用时，一般可将均布荷载换算成位于地表以上的当量土重，即用假想的土重代替均布荷载。当填土面水平时，当量的土层厚度 h' 为：

$$h' = \frac{q}{\gamma} \tag{6-20}$$

如图 6-9 所示，再以 $h + h'$ 为墙高，按填土面无荷载情况计算土压力。如果填土为无黏性土时，墙顶 a 点的土压力强度为：

$$\sigma_{aa} = \gamma h' K_a = q K_a$$

墙底 b 点的土压力强度为：

$$\sigma_{ab} = \gamma(h + h')K_a = (q + \gamma h)K_a$$

压力分布如图 6-9 所示，实际的土压力分布为梯形 $abcd$ 部分，土压力作用点在梯形的重心。

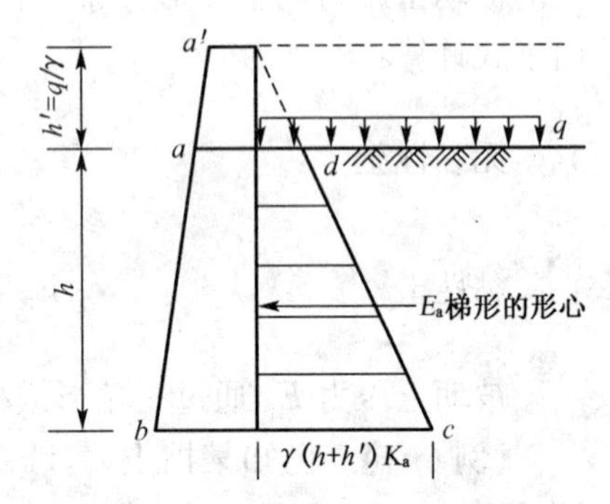

图 6-9 填土表面有连续均布荷载

因此，当填土面有均布荷载时，其土压力强度只是比在无荷载情况时增加一项 qK_a 即可。对于黏性填土情况也是一样。

2) 填土表面受局部均布荷载

当填土表面承受有局部均布荷载时，荷载对墙背的土压力强度附加值仍为 qK_a，但其分布范围很难从理论上严格规定。通常可采用近似方法处理，即从局部均布荷载的两端点 a 和 b 各作一条直线，其与水平表面成 $45° + \varphi/2$ 角，与墙背相交于 c 点和 d 点，则墙背 cd 段范围内受到 qK_a 的作用，故作用于墙背的土压力分布如图 6-10 所示。

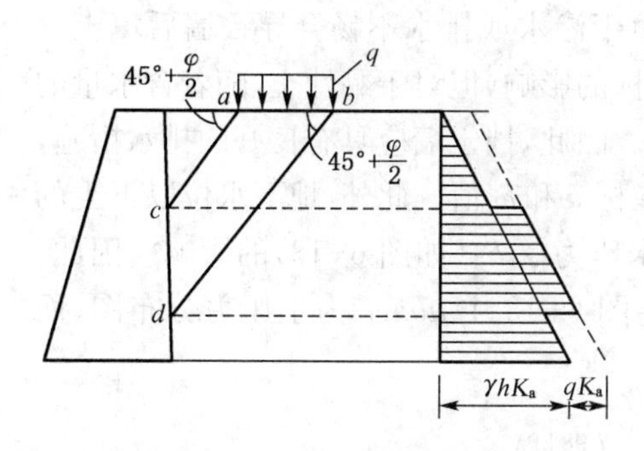

图 6-10 填土表面有局部均布荷载

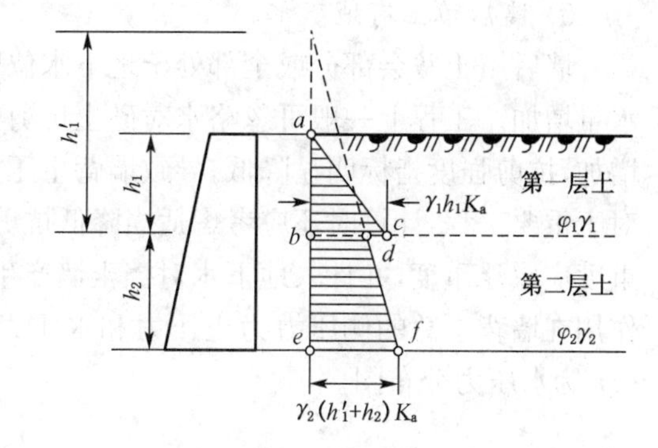

图 6-11 墙后填土成层

3) 成层填土

如图 6-11 所示，当墙后填土有几种不同种类的水平土层时，第一层土压力按均质土计算。计算第二层土压力时，将上层土按重度换算成与第二层重度相同的当量土层计算，当量土层厚度 $h'_1=h_1\gamma_1/\gamma_2$，以下各层亦同样计算。由于土的性质不同，各层土的土压力系数也不同。现以黏性土主动土压力计算为例：

第一层填土的土压力强度为：

$$\sigma_{a0}=-2c_1\sqrt{K_{a1}}\ ,\ \sigma_{a1}=\gamma_1 h_1 K_{a1}-2c_1\sqrt{K_{a1}}$$

第二层填土的土压力强度为：

$$\sigma'_{a1}=\gamma_2\frac{\gamma_1 h_1}{\gamma_2}K_{a2}-2c_2\sqrt{K_{a2}}=\gamma_1 h_1 K_{a2}-2c_2\sqrt{K_{a2}}$$

$$\sigma_{a2}=\gamma_2\left(\frac{\gamma_1 h_1}{\gamma_2}+h_2\right)K_{a2}-2c_2\sqrt{K_a}=(\gamma_1 h_1+\gamma_2 h_2)K_{a2}-2c_2\sqrt{K_{a2}}$$

对于无黏性土，只需令上述各式中 $c_1=c_2=0$ 即可。此外尚需注意，在两土层交界处因各土层土质指标不同，其土压力大小亦不同，故此时土压力强度曲线将出现突变。

4) 有限填土的土压力计算

如图 6-12 所示，当支挡结构后缘存在较陡峭的稳定岩石坡面，岩坡的坡角 $\theta>(45°+\varphi/2)$ 时，应按有限范围填土计算墙背土压力，取岩石坡面为破裂面。根据稳定岩石坡面与填土间的摩擦角，按下式计算主动土压力系数：

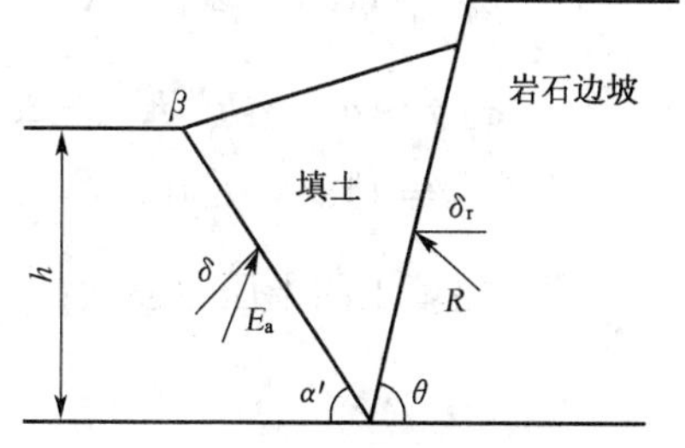

图 6-12 有限填土的土压力计算

$$K_a=\frac{\sin(\alpha'+\theta)\sin(\alpha'+\beta)\sin(\theta-\delta_r)}{\sin^2\alpha'\sin(\theta-\beta)\sin(\alpha'-\delta+\theta-\delta_r)} \tag{6-21}$$

式中：θ——稳定岩石坡面的倾角；

δ_r——稳定岩石坡面与填土间的摩擦角，按试验确定，当无试验资料时，可取 $\delta_r=0.33\varphi_k$，φ_k 为填土的内摩擦角标准值。

5）墙后填土有地下水

墙后填土常会部分或全部处于地下水位以下，由于渗水或排水不畅会导致墙后填土含水量增加。工程上一般可忽略水对砂土抗剪强度指标的影响，但对于黏性土，随着含水量的增加，抗剪强度指标明显降低，导致墙背土压力增大。因此，挡土墙应具有良好的排水措施，对于重要工程，计算时还应考虑适当降低抗剪强度指标 c 和 φ 值。此外，地下水位以下土的重度应取浮重度，并计入地下水对挡土墙产生的静水压力 $\gamma_w h_2$（如图 6-13）的影响。因此，作用在墙背上总的侧压力为土压力和水压力之和。图 6-13 中 $abdec$ 为土压力分布图，而 cef 为水压力分布图。

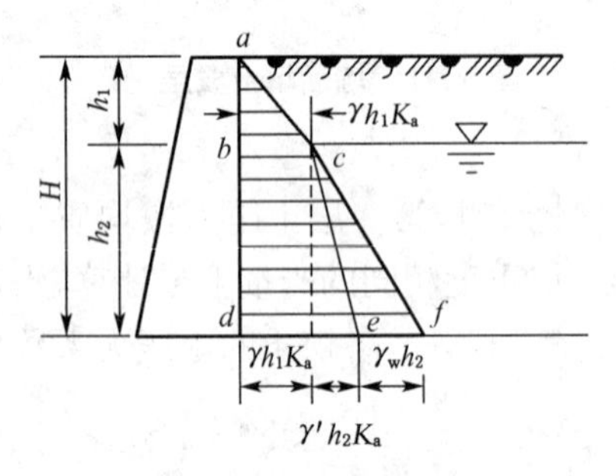

图 6-13　填土中有地下水

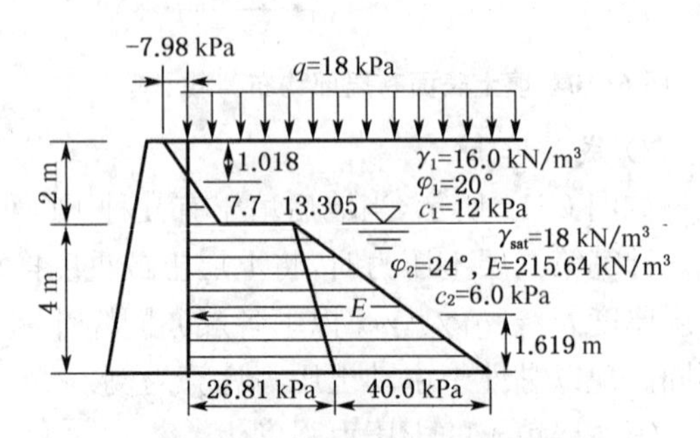

图 6-14　例 6-2 土压力分布

【例 6-2】　某挡土墙，墙高 6 m，墙背竖直、光滑，墙后填土面水平，并作用有均布荷载 $q = 18$ kPa，各填土层物理力学性质指标如图 6-14 所示。试计算该挡土墙墙背总侧压力 E 及其作用点位置，并绘出侧压力分布图。

【解】　墙背竖直、光滑，填土面水平，符合朗肯条件。首先计算第一层填土的土压力强度为：

$$K_{a1} = \tan^2\left(45° - \frac{20°}{2}\right) = 0.490$$

$$\sigma_{a0} = qK_{a1} - 2c_1\sqrt{K_{a1}} = 18 \times 0.490 - 2 \times 12 \times \sqrt{0.490} = -7.98\ \text{kPa}$$

$$\begin{aligned}\sigma_{a1} &= (q + \gamma_1 h_1)K_{a1} - 2c_1\sqrt{K_{a1}} \\ &= (18 + 16.0 \times 2) \times 0.490 - 2 \times 12 \times \sqrt{0.490} = 7.70\ \text{kPa}\end{aligned}$$

第二层填土的土压力强度：

$$K_{a2} = \tan^2\left(45° - \frac{24°}{2}\right) = 0.422$$

$$\begin{aligned}\sigma'_{a1} &= (q + \gamma_1 h_1)K_{a2} - 2c_2\sqrt{K_{a2}} \\ &= (18 + 16 \times 2) \times 0.422 - 2 \times 6 \times \sqrt{0.422} = 13.305\ \text{kPa}\end{aligned}$$

$$\begin{aligned}\sigma_{a2} &= (q + \gamma_1 h_1 + \gamma'_2 h_2)K_{a2} - 2c_2\sqrt{K_{a2}} \\ &= [18 + 16 \times 2 + (18 - 10) \times 4] \times 0.422 - 2 \times 6.0 \times \sqrt{0.422} = 26.81\ \text{kPa}\end{aligned}$$

第二层底部水压力强度　$\sigma_w = \gamma_w h_2 = 10 \times 4 = 40.00$ kPa

假设临界深度为 z_0 则 $\sigma_{az} = (q + \gamma_1 z_0)K_{a1} - 2c_1\sqrt{K_{a1}} = 0$

代入数据为 $(18 + 16 \times z_0) \times 0.490 - 2 \times 12 \times \sqrt{0.49} = 0$

解得 $z_0 = 1.018\ \text{m}$

各点的土压力强度绘于图 6-14,可见其总侧压力为:

$$E = \frac{1}{2} \times 7.70 \times (2 - 1.018) + 13.305 \times 4 + \frac{1}{2} \times (40 + 26.81 - 13.305) \times 4$$

$$= 3.78 + 53.22 + 107.01 = 164.01\ \text{kN/m}$$

总侧压力 E 至墙底的距离 x 为:

$$x = \frac{1}{164.01}\left[3.78 \times \left(4 + \frac{2 - 1.018}{3}\right) + 53.22 \times 2 + 107.01 \times \frac{4}{3}\right] = 1.619\ \text{m}$$

6.4 库仑土压力理论

6.4.1 基本假定

自库仑土压力理论提出至今,已有 200 多年的历史,但在工程界仍得到广泛的应用。库仑土压力理论是根据墙后土体处于极限平衡状态并形成一滑动楔体时,从楔体的静力平衡条件得出的,其基本假定为:①墙后土体为均质各向同性的理想散体(无黏性土);②挡土墙很长,属平面变形问题;③滑动破坏面为一平面。

库仑土压力理论适用于砂土或碎石填料的挡土墙计算,可考虑墙背倾斜、填土面倾斜以及墙背与填土间的摩擦等多种因素的影响。分析时,一般沿墙长方向取 1 m 考虑。

6.4.2 主动土压力

如图 6-15(a)所示,当墙向前移动或转动而使墙后土体沿某一破裂面 $\overline{BC}$ 破坏时,移动后如虚线所示,土楔 ABC 向下滑动而处于主动极限平衡状态。取 ABC 为脱离体,研究其

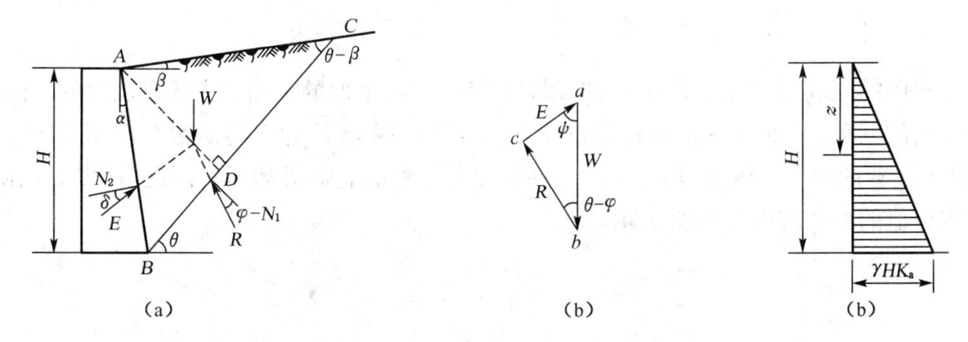

图 6-15 库仑主动土压力计算图

力的平衡条件，则土楔的平衡决定于3个力，分别是土楔自重、BC面及AB面的反力。土楔自重为W，方向垂直向下，大小由ABC面积乘以土楔的容重；滑裂面BC上作用反力R，R由两部分组成，一是W在BC面法向上的分力N，二是由于N的作用，当土楔下滑时产生的摩阻力，由于N决定于W，因此，R的方向已知，大小随W而变化。AB面的反力即为土压力E，E与墙背法线的夹角等于墙土间的摩擦角δ。土楔所受的力组成的力多边形为一封闭的三角形，如图6-15(b)所示。

(1) 重力W：由土楔体ABC引起，根据几何关系可得：

$$W = S_{\triangle ABC} \cdot \gamma = \frac{1}{2} BC \cdot AD \cdot \gamma$$

在$\triangle ABC$中，利用正弦定理可得：

$$BC = AB \cdot \frac{\sin(90^\circ - \alpha + \beta)}{\sin(\theta - \beta)}$$

其中
$$AB = \frac{H}{\cos\alpha}$$

$$AD = AB \cdot \cos(\theta - \alpha) = H \frac{\cos(\theta - \alpha)}{\cos\alpha}$$

带入得：
$$W = \frac{1}{2} BC \cdot AD \cdot \gamma = \frac{\gamma H^2}{2} \cdot \frac{\cos(\alpha - \beta)\cos(\theta - \alpha)}{\cos^2\alpha \cdot \sin(\theta - \beta)}$$

(2) 反力R：为破裂面BC上土楔体重力的法向分力与该面土体间的摩擦力的合力，其作用于BC面上，与BC面法线的夹角等于土的内摩擦角φ。当楔体下滑时，位于法线下侧。

(3) 墙背反力E：其与墙背AB法线的夹角等于土与墙体材料之间的外摩擦角δ，该力与作用在墙背上的土压力大小相等，方向相反。当楔体下滑时，该力位于法线的下侧。

土楔体ABC在上述三力作用下处于静力平衡状态，因此土楔所受的力组成的力多边形为一封闭的三角形，该三角形中所有内角已知，当土楔重量W已知时，则一边长已知，由正弦定理可得：

$$E = W \frac{\sin(\theta - \varphi)}{\sin\omega} = \frac{\gamma H^2}{2\cos^2\alpha} \cdot \frac{\cos(\alpha - \beta)\cos(\theta - \alpha)\sin(\theta - \varphi)}{\sin(\theta - \beta)\sin\omega} \tag{6-22}$$

式中 $\omega = \frac{\pi}{2} + \delta + \alpha + \varphi - \theta$

上式中的H、φ、α、γ、β、δ均为已知，滑动面BC与水平面的夹角θ为任意假定的。因此，选定不同的θ角，可得到一系列相应的土压力E值，因此E为θ的函数。而E的最大值E_{max}即为墙背的主动土压力，其对应的滑动面即是土楔最危险滑动面。因此，可以利用微分学中求极值的方法求得E的极大值，即：

$$\frac{dE}{d\theta} = 0$$

求解得到当E为极大值时填土的破坏角θ_{cr}为：

$$\theta_{cr}=\arctan\left[\frac{\sin\beta\cdot s_q+\cos(\alpha+\varphi+\delta)}{\cos\beta\cdot s_q-\sin(\alpha+\varphi+\delta)}\right]$$

式中
$$s_q=\sqrt{\frac{\cos(\alpha+\delta)\sin(\varphi+\delta)}{\cos(\alpha-\beta)\sin(\varphi-\beta)}}$$

将 θ_{cr} 代入式(6-22),经整理后可得库仑主动土压力的一般表达式为:

$$E_a=\frac{1}{2}\gamma H^2K_a \tag{6-23}$$

式中
$$K_a=\frac{\cos^2(\varphi-\alpha)}{\cos^2\alpha\cos(\alpha+\delta)\left[1+\sqrt{\frac{\sin(\varphi+\delta)\sin(\varphi-\beta)}{\cos(\alpha+\delta)\cos(\alpha-\beta)}}\right]^2} \tag{6-24}$$

其中:K_a——库仑主动土压力系数;

δ——土与墙背材料间的外摩擦角(°);

β——墙后填土面的倾角(°);

α——墙背与竖直线的夹角(°),俯斜时取正号,仰斜时取负号。

当墙背竖直 ($\alpha=0$)、光滑($\delta=0$)、填土面水平($\beta=0$) 时,式(6-24)变为:

$$K_a=\tan^2\left(45°-\frac{\varphi}{2}\right)$$

在这种条件下,库仑公式与朗肯公式完全相同。因此,朗肯理论是库仑理论的特殊情况。

沿墙高的土压力分布强度 σ_a,可通过 E_a 对 z 取导数而得到:

$$\sigma_a=\frac{dE_a}{dz}=\frac{d}{dz}\left(\frac{1}{2}\gamma z^2K_a\right)=\gamma zK_a \tag{6-25}$$

由此可见,主动土压力分布强度沿墙高呈三角形线性分布(图 6-15(c)),土压力合力的作用点离墙底 $H/3$ 处,方向与墙面的法线成 δ 角。另外需要注意,图 6-15(c)中土压力分布图只表示其数值大小,而不代表其作用方向。

6.4.3 被动土压力

当挡土墙在外力作用下挤压土体(图 6-16(a)),楔体沿破裂面向上隆起而处于极限平衡状态时,同理可得作用在楔体上的力三角形如图 6-16(b)所示。此时由于楔体上隆,E 和 R 均位于法线的上侧。按求主动土压力相同的方法可求得被动土压力 E_p 的库仑公式为:

$$E_p=\frac{1}{2}\gamma H^2K_p \tag{6-26}$$

式中
$$K_p=\frac{\cos^2(\varphi+\alpha)}{\cos^2\alpha\cos(\alpha-\delta)\left[1-\sqrt{\frac{\sin(\varphi+\delta)\sin(\varphi+\beta)}{\cos(\alpha-\delta)\cos(\alpha-\beta)}}\right]^2} \tag{6-27}$$

其中:K_p——被动土压力系数。

若墙背竖直 ($\alpha=0$)、光滑($\delta=0$) 及墙后填土面水平($\beta=0$),则式(6-27)变为:

$$K_p = \tan^2\left(45° + \frac{\varphi}{2}\right)$$

即与无黏性土的朗肯公式相同。被动土压力强度可按下式计算：

$$\sigma_p = \frac{dE_p}{dz} = \frac{d}{dz}\left(\frac{1}{2}\gamma z^2 K_p\right) = \gamma z K_p \tag{6-28}$$

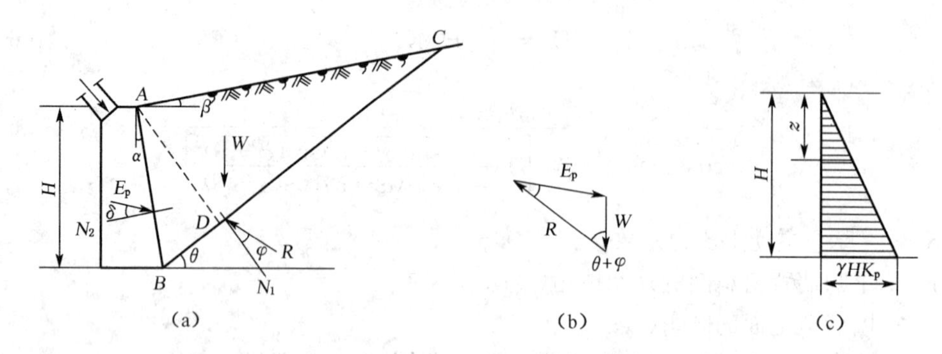

图 6-16 库仑被动土压力计算图

被动土压力强度沿墙高也呈三角形分布(图 6-16(c)),其合力作用点在距墙底 $H/3$ 处。研究发现,在被动状态库仑理论假定的平面滑裂与实际情况差异较大,一般计算的被动土压力偏大,并且其误差随着 δ 角的加大而增加。

6.4.4 黏性土的库仑土压力理论

库仑土压力理论假设墙后填土是理想的散体,从理论上说只适用于无黏性填土,没有考虑黏性土的黏聚力 c,但在实际工程中经常采用黏性土作为填料。为了考虑黏性土的黏聚力 c 对土压力的影响,在应用库仑理论时,常采用所谓的“等代内摩擦角 φ_D”来进行计算。

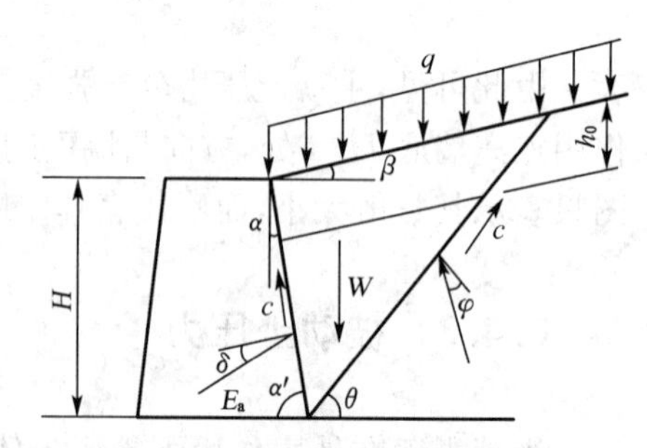

图 6-17 挡土墙的一般计算图示

常见的等代内摩擦角换算方法有:①根据经验一般黏性土取 $\varphi_D = 30° \sim 35°$;②根据土的抗剪强度相等的原则;③与朗肯土压力相等;④与朗肯土压力的力矩相等。但在使用过程中发现该方法误差较大,在低墙时偏于保守,高墙时偏于危险。因此,近年来很多学者在库仑理论的基础上,计入了墙后填土面超载、填土黏聚力、填土与墙背间的粘结力以及填土表面附近的裂缝深度等因素(如图 6-17)的影响,提出了所谓的“广义库仑理论”。根据图 6-17 所示计算图示,可导得主动土压力系数 K_a 如下:

$$K_a = \frac{\cos(\alpha-\beta)}{\cos\alpha\cos^2\psi}\{[\cos(\alpha-\beta)\cos(\alpha+\delta)+\sin(\varphi-\beta)\sin(\varphi+\delta)]k_q + 2k_2\cos\varphi\sin\psi + k_1\sin(\alpha+\varphi-\beta)\cos\psi + k_0\sin(\beta-\varphi)\cos\psi - 2\sqrt{G_1G_2}\} \tag{6-29}$$

式中
$$k_q = \frac{1}{\cos\alpha}\left[1+\frac{2q}{\gamma H}\varepsilon-\frac{h_0}{H^2}\left(h_0+\frac{2q}{\gamma}\right)\varepsilon^2\right];$$

$$k_0=\frac{h_0{}^2}{H^2}\left(1+\frac{2q}{\gamma h_0}\right)\frac{\sin\alpha}{\cos(\alpha-\beta)}\varepsilon;\quad k_1=\frac{2c'}{\gamma H\cos(\alpha-\beta)}(1-\frac{h_0}{H}\varepsilon);$$

$$k_2=\frac{2c}{\gamma H}(1-\frac{h_0}{H}\varepsilon);\quad \varepsilon=\frac{\cos\alpha\cos\beta}{\cos(\alpha-\beta)};\quad h_0=\frac{2c}{\gamma}\cdot\frac{\cos\alpha\cos\varphi}{1+\sin(\alpha-\varphi)};$$

$$G_1=k_q\sin(\delta+\varphi)\cos(\delta+\alpha)+k_2\cos\varphi+\cos\psi[k_1\cos\delta-k_0\cos(\alpha+\delta)];$$

$$G_2=k_q\cos(\alpha-\beta)\sin(\varphi-\beta)+k_2\cos\varphi;\quad \psi=\alpha+\delta+\varphi-\beta$$

其中：q——填土表面均布荷载(kPa)；

h_0——地表裂缝深度(m)；

c——填土的黏聚力(kPa)；

c'——墙背与填土间的粘结力(kPa)。

其他符号意义同前。显然，若在上式中令 $c=0$、$q=0$ 及 $c'=0$，整理后可得式(6-24)。

6.4.5 《建筑地基基础设计规范》推荐的公式

《建筑地基基础设计规范》(GB 50007—2011)推荐采用上述所谓"广义库仑理论"解答，但不计地表裂缝深度 h_0 及墙背与填土间的粘结力 c'，即在公式(6-29)中令 $h_0=0$，$c'=0$，并注意到此时墙背倾角 $\alpha=90°-\alpha'$（图 6-17），从而可得：

$$K_a=\frac{\cos(\alpha'+\beta)}{\sin^2\alpha'\sin^2(\alpha'+\beta-\varphi-\delta)}\{k_q[\sin(\alpha'+\beta)\sin(\alpha'-\delta)+\sin(\varphi-\beta)\sin(\varphi+\delta)]$$
$$+2\eta\sin\alpha'\cos\varphi\cos(\alpha'+\beta-\varphi-\delta)-2\cdot$$
$$\sqrt{[k_q\sin(\alpha'+\beta)\sin(\varphi-\beta)+\eta\sin\alpha'\cos\varphi][k_q\sin(\alpha'-\delta)\sin(\varphi+\delta)+\eta\sin\alpha'\cos\varphi]}\}$$

其中
$$k_q=1+\frac{2q}{\gamma H}\cdot\frac{\sin\alpha'\cos\beta}{\sin(\alpha'+\beta)};\quad \eta=\frac{2c}{\gamma H}$$

其他符号意义同前。

6.4.6 楔体试算法

楔体试算法是一种图解或数解法，可用于黏性填土及填土面形状不规则，并作用有集中荷载或均布荷载的情况。

该法以作用在任一破坏楔体上的力多边形为依据。如图 6-18 所示，墙背与填土间的黏聚力 $C_w=bd\times c'$，$C_s=bh_4\times c$，地表裂缝深度 $h_0=\dfrac{2c}{\gamma\sqrt{K_a}}$，当计算被动土压力时，$h_0=0$。由力多边形可得主动土压力：

$$E_a\frac{\cos(\alpha+\delta-\theta+\varphi)}{\sin(\theta-\varphi)}=W+[\sin\alpha\cot(\theta-\varphi)-\cos\alpha]C_w-[\cos\theta\cot(\theta-\varphi)+\sin\theta]C_s \tag{6-30}$$

被动土压力：

$$E_p \frac{\cos(\alpha-\delta-\theta-\varphi)}{\sin(\theta+\varphi)} = W - [\sin\alpha\cot(\theta+\varphi)-\cos\alpha]C_w + [\cos\theta\cot(\theta+\varphi)+\sin\theta]C_s \tag{6-31}$$

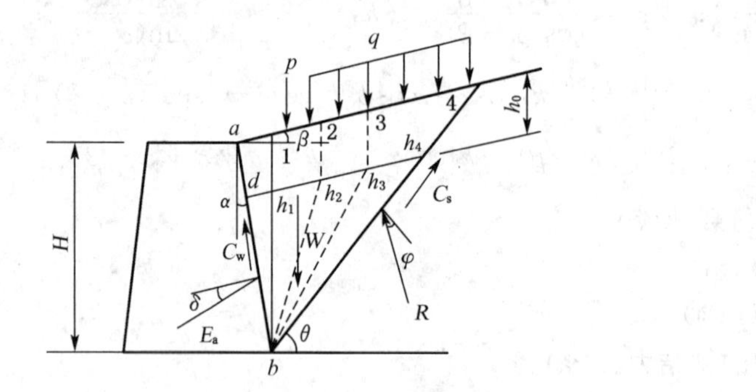

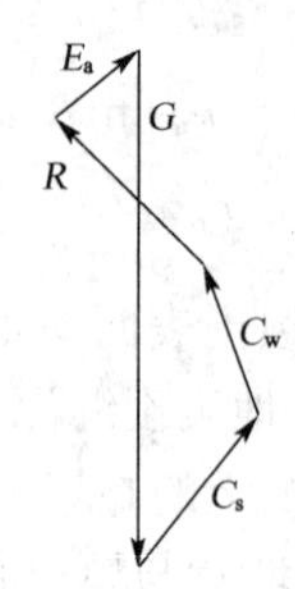

图 6-18　黏性填土的楔体试算法

具体计算步骤如下：

(1) 按比例绘出挡土墙及地表轮廓线，并计算地表裂缝深度。

(2) 将墙后土体分成若干楔体，如 $abh_1 1$，$abh_2 2$，…，并计算相应的楔体自重 W_1，W_2；…。

(3) 计算 C_w 和 C_s，一般当混凝土与土相接触时 $c' = 0.67c$；土与土相接触 $c' = c$；若不计墙背粘结力，则 $c' = 0$。

(4) 按式(6-30)或式(6-31)计算相应的 E_{a1}（或 E_{p1}），E_{a2}（或 E_{p2}），…。

(5) 比较各 $E_{ai}(E_{pi})$，取其最大（小）值即为所求的主（被）动土压力设计值 $E_a(E_p)$。

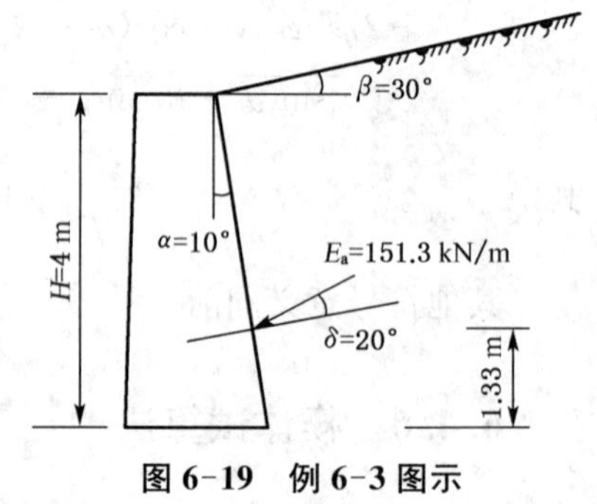

图 6-19　例 6-3 图示

【例 6-3】 挡土墙高 4 m，墙背倾斜角 $\alpha = 10°$，填土坡角 $\beta = 30°$，填土重度 $\gamma = 18\ \text{kN/m}^3$，$\varphi = 30°$，$c = 0$，填土与墙背的摩擦角 $\delta = 20°$，如图 6-19 所示。试按库仑理论求主动土压力 E_a 及其作用点。

【解】 根据 $\delta = 20°$，$\alpha = 10°$，$\beta = 30°$，$\varphi = 30°$，查表得库仑主动土压力系数 $K_a = 1.051$，得主动土压力为：

$$E_a = \frac{1}{2}\gamma H^2 K_a = \frac{1}{2} \times 18 \times 4^2 \times 1.051 = 151.3\ \text{kN/m}$$

主动土压力作用点距离墙底：$\dfrac{H}{3} = \dfrac{4}{3} = 1.33\ \text{m}$

6.4.7　土压力计算的几个应用问题

1) 朗肯理论与库仑理论的比较

朗肯土压力理论概念明确，公式简单，便于记忆，可用于黏性填土和无黏性填土，在工程中应用广泛。但必须假定墙背竖直、光滑、填土面水平，使计算条件和适用范围受到限制，并由于该理论忽略了墙背与填土之间的摩擦影响，使计算的主动土压力值偏大，被动土压力值偏小，结果偏于安全。

库仑土压力理论假设墙后填土破坏时破坏面为一平面，而实际为一曲面。实践证明，只有当墙背倾角 α 及墙背与填土间的外摩擦角 δ 较小时，主动土压力的破坏面才接近于平面，因此计算结果存在一定的偏差。通常，在计算主动土压力时偏差为 2%～10%，基本能满足工程精度要求；但计算被动土压力时，由于破裂面接近于对数螺线，计算结果误差较大，有时可达 2～3 倍甚至更大(如图 6-20)。因此，宜按有限差分解或考虑对数螺线区的塑性理论解计算，具体方法可参见有关文献。

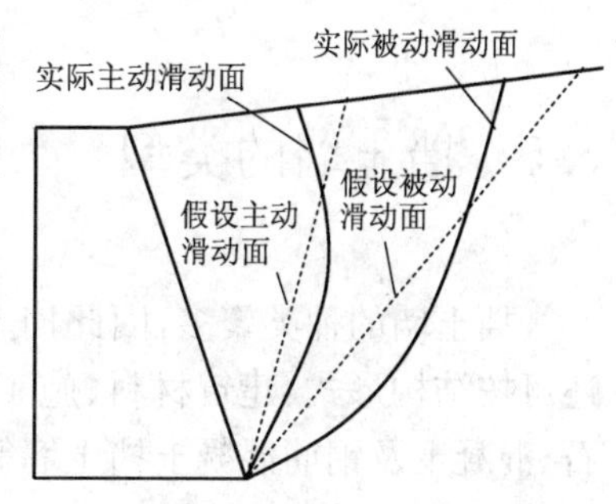

图 6-20　假设滑动面与实际滑动面比较

2) 挡土墙位移大小与方式

实际工程中，挡土墙位移的大小和方式影响着墙背土压力的大小与分布。若墙的下端不动，上端外移，墙背压力将按直线分布，总压力作用点位于墙底以上 $H/3$ 处，当上端外移达到某一限值时，墙背填土发生主动破坏，墙背呈现主动土压力。若墙的上端不动，下端外移，则位移的大小不能使墙背填土发生主动破坏，压力为曲线分布，总压力作用点位于墙底以上约 $H/2$ 处。当墙的上端和下端都向外移动时，若位移大小未使土体达主动破坏，此时压力为曲线分布，总压力作用点位于墙底以上约 $H/2$ 处；若位移超过某一限值，则填土发生主动破坏，压力为直线分布，总压力作用点将降至墙高 1/3 处。

3) 土体抗剪强度指标

填土抗剪强度指标的确定极为复杂，必须考虑挡土墙在长期工作下墙后填土状态的变化及长期强度的下降因素，方能保证挡土墙的安全。根据国外研究成果，此数值为标准抗剪强度的 1/3 左右。有的规定土的计算摩擦角为标准值减去 2°，黏聚力为标准值的 3/10～2/5。大量调查表明，该计算值与实际情况比较相符。

4) 墙背与填土的外摩擦角 δ

δ 的取值大小对计算结果影响较大。根据计算，当墙背为砂性填土，δ 从 0°提高到15°时，挡土墙的圬工体积可减小 15%～20%。其取值大小取决于墙背的粗糙程度、填土类别以及墙背的排水条件等。墙背愈粗糙，填土的 φ_k 值愈大，则 δ 也愈大。此外，δ 还与超载大小及填土面的倾角 β 成正比。一般 δ 在 0～φ 之间，如表 6-3 所示。

表 6-3　土对挡土墙墙背的外摩擦角 δ

挡土墙情况	外摩擦角 δ
墙背光滑、排水不良	$(0\sim0.33)\varphi_k$
墙背粗糙、排水良好	$(0.33\sim0.5)\varphi_k$
墙背很粗糙、排水良好	$(0.5\sim0.67)\varphi_k$
墙背与填土间不可能滑动	$(0.67\sim1.0)\varphi_k$

注：φ_k 为墙背填土的内摩擦角标准值。

6.5 挡土墙的类型

挡土墙的种类繁多,因此挡土墙类型的划分方法也较多,除按挡土墙设置位置划分外,还可按结构形式、建筑材料、施工方法及所处环境条件等进行划分。如按建筑材料可分为石、混凝土及钢筋混凝土挡土墙等;按所处环境条件可分为一般地区挡土墙、浸水地区挡土墙与地震地区挡土墙等。

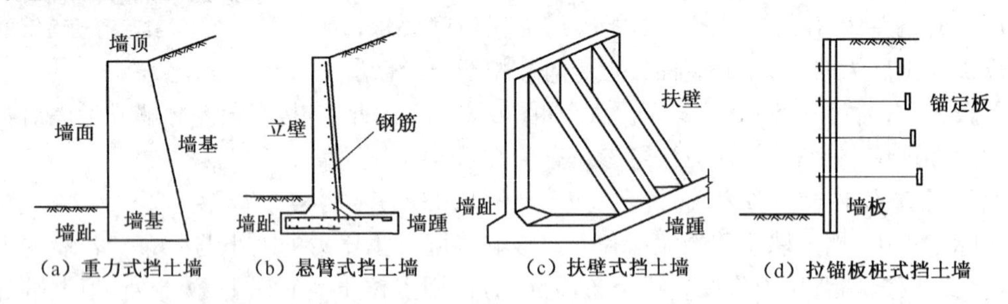

图 6-21 常见挡土墙类型

一般以挡土墙的结构形式分类为主,常见的挡土墙形式有重力式(图 6-21(a))、悬臂式(图 6-21(b))、扶壁式(图 6-21(c))、锚杆、锚定板式挡土墙(图 6-21(d)),此外,还有竖向预应力锚杆式、土钉式及桩板式(图 6-22)。各类挡土墙的适用范围取决于墙趾地形、工程地质、水文地质、建筑材料、墙的用途、施工方法、技术经济条件及当地的经验等因素。

挡土墙类型的选择应根据支挡填土或土体求得稳定平衡的需要,研究荷载的大小和方向、基础埋置的深度、地形地质条件、与既有建筑物平顺衔接、容许的不均匀沉降、可能的地震作用、墙壁的外观、环保的特殊要求、施工的难易和工程造价,综合比较后确定。

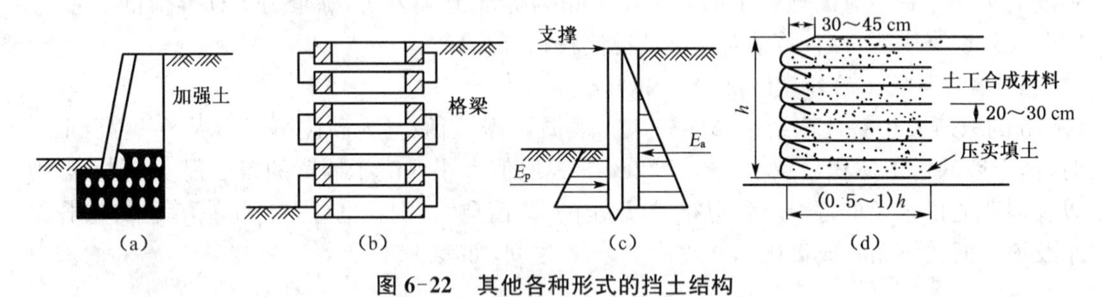

图 6-22 其他各种形式的挡土结构

6.6 重力式挡土墙

重力式挡土墙是以挡土墙自身重力来维持挡土墙在土压力作用下的稳定,是我国目前常用的一种挡土墙。重力式挡土墙可用块石、片石、混凝土预制块作为砌体,或采用片石混凝土、混凝土进行整体浇筑。半重力式挡土墙可采用混凝土或少筋混凝土浇筑。重力式挡土墙可用石砌或混凝土建成,一般做成简单的梯形。优点是结构简单,就地取材,施工方便,经济效果好。所以，重力式挡土墙在我国铁路、公路、水利、港湾、矿山等工程中得到广泛的应用。

6.6.1 重力式挡土墙类型

重力式挡土墙可根据其墙背的坡度分为仰斜、俯斜、垂直三种类型(图 6-23)。墙基的前缘称为墙趾，后缘称为墙踵。按土压力理论，仰斜墙背的主动土压力最小，而俯斜墙背的主动土压力最大，垂直墙背位于两者之间。如挡土墙修建时需要开挖，因仰斜墙背可与开挖的临时边坡相结合，而俯斜墙背后需要回填土，因此，对于支挡挖方工程的边坡，以仰斜墙背为好。反之，如果是填方工程，则宜用俯斜墙背或垂直墙背，以便填土易夯实。在个别情况下，为减小土压力，采用仰斜墙也是可行的，但应注意墙背附近的回填土质量。当墙前原有地形比较平坦，用仰斜墙比较合理；若原有地形较陡，用仰斜墙会使墙身增高很多，此时宜采用垂直墙或俯斜墙。

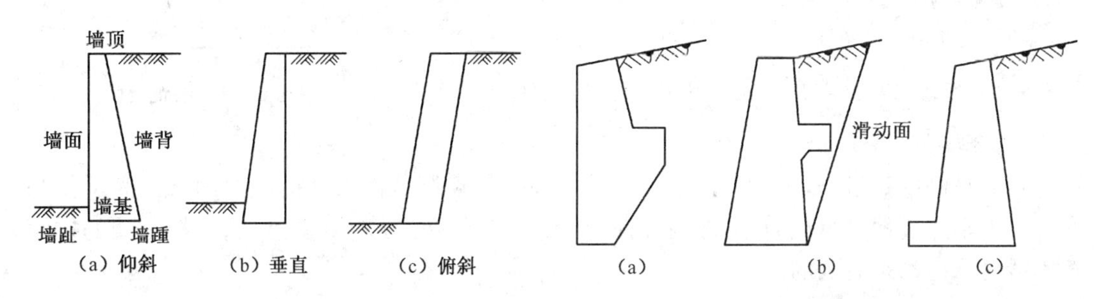

图 6-23 重力式挡土墙形式

图 6-24 几种特殊重力式挡土墙

为减小作用在挡土墙墙背上的主动土压力，除了采用上述仰斜式挡土墙外还可以选择衡重式挡土墙(图 6-24(a))。这种挡土墙的墙背型式有利于减小主动土压力、增大抗倾覆能力，因而应用甚多。此外，还可以采用图 6-24(b)所示的减压平台。减压平台一般设在墙背中部附近并向后伸出，最好伸到滑动面附近。减压平台以下部分墙背所受的土压力仅与台下填土的重量有关。当挡土墙的抗滑稳定性不能满足设计要求时，可考虑将基底做成逆坡；为了减小基底压力，还可以加墙趾台阶，这样也有利于墙的抗倾覆稳定(图 6-24(c))。

6.6.2 重力式挡土墙类型的选择

选择合理的挡土墙墙型，对挡土墙的设计具有重要意义。

1) 使墙后土压力最小

6.6.1 节已经介绍过，重力式挡土墙按墙背的倾斜情况分为仰斜、垂直和俯斜三种。仰斜墙主动土压力最小，俯斜墙被动土压力最大，垂直墙主动土压力处于仰斜和俯斜之间，因此仰斜墙较为合理，墙身截面设计较为经济，应优先考虑应用。在进行墙背的倾斜型式选择时，还应根据使用要求、地形条件和施工等情况综合考虑确定。

2) 墙的背坡和面坡的选择

在墙前地面坡度较陡处，墙面坡可取 1∶0.05～1∶0.2，也可采用直立的截面。当墙前地形较平坦时，对于中、高挡土墙，墙面坡可用较缓坡度，但不宜缓于 1∶0.4，以免增高墙身或增加开挖宽度。仰斜墙墙背坡愈缓，则主动土压力愈小。但为了避免施工困难，墙背仰斜时其倾斜度一般不宜缓于 1∶0.25，面坡应尽量与背坡平行(图 6-25)。

3) 基底逆坡坡度

在墙体稳定性验算中，倾覆稳定较易满足要求，而滑动稳定常不易满足要求。为了增加墙身的抗滑稳定性，将基底做成逆坡是一种有效的办法(图 6-26)。对于土质地基的基底逆坡一般不宜大于 0.1∶1(n∶1)。对于岩石地基一般不宜大于 0.2∶1。由于基底倾斜，会使基底承载力减少，因此需将地基承载力特征值折减。当基底逆坡为 0.1∶1 时，折减系数为 0.9；当基底逆坡为 0.2∶1 时，折减系数为 0.8。

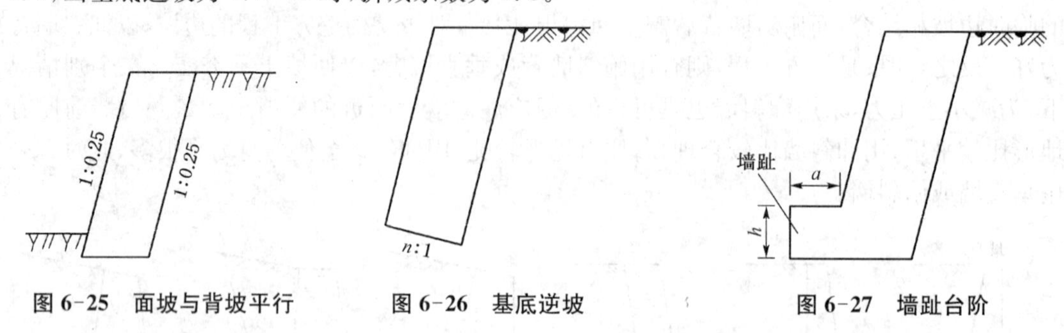

图 6-25　面坡与背坡平行　　图 6-26　基底逆坡　　图 6-27　墙趾台阶

4) 墙趾台阶

当墙身高度超过一定限度时，基底压应力往往是控制截面尺寸的重要因素。为了使基底压应力不超过地基承载力，可加墙趾台阶(图 6-27)，以扩大基底宽度，这对挡土墙的抗倾覆和滑动稳定都是有利的。

墙趾高 h 和墙趾宽 a 的比例可取 $h : a = 2 : 1$。a 不得小于 20 cm。墙趾台阶的夹角一般应保持直角或钝角，若为锐角时不宜小于60°。此外，基底法向反力的偏心距必须满足 $e \leqslant 0.25b$ (b 为无台阶时的基底宽度)。

6.6.3　重力式挡土墙的构造

1) 挡土墙的埋置深度

挡土墙的埋置深度(如基底倾斜，则按最浅的墙趾处计算)，应根据持力层地基土的承载力、冻结因素确定。土质地基一般不小于 0.5 m。若基底土为软弱土层时，则按实际情况将基础尺寸加深加宽，或采用换土、桩基或其他人工地基等，如基底层为岩石、大块碎石、砾砂、粗砂、中砂等，则挡土墙基础埋置深度与冻土层深度无关(一般挡土墙基础埋置在冻土层以下 0.25 m 处)；若基底为风化岩层时，除应将其全部清除外，一般应加挖 0.15～0.25 m。如基底为基岩，则挡土墙嵌入岩层的尺寸应不小于表 6-4 的规定。

表 6-4　挡土墙基础嵌入岩层尺寸表

基底岩层名称	h(m)	l(m)	示意图
石灰岩、砂岩及玄武岩	0.25	0.25～0.5	基岩 h l
页岩、砂岩交互层等	0.60	0.6～1.5	
松软岩石，如千枚岩等	1.0	1.0～2.0	
砂岩砾岩等	≥1.0	1.5～2.5	

2）墙身构造

挡土墙各部分的构造必须符合强度和稳定的要求，并根据就地取材、经济合理、施工方便、按地质地形等条件确定。一般块石挡土墙顶宽不应小于 0.4 m。

3）排水措施

雨季时节，雨水沿坡下流。如果在设计挡土墙时没有考虑排水措施或因排水不良，就将使墙后土体的抗剪强度降低，导致土压力的增加。此外，由于墙背积水，又增加了水压力。这是造成挡土墙倒塌的主要原因。

为了使墙后积水易于排出，通常在墙身布置适当数量的泄水孔，图 6-28 为两个排水较好的方案。泄水孔的尺寸根据排水量而定，可分别采用 50 mm × 100 mm、100 mm × 100 mm、150 mm × 200 mm 的矩形孔，或采用 50～100 mm 的圆孔。孔眼间距为 2～3 m。若挡土墙高度大于 12 m，则应根据不同高度加设泄水孔。当墙后渗水量较大，为了减少动水压力对墙身的影响，应增密泄水孔，加大泄水孔尺寸或增设纵向排水措施。在泄水孔附近应用卵石、碎石或块石材料覆盖，做滤水层，以防泥砂淤塞。为了防止墙后积水渗入地基，应在最低泄水孔下部铺设黏土层并夯实，并设散水或排水沟，如图 6-28 所示。

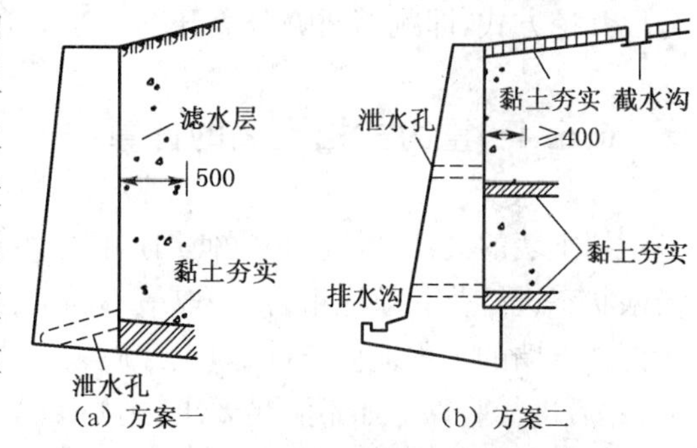

图 6-28 挡土墙的排水措施

4）填土质量要求

选择质量好的填料以及保证填土的密实度是挡土墙施工的两个关键问题。根据土压力理论进行分析，为了使作用在挡土墙上的土压力最小，应该选择抗剪强度高、性质稳定、透水性好的粗颗粒材料作填料，例如卵石、砾石、粗砂、中砂等，并要求这些材料含泥量小。如果施工质量得到保证，填料的内摩擦力大，对挡土墙产生的主动土压力就较小。

在工程上实际的回填土往往含有黏性土，这时应适当混入碎石，以便易于夯实和提高其抗剪强度。对于重要的、高度较大的挡土墙，用黏性土作回填土料是不合适的，因为黏性土遇水体积会膨胀，干燥时又会收缩，性质不稳定，由于交错膨胀与收缩可在挡土墙上产生较大的侧应力，这种侧应力在设计中是无法考虑的，因此会使挡土墙遭到破坏。

不能用的回填土为淤泥、耕植土、成块的硬黏土和膨胀性黏土，回填土中还不应夹杂有大的冻结土块、木块和其他杂物，因为这类土产生的土压力大，对挡土墙的稳定极为不利。

对于常用的砖、石挡土墙，当砌筑的砂浆达到强度的 70%时方可回填，回填土应分层夯实。

5）沉降缝和伸缩缝

由于墙高、墙后土压力及地基压缩性的差异，挡土墙宜设置沉降缝；为了避免因混凝土及砖石砌体的收缩硬化和温度变化等作用引起的破裂，挡土墙宜设置伸缩缝。沉降缝与伸缩缝实际上是同时设置的，可把沉降缝兼作伸缩缝，一般每隔 10～20 m 设置一道，缝宽约 2 cm，缝内嵌填柔性防水材料。

6）挡土墙的材料要求

石料：石料应经过挑选，在力学性质、颗粒大小和新鲜程度等方面要求一致，不应有过分破碎、风化外壳或严重的裂缝。

砂浆：挡土墙应采用水泥砂浆，只有在特殊条件下才采用水泥石灰砂浆、水泥黏土砂浆和石灰砂浆等。在选择砂浆强度等级时，除应满足墙身计算所需的砂浆强度等级外，在构造上还应符合有关规则要求。在9度地震区，砂浆强度等级应比计算结果提高一级。

7）挡土墙的砌筑质量

挡土墙施工必须重视墙体砌筑质量。挡土墙基础若置于岩层上，应将岩层表面风化部分清除。条石砌筑的挡土墙，多采用一顺一丁砌筑方法，上下错缝，也有少数采用全丁全顺相互交替的做法，一般应该保证搭缝良好，砌稳安正。采用毛石砌筑的挡土墙，除尽量采用石块自然形状，保证各轮丁顺交替、上下错缝的砌法外，还要严格保证砂浆水灰比符合要求、填缝紧密、灰浆饱满，确保每一块石料安稳砌正，墙体稳固。砌料应紧靠基坑侧壁，使之与岩层结成整体，待砌浆强度达到70%以上时方可进行墙后填土。

在松散坡积层地段修筑挡土墙，不宜整段开挖，以免在墙完工前土体滑下；宜采用马口分段开挖方式，即跳槽间隔分段开挖。施工前应先做好地面排水。

6.6.4 重力式挡土墙的计算

挡土墙的设计计算应根据使用过程中可能出现的荷载，按承载力极限状态和正常使用极限状态进行荷载效应组合，并取最不利组合进行设计。截面尺寸一般按试算法确定，即先根据挡土墙的工程地质条件、填土性质以及墙身材料和施工条件等凭经验初步拟定截面尺寸，然后进行验算。如不满足要求，则修改截面尺寸或采取其他措施。

根据《建筑地基基础设计规范》，挡土墙基底面积及埋深按地基承载力确定，传至基础底面的荷载效应应按正常使用极限状态下荷载效应的标准组合。土体自重、墙体自重均按实际的重力密度计算，在地下水位以下时应扣去水的浮力，相应的抗力应采用地基承载力特征值。

计算挡土墙的土压力应采用承载能力极限状态荷载效应基本组合，但荷载效应组合设计值S中荷载分项系数均为1.0；但在计算挡土墙内力、确定配筋和验算材料强度时，上部结构传来的荷载效应组合和相应的基底反力，应按承载能力极限状态下荷载效应的基本组合，采用相应的荷载系数，即永久荷载对结构不利时分项系数取1.35，对结构有利时取1.0。

此外，在挡土墙设计中，波浪力、冰压力和冻胀力不同时计算。当墙身有泄水孔、墙后回填渗水的砂土时，墙前、后水位接近平衡。填料浸水后，受到水的减重作用，计算时应计入墙身浸水的上浮力及填料的减重作用。但应注意墙前、后水位的急剧变化，将会引起较大的动水压力作用。

挡土墙的计算通常包括：①抗倾覆验算；②抗滑移验算；③地基承载力验算；④墙身强度验算；⑤抗震计算。

1）挡土墙抗倾覆稳定性验算

研究表明，挡土墙的破坏大部分是倾覆破坏。在抗倾覆稳定验算中，将土压力E_a分解为水平分力E_{ax}和垂直分力E_{az}（图6-29），显然，对墙趾O点的倾覆力矩为$E_{ax}\cdot z_f$，而抗倾覆力矩则为$G\cdot x_0+E_{az}\cdot x_f$。为了保证挡土墙的稳定，必须要求抗倾覆安全系数$K_t$（$O$点的抗倾覆力矩与倾覆力矩之比）$\geqslant 1.6$，即

$$K_t=\frac{Gx_0+E_{az}x_f}{E_{ax}z_f}\geqslant 1.6 \qquad (6-32)$$

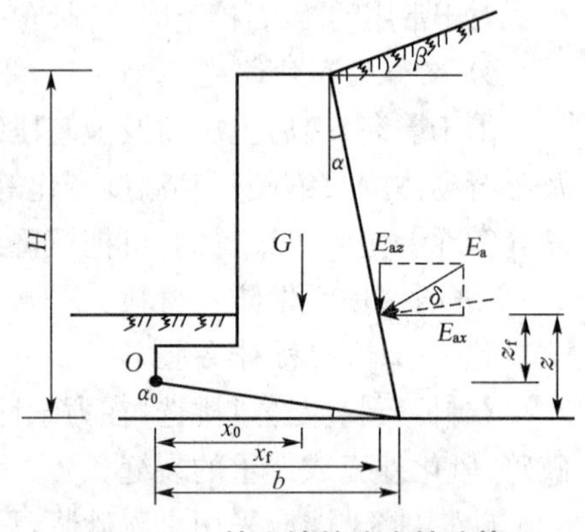

图6-29 挡土墙的稳定性验算

式中：E_{ax}——E_a 的水平分力(kN/m)，$E_{ax}=E_a\cos(\alpha+\delta)$；

E_{az}——E_a 的竖向分力(kN/m)，$E_{az}=E_a\sin(\alpha+\delta)$；

G——挡土墙每延米自重(kN/m)；

x_f——土压力作用点离 O 点水平距离(m)，$x_f=b-z\tan\alpha$；

z_f——土压力作用点离 O 点的高度(m)，$z_f=z-b\tan\alpha_0$；

x_0——挡土墙重心离墙趾的水平距离(m)；

α_0——挡土墙的基底倾角(°)；

b——基底的水平投影宽度(m)；

z——土压力作用点离墙踵的高度(m)。

在软弱地基上倾覆时，墙趾可能陷入土中，使力矩中心点内移，导致抗倾覆安全系数降低，有时甚至会沿圆弧滑动而发生整体破坏，因此验算时应注意土的压缩性。

若验算结果不能满足式(6-32)要求时，可按以下措施处理：①增大挡土墙断面尺寸，使 G 增大，但工程量也相应增大；②加大 x_0，伸长墙趾。但墙趾过长时，若厚度不够，则需配置钢筋；③ 墙背做成仰斜，可减小土压力；④在挡土墙垂直墙背上做卸荷台，形状如牛腿(图 6-30)，则平台以上土压力不能传到平台以下，总土压力减小 故抗倾覆稳定性增大。

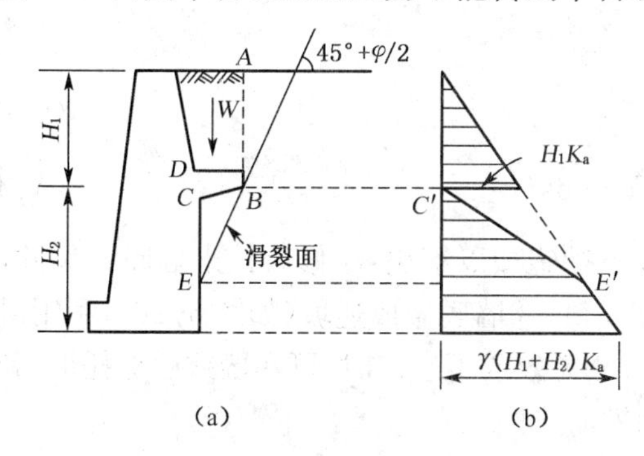

图 6-30 有卸荷台的挡土墙

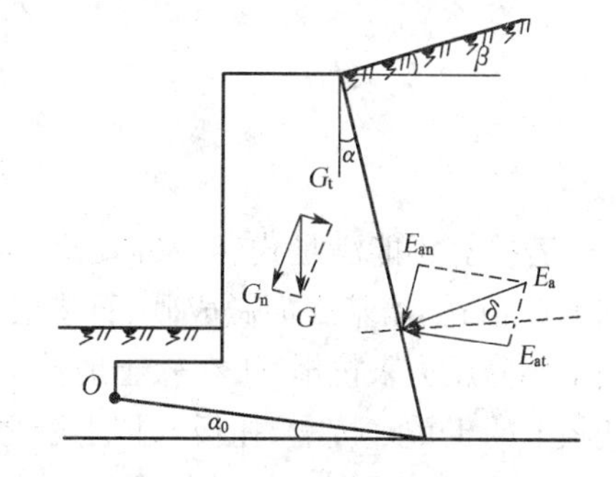

图 6-31 挡土墙的抗滑移验算

2) 挡土墙抗滑动稳定性验算

在土压力作用下，挡土墙也可能沿基础底面发生滑动。在抗滑移稳定验算中，如图 6-31 所示的挡土墙，将主动土压力 E_a 及挡土墙重力 G 各分解为平行与垂直于基底的两个分力，滑移力为 E_{at}，抗滑移力为 E_{an} 及 G_n 在基底产生的摩擦力。为防止发生滑动破坏，要求基底的抗滑安全系数 K_s(抗滑力与滑动力之比) $\geqslant 1.3$，即：

$$K_s=\frac{(G_n+E_{an})\mu}{E_{at}-G_t}\geqslant 1.3 \tag{6-33}$$

式中：K_s——抗滑移安全系数；

G_n——挡土墙自重在垂直于基底平面方向的分力(kN)，$G_n=G\cos\alpha_0$；

G_t——挡土墙自重在平行于基底平面方向的分力(kN)，$G_t=G\sin\alpha_0$；

E_{an}——E_a 在垂直于基底平面方向的分力(kN)，$E_{an}=E_a\sin(\alpha+\alpha_0+\delta)$；

E_{at}——E_a 在平行于基底平面方向的分力(kN)，$E_{at}=E_a\cos(\alpha+\alpha_0+\delta)$；

μ——土对挡土墙基底的摩擦系数，宜按试验确定，也可以按表 6-5 选用。

表 6-5 土对挡土墙基底的摩擦系数 μ

土的类别		摩擦系数 μ
黏性土	可塑	0.25～0.30
	硬塑	0.30～0.35
	坚硬	0.35～0.45
粉土		0.30～0.40
中砂、粗砂、砾砂		0.40～0.50
碎石土		0.40～0.60
软质岩石		0.40～0.60
表面粗糙的硬质岩石		0.65～0.75

注:① 对易风化的软质岩石和 $I_p > 22$ 的黏性土,μ 值应通过试验测定。
② 对碎石土,可根据其密实度、填充物状况、风化程度等确定。

若墙背为垂直时,则 $\alpha = 90°$;基底水平时,$\alpha_0 = 0$。那么

$$G_n = G, \quad G_t = 0$$

$$E_{an} = E_a \cdot \sin\delta \tag{6-34}$$

$$E_{at} = E_a \cdot \cos\delta \tag{6-35}$$

若验算不能满足式(6-33)要求,可采取以下措施加以解决:①修改挡土墙断面尺寸,以加大 G 值;②墙基底面做成砂、石垫层,以提高 μ 值;③墙底做成逆坡(如图 6-26),利用滑动面上部分反力来抗滑;④在软土地基上,其他方法无效或不经济时,可在墙踵后加托板,利用托板上的土重来抗滑,托板与挡土墙之间应用钢筋连接。

3) 挡土墙地基承载力验算

挡土墙地基承载力验算与一般偏心受压基础验算方法相同,先求出作用在基底上的合力及其合力的作用点位置。挡土墙重力 G 与土压力 E_a 的合力 E 可用平行四边形法则求得。如图 6-32 所示,将合力 E 的作用线延长与基底相交于点 m,在 m 点处将合力 E 再分解为两个分力 E_n 及 E_t,其中 E_n 为垂直于基底的分力(即为作用在基底上的垂直合力 N),对基底形心的偏心距为 e,可根据偏心受压计算公式计算基底压力并进行验算(图 6-33)。

$$E = \sqrt{G^2 + E_a^2 + 2G \cdot E_a \cdot \cos(\alpha - \delta)} \tag{6-36}$$

$$\tan\theta = \frac{G \cdot \sin(\alpha - \delta)}{E_a + G\cos(\alpha - \delta)} \tag{6-37}$$

垂直于基底的分力为:

$$E_n = E \cdot \cos(\alpha - \alpha_0 - \theta - \delta) \tag{6-38}$$

$$E_t = E \cdot \sin(\alpha - \alpha_0 - \theta - \delta) \tag{6-39}$$

如图 6-33 所示,可按下述方法求出基底合力 N 的偏心距 e:先将主动土压力分解为垂直分力 E_{az} 与水平分力 E_{ax},然后将各力 G、E_{az}、E_{ax} 及 N 对墙踵 O 点取矩,根据合力矩等于各分力矩之和的原理,便可求得合力 N 作用点对 O 点的距离 c 及对基底形心的偏心距 e。

$$N \cdot c = Gx_0 + E_{az} \cdot x_f - E_{ax} \cdot z_f$$

$$c = \frac{Gx_0 + E_{az} \cdot x_f - E_{ax} \cdot z_f}{N} \tag{6-40}$$

$$e = \frac{b'}{2} - c \tag{6-41}$$

$$b' = \frac{b}{\cos\alpha_0} \tag{6-42}$$

式中：b'——基底斜向宽度。

验算挡土墙的地基承载力按下式进行：

当偏心距 $e \leqslant \frac{b'}{6}$ 时，基底压力呈梯形或三角形分布（如图 6-33）。

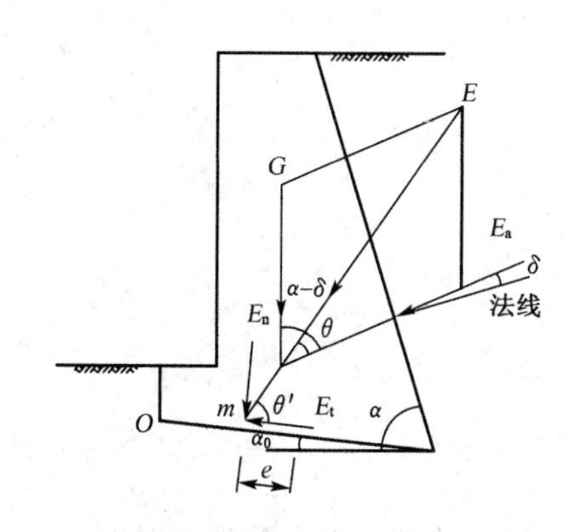

图 6-32 地基承载力验算（一）

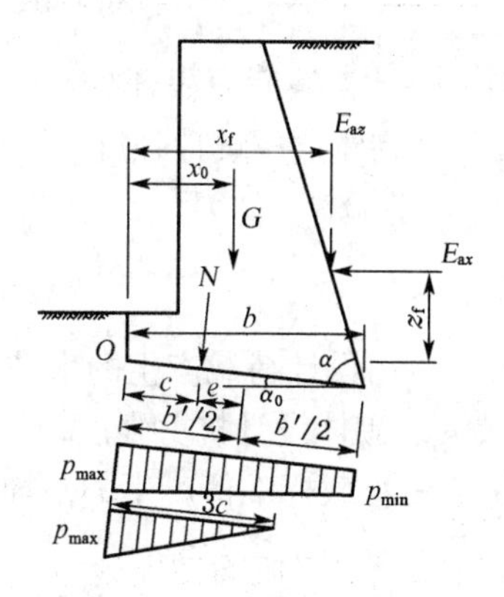

图6-33 地基承载力验算（二）

$$p_{\min}^{\max} = \frac{N}{b'}\left(1 \pm \frac{6e}{b'}\right) \leqslant 1.2f_a \tag{6-43}$$

当偏心距 $e > \frac{b'}{6}$ 时，则基底压力呈三角形分布（如图 6-33）。

$$p_{\max} = \frac{2N}{3c} \leqslant 1.2f_a \tag{6-44}$$

式中：f_a——修正后的地基承载力特征值，当基底倾斜时，应乘以 0.8 的折减系数。

若挡土墙墙背垂直、基底水平时，则 $\alpha = 90°$，$\alpha_0 = 0$，$b' = b$，将它们代入上述各式计算，此时 N 垂直基底水平宽度 b、c 及 e 均为水平距离。

当基底压力超过地基土的承载力特征值时，可增大底面宽度。

4）挡土墙墙身强度验算

重力式挡土墙一般用毛石砌筑，需验算任意墙身截面处的法向应力和剪切应力，这些应力应小于墙身材料极限承载力。对于截面转折或急剧变化的地方，应分别进行验算。就是说，墙身强度验算取墙身薄弱截面进行，如图 6-34 所示取

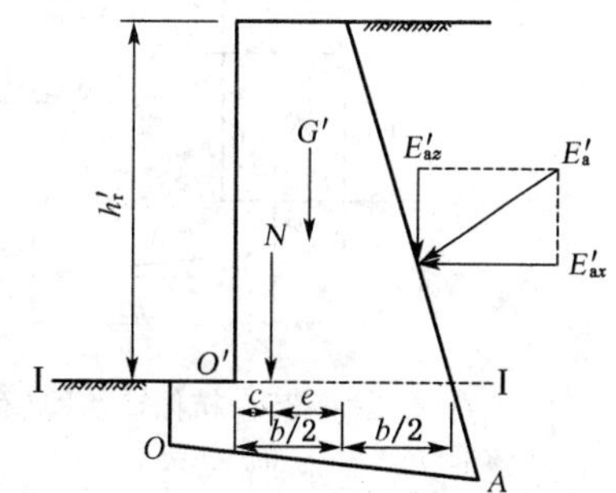

图 6-34 墙身强度验算

截面Ⅰ-Ⅰ,首先计算墙高为h_r'时的土压力E_a'及墙身重G',用前面的方法求出合力N及其作用点,然后按砌体受压公式进行验算。

(1) 抗压验算

$$N \leqslant \gamma_a \cdot \psi \cdot A \cdot f \tag{6-45}$$

式中:N——由设计荷载产生的纵向力;

γ_a——结构构件的设计抗力调整系数,取$\gamma_a = 1.0$;

ψ——纵向力影响系数,根据砂浆强度等级β、e/h查表求得;

β——高厚比$\beta = H_0/h$,在求纵向力影响系数时先对β值乘以砌体系数,对粗料石和毛石砌体为1.5,H_0为计算墙高取$2h_r'$(h_r'为墙高),h为墙的平均厚度;

e——纵向力的计算偏心距$e = e_k + e_a$,e_k为标准荷载产生的偏心距,e_a为附加的偏心距,$e_a = \dfrac{h_r}{300} \leqslant 20\ \text{mm}$;

A——计算截面面积,取1 m长度;

f——砌体抗压设计强度。

(2) 抗剪验算

$$Q \leqslant \gamma_a(f_v + 0.18\sigma_u) \cdot A \tag{6-46}$$

式中:Q——由设计荷载产生的水平荷载;

f_v——砌体设计抗剪强度;

σ_u——恒载标准值产生的平均压应力。

5) 挡土墙的抗震计算

计算地震区挡土墙时需考虑两种情况,即有地震时的挡土墙和无地震时的挡土墙。在这两种情况的计算结果中,选用其中墙截面较大者。这是因为在考虑地震附加组合时,安全度降低。有时算出的墙截面可能反而比无地震时的小,此时,应选用无地震时的墙截面。

(1) 抗倾覆验算(如图6-35)

$$K_t = \frac{G \cdot x_0 + E_{az} \cdot x_f}{E_{ax} \cdot z_f + F \cdot z_w} \geqslant 1.2 \tag{6-47}$$

(2) 抗滑移验算(如图6-36)

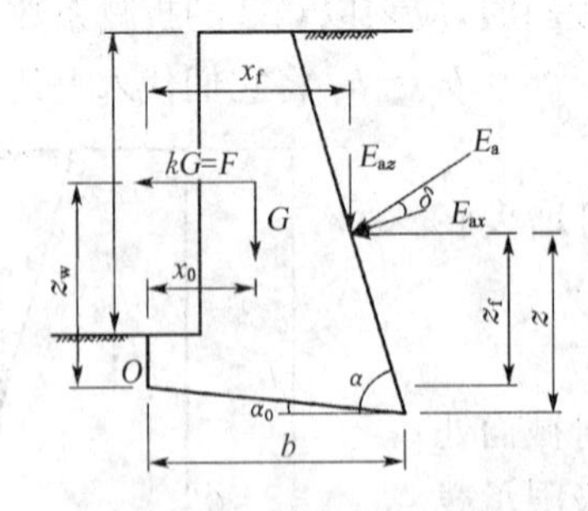

图6-35 抗倾覆验算(有地震力)

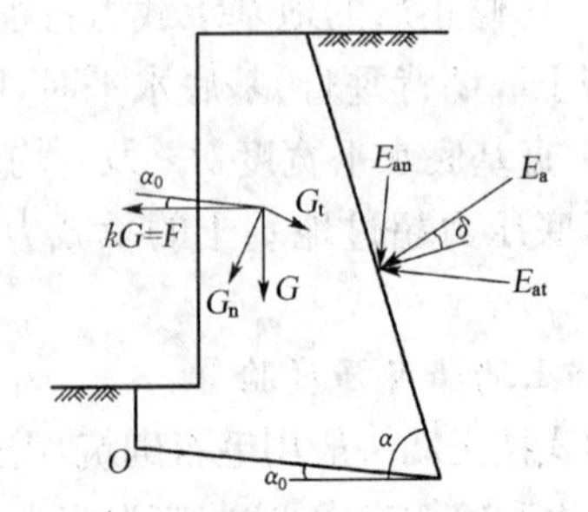

图6-36 抗滑移验算(有地震力)

$$K_s = \frac{(G_n + E_{an} + F \cdot \sin\alpha_0)\mu}{E_{at} - G_t + F\cos\alpha_0} \geqslant 1.2 \tag{6-48}$$

式中：F——地震力，$F = k \cdot G$。

(3) 地基承载力验算(如图 6-37)

当基底合力的偏心距 $e \leqslant \dfrac{b'}{6}$ 时：

$$p_{\min}^{\max} = \frac{N + F\sin\alpha_0}{b'}\left(1 \pm \frac{6e}{b'}\right) \leqslant 1.2 f_a \tag{6-49}$$

当地基合力的偏心距 $e > \dfrac{b'}{6}$ 时：

$$p_{\max} = \frac{2(N + F\sin\alpha_0)}{3c} \leqslant 1.2 f_a \tag{6-50}$$

式中

$$c = \frac{Gx_0 + E_{ax} \cdot x_f - E_{ax} \cdot z_f - F \cdot z_w}{N + F\sin\alpha_0} \tag{6-51}$$

(4) 墙身强度验算(如图 6-38)

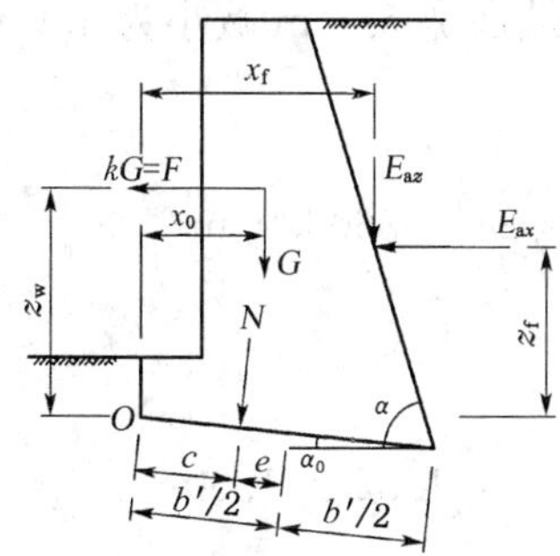

图 6-37 地基承载力验算(有地震力)

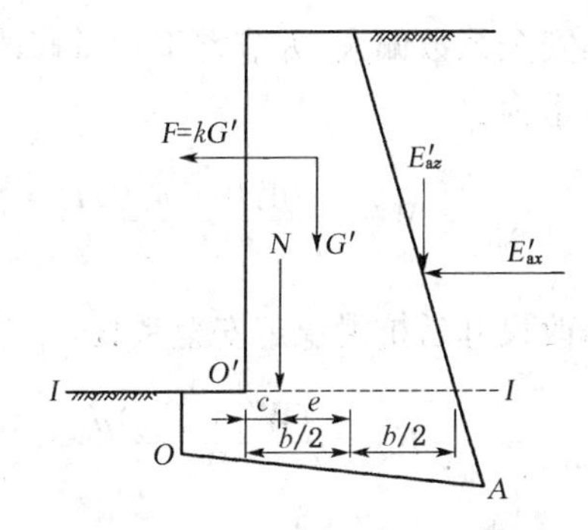

图 6-38 墙身强度验算(有地震力)

① 抗压验算

$$N \leqslant \gamma_a \cdot \psi \cdot A \cdot f \tag{6-52}$$

② 抗剪验算

$$Q \leqslant \gamma_a (f_v + 0.18\sigma_u) \cdot A \tag{6-53}$$

计算 Q 值时，要考虑地震力 F。

【例 6-4】 已知某挡土墙墙高 $H = 6.0\,\text{m}$，墙背倾斜 $\varepsilon = 10°$，填土表面倾斜 $\beta = 10°$，墙摩擦角 $\delta = 20°$，墙后填土为中砂，内摩擦角 $\varphi = 30°$，重度 $\gamma = 18.5\,\text{kN/m}^3$，如图 6-39 所示，地基承载力设计值 $f = 180\,\text{kPa}$。设计挡土墙的尺寸。

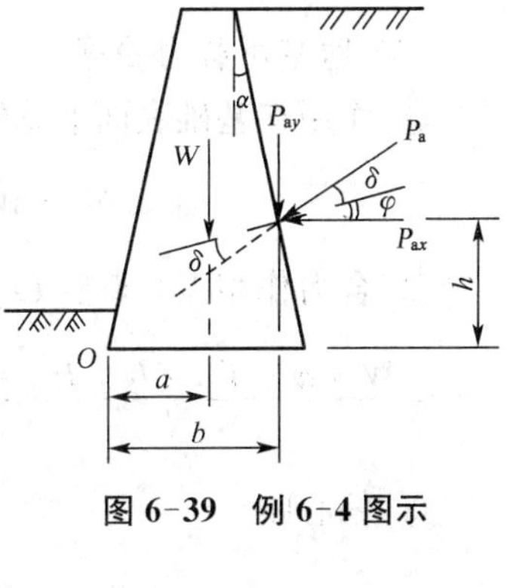

图 6-39 例 6-4 图示

【解】 (1) 初定挡土墙截面尺寸

设计挡土墙顶宽 1.0 m，底宽 5.0 m。墙自重为：

$$W = \frac{(1.0 + 5.0) \times H\gamma_a}{2} = 3 \times 6 \times 24 = 432\,\text{kN/m}$$

(2) 土压力计算

根据题意应用库仑压力理论，计算作用于墙上的主动土压力。主动土压力系数 K_a，据

已知 $\varphi=30°,\delta=20°,\varepsilon=10°,\beta=10°$，查表得 $K_a=0.46$。由公式(6-23)得：

$$P_a=\frac{1}{2}\gamma H^2K_a=\frac{1}{2}\times 18.5\times 6^2\times 0.46=153\ \mathrm{kN/m}$$

土压力的竖向分力为：

$$P_{ay}=P_a\sin(\delta+\varepsilon)=P_a\sin 30°=153\times 0.5=76.5\ \mathrm{kN/m}$$

土压力的水平分力为：

$$P_{ax}=P_a\cdot\cos(\delta+\varepsilon)=P_a\cdot\cos 30°=153\times 0.866=132.5\ \mathrm{kN/m}$$

(3) 抗滑稳定验算

墙底对地基中砂的摩擦系数 μ，查表(6-5)得 $\mu=0.4$。应用公式(6-33)得抗滑稳定安全系数：

$$K_s=\frac{(W+P_{ay})\mu}{P_{ax}}=\frac{(432+76.5)\times 0.4}{132.5}=1.54>1.3\text{，安全}$$

因安全系数偏大，为节省工程量修改挡土墙尺寸，将墙底宽 5.0 m 减小为 4.0 m，则挡土墙自重为：

$$W'=\frac{(1.0+4.0)H\cdot\gamma_a}{2}=\frac{1}{2}\times 5\times 6\times 24=360\ \mathrm{kN/m}$$

修改尺寸后抗滑稳定安全系数：

$$K_s=\frac{(W'+P_{ay})\mu}{P_{ax}}=\frac{(360+76.5)\times 0.4}{132.5}=1.32>1.30$$

(4) 抗倾覆验算

求出作用在挡土墙上诸力对墙踵 O 点的力臂。自重 W' 的力臂 $a=2.17$ m；P_{ay} 的力臂 $b=3.65$ m；P_{ax} 的力臂 $h=2.00$ m。

应用公式(6-32)可得抗倾覆稳定安全系数为：

$$K_t=\frac{W'\cdot a+P_{ay}\cdot b}{P_{ax}\cdot h}=\frac{360\times 2.17+76.5\times 3.65}{132.5\times 2.00}=4.0>1.6\text{，安全。}$$

(5) 地基承载力验算

① 作用在基础底面上总的竖向力

$$N=W'+P_{ay}=360+76.5=436.5\ \mathrm{kN/m}$$

② 合力作用点与墙趾 O 点距离

$$x=\frac{W\cdot a+P_{ay}\cdot b-P_{ax}\cdot h}{N}=\frac{360\times 2.17+76.5\times 3.65-132.5\times 2.00}{436.5}=1.82\ \mathrm{m}$$

③ 偏心距

$$e=\frac{b'}{2}-x=\frac{4.0}{2}-1.82=0.18<\frac{b'}{6}$$

④ 基底边缘应力

$$p_{\min}^{\max}=\frac{N}{b'}\left(1\pm\frac{6e}{b'}\right)=\frac{436.5}{4}\left(1\pm\frac{6\times0.18}{4}\right)=109.1(1\pm0.27)=\frac{138.6}{79.6}\text{kPa}$$

⑤ 要求满足下列公式

$$\frac{1}{2}(p_{\max}+p_{\min})=\frac{1}{2}(138.6+79.6)=109.1\ \text{kPa}<f_a=180\ \text{kPa}$$

$$p_{\max}=138.6\ \text{kPa}<1.2f_a=1.2\times180=216\ \text{kPa}$$

基底平均应力与最大应力均满足要求。

最终确定挡土墙截面尺寸:顶宽为 1.0 m,底宽为 4.0 m。

6.7 悬臂式挡土墙

悬臂式挡土墙一般用钢筋混凝土建造,它由三个悬臂板组成,即立壁、墙趾悬臂和墙踵悬臂。如图 6-40 所示,墙的稳定主要靠墙踵底板上的土重,而墙体内的拉应力则由钢筋承担。因此,这类挡土墙的优点是能充分利用钢筋混凝土的受力特性,墙体截面较小,适用于墙高超过 6 m,地基土质较差,缺乏当地材料以及工程比较重要时采用。在市政工程以及厂矿贮库中广泛应用这种挡土墙。

6.7.1 悬臂式挡土墙的构造特点

悬臂式挡土墙是将挡土墙设计成悬臂梁形式(图 6-40),$b/H_1=1/2\sim2/3$,墙趾宽度 b_1 约等于 $1/3b$。墙身(立壁)承受着作用在墙背上的土压力所引起的弯曲应力。为了节约混凝土材料,墙身常做成上小下大的变截面(图 6-40(a))。有时在墙身与底板连接处设置支托(图 6-40(b)),也有将底板反过来设置(图 6-40(c)),但比较少见。

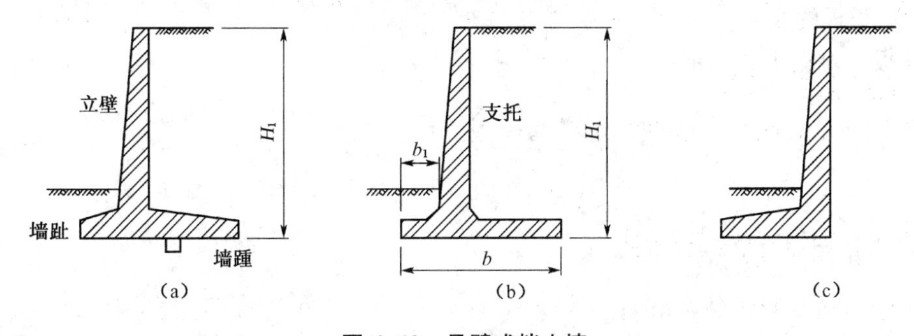

图 6-40 悬臂式挡土墙

墙趾和墙踵均承受着弯矩,可按悬臂板进行设计。墙趾和墙踵宜做成上斜下平的变截面,这样不但节约混凝土,而且有利于排水。基础底板的厚度宜与墙身下端相等。

当采用双排钢筋时，墙身顶面最小宽度宜为 200 mm；如果墙高较小，墙身较薄，墙内配筋采用单排钢筋，则墙身顶面最小宽度可适当减小。墙身面坡采用 1∶0.02～0.05，底板最小宽度为 200 mm，若挡土墙高超过 6 m，宜加扶壁柱。

挡土墙后应做好排水措施，以消除水压影响，减少墙背的水平推力。通常在墙身中每隔 2～3 m 设置一个 100～150 mm 孔径的泄水孔。墙后做滤水层，墙后地面宜铺筑黏土隔水层，墙后填土时，应采用分层夯填方法。在严寒气候条件下有冻胀可能时，最好以炉渣填充。

一般每隔 20～25 m 设一道伸缩缝，当墙面较长时，可采用分段施工以减少收缩影响。

若挡土墙的抗滑移不满足要求时，可在基础底板加设防滑键。防滑键设在墙身底部，如图 6-40(a)所示，键的宽度应根据剪力要求，其最小值为 30 cm。

钢筋布置的构造要求按设计规范的规定处理。墙身受拉一侧按计算配筋，在受压一侧为了防止产生收缩与温度裂缝也要配置纵横向的构造钢筋网 ϕ10 @300，其配筋率不低于 0.2%。计算截面有效高度 h_0 时，钢筋保护层应取 30 mm；对于底板，不小于 50 mm，无垫层时不小于 70 mm。

6.7.2 悬臂式挡土墙的设计计算

悬臂式挡土墙设计，分为墙身截面尺寸拟定及钢筋混凝土结构设计两部分。

确定墙身的截面尺寸，是通过试算法进行的。其做法是先拟定截面的尺寸，计算作用于其上的土压力，通过稳定验算来确定墙踵板和墙趾板的长度。

钢筋混凝土结构设计，则是对已确定的墙身截面尺寸进行内力计算和设计钢筋。

悬臂式挡土墙，一般也以墙长方向取一延米进行计算。

1) 墙身截面尺寸的拟定

根据构造要求，初步拟定出试算的墙身截面尺寸：墙高根据工程需要确定，墙顶宽可选用 15～25 cm。墙背取竖直面，墙面取 1∶0.02～1∶0.05 斜度的倾斜面，从而定出立板的截面尺寸。底板在与立板相接处厚度为(1/12～1/10)H，而墙趾板与墙踵板端部厚度不小于 20～30 cm，其密度 B 可近似取(0.6～0.8)H，当地下水位高或软弱地基时，B 值应增大。墙踵板及墙趾板的具体长度将由全墙的稳定条件试算确定。

(1) 墙踵板的长度

墙踵板长可按下式确定：

$$K_s = \frac{\mu \cdot \sum G}{E_{ax}} \geqslant 1.3 \tag{6-54}$$

式中：K_s——滑动稳定安全系数；

μ——基底摩擦系数；

$\sum G$——墙身自重(kN/m)；

E_{ax}——主动土压力水平分力(kN/m)。

(2) 墙趾板长度

墙趾板的长度，根据全墙抗倾覆稳定系数公式、基底合力偏心距 e 限制和基底地基承载力等要求来确定。

2）结构设计

（1）确定侧压力

① 无地下水（或排水良好）时（图 6-41(a)）

主动土压力 $E_a = E_{a1} + E_{a2}$。当墙背直立、光滑、填土面水平时：

$$K_a = \tan^2\left(45° - \frac{\varphi}{2}\right)$$

$$\left.\begin{aligned} E_{a1} &= \frac{1}{2}\gamma H^2 \tan^2\left(45° - \frac{\varphi}{2}\right) \\ E_{a2} &= qH\tan^2\left(45° - \frac{\varphi}{2}\right) \end{aligned}\right\} \quad (6\text{-}55)$$

式中：E_{a1}——由墙后土体产生的土压力（N/m，kN/m）；

E_{a2}——由填土面上均布荷载 q 产生的土压力（N/m，kN/m）。

② 有地下水时（图 6-41(b)）

在地下水位处：

$$\sigma'_a = \gamma h_1 \tan^2\left(45° - \frac{\varphi}{2}\right) \quad (6\text{-}56)$$

地下水位以下：

$$\sigma'_a = \gamma h_1 \tan^2\left(45° - \frac{\varphi}{2}\right) + (\gamma_{sat} - \gamma_w)h_2 \tan^2\left(45° - \frac{\varphi}{2}\right) + \gamma_w h_2$$

$$\sigma'_a = [\gamma h_1 + (\gamma_{sat} - \gamma_w)h_2]\tan^2\left(45° - \frac{\varphi}{2}\right) + \gamma_w h_2 \quad (6\text{-}57)$$

（2）内力及配筋计算

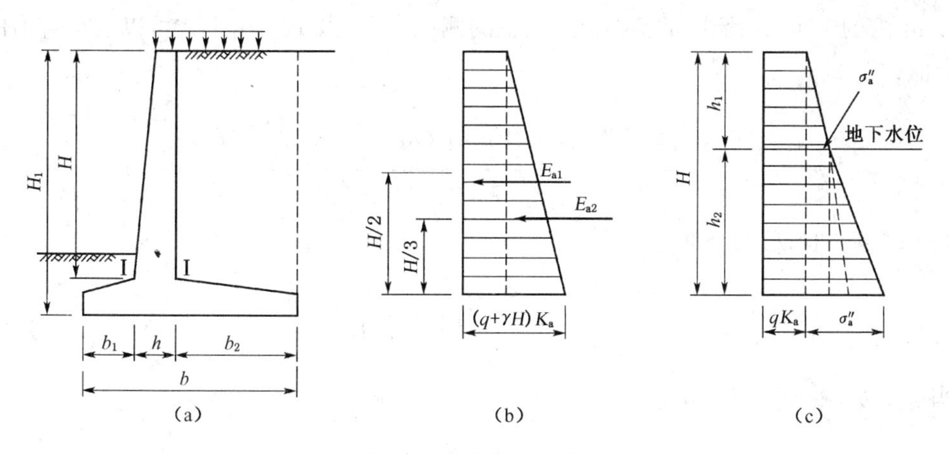

图 6-41 侧压力计算

① 墙身内力及配筋计算

挡土墙的墙身按下端嵌固在基础板中的悬臂板进行计算，每延米的设计弯矩值如下（图 6-41(a)）：

$$M = \gamma_0 \left(\gamma_C E_{a1} \cdot \frac{H}{3} + \gamma_Q E_{a2} \frac{H}{2} \right) \tag{6-58}$$

式中：γ_0——结构重要性系数，对于重要的构筑物取 $\gamma_0 = 1.1$，对于一般的构筑物取 $\gamma_0 = 1.0$，对于次要的取 $\gamma_0 = 0.9$；

γ_C——墙后填土的荷载分项系数，可取 $\gamma_C = 1.2$；

γ_Q——墙面均布活载的荷载分项系数，取 $\gamma_Q = 1.4$。

根据式(6-58)算出的弯矩 M 为墙身底部的嵌固弯矩。由于沿墙身高度方向的弯矩从底部(嵌固弯矩)向上逐渐变小，其顶部弯矩为零，故墙身厚度和配筋可以沿墙高由下到上逐渐减少。墙身面坡可采用 1∶0.02～1∶0.05，墙身顶部最小宽度为 200 mm。配筋方法：一般可将底部钢筋的 1/2 至 1/3 伸至顶部，其余的钢筋可交替在墙高中部的一处或两处切断。受力钢筋应垂直配置于墙背受拉边，而水平分布钢筋则应与受力钢筋绑扎在一起形成一个钢筋网片，分布钢筋可采用 $\phi10@300$。若墙身较厚，可在墙外侧面(受压的一侧)配置构造钢筋网片 $\phi10@300$ (纵横两个方向)，其配筋率不少于 0.2%。受力钢筋的数量，可按下式计算：

$$A_s = \frac{M}{\gamma_s f_y h_0} \tag{6-59}$$

式中：A_s——受拉钢筋截面面积(m^2)；

γ_s——系数(与受压区相对高度有关，可预先算出，列出表格)；

f_y——受拉钢筋设计强度(kPa)；

h_0——截面有效高度(m)。

② 地基承载力验算

墙身截面尺寸及配筋确定后，可假定基础底板截面尺寸，设底板宽度为 b，墙趾宽度为 b_1，墙纵板宽度为 b_2(如图 6-42)及底板厚度为 h，并设墙身自重 G_1、基础板自重 G_2、墙踵板在宽度 b_2 内的土重 G_3、墙面的活荷载 G_4、土的侧压力 E'_{a1} 及 E'_{a2}，由下式可以求得合力的偏心距 e 值：

$$e = \frac{b}{2} - \frac{(G_1 a_1 + G_2 a_2 + G_3 a_3 + G_4 a_4) - E'_{a1} \frac{H}{3} - E'_{a2} \frac{H'}{2}}{G_1 + G_2 + G_3 + G_4} \tag{6-60}$$

当 $e \leqslant b/6$ 时，截面全部受压

$$p_{\min}^{\max} = \frac{\sum G}{b} \left(1 \pm \frac{6e}{b} \right) \tag{6-61}$$

当 $e > b/6$ 时，截面部分受压

$$p_{\max} = \frac{2 \sum G}{3c} \tag{6-62}$$

式中：$\sum G$——为 G_1、G_2、G_3、G_4 之和；

c——合力作用点至 O 点的距离。

所要满足的条件：

$$p_{\min}^{\max} \leqslant 1.2 f_a \tag{6-63}$$

$$\frac{p_{\max} + p_{\min}}{2} \leqslant f_a \tag{6-64}$$

式中：f_a——修正后的地基承载力特征值。

③ 墙趾板内力及配筋计算

作用在墙趾上的力有基底反力、突出墙趾部分的自重及其上土体重量，墙趾截面上的弯矩 M 可由下式算出（如图 6-42）：

$$M_1 = \frac{p_1 b_1^2}{2} + \frac{(p_{\max} - p_1) b_1}{2} \cdot \frac{2b_1}{3} - M_a = \frac{1}{6}(2p_{\max} + p_1) b_1^2 - M_a$$

式中：M_a——墙趾板自重及其上土体重量作用下产生的弯矩（kN·m）。

由于墙趾板自重很小，其上土体重量在使用过程中有可能被移走，因而一般可忽略这两项力的作用，也即 $M_a = 0$。上式可写为：

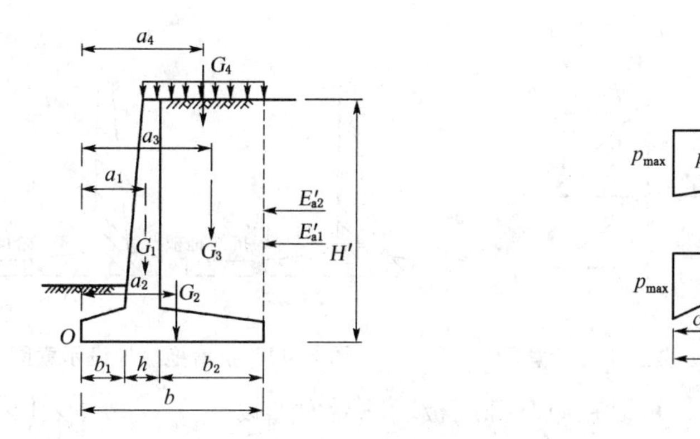

图 6-42 悬臂式挡土墙受力计算示意图

$$M_1 = \frac{1}{6}(2p_{\max} + p_1) b_1^2 \tag{6-65}$$

按式(6-59)计算求得的钢筋数量应配置在墙趾的下部。

④ 墙踵板内力及配筋计算

作用在墙踵（墙身后的基础板）上的力有墙踵部分的自重（即 G_2 的一部分，如图 6-42）及其上土体重量 G_3、均布活荷载 G_4、基底反力，在这些力的共同作用下，使突出的墙踵向下弯曲，产生弯矩 M_2 可由下式算得（如图 6-42）：

$$M_2 = \frac{q_1 \cdot b_2^2}{2} - \frac{p_{\min} \cdot b_2^2}{2} - \frac{(p_2 - p_{\max}) b_1^2}{3 \times 2} = \frac{1}{6}[3q_1 - 3p_{\min} - (p_2 - p_{\min})] b_2^2$$

$$= \frac{1}{6}[2(q_1 - p_{\min}) + (q_1 - p_2)] b_2^2 \tag{6-66}$$

式中：q_1——墙踵自重及 G_3、G_4 产生的均布荷载。

根据弯矩 M_2 计算求得的钢筋应配置在基础板的上部。

⑤ 稳定性验算

抗倾覆稳定验算（如图 6-42）：

$$K_t = \frac{G_1a_1 + G_2a_2 + G_3a_3}{E'_{a1} \cdot \frac{H'}{3} + E'_{a2} \cdot \frac{H'}{2}} \geqslant 1.6 \tag{6-67}$$

式中：G_1、G_2——墙身自重及基础板自重(kN)；

G_3——墙踵上填土重(kN)。

抗滑移稳定验算(如图 6-42)：

$$K_s = \frac{(G_1 + G_2 + G_3) \cdot \mu}{E'_{a1} + E'_{a2}} \geqslant 1.3 \tag{6-68}$$

式(6-68)中不考虑活荷载 G_4，当有地下水浮力 Q 时，$(G_1 + G_2 + G_3)$ 中要减去 Q 值。

(3) 提高稳定性的措施

当稳定性不够时，应采取相应措施。提高稳定性的常用措施有以下几种：

① 减少土的侧压力。墙后填土换成块石，增加内摩擦角 φ 值，这样可以减少侧压力。或在挡土墙立壁中部设减压平台，平台宜伸出土体滑裂面以外，以提高减压效果，常用于扶壁式挡土墙(如图 6-43)。

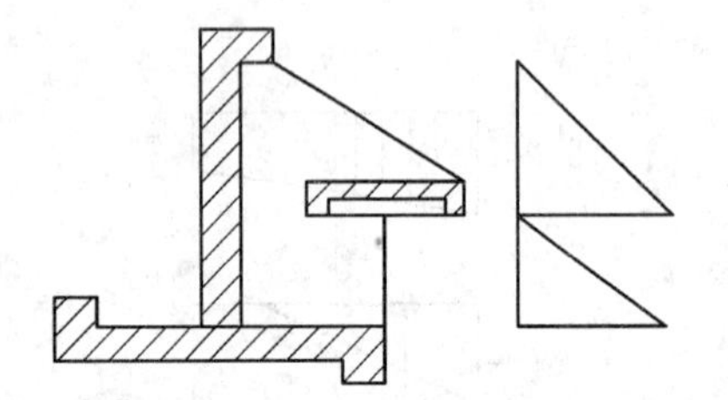

图 6-43 挡土墙立壁中部设减压平台示意图

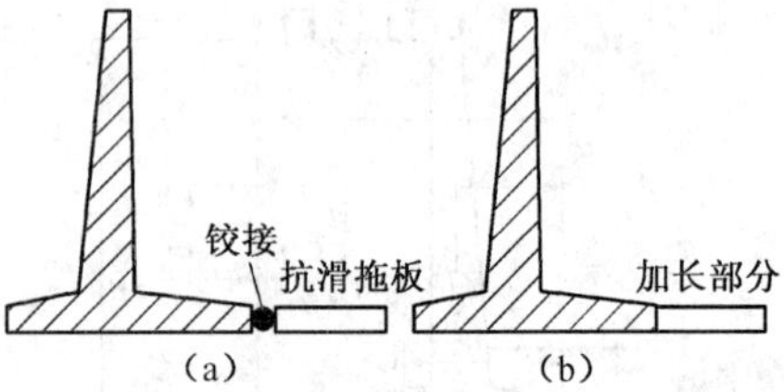

图 6-44 抗滑拖板加设示意图

② 增加墙踵的悬臂长度。可以在原基础底板墙踵后面加设抗滑拖板，如图 6-44(a)所示，抗滑拖板与墙踵铰接连接。也可以在原基础底板墙踵部分加长，如图 6-44(b)所示。墙背后面堆土重增加，使抗倾覆和抗滑移能力得到提高。

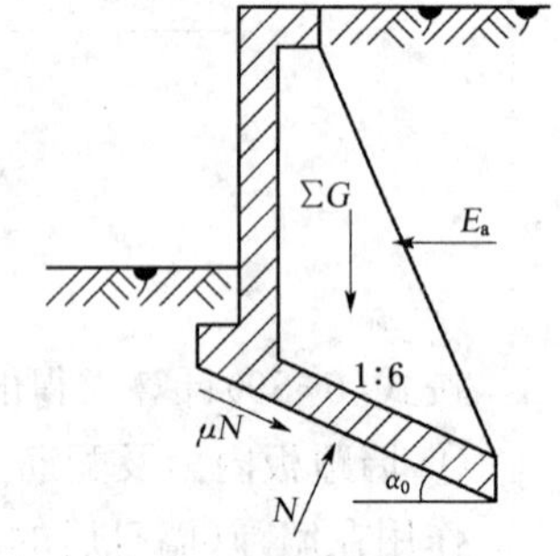

图 6-45 倾斜面基础底板受力示意图

③ 提高基础抗滑能力

A. 基础底板做成倾斜面(如图 6-45)。倾斜角 $\alpha_0 \leqslant 10°$。

$$N = \sum G\cos\alpha_0 + E_a\sin\alpha_0$$

$$\text{抗滑移力} \quad \mu N = \mu\left[\sum G\cos\alpha_0 + E_a\sin\alpha_0\right] \tag{6-69}$$

$$\text{滑移力} \quad E_a\cos\alpha_0 = \sum G\sin\alpha_0 \tag{6-70}$$

如图 6-45 所示，如果倾斜坡度为 1∶6 时，则 $\cos\alpha_0 = 0.986$，$\sin\alpha_0 = 0.164$。由公式(6-69)、式(6-70)可以看出，抗滑移力增加而滑移力却减少了。

B. 设置防滑键。如图 6-46 所示，防滑键设置于基础底板下端，键的高度 h_j 与键离墙趾端部 A 点的距离 a_j 的比例，宜满足下列条件：

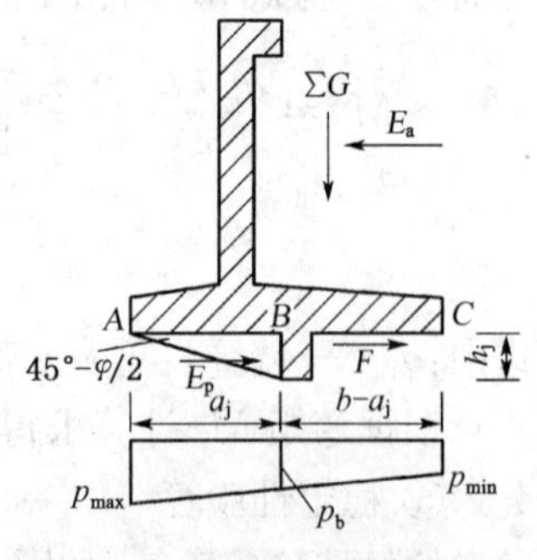

图 6-46 防滑键设置示意图

$$\frac{h_j}{a_j} = \tan\left(45° - \frac{\varphi}{2}\right) \tag{6-71}$$

被动土压力 E_p 值 $$E_p = \frac{p_{max} + p_b}{2} \times \tan^2\left(45° + \frac{\varphi}{2}\right)h_j \tag{6-72}$$

当键的位置满足式(6-71)时，被动土压力 E_p 最大。键后面土与底板间的摩擦力 F 为：

$$F = \frac{p_b + p_{min}}{2}(b - a_j)\mu \tag{6-73}$$

应满足条件 $$\frac{\psi_p E_p + F}{E_a} \geqslant 1.3 \tag{6-74}$$

式中的 ψ_p 值是考虑被动土压力 E_p 不能充分发挥的一个影响系数，一般可取 $\psi_p = 0.5$。

C. 在基础底板底面夯填 300～500 mm 厚的碎石以增加摩擦系数 μ 值，提高挡土墙抗滑移力。

6.8 扶壁式挡土墙

扶壁式挡土墙设计与悬臂式挡土墙设计相近，但有其自己的特点。扶壁式挡土墙设计内容主要包括墙身构造设计、墙身截面尺寸的拟定、墙身稳定性和基底应力及合力偏心距验算、墙身配筋设计和裂缝开展宽度验算等。墙底板各部分尺寸、立壁和墙底板厚度的计算，墙身稳定性和基底应力及合力偏心距验算等均与悬臂式挡土墙相同。

6.8.1 扶壁式挡土墙的构造

扶壁式挡土墙墙高不宜超过 15 m，一般在 9～10 m 左右，分段长度不应大于 20 m。扶肋间距应根据经济性要求确定，一般为 1/4～1/2 墙高。每段中宜设置三个或三个以上扶肋，扶肋厚度一般为扶肋间距的 1/10～1/4，但不应小于 0.3 m。采用随高度逐渐向后加厚的变截面，也可采用等厚式以利于施工。

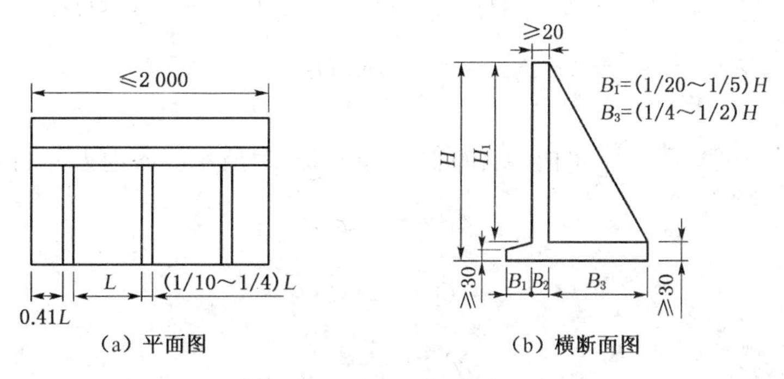

图 6-47 扶壁式挡土墙构造(单位:cm)

墙面板宽度和墙底板厚度与扶肋间距成正比，墙面板顶宽不得小于 0.2 m，可采用等厚的垂直面板。墙踵板宽一般为墙高的 1/4～1/2，且不小于 0.5 m。墙趾板宽宜为墙高的 1/20～1/5，墙底板板端厚度不小于 0.3 m。

扶壁式挡土墙有关构造要求如图 6-47 所示，其余要求同悬臂式挡土墙。

为了提高扶壁式挡土墙的抗滑能力，墙底板常设置凸榫，为使凸榫前的土体产生最大的被动土压力，墙后的主动土压力不因设凸榫而增大，故应注意凸榫设置的位置。通常将凸榫置于通过墙趾与水平面成角线和通过墙踵与水平面成角线的范围内。凸榫高则应根据凸榫前土体的被动土压力能够满足抗滑稳定性要求而定。

6.8.2 扶壁式挡土墙的设计计算

1）墙身设计计算

(1) 计算模型和计算荷载

墙面板计算通常取扶肋中至扶肋中或跨中至跨中的一段为计算单元，视为固支于扶肋及墙踵板上的三向固支板，属超静定结构，一般作简化近似计算。计算时将其沿墙高或墙长划分为若干单位宽度的水平板条与竖向板条，假定每一单元条上作用均布荷载，其大小为该条单元位置处的平均值，近似按支撑于扶肋上的连续板来计算水平板条的弯矩和剪力；按固支于墙底板上的刚架梁来计算竖向板条弯矩。

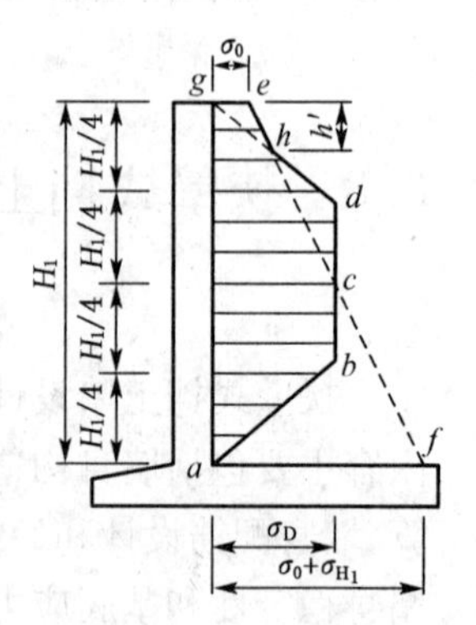

图 6-48 墙面板简化土压应力图

墙面板的荷载仅考虑墙后主动土压力的水平分力，而墙自重、土压力竖向分力及被动土压力等均不考虑。为简化计算，将作用于墙面板上的水平土压力图形 $afeg$ 近似地用 $abdheg$ 表示的土压力图形来代替，如图 6-48 所示，其中土压应力为：

$$\left.\begin{aligned} &\sigma_{pi}=\sigma_0+\sigma_{H_1}h_i/H_1 && (h_i\leqslant h') \\ &\sigma_{pi}=4\sigma_D h_i/H_1 && (h'<h_i\leqslant H_1/4) \\ &\sigma_{pi}=\sigma_D && (H_1/4<h_i\leqslant 3H_1/4) \\ &\sigma_{pi}=\sigma_D[1-4(h_i-3H_1/4)/H_1] && (3H_1/4<h_i\leqslant H_1) \end{aligned}\right\} \tag{6-75}$$

式中：$\sigma_D=\sigma_0+\sigma_{H_1}/2$，$\sigma_0=\gamma K_a h_0$，$\sigma_{H_1}=\gamma K_a H_1$。

(2)水平内力

根据墙面板计算模型，水平内力计算简图如图 6-49 所示。各内力分别为：

支点负弯矩
$$M_1=-\frac{1}{12}\sigma_{pi}l^2 \tag{6-76}$$

支点剪力
$$Q=\sigma_{pi}l/2 \tag{6-77}$$

跨中正弯矩
$$M_2=\frac{1}{20}\sigma_{pi}l^2 \tag{6-78}$$

边跨自由端弯矩
$$M_3=0$$

式中：l——扶肋间净距(m)。

墙面板承受的最大水平正弯矩及最大水平负弯矩在竖直方向上分别发生在扶肋跨中的 $H_1/2$ 处和扶肋固支处的第三个 $H_1/4$ 处，如图 6-50 所示。

设计采用的弯矩值和实际弯矩值相比是偏安全的(如图 6-49(c))。例如，对于固端梁而言，当它承受均布荷载 σ_{pi} 时，其跨中弯矩应为 $\sigma_{pi}l^2/24$。但是，考虑到墙面板虽然按连续板计算，然而它们的固支程度并不充分，为安全计，设计值按式(6-78)确定。

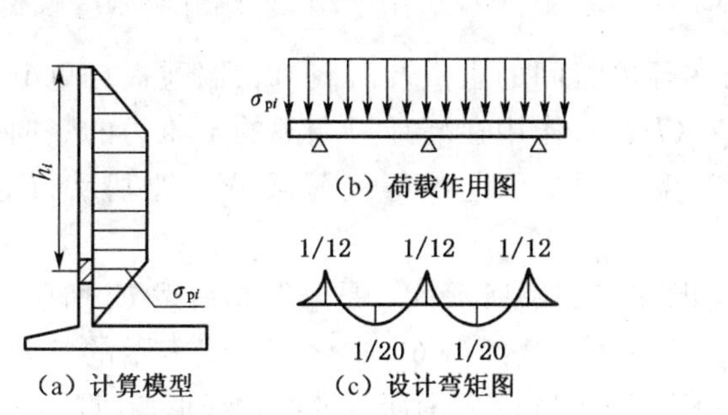

(a) 计算模型　(b) 荷载作用图　(c) 设计弯矩图

图 6-49　墙面板的水平内力计算

(a) 跨中弯矩　(b) 扶肋处弯矩

图 6-50　墙面板跨中及扶肋处弯矩图

(3) 竖直弯矩

墙面板在土压力的作用下，除了产生上述水平弯矩外，将同时产生沿墙高方向的竖直弯矩。其扶肋跨中的竖直弯矩沿墙高的分布如图 6-51(a)所示，负弯矩出现在墙背一侧底部 $H_1/4$ 范围内；正弯矩出现在墙面一侧，最大值在第三个 $H_1/4$ 段内。其最大值可近似按下列公式计算：

竖直负弯矩：
$$M_D = -0.03(\sigma_0 + \sigma_{H_1})H_1 l \tag{6-79}$$

竖直正弯矩：
$$M = 0.03(\sigma_0 + \sigma_{H_1})H_1 l/4 \tag{6-80}$$

沿墙长方向(纵向)，竖直弯矩的分布如图 6-51(b)所示，呈抛物线形分布。设计时，可采用中部 $2l/3$ 范围内的竖直弯矩不变，两端各 $l/6$ 范围内的竖直弯矩较跨中减少一半的阶梯形分布。

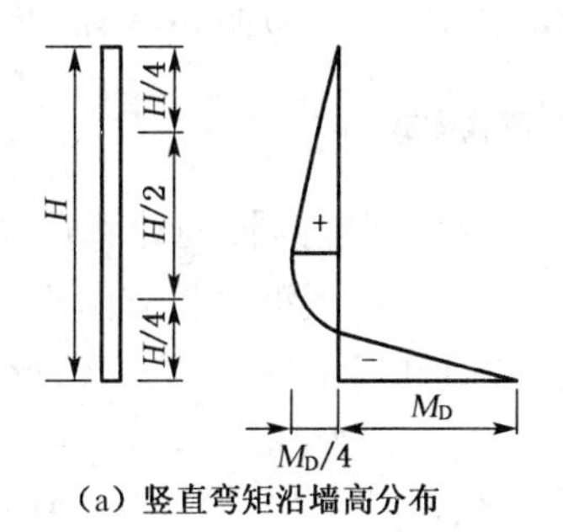

(a) 竖直弯矩沿墙高分布

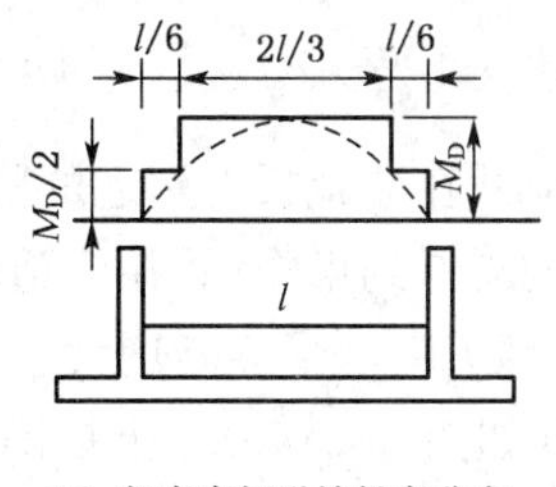

(b) 竖直弯矩沿墙纵向分布

图 6-51　墙面板竖直弯矩图

(4) 扶肋外悬臂长度 l' 的确定

扶肋外悬臂节长 l'，可按悬臂梁的固端弯矩与设计采用弯矩相等求得(如图 6-50)，即：

$$M = \frac{1}{12}\sigma_{pi}l^2 = \frac{1}{2}\sigma_{pi}l'^2$$

于是得：

$$l' = 0.41l \tag{6-81}$$

2）墙踵板设计计算

（1）计算模型与计算荷载

墙踵板可视为支撑于扶肋上的连续板，不计墙面板对它的约束，而视其为铰支。内力计算时，可将墙踵板顺墙长方向划分为若干单位宽度的水平板条，根据作用于墙踵板上的荷载，对每一连续板条进行弯矩、剪力计算，并假定竖向荷载在每一连续板条上的最大值均匀作用在板条上。

作用在墙踵板上的力有计算墙背与实际墙背间的土重及活载 W_1、墙踵板自重 W_2、作用在墙踵板顶面上的土压力竖向分力 $W_3(E_{B3y})$、作用在墙踵板端部的土压力的竖向分力 $W_4(E_{ty})$、由墙趾板固端弯矩 M_1 作用在墙踵板上引起的等代荷载 W_5、地基反力等，如图 6-52(a)所示。

为简化计算，假设 W_3 为中心荷载，如图 6-52(b)所示；W_4 是悬臂端荷载 E_{ty} 所引起的，如图 6-52(c)所示，实际应力呈虚线表示的二次抛物线分布，简化为实线表示的三角形分布；M_1 引起的等代荷载的竖直应力近似地假设成图 6-52(d)所示的抛物线形，其重心位于距固支端 $5/8B_3$ 处，以其对固支端的力矩与 M_1 相平衡，可得墙踵处的应力 $\sigma_{W5}=2.4M_1/B_3^2$。

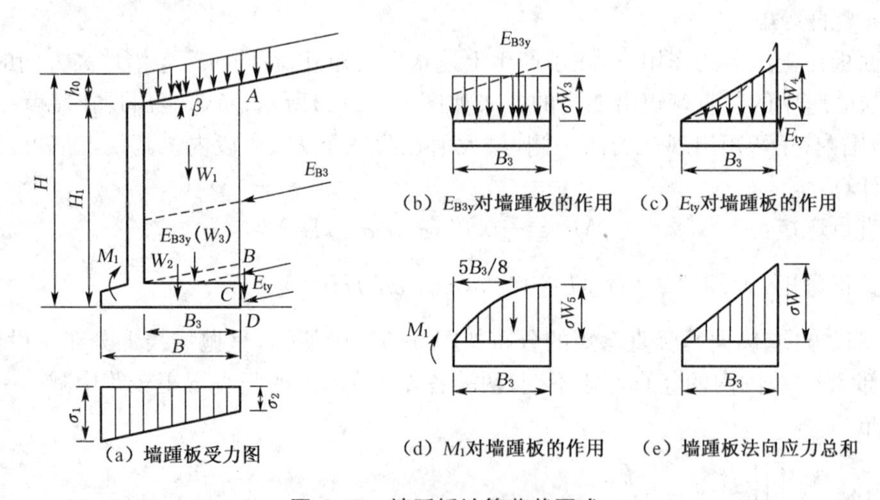

图 6-52 墙踵板计算荷载图式

将上述荷载在墙踵板上引起的竖向应力叠加，即可得到墙踵板的计算荷载。由于墙面板对墙踵板的支撑约束作用，在墙踵板与墙面板衔接处，墙踵板沿墙长方向板条的弯曲变形为零，并向墙踵方向变形逐渐增大。故可近似假设墙踵板的计算荷载为三角形分布，最大值 σ_W 在踵点处(如图 6-52(e))，于是得：

$$\begin{aligned}\sigma_W &= \sigma_{W1}+\sigma_{W2}+\sigma_{W3}+\sigma_{W4}+\sigma_{W5}-\sigma_2\\ &= \gamma(H_1+B_3\tan\beta+h_0)+\gamma_h t_3+\frac{E_{B3}\sin\beta}{B_3}+\frac{2E_t\sin\beta}{B_3}+2.4\frac{M_1}{B_3^2}-\sigma_2\end{aligned}$$

即

$$\sigma_W = \gamma(H_1+B_3\tan\beta+h_0)+\gamma_h t_3+\frac{\sin\beta}{B_3}(E_{B3}+2E_t)+2.4\frac{M_1}{B_3^2}-\sigma_2 \tag{6-82}$$

式中：E_{B3}——作用在 BC 面上的土压力(kN)；

E_t——作用在 CD 面上的土压力(kN)；

M_1——墙趾板固端处的计算弯矩(kN·m)；

γ、γ_h——墙后填土和钢筋混凝土的容重(kN/m³)；

t_3——墙踵板厚度(m)；

σ_2——墙踵板端处的地基反力(kPa)。

(2) 纵向内力

墙踵板顺墙长方向(纵向)板条的弯矩和剪力计算与墙面板相同,各内力分别为:

支点负弯矩
$$M_1 = -\frac{1}{12}\sigma_W l^2 \tag{6-83}$$

支点剪力
$$Q = \sigma_W l/2 \tag{6-84}$$

跨中正弯矩
$$M_2 = \frac{1}{20}\sigma_W l^2 \tag{6-85}$$

边跨自由端弯矩
$$M_3 = 0$$

(3) 横向弯矩

墙踵板沿板宽方向(横向)的弯矩由两部分组成:①在图 6-52(e)所示的三角形分布荷载作用下产生的横向弯矩,最大值出现在墙踵板的根部。由于墙踵板的宽度通常只有墙高的 1/3 左右,其值一般较小,对墙踵板横向配筋不起控制作用,故不必计算此横向弯矩。②由于在荷载作用下墙面板与墙踵板有相反方向的移动趋势,即在墙踵板根部产生与墙面板竖直负弯矩相等的横向负弯矩,沿纵向分布与墙面板的竖直弯矩沿纵向分布的相同,如图 6-51(b)所示。

3) 扶肋设计计算

(1) 计算模型和计算荷载

扶肋可视为锚固在墙踵板上的"T"形变截面悬臂梁,墙面板则作为该"T"形梁的翼缘板,如图 6-53(a)所示。翼缘板的有效计算宽度由墙顶向下逐渐加宽,如图 6-53(a)、(b)所示。为简化计算,只考虑墙背主动土压力的水平分力,而扶肋和墙面板的自重以及土压力的竖向分力忽略不计。

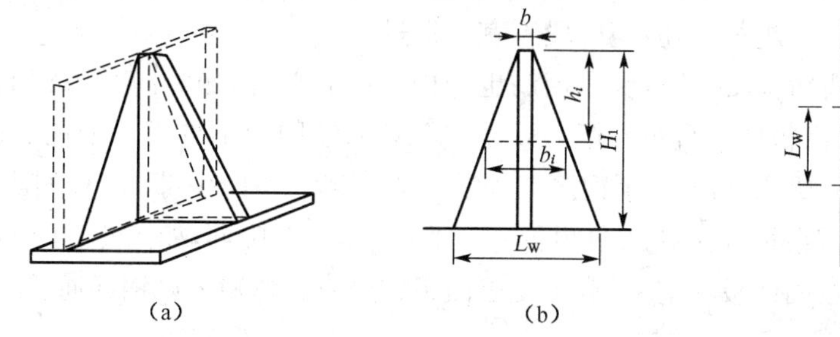

图 6-53 扶肋计算图式

(2) 剪力和弯矩

悬臂梁承受两相邻扶肋的跨中至跨中长度 L_W 与墙面板高 H_1 范围内的土压力。在土压力 E_{H1}(图 6-52(a)中,作用在 AB 面上的土压力)的水平分力作用下,产生的剪力和弯矩为:

$$Q_{hi} = \gamma h_i L_W (0.5h_i + h_0) K_a \cos\beta \tag{6-86}$$

$$M_{hi}=\frac{1}{6}\gamma h_i^2 L_w(h_i+3h_0)K_a\cos\beta \tag{6-87}$$

式中：Q_{hi}、M_{hi}——高度为 h_i（从墙顶算起）截面处的剪力（kN）和弯矩（kN·m）；

L_w——跨中至跨中的计算长度（m）。

如图 6-53(c)所示计算长度 L_w，按下式计算，且 $L_W \leqslant b+12B_2$。

$$\left.\begin{aligned} L_w &= l+b \quad &(\text{中跨}) \\ L_w &= 0.91l+b \quad &(\text{悬臂跨}) \end{aligned}\right\} \tag{6-88}$$

(3) 翼缘宽度

扶肋的受压区有效翼缘宽度 b_i，墙顶部 $b_i=b$，底部 $b_i=L_W$（或 $12B_2$），中间为直线变化，如图 6-53(b)所示，即：

$$b_i=b+\frac{12B_2h_i}{H_1} \tag{6-89}$$

或

$$b_i=b+\frac{h_il}{H_1} \tag{6-90}$$

4) 配筋设计

扶壁式挡土墙的墙面板、墙趾板、墙踵板按矩形截面受弯构件配筋，如图 6-54 所示，而扶肋按变截面"T"形梁配筋。

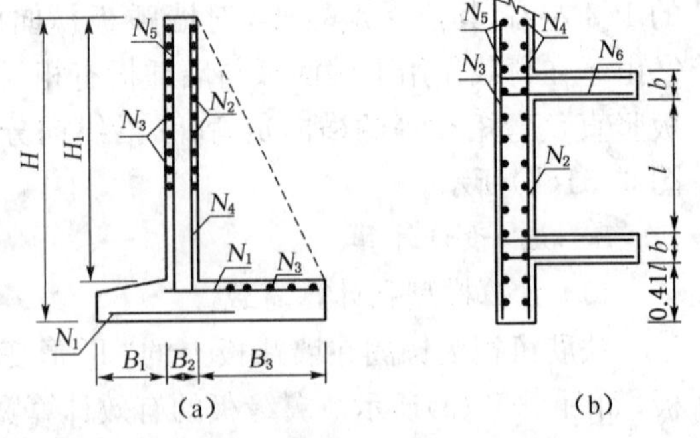

图 6-54 扶壁式挡土墙配筋示意图

(1)墙面板

① 水平受拉钢筋。墙面板的水平受拉钢筋分为内、外侧钢筋两种。内侧水平受拉钢筋 N_2 布置在墙面板靠填土一侧，承受水平负弯矩，以扶肋处支点弯矩设计，全墙可分为 3～4 段。外侧水平受拉钢筋 N_3 布置在中间跨墙面板临空一侧，承受水平正弯矩，该钢筋沿墙长方向通长布置。为方便施工，可在扶肋中心切断。沿墙高可分为几个区段进行配筋，但区段不宜分得过多。

② 竖向受力钢筋。墙面板的竖向受力钢筋也分内、外两侧。内侧竖向受力钢筋 N_4 布置在靠填土一侧，承受墙面板的竖直负弯矩。该筋向下伸入墙踵板不少于一个钢筋锚固长度；向上在距墙踵板顶高 $H_1/4$ 加上一个钢筋锚固长度处切断。每跨中部 $2l/3$ 范围内按跨中的最大竖直负弯矩 M_D 配筋，靠近扶肋两侧各 $l/6$ 部分按 $M_D/2$ 配筋，如图 6-51 所示。外侧竖向受力钢筋应布置在墙面板临空一侧，承受墙面板的竖直正弯矩。该钢筋通长布置，兼作墙面板的分布钢筋之用。

③ 墙面板与扶肋间的 U 形拉筋。连接墙面板与扶肋的 U 形拉筋 N_6，其开口向扶肋的背侧。该钢筋每一肢承受高度为拉筋间距水平板条的支点剪力口，在扶肋水平方向通长布置。

(2) 墙踵板

墙踵板顶面横向水平钢筋 N_7，是为了墙面板承受竖直负弯矩的钢筋 N_4 得以发挥作用而设置的。该筋位于墙踵板顶面，垂直于墙面板方向。其布置与钢筋 N_4 相同，该筋一端插入墙面板一个钢筋锚固长度；另一端伸至墙踵端，作为墙踵板纵向钢筋 N_8 的定位钢筋。如钢筋 N_7 的间距很小，可以将其中一半在距墙踵端 $B_3/2$ 减一个钢筋锚固长度处切断。

墙踵板顶面和底面纵向水平受拉筋 N_8、N_9（图中未示），承受墙踵板在扶肋两端的负弯矩和跨中正弯矩。该钢筋切断情况与 N_2、N_3 相同。

连接墙踵板与扶肋之间的 U 形钢筋 N_{10}（图中未示），其开口向上。可在距墙踵板顶面一个钢筋锚固长度处切断，也可延至扶肋的顶面，作为扶肋两侧的分布钢筋。在垂直于墙面板方向的钢筋分布与墙踵板顶面纵向水平钢筋 N_8 相同。

(3) 墙趾板

同悬臂式挡土墙墙趾板的配筋设计。

(4) 扶肋

扶肋背侧的受拉钢筋 N_{11}（图中未示）应根据扶肋的弯矩图选择 2～3 个截面，分别计算所需的拉筋根数。为节省混凝土，钢筋 N_{11} 可多层排列，但不得多于 3 层。其间距应满足规范要求，必要时可采用束筋。各层钢筋上端应按不需此钢筋的截面再延长一个钢筋锚固长度，必要时，可将钢筋沿横向弯入墙踵板的底面。

除受力钢筋外，还需根据截面剪力配置箍筋，并按构造要求布置构造钢筋。

6.9 加筋土挡墙

6.9.1 加筋土结构及其发展概述

土体具有一定的抗剪强度和抗压强度，但抗拉强度很低。在土体中掺入或铺设适量的拉筋材料后，可以不同程度地改善土体的强度与变形特征。将拉筋材料埋置在土体中，可以扩散土体的应力、增加土体的模量、传递拉应力、限制土体侧向变形，同时还能增加土体和其他材料的摩阻力，提高土体及有关结构物的稳定性。因此，在填土中加入抗拉材料，通过摩擦力将拉筋材料的抗拉强度与土体的抗压强度结合起来，增强土体的稳定性，使土体的整体强度得以提高。该技术已广泛用于修筑路堤、挡土墙、桥台等工程。

从广义上讲，凡在土体中加入筋材，充分利用土体的抗压强度和筋材的抗拉强度的稳定结合体均可为加筋土结构。如：在软土路基的基底铺设单层或多层高强度的土工织物或土工格栅来约束浅层软土地基的侧性变形，提高路堤的抗滑稳定性；在复合地基表面，利用土工合成材料和砂、碎石等组成加筋垫层，以传递和调整基底应力分布，减少不均匀沉降；在路基边坡内加入筋材，以增强边坡的稳定、防止边坡滑坡等。

加筋土结构主要由加筋材料、面层系统和回填材料三部分组成。

(1) 加筋材料。在加筋土结构系统中采用的加筋材料，按其几何形状可分为条带加筋（包括钢带、聚合物加筋带、混凝土板条等）、网眼型宽幅加筋（包括土工格栅、土工网格或钢筋网）和非网眼型宽幅加筋（主要为土工布）三种类型。目前大部分加筋土结构采用连续的土工合成材料（土工网格、土工格栅或土工布）。尤其是土工格栅，由于其具有变形模量大、抗拉强度高、韧性好、质量轻、耐腐蚀、抗老化、与土颗粒之间的相互作用强以及能在短时间内发挥加筋作用等优点而得到广泛的应用。

(2) 面层系统。面层系统是阻止两层加筋材料之间土的表面剥落而使用的加筋土结构的一部分，一般包括预制混凝土块、现浇混凝土面板、石笼、焊接钢丝网、喷浆混凝土、土工合成材料返包式面板等。加筋土结构系统中使用的面层系统由于是加筋土结构中唯一的可视部分，对美观影响很大。另外，面层系统对结构的稳定也起一定的作用，可保护回填土，防止其滑塌和侵蚀；在某种情况下，也能提供供水通道。

(3) 回填材料。对于加筋土结构，为了保证其耐久性、良好的排水系统、施工方便以及良好的加筋土作用，一般需要采用良好的粗粒土。由于筋材和填土之间的摩擦力对加筋土结构的稳定性起着重要作用，一般要求尽量选用具有良好摩擦特性的材料。国内外研究者，一是因为黏性土的内摩擦角较小，二是它的低渗透性往往会存在超孔隙水压力，降低加筋土工程的安全度，就加筋土而言，加筋土结构可采用质量较差的回填土，但高质量的回填土有排水方便的优点，而且粒料土的装卸、填土和压实过程中也有显著的优点，可提高筑坡成功率和改善坡体线性偏差。

6.9.2 土工合成材料的发展及种类

1) 加筋土结构的发展现状

加筋土的应用具有悠久的历史。公元前3000年以前，英国人曾在沼泽地带用木排修筑道路；公元前2000到公元前1000年，巴比伦人曾利用土体加筋来修筑塔庙。1965年，法国在比利牛斯山的普拉聂尔斯修建了世界上第一座加筋土挡墙。由于加筋土技术在法国的成功应用，引起了世界各国工程界、学术界的重视，其发展速度相当快，应用范围也日益广泛。20世纪70年代是加筋土技术在世界范围传播、发展的阶段，相应的试验、研究工作也同时进行。当时，研究最为活跃的当属法国桥梁道路中心、美国加州大学、日本国铁和建设省。20世纪80年代，除了进一步探讨加筋土结构的基本现状、完善设计计算理论之外，许多国家还在拓宽填料、加筋材料的应用范围方面做了大量的工作。

我国是加筋土的故乡，自古以来，筑土墙加草筋或竹筋，用柴排处理软弱地基，用土袋或树枝压条加固堤岸等，都是应用加筋土的例子。现代加筋土技术引入我国是在20世纪70年代后期。1979年，云南省煤炭设计院在云南田坝矿区建成了我国第一座加筋土挡墙储煤仓，其挡土墙部分长度80 m，高2.3～8.3 m，由填土和布置在填土中的筋带及墙面板三部分组成。该挡土墙的成功建造引起了我国土木建筑行业技术人员的兴趣，因为这种结构不仅施工容易，而且具有一定的经济型。与传统的砌石挡墙相比，加筋土挡墙造价较低。从技术上看，加筋土是柔性结构，对地基承载力的要求较低，易于处理，施工也无需专用机具和特别技术，工效高，易于推广，外形平整美观。因此，很多人对这种结构进行了深入研究并迅速推广使用，各省、自治区和直辖市修建的加筋土工程已经超过千项，砌墙面积超过70万m^2。在大量工程实践的基础上，随着经验的积累，创造了符合我国国情的加筋土技术。

2) 土工合成材料的种类

1977年，Giroud J R与Perfetti J率先把透水的土工合成材料称为土工织物，不透水的称为土工膜。进入20世纪80年代，为了更好地满足岩土工程的需要，土工合成材料的应用逐渐增多，以合成聚合物为原料的其他类型的土工合成材料纷纷问世，已经超出了“织物”和“膜”的范畴，两大类分法难以包含。国际土工织物学会提出了土工织物、土工膜及其相关产品的分类体系，1983 年 Giroud 等提出的分类方法就是其中的典型代表。目前土工合成材料分类方法的趋势是抛弃以土工织物为分类主线的思路，建立便于工程应用的分类方法。通常将土工合成材料分为四大类(如图 6-55)：①土工织物，属于透水的土工合成材料，以前叫土工布，所用的原材料一般为丙纶、涤纶或其他合成纤维；②土工膜，属于相对不透水的土工合成材料，所用的原材料有沥青和合成聚合物，还要有一定的填充料和外加剂，填充料有矿粉和聚合物粉末等，为了提高其耐久性和降低造价，外加剂包括增塑剂、抗老化剂、抗菌剂、各种稳定剂等；③复合土工合成材料，是土工织物、土工膜等两种以上材料复合而成的土工合成材料，包括复合土工膜、复合土工织物、复合排水材料；④特种土工合成材料，指土工织物和土工膜以外的，近十几年来研制的新型土工合成材料，能够更好地满足岩土工程的要求。

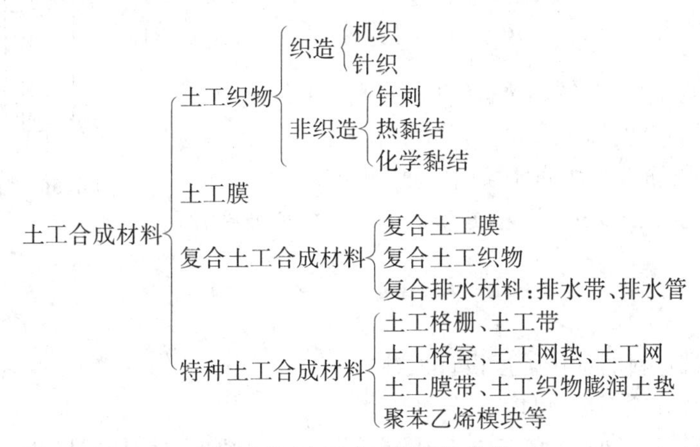

图 6-55　土工合成材料的分类

土工合成材料最常用的高分子聚合物有：①聚乙烯(Polyethylene，缩写为 PE)；②聚丙烯(Polypropylene，缩写为 PP)；③聚酯(Polyester，缩写为 PET)；④聚酰胺(Polyamide，缩写 PA)；⑤聚乙烯醇(Polyvinyl Alcohol，缩写为 PVA)；⑥聚氯乙烯(Polyvinyl Chloride，缩写为 PVC)；⑦聚苯乙烯(Polystyrene，缩写为 PS)等。

纤维分天然纤维和化学纤维。天然纤维包括棉、毛、丝、麻等；化学纤维是由各种不同原料经过化学处理和机械加工而成，包括人造纤维和合成纤维。合成纤维以聚合物为料，经过熔融或溶解成为黏稠纺丝液，在一定压力下由喷丝头喷丝，并经加工制成。合成纤维与人造纤维相比，强度较高，吸湿性较小。

商业上把人造纤维的短纤维称为纤、合成纤维的短纤维称为纶、人造纤维和合成纤维的长丝称为丝。商业产品名称统一将聚乙烯醇纤维称为维纶、聚丙烯腈纤维称为腈纶、聚乙烯纤维称为氯纶、聚丙烯纤维称为丙纶。有时在品名后加一个脂字就是指纤维上加了树脂防缩、防水等；有时为了增加弹性也添加些塑性树脂。

6.9.3　加筋土的设计计算

加筋土结构设计一般应考虑加筋土体的内部稳定性和整体稳定性。内部稳定性系指由于筋带被拉断或筋土间摩擦力不足致使加筋土结构破坏;整体稳定性系指由于加筋土外部失稳而引起的加筋土结构破坏,其包括考虑地基承载力、地基沉降、抗滑及滑坡稳定性的验算。

1）加筋土体的内部稳定性计算

主要是确定筋带的断面面积和锚固长度(或有效长度 l_b),因此必须计算筋带所受到的拉力。现有计算理论较多,且不同的计算理论其结果不同,以下仅介绍常用的朗肯理论分析方法。

朗肯理论认为面板后土体呈朗肯主动状态,破裂面与水平面夹角为$45°+\varphi/2$,如图 6-56 所示。破裂面以左为主动区,以右为锚固区(或被动区)。当土体主动土压力充分发挥时,面板后距加筋体顶面深度 z 处第 i 根筋带所受的拉力 T_i 为:

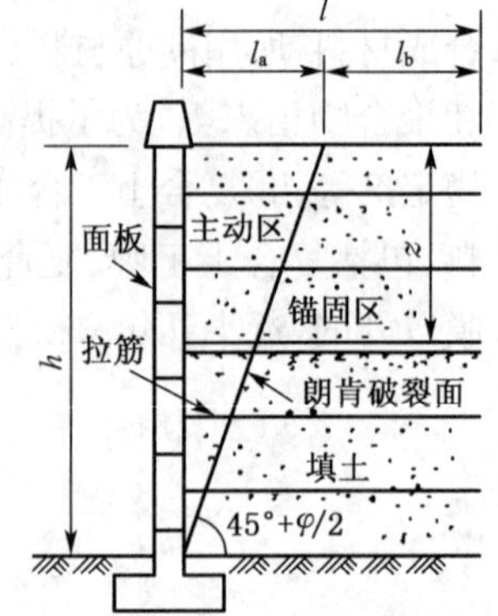

图 6-56 加筋土结构示意图

$$T_i = K_a \gamma z s_x s_y \tag{6-91}$$

式中:K_a——朗肯土压力系数,$K_a = \tan^2(45° - \varphi/2)$;

γ——填料的重度(kN/m^3);

z——第 i 层筋带距加筋体顶面的垂直距离(m)。

筋带的断面面积 A_s(m^2)可根据筋带所用的材料强度确定:

$$A_s = \frac{\gamma_G T_i}{f_y} \tag{6-92}$$

式中:f_y——筋带材料的抗拉强度设计值(kPa);

γ_G——荷载分项系数,可取 $\gamma_G = 1.2$。

计算筋带断面尺寸时,在实际工程中还应考虑防腐蚀需要增加的尺寸。此外,每根筋带在工作时还有被拔出的可能,因此尚需计算筋带抵抗被拔出的锚固长度 l_b。设土与筋带间摩擦系数为 f,则锚固区内由于摩擦作用而使第 i 根筋带产生的摩擦力 T_b 为:

$$T_b = 2 l_b b \gamma z f \tag{6-93}$$

式中:b——筋带的宽度(m);

f——筋带与填土之间的摩擦系数,宜通过试验确定,无试验时可取:砂土 0.42～0.7,黏性土 0.4～0.6,杂填土 0.38～0.6。

在该深处的抗拉安全系数 K_b 为:

$$K_b = \frac{T_b}{T_i} = \frac{2 l_b b f}{K_a s_x s_y} \tag{6-94}$$

抗拉安全系数与深度无关,一般可取 1.5～2.0。故第 i 根筋带的锚固长度为:

$$l_b = \frac{K_b K_a s_x s_y}{2bf} \tag{6-95}$$

第 i 根筋带的总长度 l 为:

$$l = l_0 + l_b = h \tan^2\left(45° + \frac{\varphi}{2}\right) + \frac{K_b K_a s_x s_y}{2bf} \tag{6-96}$$

式中:l_0——筋带的无效长度,按朗肯理论 $l_0 = h \tan^2(45° + \varphi/2)$。

大量工程实测资料分析表明，筋带主动区和锚固区的分界线可采用 0.3h 法，如图 6-57 所示，故筋带的无效长度 l_0 亦可按照下式计算：

$$l_0=\begin{cases}0.3h & z\leqslant 0.5h\\ 0.6(h-z) & z>0.5h\end{cases}\tag{6-97}$$

由此可见，计算的筋带长度随深度增加而减小。但实际工程中，为了施工方便，常采用如下规定：①当墙高小于 3.0 m 时，可设计成为等长的筋带；②当墙高大于 3.0 m 时，可变换筋带长度，但一般同等长度筋带变换的高度不应该小于 2.0 m 且相邻筋带的变换长度不得小于 0.5 m，如图 6-58(a)所示；③对于路堤式的挡土墙，如果路堤较窄，筋带可交错的排列，如图 6-58(b)所示。

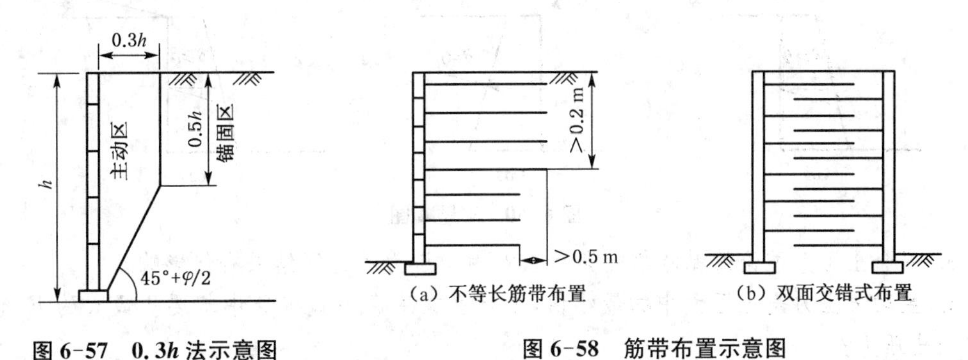

图 6-57　0.3h 法示意图　　**图 6-58　筋带布置示意图**

2) 加筋土的整体稳定性

加筋土体对地基要求不高，只要求地基可以承受加筋土重力即可，即要求作用在地基上的压应力设计值等于或小于地基承载力的设计值。此外，加筋土结构本身具有一定柔性，故对地基变形适应性远比其他挡土的结构好。

加筋土整体稳定性包括滑动、倾覆和滑动验算。只要筋带具有足够锚固长度和横断面积，就可保证面板不会出现倾覆从而丧失稳定。当验算加筋土结构底部抗滑稳定时，可将其视为墙背作用有主动土压力的整体结构，如图 6-59(a)所示，抗滑安全系数取 1.5。当地基很软弱时，也可能产生近似于圆弧状的滑动面，如图 6-59(b)所示。当滑动破坏面垂直于加筋层面时，筋带尾端越远(①)，则加筋土所发挥的阻抗力就越大，而图中②和③所表示的滑动破坏面，筋带的抗拉强度基本没有发挥。

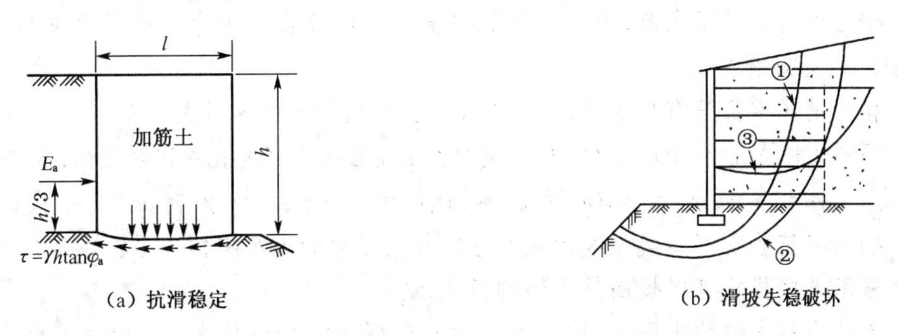

图 6-59　加筋土稳定性验算

思考题与习题

1. 什么是静止土压力、主动土压力和被动土压力？它们与挡土建筑物的位移有何关系？举工程实例说明。

2. 说明“土的极限平衡状态”是什么意思，从而区分主动和被动土压力。挡土墙应如何移动，才能产生主动土压力？

3. 朗肯土压力理论的基本假定是什么？对土压力的计算结果有何影响？

4. 图 6-60 中(a)、(b)、(c)三种情况，哪种情况能直接应用朗肯土压力理论计算？哪种情况不能？为什么？

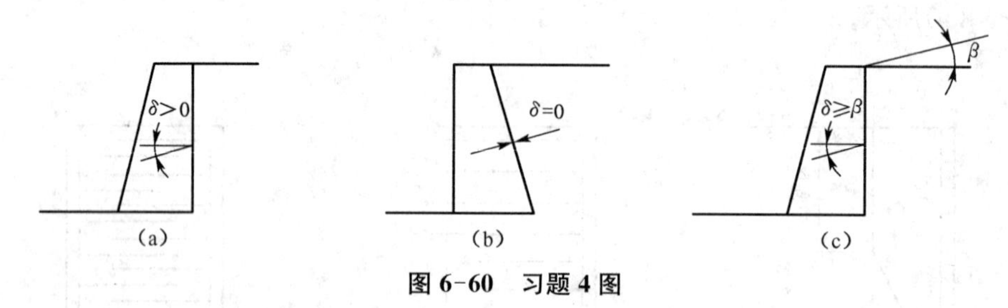

图 6-60　习题 4 图

5. 库仑土压力理论的基本假定是什么？对土压力的计算结果有何影响？

6. 主动土压力是土压力中的最小值，为什么在库仑公式推导中却要找最大的 E_a 值作为主动土压力？

7. 图 6-61(a)、(b)中 AB、BC 为挡土墙受到主动、被动土压力作用时的滑动面，根据库仑土压力理论绘出：(1)沿 BC、AB 滑动面作用在楔体上的剪应力方向；(2)作用在 AB、BC 面上的反力方向。

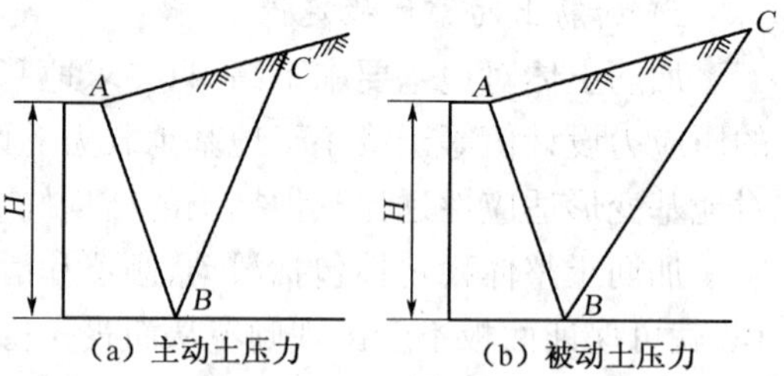

(a) 主动土压力　　(b) 被动土压力

图 6-61　习题 7 图

8. 试比较朗肯土压力理论和库仑土压力理论的优缺点和各自的适用范围。

9. 填土表面有连续均布荷载，土压力沿深度的分布是三角形、梯形、矩形，在地下水位以下，这部分土压力是否有变化(假定水位以下 φ 值不变)？

10. 墙后填土有地下水时，为什么不能按饱和容重计算土压力？地下水位的升降对挡土墙的稳定有何影响？

11. 挡土墙通常都设有排水孔，起什么作用？如何防止排水孔失效？

12. 下列几种情况下，土压力发生哪些变化？试定性绘出其变化并说明理由：(1)有地下水；(2)两层填土：$\gamma_1 < \gamma_2$ 或 $\gamma_1 > \gamma_2$，($\varphi_1 = \varphi_2$ 时)；(3) 两层填土：$\gamma_1 = \gamma_2$ 时，$\varphi_1 < \varphi_2$ 或 $\varphi_1 > \varphi_2$。

13. 挡土建筑物有哪些类型和形式？它们与土压力的大小有何关系？各有何特点？

14. 采用哪些措施可以提高挡土墙的稳定性？

15. 为减小挡土墙的土压力，墙后填土愈松愈好对吗？为什么？从有利于墙的稳定出发，选什么填料好？

16. 阐述加筋土挡墙的特点。

17. 阐述通过加筋对土体改良的基本原理。

18. 阐述加筋土挡墙破坏形式。

19. 阐述加筋土的受力特点。

20. 山坡挡土墙如图6-62所示，若$\theta_1 > 45° - \varphi/2$，$\theta_2 < 45° - \varphi/2$，墙面光滑，$\delta_1 = 0$。山坡面很粗糙，山坡与土之间的摩擦角$\delta_2 > \varphi$，试用图解法绘出挡土墙的土压力示意图。

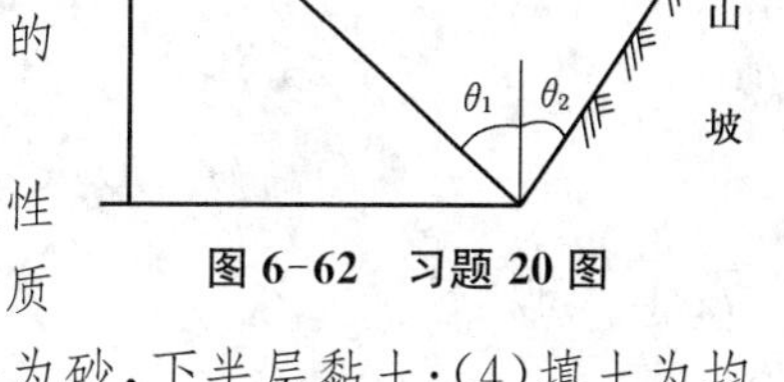

图6-62 习题20图

21. 挡土墙的墙背垂直且光滑，墙后填土面水平，试定性绘出下列情况的主动土压力分布：(1)填土为均质砂土或均质黏土；(2)填土为黏土，地下水位在$H/2$处；(3)填土上半层为砂，下半层黏土；(4)填土为均质黏土，填土面有均布连续荷载。

22. 挡土墙高5 m，墙背垂直、光滑，墙后填土面水平，填土的重度$\gamma = 19\,\mathrm{kN/m^3}$，$c = 10\,\mathrm{kPa}$，$\varphi = 30°$。试确定：(1)主动土压力沿墙高的分布；(2)总主动土压力的大小和作用点位置。

23. 某挡土墙高4 m，墙背倾斜角$\alpha = 20°$，填土面倾角$\beta = 10°$，填土的重度$\gamma = 20\,\mathrm{kN/m^3}$，$c = 0\,\mathrm{kPa}$，$\varphi = 30°$，填土与墙背的摩擦角$\delta = 15°$，如图6-63所示。试用库仑土压力理论计算：(1)主动土压力的大小、作用点位置和方向；(2)主动土压力沿墙高的分布。

24. 一挡土墙高6 m，墙背垂直、光滑，填土面水平，填土分两层，第一层为砂土，第二层为黏性土，各土层的物理力学性指标如图6-64所示，试求主动土压力强度，并绘出主动土压力沿墙高的分布。

25. 挡土墙高6 m，墙背垂直、光滑，墙后填土面水平，填土的重度$\gamma = 18\,\mathrm{kN/m^3}$，$c = 0$，$\varphi = 30°$。试求：(1)墙后无地下水时的总主动土压力；(2)当地下水位离墙底2 m时，作用在挡土墙上的总压力(包括土压力和水压力)，地下水位以下填土的饱和重度$\gamma_{sat} = 19\,\mathrm{kN/m^3}$。

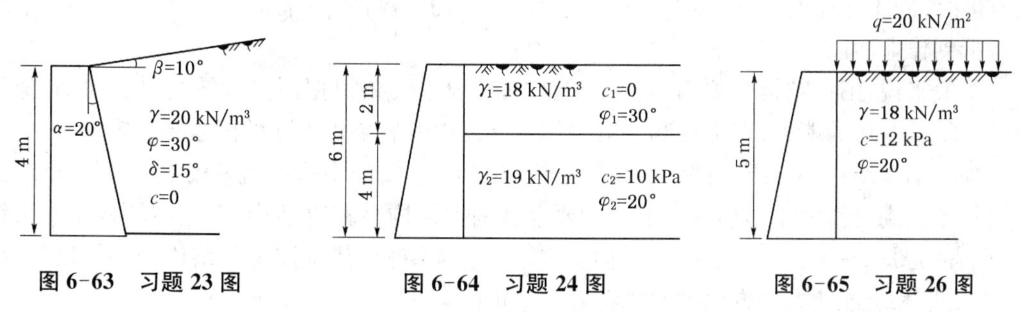

图6-63 习题23图　　图6-64 习题24图　　图6-65 习题26图

26. 某挡土墙高5 m，墙背垂直、光滑，墙后填土面水平，作用有连续均布荷载$q = 20\,\mathrm{kPa}$，填土的物理力学性指标如图6-65所示，试计算主动土压力。

27. 如图6-66所示挡土墙，墙身砌体重度$\gamma_k = 22\,\mathrm{kN/m^3}$，试验算挡土墙的稳定性。

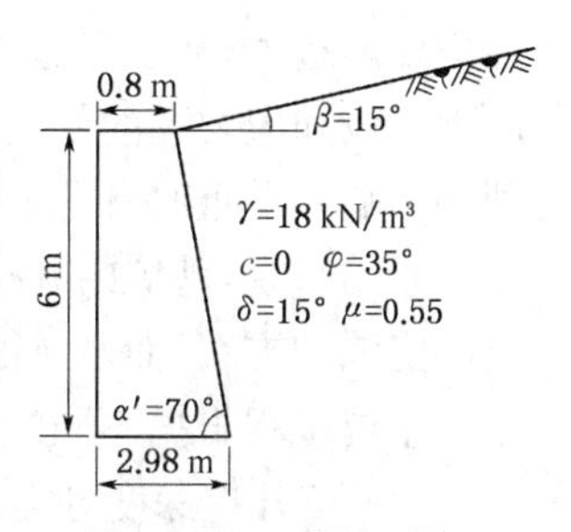

图6-66 习题27图

28. 某厂区拟建一挡土墙，采用加筋土挡墙形式，墙高14 m，按路肩式挡土墙设计。厂区原地面为黏性土，承载力为200 kPa，厚度为1.5 m，其下为基岩。挡土墙设计参数如下：填料采用粉煤灰，重度为14.5 $\mathrm{kN/m^3}$，内摩擦角为39.5°。单根筋带的断面为18 mm，厚度为1.2 mm，容许拉应力为30 MPa。筋带与填料的摩擦系数为0.3，挡土墙与地基的摩擦系数为0.3。试完成挡土墙的设计。

7 基坑工程

7.1 概述

7.1.1 基坑工程的基本概念及分类

基坑围护工程作为岩土工程学科的一个分支成了近年来岩土学界经久不衰的热点和难点课题。所谓基坑工程是指在建造埋置深度较大的基础或地下工程时，需要进行较深的土方开挖，这个由地面向下开挖的地表下空间称为基坑，为保证基坑及地下室施工条件所采取的措施称为基坑围护工程，简称为基坑工程。基坑开挖最简单的施工方法是放坡开挖。这种方法既方便又经济，在空旷地区应优先选用。受到场限，在基槽平面以外往往没有足够的放坡空间，为了保证基坑周围的建筑物、构筑物以及地下管线不受损坏和满足无水条件下施工的要求，需要设置挡土和截水的结构，这种结构称为围护结构。一般来说，围护结构应满足几个方面的要求：①保证基坑周围未开挖土体的稳定；②保证基坑周围相邻的建筑物、构筑物和地下管线在地下结构施工期间不受损害，这就要求围护结构能起控制土体变形的作用；③保证施工作业面在地下水位以上，这就要求围护结构结合降水、排水等措施，将地下水位降低到作业面以下。

一般来说，围护结构必须满足①和③要求，而要求②要根据周围建筑物、构筑物和地下管线的承受变形的能力、重要性和一旦损坏可能发生的后果等方面的因素来决定。

如果围护结构部分或全部作为主体结构的一部分，譬如将围护墙做成地下室的外墙，围护结构还应满足作为主体结构一部分的要求。围护结构是临时结构，而主体结构是永久结构，两者的要求并不一致。若围护结构要应用于主体结构，其应按永久结构的要求设置，在强度、变形和抗渗能力等方面的要求都要相应提高。

基坑工程包括了围护体系的设置和土方开挖两个方面。土方开挖的施工组织是否合理对围护体系是否成功产生重要影响。不合理的土方开挖方式、步骤和速度有可能导致围护结构变形过大，甚至引起围护体系失稳而导致破坏。同时，基坑开挖必然引起周围土体中的地下水位和应力场的变化，导致周围土体的变形，对相邻建筑物、构筑物和地下管线产生不利的影响。严重时有可能危及它们的安全和正常使用。

总的来说，基坑的开挖深度在基坑工程中是主导因素，基坑场地的地质条件和周围的环境决定围护方案，而基坑的开挖方式对基坑安全直接相关。

基坑工程根据不同的条件有不同的分类：

(1) 按开挖深度分类。基坑工程界一般把深度等于或大于 7 m 的基坑称为深基坑。

(2) 按开挖方式分类。按照土方开挖方式可以将基坑分为放坡开挖基坑和支护开挖基坑两大类。目前，在城市建设中，由于受周边环境条件所限，以支护开挖为主要形式。

(3) 按功能用途分类。基坑按照其功能用途可分为楼宇基坑、地铁站深基坑、市政工程地下设施深基坑、工业深基坑。

(4) 按安全等级分类。根据基坑的开挖深度、邻近建(构)筑物及管线至坑口的距离和工程地质水文地质条件，按破坏后的严重程度将基坑工程分为三个安全等级，并分别对应于三个级别的重要性系数，如表 7-1 所示。因此，根据基坑工程的安全等级，基坑可分为一级基坑、二级基坑和三级基坑。

表 7-1　基坑安全等级分类表

安全等级	重要性系数 γ_0	对基坑侧边环境及地下结构施工破坏后果
一级	1.10	很严重
二级	1.00	一般
三级	0.90	不严重

7.1.2　常见的基坑支护结构

围护结构最早采用木桩，现在常用钢筋混凝土桩、地下连续墙、钢板桩以及通过地基处理方法采用水泥土挡墙、土钉墙等。钢筋混凝土桩设置方法有钻孔灌注桩、人工挖孔桩、沉管灌注桩和预制桩等。常用的基坑支护结构型式有：①放坡开挖及简易支护；②悬臂式支护结构；③重力式支护结构；④内撑式支护结构；⑤ 拉锚式支护结构；⑥土钉墙支护结构；⑦其他形式支护结构，主要包括门架式支护结构、拱式组合型支护结构、喷锚网支护结构等。下面结合图示简单地介绍几种常见的支护形式：

1) *悬臂式支护结构*

从广义的角度来讲，一切没有支撑和锚固的围护结构均可归属于悬臂式支护结构，如图 7-1 所示。悬臂式支护结构常采用钢筋混凝土排桩、木板桩、钢板桩、钢筋混凝土板桩、地下连续墙等型式。钢筋混凝土桩常采用钻孔灌注桩、人工挖孔桩、沉管灌注桩和预制桩等。悬臂式支护结构依靠足够的入土深度和结构的抗弯刚度来挡土和控制墙后土体及结构的变形。悬臂式支护结构对开挖深度十分敏感，容易产生大的变形，有可能对相邻建筑物产生不良的影响。这种结构适用于土质较好、开挖深度较小的基坑。

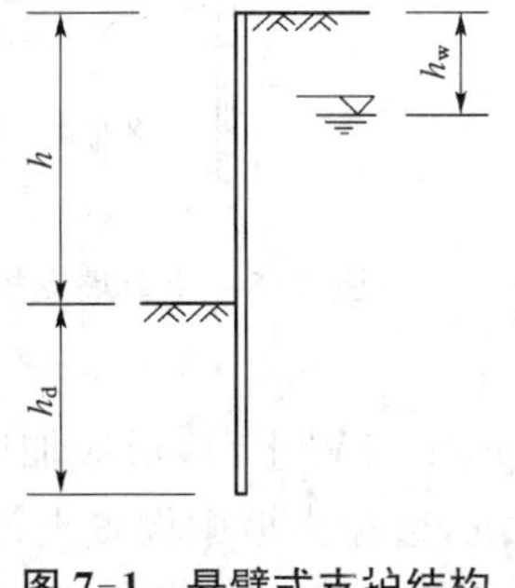

图 7-1　悬臂式支护结构

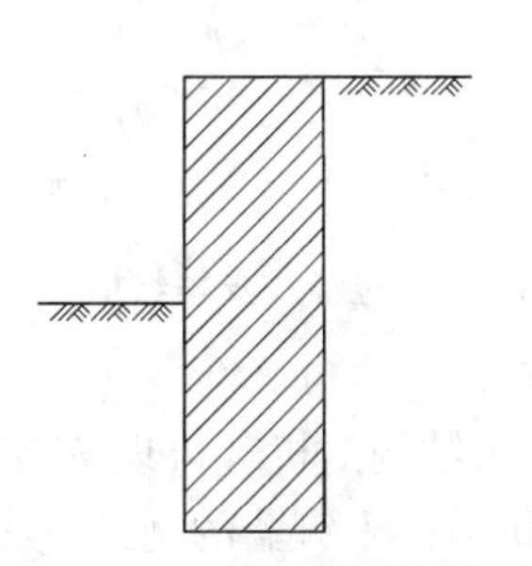

图 7-2　重力式支护结构

2）重力式支护结构

水泥土重力式围护结构如图 7-2 所示。水泥土重力式围护结构通常由水泥搅拌桩组成，有时也采用高压喷射注浆法形成。当基坑开挖深度较大时，常采用格构体系。水泥土和它包围的天然土形成了重力挡土墙，可以维持土体的稳定。深层搅拌水泥土桩重力式围护结构常用于软黏土地区开挖深度 7.0 m 以内的基坑工程。水泥土重力式挡土墙的宽度较大，适用于较浅的、基坑周边场地较宽裕的、对变形控制要求不高的基坑工程。

3）内撑式支护结构

内撑式支护结构由挡土结构和支撑结构两部分组成。挡土结构常采用排桩和地下连续墙。支撑结构有水平支撑和斜支撑两种，以水平支撑为常用。根据不同的开挖深度等因素，可采用单层或多层水平支撑（见图 7-3）。内支撑常采用钢筋混凝土梁、钢管、型钢格构等形式。钢筋混凝土支撑的优点是刚度大、变形小，容易控制支护体系变形，因此广泛适用于各种土层和深度的基坑。而钢支撑的优点是材料可回收，且施加预应力较方便。

（a）单层水平支撑　　（b）斜支撑　　（c）多层水平支撑

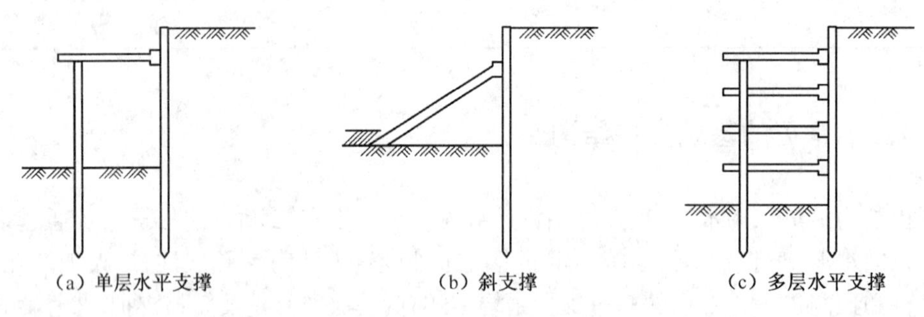

图 7-3　内撑式支护结构

4）拉锚式支护结构

拉锚式支护结构由挡土结构和锚固部分组成。挡土结构除了采用与内撑式支扩结构相同的结构型式外，还可采用钢板桩作为挡土结构。锚固结构有锚杆和地面拉锚两种。根据不同的开挖深度，可采用单层或多层锚杆，如图 7-4(a)所示。当有足够的场地设置锚桩或其他锚固物时可采用地面拉锚，如图 7-4 (b)所示。为了让锚杆能经济、有效地工作，要求锚固段周边的土质应较为坚硬。

（a）锚杆　　（b）地面拉锚

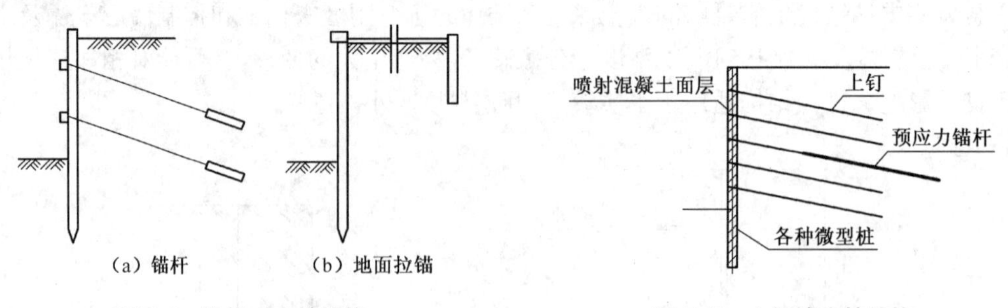

图 7-4　拉锚式支护结构

图 7-5　土钉墙支护结构

5）土钉墙支护结构

土钉墙支护结构的机理可理解为通过在基坑边坡中设置土钉，形成加筋土重力式挡土墙，如图 7-5 所示。土钉墙的施工过程为：边开挖基坑，边在土坡中设置土钉，在坡面上铺设钢筋网，并通过喷射混凝土形成混凝土面板，最终形成土钉墙。土钉墙支护结构适用于地下水位以上或人工降水后的黏土、粉土、杂填土以及非松散砂土、碎石土等。

7.1.3 基坑工程设计施工技术概述

1）基坑工程设计施工的一般原则

基坑开挖包括支护结构、支撑（或锚固）系统、土体开挖、土体加固、地下水控制、工程监测、环境保护等几个主要组成部分，其基本功能包括：提供地下工程安全施工的空间；保证主体工程地基及桩基安全；保证环境安全，包括相邻地铁、隧道、管线、房屋建筑、地下公用设施等安全。故为了保证基坑工程的安全，要遵从以下原则：

(1) 以理论指导为基础。尽管土力学理论与计算方法还不能精确解决基坑工程中出现的所有问题，唯有结合实际工程经验加以应用才是上策。但是，所有成功的工程与土力学、结构力学所揭示的基本理论是一致的，并可能是对其理论和计算的补充、完善，一些失败的例子，总是在某些方面违反了基本理论所确定的规则。

(2) 考虑各种不利条件情况下的“工况”设计时应全面进行分析。设计时对可能遇到的雨季等自然条件变化，尚应考虑强度降低的可能性。对于基坑通过不同方法加固之后的计算指标，目前只能根据试验和当地经验加以确定。

(3) 选择好基坑工程总体方案。鉴于基坑工程的复杂性和风险性，要求决策者掌握本地区或类似条件下成功的经验和失败的教训，根据自身工程要求和条件综合考虑，做出安全、可靠、经济的整体方案（包括支护结构、支护体系、土方开挖、降水、地基加固、监测和环保等）。

(4) 做好对地下水和地表水的控制。在地下水位高和透水性强的地层中，务必确定可靠的隔水或降水方案。在建造隔水帷幕（成墙）时，需要选用与土层相适应的地基加固方法，确保形成连续的隔水帷幕。

(5) 软土地区基坑开挖和支撑工作中，应用“时空效应”的概念，精心安排挖土和支撑方案，对保证基坑安全、减少位移有重要作用。

(6) 认真做好施工期监测，发现异常情况及时采取措施以防止恶化。一旦出现大的变形或滑动，应立即分析主要原因，做出可靠的加固设计和施工方案，使加固工作快速而有效，防止变形或滑动继续发展。

2）基坑变形控制设计和稳定性

传统的基坑计算均以稳定性为主，并未研究解决在失稳之前的变形过程。但在当前的基坑工程中，由于对周边环境保护的要求，基坑变形控制已成为重要的设计内容。基坑的允许变形和水平、垂直位移的计算既是一个较建筑自身允许沉降和沉降计算更为复杂的课题，又是基坑工程，尤其是在软土地区和工程地质、水文地质复杂地区无法回避的问题。故基坑稳定性是基坑工程设计中的重要组成部分，应全面考虑到下列几个方面：

(1) 支护结构的稳定入土深度。支护结构的稳定入土深度通常采用极限平衡法计算，基坑外侧取主动土压力，开挖侧取被动土压力。

(2) 基坑底隆起稳定性。当基坑底为软土时，需验算坑底土隆起稳定性。

(3) 坑底渗流稳定性。基坑底抗渗流稳定性验算，在有承压水时是必不可少的。

(4) 基坑整体稳定性。基坑的整体稳定计算有时也可能成为基坑稳定性的控制条件，计算时可按平面问题考虑并采用圆弧滑动面计算。

3）地下水控制

基坑工程中地下水“控制”较之通常所述的“降低”地下水有更广泛的含义，它包括降水和“截水”。在高水位或表层滞水丰富的地区，地下水控制的成败是基坑工程成败的关键之一。“降水”的目的在于通过降低水位，消除来自基坑侧壁的地下水、基坑底部向上的涌水以及用于基坑内部土体含水的疏干。“截水”是在基坑四周形成截水帷幕（或墙）或在基坑底部形成不透水封底层达到与“降水”同样的目的。由于降水过程可能导致四周地面的下沉和相邻建筑物不均匀沉降，因此，在建筑物密集的地区常需采用“截水”方案。井点、管井、渗井、明排仍然是当前降低地下水位的主要方法。基坑降水应满足下列基本要求：①基坑开挖及地下结构施工期间，地下水保持在基底以下；②深部承压水不引起坑底隆起；③降水期间邻近建筑和地下管线正常使用；④基坑的稳定性。成功的降水需要结合复杂多变的水文地质条件，选择降水的范围、方法和时间安排，因地制宜地采用一种或几种方法的组合。隔离地下水包括地下连续墙、连续排列的排桩墙、隔水帷幕、坑底水平封底隔水等。隔水帷幕主要采用深层搅拌法和高压喷射注浆法（旋喷法），基坑水平封底通常采用高压喷射注浆法。对于渗透系数大的颗粒土可采用注浆法止水加固。在孔隙大、地下水流速高的土层中采用喷射注浆时，应防止由于水泥流失而形不成连续的帷幕，导致漏水。即使在细颗粒的透水土层中，保证隔水帷幕或不连续相邻排柱之间不透水幕的连续性也是十分重要的。

在地下水控制中，详细和较准确地掌握工程地质、水文地质资料，了解地下水的分布（分层）、性质（是否属承压水及其水头等）是正确确定降水或隔水方案的基础。隔水帷幕的质量检验，一方面可通过钻孔取芯和触探法进行判定；另一方面也可通过施工过程的工程监测，根据“隔水”的整体效果，即在防止漏水、管涌或减小基坑位移方面的效果加以评定。由于深层搅拌、旋喷和注浆形成的帷幕的强度和均匀性受到被加固土层特性的直接影响，因而有较大的离散性，并且也还没有更直接的方法看到深层加固的情况。因此，在某些土层（包括软土和强度变化大的不均匀土层）中，通过现场检验判断加固质量的方法尚有待进一步完善和积累资料。在目前情况下，基坑的监测不仅对判断加固效果具有作用，同时，也为积累不同土层条件下不同加固方法、加固形式的经验具有重要作用。

4）施工监测

施工监测是指在基坑开挖和地下工程施工过程中对基坑土层性状、支护结构变位和周围环境条件的变化进行各种观测及分析工作，并将观测结果及时反馈，以掌握支护结构和基坑内外土体移动，随时调整施工参数、优化设计或采取相应措施，以确保施工安全、顺利进行。

基坑支护开挖施工监测的内容通常包括以下几个方面：①支护结构的位移和内力（弯矩）；②支撑轴力变化、立柱的水平位移与沉降或隆起；③坑边土体位移及土压力变化；④坑底土体隆起；⑤地下水位及孔隙水压力变化；⑥相邻建（构）筑物、地下管线、地下工程等保护对象的沉降、水平位移与异常现象。

监测手段主要有水准仪、经纬仪、测斜仪、分层沉降仪、土压力盒、孔隙水压力仪、水位观测仪、钢筋应力计等。目前在实际工作中，以水准仪量测墙顶和地面位移以及以测斜仪量测墙体和土体深部位移较为可靠而且特别重要。其他监测手段常被用来进行综合分析。

7.1.4 支护结构上的荷载及土压力计算

前面已经详细叙述了作用在挡土结构的土压力，除了土压力以外，在地下水位以下的挡土结构还作用有水压力。水压力与地下水的补给数量、季节变化、施工期间挡土结构的入土深度、排水方法等因素有关。水压力的计算可采用静水压力、按流网法计算渗流求水压力和按直线比例法计算渗流求水压力等方法。

计算地下水位以下的土、水(静)压力，分为“水土分算”和“水土合算”两种方法。在工程中，对于渗透性较强的土，例如砂性土和粉土，一般采用水土分算。也就是分别计算作用在围护结构上的土压力和水压力，然后叠加。对渗透性较弱的土，如黏性土，采用水土合算的方法。土压力包括静水压力的计算方法与前面所述没有原则区别。这里应该注意的是，计算主动土压力时，应计算地面超载。以下仅列出均匀土层按朗肯理论计算土压力的公式：

1）土水压力分算法

土水压力分算法是采用有效重度计算土压力，按静水压力计算水压力，然后将两者叠加，叠加的结果就是作用在挡土结构上的总侧压力。计算土压力时，可采用有效应力法或总应力法。采用有效应力法的计算公式为：

$$P_a = \gamma' H K'_a - 2c' \sqrt{K'_a} + \gamma_w H \tag{7-1}$$

$$P_p = \gamma' H K'_p + 2c' \sqrt{K'_p} + \gamma_w H \tag{7-2}$$

式中：γ'、γ_w——土的有效重度和水的重度；

K'_a——按土的有效应力强度指标计算的主动土压力系数，$K'_a = \tan^2\left(\frac{\pi}{4} - \frac{\varphi'}{2}\right)$；

K'_p——按土的有效应力强度指标计算的被动土压力系数，$K'_p = \tan^2\left(\frac{\pi}{4} + \frac{\varphi'}{2}\right)$；

φ'——有效内摩擦角；

c'——有效黏聚力。

采用有效应力法计算土压力，概念明确。在不能获得土的有效强度指标的情况下，也可以采用总应力法进行计算。

$$P_a = \gamma' H K_a - 2c \sqrt{K_a} + \gamma_w H \tag{7-3}$$

$$P_p = \gamma' H K_p + 2c \sqrt{K_p} + \gamma_w H \tag{7-4}$$

式中：K_a——按土的总应力强度指标计算的主动土压力系数，$K_a = \tan^2\left(\frac{\pi}{4} - \frac{\varphi}{2}\right)$；

K_p——按土的总应力强度指标计算的被动土压力系数，$K_p = \tan^2\left(\frac{\pi}{4} + \frac{\varphi}{2}\right)$；

φ——按固结不排水确定的内摩擦角；

c——按固结不排水确定的黏聚力。

2）土水压力合算法

土水压力合算法是国内经常使用的计算方法，对于渗透性较差的黏土积累了不少实践经验，该方法能较好地模拟土侧压力。其计算公式如下：

$$P_a = \gamma_{sat} H K_a - 2c \sqrt{K_a} \tag{7-5}$$

$$P_p = \gamma_{sat} H K_p + 2c \sqrt{K_p} \tag{7-6}$$

式中：γ_{sat}——土的饱和重度，地下水以上取天然重度；

K_a——土的主动土压力系数，$K_a = \tan^2\left(\frac{\pi}{4} - \frac{\varphi}{2}\right)$；

K_p——土的被动土压力系数，$K_p = \tan^2\left(\frac{\pi}{4} + \frac{\varphi}{2}\right)$；

φ——按固结不排水确定的内摩擦角；

c——按固结不排水确定的黏聚力。

【例 7-1】 某基坑位于渗透性较差的黏土层中，开挖深度为 6.0 m，土层重度 $\gamma_{sat} = 18\ \text{kN/m}^3$，黏聚力 $c = 12\ \text{kPa}$，内摩擦角 $\varphi = 30°$，地面超载 $q_0 = 12\text{kPa}$。试计算基坑开挖底面处土压力强度。

【解】 主动土压力系数

$$K_a = \tan^2\left(45 - \frac{\varphi}{2}\right) = \tan^2\left(45° - \frac{30°}{2}\right) = 0.33$$

基坑开挖底面处土压力强度

$$P_a = (q_0 + \gamma h)K_a - 2c\sqrt{K_a} = (12 + 18 \times 6) \times 0.33 - 2 \times 12 \times \sqrt{0.33} = 25.81\ \text{kN/m}^2$$

7.1.5 总体方案的选择

基坑支护总体方案的选样直接关系到工程造价、施工进度及周围环境的安全，总体方案主要有顺作法和逆作法两种基本形式。当然，在同一个基坑工程中，顺作法和逆作法也可以在不同的基坑区域组合使用，从而满足工程的技术经济性要求。

1）顺作法

顺作法是指先施工周边围护结构，然后从上到下分层开挖，并依次设置水平支撑（或锚杆系统），开挖至坑底后，再由下往上施工主体地下结构基础底板、竖向墙柱构件及水平楼板构件，并按一定的顺序拆除水平支撑系统，进而完成地下结构施工的过程。当不设支护结构而直接采用放坡开挖时，则是先直接放坡开挖至坑底，然后自下而上依次施工地下结构。

顺作法是基坑工程的传统开挖施工方法，施工工艺成熟，支护结构体系与主体结构相对独立，相比逆作法，其设计、施工均比较便捷，对施工单位的管理和技术水平的要求相对较低，施工单位的选择面较广。另外，顺作法相对于逆作法而言，其基坑支护结构的设计与主体设计关联性较低，受主体设计进度的制约小，基坑工程有条件尽早开工。

顺作法常应用于放坡开挖、自立式围护体系和板式支护体系三大类中。其中，自立式围护体系可分为水泥土重力式围护墙、土钉墙和悬臂板式围护墙；板式支护包括围护墙结合内支撑系统和围护墙结合锚杆系统两种形式。

（1）放坡开挖。放坡开挖一般适用于浅基坑。由于基坑敞开式施工，因此工艺简便、造价经济、施工进度快。但这种施工方式要求具有足够的施工场地与放坡范围。

（2）自立式围护体系

① 水泥土重力式围护和土钉支护。采用水泥土重力式围护和土钉支护的自立式围护

体系经济性较好，由于基坑内部开敞，土方开挖和地下结构的施工均比较便捷。但自立式围护体系需要占用较宽的场地空间，因此设计时应考虑红线的限制。此外，设计时应充分研究工程地质条件与水文地质条件的适用性。由于围护体施工质量难以进行直观的监督，易引起施工质量不佳问题，从而导致较大的环境变形乃至工程事故。

② 悬臂板式围护墙。悬臂板式围护墙可用于必须敞开式开挖，但对围护体占地宽度有一定限制的基坑工程。其采用具有一定刚度的板式支护体，如钻孔灌注桩或地下连续墙。单排悬臂灌注桩支护一般用于浅基坑，在工程实践中，由于其变形较大，且材料性能难以充分发挥，适用范围较小。双排桩、格形地下连续墙等围护体形式所构成的悬臂板式支护体系适用于中等开挖深度、对围护变形有一定控制要求的基坑工程。

(3) 板式支护体系。板式支护体系由围护墙和内支撑（或锚杆）组成，围护墙的种类较多，包括地下连续墙、灌注排桩连续墙、型钢水泥土搅拌墙、钢板桩围护墙及钢筋混凝土板桩围护墙等。支撑可采用钢支撑或钢筋混凝土支撑。

2)逆作法

相对于顺作法，逆作法则是每开挖一定深度的土体后，即支设模板浇筑永久的结构梁板，用以代替常规顺作法的临时支撑，以平衡作用在围护墙上的土压力。因此，当开挖结束时，地下结构即已施工完成。这种地下结构的施工方式是自上而下浇筑，同常规顺作法开挖到坑底后再自下而上浇筑地下结构的施工方法不同，故称为逆作法。

(1) 逆作法分类

① 全逆作法：利用地下各层钢筋混凝土楼板对四周围护结构形成水平支撑。楼盖混凝土为整体浇筑，然后在其下掏土，通过楼盖中的预留孔洞向外运土并向下运入建筑材料。

② 半逆作法：利用地下各层钢筋混凝土楼板中先期浇筑的交叉格形肋梁，对围护结构形成框格式水平支撑，待土方开挖完成后再二次浇筑肋形楼板。

③ 部分逆作法：用基坑内四周暂时保留的局部土方对四周围护结构形成水平抵挡，抵消侧向压力所产生的一部分位移。

④ 分层逆作法：此方法主要是针对四周围护结构，是采用分层逆作，不是先一次整体施工完成。分层逆作四周的围护结构是采用土钉墙。

(2) 工艺特点

① 可使建筑物上部结构的施工和地下基础结构施工平行立体作业，在建筑规模大、上下层次多时，大约可节省工时 1/3。

② 受力良好合理，围护结构变形量小，因而对邻近建筑的影响亦小。

③ 施工可少受风雨影响，且土方开挖可较少或基本不占总工期。

④ 最大限度地利用地下空间，扩大地下室建筑面积。

⑤ 一层结构平面可作为工作平台，不必另外架设开挖工作平台与内撑，这样大幅度削减了支撑和工作平台等大型临时设施，减少了施工费用。

⑥ 由于开挖和施工的交错进行，逆作结构的自身荷载由立柱直接承担并传递至地基，减少了大开挖时卸载对持力层的影响，降低了基坑内地基回弹量。

⑦ 逆作法存在的不足，如逆作法支撑位置受地下室层高的限制，无法调整高度，如遇较大层高的地下室，有时需另设临时水平支撑或加大围护墙的断面及配筋。由于挖土是在顶部封闭状态下进行的，基坑中还分布有一定数量的中间支承柱和降水用井点管，目前尚缺乏

小型、灵活、高效的小型挖土机械，使挖土的难度增大。但这些技术问题相信很快会得到解决。

(3) 经济效益

采用逆作法，一般地下室外墙与基坑围护墙采用两墙合一的形式，一方面省去了单独设立的围护墙，另一方面可在工程用地范围内最大限度地扩大地下室面积，增加有效使用面积。此外，围护墙的支撑体系由地下室楼盖结构代替，省去大量支撑费用。而且楼盖结构即支撑体系，还可以解决特殊平面形状建筑或局部楼盖缺失所带来的布置支撑的困难，并使受力更加合理。由于上述原因，再加上总工期的缩短，因而在软土地区对于具有多层地下室的高层建筑，采用逆作法施工具有明显的经济效益。一般可节省地下结构总造价的25%～35%。

(4) 环境效益

① 噪音方面：由于逆作法在施工地下室时是采用先表层楼面整体浇筑，再向下挖土施工，故其在施工中的噪音因表层楼面的阻隔而大大降低，从而避免了因夜间施工噪音问题而延误工期。

② 扬尘方面：地基处理通常采取开敞开挖手段，产生了大量的建筑灰尘，从而影响了城市形象；采用逆作法施工，由于其施工作业在封闭的地表下，可以最大限度地减少扬尘。

(5) 社会效益

① 交通方面：由于逆作法采取表层支撑、底部施工的作业方法，故在城市交通土建中大有用武之地，它可以在地面道路继续通车的情况下进行道路地下作业，从而避免了因堵车绕道而产生的损失。

② 采用逆作法，上层平板结构先完成，可以利用结构本身作内支撑。由于结构本身的侧向刚度是无限大的，且压缩变形值相对围护桩的变形要求来讲几乎等于零。因此，可以从根本上解决支护桩的侧向变形，从而使周围环境不至于出现因变形值过大而导致路面沉陷、基础下沉等问题，保证了周围建筑物的安全。

③ 采用逆作法施工，地下连续墙与土体之间粘结力和摩擦力不仅可利用来承受垂直荷载，而且还可充分利用它承受水平风力和地震作用所产生建筑物底部巨大水平剪力和倾覆力矩，从而大大提高了抗震效应。我国是个地震多发区，对地震的防治是必不可少的，从建筑业角度来说，采用适宜的施工工艺便可将地震带来的危害降低到最小。逆作法施工便具有这样的优点，所以在深基坑支护中大量运用逆作法具有广泛的社会效益。

3) 顺逆结合

某些条件复杂或具有特别技术经济性要求的基坑，采用单纯的顺作法或逆作法不能满足经济、技术、工期及环境保护等多方面的要求。在工程实践中，有时为了同时满足多方面的要求，采用了顺作法与逆作法结合的方案，通过充分发挥顺作法与逆作法的优势，取长补短，从而实现工程的建设目标。工程中常用的顺逆结合方案主要有：①主楼先顺作、裙楼后逆作方案；②裙楼先逆作、主楼后顺作方案；③中心顺作、周边逆作方案。

(1) 主楼先顺作，裙楼后逆作

超高层建筑通常由主楼与裙楼两部分组成，其下一般整体设置多层地下室，因此超高层建筑的基坑多为深大基坑。在基坑面积较大、挖深较深、施工场地狭小的情况下，若地下室深基础采用明挖顺作支撑方案施工，不仅操作非常困难，耽误了塔楼的施工进度，施工周期长，而且对周边环境影响大，经济性也差。另一方面，主楼结构构件的重要性也决定了其不适合采用逆作法。

一般来说，主楼为超高层建筑工期控制的主导因素，在施工场地紧张的情况下，可先采用顺作法施工主楼地下室，而裙楼暂时作为施工场地，待主楼进入上部结构施工的某一阶段，再逆作施工裙楼地下室，这种顺逆结合的方案即为主楼先顺作、裙楼后逆作方案。

主楼先顺作、裙楼后逆作有其特有的优点：①该方案一方面解决了施工场地狭小、操作困难的问题；另一方面主楼顺作基坑面积较小，可加快施工速度；裙楼逆作不占用绝对工期，缩短了总工期，并可减少前期投资额。②裙楼地下室逆作能够有效地控制基坑的变形，可减小对周边环境的影响，同时又由于省去了常规顺作法中支设和拆除大量的临时支撑，经济性较好。

主楼先顺作、裙楼后逆作方案用于满足如下条件的基坑工程：①地下室几乎用足建筑红线，使得施工场地狭小，地下工程施工阶段需要占用部分裙楼区域作为施工场地；②主楼为超高层建筑，是控制工期的主导因素，且业主对主楼工期要求较高；③裙楼地下室面积较大，业主希望适当延缓投资又不影响主楼施工的进度；④裙楼基坑周边环境复杂，环境保护要求高。

(2) 裙楼先逆作，主楼后顺作

对于由主楼和裙楼组成的超高层建筑，有时裙楼的工期要求非常高(例如裙楼作为商业建筑时往往希望能尽快投入商业运营)，而主楼工期要求相对较低，此时裙楼可先采用全逆作法地上地下同时施工，以节省工期，并在主楼区域设置大空间出土口(主楼由于其构件的重要性不适合采用逆作法)，待裙楼地下结构施工完成后，再顺作施工主楼区地下结构。从而形成裙楼先逆作、主楼后顺作的方案。该方案具有以下特点：①主楼区域设置的大空间出土口出土效率高，可加快裙楼逆作的施工速度；②裙楼区域在地下结构首层结构梁板施工完成后，有条件立即向地上施工，可大大缩短裙楼上部结构的工期；③裙楼区域结构梁板代替支撑，支撑刚度大，对基坑的变形控制有利；④在逆作阶段主楼区域的大空间出土口可以显著地改善裙楼逆作区域地下作业的通风和采光条件；⑤由于主楼区域需要在裙楼区域逆作完成后再施工，因此一般情况下将会增加主楼的工期与工程的总工期。

(3) 中心顺作，周边逆作

对于超大面积的基坑工程，当基坑周边环境保护要求不是很高时，可在基坑周边首先施工一圈具有一定水平刚度的环状结构梁板(以下简称环板)，然后在基坑周边被动区留土，并采用多级放坡使中心区域外挖至基底，在中心区域结构向上顺作施工并与周边结构环板贯通后，再逐层挖土和逆作施工周边留土放坡区域，形成中心顺作、周边逆作的总体设计方案。该方案具有以下显著特点：①将整个基坑分为中心顺作区和周边逆作区两部分，周边部分采用结构梁板作为水平支撑，而中心部分则无需设置支撑，从而节省了大量临时支撑。同时，由于中部采用敞开式施工，出土速度较快，大大加快了整体施工进度。②在基坑周边首先施工一圈具有一定水平刚度的结构环板，中心区域施工过程中利用被动区多级放坡留土和结构环板约束围护体的位移，从而达到控制基坑变形、保护周围环境的目的。③由于仅周边环板采用逆作法施工，可仅对首层边跨结构梁板、柱和桩进行加固，作为施工行车通道，并利用周边围护体作为施工行车通道的竖向支撑构件，减少了常规逆作法中施工行车通道区域结构梁板、立柱和立柱桩的加固费用。

中心顺作、周边逆作方案只有在同时满足下列条件的工程中应用才能体现出其优越性和社会经济效益：①超大面积的深基坑工程。基坑面积需达到几万平方米，基坑平面为多边形，且至少设置两层地下室。基坑面积必须足够大是由以下因素决定的：周边逆作区环板必须具有足够的宽度，以保证有足够的刚度可以约束围护体变形；为保证逆作区坡体的稳定，周边留土按一定坡度多级放坡至基底标高需要一定的宽度；在除去逆作区面积后中心区域尚应有相当面积可以顺作施工。②主体结构为框架结构，无高耸塔楼结构或塔楼结构位于基坑中部。由于中心区域结构最先施工，塔楼如位于中心区域可确保塔楼的施工进度不受影响。③基地周边环境有一定的保护要求，但不是非常严格。周边逆作区结构环板和留土放坡对围护体的变形控制可满足周边环境的保护要求。

7.2 桩墙式支护结构

7.2.1 悬臂式、单层支锚、多支点及水泥土桩墙的设计计算

本节介绍的设计计算方法为基于极限平衡理论的极限平衡法，是一种传统的简化算法。极限平衡法有三个基本假定：①主动土压力和被动土压力均为与支挡结构变形无关的已知值，用朗肯或库仑理论计算；②支挡结构刚度为无限大，且不考虑支撑（或拉锚）的压缩或拉伸变形；③支挡结构的横向抗力按极限平衡条件求得。

1）悬臂式支挡结构的设计计算

悬臂式支挡结构主要依靠嵌入坑底土内的深度，平衡上部地面超载、主动土压力及水压力所形成的侧压力。因此，对于悬臂式支挡结构，嵌入深度至关重要。同时需计算支挡结构所承受的最大弯矩，以便进行支挡结构的断面设计和构造。

悬臂式支挡结构的两种计算模式：

(1) 如图 7-6(a)所示，对于这种计算模式，嵌入基坑底面的支挡结构在主动土压力 E_a 的推动下，支挡结构下部土体中产生一种阻力，其大小等于被动土压力与主动土压力之差，即 $E_a - E_p$，形成按土的深度成线性增加的主动土压力强度 e_a 和被动土压力强度 e_p。

(2) 如图 7-6(b)所示，此计算模式为 Blum 建议的计算模式，即原来出现在另一面的阻力以一个单力 R_C 代替，图 7-6(a)中的 t_0 用 x 代替，且需满足平衡条件：$\sum M_C = 0$；$\sum H = 0$。由于土体阻力是逐渐向下增加的，用 $\sum M_C = 0$ 计算的 x 较小，因此 H. Blum 建议嵌入深度 $h_d = 1.2x + u$。

下面介绍一下 Blum 的计算方法：

(1) 支挡结构嵌入深度

如图 7-6(b)所示，E_a 为主动土压力的合力。

$$E_p = \gamma(K_p - K_a)x^2/2 \tag{7-7}$$

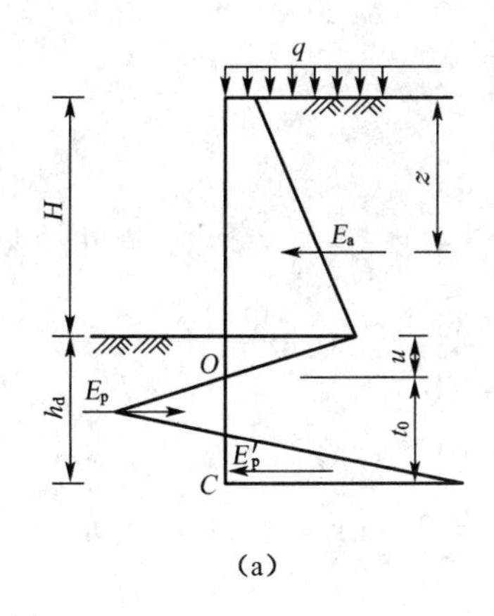

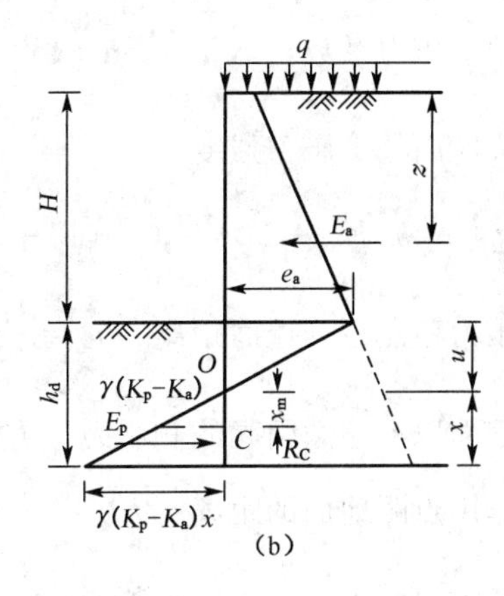

图 7-6　悬臂式支挡结构计算模式

对 C 点取矩，并令 $\sum M_C = 0$，则：

$$E_a(H+u+x-z)-E_p x/3=0 \tag{7-8}$$

由式(7-7)和式(7-8)得：

$$x^3-\frac{6E_a x}{\gamma(K_p-K_a)}-\frac{6E_a(H+u-z)}{\gamma(K_p-K_a)}=0 \tag{7-9}$$

式中：u——土压力强度零点距坑底的距离，由式(7-10)计算可得：

$$u=\frac{e_a}{\gamma(K_p-K_a)} \tag{7-10}$$

式中：γ——坑底土层重度的加权平均值(kN/m)。

最后由式(7-9)解出的 x 代入 $h_d=1.2x+u$，即可求出嵌入深度。

(2) 支挡结构的最大弯矩

图 7-6(b)的最大弯矩在剪力为零处。设在 O 点下 x_m 处剪力为零(主动土压力等于被动土压力)，则由图可得：

$$E_a-\gamma(K_p-K_a){x_m}^2/2=0$$

即：

$$x_m=\sqrt{\frac{2E_a}{\gamma(K_p-K_a)}} \tag{7-11}$$

最大弯矩为：

$$M_{max}=E_a(H+u+x_m-z)-\frac{\gamma(K_p-K_a)x_m^3}{6} \tag{7-12}$$

【例 7-2】 某基坑所在的地层位于密集的中粗砂地层，开挖深度 $h=5.0$ m，土层重度为 20 kN/m³，内摩擦角 $\varphi=30°$，地面超载 $q_0=10$ kPa，工程采用悬臂式排桩支护。试确定桩的最小长度和最大弯矩。

【解】 取支护墙方向 1 m 进行计算

主动土压力系数　$K_a=\tan^2\left(45°-\frac{\varphi}{2}\right)=\tan^2\left(45°-\frac{30°}{2}\right)=0.33$

被动土压力系数 $K_p = \tan^2\left(45° + \frac{\varphi}{2}\right) = \tan^2\left(45° + \frac{30°}{2}\right) = 3.00$

基坑地面处土压力强度

$$e_a = (q_0 + \gamma h)K_a - 2c\sqrt{K_a} = (10 + 20 \times 5) \times 0.33 - 2 \times 0 \times \sqrt{0.33} = 36.3\ \text{kN/m}^2$$

土压力零点距开挖面距离 $u = \frac{(q_0 + \gamma h)K_a}{\gamma(K_p - K_a)} = \frac{36.3}{53.4} = 0.68\ \text{m}$

开挖面以上超载引起的侧压力 $E_{a1} = q_0 K_a h = 10 \times 0.33 \times 5 = 16.5\ \text{kN}$

其作用点距地面的距离 $h_{a1} = 0.5h = 0.5 \times 5 = 2.5\ \text{m}$

开挖面以上土主动土压力 $E_{a2} = \frac{1}{2}\gamma h^2 K_a = \frac{1}{2} \times 20 \times 5^2 \times 0.33 = 82.5\ \text{kN}$

其作用点距地面的距离 $h_{a2} = \frac{2}{3}h = \frac{2}{3} \times 5 = 3.33\ \text{m}$

开挖面至土压力零点净土压力 $E_{a3} = \frac{1}{2}e_a u^2 = \frac{1}{2} \times 36.3 \times 0.68^2 = 8.39\ \text{kN}$

其作用点距地面的距离 $h_{a3} = h + \frac{1}{3}u = 5 + \frac{1}{3} \times 0.68 = 5.23\ \text{m}$

桩后土压力合力 $\sum E = E_{a1} + E_{a2} + E_{a3} = 16.5 + 82.5 + 8.39 = 107.39\ \text{kN}$

其作用点距地面距离

$$z = \frac{E_{a1}h_{a1} + E_{a2}h_{a2} + E_{a3}h_{a3}}{\sum E} = \frac{16.5 \times 2.5 + 82.5 \times 3.33 + 8.39 \times 5.23}{107.39} = 3.35\ \text{m}$$

将上述代入式(7-9)得 $x^3 - 12.07x - 28.11 = 0$

解得 $x = 4.31\ \text{m}$

则桩的最小长度 $l_{\min} = h + u + 1.2x = 5 + 0.68 + 1.2 \times 4.31 = 10.85\ \text{m}$

最大弯矩点距土压力零点的距离

$$x_m = \sqrt{\frac{2\sum E}{(K_p - K_a)\gamma}} = \sqrt{\frac{2 \times 107.39}{(3.00 - 0.33) \times 20}} = 2.01\ \text{m}$$

最大弯矩

$$M_{\max} = 107.39 \times (5 + 0.68 + 2.01 - 3.35) - \frac{20 \times (3.00 - 0.33) \times 2.01^3}{6}$$
$$= 393.80\ \text{kN} \cdot \text{m}$$

2) 单支点支挡结构的设计计算

(1) 顶部支撑(或拉锚)计算

如图 7-7 所示,假定 A 点为铰接,支挡结构和 A 点不发生移动。

① 支挡结构嵌入深度

对 A 点取矩，并令 $\sum M_A = 0$，则：

$$E_a z_a - E_p(H + z_p) = 0 \tag{7-13}$$

式中：E_a——深度 $(H+h_d)$ 内的主动土压力合力(kN/m)；

E_p——深度 h_d 内的被动土压力合力(kN/m)。

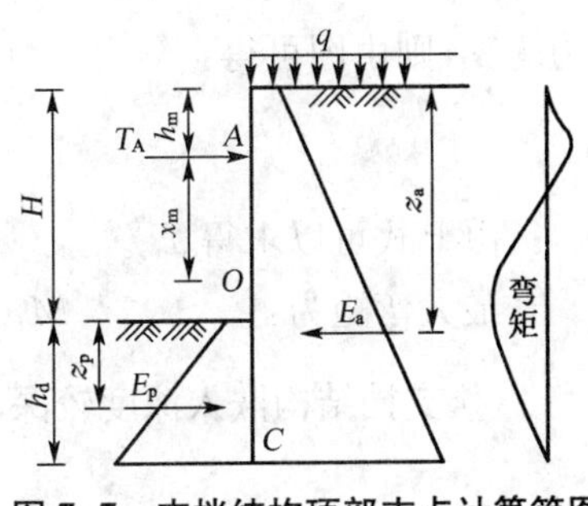

图 7-7　支挡结构顶部支点计算简图

由式(7-13)可解得支挡结构插入深度 h_d，如果土质较差，施工时尚应乘以 1.1～1.2。

② 支撑(或拉锚)力

对 C 点取矩，并另 $\sum M_C = 0$，则：

$$T_A(H + h_d) + E_p(h_d - z_p) - E_a(H + h_d - z_a) = 0$$

即：

$$T_A = \frac{E_a(H + h_d - z_a) - E_p(h_d - z_p)}{H + h_d} \tag{7-13}$$

③ 支挡结构的最大弯矩

图 7-7 的最大弯矩应在剪力为零处，设在地面以下 x_m 处的剪力为零，则由图可得：

$$E_{axm} - T_A = 0 \tag{7-14}$$

式中：E_{axm}——深度 x_m 内的主动土压力的合力(kN/m)。

由上式可求出 x_m。故最大弯矩为：

$$M_{max} = T_A x_m - E_{axm} z_{axm} \tag{7-15}$$

式中：z_{axm}——E_{axm} 作用位置距地面的距离(m)。

(2) 支挡结构任意位置的单支撑(或拉锚)计算

支挡结构任意位置的单支撑(或拉锚)计算分两种情况进行：

① 支挡结构嵌入深度较浅

如图 7-8 所示，支挡结构只有一个方向的弯矩。假定 A 点为铰接，支挡结构和 A 点不发生移动。

A. 支挡结构嵌入深度。对 A 点取矩，令 $\sum M_A = 0$，则：

$$E_a(z_a - h_m) - E_p(H - h_m + z_p) = 0 \tag{7-16}$$

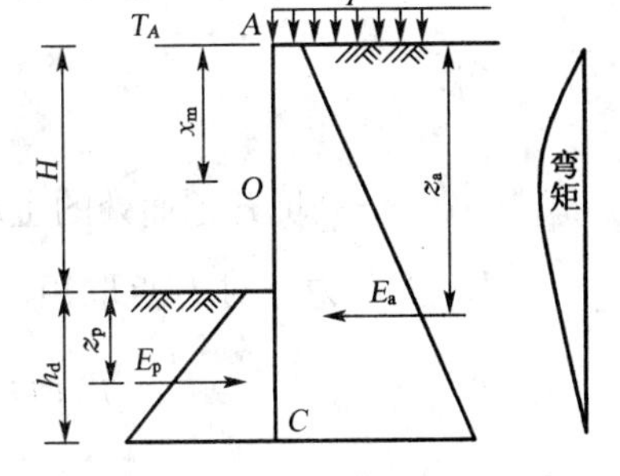

图 7-8　支挡结构任意位置单支点计算简图

由式(7-16)可解得支挡结构插入深度 h_d。

B. 支撑(或拉锚)力。支撑(或拉锚)力，根据静力平衡条件 $\sum H = 0$ 计算，则：

$$T_A = E_a - E_p \tag{7-17}$$

C. 支挡结构的最大弯矩。图 7-8 的最大弯矩应在剪力为零处，设在 A 点以下 x_m 处剪力为零，则由图可得：

$$E_{axm}-T_A=0 \tag{7-18}$$

由上式可以求得 x_m。

最大弯矩为：

$$M_{max}=T_A x_m-E_{axm}(x_m+h_m-z_{axm}) \tag{7-19}$$

② 支挡结构嵌入深度较深

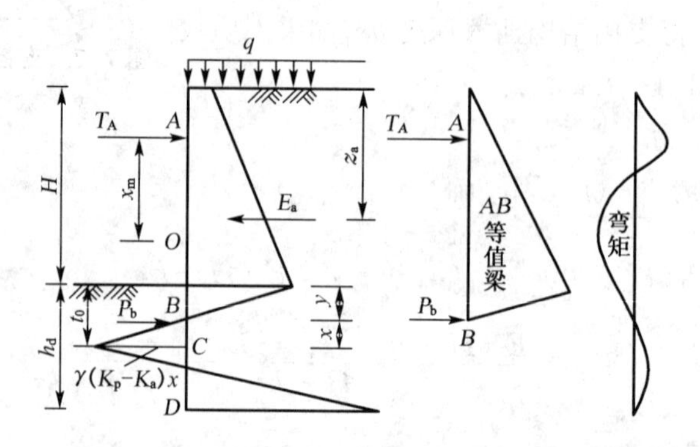

图 7-9 等值梁法计算单支点支挡结构简图

如图 7-9 所示，支挡结构底部出现反弯矩，下部位移较小，可将支挡结构底端作为固定端，而支点 A 铰接，采用等值梁法计算。等值梁法亦称假想支点法，图中 B 点为零弯矩点，则为假想支点，AB 为等值简支梁，通过简支梁分析求 A 和 B 支点的弯矩和支点反力，A 点支反力 T_A 则为支撑(或拉锚)力。B 点以下通过被动土压力和 B 点支反力 P_b 的平衡条件，确定支挡结构所需嵌入深度。由于零弯矩点 B 与土压力强度零点很接近，所以工程中一般将主动土压力强度与被动土压力强度零点看作零弯矩点 B。

A. B 点位置。根据主动土压力强度和被动土压力强度相等原则，得：

$$\gamma K_p y=K_a[(H+y)\gamma+q]=e_a+qK_a+\gamma y K_a$$

得

$$y=\frac{e_a+qK_a}{\gamma(K_p-K_a)} \tag{7-20}$$

式中：e_a——基坑开挖面处的主动土压力强度(kN/m²)。

B. 支反力。对 B 点取矩，令 $\sum M_B=0$，则：

$$T_A(H-h_m+y)-E_a(H-z_a+y)=0$$

得

$$T_A=\frac{E_a(H-z_a+y)}{H-h_m+y} \tag{7-21}$$

$$P_b=E_a-T_A \tag{7-22}$$

式中：E_a——深度 $(H+y)$ 范围内的主动土压力(kN/m)。

C. 嵌入深度。考察 BC 段，对 C 点取矩，令 $\sum M_C=0$，此时 B 点力与 P_b 大小相等、方向相反，则：

$$E_{p}x/3-P_{b}x=0$$

$$E_{p}=\gamma(K_{p}-K_{a})x^{2}/2$$

$$x=\sqrt{\frac{6P_{b}}{\gamma(K_{p}-K_{a})}} \tag{7-23}$$

嵌入深度 $t_0=x+y$，对于土质较差的需乘以 1.1～1.2。

D. 最大弯矩。考察 AB 简支梁，最大弯矩应在剪力为零处。设在 A 点以下 x_m 处剪力为零，则由图 7-9 可得：

$$E_{axm}-T_{A}=0 \tag{7-24}$$

由上式可求得 x_m，故最大弯矩为：

$$M_{max}=T_{A}x_{m}-E_{axm}(x_{m}+h_{m}-z_{axm}) \tag{7-25}$$

【例 7-3】 某基坑工程开挖深度 $h=6.0\ \text{m}$，采用单支点桩锚支护结构，支点离地面距离 $h_0=1\ \text{m}$，支点水平间距为 $S_h=2.0\ \text{m}$。地基土层参数：黏聚力 $c=0$，内摩擦角 $\varphi=28°$，重度 $\gamma=18.0\ \text{kN/m}^3$，地面超载 $q_0=20\ \text{kPa}$。试用等值梁法计算桩墙的入土深度、水平支锚力和最大弯矩。

【解】 取支锚点水平间距作为计算宽度

主动和被动土压力系数分别为　$K_a=0.36$　$K_p=2.77$

地面主动土压力强度

$$e_{a1}=q_{0}K_{a}-2c\sqrt{K_{a}}=20\times0.36-2\times0\times\sqrt{0.36}=7.20\ \text{kPa}$$

基坑地面主动土压力强度

$$e_{a2}=(q_{0}+\gamma h)K_{a}-2c\sqrt{K_{a}}=(20+18\times8)\times0.36-2\times0\times\sqrt{0.36}=59.04\ \text{kPa}$$

净土压力零点离基坑底距离　$u=\dfrac{e_{a2}}{\gamma(K_{p}-K_{a})}=\dfrac{59.04}{18\times(2.77-0.36)}=1.36\ \text{m}$

净土压力

$$\sum E=\frac{1}{2}\times(7.20+59.04)\times8\times2+\frac{1}{2}\times59.04\times1.36\times2=610.21\ \text{kN}$$

其作用点距离地面的距离

$$h_{a}=\frac{\frac{1}{2}\times7.2\times8^{2}\times2+\frac{1}{3}\times(59.04-7.2)\times8^{2}\times2+\frac{1}{2}\times59.04\times1.36\times(8+\frac{1}{3}\times1.36)\times2}{610.21}$$

$$=5.49\ \text{m}$$

支点水平锚固拉力

$$R_{a}=\frac{\sum E(h+u-h_{a})}{h+u-h_{0}}=\frac{610.21\times(8+1.36-5.49)}{8+1.36-1}=282.48\ \text{kN}$$

零点剪力 $Q_0=\frac{\sum E(h_a-h_0)}{h+u-h_0}=\frac{610.21\times(5.49-1)}{8+1.36-1}=327.73\ \mathrm{kN}$

桩的有效嵌固深度

$$t=\sqrt{\frac{6Q_0}{\gamma(K_p-K_a)S_h}}=\sqrt{\frac{6\times327.73}{18\times(2.77-0.36)\times2.0}}=4.76\ \mathrm{m}$$

桩最小长度 $l=h+u+1.2t=8+1.36+1.2\times4.76=15.07\ \mathrm{m}$

剪力为零点离地面距离，由公式 $R_a-\frac{1}{2}\gamma h_q^2K_aS_h-q_0K_ah_qS_h=0$，得

$$h_q=5.58\ \mathrm{m}$$

最大弯矩 $M_{max}=282.48\times(5.58-1.0)-\frac{1}{6}\times18\times5.58^2\times0.36\times2.0-$

$$\frac{1}{2}\times20\times5.58^2\times0.36\times2=694.30\ \mathrm{kN\cdot m}$$

3) 多支点支挡结构的设计计算

多支点支挡结构的计算方法很多，一般有等值梁法、二分之一分担法、逐层开挖支撑（或拉锚）力不变法、弹性法和有限元法等。这里主要介绍逐层开挖支撑（或拉锚）力不变等值梁法（该法是等值梁法与逐层开挖支撑（或拉锚）力不变法的结合）。

对于多支点支挡结构，应根据土方开挖和支撑（或拉锚）设置顺序分段计算。图 7-10 在每个阶段均可将该阶段开挖面上的支撑（或拉锚）点和开挖面下的假想支点之间的支挡结构作为简支梁对待，计算出的支点反力保持不变，并作为外力计算下一段梁的支点反力。

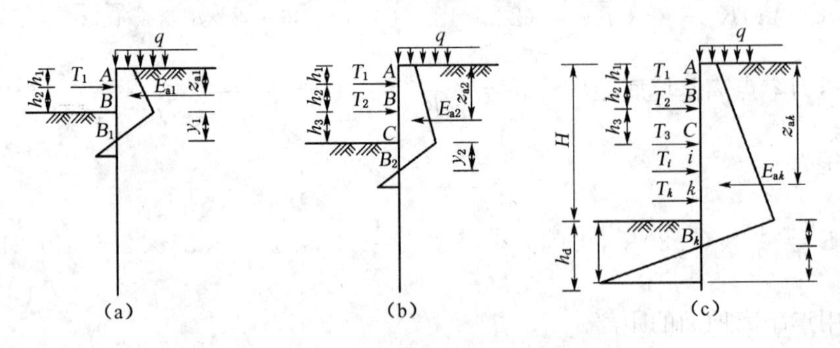

图 7-10 等值梁法计算多支点支挡结构简图

(1) 第一层支撑（或拉锚）阶段。从理论上讲，第一层支撑（或拉锚）设置必须保证设置第二层支撑（或拉锚）前基坑稳定，即取设置第二层支撑（或拉锚）所需开挖深度 (h_1+h_2) 进行第一层支撑（或拉锚）计算，如图 7-10(a)。

根据主动土压力强度和被动土压力强度相等原则求得 y_1：

$$y_1=\frac{e_{a1}+qk_a}{\gamma(K_p-K_a)} \tag{7-26}$$

式中：e_{a1}——当前基坑深度 (h_1+h_2) 开挖面处的主动土压力强度（kN/m²）。

把 AB_1 作为简支梁，对 B_1 点取矩，并令 $\sum M_{B1}=0$，则：

$$T_1=\frac{E_{a1}(h_1+h_2-z_{a1}+y_1)}{h_2+y_1} \tag{7-27}$$

(2) 第二层支撑（或拉锚）阶段。取设置第三层支撑（或拉锚）所需开挖深度 $(h_1+h_2+h_3)$ 进行第二层支撑（或拉锚）计算，如图 7-10(b)。

根据主动土压力强度和被动土压力强度相等原则求得 y_2：

$$y_2=\frac{e_{a2}+qK_a}{\gamma(K_p-K_a)} \tag{7-28}$$

式中：e_{a2}——当前基坑深度 $(h_1+h_2+h_3)$ 开挖面处的主动土压力强度（kN/m²）。

把 AB_2 作为简支梁，对 B_2 点取矩，并令 $\sum M_{B2}=0$，此时，以 T_1 已知支点力参与计算，则：

$$T_2=\frac{E_{a2}(h_1+h_2+h_3-z_{a2}+y_2)-T_1(h_2+h_3+y_2)}{h_3+y_2} \tag{7-29}$$

(3) 挖至基坑设计深度。如图 7-10(c)所示，根据主动土压力强度和被动土压力强度相等原则求得 y_k：

$$y_k=\frac{e_{ak}+qK_a}{\gamma(K_p-K_a)} \tag{7-30}$$

式中：e_{ak}——当前基坑深度 H 开挖面处的主动土压力强度（kN/m²）。

把 AB_k 作为简支梁，对 B_k 点取矩，并令 $\sum M_{Bk}=0$，此时，以 T_1、T_2、…、T_i、…、T_{k-1} 已知支点力参与计算，则：

$$T_k=\frac{E_{ak}(H-z_{ak}+y_k)-\sum_{j=1}^{k-1}\left[T_j(H-\sum_{m=1}^{j}h_m+y_k)\right]}{H-\sum_{n=1}^{k}h_n+y_k} \tag{7-31}$$

$$P_{bk}=E_{ak}-\sum_{j=1}^{k}T_k \tag{7-32}$$

然后求 x

$$x=\sqrt{\frac{6P_{bk}}{\gamma(K_p-K_a)}} \tag{7-33}$$

嵌入深度 $t_0=x+y_k$，如果土质差需乘以 1.1～1.2。

最后考察 AB_k 简支梁，求最大弯矩，其应在剪力为零处。

4) 水泥土挡土墙的设计计算

水泥土搅拌桩挡土墙在软土及地下水丰富地区使用较广泛，既可作为止水帷幕，又可用作深度不是很大基坑的挡土墙。此时，水泥土搅拌桩可以布置成壁状和格栅状，也可以形成组合连拱式结构。对于壁状和格栅状挡土墙，按重力式挡土墙进行设计计算，主要计算内容包括抗滑动稳定性、抗倾覆稳定性、整体稳定性、抗管涌稳定性、抗隆起稳定性和墙身截面强度验算，通过上述计算确定挡土墙的嵌入深度、厚度等参数。

下面详细介绍水泥土墙抗倾覆和抗滑动稳定性及正截面承载力验算(如图 7-11)。

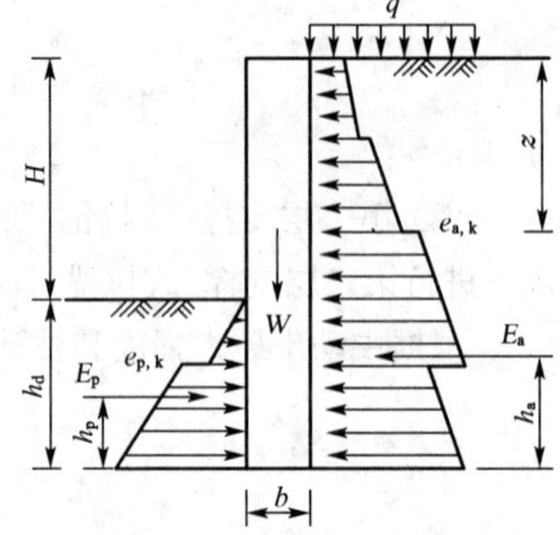

图 7-11　水泥土墙的稳定性计算

(1) 抗滑动稳定性验算

抗滑动稳定性安全系数：

$$K_h = \frac{\mu W + E_p}{E_a} \geqslant 1.3 \tag{7-34}$$

式中：E_a、E_p——分别为主动土压力(kN/m)和被动土压力(kN/m)的合力；

W——挡土墙自重(kN/m)；

μ——基底摩擦系数，淤泥质土 0.20～0.25，黏性土 0.25～0.4，砂土 0.40～0.50，岩石 0.50～0.70。

(2) 抗倾覆稳定性验算

抗倾覆稳定性安全系数：

$$K_q = \frac{Wb/2 + \eta E_p h_p}{E_a h_a} \geqslant 1.5 \tag{7-35}$$

式中：h_a、h_p 分别为主动土压力臂(m)和被动土压力臂(m)；

b——挡土墙厚度(m)；

μ——被动土压力折减系数，可取 0.50～1.00。

(3) 墙身应力验算

压应力验算：

$$1.2\gamma_0 \gamma_{cs} z + \frac{M}{W_{\mathrm{I}}} \leqslant f_{cs} \tag{7-36}$$

式中：γ_{cs}——水泥土墙的平均重度(kN/m³)；

z——自墙顶至计算截面的深度(m)；

M——单位长度水泥土墙截面弯矩设计值(kN/m)；

W——单位长度水泥土墙截面模量(m³)；

f_{is}——基坑开挖时，水泥土开挖龄期抗压强度(kPa)，水泥掺量为 15% 的深层搅拌桩支护结构，水泥土 28d 龄期的单轴无侧限应通过试验确定，无资料时可按以下取值：淤泥质土 400～700，淤土 300～500，黏性土 500～1 000，粉土 600～1 100，砂土 1 100～2 000。

拉应力验算：

$$\frac{M}{W_{\mathrm{I}}} - \gamma_{cs} z \leqslant 0.06 f_{cs} \tag{7-37}$$

【例 7-4】 某基坑开挖深度 $h = 5.0$ m，采用水泥土挡土墙进行支护，墙体宽度 $b =$

4.5 m，墙体入土深度(基坑开挖面以下)$h_d = 6.5$ m，墙体重度 $\gamma_0 = 20\ \text{kN/m}^3$，墙体与土体摩擦系数 $\mu = 0.3$。基坑土层重度 $\gamma = 19.5\ \text{kN/m}^3$，内摩擦角 $\varphi = 24°$，黏聚力 $c = 0$，地面超载为 $q_0 = 20$ kPa。试验算支护墙的抗倾覆和抗滑移稳定性。

【解】 取墙体方向的 1 m 进行计算

主动土压力和被动土压力

$$K_a = \tan^2\left(45° - \frac{24°}{2}\right) = 0.42,\quad K_p = \tan^2\left(45° + \frac{24°}{2}\right) = 2.37$$

地面超载引起的主动土压力

$$E_{a1} = q_0(h + h_d)K_a = 20 \times (5 + 6.5) \times 0.42 = 96.6\ \text{kN}$$

其作用点距墙趾的距离 $z_{a1} = \frac{1}{2}(h + h_d) = \frac{1}{2} \times (5 + 6.5) = 5.75$ m

主动土压力 $E_{a2} = \frac{1}{2}\gamma(h + h_d)^2 K_a = \frac{1}{2} \times 19.5 \times (5 + 6.5)^2 \times 0.42 = 541.56$ kN

其作用点距墙趾的距离 $z_{a2} = \frac{1}{3}(h + h_d) = \frac{1}{3} \times (5 + 6.5) = 3.83$ m

被动土压力 $E_p = \frac{1}{2}\gamma h_d^2 K_p = \frac{1}{2} \times 19.5 \times 6.5^2 \times 2.37 = 976.29$ kN

其作用点距墙趾的距离 $z_p = \frac{1}{3}h_d = \frac{1}{3} \times 6.5 = 2.17$ m

墙体自重 $W = b(h + h_d)\gamma_0 = 4.5 \times (5 + 6.5) \times 20 = 1\,035$ kN

抗倾覆安全系数

$$K_q = \frac{\frac{1}{2}bW + E_p z_p}{E_{a1}z_{a1} + E_{a2}z_{a2}} = \frac{\frac{1}{2} \times 4.5 \times 1035 + 976.29 \times 2.17}{96.60 \times 5.75 + 541.56 \times 3.83} = 1.69 > 1.5，满足要求$$

抗滑移安全系数

$$K_h = \frac{E_p + \mu W}{E_{a1} + E_{a2}} = \frac{976.29 + 0.3 \times 1035}{96.60 + 541.56} = 2.02 > 1.3，满足要求$$

7.2.2 各类桩墙式支护结构的构造和施工

1) 排式灌注桩支挡结构的构造与施工

排式灌注桩支挡结构主要有孔灌注桩和人工挖孔桩，按布置形式又可以分为密排桩排、疏排桩排和双排桩排。

(1) 构造

用于支护结构的钻(冲)孔灌注桩的直径一般为 500～1 200 mm，邻桩的中心距一般不大于桩径的 1.5 倍，最大不超过桩径的 2 倍。对于疏排桩和单排桩，为防止桩间土的剥落，可采用桩间土表面抹水泥砂浆或对桩间土进行注浆加固加以保护。灌注桩的混凝土强度等级不低于C20。对于异形变截面桩，桩间应设连接钢筋，并预埋在桩体内，如果用作主体结构的一部分，则必须预埋与主体结构的梁、板、柱连接钢筋。

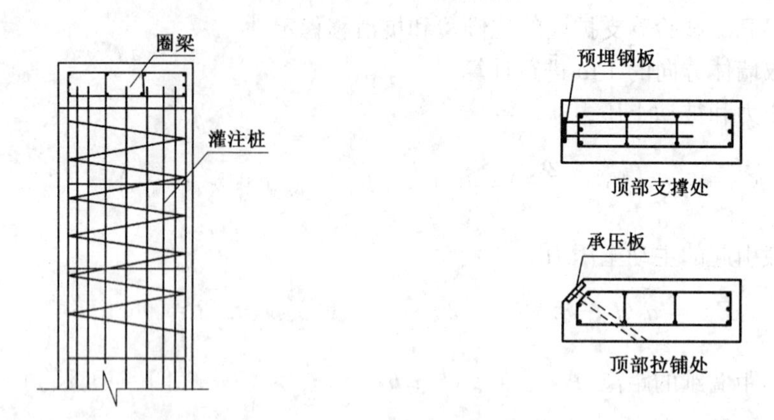

图7-12　圈梁构造示意图

① 桩顶圈梁构造。如图7-12所示，圈梁的宽度不小于桩径，高度一般为桩径的0.5～0.8，且不小于400 mm。桩顶纵向钢筋应锚入圈梁内，且锚固长度不小于30倍纵向钢筋直径。桩、圈梁主筋焊接接头必须分散布置，一个截面的接头数不得超过钢筋数的一半。使用混凝土的强度等级不小于C20，对处于转角及高差变化部位应予以加强。

当圈梁兼作支撑围檩或顶部拉锚腰梁时，其截面尺寸根据静力计算确定，并作抗剪和抗弯验算，梁宽通常不小于支撑间距的1/6，且不小于500 mm。其剪力和弯矩可按连续梁或简支梁计算：

$$Q = ql/2$$

$$M = \alpha q l^2 \tag{7-38}$$

式中：α——内力系数，对等跨连续梁取1/16，对简支梁取1/8；

l——相邻两支撑（或拉锚）之间的距离(m)；

q——支护结构作用在圈梁上的水平力(kN/m)。

② 圆形截面桩身配筋。根据支挡结构设计计算出的内力，按现行《钢筋混凝土结构设计规范》中的圆截面受弯杆件进行计算，当同时受水平荷载和垂直荷载作用时可按弯压构件计算，如图7-13所示。

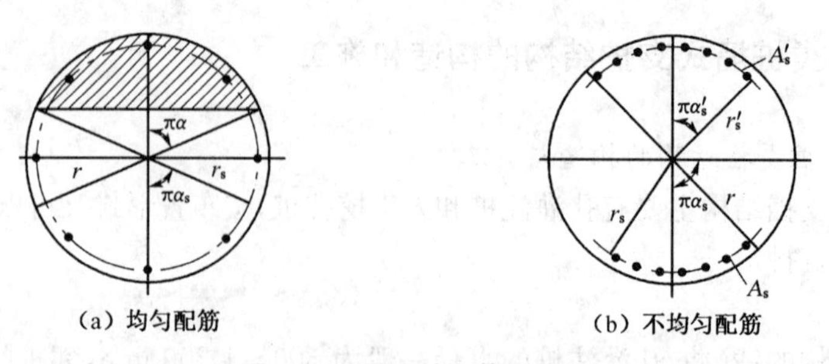

图7-13　圆形桩身截面配筋

对于圆截面均布配置，当配筋不多于6根时，其正面受力公式如下：

$$M \leqslant 2f_{cm}Ar\sin^2\pi\alpha/3\pi + f_yA_sr_s(\sin\pi\alpha + \sin\pi\alpha_t)/\pi$$

$$\alpha f_{cm}A\left(1-\frac{\sin 2\pi\alpha}{2\pi\alpha}\right)+(\alpha-\alpha_t)f_yA_s = 0 \tag{7-39}$$

式中：α——对应于受压区混凝土截面面积圆心角(rad)与 2π 的比值；

α_t——纵向受拉钢筋截面面积与全部纵向钢筋截面面积的比值，$a_t = 1.25 - 2a$；

A——圆桩截面面积(m^2)；

A_s——受拉纵向钢筋的截面面积(m^2)；

r——圆桩截面半径(m)；

r_s——纵向钢筋所在圆周的半径(m)；

f_y——纵向钢筋的抗拉、抗压强度设计值(kN/m^2)；

f_{cm}——混凝土弯曲抗压强度设计值(kN/m^2)。

对于圆截面不均匀布置，沿截面受拉区和受压区周边配置局部纵向钢筋受弯的正截面承载力按下式计算：

$$M \leqslant 2f_{cm}Ar\sin^2\pi\alpha/3\pi + f_yA_sr_s\sin\pi\alpha_s/\pi\alpha_s + f_yA'_sr'_s\sin\pi\alpha'_s/\pi\alpha'_s$$

$$\alpha f_{cm}A\left(1-\frac{\sin 2\pi\alpha}{2\pi\alpha}\right)+(A'_s-A_s)f_y = 0 \tag{7-40}$$

式中：α——对应于受压区混凝土截面面积圆心角(rad)与 2π 的比值；

α_s——对应于受拉钢筋的圆心角(rad)与 2π 的比值，一般取 1/4 左右；

α'_s——对应于受压钢筋的圆心角(rad)与 2π 的比值；

A_s——受拉纵向钢筋的截面面积(m^2)；

A'_s——受压纵向钢筋的截面面积(m^2)；

r_s——受拉钢筋的形心半径(m)；

r'_s——受压钢筋的形心半径(m)。

对于受弯压的桩，配筋根据现行《钢筋混凝土结构设计规范》的有关规定进行。

桩的纵向配筋一般采用通长配筋，有时也可根据支护结构的剪力和弯矩分布情况，在纵向进行不等密度配筋。当在圆形截面上采用局部不均匀配筋时，在不配筋处应设置适量的纵向结构筋。

(2) 施工

用于支挡结构的桩排施工的要求：①沿支挡结构轴线和垂直于轴线方向的桩位偏差均不超过 50 mm，桩的垂直偏差不大于 0.5%；②钻(冲)孔桩桩底沉渣不超过 200 mm，当用作承重结构时，桩底沉渣按《建筑桩基技术规范》进行；③排桩采用跳桩施工，并应在灌注混凝土 24 h 后进行邻桩成孔施工；④不均匀配筋钢筋笼在绑扎、吊装和埋设时，应保证钢筋笼的安放方向与设计方向一致；⑤圈梁施工前，应将支护桩桩顶浮浆凿除并清理干净，桩顶以上出露的钢筋长度应达到设计要求。

2) 板桩支挡结构的构造与施工

(1) 钢筋混凝土板桩

钢筋混凝土板桩一般由预制钢筋混凝土板桩组成，当考虑重复使用时，宜采用预制的预应力混凝土板桩。桩身截面通常为矩形，也可用 T 形或工字形截面。

钢筋混凝土板桩构造：板桩两侧一般做成凸凹榫，也有做成 Z 形缝或其他形式的企合口缝。板桩的桩尖沿厚度方向做成楔形。为使邻桩靠接紧密，减少接缝和倾斜，在阴榫一侧的桩尖削成斜角，阳榫一侧不削。角桩及定位桩的桩尖做成对称形。

矩形截面板桩宽度通常为 500～800 mm，厚度为 100～450 mm，肋厚一般为 200～300 mm，肋高为 450～750 mm。混凝土强度等级不宜小于 C25，预应力板桩不宜小于 C40。

考虑沉桩时的锤击应力作用，桩顶部应配 4～6 层钢筋网，桩顶以下和桩尖以上各 1～5 m 范围内箍筋间距不大于 100 mm，中间部位箍筋间距 200～300 mm。当板桩打入硬土层时，桩尖宜采用钢靴，榫壁应配构造筋。

在基坑转角处应根据转角的平面形状做成相应的异形转角桩。转角桩或定位桩的长度应比一般部位的桩长 1～2 m。

截面内力根据支护结构的设计计算确定，同时，需考虑板桩在起吊和运输过程中产生的内力。截面承载力按现行《钢筋混凝土结构设计规范》的有关规定进行。

钢筋混凝土板桩施工：钢筋混凝土板桩通常采用锤击、静压或振动等方法沉入土中，这些方法可以相互配合使用。打桩前应根据板桩支挡结构的水平总长和板桩规格，事先确定所需的板桩数量。沉桩应分段进行，不应单独打入。定位桩应确保其沉桩的垂直度。其他板桩在定位桩打好后，依次沿着导架逐块打入土中。

(2) 钢板桩

钢板桩支护结构一般采用 U 形或 Z 形截面钢板。当基坑较浅时也可采用正反扣的槽钢，当基坑较深、荷载较大时也可采用钢管、H 钢及其他组合截面钢桩。

钢板桩构造：带锁口的钢板桩一般能起到隔水作用，但考虑到施工中的不利因素，在地下水位较高的地区环境保护要求较高时，在钢板桩的背侧需加设隔水帷幕。

钢板桩支护结构可以用于圆形、矩形、多边形等平面形状的基坑。对于矩形和多边形基坑在转角处应根据转角平面形状做相应的异形转角桩，如果无成品转角桩，可将普通钢板桩裁开后，加焊型钢或钢板后拼制成转角桩。转角桩的长度一般要加长。

钢板桩施工：钢板桩通常采用锤击、静压或振动等方法沉入土中，这些方法可以单独使用，也可相互配合使用。沉桩前，现场钢板桩应逐块检查并编号，钢板桩尺寸的允许偏差需符合规范要求，不合格时应予调整。经检查合格的锁口应涂上黄油或其他优质油脂后待用。

当钢板桩长度不够时，可采用相同型号的板桩按等强度原则接桩，通常先对焊，再焊加强板。

钢板桩应分段打入，不宜单独打入。封闭或半封闭支挡结构应根据板桩规格和封闭段的长度事先计算好块数，第一块沉入的钢板桩应比其他的桩长 2～3 m，并应确保其沉桩垂直度。有条件时，最好在打桩前在地面以上沿支挡结构位置先设置导架，将一组钢板桩沿导架正确就位后再逐根沉入土中，如图 7-14 所示。

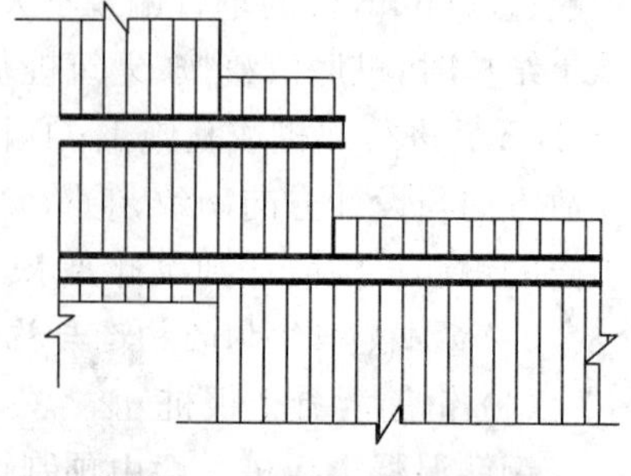

图 7-14　钢板桩施工示意图

钢板桩一般作为基坑临时性支护结构，在地下主体工程完成后即可将钢板桩拔除。但是，在拔除过程中易引起周围土体的侧向位移和沉降，从而影响周边环境的安全。防止此现象发生的措施一般有两种：一是沿着拔桩方向在钢板桩外侧土中事先插入注浆管，待板桩拔起后随即通过邻近的注浆管进行注浆，使浆液充填到板桩留下的空隙；二是在板桩拔起后，随即在桩位孔中插入套好布袋或塑料袋的注浆管直至空隙底部，然后立即注浆，浆液使布袋或塑料袋膨胀而充填空隙。

3）水泥土挡土墙支护结构的构造与施工

（1）构造

采用格栅布置时，水泥土的置换率：淤泥不小于0.8；淤泥质土不小于0.7；黏土或砂土不小于0.6。格栅长宽比不小于2，横向墙肋的净宽不大于2.0 m。

桩与桩之间的搭接宽度根据挡土和止水要求确定。当考虑止水作用时，搭接宽度不小于150 mm；当不考虑止水作用时，搭接宽度不小于100 mm。

水泥土挡土墙桩顶应作桩顶钢筋混凝土压顶梁，梁高不小于200 mm，宽不小于墙宽，混凝土的强度等级不小于C15。

（2）施工

水泥土挡土墙采取切割搭接法施工，应在前桩水泥土尚未固化时进行后续搭接桩的施工。施工开始和结束的头尾搭接处应采取加强措施，消除搭接沟槽。墙体桩位偏差不大于50 mm，垂直度偏差不大于0.5%。当设置插筋时，桩身插筋应在桩顶搅拌完成后及时进行。

深层搅拌桩施工前应进行成桩工艺及水泥掺入量或水泥浆的配合比试验，以确定相应的水泥掺入比或水泥浆水灰比。喷浆深层搅拌桩的水泥掺入比15%～18%；喷粉深层搅拌桩为13%～16%。

采用高压旋喷桩时，施工前应通过试喷试验，确定不同土层旋喷固结体的最小直径、施工工艺参数。高压旋喷桩水灰比为1.0～1.5。

7.3 土钉支护结构

7.3.1 土钉支护结构的特点及应用范围

土钉支护技术是用于土体开挖和边坡稳定的一种新的挡土技术，其发展始于20世纪70年代，由于其节约投资、施工占地少、进度快、安全可靠等优点，在深基坑开挖支护工程中得到较为广泛的应用。

1）土钉支护的工作原理

土钉支护技术的工作原理是充分利用原状土的自承能力，把本来完全靠外加支护结构来支挡的土体，通过土钉技术的加固使其成为一个复合的挡土结构。土钉支护是由被加固土体、放置在其中的土钉体和喷射混凝土面层组成，天然土体通过土钉的加固并与混凝土面板相结合，共同抵抗土压力和其他荷载，以保证边坡的稳定性。

2）土钉支护的特点

（1）土钉墙施工具有快速、及时且对邻近建筑物影响小的特点。由于土钉墙施工采用小台阶逐段开挖，在开挖成型后及时设置土钉与面层结构，对坡体扰动较少，且施工与基坑开挖同步进行，不独立占用工期，施工迅速，土坡易于稳定。实测资料表明，采用土钉支护的土坡只要产生微小变形就可发挥土钉的加筋力，因此坡面位移与坡顶变形很小，对相邻建筑物的影响很小。

(2) 施工机具简单，施工灵活，占用场地小。施工土钉时所采用的钻进机制及混凝土喷射设备都属于小型设备，机动性强、占用施工场地很小，即使紧靠建筑红线下切垂直开挖亦能照常施工。施工所产生的振动和噪音低，在城区施工具有一定的优越性。

(3) 经济效益好。国内有关资料分析，土钉墙支护比排桩法、钢板桩、锚杆支护等可节省投资，因此，采用土钉支护具有较高的经济效益。

3) 土钉支护的应用范围

(1) 用于高层建筑、地下结构等基坑开挖和土坡开挖的临时性支护。

(2) 用作洞室围岩支护、路堑路堤的土坡挡墙等永久性挡土结构。

(3) 现有挡土墙的维修加固和各类临时性支护失稳时的抢险加固。

(4) 边坡加固。

7.3.2 土钉支护结构的设计及稳定性分析

土钉支护结构的设计一般包括以下几个步骤：①根据坡体的剖面尺寸、土的物理力学性能和坡顶的超载情况，计算潜在滑动面的位置和形状；②初步确定土钉的直径、长度、倾角以及布置方式和间距；③验算土钉支护结构的内外部稳定性。

1) 土钉的设计

(1) 土钉的长度

抗拔试验表明，对高度小于 12 m 的土坡采用相同的施工工艺，在同类土质条件下，当土钉长度达到一倍土坡垂直高度时，再增加其长度对承载能力无显著提高。国外分析表明，对钻孔注浆型土钉，用于粒状土陡坡加固时，其长高比(土钉长度与坡面垂直高度之比)一般为 0.5～0.8；用于冰碛物或泥炭灰岩边坡时一般为 0.5～1.0。在初步确定土钉长度时可按下式计算：

$$L = \eta H + L_0 \tag{7-41}$$

式中：η——经验系数，可取 $\eta = 0.7 \sim 1.2$；

H——土坡的垂直高度(m)；

L_0——止浆器的长度，一般为 0.8～1.5 m。

(2) 土钉钻孔直径及间距布置

土钉孔径 d_h 可根据钻孔机械选定。国外对钻孔注浆型土钉一般取土钉孔径为 76～150 mm；国内一般取 70～200 mm。

以 s_x 和 s_y 分别表示水平间距(行距)和垂直间距(列距)。行距、列距的选择原则是以每个土钉注浆对其周围土的影响区与相邻孔的影响区相重叠为准。王步云教授等建议按 $6 \sim 8d_h$ 选定行距、列距，且应满足下式的要求：

$$s_x s_y = K_1 d_h L \tag{7-42}$$

式中：K_1——注浆工艺系数，对一次压力注浆工艺，取 1.5～2.5。

(3) 土钉加筋杆直径选择

土钉钢筋宜采用Ⅱ级以上螺纹钢筋，也可采用多根钢绞线组成的钢绞索。

王步云等建议，土钉的加筋杆直径 d_b 可按下式估算：

$$d_b = (20 \sim 25) \times 10^{-3} \sqrt{s_x s_y} \tag{7-43}$$

(4)土钉倾角

土钉倾角一般在 0°～25°之间取值，其大小取决于土钉置入方式和土体分层特点等多种因素。由于土钉在土体中的作用是抗拔受拉，倾角越小其水平拉力越大，越有利于土钉对土体的加固。但倾角过小，不利于施工。根据工程施工经验，土钉的倾角以不超过 15°为宜。

2) 土钉支护的稳定性验算

土钉支护结构的失稳破坏主要有体内破坏和体外破坏。破坏时，土体破坏面全部或部分穿过加固了的土体内部，则称此种破坏形式为体内破坏；土钉支护结构还可能发生沿支护底部滑动、绕支护面层底端倾覆、连同周围和基坑底部深部土体滑动，这类破坏形式称为体外破坏。因此，土钉支护结构的稳定性验算包括内部稳定性验算(内部整体稳定性验算和土钉抗拔力验算)和外部稳定性验算(抗倾覆稳定性验算和抗滑动稳定性验算)。

(1) 土钉墙支护结构的整体稳定性验算

土钉墙支护结构的整体稳定性验算采用条分法，如图 7-15 所示。

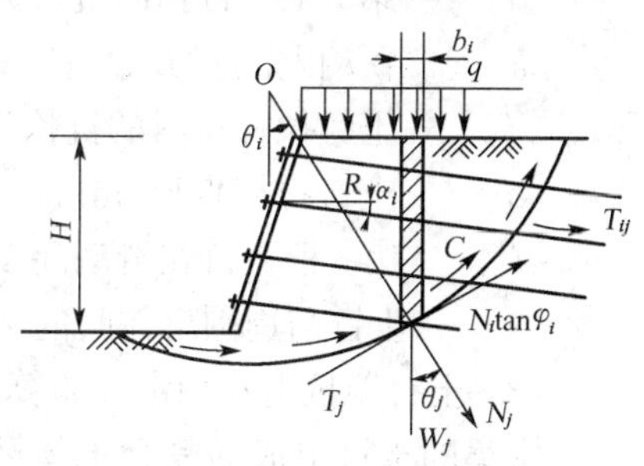

图 7-15 土钉墙整体稳定性验算示意图

$$M_R = \sum_{i=1}^{n_i} C_i l_i + \sum_{i+1}^{n_i} (qb_i + \gamma_i b_i h_i)\cos\theta_i \tan\varphi_i + \sum_{j=1}^{m} T_j \Big[\cos(\alpha_j + \theta_j) + \sin(\alpha_j + \theta_j)\tan\varphi_j \Big] / s_{xj} M_S$$

$$= \sum_{i=1}^{n_i} (qb_i + \gamma_i b_i h_i)\sin\theta_i$$

$$K = M_R / M_S \tag{7-44}$$

式中：n_i——分条的数量；

C_i——分条的内聚力(kPa)；

l_i——分条的圆弧长度(m)；

φ_i——分条的内摩擦角；

γ_i——分条的重度(kN/m³)；

b_i——分条宽度(m)；

h_i——分条高度(m)；

θ_i——分条的坡度；

m——滑动体内土钉数；

φ_j——第 j 根土钉穿过的土层内摩擦角；

s_j——第 j 排土钉的水平间距(m)；

T_j——第 j 根土钉在滑动面外土体中的极限抗拔力(kN)；

α_j——第 j 根土钉的倾角。

(2) 土钉抗拔力验算

土钉在滑动面以外的锚固段应具有足够的界面摩阻力而不被拔出，所以：

$$K_p = \frac{\pi D l_{pi} \tau_i \cos\alpha_i}{T_i} \tag{7-45}$$

同时，土钉拉杆应具有一定的抗拉强度，以抵抗过量拉伸或发生屈服：

$$\frac{\pi d_b^2 f_y}{4T_{max}} > 1.5 \tag{7-46}$$

式中：D——钻孔直径(m)；

T_{max}——各土钉的最大轴向抗拔力(kN)；

T_i——第 i 根土钉轴向抗拔力的水平分力(kN)；

α_i——第 i 根土钉的倾角；

f_y——土钉拉杆材料的抗拉强度(kN/m^2)；

d_b——土钉拉杆直径(m)；

l_{pi}——第 i 根土钉在滑动面以外的有效锚固段长度(m)；

τ_i——土钉与周围土体间的粘结强度(kPa)。

(3) 土钉墙抗滑动稳定性验算

密集的土钉组成的复合土体可视为重力式挡土墙。因此，土钉墙抗滑动和抗倾覆稳定性验算采用重力式挡土墙的计算方法，如图 7-16。

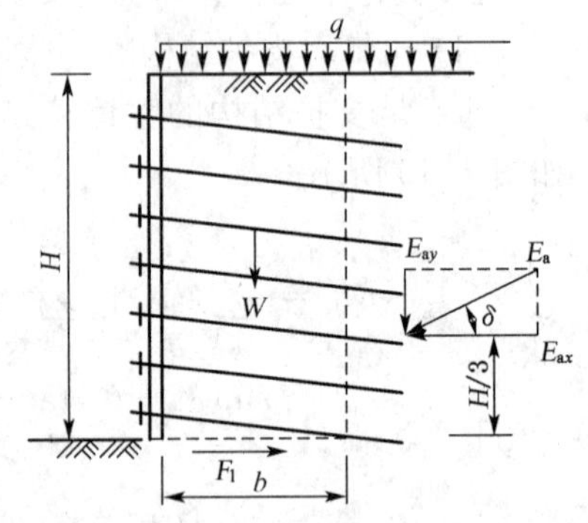

图 7-16 土钉墙抗滑动和抗倾覆稳定性验算

土钉墙抗滑动稳定性安全系数：

$$K_h = \frac{F_l}{E_{ax}} \geqslant 1.3$$

$$F_l = (W + qb) s_x \tan\varphi$$

$$W = \gamma_b H b \tag{7-13}$$

式中：E_{ax}——墙后主动土压力(kN)；

b——计算墙体厚度，可按下述方法确定：$b = 11 \times$ 土钉平均长度 $/12$；

W——计算墙体的重量(kN/m)；

γ_b——计算墙体的重度(kN/m^3)；

F_l——计算墙底端面上的摩阻力。

(4) 土钉墙抗倾覆稳定性验算

土钉墙抗倾覆稳定性安全系数：

$$K_q = \frac{M_W}{M_0} \geqslant 1.5$$

$$M_W = (W + qb) b S_x / 2$$

$$M_0 = E_{ax} H / 3 \tag{7-47}$$

式中：M_W——抗倾覆力矩；

M_0——倾覆力矩。

7.3.3 土钉支护结构的施工

土钉墙的施工一般按以下程序进行：

1）施工前的准备

（1）在进行土钉墙施工前，应充分核对设计文件、土层条件和环境条件，在确保施工安全的情况下，编制施工组织设计。

（2）认真检查原材料、机具的型号、品种、规格及土钉各部件的质量、主要技术性指标是否符合设计和规范要求。

（3）平整好场地道路，搭设好钻机平台。

（4）做好土钉所用砂浆的配合比及强度试验，各构件焊接的强度试验，验证能否满足设计要求。

2）土方开挖

土方开挖必须紧密配合土钉墙施工，具体要求如下：

（1）土方必须分层开挖，严格做到开挖一层、支护一层。

（2）每层开挖深度按设计要求并视现场土质条件而定，开挖要到位，绝对禁止超挖。

（3）每层开挖的长度主要取决于土体维持不变形的最大长度和施工流程的相互衔接，一般为 8～15 m。

（4）机械开挖后，应及时对壁面进行人工修整。

（5）对较软弱的土体，需采取必要的超前支护措施。

3）钻孔

（1）根据不同的土质情况采用不同的成孔作业法进行施工。对于一般土层，孔深不大于 15 m 时，可选用洛阳铲或螺旋钻施工；孔深大于 15 m 时，宜选用土锚专用钻机和地质钻机施工。对饱和土易塌孔的地层，宜采用跟管钻进工艺。掌握好钻机钻进速度，保证孔内干净、圆直，孔径符合设计要求。

（2）严格控制钻孔的偏差。保证钻孔的水平方向孔距误差、垂直方向孔距误差、钻孔底部的偏斜误差、钻孔深度误差均在规范和设计要求允许范围以内。

（3）钻孔时如发现水量较大，要预留导水孔。

4）土钉制作和安放

（1）拉杆要求顺直，应除油、除锈并做好防腐处理，按要求设置好定位架。

（2）拉杆插入时应防止扭压、弯曲，拉杆安放后不得随意敲击和悬挂重物。

5）注浆

（1）钻孔注浆土钉浆液配合比根据设计要求确定，一般采用水灰比为 0.4～0.45，灰砂比采用 1∶1～1∶2 的水泥砂浆。水泥一般采用 425 号普通硅酸盐水泥。

（2）应采用机械均匀拌制浆体，要随搅随用，禁止人工搅浆，浆液应在初凝前用完，并严防石、杂物混入浆液。

（3）对孔隙比大的回填土、砂砾土层，注浆压力一般要达到 0.6 MPa 以上。

6）喷射混凝土

（1）喷射混凝土施工的设备

喷射混凝土施工的设备主要包括混凝土喷射机、空压机、搅拌机和供水设施等。对各设备器具的要求如下：①混凝土喷射机应满足如下要求：密封性能良好，输料连续、均匀，生产能力（干混合料）为 3～5 m^3/h，允许输送的骨料最大粒径为 25 mm，输送距离（干混合料）水平不小于100 m，垂直不小于 30 m；②选用的空压机应满足喷射机工作风压和耗风量的要求，一般不小于 9 m^3；③混合料的搅拌宜采用强制搅拌式搅拌机；④输料管应能承受0.8 MPa以上的压力，并应有良好的耐磨性能；⑤供水设施应保持喷头处的水压大于 0.2 MPa。

(2) 喷射混凝土施工

根据混凝土搅拌和输送工艺的不同，喷射分为干式和湿式两种。干式喷射是用混凝土喷射机压送干拌合料，在喷嘴处与水混合后喷出；湿式喷射是用泵式喷射机，将已加水拌和好的混凝土拌合物压送到喷嘴处，然后在喷嘴处加入速凝剂，在压缩空气助推下喷出。

(3) 喷射作业的要求

①喷射作业前要对机械设备，风、水管路和电线进行全面的检查并试运转，清理受喷面，埋设好控制混凝土厚度的标志；②喷射作业开始时，应先送风，后开机，再给料，料喷完后再关风；③喷射时，喷头应与受喷面垂直，并保持 0.6～1.0 m 的距离；④喷射作业应分段分片依次进行，同一分段内喷射顺序由上而下进行，以免新喷的混凝土层被水冲坏；⑤喷射混凝土的回弹率不大于 15%；⑥喷射混凝土终凝 2 h 后应喷水养护，养护时间，一般工程不少于 7d，重要的工程不少于 14d。

7) 土钉的张拉与锁定

(1) 张拉前应对张拉设备进行标定。

(2) 土钉注浆固结体和承压面混凝土强度均大于 15 MPa 时方可张拉；锚杆张拉应按规范要求逐级加荷，并按规定的锁定荷载进行锁定。

$$\frac{M}{W_{\mathrm{I}}}-\gamma_{cs}z\leqslant 0.06f_{cs} \tag{7-48}$$

7.4 支撑和锚杆系统

采用内支撑或坑外设置锚杆可以平衡作用在板式支护结构上的水、土压力。内支撑支撑刚度大、控制基坑变形能力强，而且不侵入周围地下空间形成障碍物等优点，但是工程造价较高，而且支撑的设置对地下结构的回筑施工将造成一定程度的影响；锚杆系统由于设置在围护墙的外侧，为土力开挖、结构施工创造了空间，有利于提高工程效率和质量，且锚杆造价相对于内支撑系统有较大的优势，但由于锚杆设置在坑外，对将来地下空间的开发利用将形成一定的障碍。内支撑系统与锚杆系统各有优缺点，基坑工程中选择内支撑系统还是锚杆系统应根据实际情况确定，其中包括周围环境、基坑与红线关系、工程水文地质条件以及基坑规模和开挖深度等。

7.4.1 内支撑系统

支撑结构选型包括支撑材料和体系的选择以及支撑结构布置等内容。支撑结构选型从结构体系上可分为平面支撑体系和竖向斜撑体系；从材料上可分为钢支撑、钢筋混凝土支撑以及钢和混凝土组合支撑的形式。各种形式的支撑体系根据其材料特点具有不同的优缺点和应用范围。由于基坑规模、环境条件、主体结构以及施工方法等的不同，难以对支撑结构选型确定出一套标准的方法，应在确保基坑安全可靠的前提下以经济合理、施工方便为原则，根据实际工程具体情况综合考虑确定。

1）钢支撑体系

钢支撑体系是在基坑内将钢构件用焊接或螺栓拼接起来的结构体系。由于受现场施工条件的限制，钢支撑的节点构造应尽量简单，节点形式也应尽量统一，因此钢支撑体系通常均采用具有受力直接、节点简单的正交布置形式，钢支撑体系目前常用的形式一般有钢管和H型钢两种，钢管大多选用 ϕ609，壁厚可为 10 mm、12 mm 和 14 mm；型钢支撑大多选用 H 型钢，常用的有 H700 × 300、H500 × 300 等。

钢支撑架设和拆除速度快、架设完毕后不需要等待强度即可直接开挖下层土方，而且支撑材料可重复循环使用，对节省基坑工程造价和加快工期具有显著优势，适用于开挖深度一般、平面形状规则、狭长形的基坑工程。钢支撑几乎成为地铁车站基坑工程首选的支撑体系。但由于钢支撑节点构造和安装复杂以及目前常用的钢支撑材料截面承载力较为有限等特点，以下几种情况下不适合采用钢支撑体系：基坑形状不规则，不利于钢支撑平面布置；基坑面积巨大，单个方向钢支撑长度过长，传力可靠性难以保证；由于基坑面积大且开挖深度深，钢支撑刚度相对较小，不利于控制基坑变形和保护周边环境。

2）钢筋混凝土支撑体系

钢筋混凝土支撑具有刚度大、整体性好的特点，而且可采取灵活的布置形式以适应基坑工程的各项要求。目前常用的有以下几种布置形式：

（1）正交支撑体系。正交对撑布置形式的支撑系统传力直接而且明确，具有支撑刚度大、变形小的特点，在所有平面布置形式的支撑体系中最具控制变形的能力，十分适合在敏感环境下面积较小或适中的基坑工程中应用，如邻近保护建(构)筑物、地铁车站或隧道的深基坑工程；或者当基坑工程平面形状较为不规则，采用其他平面布置形式的支撑体系有难度时，也适合采用正交支撑形式。该支撑系统主要缺点是支撑杆件密集、工程量大，而且出土空间比较小，不利于加快出土速度。

（2）对撑、角撑结合边桁架支撑形式。这种支撑体系近年来在深基坑工程中得到了广泛使用，具有十分成熟的设计和施工经验。它具有受力十分明确的特点，且各块支撑受力相对独立，因此该支撑布置形式无需等到支撑系统全部形成才能开挖下部土方，可实现支撑的分块施工和土方的分块开挖的流水线施工，在一定程度上可缩短支撑施工的绝对工期。而且其无支撑面积大，出土空间大，通过在对撑及角撑局部区域设置施工栈桥，还可大大加快土方的出土速度。

（3）圆环支撑形式。通过对深基坑支撑结构的受力性能分析可知，挖土时基坑围护墙须承受四周水土压力的作用。从力学观点分析，可以设置水平方向上的受力构件作支撑结构，为充分利用混凝土抗压能力强的特点，把受力支撑形式设计成圆环形结构，承受土压力是十分合理的。在这个基本原理指导下，土体侧压力通过围护墙传递给围檩与边桁架腹杆，再集中传至圆环。在围护墙的垂直方向上可设置多道圆环内支撑，其圆环的直径大小、垂直方向的间距可由基坑平面尺寸、地下室层高、挖土工况与水土压力值来确定。圆环支撑形式适用于超大面积的深基坑工程，以及多种平面形式的基坑，特别适用于方形、多边形。

圆环支撑体系较其他支撑体系而言优点如下：

(1) 受力性能合理。在深基坑施工时，采用圆环内支撑形式，从根本上改变了常规的支撑结构方式，这种以水平受压为主的圆环内支撑结构体系，能够充分发挥混凝土材料的受压特性，具有足够的刚度和变形小的特点。

(2) 加快土方挖运的速度。采用圆环内支撑结构，一般情况下在基坑平面形成的无支撑面积可达到50%以上，为挖运土的机械化施工提供了良好的多点作业条件，其中环内无支撑区域按周围环境条件与基坑面积的尺寸大小，挖土工艺以留岛式施工为主，在较小面积基坑的最后一层可用盆式挖土。挖土速度可成倍提高，缩短了深基坑的挖土工期，同时有利于基坑变形的时效控制。

(3) 可适用于狭小场地施工。在施工场地狭小或四周无施工场地的工程中，使用圆环内支撑也是较合适的。因支撑刚度大，可通过配筋、调整立柱间距等措施提高其横向承载能力。亦可在上面搭设堆料平台，安装施工机械。

圆环支撑体系也存在不利的因素，如根据该支撑形式的受力特点，要求土方开挖流程应确保圆环支撑受力的均匀性，圆环四周坑边应土方均匀、对称地挖除，同时要求土方开挖必须在上道支撑完全形成后进行，因此对施工单位的管理与技术能力要求相对较高，同时不能实现支撑与挖土流水化施工。

3) *钢和混凝土组合支撑形式*

钢支撑具有架设以及拆除施工速度快、可以通过施加和复加预应力控制基坑变形以及可以重复利用、经济性较好的特点，因此在工程中得到了广泛的应用。但出于复杂的钢支撑节点现场施工难度大、施工质量不易控制，以及现可供选择钢支撑类型较少而且承载能力较为有限等局限性限制了其应用的范围，其主要应用在平面呈狭长形的基坑工程，如地铁车站等市政工程中，也大量应用在平面形状比较规则、短边距离较小的深基坑工程中。钢筋混凝土支撑由于截面承载能力高，以及现场浇筑可以适应各种形状的基坑工程，几乎可以在任何需要支撑的基坑工程中应用，但其经济性和施工工期不及相同条件下的钢支撑。

钢与混凝土组合支撑体系常用的有以下形式：

(1) 同层支撑平面内钢和混凝土组合支撑。如在长方形的深基坑中，中部可设置短边方向的钢支撑对撑，施工速度快且工程造价低，基坑两边如设置钢支撑角撑，支撑节点复杂且刚度低，不利于控制基坑变形，可采用施工难度低、刚度更大的钢筋混凝土角撑。

(2) 钢支撑平面与混凝土支撑平面分层组合的形式。为了节约工程造价以及施工的便利，一般情况下深基坑工程第一道支撑系统的局部区域均利用作施工栈桥，作为基坑工程实施阶段以及地下结构施工阶段的施工机械作业平台、材料堆场。第一道支撑采用钢筋混凝土支撑，对减小围护体水平位移，并保证围护体整体稳定具有重要作用。同时，第一道支撑部分区域的支撑杆件经过截面以及配筋的加强即可作为施工栈桥，既方便了施工，又降低了施工技术措施费。第二道及以下各道支撑系统为加快施工速度和节约工程造价可采用钢支撑。采用此种组合形式的支撑时，应注意第一道支撑与其下各道支撑应上下统一，以便于竖向支承系统的共用以及基坑土方的开挖施工。

4) *竖向斜撑形式*

当基坑工程面积大而开挖深度一般时，如采用常规的按整个基坑平面布置水平支撑，支撑和立柱的工程量将十分巨大，而且施工工期长，中心岛结合竖向斜撑的支撑设计方案可有效地解决此难题。具体施工流程为：首先在基坑中部放坡盆式开挖，形成中心岛盆式工况，依靠基坑周边的盆边留土平衡围护体所受的土压力，其后在完成中部基础底板之后，再利用中部已浇筑形成并达到设计强度的基础底板作为支撑基础，设置竖向斜撑，支撑基坑周边的围护体，最后挖除周边盆边留土，浇筑形成周边的基础底板，在地下室整体形成之后，基坑周边密实回填，再拆除竖向斜撑。竖向斜撑一般采用钢管支撑，在端部穿越结构外墙段用 H 型钢替代，以方便穿越结构外墙并设置止水措施。

7.4.2 支撑系统的设计计算

1) 水平支撑设计计算

(1) 水平作用力下的平面有限元计算

水平支撑系统平面内的内力和变形计算方法一般是将支撑结构从整个支护结构体系中截离出来，此时内支撑(包括围檩和支撑杆件)形成一自身平衡的封闭体系，该体系在土压力作用下的受力特性可采用杆系有限元进行计算分析。进行分析时，为限制整个结构的刚体位移，必须在周边围檩上添加适当的约束，一般可考虑在结构上施加不相交于一点的三个约束链杆，形成静定约束结构，此时约束链杆不产生反力，可保证分析得到的结果与不添加约束链杆时得到的结果一致。

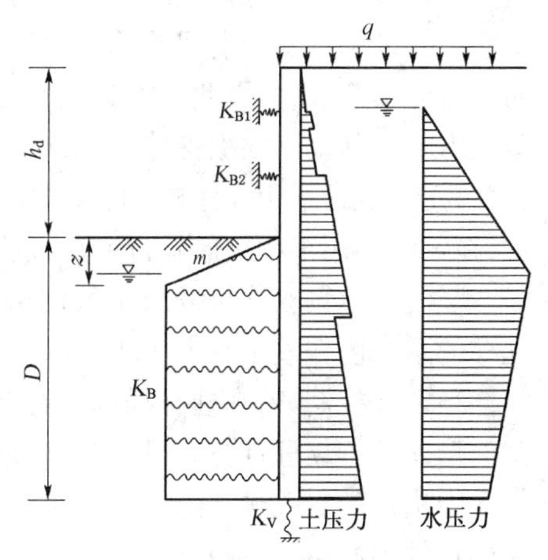

图 7-17 平面竖向弹性地基梁法示意图

内支撑平面模型以及约束条件确定之后，将由平面竖向弹性地基梁法(如图 7-17)确定弹性支座的刚度。对于形状比较规则的基坑，并采用十字正交对撑的内支撑体系，支撑刚度可根据支撑体系的布置和支撑构件的材质与轴向刚度等条件按公式(7-49)来确定。在求得弹性支座的反力之后，可将该水平力作用在平面杆系结构之上，采用有限元方法计算得到各支撑杆件的内力和变形，也可采用简化分析力法，如支撑轴向力，按围护墙沿围檩长度方向的水平反力乘以支撑中心距计算，混凝土围檩则可按多跨连续梁计算，计算跨度取相邻支撑点的中心距。钢围檩的内力和变形宜按简支梁计算，计算跨度取相邻水平支撑的中心距。

$$K_B = \frac{2\alpha EA}{l \cdot S} \tag{7-49}$$

式中：K_B——内支撑的压缩弹簧系数(kN/m^2)；

α——与支撑松弛有关的折减系数，一般取 0.5～1.0，混凝土支撑与钢支撑施加预应力时取 $\alpha=1.0$；

E——支撑结构材料的弹性模量(kN/m^2)；

A——支撑构件的截面积(m^2)；

l——支撑的计算长度(m)；

S——支撑的水平间距(m)。

对于较为复杂的支撑体系，难以直接根据以上公式确定弹性支撑的刚度，且弹性支撑刚度会随着周边节点位置的变化而变化。这里介绍一种较为简单的处理方法，即在水平支撑的围檩上施加与围檀相垂直的单位分布荷载 $P=1$ kN/m，求得围檩上各结点的平均位移 δ（与围檩方向垂直的位移），则弹性支座的刚度为：

$$K_{Bi} = P/\delta \tag{7-50}$$

(2) 竖向力作用下的水平支撑计算

竖向力作用下，支撑的内力及变形可近似按单跨或多跨梁进行分析，其计算跨度取相邻大柱中心距，荷载除了其自重之外还需考虑必要的支撑顶面，如施工人员通道的施工活荷载。此外，基坑开挖施工过程中，由于土体的大量卸荷会引起基坑回弹隆起，立柱也随之发生隆起，立柱间隆起量存在差异时也会对支撑产生次应力，因此在进行竖向力作用下的水平支撑计算时，应适当考虑立柱桩存在差异沉降的因素予以适当的增强。

2) 竖向支撑设计计算

基坑内部架设水平支撑的工程，一般需要设置竖向支承系统，用以承受混凝土支撑或者钢支撑杆件的自重等荷载。基坑竖向支承系统，通常采用钢立柱插入立柱桩的形式。竖向支承系统是基坑实施期间的关键构件。钢立柱的具体形式是多样的，它要承受较大的荷载，同时断面不应过大，因此构件必须具备足够的强度和刚度。钢立柱必须具备一个有相应承载能力的桩基础。根据支撑荷载的大小，立柱一般可采用角钢格构式钢柱、H 型钢柱或钢管柱；立柱桩常采用灌注桩，也可采用钢管桩。基坑围护结构立柱桩可以利用主体结构工程桩；在无法利用工程桩的部位应加设临时支柱桩。

竖向支承钢立柱可以采用角钢格构柱、H 型钢柱或钢管混凝土立柱桩，一般情况下钢立柱的垂直度偏差不宜大于 1/200，立柱长细比不宜大于 25。立柱的竖向承载能力主要由整体稳定性控制，若在柱身局部位置有截面削弱，必须进行竖向承载的抗压强度验算。一般截面形式的钢立柱计算，可按国家标准《钢结构设计规范》(GB 50017)等相关规范中关于轴心受力构件的有关规定进行。具体计算中，在两道支撑之间的立柱计算跨度可取为上一道支撑杆件中心至下一道支撑杆件中心的距离。最底层一跨立柱计算跨度可取为上一道支撑中心至立柱桩顶标高。角钢格构柱和钢管立柱插入立柱桩的深度可按下式计算：

$$l \geqslant K\frac{N - f_c A}{L\partial} \tag{7-51}$$

式中：l——插入立柱桩的长度(mm)；

K——安全系数，取 2.0～2.5；

f_c——混凝土的轴心抗压强度设计值(N/mm^2)；

A——钢立柱的截面面积(mm^2)；

L——中间支撑柱断面的周长(mm)；

∂——粘结设计强度，如无试验数据可近似取混凝土的抗拉设计强度(N/mm^2)。

钢立柱在实际施工中不同程度地存在水平定位偏差和竖向垂直度偏差等施工偏差情况，因此在按照上式计算钢立柱的承载力时，尚应按照偏心受压构件验算一定施工偏差下钢立柱的承载力，以确保足够的安全度。此外，基坑开挖土方，钢立柱暴露出来之后，应及时复核钢立柱的水平偏差和竖向垂直度，应根据实际的偏差测量数据对钢立柱的承载力进一步校核。对施工偏差严重者应采取限制荷载、设置柱间支撑等措施确保钢立柱承载力和稳定性满足要求。

7.4.3 锚杆系统

锚杆作为一种支护形式应用于基坑工程已近五十年，它一端与围护墙连接，另一端锚固在稳定地层中，使作用在围护结构上的水土压力，通过自由段传递到锚固段，再由锚固段将锚杆拉力传递到稳定土层中去。与其他设置内支撑的支护形式相比，采用锚杆支护形式，节省了大量内支撑和竖向支承钢立柱，因此经济性相对于内支撑支护形式具有较大的优势，而且由于锚杆设置在围护墙的背后，为基坑工程的土方开挖、地下结构施工创造了开阔的空间，有利于提高施工效率和地下工程的质量。但锚杆支护受到地层条件和环境锚固条件的限制，主要指地层的地质条件使锚杆力能否有效地传递，以及锚杆有可能超越用地红线对红线以外的已建建(构)筑物形成不利影响或者形成将来地下空间开发的障碍。

锚杆结构一般由锚头、自由段以及锚固段三部分组成，其中锚固段用水泥浆或水泥砂浆将杆体(普通钢筋或者预应力筋)与土体粘结在一起形成锚杆的锚固体。锚杆按其使用年限分为临时性锚杆(使用时间＜2 年)和永久性锚杆(使用时间＞2 年)。临时性锚杆和永久性锚杆的设计安全度、防腐处理以及锚头构造都有不同的要求。作为基坑工程使用的锚杆，有效作用时间通常在一年左右，因此对用于基坑支护的锚杆可按临时性锚杆考虑。锚杆支护技术在基坑工程领域经过多年的应用和发展，已经形成多种成熟的、可供选择的形式。锚杆的具体选型需根据工程水文地质条件、周边环境情况以及基坑工程的规模及开挖深度等特点综合确定。

1) 预应力锚杆与非预应力锚杆

锚杆一般按照是否施加预应力可分为预应力锚杆和非预应力锚杆。预应力锚杆由自由段和锚固段组成，一般采用钢绞线作为锚杆杆体。施工流程：先成孔，其后放置锚杆杆体，之后进行锚杆浆体的施工，浆体施工完毕并达到设计要求的强度之后，对钢绞线进行张拉施加预应力。由于预应力锚杆需进行张拉的程序，锚杆在下层土方开挖之前便可提供支护锚固力，因此该类型锚杆具有控制变形能力强的特点，而且前期的张拉顺序能预先检验锚杆的承载力，质量更容易得到保证。预应力锚杆施工工艺相对复杂，施工造价相对较高，但具有承载能力高、控制基坑变形能力强的特点，运用于对周边保护要求较高、开挖深度较深的基坑工程中。

非预应力锚杆没有自由段，其通长均为锚固段，采用普通的钢筋作为锚杆杆体，锚杆成孔后置入钢筋杆体，注浆后即可完成锚杆的所有工序。该类型锚杆需在基坑开挖以下土方、锚杆产生变形趋势之后才发挥锚固作用。因此控制基坑变形能力相对于预应力锚杆差，而且缺乏成套行之有效的检验手段和施工质量控制标准。非预应力锚杆控制基坑变形能力和承载能力一般，但施工工艺简单、工序少，而且工程造价相对较低，一般适用于周围环境无特殊保护要求、开挖深度一般的基坑工程。

2) 拉力型锚杆和压力型锚杆

拉力型锚杆与压力型锚杆的共同特点在于工作状态时锚杆杆体均处于受拉状态，不同点在于锚杆受荷后其固定段内的灌浆体分别处于受拉或者受压状态。

拉力型锚杆工作时,锚杆灌浆体处于受拉状态,由于灌浆体抗拉强度很小,工作状态时浆体容易出现张拉裂缝,地下水极易通过裂缝渗入锚杆内部,从而导致锚杆杆体长期的防腐性差。但拉力型锚杆结构简单、施工方便,具有较好的经济性,因此该类型锚杆在无特殊要求的基坑工程中得到较为广泛的应用,当前基坑工程中的锚杆多采用此类型锚杆。

压力型锚杆工作状态下灌浆体受压,灌浆体不易开裂,锚杆防腐蚀性较好,可用于永久性锚杆工程,而且灌浆体受压性能远优于其受拉性能,因此压力型锚杆受力性能优于拉力型锚杆。另外,由于锚杆芯体与灌浆体之间采取隔离措施,为锚杆使用完毕回收锚杆芯体创造了条件。总的来看,压力型锚杆施工工艺相对于拉力型锚杆复杂,而且造价也相对较高,在一定程度上限制其应用发展,但其防腐蚀性能较好,特别是具有锚杆芯体可回收、对周边地下空间开发不造成障碍的特点,是今后基坑工程支护形式发展应用的方向之一。

3) 单孔单一锚固和单孔复合锚固

单孔单一锚固指在一个钻孔中只有一根独立的锚杆,其预应力仅通过唯一一个锚固体传递至地层,锚固体会出现严重的应力集中现象,而应力集中过大将容易产生锚固浆体破坏或周围地层的破坏,从而降低锚杆的承载力。上述拉力型锚杆及压力型锚杆均属于单孔单一锚固型锚杆,由于其施工工艺相对简单、工艺成熟、具有大量的实践经验和理论基础,因此目前工程中大量使用的是单孔单一锚固型锚杆。

随着基坑工程向深、大方向的发展,对锚杆承载力等性能要求更高,由于单孔单一锚固型锚杆难以克服应力集中的负面因素,其承载力难以较大幅度地提升。单孔复合锚固型锚杆则是一种较为新型的锚杆,它是在同一钻孔中设置多个单元锚杆,以将原本集中的荷载均匀分散至多个单元锚杆上,从而大大改善单孔单一锚固型锚杆应力集中的现象,使其具有相同长度下相对于单孔单一锚固型锚杆具有更高的锚固力,大幅度地提高锚杆的承载力以及其他方面的性能。

4) 可拆卸回收式锚杆

当基坑邻近建筑物红线或者基坑周边地下空间有开发的规划而不允许设置永久性锚杆时,应采用可拆卸回收式锚杆,待基坑工程施工结束,锚杆结束其服务期后,便可将其中的钢绞线从孔中抽出回收,达到回收锚杆杆体的目的,从而避免对后续地下空间的开发形成障碍。根据杆体回收的不同机理,目前工程中一般有机械式可回收锚杆、化学式可回收锚杆以及力学式可回收锚杆三种形式。

5) 玻璃纤维锚杆

玻璃纤维锚杆的应用与可拆卸回收式锚杆一样,同样是为了不影响周围地下空间的开发。即锚杆杆体的材料采用玻璃纤维,利用玻璃纤维抗拉强度高、抗剪和抗折强度低、脆性的特点,其机械可断的特性使其不会成为地下空间开发中的障碍物。由于玻璃纤维抗剪强度较低,当基坑外设置锚杆区域在基坑实施阶段预计将发生较大竖向变形时应当慎用,以避免因竖向变形过大造成玻璃纤维杆体剪断,此种情况下如必须采用玻璃纤维锚杆,应考虑适当增加其截面,以增强其截面抗剪承载力。

6) 自钻式中空注浆锚杆

自钻式中空注浆锚杆是一种新型锚杆,其将钻孔、锚杆安装、注浆、锚固合而为一,具有施工速度快、锚固力大、防腐性能好、工艺简单等特点。其注浆工艺是在钻孔后立即从锚杆的中孔向内注浆，浆液达到孔底后，即沿着孔壁与锚杆壁间自底向孔口进行充填，因而不仅保证了及时加固地层，同时也保证了钻孔中注浆的饱满，并能充填钻孔周壁的地层缝隙，增大了锚固力。另外，由于孔外锚端的螺母拧紧力作用，可作为预应力锚杆进行设计。它适合在破碎而极易坍孔的地层中使用，甚至在砂卵石或淤泥质地层中也能采用，从根本上扭转了在松软、破碎等不良地层中无法安放锚杆或锚杆长度不能满足设计要求的状况。

7）全套管跟进锚杆

在高地下水位、粉砂土地基中进行锚杆施工时，如不采用辅助措施直接钻孔，容易产生坍孔、流砂，土颗粒大量流失造成周边地面沉陷，严重时将影响到基坑工程的安全。此时可采用全套管跟进锚杆，即在孔口外接套管斜向上一定高度、套管内灌水保持水压平衡后再进行钻孔施工，从而避免钻孔发生流砂、坍孔现象。

7.4.4 锚杆的设计计算

1）锚杆拉力的确定

单根锚杆的设计拉力需根据施工技术能力、岩土层分布情况等因素来确定。过去锚杆以较大孔径、较高承载力为主，但施工机械要求高、施工难度大、可靠性差。若有施工质量问题时，补强施工难度大。故设计确定单根锚杆的设计拉力时不宜过高。设计拉力较高时宜选用单孔复合锚固型锚杆、扩孔锚杆等受力性能较好的锚杆。

2）锚杆位置的确定

锚杆的锚固区应当设置在主动土压力楔形破裂面以外，根据地层情况来确定锚杆的锚固区，以保证锚杆在设计荷载下正常工作。锚固段需设置在稳定的地层以确保有足够的锚固力。同时，采用压力灌浆时，应使地表面在灌浆压力作用下不破坏，一般要求锚杆锚固体上覆土层厚度不宜小于 4 m。

3）锚固体设置间距

锚杆间距应根据地层情况、锚杆杆体所能承受的拉力等进行经济比较后确定。间距太大，将增加腰梁应力，需增加腰梁断面；缩小间距，可使腰梁尺寸减小，但锚杆会发生相互干扰，产生群锚效应，使极限抗拔力减小而造成危险。现有的工程实例有缩小锚杆间距的倾向。因在锚杆较密集时，若其中一根锚杆承载能力受影响，其所受荷载会向附近其他锚杆转移，整个锚杆系统所受影响较小，整体受力还是安全的。

锚杆的水平间距不宜小于 1.5 m，上下排垂直间距不宜小于 2 m。如果工程需要必须设置更近，可考虑设置不同的倾角及锚固长度以避免群锚效应的影响。

4）锚杆的倾向

一般采用水平向下 15°～25°倾角，锚杆水平分力随锚杆倾角的增大而减小。倾角太大将降低锚杆的效果，而且作用于支护结构上的垂直分力增加，可能造成挡土结构和周围地基的沉降。为了有效地利用锚杆抗拔力，最好使锚杆与侧压力作用方向平行。锚杆的具体设置方向与可锚岩土层的位置、挡土结构的位置及施工条件等有关。

5）锚杆的层数

锚杆层数根据土压力分布大小、岩土层分布、锚杆最小垂直间距等而定，还应考虑基坑允许变形量和施工条件等综合因素。当预应力锚杆结合钢筋混凝土支撑或钢支撑支护时，需考虑到预应力锚杆与钢筋混凝土支撑或钢支撑的水平刚度及承载能力的不同，尤其是锚杆与钢筋混凝土支撑的受力特性不同。锚杆可先主动施加预应力，在围护桩（墙）变形前就可提供承载力、限制变形；而钢筋混凝土支撑是被动受力，在围护桩（墙）变形使得支撑受压后支撑才会受力、阻止变形进一步发展。确定锚杆和支撑的间距时，既要控制好围护桩（墙）变形，又要充分发挥围护桩（墙）的抗弯、抗剪能力和支撑抗压承载力高的优势，合理分配锚杆和支撑承担的荷载。

6）锚杆自由长度的确定

锚杆自由长度的确定必须使锚杆锚固于比破坏面更深的稳定地层上，以保证锚杆系统的整体稳定性；使锚杆能在张拉荷载作用下有较大的弹性伸长量，不至于在使用过程中因锚头松动而引起预应力的明显衰减。《建筑基坑支护技术规程》（JGJ 120—99）中规定锚杆自由长度不宜小于5 m并应超过潜在滑裂面1.5 m，锚固端长度计算公式如下：

$$L_a \geqslant \frac{KN_t}{\pi D q_s} \tag{7-52}$$

式中：N_t——锚杆轴向拉力设计值；

K——安全系数；

D——锚杆直径；

q_s——锚杆抗拉强度。

7）锚杆的安全系数

锚杆设计中应考虑两种安全系数：对锚固体设计和对杆体筋材截面尺寸设计的安全系数。锚固体设计的安全系数需考虑锚杆设计中的不确定因素及风险程度，如岩土层分布的变化、施工技术可靠性、材料的耐久性、周边环境的要求等。锚杆安全系数的取值取决于锚杆服务年限的长短和破坏后影响程度。我国《锚杆喷射混凝土支护技术规范》（GB 50086—2001）规定锚杆杆体筋材截面尺寸设计安全系数，临时锚杆为1.6，永久锚杆为1.8。

8）锚杆杆体筋材的设计

锚杆杆体筋材宜用钢绞线、高强钢丝或高强精轧螺纹钢筋。因其抗拉强度高，可减少钢材用量；钢绞线、钢丝运输安装方便，在狭窄空间也可施工；强度高，而钢材的弹性模量差不多，故张拉到设计值时的张拉变形大，使得因锚头松动等原因使杆体变形减小时，由于变形减小部分占已变形部分的比例小，预应力损失相对较小。

当锚杆承载力值较小或锚杆长度小于20 m时，预应力筋也可采用HRB 335级、HRB 400级钢筋。

压力分散型锚杆及对穿型锚杆的预应力筋应采用无粘结钢绞线。无粘结钢绞线是近几年开发的预应力筋材，具有优异的防腐和抗震性能，它由钢绞线、防腐油脂涂层和聚乙烯或聚丙烯包裹的外层组成，是压力分散型锚杆的必用筋材。

锚杆顶应力筋的截面面积应按下式设计：

$$A \geqslant \frac{K \cdot N_t}{f_{ptk}} \tag{7-53}$$

式中：N_t——锚杆轴向拉力设计值；

K——安全系数；

f_{ptk}——钢绞线、钢丝或钢筋的抗拉强度标准值；

A——锚杆杆体筋材的截面积。

【例 7-5】 某基坑深 8 m，坑外地下水在地面下 1 m，坑内地下水在坑底面，坑边满布地面超载 $q_0=20\ \mathrm{kN/m^2}$。地下水位以上 $\gamma=18\ \mathrm{kN/m^3}$，不固结不排水抗剪强度指标 $c=25\ \mathrm{kPa}$，$\varphi=14°$；地下水位以下 $\gamma_{\mathrm{sat}}=20\ \mathrm{kN/m^3}$，不固结不排水抗剪强度指标 $c=20\ \mathrm{kPa}$，$\varphi=12°$（有效应力抗剪强度指标 $c'=23\ \mathrm{kPa}$，$\varphi'=13°$），设计钢筋混凝土桩 $d=800\ \mathrm{mm}$，桩中距 1 000 mm，锚杆位于地面下 3 m。求：(1) 支护结构的荷载分布；(2) 桩的嵌入深度；(3) 设计锚杆（$\delta=0$，倾角 13°，间距 = 2 桩距，钢绞线 $f_{\mathrm{DV}}=1\,170\ \mathrm{MPa}$，$\gamma_0=1$、$f_{\mathrm{rb}}=50\ \mathrm{kPa}$，$f_{\mathrm{b}}=2.95\ \mathrm{MPa}$）。

【解】 (1)求荷载分布

采用水土合算法，地下水位以上水土压力为：

$$
\begin{aligned}
e_{\mathrm{aik}} &= \left(\sum_{j=1}^{i}\gamma_j h_j+q\right)K_{\mathrm{a}i}-2c_i\sqrt{K_{\mathrm{a}i}}\\
&=(18\times 1+20)\tan^2\left(45°-\frac{14°}{2}\right)-2\times 25\tan\left(45°-\frac{14°}{2}\right)=-15.87\ \mathrm{kPa}
\end{aligned}
$$

令 $e_{\mathrm{aik}}=0$，得临界深度 $z_0=1.57\ \mathrm{m}$，坑外 1 m 以下主动土压力为：

$$
\begin{aligned}
e_{\mathrm{aik}} &= \left(\sum_{j=1}^{i}\gamma_j h_j\right)K_{\mathrm{a}i}-2c_i\sqrt{K_{\mathrm{a}i}}\\
&=(18\times 1+20z)\tan^2\left(45°-\frac{14°}{2}\right)-2\times 25\tan\left(45°-\frac{14°}{2}\right)=(13.115z-20.59)\mathrm{kPa}
\end{aligned}
$$

地面超载主动土压力：

$$1\ \mathrm{m}\text{ 以上}：q_{\mathrm{aik}}=20\tan^2\left(45°-\frac{14°}{2}\right)=12.21\ \mathrm{kPa}$$

$$1\ \mathrm{m}\text{ 以下}：q_{\mathrm{aik}}=20\tan^2\left(45°-\frac{12°}{2}\right)=13.115\ \mathrm{kPa}$$

被动土压力

$$
\begin{aligned}
e_{\mathrm{aik}} &= \left(\sum_{j=1}^{i}\gamma_j h_j\right)K_{\mathrm{a}i}+2c_i\sqrt{K_{\mathrm{a}i}}\\
&=(20z_1)\tan^2\left(45°+\frac{12°}{2}\right)+2\times 20\tan\left(45°+\frac{12°}{2}\right)\\
&=(30.5z_1+49.40)\mathrm{kPa}
\end{aligned}
$$

求反弯点位置（设反弯点在坑内坑底下深度 y_0 处）：

$$30.5y_0+49.4=13.115z-20.59+13.115$$

其中 $z=y_0+7$，得 $y_0=2.0\ \mathrm{m}$。

由简支梁得锚杆水平力标准值 H_{a1k}，简支梁另一支座反力标准值 P_{d1k}，对反弯点求力矩：

$$
\begin{aligned}
(2.0+8-3)H_{\mathrm{a1k}} &= 1/2\times 71.215\times(8-1-1.57)\times[1/3(8-1-1.57)+2]+\\
&\quad 1/2\times 21.815\times 2\times 2/3\times 2+12.21\times 1\times(8-0.5+2)+
\end{aligned}
$$

$$13.115\times(7+2.0)\times1/2\times(7+2.0)$$

解得 $$H_{\mathrm{alk}}=201.84\ \mathrm{kN/m}$$

$$P_{\mathrm{dlk}}=1/2\times71.215\times(8-1-1.57)+1/2\times21.815\times2+12.21\times1+13.115\times(7+2.0)-201.84=143.7\ \mathrm{kN/m}$$

(2) 求桩的设计嵌入深度

设反弯点距挡土桩底 $t_n=z_1-2.0$；参照“等值梁法计算简图”及“等值梁法计算单支点支护桩简图”：挡土桩前土压力合力作用点距挡土桩底 $b=t_n/3$，则对桩脚求力矩，令 $M=0$：

$$[(30.5z_1+49.4)-(13.115z_1+71.215)]t_n/2\times t_n/3=P_{\mathrm{dlk}}t_n$$

$$2.9t_n^2+2.16t_n-143.7=0$$

$$t_n=6.67\ \mathrm{m}$$

$$D=\xi D_{\min}=1.3\times(2.0+6.67)=11.3\ \mathrm{m}$$

(3) 锚杆设计

锚杆间距 $s=2\times1\,000=2\ \mathrm{m}$

$$A\geqslant1.35\frac{N_t}{\gamma_p f_p}=1.35\times\frac{2\times201.84/\cos13^\circ}{0.9\times1\,170\times10^3}=532\ \mathrm{mm}^2$$

故采用 1×7(七股) 钢绞线：$3\phi^s15.2$；$A_{实配}=544\ \mathrm{mm}^2$

锚杆锚固段长度 $$L_a\geqslant\frac{KN_t}{\pi Dq_s}=\frac{1.6\times2\times201.84/\cos13^\circ}{3.14\times0.20\times50}=21\ \mathrm{m}$$

锚杆自由段长度 $$L\sin13^\circ+\frac{L\cos13^\circ}{\tan\left(45^\circ+\frac{12^\circ}{2}\right)}=5$$

$$L=4.93\ \mathrm{m}，取\ L=5\ \mathrm{m}$$

锚杆的总长度 $L_{总}=21+5=26\ \mathrm{m}$

7.5 基坑的变形分析

7.5.1 基坑变形的特点及规律

在基坑开挖过程中，由于改变了原位土体的应力场及地下水等环境因素的变化，必然会引起支护结构的变形(甚至破坏)、基坑周围地表沉降、基坑失稳和基底隆起等问题。其中基坑变形是普遍存在的，而且对周围环境的影响也十分突出。下面简单介绍一下基坑变形的特点及规律。

1) 变形的影响因素

影响因素有：①基坑形状与面积、开挖深度、土压力、地下水位和水压；②支挡和支撑(拉锚)结构的形式与刚度及安装方式、支撑(拉锚)的间距、施加预应力的大小、时间;③支挡桩的间距、构造;④基坑内地基加固情况;⑤开挖工艺;⑥基坑四周的堆载及周围建筑物的影响等。这些影响因素有些是主要的,有些是次要的,有些是可预见的,而有些是不可预见的,正是由于基坑开挖变形影响因素的多样性特点,从而加大了深基坑开挖的难度。

2) 复杂的变形机理

软土地层中进行基坑开挖,由于改变了原土体应力场和土的流变特性,必然导致发生基坑周围地面沉降、支护结构变形、基坑失稳、基底隆起等变形现象。不同变形类型的变形机理是复杂的,如由于卸荷作用引起基坑隆起;支挡结构在两边土压力作用下产生水平变位;支挡结构入土深度不足时会因开挖面内外四周土体产生过大的塑性区而引起基坑局部或整体失稳等。基坑的变形随开挖深度而增加,当挡墙深度一定时,土体塑性区随开挖深度的增加而逐渐扩大。基坑隆起量与地表超载、土性、入土深度、基坑开挖深度有密切关系。

3) 阶段性的变形过程

基坑变形过程大致可分为三个阶段:①挡土墙和止水帷幕施工,引起墙横向挤土,产生地表的沉陷、隆起等;②开挖过程中,随着深度的增加,土压力增加,支挡结构产生水平变位,引起地表沉陷或基坑失稳;③开挖后,基底土的蠕变、松弛,引起基坑隆起,或因降水引起地表的固结沉降。

4) 变形的危害

在软土地区,由于基坑开挖深度过大,地下水位又高,地基土质软弱等不良地质条件,及深基坑开挖技术的不太成熟,导致深基坑失事事故频繁,引起地面沉降、深基坑变形破坏,不仅对地质环境带来影响,而且对社会环境带来巨大伤害。

7.5.2 基坑变形的控制

如上所述,基坑变形对周围环境的影响也十分突出,为了保证工程顺利进行、保护地质环境、减少对社会的影响,必须在设计、施工过程中采取可行技术措施对基坑变形进行有效控制和防治。

1) 基坑变形的控制标准

支护结构变形控制指标一般包括:①支护结构主体水平位移及水平位移速率;②支护结构主体的倾斜;③支撑构件或锚头位移量及位移速率;④基坑隆起量与隆起速率;⑤地表下沉量及下沉速率;⑥邻近建筑的沉降、倾斜等。

(1) 建(构)筑物地基变形允许值

各类建(构)筑物对差异沉降的承受能力相差较大,基坑工程中必须将因基坑开挖所引起的附加变形与建筑物已经产生的变形一并考虑,其大小必须按《建筑地基基础设计规范》的要求进行控制。对于邻近的破旧建筑物,其允许变形值可根据危房鉴定标准确定。

(2) 支护结构变形控制标准

支护结构的变形控制值应根据周围环境保护要求和坑内永久性结构变形允许条件等因素进行确定。另外,变形控制标准还与地区性、基坑暴露时间等因素有关,不能盲目地搬用具体的标准,详细参考各地方的相关规范。

2）变形控制设计的基本方法

传统的基坑支护结构通常采用强度和稳定性控制的设计方法，以保证支护结构的安全和稳定为控制目标。随着基坑深度的加大及环境条件的复杂化，对基坑支护结构设计的要求愈加严格，对支护结构的变形提出了更高的要求。当前，支护结构设计正从维护本工程自身安全稳定的单一目标，向按变形控制进行设计转变。

(1) 变形控制设计的概念

变形控制设计的主要内涵：

① 变形控制设计首先是对支护结构变形和地面沉降进行预测分析，即对支护结构在设计使用条件下的变形规律及趋势作出预测分析。

② 动态设计是变形控制设计的核心。所谓动态设计即将设计置于时间和空间的动态过程中，随施工过程中信息的采集与反馈，对原设计做必要的调整——跟踪设计。动态设计的实质是伴随信息的丰富和完备，不断地进行更高层次的方案优化。

③ 控制目标除支护系统自身外，还应包括开挖影响范围内的其他有关物体，如邻近的管线、建筑物等。

④ 变形控制设计是与支护结构服务有效期这一特定时域相关联的，即具有时效性。因此，基坑支护体系变形控制设计应为满足自身和环境安全与正常使用限定条件，与一定时域内变形控制目标相适应的支护体系设计，以及对变形实施控制的技术措施。

(2) 变形控制设计的基本内容

① 变形预测分析。变形预测分析是变形控制设计的基础，关键在于选择合理的计算方法和计算模型。另外，计算模型只是一种逼近实际的拟合，而且是主要方面和主要因素的拟合。因此，模型输出的只是一种趋势预测，其真实性和可靠性需通过动态设计予以验证、改善和提高，特别是从监测信息中获取更加准确的计算参数。

② 动态设计。动态设计是变形控制设计的核心，即将设计置于动态过程中，允许并提倡支护设计在施工、运营过程中进行补充和完善，尤其随监测信息的采集与反馈对原设计作出及时必要的修正，以实现对目标的有效控制。

③ 变形控制技术。变形控制必须通过具体的技术措施予以实现。

3）支护结构的变形计算

影响基坑支护结构变形的因素很多，正确的设计应全面准确地考虑上述诸因素。目前基坑支护结构设计中应用较普遍的是等值梁法和竖向弹性地基梁法(又称弹性抗力法)。等值梁法基于极限平衡理论，假定支挡结构前后受极限状态的主、被动土压力作用，它不能分析支护结构的变形，因而也无法预先估计开挖对环境的影响。竖向弹性地基梁法变形计算是我国当前使用较多的方法。它依据桩与地基土共同作用的受力关系，建立微分方程求解。由于采用的地基弹性水平抗力系数计算方法不一样，常用的计算方法有张氏法、K 法、c 法和 m 法。其中张氏法主要适用于基岩和十分坚硬的黏土，很少在普通土中使用。基坑工程的实践和试验研究表明，m 法较符合基坑工程实际。

20 世纪 60 年代末引进了有限元数值分析技术。由于有限元法能够模拟土与结构的复杂力学行为，考虑土体与支护结构的相互作用，模拟基坑开挖的各种工况等，所以有限元法可以很好地预测土体和支护结构的变形、邻近建筑物的沉降及地下水的流动。目前，有限元法在支护结构分析中的应用主要有两类：用于求解弹性地基梁问题的弹性地基杆系有限元法(弹性支点法)和连续介质有限元法。后者目前还没有得到广泛应用。

在岩土工程领域内,位移反分析法已引起人们的广泛关注。它以工程现场的量测位移作为基础信息反求实际岩体(土)的力学参数、地层初始地应力以及支护结构的边界荷载等,为理论分析(特别是数值分析)在岩土工程中的成功应用提供了符合实际的基本参数。

7.6　基坑的稳定性分析

7.6.1　概述

基坑稳定验算是基坑围护设计的重要内容之一,其中包括边坡整体稳定、抗隆起稳定和各种情况的抗渗流稳定等。

7.6.2　基坑整体稳定性分析

基坑的整体稳定性验算按平面问题考虑,一般采用圆弧滑动面计算。对不同支护结构的基坑整体稳定性验算,其危险滑动面均应满足下述要求:

$$r_R \leqslant M_R/M_S \tag{7-54}$$

式中:r_R——抗力分项系数,取1.3~2.0,软土地区取较大者;

M_R、M_S——作用于危险滑动面上的总抗滑力矩标准值(kN/m)和总滑动力矩设计值(kN/m)。

1) 放坡、水泥土墙、多层支点排桩、地下连续墙支护结构的整体稳定性验算

目前我国一些地区和行业规范都采用瑞典圆弧滑动面条分法来验算支护结构的整体稳定性,如图7-18所示。

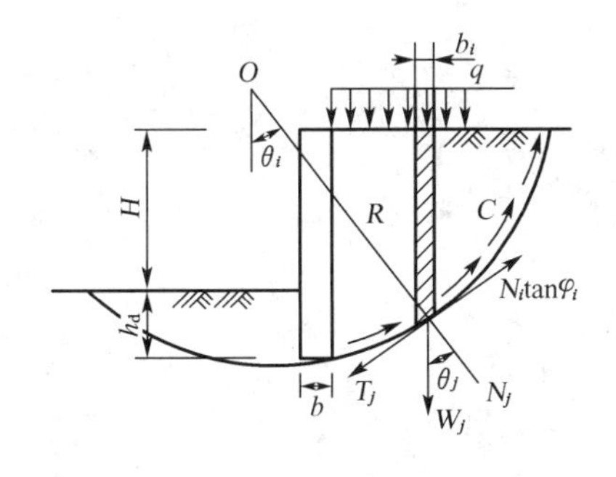

图7-18　条分法示意图

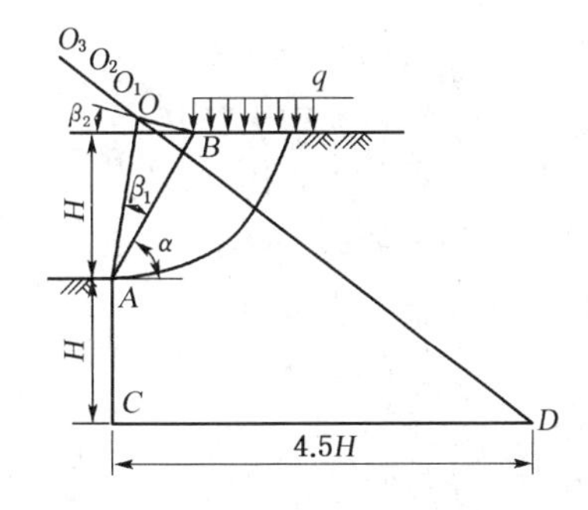

图7-19　最危险滑动圆弧的确定

(1)最危险滑动圆弧圆心位置的确定

最危险滑动圆弧圆心位置的确定一般采用试算法,如图7-19所示。

① 内摩擦角$\varphi=0$的高塑性黏土。这种土的最危险滑动圆弧为坡脚圆。首先根据坡角α由表7-2查出坡底角β_1和坡顶角β_2,再在图7-19中的坡底和坡顶分别画出坡底角β_1和

坡顶角 β_2，两线的交点为 O，即为最危险滑动圆弧圆心。

表 7-2　坡角与坡底角和坡顶角的关系

坡角 α(°)	坡底角 β_1(°)	坡顶角 β_2(°)	坡角 α(°)	坡底角 β_1(°)	坡顶角 β_2(°)
90	33	40	30	26	36
75	32	40	26	25	35
60	29	40	15	24	37
45	28	38	11	25	37
33	26	35			

② 内摩擦角 $\varphi>0$ 的土

A. 首先按上述步骤求出 O 点。

B. 由 A 点垂直向下量取一高度与边坡的高度 H 相等，得到 C 点位置，由 C 点水平向右 4.5H 长量取 D 点，连接 DO。

C. 在 DO 的延长线上找若干点 O_1、O_2、O_3、…，作为滑动圆心，画出坡脚，计算边坡稳定性安全系数 K，找出 K 值较小点 O_i。

D. 过 O_i 点画 DO 延长线的垂线，再在垂线上找若干点作为滑动圆心，试算 K 值，直至找到 K 值最小的点，此点即为最危险滑动圆弧圆心。

(2) 最危险滑动面条分法计算方法

按条分法计算时，先找出滑动圆心 O，画出滑动圆弧，然后将滑动圆弧分成若干条，每条的宽度 $b_i=(1/10\sim1/20)R$，R 为滑动圆弧半径。任一条的自重为 W，其可分解为切向 T_i 和法向 N_i。同时，在滑动圆弧面上还存在土的黏聚力 c。则：

$$K=\frac{M_{\mathrm{R}}}{M_{\mathrm{S}}}=\frac{\left(\sum_{i=1}^{n_i}c_i l_i+\sum_{i=1}^{n_i}N_i\tan\varphi_i\right)R}{R\sum_{i=1}^{n_i}T_i}=\frac{\sum_{i=1}^{n_i}c_i l_i+\sum_{i=1}^{n_i}(qb_i+\gamma_i b_i h_i)\cos\theta_i\tan\varphi_i}{\sum_{i=1}^{n_i}(qb_i+\gamma_i b_i h_i)\sin\theta_i} \tag{7-55}$$

式中：n_i——分条的数量；

c_i——分条的黏聚力(kPa)；

l_i——分条的圆弧长度(m)；

φ_i——分条的内摩擦角(°)；

γ_i——分条的重度(kN/m³)；

b_i——分条宽度(m)；

h_i——分条高度(m)；

θ_i——分条的坡角(°)。

若有地下水则需考虑孔隙水压力 μ_i 的影响，则：

$$K=\frac{\sum_{i=1}^{n_i}c_i l_i+\sum_{i=1}^{n_i}(N_i-\mu_i l_i)\tan\varphi_i}{\sum_{i=1}^{n_i}T_i} \tag{7-56}$$

当支护结构底部存在软弱土层时，还需继续验算软弱下卧层的整体稳定性。

2) 拉锚支护结构深部破裂面稳定性验算

对于拉锚支护结构除需采用上述方法验算其整体稳定性外，还需验算锚杆(锚索)深部破裂面的稳定性，拉锚支护结构的锚杆(锚索)的深部破裂面破坏形式如图 7-20 所示。锚杆(锚索)的深部破裂面稳定性验算可利用 E. Kranz 的简化计算法进行，如图 7-21 所示。

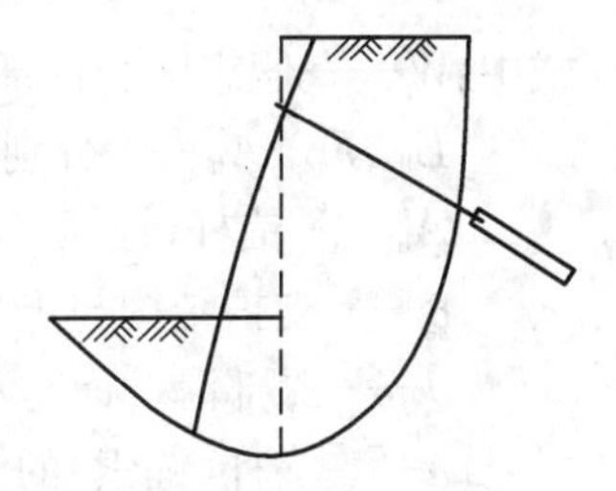

图 7-20 深部破裂面破坏形式示意图

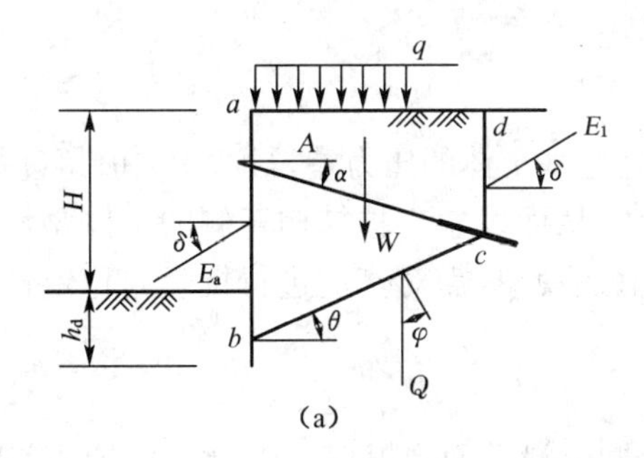

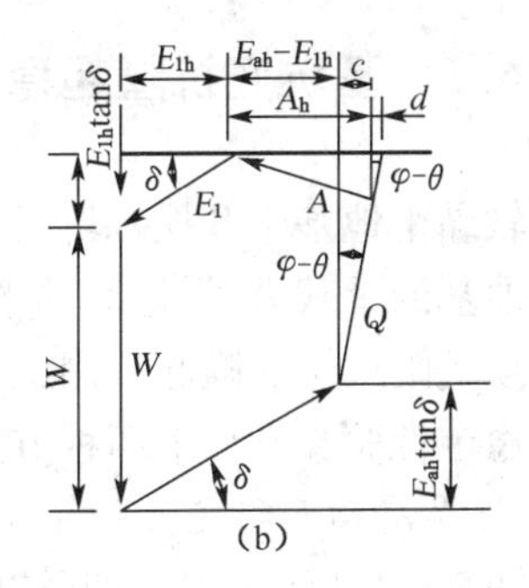

图 7-21 深部破裂面稳定性计算简图

通过锚固体的中点 c 与支护结构下端的假想支承点 b 连成一直线 bc，假定 bc 线即为深部滑动线。再通过点 c 垂直向上作直线 cd，cd 为假想墙。这样，由假想墙、深部滑动线和支护结构包围的土体 $abcd$ 上，除土体自重 W 之外，还作用有作用在假想墙上的主动土压力 E_1、作用于支护结构上的主动土压力的反作用力 E_a 和作用于 bc 面上的反力 Q。当土体 $abcd$ 处于平衡状态时，即可利用力多边形求得锚杆(锚索)所能承受的最大拉力 A 及其水平分力 A_h。如果 A_h 与锚杆(锚索)设计的水平力 A'_h 之比大于或等于 1.5，就认为不会出现上述的深部破裂面破坏。

图 7-21(b)为单层锚杆(锚索)的力多边形，如果将各力化成其水平力，则从力多边形中可得出下述计算公式：

$$A_h = E_{ah} - E_a + c$$

$$c + d = (W + E_{lh}\tan\delta - E_{ah}\tan\delta)\tan(\varphi - \theta)$$

$$d = A_h\tan\alpha\tan(\varphi - \theta)$$

则：

$$A_h = \frac{E_{ah} - E_{lh} + (W + E_{al}\tan\delta - E_{ah}\tan\delta)\tan(\varphi - \theta)}{1 + \tan\alpha\tan(\varphi - \theta)} \tag{7-57}$$

完全系数：

$$K_h = \frac{A_h}{A'_h} \tag{7-58}$$

式中：W——假想墙与深部滑动线范围内的土体重量(kN)；

E_{lh}、E_{ah}、A_h——分别为 E_l、E_a、A 的水平力(kN)；

A'_h——锚杆(锚索)设计的水平分力(kN)；

δ——支护结构与土之间的摩擦角(°)；

θ——深部滑动面与水平面间的夹角(°)；

α——锚杆(锚索)的倾角(°)。

拉锚支护结构设计是否要进行整体稳定性验算，取决于锚固段是否进入支挡结构底端岩土层，详见各地规范。

7.6.3 基坑底抗隆起稳定性分析

在软黏土地基中开挖基坑时，由于基坑内外地基土体的压力差，当这一差值超过基坑底面以下地基的承载力时，地基的平衡状态就破坏，从而发生支护结构背侧的土体塑性流动，产生坑顶下陷或坑底隆起。因此，为防止发生上述现象，需对基坑进行抗隆起稳定性验算。抗隆起稳定性验算有如下两种方法：

1) 临界滑动面稳定性验算

如图 7-22 所示，在基坑开挖面下假定一个圆弧滑动面。根据在滑动面上土的抗剪强度对滑动圆弧中心的力矩与支挡结构背侧开挖面以上土体重量(包括地面超载)对滑动圆弧中心的力矩平衡条件，计算基坑隆起的安全度。对于支撑(或拉锚)支护结构，滑动圆弧中心一般认为是最下一层支撑(或拉锚)与支挡结构的交点。

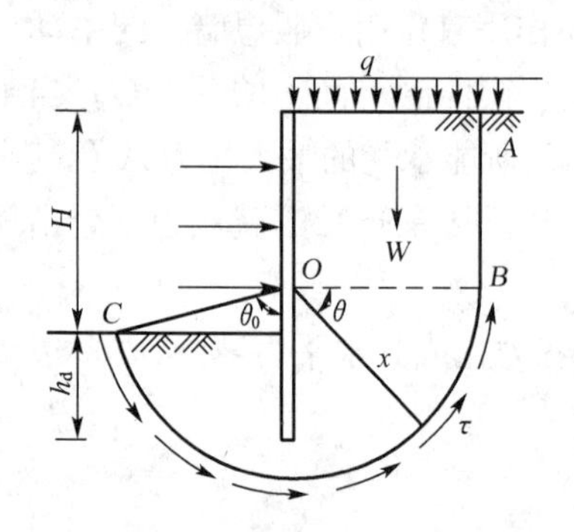

图 7-22 临界滑动面稳定性验算

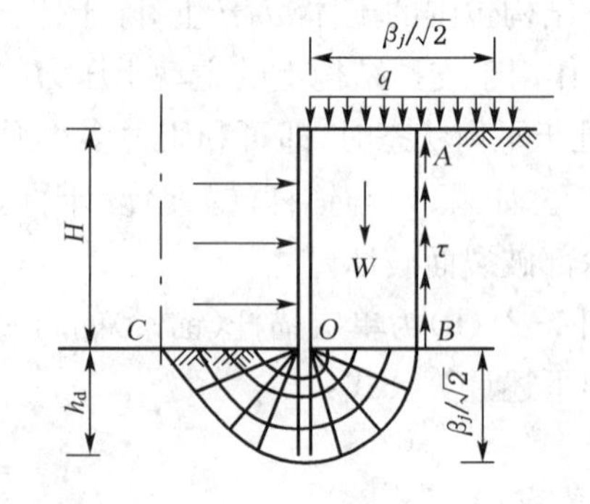

图 7-23 太沙基派克法地基承载力验算

设滑动半径为 x，则：

滑动力矩：
$$M_d = (W + q)x^2/2 = (\gamma H + q)x^2/2$$

抗滑力矩：
$$M_r = x\int_0^{\pi/2+\theta_0} \tau(x\mathrm{d}\theta)$$

则抗隆起稳定性安全系数：
$$K_l = \frac{M_r}{M_d} \geqslant 1.20 \tag{7-59}$$

式中：γ——支挡结构背侧土的平均重度(kN/m³)；

τ——滑动面处地基土的不排水抗剪强度(kPa)，在饱和黏性土中，$\tau = c$(黏聚力)。

当 $K = 1.2$ 时，表示在开挖面下存在的滑动半径为 x 的临界滑动面，支挡结构的嵌入深度不应小于临界滑动面的深度。

2）地基承载力验算

这里介绍一下太沙基派克法。如图 7-23 所示，当开挖面以下形成滑动面时，由于支挡结构背侧土体下沉，使支挡结构背侧土在垂直面上的抗剪强度得以发挥，减少了在开挖面标高上支挡结构背侧土的垂直压力。则基坑底面 OB 处的总压力为：

$$P=(\gamma H+q)\frac{B_j}{\sqrt{2}}-\tau H$$

单位面积上的压力为：$P_v=\dfrac{P}{B_j/\sqrt{2}}=\gamma H+q-\dfrac{\sqrt{2}\tau H}{B_j}$

一般认为饱和黏性土中，$\tau=c$，地基极限承载力为 $R=5.7c$，则抗隆起安全系数为：

$$K_1=\frac{R}{P_v}\geqslant 1.5 \tag{7-60}$$

7.6.4　基坑管涌稳定性分析

如图 7-24 所示，当地下水的向上渗流力（动水压力）大于坑底土的有效浮重度时，土粒则处于浮动状态，从而在坑底产生管涌现象。要避免管涌发生，则：

$$\gamma'\geqslant K_w j$$

式中：γ'——土浸在水中的有效浮重度（kN/m³）；

j——渗流力（动水压力）（kN/m³）；

K_w——抗管涌安全系数，1.5～2.0。

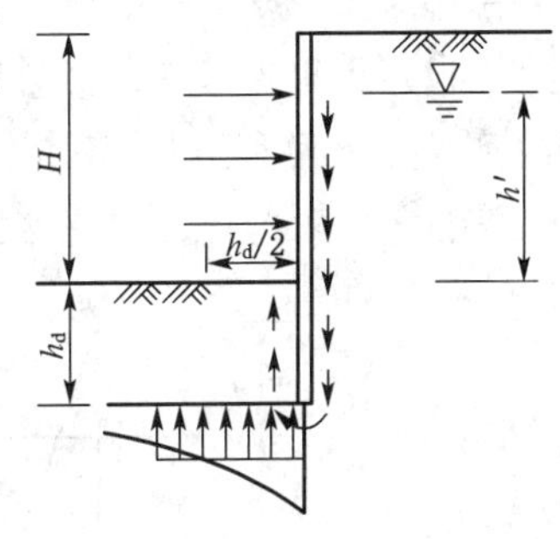

图 7-24　管涌稳定性验算

试验证明，管涌首先发生在离坑壁大约为支挡结构嵌入深度一半的范围内 $h_d/2$，简化计算，近似地按紧贴支挡结构的最短路线来计算最大渗流力：

$$j=i\gamma_w=\frac{h'\gamma_w}{h'+2hd} \tag{7-61}$$

式中：h'——地下水位至坑底的距离（m）；

i——水力梯度。

则不发生管涌的条件为：　$\gamma'\geqslant\dfrac{K_w h'\gamma_w}{h'+2hd}$

即：

$$h_d\geqslant\frac{K_w h'\gamma_w-\gamma' h'}{2\gamma'} \tag{7-62}$$

上式表明了要避免发生管涌的支护结构最小嵌入深度。

如果坑底以上土层为松散填土、多裂隙土层等透水性好的土层，则水头损失可以忽略不计，此时不发生管涌的条件为：

$$h_d \geqslant \frac{K_w h' \gamma_w}{2\gamma'} \tag{7-63}$$

思考题与习题

1. 常见的基坑支护形式有哪些？各自适用的条件有哪些？

2. 基坑支护结构上土压力的计算模式有哪些？各自适用的条件有哪些？

3. 顺作法和逆作法各自有什么特点？适用什么样的工程？

4. 水泥土墙的设计内容和验算内容有哪些？其中抗倾覆稳定和抗滑稳定哪个更容易满足？

5. 简述土钉墙的特点、原理及适用范围。

6. 锚杆技术有哪些优缺点？锚杆的构造和类型有哪些？

7. 土钉和锚杆的异同点有哪些？

8. 如何控制基坑的变形？

9. 桩墙式支护结构有哪些稳定性分析？

10. 某挡土墙高 6 m，填土 $\varphi = 34°$，$c = 0$，$\gamma = 19\ \mathrm{kN/m^3}$，填土面水平，顶面均布荷载 $q = 10\ \mathrm{kPa}$，试求主动土压力及作用位置。

11. 已知某基坑开挖深度为 6 m，坑边作用有均匀荷载 $q = 20\ \mathrm{kPa}$，从地面到基坑底大致可以分为两种土层，各土层厚度如图 7-26 所示。土层一：$\gamma_1 = 18\ \mathrm{kN/m^3}$，$\varphi_1 = 20°$，$c_1 = 12\ \mathrm{kPa}$；土层二：$\gamma_{sat} = 19.2\ \mathrm{kN/m^3}$，$\varphi_2 = 26°$，$c_2 = 6\ \mathrm{kPa}$。试求总侧压力。

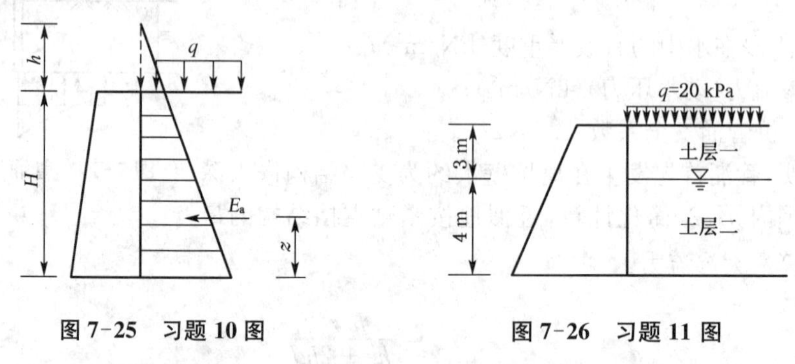

图 7-25　习题 10 图　　　　图 7-26　习题 11 图

12. 某基坑土层为软土，基坑开挖深度 $h = 5\ \mathrm{m}$，支护结构入土深度 $t = 5\ \mathrm{m}$，坑顶地面荷载 $q = 20\ \mathrm{kPa}$，土重度 $\gamma = 18\ \mathrm{kN/m^3}$，$c = 10\ \mathrm{kPa}$，$\varphi = 0°$，设 $N_c = 5.14$，$N_q = 1.0$。试计算坑底上抗隆起稳定安全系数。

13. 某路堤边坡，高 10 m，边坡坡率 1∶1，填料 $\gamma = 20\ \mathrm{kN/m^3}$，$c = 10\ \mathrm{kPa}$，$\varphi = 25°$，试求直线滑动面的倾角 $\alpha = 32°$ 时，边坡稳定系数 K。

14. 某建筑基坑开挖深度为 4.5 m，安全等级为一级，现拟用悬臂式深层搅拌水泥桩作为支护结构，其平面形式为壁状。该工程地质条件见表 7-3，设计时边坡上的活荷载为零，桩长为 7.5 m。试按《建筑基坑支护技术规程》(JDJ 120—99)规定的方法确定主动土压力合力和被动土压力合力及水泥土墙的最小厚度(水泥土墙的容重为 $18\ \mathrm{kN/m^3}$)。

表 7-3

土层	土质	厚度(m)	γ(kN/m³)	c(kPa)	φ(°)	地下水
1	黏土	3	17.3	9.6	9.1	无
2	粉质黏土	9	18.9	13.2	15.1	无

15. 已知某基坑的开挖深度为 5 m,坑边地面超载为 $q = 10$ kPa,基坑处于密实的中粗砂地层中,其土层性质:$\gamma = 20$ kN/m³,$\varphi = 30°$。现在采用悬臂式排桩支护,试确定桩的最小长度和最大弯矩。

16. 某挡土墙高 6 m,用毛石和 M5 水泥砂浆砌筑,砌体重度 $\gamma = 22$ kN/m³,抗压强度 $f_y = 160$ MPa,填土 $\gamma = 19$ kN/m³,$\varphi = 40°$,$c = 0$,基底摩擦系数 $\mu = 0.5$,地基承载力特征值 $f_a = 180$ kPa,试进行挡土墙抗倾覆、抗滑移稳定性、地基承载力和墙身强度验算。

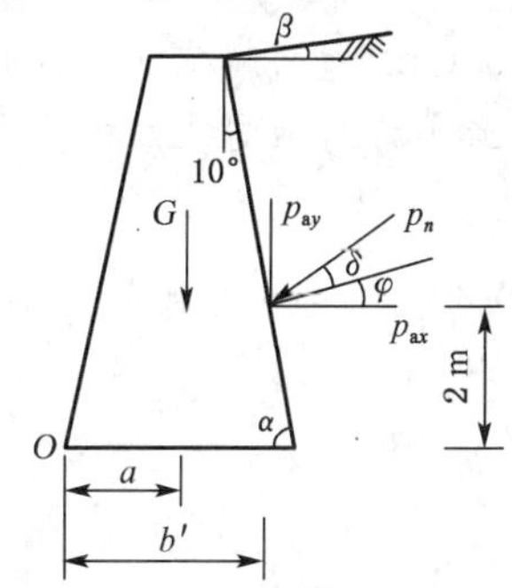

图 7-27　习题 17 图

17. 某混凝土挡土墙墙高 $H = 6$ m,$\alpha = 80°$,$\beta = 10°$,墙背摩擦角 $\alpha = 15°$,填土为中砂,$\varphi = 30°$,$\gamma = 18.5$ kN/m³,地基承载力特征值 $f_{ak} = 100$ kPa,试设计挡土墙。

18. 已知某基坑工程的开挖深度 $h = 8.0$ m,采用单支点桩锚支护结构,支点离地面距离 $h_0 = 1$ m,支点水平间距为 $s_h = 2.0$ m。地基土层参数加权平均值为:$c = 0$,$\varphi = 28°$,$\gamma = 18.0$ kN/m³。地面超载 $q_0 = 20$ kPa。试用等值梁法计算桩墙的有效嵌固深度 t 和最大弯矩 M_{max}。

19. 某建筑物基坑,其安全等级为一级,开挖深度为 8 m,其场地内的地质土为粉质黏土,粉质黏土的物理指标为:$c = 15$ kPa,$\varphi = 18°$,$\gamma = 18.6$ kN/m³。地下静止水位为 1.6 m,现拟用的工程支护方案为:① 围护体系:采用 ϕ800@1 000 mm,钢筋混凝土灌注桩挡土,桩长为 14.5 m,桩伸入冠梁 0.3 m(即下送 2.0 m),用 ϕ700 深层水泥土墙为止水帷幕(只考虑止水作用)。② 水平支撑体系:挡土桩桩顶设冠梁一道(截面为 1 200 mm×600 mm),内撑为钢筋混凝土对撑和角撑,支撑轴线位于地面以下 2.0 m(冠梁中部轴线)。③ 边坡顶部考虑活荷载:$q_0 = 15$ kN/m²。试按《建筑基坑支护技术规程》(JGJ 120—99)规定的方法计算主动土压力合力、被动土压力合力、支撑点反力、支护桩的嵌固深度及桩身最大弯矩。

20. 已知某个基坑开挖深度 $h = 5.0$ m,采用水泥土搅拌桩墙进行支护,墙体宽度 $b = 4.5$ m,墙体入土深度(基坑开挖面以下)$h_d = 6.5$ m,墙体重度 $\gamma_0 = 20$ kN/m³,墙体与土体摩擦系数 $\mu = 0.3$。基坑土层重度 $\gamma = 19.5$ kN/m³,内摩擦角 $\varphi = 24°$,黏聚力 $c = 0$,地面超载为 $q_0 = 20$ kPa。试验算支护墙的抗倾覆和抗滑移稳定性。

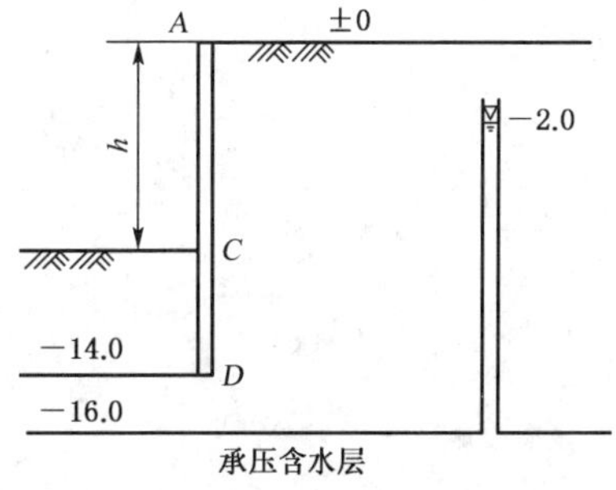

图 7-28　习题 21 图

21. 基坑坑底下有承压含水层如图 7-28 所示,已知不透水层土的天然重度 $\gamma = 20$ kN/m³,水的重度 $\gamma_w = 10$ kN/m³,如要求基坑底抗管涌稳定系数 K 不小于 1.1,试求基坑开挖深度 h。

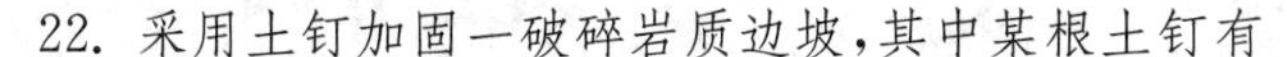

22. 采用土钉加固一破碎岩质边坡,其中某根土钉有

效锚固长度 $L=4.0\,\text{m}$，该土钉计算承受拉力 $E=188\,\text{kN}$，锚孔直径 $d=108\,\text{mm}$，锚孔壁对砂浆的极限剪应力 $\tau=0.25\,\text{MPa}$，钉材与砂浆间粘结力 $\tau_g=2.0\,\text{MPa}$，钉材直径 $d_b=32\,\text{mm}$（材质为 HRB 335），试求该土钉抗拔安全系数。

23. 某坑剖面如图 7-29 所示，板桩两侧均为砂土，$\gamma=19\,\text{kN/m}^3$，$\varphi=30°$，$c=0$，基坑开挖深度为 1.8 m，如果抗倾覆稳定安全系数 $K=1.3$，试按抗倾覆计算悬臂式板桩的最小入土深度。

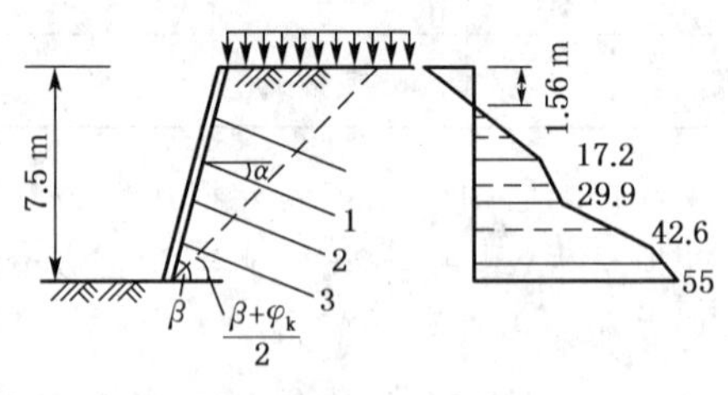

图 7-29　习题 23 图

24. 某二级基坑深 7.5 m，采用土钉墙支护，土钉墙坡角 85°，土钉与水平面夹角 15°，土钉竖向和水平面间距均为 1.49 m，其直径 $d=0.1\,\text{m}$，$L=9.0\,\text{m}$，地面超载 $q=10\,\text{kPa}$。土：$\gamma=19\,\text{kN/m}^3$，$\varphi_k=22°$，$c=10\,\text{kPa}$，$q_{sik}=40\,\text{kPa}$。计算各道土钉的轴向拉力和抗拔力。

8 地基处理

8.1 概述

建筑物的地基,除应保证强度稳定性外,建筑物建成后还不应有影响其安全与使用的沉降和不均匀沉降。当天然地基无法满足这两个要求时,则必须对地基进行加固和处理。当已有建筑物的地基发生事故,或建筑物加层时,也需要对地基进行处理。经处理后的地基称为人工地基。

我国地域辽阔,自然地理环境不同,土质各异,其强度、压缩性和透水性等性质有很大的差别。其中,有不少是软土或不良土,例如淤泥和淤泥质土、冲填土、杂填土、泥炭土、膨胀土、湿陷性黄土、季节性冻土、岩溶和土洞等。随着我国国民经济不断地发展,建筑物的重量和占地范围越来越大,还经常不得不在工程地质条件不良的场地上建造房屋,因此,对地基处理的需求也越来越多。此外,当遇有旧房改造、加层、工厂扩建引起荷载增大,或深基础开挖和修建地下工程时,为防止出现土体失稳破坏、地面变形和地下水渗流等现象,也都要求对地基进行处理。

近年来,国内外地基处理的技术迅速发展,处理的方法越来越多,但是,我们必须针对地基土的特性以及上部结构对地基的要求,有的放矢、因地制宜地选择处理方法。要总结国内外在地基处理方面的经验教训,发展地基处理的技术,提高地基处理的水平,节约基本建设投资。

8.1.1 地基处理的对象

地基处理的对象主要是软弱地基和特殊土地基。

1) 软弱地基

我国《建筑地基基础设计规范》中规定,软弱地基系指主要由淤泥、淤泥质土、冲填土、杂填土或其他高压缩性土层构成的地基。

(1) 软土。淤泥及淤泥质土的总称为软土。软土的特性是含水量高、孔隙比大、渗透系数小、压缩性高、抗剪强度低。在外荷载作用下,软土地基承载力低,地基变形大,不均匀变形也大,且变形稳定历时较长,在比较深厚的软土层上,建筑物基础的沉降往往持续数年甚至数十年之久。软土地基是在工程实践中遇到最多需要人工处理的地基。

(2) 冲填土。冲填土是指在整治和疏浚江河航道时,用挖泥船通过泥浆将夹大量水分的泥砂吹到江河两岸而形成的沉积土,亦称吹填上。冲填土的工程性质主要取决于颗粒组成、均匀性和排水固结条件,如以黏性土为主的冲填土往往是欠固结的,其强度较低且压缩性较高,一般需经过人工处理才能作为建筑物地基。如以砂性土或其他粗颗粒所组成的冲填土，其性质基本上与砂性土类似，可按砂性土考虑是否需要进行地基处理。

(3) 杂填土。杂填土是由人类活动所形成的建筑垃圾、工业废料和生活垃圾等无规则堆填物。杂填土的成分复杂，分布极不均匀，结构松散且无规律性。杂填土的主要特性是强度低、压缩性高和均匀性差，即使在同一建筑场地的不同位置，其地基承载力和压缩性也有较大的差异。杂填土未经人工处理一般不宜作为持力层。

(4) 其他高压缩性土。饱和松散粉细砂及部分粉土，在机械振动、地震等动力荷载的重复作用下，有可能会产生液化或震陷变形。另外，在基坑开挖时，也可能会产生流砂或管涌。因此，对于这类地基土，往往需要进行地基处理。

2) 特殊土地基

特殊土地基大部分带有地区特点，包括湿陷性黄土、膨胀土、冻土、有机质土和山区地基等。

(1) 湿陷性黄土。凡在上覆土的自重应力作用下，或在上覆土自重应力和附加应力共同作用下，受水浸湿后土的结构迅速破坏而发生显著附加沉陷的黄土，称为湿陷性黄土。由于黄土浸水湿陷而引起的建筑物不均匀沉降是造成黄土地区事故的主要原因，因此，当黄土作为建筑物地基时，应首先判别黄土是否具有湿陷性，再考虑是否需要进行地基处理以及如何处理。

(2) 膨胀土。膨胀土是指颗粒成分主要由亲水性黏土矿物组成的黏性土。它是一种吸水膨胀和失水收缩的高塑性黏土，具有较大胀缩性。当利用膨胀土作为建筑物地基时，如果不进行地基处理，往往会对建筑物造成危害。

(3) 季节性冻土。冻土是指气候在负温条件下，其中含有冰的各种土。季节性冻土是指该冻土在冬季冻结，而夏季融化的土层。多年冻土或永冻土是指冻结状态持续三年以上的土层。季节性冻土因其周期性的冻结和融化，对地基的不均匀沉降和地基的稳定性影响较大，也需要进行地基处理。

(4) 有机质土和泥炭土。土中有机质含量大于 5% 时称为有机质土，大于 60% 时称为泥炭土。土中有机质含量高，强度往往降低，压缩性增大，特别是泥炭土，其含水量极高，压缩性很大，且不均匀，一般不宜作为天然地基，需要进行地基处理。

(5) 岩溶、土洞和山区地基。岩溶或称“喀斯特”，它是石灰岩、白云岩、泥灰岩、大理石、岩盐、石膏等可溶性岩层受水的化学和机械作用而形成的溶洞、溶沟、裂隙，以及由于溶洞的顶板塌落使地表产生陷穴、洼地等现象和作用的总称。土洞是岩溶地区上覆土层被地下水冲蚀或被地下水潜蚀所形成的洞穴。岩溶和土洞对建(构)筑物的影响很大，可能造成地面变形，地基陷落，发生水的渗漏和涌水现象。在岩溶地区修建建筑物时要特别重视岩溶和土洞的影响。

山区地基地质条件比较复杂，主要表现在地基的不均匀性和场地的稳定性两方面。山区基岩表面起伏大，且可能有大块孤石，这些因素常会导致建筑物基础产生不均匀沉降。另外，在山区常有可能遇到滑坡、崩塌和泥石流等不良地质现象，给建(构)筑物造成直接的或潜在的威胁。在山区修建建(构)筑物时要重视地基的稳定性和避免过大的不均匀沉降，必要时需进行地基处理。

8.1.2 地基处理目的

地基处理的目的是利用各种地基处理方法对地基土进行加固，用以改良地基土的工程特性，主要表现在以下几个方面：

(1) 提高地基土的抗剪强度。地基的剪切破坏表现在：建（构）筑物的地基承载力不够；偏心荷载及侧向土压力的作用使建（构）筑物失稳；填土或建（构）筑物荷载使邻近的地基土产生隆起；土方开挖时边坡失稳；基坑开挖时坑底隆起。地基的剪切破坏反映了地基土的抗剪强度不足，因此，为了防止剪切破坏，就需要采取一定措施以增加地基土的抗剪强度。

(2) 降低地基土的压缩性。地基土的压缩性表现在：建（构）筑物的沉降和差异沉降较大，填土或建（构）筑物荷载使地基产生固结沉降；作用于建（构）筑物基础的负摩擦力引起建（构）筑物的沉降；大范围地基的沉降和不均匀沉降；基坑开挖引起邻近地面沉降；由于降水，地基产生固结沉降。地基的压缩性反映在地基土的压缩模量指标的大小。因此，需要采取措施以提高地基土的压缩模量，从而减少地基的沉降或不均匀沉降。

(3) 改善地基土的透水特性。地基的透水性表现在：堤坝等基础产生的地基渗漏；基坑开挖工程中，因土层内夹薄层粉砂或粉土而产生流砂和管涌。以上都是地下水在运动中所出现的问题。为此，必须采取措施使地基土降低透水性和减少其上的水压力。

(4) 改善地基的动力特性。地基的动力特性表现在：地震时饱和松散粉细砂（包括部分粉土）将产生液化；由于交通荷载或打桩等原因，使邻近地基产生振动下沉。为此，需要采取措施防止地基液化并改善其振动特性，以提高地基的抗震性能。

(5) 改善特殊土的不良地基特性。主要是消除或减弱黄土的湿陷性和膨胀土的胀缩特性等。

8.1.3 地基处理方法

地基处理方法可分为物理地基处理方法、化学地基处理方法以及生物地基处理方法。各种地基处理方法的原理及其适用范围见表 8-1。

表 8-1 地基处理方法分类及其适用范围

编号	分类	处理方法	原理及作用	适用范围
1	碾压及夯实	重锤夯实，机械碾压，振动压实，强夯法（动力固结）	利用压实原理，通过机械碾压夯击，把表层地基土压实，强夯则利用强大的夯击能，在地基中产生强烈的冲击波和动应力，迫使土动力固结密实	适用于碎石、砂土、粉土、低饱和度的黏性土、杂填土等
2	换填垫层	砂石垫层，素土垫层，灰土垫层，矿渣垫层	以砂石、素土、灰土和矿渣等强度较高的材料，置换地基表层软弱土，提高持力层的承载力，扩散应力，减少沉降量	适用于处理暗沟、暗塘等软弱土地基
3	排水固结	天然地基预压，砂井预压，塑料排水带预压，真空预压，降水预压	在地基中增设竖向排水体，加速地基的固结和强度增长，提高地基的稳定性；加速沉降发展，使地基沉降提前完成	适用于处理饱和软弱土层；对于渗透性极低的泥炭土，必须慎重对待

续表 8-1

编号	分类	处理方法	原理及作用	适用范围
4	振密挤密	振冲挤密,灰土挤密桩,砂石桩,石灰桩,爆破挤密	采用一定的技术措施,通过振动或挤密,使土体的孔隙减少,强度提高;必要时,在振动挤密的过程中,回填砂、砾石、灰土、素土等,与地基土组合成复合地基,从而提高地基的承载力,减小沉降量	适用于处理松砂、粉土、杂填土及湿陷性黄土
5	置换及拌入	振冲置换,深层搅拌,高压喷射注浆,石灰桩等	采用专门的技术措施,以砂、碎石等置换软弱土地基中部分软弱土,或在部分软弱土地基中掺入水泥、石灰或砂浆等形成增强体,与未处理部分土组成复合地基,从而提高地基的承载力,减少沉降量	黏性土、冲填土、粉砂、细砂等。振冲置换法对于排水剪切强度 $c_u < 20$ kPa 时慎用
6	加筋	土工合成材料加筋,锚固,树根桩,加筋土	在地基土中埋设强度较大的土工合成材料、钢片等加筋材料,使地基土能够承受抗拉力,防止断裂,保持整体性,提高刚度,改变地基土体的应力场和应变场,从而提高地基的承载力,改善地基的变形特性	软弱土地基、填土及高填土、砂土
7	其他	灌浆、冻结、托换技术,纠偏技术	通过独特的技术措施处理软弱土地基	根据实际情况确定

8.1.4 地基处理方法的选用原则

地基处理的效果能否达到预期目的,首先有赖于地基处理方案选择是否得当、各种加固参数设计得是否合理。地基处理方法虽然很多,但任何一种方法都不是万能的,都有其各自的适用范围和优缺点。由于具体工程条件和要求各不相同,地质条件和环境条件也不相同。此外,施工机械设备、所需的材料也会因提供部门的不同而产生很大差异。施工队伍的技术素质状况、施工技术条件和经济指标比较状况都会对地基处理的最终效果产生很大的影响。一般来说,在选择确定地基处理方案以前应充分地综合考虑以下因素:

(1) 地质条件。地形、地质;成层状态;各种土的指标(物理、化学、力学);地下水条件。

(2) 结构物条件。结构物型式,规模;要求的安全度,重要性。

(3) 环境条件。①气象条件;②噪声、振动情况,振动、噪声可能对周围居民或设施的影响;③邻近构筑物情况,指邻近的建筑物,桥台、桥墩,地下结构物等情况,加固过程中是否有影响,以及相应的对策;④地下埋设物,应查明上下水道、煤气、电讯电缆管线的位置,以便采取相应的对策;⑤机械作业、材料堆放的条件,加固过程中,涉及施工机械作业和大量建筑材料进场堆放,为此,要解决道路与临时场地等问题;⑥电力与供水条件。

(4) 材料的供给情况。尽可能地采用当地的材料,以减少运输费用。

(5) 机械施工设备和机械条件。在某些地区有无所需的施工设备和施工设备的运营状况,操作熟练程度。这也是确定采用何种加固措施的关键。

(6) 工程费用的高低。经济技术指标的高低是衡量地基处理方案选择得是否合理的关键指标,在地基处理中,一定要综合比较能满足加固要求的各地基处理方案,选择技术先进、质量保证、经济合理的方案。

(7) 工期要求。应保证地基加固工期不会拖延整个工程的进展。另一方面,如地基工期缩短,也可利用这段时间,使地基加固后的强度得到提高。

由于各地基处理问题具有各自独特的情况,所以在选择和设计地基处理方案时不能简单地依靠以往的经验,也不能依靠复杂的理论计算,还应结合工程实际,通过现场试验、检测并分析反馈不断地修正设计参数。尤其是对于较为重要或缺乏经验的工程,在尚未施工前,应先利用室内外试验参数按一定方法设计计算,然后利用施工第一阶段的观测结果反分析基本参数,采用修正后的参数进行第二阶段的设计,之后再利用第二阶段施工观测结果的反馈参数进行第三阶段的设计。以此类推,使设计的取值比较符合现场实际情况。因此,地基处理方案的选择和设计流程,大致如图 8-1 所示。

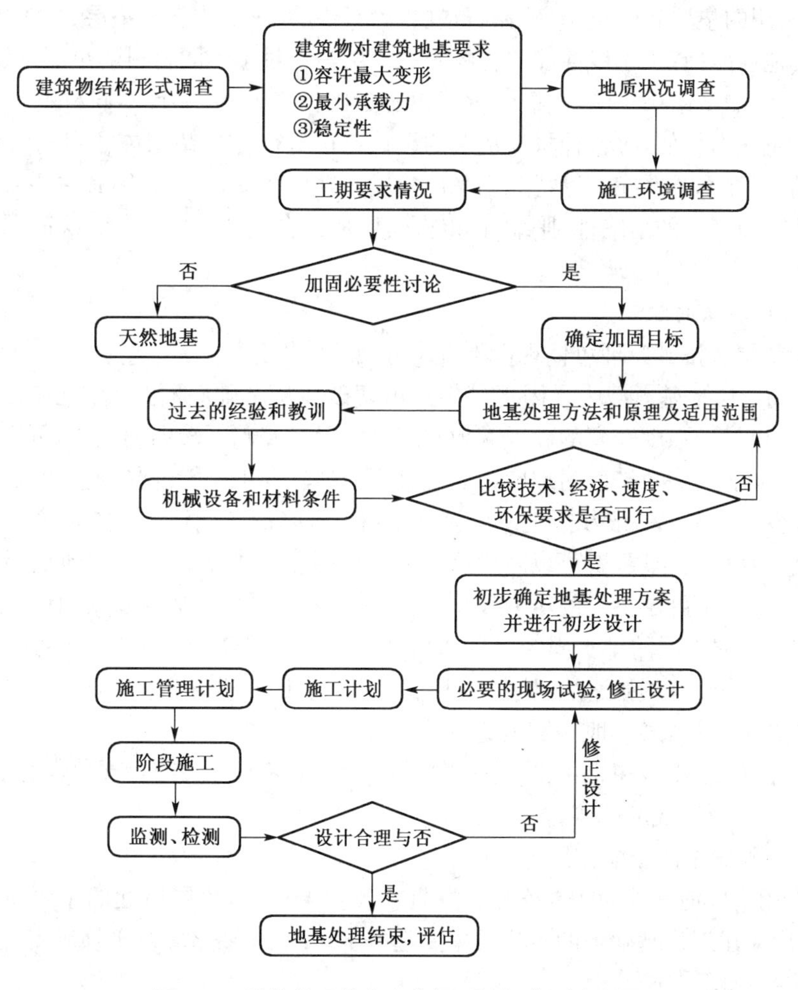

图 8-1 地基处理的方案选择、设计、监测流程图

8.2 物理法加固技术

物理法加固技术是指通过物理的方法达到地基加固的目的，目前物理加固的方法主要有换填法、强夯法、挤密法、排水固结法、加筋法等。

8.2.1 换土垫层法

当建筑物荷重不大，基底下面软弱土不太厚且地下水位也较低，此时可将基底下软土层部分挖除或全部挖除，而代之以人工换土垫层作为建筑物持力土层。这种地基处理方法通常用于处理5层以下民用建筑、跨度不大的工业厂房，以及基槽开挖后用来处理基底范围内局部软弱土层。

目前，常用的垫层有砂垫层、砂卵石垫层、碎石垫层、灰土或素土垫层、煤渣垫层、矿渣垫层以及用其他性能稳定、无侵蚀性的材料做的垫层等。对于不同材料的垫层，虽然其应力分布有所差异，但测试结果表明，其极限承载力还是比较接近的，并且不同材料垫层上建筑物的沉降特点也基本相似，故各种材料垫层的设计都可近似按砂垫层方法进行。但对于湿陷性黄土、膨胀土和季节性冻土等特殊土采用换填法进行地基处理时，因其主要目的是为了消除或部分消除地基土的湿陷性、胀缩性和冻胀性，所以在设计中所考虑解决问题的关键也应有所不同。

1）*换土垫层法的原理*

换土填垫层法按其原理可体现以下五个方面的作用：

(1) 提高浅层地基承载力。因地基中的剪切破坏从基础底面开始，随应力的增大而向纵深发展，故以抗剪强度较高的砂或其他建筑材料置换基础下较弱的土层，可避免地基的破坏。同时，垫层能更好地扩散附加应力而使其底面处软弱土层能承受相应荷载。

(2) 减少沉降量。一般浅层地基的沉降量占总沉降量比例较大。如以密实砂或其他填筑材料代替上层软弱土层，就可以减少这部分的沉降量。由于砂层或其他垫层对应力的扩散作用，使作用在下卧层土上的压力较小，这样也会相应减少下卧层土的沉降量。

(3) 加速软弱土层的排水固结。砂垫层和砂石垫层等垫层材料透水性强，软弱土层受压后，垫层可作为良好的排水层，使基础下面的孔隙水压力迅速消散，加速垫层下软弱土层的固结和提高其强度，避免地基发生塑性破坏。

(4) 防止冻胀。因为粗颗粒的垫层材料孔隙大，不易产生毛细管现象，因此可以防止寒冷地区土中结冻所造成的冻胀。

(5) 消除膨胀土的胀缩作用。

上述作用中以前三种为主要作用。并且在各类工程中，垫层所起的主要作用有时也是不同的，如房屋建筑物基础下的砂垫层主要起换土作用，而在路堤及土坝等工程中往往以排水固结为主要作用。

必须指出，砂垫层不宜用于处理湿陷性黄土地基，因为砂垫层较大的透水性反而容易引起黄土的湿陷。用素土或灰土垫层处理湿陷性黄土地基可消除 1～3 m 厚黄土的湿陷性。

2) 换填垫层法适用范围

根据《建筑地基处理技术规范》规定，换填法适用于淤泥、淤泥质土、湿陷性黄土、素填土、杂填土地基及暗沟、暗塘等浅层处理。具体适用范围见表 8-2。

表 8-2 换填法的适用范围

垫层种类	适用范围
砂(砂石、碎石)垫层	适用于一般饱和、非饱和的软弱土和水下黄土地基处理，不宜用于湿陷性黄土地基，也不宜用于大面积堆载、密集基础和动力基础下的软土地基处理，砂垫层不宜用于地下水流速快和流量大地区的地基处理
素土垫层	适用于中小型工程及大面积回填和湿陷性黄土的地基处理
灰土垫层	适用于中小型工程，尤其是湿陷性黄土的地基处理
粉煤灰垫层	适用于厂房、机场、港区陆域和堆场等工程的大面积填筑
干渣垫层	适用于中小型建筑工程，尤其是地坪、堆场等工程的大面积地基处理和场地平整。对于受酸性或碱性废水影响的地基不得采用

对于大面积填土，由于大范围地面负荷影响较深，所以，地基压缩深度深，地基沉降量大，且沉降延续时间也较长，这与换填法浅层处理地基的特点不同。因此，若采用大面积填土作为建筑地基，还应符合《建筑地基基础设计规范》(GBJ 7—89)中的有关设计规定。

在基坑开挖后，虽然采用分层回填夯实的方法也可以处理较深的软弱土层，但是，垫层太厚不仅施工难度增大，还常常由于地下水位高需要采取降水措施、坑壁放坡占地面积大或需要基坑支护以及施工土方量大和弃土多等因素，从而使得处理费用增高、工期延长，因此，换填法的处理深度通常宜控制在 3 m 以内较为经济合理，但也不应小于 0.5 m，因为垫层太薄，换土垫层的作用就不显著了。在湿陷性黄土地区或土质较好的场地，一般坑壁的边坡稳定性较好，处理深度也可限制在 5 m 以内。

3) 垫层设计

换填法地基处理的设计内容主要是确定垫层的厚度、宽度和承载力，必要时还应进行地基的变形计算。对于换土垫层，根据建筑物对地基强度和变形的要求，既要求垫层有足够的厚度以置换可能剪切破坏的软弱土层，又要求垫层有足够的宽度以防止垫层向两侧挤出；而对于排水垫层，则主要是在基础底面下设置厚度为 30 cm 的砂、砂石或碎石等透水性大的垫层，以形成一个排水层，从而促使软弱土层的排水固结。

(1) 垫层厚度的确定

垫层厚度 z(见图 8-2)应根据需置换软弱土的深度或下卧土层的承载力确定，并符合式(8-1)要求：

$$p_z + p_{cz} \leqslant f_{az} \tag{8-1}$$

式中：p_z——相应于荷载效应标准组合时，垫层底面处的附加压力值(kPa)；

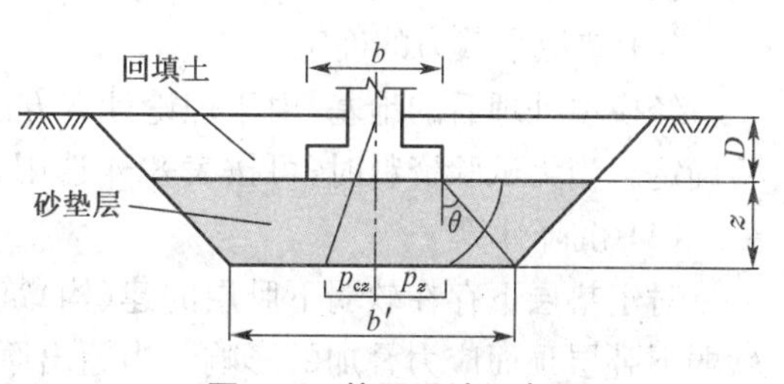

图 8-2 垫层设计示意图

p_{cz}——垫层底面处土的自重压力值(kPa)；

f_{az}——垫层底面处经深度修正后的地基承载力特征值(kPa)。

垫层底面处的附加压力值 p_z 可按压力扩散角 θ 分别按以下两式进行简化计算：

对于条形基础
$$p_z = \frac{b(p_k - p_c)}{b + 2z\tan\theta} \tag{8-2}$$

对于矩形基础
$$p_z = \frac{bl(p_k - p_c)}{(b + 2z\tan\theta)(l + 2z\tan\theta)} \tag{8-3}$$

式中：b——矩形基础或条形基础底面的宽度(m)；

l——矩形基础底面的长度(m)；

p_k——相应于荷载效应标准组合时，基础底面处的平均压力值(kPa)；

p_c——基础底面处土的自重压力值(kPa)；

z——基础底面下垫层的厚度(m)；

θ——垫层的压力扩散角，宜通过试验确定，当无试验资料时可按表 8-3 所示。

表 8-3 压力扩散角 θ

z/b	换填材料		
	中砂、粗砂、砾砂、角砾、石屑、卵石、矿渣	粉质黏土、粉煤灰	灰土
0.25	20°	6°	28°
≥0.5	30°	23°	28°

注：① 当 $z/b < 0.25$ 时，除灰土取 $\theta = 28°$ 外，其余材料均取 $\theta = 0°$，必要时，宜由试验确定。

② 当 $0.25 < z/b < 0.5$ 时，θ 值可用内插法求得。

计算时一般先初步拟定一个垫层厚度，再用式(8-1)验算。如果不符合要求，则改变厚度，重新验算，直至满足要求为止。垫层厚度不宜大于 3 m，太厚施工较困难，而太薄(<0.5 m)则换垫层的作用不显著。

(2) 垫层宽度的确定

垫层底面的宽度应满足基础底面应力扩散的要求，可按下式确定：

$$b' \geqslant b + 2z\tan\theta \tag{8-4}$$

式中：b'——垫层底面宽度(m)；

θ——压力扩散角，可按表 8-3 采用，当 $z/b < 0.25$ 时，仍按表中 $z/b = 0.25$ 取值。

垫层顶面每边超出基础底边不宜小于 300 mm，或从垫层底面两侧向上按当地开挖基坑经验的要求放坡确定垫层顶面宽度，整片垫层的宽度可根据施工的要求适当加宽。

(3) 垫层承载力的确定

经换填处理后的地基，由于理论计算方法尚不够完善，垫层的承载力宜通过现场载荷试验确定。当无试验资料时，可按表 8-4 选用，并应验算下卧层的承载力。

(4) 沉降计算

对于垫层下存在软弱下卧层的建(构)筑物，在进行地基变形计算时应考虑邻近基础对软弱下卧层顶面应力叠加的影响。当超出原地面标高的垫层或换填材料的重度高于天然土层重度时宜早换填，并应考虑其附加的荷载对建(构)筑物及邻近建(构)筑物的影响。

表 8-4 各种垫层的承载力

施工方法	换填材料类别	压实系数 λ_c	承载力特征值 f_{ak}(kPa)
碾压、振密或重锤夯实	碎石、卵石	0.94～0.97	200～300
	砂夹石(其中碎石、卵石占全重的 30%～50%)		200～250
	土夹石(其中碎石、卵石占全重的 30%～50%)		150～200
	中砂、粗砂、砾砂、角砾、圆砾		150～200
	粉质黏土		130～180
	灰土	0.93～0.95	200～250
	粉煤灰	0.90～0.95	120～150
	石屑	—	120～150
	矿渣	—	200～300

注:① 压实系数 λ_c 为土的控制干密度 ρ_d 与最大干密度 ρ_{dmax} 的比值,土的最大干密度宜采用击实试验确定,碎石或卵石的最大干密度可取 2.0～2.2 t/m^3。

② 采用轻型击实试验时,压实系数 λ_c 宜取高值;采用重型击实试验时,压实系数 λ_c 可取低值。

③ 矿渣垫层的压实指标为最后两遍压实的压陷差小于 2 mm。

④ 压实系数小的垫层,承载力特征值取低值,反之取高值。

⑤ 原状矿渣垫层取低值,分级矿渣或混合矿渣垫层取高值。

垫层地基的变形由垫层自身变形和下卧层变形组成。粗粒换填材料的垫层在满足本节前述条件下,在施工期间垫层自身的压缩变形已基本完成,且其值很小,垫层地基的变形可仅考虑其下卧层的变形。但对于细粒材料垫层,尤其是厚度较大的换填垫层或对沉降要求严格的建(构)筑物,应计算垫层自身的变形。设建筑物基础沉降量为 s,则:

$$s = s_c + s_p \tag{8-5}$$

式中:s_c——垫层自身变量(mm);

s_p——压缩层厚度范围内(自下卧层顶面,即垫层底面算起)各土层变形之和(mm)。

垫层自身变形量可按下式计算:

$$s_c = \left(\frac{p + \alpha p}{2} z\right) / E_s \tag{8-6}$$

式中:p——基底压力(kPa);

E_s——垫层压缩模量,由静载试验确定,当无试验资料时可按表 8-5 取值。

α——基底压力扩散系数。

表 8-5 垫层模量

垫层材料	模量	
	压缩模量 E_s(MPa)	变形模量 E_0(MPa)
粉煤灰	8～20	—
砂	20～30	—
碎石、卵石	30～50	—
矿渣	—	35～70

注:压实矿渣的 E_0/E_s 比值可按 1.5～3 取用。

扩散系数 α 可按以下公式计算：

条形基础
$$\alpha = \frac{b}{b + 2z\tan\theta} \tag{8-7}$$

矩形基础
$$\alpha = \frac{bl}{(b + 2z\tan\theta)(l + 2z\tan\theta)} \tag{8-8}$$

下卧层的变形量可按分层总和法确定：

$$s_{\mathrm{p}} = \psi p_z b' \sum_{i=1}^{n} \frac{\delta_i - \delta_{i-1}}{E_{\mathrm{si}(1-2)}} \tag{8-9}$$

式中：ψ——沉降计算经验系数，按地区沉降观测资料及经验确定，也可按表 8-6 取值；

p_z——垫层底面的附加应力(kPa)；

b'——垫层底宽度(m)；

$E_{si(1-2)}$——下卧土层第 i 层在 100～200 kPa 压力作用下的压缩模量(kPa)；

δ_i——第 i 层土平均附加应力系数与垫层底到第 i 层底距离的乘积；

n——下卧层计算深度内划分的土层数。

表 8-6　沉降量计算经验系数 ψ

垫层附加应力	$\overline{E_s}$(MPa)				
	2.5	4.0	7.0	15.0	20.0
$p_z \geqslant f_{ak}$	1.4	1.3	1.0	0.4	0.2
$p_z \leqslant 0.75 f_{ak}$	1.1	1.0	0.7	0.4	0.2

注：$\overline{E_s}$为沉降计算深度范围内压缩模量当量值。

$\overline{E_s} = \sum A_i / \sum \frac{A_i}{E_{si}}$，其中 A_i 为第 i 层土附加应力系数沿土层厚度的积分值。

(5) 设计要点

① 处理软土或杂填土的垫层。换填法处理软土或杂填土的主要目的是置换基底下可能被剪切破坏的软弱土层或杂填土层，因此，垫层厚度主要取决于剪切破坏区域的大小及工程对消除剪切区深度的要求。若基底下为杂填土层，则垫层厚度取决于杂填土层的埋藏深度。对于换填后其垫层下仍存在软弱下卧层的情况，尚应满足软弱下卧土层的承载力要求及工程对地基变形的要求。对于垫层宽度的大小，则必须满足基础底面压力扩散的要求，并避免垫层材料因向侧边挤出而增加垫层的竖向变形。

② 处理湿陷性黄土的垫层。换填法处理湿陷性黄土的主要目的是为了消除或部分消除黄土的湿陷量。其中素土垫层一般用于 4 层以下的民用建筑物，而灰土垫层可用于 6～7 层的民用建筑物。

垫层厚度取决于工程对消除黄土湿陷量的要求。如果需全部消除湿陷量，对于非自重湿陷性黄土，应满足垫层底部总压力不大于下卧黄土层沉陷量起始压力的要求；对于自重湿陷性黄土则必须全部挖出，换填法仅适用于厚度不大的自重湿陷性黄土地基。

如果要求消除部分湿陷量，则应根据建筑物的重要性、基础形式和面积、基底压力大小以及黄土湿陷类型、等级等因素综合考虑。一般情况下，对于非自重湿陷性黄土，当垫层厚度等于基础宽度时，可消除湿陷量 80%以上；当垫层厚度等于 1.5 倍基础宽度时，可基本消除湿陷量;而灰土垫层的厚度宜大于 1.5 倍基础宽度。对于自重湿陷性黄土,应控制剩余湿陷量不大于 20 cm,并满足最小处理厚度的要求,见表 8-7。

表 8-7 消除部分黄土湿陷量的最小处理厚度(m)

建筑物类型	湿陷等级					
	非自重湿陷性黄土			自重湿陷性黄土		
	Ⅰ	Ⅱ	Ⅲ	Ⅰ	Ⅱ	Ⅲ
甲类建筑物	1.0	1.5	2.0	1.5	2.0	3.0
$乙_1$类建筑物	1.0	1.0	1.5	1.0	2.0	2.5
$乙_2$类建筑物	—	1.0	1.5	1.0	1.5	2.0

垫层宽度的大小取决于工程的要求,当垫层宽度超出建筑物外墙基础边缘的距离至少为垫层厚度且不小于 1.5 m 时,可消除整个建筑范围内部分黄土层的湿陷性,防止水从室内外渗入地基,并保护垫层下未经处理的湿陷性黄土不致受水浸湿。对于直接位于基础下的垫层,为防止基底下的垫层向外挤出,垫层宽度应超出基础宽度至少为垫层厚度的 40%,并不小于 0.5 m。

③ 处理膨胀土的垫层。换填法处理膨胀土的主要目的是为了消除或减少膨胀土的胀缩性能,适用于薄的膨胀土层或主要胀缩变形层不厚的情况。对于垫层厚度,应使地基的剩余胀缩变形量控制在容许值范围内,如采用砂垫层,则应满足以下条件:A. 垫层厚度应为 1~1.2 倍基础,垫层宽度应为 1.8~2.2 倍基础宽度;B. 垫层密度应不小于 1.65 t/m^3;C. 基底压力宜选用 100~200 kPa;D. 基槽两边回填区的附加压力不应大于 0.25p(p 为基底压力);E. 当土膨胀压力大于 250 kPa 时,垫层材料宜选用中、细砂;当土膨胀压力较小时,垫层材料可采用粗砂。

4) 换填法施工

(1) 材料选用

① 砂石。砂石垫层材料宜选用碎石、卵石、圆砾、砾砂、粗砂、中砂或石屑(粒径小于 2 mm 的部分不应超过总重的 45%),应级配良好,不含植物残体、垃圾等杂质。当使用粉细砂时,应掺入不少于总重 30%的碎石或卵石。砂石的最大粒径不宜大于 50 mm,并通过试验确定虚铺厚度、振捣遍数、振捣器功率等技术参数。对湿陷性黄土地基,不得选用砂石等透水材料。

② 粉质黏土。土料中有机质含量不得超过 5%,亦不得含有冻土或膨胀土,不得夹有砖、瓦和石块等渗水材料。当含有碎石时,粒径不宜大于 50 mm。

③ 灰土。灰土的体积配合比宜为 2∶8 或 3∶7。土料宜用粉质黏土,不宜使用块状黏土和砂质粉土,不得含有松软杂质,并应过筛,其颗粒粒径不得大于 15 mm。石灰宜用新鲜的消石灰,其颗粒粒径不得大于 5 mm。

④ 粉煤灰。可用于道路、堆场和小型建筑物、构筑物等的换填垫层。粉煤灰垫层上宜覆土 0.3~0.5 m。粉煤灰垫层中采用掺合剂时,应通过试验确定其性能及适用条件。作为建筑物垫层的粉煤灰应符合有关放射性安全标准的要求。粉煤灰垫层中的金属构件、管网宜采用适当的防腐措施。大量填筑粉煤灰时应考虑对地下水和土壤的环境影响。

⑤ 矿渣。垫层使用的矿渣是指高炉重矿渣，可分为分级矿渣、混合矿渣及原状矿渣。矿渣垫层主要用于堆场、道路和地坪，也可用于小型建筑物、构筑物地基。选用矿渣的松散重度不小于 11 kN/m^3，有机质及含泥总量不超过 5%。设计、施工前必须对选用的矿渣进行试验，在确认其性能稳定并符合安全规定后方可使用。作为建筑物垫层的矿渣应符合对放射性安全标准的要求。易受酸、碱影响的基础或地下管网不得采用矿渣垫层。大量填筑矿渣时，应考虑对地下水和土壤的环境影响。

⑥ 其他工业废渣。在有可靠试验结果或成功工程经验时，对质地坚硬、性能稳定、无腐蚀性和放射性危害的工业废渣等均可用于填筑换填垫层。被选用工业废渣的粒径、级配和施工工艺等应通过试验确定。

⑦ 土工合成材料。由分层铺设的土工合成材料与地基土构成加筋垫层。所用土工合成材料的品种与性能及填料的土类应根据工程特性和地基土条件，按照现行国家标准《土工合成材料应用技术规范》(GB 50290—1998)的要求，通过设计并进行现场试验后确定。

作为加筋的土工合成材料应采用抗拉强度较高、受力时伸长率不大于 4%～5%、耐久性好、抗腐蚀的土工格栅、土工格室、土工垫或土工织物等土工合成材料；垫层填料宜用碎石、角砾、砾砂、粗砂、中砂或粉质黏土等材料。当工程要求垫层具有排水功能时，垫层材料应具有良好的透水性。在软土地基上使用加筋垫层时，应保证建筑稳定并满足允许变形的要求。

(2) 施工机具

垫层施工应根据不同的换填材料选择施工机具。素填土宜采用平碾或羊足碾；砂石等宜采用振动碾或振动压实机；当有效夯实深度内土的饱和度小于并接近 0.6 时可采用重锤夯实。

(3) 含水量要求

为获得最佳夯实效果，宜采用垫层材料的最优含水量 w_{op} 作为施工控制含水量。对于素土和灰土垫层，含水量可控制在最优含水量 $w_{op}\pm2\%$ 范围内；当使用振动碾压时，可适当放宽至最优含水量 w_{op} 的 $-6\%\sim+2\%$ 范围内。对于砂石料垫层，当使用平板振动器时，含水量可取 15%～20%；当使用平碾或蛙式夯时，含水量可取 8%～12%；当使用插入式振动器时，砂石料则宜为饱和。对于粉煤灰垫层，含水量应控制在最优含水量 $w_{op}\pm4\%$ 范围内。

表 8-8 垫层的每层铺填厚度及压实遍数

施工设备	每层铺填厚度(mm)	每层压实遍数	施工设备	每层铺填厚度(mm)	每层压实遍数
平碾(8～12 t)	200～300	6～8	振动压实(2 t，振动力 98 kN)	1 200～1 500	10
羊足碾(5～16 t)	200～350	8～16			
蛙式夯(200 kg)	200～250	3～4	插入式振动器	200～500	
振动碾(8～15 t)	600～1 300	6～8	平板式振动器	150～250	

(4) 分层厚度

垫层的分层铺填厚度以及每层压实遍数宜根据垫层材料、施工机械设备及设计要求等通过现场试验确定。除接触下卧软土层的垫层应根据施工机械设备和下卧层土质条件的要求具有足够的厚度外，一般情况下，垫层的分层铺填厚度可取 200～300 mm，在不具备试验条件的场合，也可按表 8-8 选用。为保证分层压实质量，同时还应控制机械碾压速度。

(5) 质量控制要求

垫层的质量必须分层控制及检验，并且以满足设计要求的最小密度为控制标准。质量检验方法主要有环刀法和贯入测定法。另外，对于垫层填筑工程竣工质量验收还可用：静载荷试验法、$N_{63.5}$标准贯入法、N_{10}轻便触探法、动测法、静力触探法等中的一种或几种方法进行检验。

各类垫层的质量控制可按下列要求进行：

① 砂石垫层。对于中砂，要求最小干密度 $\rho_d \geqslant 1.6\ t/m^3$；对于粗砂，要求最小干密度 $\rho_d \geqslant 1.7\ t/m^3$；对于碎石或卵石，最小干密度 ρ_d 应根据经验适当提高。

② 粉煤灰垫层。要求压实系数 $\lambda \geqslant 0.90$。

③ 素土垫层和灰土垫层。当垫层厚度不大于 3 m 时，要求压实系数 $\lambda \geqslant 0.93$；当垫层厚度大于 3 m 时，要求达到压实系数 $\lambda \geqslant 0.95$。

④ 干渣垫层。要求达到表面坚实、平整、无明显缺陷，并且压陷差小于 2 mm。

【例 8-1】 某办公楼一侧墙基承受上部结构荷载 $p = 140$ kN/m，基础为条形基础，宽度 $b = 1.4$ m，埋深 $d = 1.4$ m，埋深范围内土的容重 γ 为 18 kN/m^3，基底为深厚淤泥质软黏土，其压缩模量 $E_s = 4.8$ MPa，$f_{ak} = 88$ kPa，容重 γ 为 17 kN/m^3，拟采用当地产中砂做垫层处理，砂压密后的容重 γ 为19.5 kN/m^3。试进行垫层设计。垫层的剖面见图 8-3。

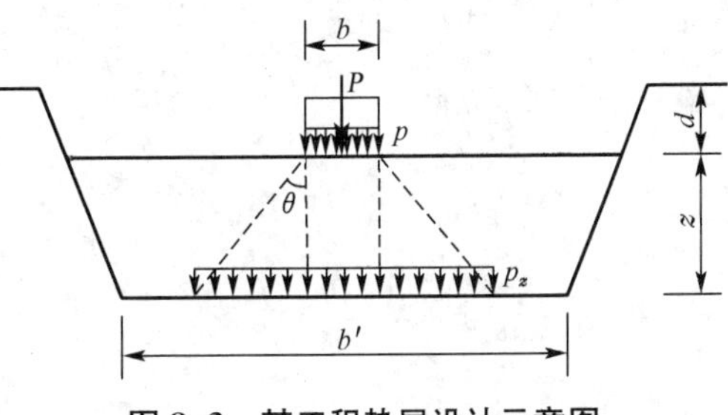

图 8-3 某工程垫层设计示意图

【解】 (1) 垫层厚度的确定。根据工程的实际情况，先取垫层厚度 $z=1.8$ m，进行垫层底面承载力验算。

垫层底面处的自重应力为：

$$p_{cz} = \gamma_0 d + \gamma_{砂} z = 18 \times 1.4 + 19.5 \times 1.8 = 60.3\ \text{kPa}$$

因为砂垫层对基础传递下来的荷载有很大的扩散作用，扩散后宽度 $\bar{b}$ 为

$$\bar{b} = b + 2z\tan\theta = 1.4 + 2 \times 1.8\tan\theta$$

其中 θ 为应力扩散角，由 $z/b = 1.8/1.4 = 1.29$ 以及垫层材料为中粗砂查表得 $\theta = 30°$，故垫层底面的附加应力 p_z 为

$$p_z = \frac{b(p - \gamma_0 d)}{\bar{b}} = \frac{1.4 \times \left(\dfrac{p}{b} - \gamma_0 d\right)}{\bar{b}} = \frac{1.4 \times \left(\dfrac{140}{1.4} - 18 \times 1.4\right)}{3.478} = 30.1\ \text{kPa}$$

砂垫层底面的自重应力和附加应力之和为

$$p_z + p_{cz} = 30.1 + 60.3 = 90.4\ \text{kPa}$$

砂垫层底面的承载力

$$f_z = f_{ak} + m_0\gamma_0(d-0.5)$$

其中，m_0 为承载力的基础埋深修正系数，本例取 $m_0 = 1.0$。于是有

$$f_z = 88 + 1\times 18\times(1.4-0.5) = 104.2\ \text{kPa}$$

$$f_z > p_z + p_{cz}$$

所以假设取 $z = 1.8$ m 是合理的。

(2) 垫层宽度 B 的确定。

$$B > \bar{b} = b + 2z\tan\theta = 3.478\ \text{m}$$

实际可取 $B = 3.6$ m。

(3) 砂垫层承载力验算。在施工过程中，控制砂垫层的压实系数 $\lambda_c = 0.94 \sim 0.97$，由表可查得 $f_z = 150 \sim 200$ kPa，而基底压力 $p = 100\ \text{kPa} < f_z$，所以砂垫层也满足承载力要求。

(4) 沉降计算(基础中心线)。

$$\begin{aligned} s &= \sum \frac{1}{E_s}\Delta p_i H_i \\ &= \frac{1\times 10^2}{4.8\times 10^3}\left[\frac{34.57+28.32}{2}\times 1.739 + \frac{28.32+19.0}{2}\times 1.739 + \frac{19+10.6}{2}\times 3.478\right] \\ &= 3.1\ \text{cm} \end{aligned}$$

垫层以下土层的应力计算如图 8-4 所示。

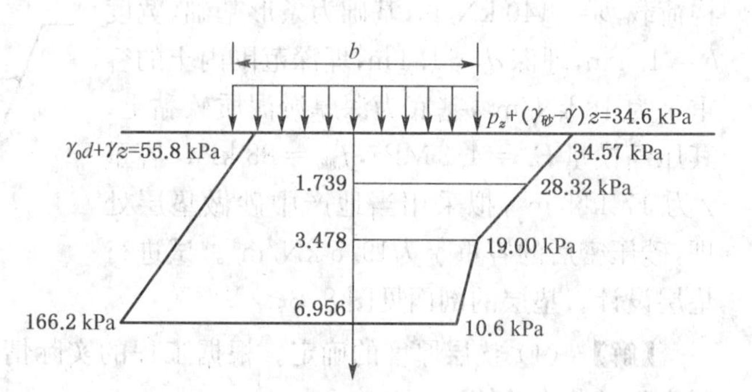

图 8-4 自重应力与附加应力分布图

8.2.2 强夯法

强夯法是 20 世纪 60 年代末、70 年代初首先在法国发展起来的，国外称之为动力固结法，以区别于静力固结法。它一般是将 10～40 t 的重锤以 10～40 m 的落距，对地基土施加强大的冲击能，在地基土中形成冲击波和动应力，使地基土压实和振密，以加固地基土，达到提高强度、降低压缩性、改善砂土的抗液化条件、消除湿陷性黄土的湿陷性的目的。

强夯法经过 40 余年的发展，已广泛应用于一般工业与民用建筑、仓库、油罐、公路、铁路、飞机场跑道及码头的地基处理中，主要适用于加固砂土和碎石土、低饱和度粉土与黏性土、湿陷性黄土、杂填土和素填土等地基。强夯法以其适应性强、效果好、造价低、工期短等优点，成为我国地基处理的一项重要技术。

对于饱和黏性土地基，近年来发展了强夯置换法，即利用夯击能将碎石、矿渣等材料强力挤入地基，在地基中形成碎石墩，并与墩间土形成碎石墩复合地基，提高地基承载力和减

小地基沉降。强夯置换法适用于高饱和度的粉土与软塑-流塑的黏性土等地基上对变形要求不严的工程。强夯置换法在设计前必须通过现场试验确定其适用性和处理效果。

1）加固原理

土的类型不同，其强夯加固机理亦不相同。饱和土的强夯加固机理可以分为三个阶段：

(1) 加载阶段，即夯击的一瞬间，夯锤的冲击使地基土体产生强烈的振动和动应力，在波动的影响带内，动应力和孔隙水压力急剧上升，而动应力往往大于孔隙水压力，有效动应力使土体产生塑性变形，破坏土的结构。对于砂土，迫使土的颗粒重新排列而密实。对于黏性土，土骨架被迫压缩，同时由于土体中的水和土颗粒两种介质引起不同的振动效应，两者的动应力差大于土颗粒的吸附能时，土中部分结合水和毛细水从颗粒间析出，产生动力水聚结，形成排水通道，制造动力排水条件。

(2) 卸载阶段，即夯击动能卸去的一瞬间，动力的总应力瞬息即逝，然而土中孔隙水压力仍然保持较高的水平，此时孔隙水压力大于有效应力，故土体中存在较大的负有效应力，引起砂土液化。在黏性土地基中，当最大孔隙水压力大于最小主应力、静止侧压力及土的抗拉强度之和时，土体开裂，渗透性迅速增大，孔隙水压力迅速下降。

(3) 动力固结阶段，在卸载之后，土体中仍然保持一定的孔隙水压力，土体就在此压力作用下排水固结。在砂土中，孔隙水压力消散甚快，使砂土进一步密实；在黏性土中，孔隙水压力消散较慢，可能要延续 2～4 周。如果有条件排水固结，土颗粒进一步靠近，重新形成新的水膜和结构连接，土的强度逐渐恢复和提高，达到加固地基的目的。

关于非饱和土的强夯机理，可以认为：夯击能量产生的波和动应力的反复作用，迫使土骨架产生塑性变形，由夯击能转化为土骨架的变形能，使土密实，提高土的抗剪强度，降低土的压缩性。

动力置换是利用夯击时产生的冲击力，强行将砂、碎石等挤填到饱和软土层中，置换原饱和软土，形成“桩柱”或密实砂石层。与此同时，未被置换的下卧饱和软土，在动力作用下排水固结，变得更加密实，从而使地基承载力提高，沉降减小。

2）强夯法设计

(1) 有效加固深度

梅纳(Menard)曾提出用下列公式估算有效加固深度：

$$H \approx \sqrt{Mh/10} \tag{8-10}$$

式中：H——有效加固深度(m)；

M——夯锤重(kN)；

h——落距(m)。

由式(8-10)估算的有效加固深度较实测值大，可采用 0.34～0.8 的修正系数进行修正。但对同一类土，采用不同能量夯击时，其修正系数并不相同，因此，对同一类土，采用一个修正系数并不能得到满意的结果。影响有效加固深度的因素有单击夯击能、地基土的性质、不同土层的厚度、埋藏顺序和地下水位等，有效加固深度应根据现场试夯或当地经验确定。在缺少试验资料或经验时，《建筑地基处理技术规范》(JGJ 79—2002)建议了其取值范围，见表 8-9。

表 8-9　强夯法的有效加固深度

单击夯击能(kN·m)	碎石土、砂土等粗颗粒土	粉土、黏性土、湿陷性黄土等细颗粒土
1 000	5.0～6.0	4.0～5.0
2 000	6.0～7.0	5.0～6.0
3 000	7.0～8.0	6.0～7.0
4 000	8.0～9.0	7.0～8.0
5 000	9.0～9.5	8.0～8.5
6 000	9.5～10.0	8.5～9.0
8 000	10.0～10.5	9.0～9.5

注:强夯法的有效加固深度应从最初起夯面算起。

(2) 单击夯击能

在设计中,根据需要加固的深度初步确定采用的夯击能,然后再根据机具条件确定起重设备、夯锤尺寸,以及自动脱钩装置。

起重设备可用履带式起重机、轮胎式起重机,也可采用专门制作的三脚架和轮胎式强夯机。由于 1 000 kN 吊机的卷扬机能力只有 200 kN 左右,所以当锤重超过吊机卷扬机能力时,不能使用单缆锤施工工艺,需要利用滑轮组,并借助脱钩装置来起落夯锤。

夯锤的平面一般有圆形和方形,又分气孔式和封闭式。圆形带有气孔的锤较好,它可克服方形锤由于两次夯击落地不完全重合而造成的能量损失。气孔宜上下贯通,孔径可取 250～300 mm,它可减小起吊夯锤的吸力和夯锤着地的能量损失。锤底面积宜按土的性质确定,对砂性土一般为 3～4 m^2,对黏性土不宜小于 6 m^2。锤底静接地压力可取 25～40 kPa。锤重一般为 10～25 t,最大夯锤已达 40 t,落距为 8～25 m。对相同的夯击能量,常选用大落距方案,这样能获得较大的接地速度,将能量的大部分有效地传到地下深处,增加深层夯实效果,减小消耗在地表土层塑性变形的能量。

自动脱钩装置由工厂定型生产。夯锤挂在脱钩装置上,当起重机将夯锤吊到既定高度时,脱钩装置使锤自由下落进行夯实。

(3) 最佳夯击能

从理论上讲,在最佳夯击能作用下,地基土中出现的孔隙水压力达到土的自重压力,这样的夯击能称为最佳夯击能。在黏性土中,由于孔隙水压力消散缓慢,当夯击能逐渐增大时,孔隙水压力相应地叠加,因此可根据孔隙水压力的叠加来确定最佳夯击能。在砂性土中,孔隙水压力增长及消散过程仅为几分钟,因此孔隙水压力不能随夯击能增加而叠加,可根据最大孔隙水压力增量与夯击次数关系来确定最佳夯击能。

夯点的夯击次数,可按现场试夯得到的夯击次数和夯沉量关系曲线确定,并应同时满足下列条件:①最后两击的平均夯沉量不宜大于下列数值:当单击夯击能小于 4 000 kN·m 时为 50 mm,当单击夯击能为 4 000～6 000 kN·m 时为 100 mm,当单击夯击能大于 6 000 kN·m 时为 200 mm;②夯坑周围地面不应发生过大的隆起;③不因夯坑过深而发生提锤困难。

也可参照夯坑周围土体隆起的情况予以确定,就是当夯坑的竖向压缩量最大而周围土体的隆起最小时的夯击数,为该点的夯击次数。夯坑周围地面隆起量太大,说明夯击效率降低,则夯击次数要适当减少。对于饱和细粒土,击数可根据孔隙水压力的增长和消散来决定；当被加固的土层将发生液化时，此时的击数即为该遍击数，以后各遍击数也可按此确定。

(4) 夯击遍数

夯击遍数应根据地基土的性质确定。一般来说，由粗颗粒土组成的渗透性强的地基，夯击遍数可少些；反之，由细颗粒土组成的渗透性弱的地基，夯击遍数要求多些。根据工程实践经验，一般可采用点夯 2～3 遍，对于渗透性较差的细颗粒土，必要时夯击遍数可适当增加。最后再以低能量满夯 2 遍，满夯可采用轻锤或低落距锤多次夯击，锤印搭接的方式。满夯的夯实效果好，可减小建(构)筑物的沉降和不均匀沉降。

(5) 间歇时间

两遍夯击之间的间隔时间取决于土中超静孔隙水压力的消散时间。但土中超静孔隙水压力的消散速率与土的类别、夯点间距等有关。有条件时最好能在试夯前埋设孔隙水压力传感器，通过试夯确定超静孔隙水压力的消散时间，从而决定两遍夯击之间的间隔时间。当缺少实测资料时，可根据地基土的渗透性确定；对于渗透性较差的黏性土地基，间隔时间不应少于 3～4 周；对于渗透性好的地基，超孔隙水压力消散很快，夯完一遍，第二遍可连续夯击。

(6) 夯击点布置

夯击点布置是否合理与夯实效果有直接的关系。夯击点位置可根据基底平面形状，采用等边三角形、等腰三角形或正方形布置。对于某些基础面积较大的建(构)筑物，为便于施工，可按等边三角形或正方形布置夯点；对于办公楼、住宅建筑等，可根据承重墙位置布置夯点，一般可采用等腰三角形布点，这样保证了横向承重墙以及纵墙和横墙交接处墙基下均有夯击点；对于工业厂房来说，也可按柱网来设置夯击点。

夯击点间距的确定，一般根据地基土的性质和要求处理的深度而定。对于细颗粒土，为便于超静孔隙水压力的消散，夯点间距不宜过小。当要求处理深度较大时，第一遍的夯点间距更不宜过小，以免夯击时在浅层形成密实层而影响夯击能往深层传递。此外，若各夯点之间的距离太小，在夯击时上部土体易向周围已夯成的夯坑中挤出，从而造成坑壁坍塌，夯锤歪斜或倾倒，影响夯实效果。第一遍夯击点间距可取夯锤直径的 2.5～3.5 倍，第二遍夯击点位于第一遍夯击点之间。以后各遍夯击点间距可适当减小。对加固深度较深或单击夯击能较大的工程，第一遍夯击点间距宜适当增大。

图 8-5 表示了两种夯击点的布置及夯击次序。图 8-5(a)中，13 个击点夯一遍分三次完成。第一次夯 5 点，4.2 m×4.2 m 正方形布置；第二次夯 4 点，4.2 m×4.2 m 正方形布置；第三次夯 4 点，3 m×3 m 正方形布置。三次完成后 13 个夯击点为 2.1 m×2.1 m 正方形布置。

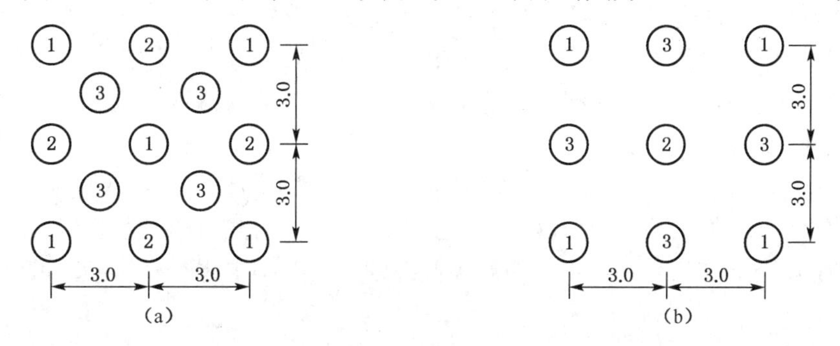

图 8-5　夯击点布置及夯击次序(单位:m)

图 8-5(b) 中,9 个击点夯一遍分三次完成。第一次夯 4 点,6 m×6 m 正方形布置;第二次夯 1 点,在 6 m×6 m 正方形中心;第三次夯 4 点,4.2 m×4.2 m 正方形布置。三次完成后 9 个夯击点为 3 m×3 m 正方形布置。

(7) 处理范围

由于基础的应力扩散作用,强夯处理范围应大于建(构)筑物基础范围,具体放大范围可根据建筑结构类型和重要性等因素考虑确定。对于一般建(构)筑物,每边超出基础外缘的宽度宜为基底下设计处理深度的 1/2 至 2/3,并不宜小于 3 m。

(8) 承载力确定

强夯地基承载力特征值应通过现场载荷试验确定,初步设计时也可根据夯后原位测试和土工试验指标按现行国家标准《建筑地基基础设计规范》(GB 50007—2011)有关规定确定。

3) 强夯法施工

强夯法施工是该法质量控制的重要一环。目前,国外已出现了将设计和施工结合起来随时控制的信息化施工方法。信息化施工的基本过程是:在现场对施工过程的有关内容进行测试,将其结果输入计算机处理,得出加固地基的定量评价,然后反馈回来对原设计进行修正,以后再按新方案进行强夯施工。循环往复,直至达到预定目标。信息化施工可以弥补因设计阶段情况欠明,或设计人员将地基理想简单化所带来与实际情况不符的缺点。信息化施工使工程的安全性、经济性及高效率融为一体,是我国今后强夯法施工的发展方向。

(1) 施工机具及设备

强夯法的主要施工设备包括夯锤、起重机和脱钩装置三部分。

① 夯锤。夯锤的重量与要加固的土层深度和落距有关,如加固深度和落距已定,可按式(8-4)确定夯锤的重量,一般采用 80～400 kN 的锤重。夯锤底面积大小与土的类型有关,一般取3～7 m^2,锤底静压力值可取 25～40 kPa,对于饱和细颗粒土锤底静压力应取较小值,夯锤底面形式以圆形为好,夯击时能量损失较少。锤的底面最好对称设置若干个与其顶面贯通的通气孔(直径 250～300 mm),以减小夯锤下落和提升时空气阻力和吸力,特别是消除夯坑较深尚需继续夯击时的气垫影响。夯锤材质最好用铸钢,如条件所限,亦可用钢板壳内填混凝土。

② 起重设备。国内外起重设备一般都采用稳定性好、移动方便的履带式起重机。国外多采用大吨位的起重机,起重能力达 5 倍锤重,可采用单缆吊锤,夯锤下落时,钢丝绳同夯锤一起下落,夯击效率较高,一般每分钟 1～2 击。法国制成的 186 个轮胎的起重机能起吊 2 000 kN夯锤,落距可达 25 m,用此强夯能取得满意的效果。我国目前一般还只具备小吨位起重机施工条件,起重能力不大,故常采用脱钩装置,只要起重力大于 1.5 倍锤重,就可进行强夯施工,但每夯一击需 2 min～3 min,国内强夯施工所用锤重多为 100 kN,最大 400 kN,最大落距 25 m。

③ 脱钩装置。当锤重超出吊机卷扬机的能力时,就不能使用单缆锤施工工艺,此时只有利用滑轮组并借助脱钩装置来起落夯锤。具体操作时将夯锤挂在脱钩装置上,当起重机将夯锤吊到既定高度时,利用吊机上副卷扬机的钢丝吊起锁卡焊合件,使锤脱落,自由下落强夯地基。

(2) 施工要点

① 平整场地。估计强夯后可能产生的平均地面变形,并以此确定地面高程,然后用推

土机推平。

② 回填垫层。在平整的地基上回填砂垫层和其他垫层，其厚度一般为 1.0～2.0 m，并用推土机推平，来回碾压以利于吊机作业。

③ 放夯击点位置。用石灰或打小木桩的办法放夯击点的位置，其偏差不应大于 50 cm。

④ 吊机就位进行强夯。当第一遍夯完后，用新土或周围的土将夯坑填平，再进行下一遍夯击，直至将计划的夯击遍数夯完为止。最后一遍为满夯(搭夯)，其落距 3～5 m 即可。

⑤ 做好强夯记录，注意观察施工过程。

⑥ 安全措施。当强夯施工时所产生的振动，对邻近建筑物或设备产生有害影响时，应采取防振或隔振措施。为防止强夯时飞石击人，现场工作人员应戴安全帽，夯击时所有人员应退到安全线以外。

(3) 施工质量检验

强夯施工结束后应隔一定时间方能对地基加固质量进行检验。对碎石土和砂土地基，其间隔时间可取 1～2 周；对低饱和度的粉土和黏性土地基可取 3～4 周。

质量检验可采用标准贯入、静加触探等原位测试方法检测加固土的处理效果。检测点的数量应根据场地复杂程度和建筑物的重要性确定。对于简单场地上的一般建筑物，每个建筑物地基的检验点不应少于 3 处；对于复杂场地或重要建筑物地基应增加检验点数。检验深度应不小于设计处理深度。质量检验还可采用现场取土样，做室内土工试验方法进行。对于一般工程应采用两种或两种以上方法进行检验。对于重要工程应增加检验项目，也可做现场大压板载荷试验。质量检验内容还应包括检查强夯施工过程中的各项测试数据和施工记录，凡不符合设计要求时应补夯或采取其他有效措施。

8.2.3 挤密桩加固法

挤密桩加固法系采用类似于沉管灌注桩的机械和方法，通过冲击和振动，在地基中形成土孔，然后填入砂(或石、石灰、灰土等材料)，并予以捣实而成直径较大的桩，使地基土在较大的深度范围内得以挤密加固。因此这种桩起着挤密的作用，又称挤密桩。按挤密时填入的材料不同，又可分为砂桩、碎石桩、石灰桩、灰土桩等。

挤密桩是属于柔性桩加固地基的范畴，它主要靠桩管打入地基时，对土的横向挤密作用，使土粒彼此移动，颗粒之间互相靠紧，空隙减小，土的骨架作用随之增强。所以挤密法加固地基使松软土发生挤密固结，从而使土的压缩性减小，抗剪强度提高。软弱土被挤密后与桩体共同作用组成复合地基，共同传递建筑物的荷载。在黏性土地基设置砂桩后，同时也具有砂井那样的排水固结作用。

1) 土或灰土挤密桩法

土或灰土挤密桩法是通过沉管(锤击、振动)、冲击(长锤、橄榄锤)或爆扩方法成孔，使土侧向挤出挤密桩周土，提高桩间土的密实度和承载力，消除湿陷性。孔中填以素土，分层击实为土桩，填以灰土击实为灰土桩。

土或灰土挤密桩一般用于处理地下水位以上的湿陷性黄土、素填土和杂填土地基，处理深度 5～15 m。当地基土含水量大于 23%及其饱和度大于 0.65 时，不宜选用此类方法。

土挤密桩法宜应用于以消除土的湿陷性病害为主要目的的场合；而灰土挤密桩法则不

仅如此，还可应用于地基承载力加固或地基水稳性提高。在有条件和有经验的地区，也可就近利用工业废料（如粉煤灰、矿渣或其他无公害废渣）夯填桩孔，并可掺入适量石灰或水泥作为胶结料，以提高桩体的强度和水稳定性。

（1）加固机理

土桩、灰土桩挤压成孔时，桩孔位置原有土体被强制侧向挤压，单个桩孔外侧土挤密效果试验表明，孔壁附近土的干密度 ρ_d 最大，沿径向随着与孔壁距离的增加，依次向外，干密度逐渐减小，直至接近土的原始干密度 ρ_0。这一挤密影响区半径一般为(1.5～2.0)d，d 为桩孔的成孔直径。相邻 2 桩或 3 桩成孔挤密后，出于交界面处挤密效果的叠加作用，将使桩间土的干密度 ρ_d 进一步增大。显然这一叠加效果与桩距成反比。

地基土的含水量对挤密效果影响很大，类似于 Proctor 击实原理，当土的含水量接近其最优含水量时，挤密效果最佳。此外，土的原始干密度对挤密影响区半径和挤密效果亦有显著影响，原始干密度较小时，挤密影响区半径就小，挤密效果就差。

土桩挤密地基是由素土夯填的土桩和桩间挤密的土体组合而成。由于土桩与桩间土的物理力学性质无明显差异，在基础均匀荷载作用下，土桩上的应力 σ_p 与桩间土上的应力 σ_s 之比，即桩土应力比 n，一般 $n=\sigma_p/\sigma_s\approx 1.0$。因此，土桩挤密地基与基础接触应力的分布和换填法中土垫层的情况类似。

灰土桩使用的灰土材料，是采用石灰和土按一定的比例(2∶8 或 3∶7)拌和，这种材料在化学性能上具有气硬性和水硬性，并随着龄期增长，土体的固化作用加强。灰土硬化后属于脆性材料，28 d 的无侧限抗压强度 q_u 不低于 500 kPa。灰土桩的变形模量 E_n 随着应力水平的提高而减小，一般 $E_n=40\sim200$ MPa。灰土的水稳性可以用饱和状态下的抗压强度与普通状态下的抗压强度之比，即软化系数来表示。灰土的软化系数一般约为 0.7，表明灰土具有一定的水稳定性，并且灰土在高含水量或水下仍可以硬化和发展强度。此外，对灰土的水稳定性的要求较高时，还可以采用适量外掺剂如 2%～4%的水泥等，可有效地提高灰土的水稳性，以及相应复合地基的变形和强度稳定性。由于灰土桩具有一定的胶凝强度，其变形模量亦显著高于桩间土 10 倍左右。因此，灰土桩除具有与土桩相同的挤密作用外，还有分担荷载、降低土中应力，以及对土的侧向约束等作用。

（2）土或灰土挤密桩设计

① 桩径和桩距。桩可布置成等边三角形，也可布置成正方格形，理想的形式是等边三角形。桩的直径宜采用 300～600 mm，并可根据所选用的成孔设备和成孔方法确定。桩距一般可取桩身直径的 3～5 倍。如原地基的密实度较大，则可取桩距大些；反之可取小些。根据工程经验，可参考表 8-10 选择桩距。

表 8-10　桩距选择

原土干密度(t/m³)	桩中心距
≤1.5	$3d$
1.5～1.55	$4d$
>1.55	$5d$

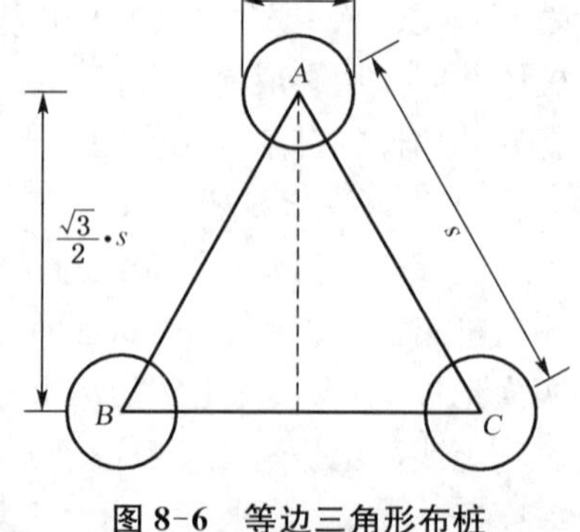

图 8-6　等边三角形布桩

桩距还可用公式计算。如图 8-6 所示，取桩延深 1 m 计算，挤密前土质量为 m_0，为三角形 ABC 面积乘以天然密度平均值 $\bar{\rho}_d$，即：

$$m_0 = \frac{1}{2} \cdot \frac{\sqrt{3}}{2} \cdot s \cdot \bar{\rho}_d = \frac{\sqrt{3}}{4} \cdot \bar{\rho}_d \cdot s^2$$

挤密后，由于半个桩体积挤入三角形 ABC 内，且密度为设计要求密度 $\bar{\lambda}_c \cdot \rho_{dmax}$，故挤密后土质量 m_1 应为：

$$m_1 = \left(\frac{\sqrt{3}}{4} \cdot s^2 - \frac{1}{2} \cdot \frac{\pi d^2}{4}\right)\bar{\lambda}_c \rho_{dmax}$$

因 $m_0 = m_1$，即

$$\frac{\sqrt{3}}{4} \cdot \bar{\rho}_d \cdot s^2 = \left(\frac{\sqrt{3}}{4} s^2 - \frac{1}{8} \cdot \pi d^2\right)\bar{\lambda}_c \rho_{dmax}$$

故

$$s = 0.95\sqrt{\frac{\bar{\lambda}_c \rho_{dmax}}{\bar{\lambda}_c \rho_{dmax} - \bar{\rho}_d}} \cdot d \tag{8-11}$$

式中：s——桩的间距(m)；

d——桩直径(m)；

ρ_{dmax}——桩间土的最大干密度(t/m^3)；

$\bar{\rho}_d$——地基土挤密前的平均干密度(t/m^3)；

$\bar{\lambda}_c$——地基土挤密后，桩间土平均压实系数，宜取 0.93。

当采用灰土桩处理填土地基时，鉴于其干密度变异性较大，不宜按(8-11)确定桩间距 s。为此，可根据挤密前的地基土承载力标准值 f_{sk} 和挤密后复合地基要求达到的承载力标准值 f_{spk}，按下式计算：

$$s = 0.95d\sqrt{\frac{f_{pk} - f_{sk}}{f_{spk} - f_{sk}}} \tag{8-12}$$

式中：f_{pk}——灰土桩的承载力标准值，宜取 $f_{pk} = 500$ kPa。

② 桩布置的范围。局部处理时，对非自湿陷性黄土、素填土、杂填土等地基，每边超出基础的宽度不应小于 0.25b(b 为基础短边宽度)，并不应小于 0.5 m，对自重湿陷性黄土地基不应小于 0.75b，并不小于 1 m。

整片处理宜用于Ⅲ、Ⅳ级自重湿陷性黄土，每边超过建筑物外墙基础外缘的宽度不宜小于处理层厚度的 1/2，并不应小于 2 m。

③ 桩孔内填料。填料应按压实系数控制压夯实质量。当用素土填时，压实系数 λ_c 不应小于 0.97，灰与土体积比宜为 2∶8 或 3∶7。

④ 地基承载力与变形计算。土或灰土挤密桩处理地基的承载力标准值，应通过原位测试或结合当地经验确定。当无试验资料时，对土挤密桩地基，不应大于处理前的 1.4 倍，并不应大于 180 kPa；对灰土挤密桩地基，不应大于处理前的 2 倍，并不应大于 250 kPa。

土或灰土挤密桩处理地基的变形计算应按《建筑地基基础设计规范》(GBJ 7—89)的有关规定执行。其中复合土层的压缩模量应通过试验或结合当地经验确定。

(3) 施工

① 成孔施工时地基土宜接近土的最优含水量，当含水量低于 12%时，宜加水冲湿至最优含水量。

② 向孔内填料前，孔底必须夯实，然后用素土或灰土在最优含水量下分层回填夯实。

③ 施工时，基础底面以上应预留 0.7～1.0 m 的土层，待施工结束后，将其挖除或分层压实。

(4) 质量检验

主要检验桩和桩间土的干密度、承载力和施工记录。对重要或大型工程，尚应进行载荷试验或其他原位测试。

2) *砂石桩法*

砂石桩法通过沉管(锤击、振动)挤密桩间土，沉管下端为可开口的活瓣桩尖或预制桩尖，通过桩管灌入砂石，边拔管边振动(或锤击)形成砂石桩以形成复合地基。

砂石桩适用于处理松散砂土、素填土和杂填土等地基。对在饱和黏性土地基上不以变形为主要控制条件的工程也可采用砂石桩置换处理。

(1) 工作机理

提高地基土密实度是砂石桩最传统、最基本也是最重要的功能之一。这一功能主要来源于砂石桩的挤密作用和振密作用。砂石桩的挤密作用与土桩、灰土桩的工作机理相同。而振密作用则主要来源于沉管的垂直振动和激振力，很显然挤密作用和振密作用对松散砂土或粉土的效果十分明显，这是因为这类土的结构特征属单粒结构，松散而孔隙比大，粒间连接弱，且不稳定。但对于黏性土尤其是饱和黏性土则作用不大，甚至相反，振密作用的激振力会导致黏土孔隙水压力积聚而加剧对地基原有结构的破坏。

近年来，砂石桩法开始在黏性土加固处理中得到应用，主要基于两个作用：一是砂石桩在软弱黏性土中的置换作用，使得基础下接触应力向砂石桩柱体集中，从而有效地降低了土中的应力水平，同时置换也使得复合地基的整体强度提高，压缩性降低；二是砂石桩柱体的存在提高了复合地基的排水性能，结合排水预压法使得砂石桩法的应用得到扩展。

(2) 设计计算

碎石桩和砂桩的设计计算包括桩体材料的选择，桩体直径的大小，布桩形式、桩距、桩长的选择，碎石桩和砂桩复合地基稳定性验算及地基沉降的计算。

① 加固范围。砂石桩挤密地基的宽度应超出基础的宽度，每边放宽不应少于 1～3 排。砂石桩用于防止砂层液化时，每边放宽不宜小于处理深度的 1/2，并不应小于 5 m。当可液化土层上覆盖有厚度大于 3 m 的非液化层时，每边放宽不宜小于液化土层厚度的 1/2，并不应小于 3 m。

② 桩位布置。对大面积满堂处理，桩位宜用等边三角形布置，对独立或条形基础，桩位宜用正方形、矩形或等腰三角形布置。对于圆形或环形基础(如油罐基础)宜用放射形布置，如图 8-7。

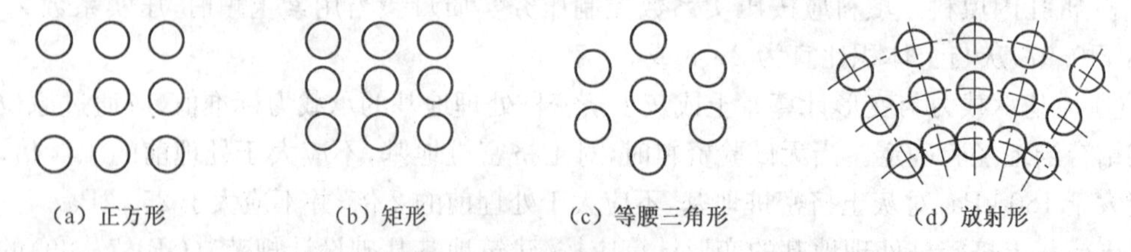

图 8-7　桩位布置

③ 加固深度。加固深度应根据软弱土层的性能、厚度或工程要求按下列原则确定：A. 当相对硬层的埋藏深度不大时，应按相对硬层埋藏深度确定；B. 当相对硬层的埋藏深度较大时，对按变形控制的工程，加固深度应满足碎石桩或砂桩复合地基变形不超过建筑物地基容许变形值的要求；C. 对按稳定性控制的工程，加固深度应不小于最危险滑动面的深度；D. 在可液化地基中，加固深度应按要求的抗震处理深度确定；E. 桩长不宜短于 4 m。

④ 桩径。碎石桩和砂桩的直径应根据地基土质情况和成桩设备等因素确定。采用 30 kW 振冲器成桩时，碎石桩的桩径一般为 0.7～1.0 m，采用沉管法成桩时，碎石和砂桩的桩径一般为 0.3～0.7 m，对饱和黏性土地基宜选用较大的直径。

⑤ 砂石桩间距。砂石桩的间距应通过现场试验确定，但不宜大于桩径的 4 倍。在有经验的地区，砂石桩间距也可按如下公式计算。

A. 松散砂土地基

等边三角形布置时
$$s = 0.95d\sqrt{\frac{1+e_0}{e_0-e_1}} \tag{8-13}$$

正方形布置时
$$s = 0.90d\sqrt{\frac{1+e_0}{e_0-e_1}} \tag{8-14}$$

$$e_1 = e_{max} - D_r(e_{max} - e_{min})$$

式中：s——砂石桩间距（m）；

d——砂石桩直径（m）；

e_0——地基处理前砂土的孔隙比，可按原状土样试验确定，也可通过动力或静力触探等对比试验确定；

e_{max}、e_{min}——砂土最大和最小孔隙比，可按《土工试验方法标准》（GB/T 50123—1999）的有关规定确定；

e_1——要求达到的孔隙比；

D_r——地基挤密后要求砂土达到的相对密实度，可取 0.70～0.85。

B. 黏性土地基

等边三角形布置时
$$s = 1.08\sqrt{A_c} \tag{8-15}$$

正方形布置时
$$s = \sqrt{A_c} \tag{8-16}$$

其中
$$A_c = \frac{A_p}{m}, \quad m = \frac{d^2}{d_e^2}$$

以上式中：A_c——1 根砂石桩承担的处理面积（m^2）；

A_p——砂石桩的截面积（m^2）；

m——面积置换率；

d——桩的直径（m）；

d_e——等效影响圆的直径（m）；等边三角形布置，$d_e = 1.05s$；正方形布置，$d_e = 1.13s$。

⑥ 砂石桩复合地基的承载力。复合地基的承载力由桩体承载力和桩间土承载力组成，应通过复合地基的现场载荷试验确定，由于地基承载力相当于容许的基底压力，所以，当具有单桩和桩间土的载荷试验得出的承载力标准值时，可按下式计算：

$$f_{spk} = mf_{pk} + (1-m)f_{sk} \tag{8-17}$$

式中：f_{spk}——复合地基承载力标准值；

f_{pk}——单桩单位截面积承载力标准值；

f_{sk}——桩间土的承载力标准值。

对于小型工程的黏性土地基，如无现场载荷试验资料，复合地基的承载力标准值可按下式计算：

$$f_{spk} = [1 + m(n-1)]f_{sk} \tag{8-18}$$

$$n = \frac{\sigma_p}{\sigma_s} = \frac{E_p}{E_s} \tag{8-19}$$

式中：n——桩土应力比；

σ_p、σ_s——桩和桩间土的竖向应力；

E_p、E_s——分别为桩身和桩间土的压缩模量。

⑦ 砂石桩的填料量。桩孔内的填料宜用砾砂、粗砂、中砂、圆砾、卵石、碎石等。填料中含泥量不得大于5%，并不宜含有大于50 mm的颗粒。

砂石桩的填料量是控制砂石桩质量的重要指标。砂石桩孔内的填砂石量可按下式计算：

$$S = \frac{A_p l d_s}{1 + e_1}(1 + 0.01w) \tag{8-20}$$

式中：S——填砂石量（以重量计）；

A_p——砂石桩的截面积；

l——桩长；

d_s——砂石桩砂石料的相对密度（比重）；

w——砂石料含水量。

【例 8-2】 某场地为细砂地基，天然孔隙比 $e_0 = 0.96$，$e_{max} = 1.14$，$e_{min} = 0.60$，承载力的标准值为 100 kN/m^2。由于不能满足上部结构荷载要求，决定采用碎石桩加密地基，桩长 7.5 m，直径 $d = 500$ mm，等边三角形布置，地基挤密后要求砂土的相对密度达到 0.80。试确定桩的间距和复合地基的承载力。

【解】 (1) 求桩距

$$e_1 = e_{max} - D_r(e_{max} - e_{min}) = 1.14 - 0.80(1.14 - 0.60) = 0.276$$

由式 $s = 0.95d\sqrt{\dfrac{1+e_0}{e_0 - e_1}}$，得：

$$s = 0.95 \times 0.50 \times \sqrt{\frac{1 + 0.96}{0.96 - 0.276}} = 0.80\ \text{m}$$

取 $s = 1$ m。

(2) 求复合地基承载力

$$d_e = 1.05s = 1.05 \times 1 = 1.05\ \text{m}$$

$$m=\frac{d^2}{d_e^2}=\frac{0.50^2}{1.05^2}=0.227$$

因无试验资料，故采用公式计算：

$$\begin{aligned}f_{spk}&=[1+m(n-1)]f_{pk}=[1+0.227(3-1)]\times 100(\text{取 } n=3)\\&=145.4\text{ kPa}\end{aligned}$$

8.2.4 排水固结法

排水固结法(预压法)是在建筑物建造前，对天然地基或对已设各种排水体(如砂井和排水垫层等)的地基施加预压荷载(如堆载、真空预压或联合预压)，使土体固结沉降基本完成或完成大部分，从而提高地基土强度的一种地基处理方法。根据所施加的预压荷载不同，排水固结法可分为堆载预压法、真空预压法和联合预压法。

1) 加固原理

饱和软黏土地基在荷载作用下，孔隙中的水被慢慢排出，孔隙体积慢慢地减小，地基发生固结变形。同时，随着超静水压力消散，有效应力逐渐提高，地基土的强度逐渐增长。现以图8-8为例加以说明。当土样的天然固结压力为σ_0'时，其孔隙比为e_0，在$e-\sigma_c'$曲线上其相应的点为A点；当压力增加$\Delta\sigma'$，固结终了时，变为C点，孔隙比减小Δe，曲线ABC称为压缩曲线。与此同时，抗剪强度与固结压力成比例地由A点提高到C点。所以，土体在受固结压力时，一方面孔隙比减小产生压缩，另一方面抗剪强度也得到提高。如从C点卸除压力$\Delta\sigma'$，则土样发生回弹，图中CEF($e-\sigma_c'$曲线)为回弹曲线，如从F点再加压$\Delta\sigma'$，土样发生再压缩，沿虚线变化到C'，其相应的强度包络线如图8-8所示。从再压缩曲线FGC($e-\sigma_c'$曲线)可清楚地看出，固结压力同样从σ_0'增加$\Delta\sigma'$，而孔隙比减小值为$\Delta e'$，$\Delta e'$比Δe小得多。这说明，如果在建筑物场地先加一个和上部建筑物相同的压力进行预压，使土层固结(相当于压缩曲线上从A点变化到C点)，然后卸除荷载(相当于在回弹曲线上由C点变化到F点)，再建造建筑物(相当于在压缩曲线上从F点变化到C'点)，这样，建筑物所引起的沉降即可大大减小。如果预压荷载大于建筑物荷载，即所谓超载预压，则效果更好。因为经过超载预压，当土层的固结压力大于使用荷载下的固结压力时，原来的正常固结黏土层将处于超固结状态，从而使土层在使用荷载作用下的变形大为减小。

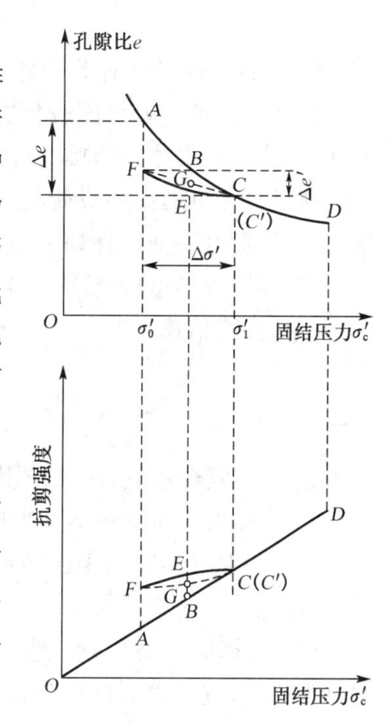

图 8-8 排水固结法增大地基土密度的原理

土层的排水固结效果与它的排水边界条件有关。如图8-9(a)所示的排水边界条件，即土层厚度相对荷载宽度来说比较小，这时土层中的孔隙水向上下面透水层排出而使土层发生固结，称为竖向排水固结。根据固结理论，黏性土固结所需的时间与排水距离的平方成正比，土层越厚，固结延续的时间越长。为了加速土层的固结，最有效的方法是增加土层的排水途径，缩短排水距离。砂井、塑料排水板等竖向排水体就是为此目的而设置的，如图8-9(b)所示。这时土层中的孔隙水主要从水平向通过砂井从竖向排出。砂井缩短了排水距离，因而大大加速了地基的固结速率(或沉降速率)，这一点无论从理论上还是从工程实践上都得到了证实。

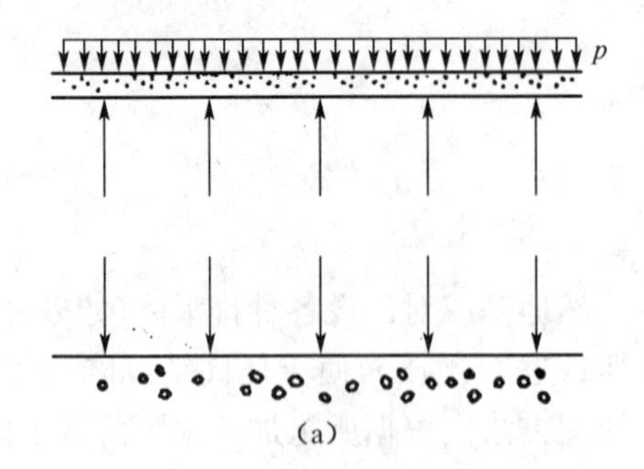

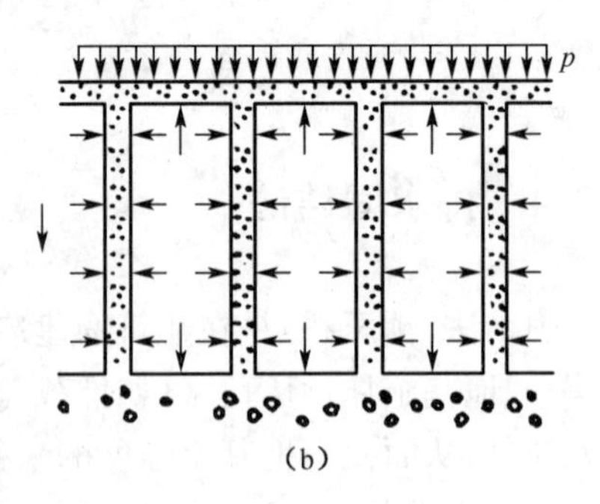

图8-9　排水法的原理

2) 堆载预压设计计算步骤

软黏土地基抗剪强度较低，无论是直接建造建(构)筑物还是进行堆载预压(Preloading)往往都不可能快速加载，而必须分级逐渐加荷，待前期荷载下地基强度增加到足以加下一级荷载时才可加下一级荷载。具体计算步骤是首先用简便的方法确定一个初步的加荷计划，然后校核这一加荷计划下地基的稳定性和沉降。

(1) 利用地基的天然地基土抗剪强度计算第一级容许施加的荷载 p_1，对饱和软黏土可采用下列公式估算：

$$p_1 = \frac{5.14c_u}{K} + \gamma D \tag{8-21}$$

式中：K——安全系数，建议采用1.1～1.5；

c_u——天然地基的不排水抗剪强度(kPa)；

γ——基底标高以上土的重度(kN/m^3)

D——基础埋深(m)。

(2) 计算第一级荷载下地基强度增长值。在 p_1 荷载作用下，经过一段时间预压，地基强度会提高，提高以后的地基强度为 c_{u1}：

$$c_{u1} = \eta(c_u + \Delta c'_u) \tag{8-22}$$

式中：η——考虑剪切蠕动及其他因素的强度折减系数；

$\Delta c'_u$——p_1 作用下地基因固结而增长的强度。

(3) 计算 p_1 作用下达到所确定固结度所需要的时间。目的在于确定第一级荷载停歇的时间，亦即第二级荷载开始施加的时间。

(4) 根据第(2)步所得到的地基强度 c_{u1} 计算第二级所能施加的荷载 p_2。p_2 可近似地按下式估算：

$$p_2 = \frac{5.52c_{u1}}{K} \tag{8-23}$$

求出在 p_2 作用下地基固结度达 70%时的强度以及所需要的时间，然后计算第三级所能施加的荷载，依次可计算出以后的各级荷载和停歇时间。

(5) 按以上步骤确定的加荷计划进行每一级荷载下地基的稳定性验算。如稳定性不满足要求，则调整加荷计划。

(6) 计算预压荷载下地基的最终沉降量和预压期间的沉降量。这一项计算的目的在于确定预压荷载卸除的时间。这时地基在预压荷载下所完成的沉降量已达到设计要求，所残余的沉降量是建(构)筑物所允许的。

3) 超载预压

对沉降有严格限制的建(构)筑物，应采用超载预压法处理地基。经超载预压后，如受压土层各点的有效竖向应力大于建(构)筑物荷载引起的相应点的附加总应力，则今后在建(构)筑物荷载作用下地基土将不会再发生主固结变形，而且将减小次固结变形，并推迟次固结变形的发生。

超载预压可缩短预压时间，如图 8-10 所示，在预压过程中，任一时间地基的沉降量可表示为：

$$s_t = s_d + \overline{U}_t s_c + s_s \tag{8-24}$$

式中：s_t——时间 t 时地基的沉降量(mm)；

s_d——由于剪切变形而引起的瞬时沉降(mm)；

$\overline{U}_t$——t 时刻地基的平均固结度；

s_c——最终固结沉降(mm)；

s_s——次固结沉降(mm)。

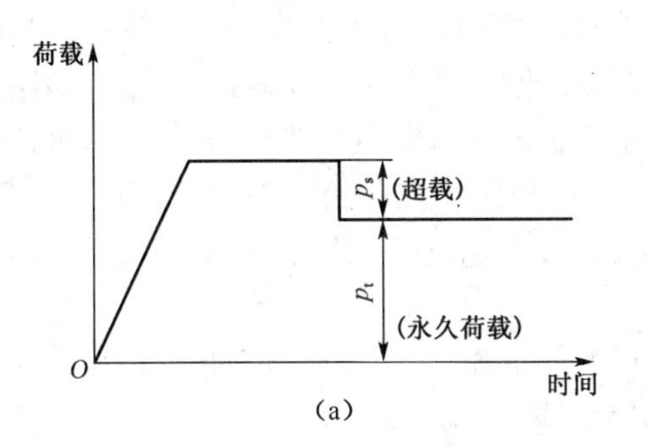

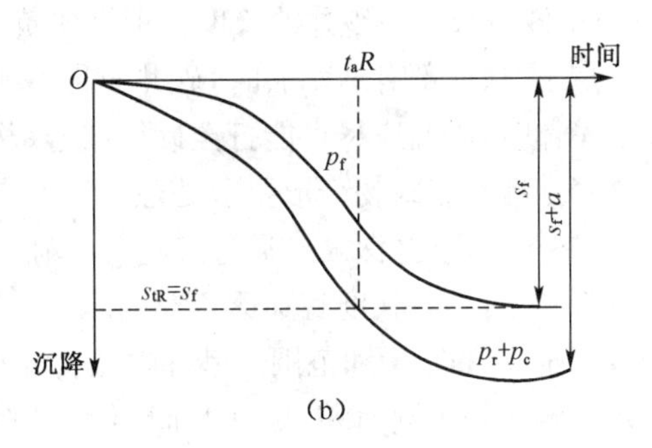

图 8-10 超载预压消除主固结沉降

上式可用于：① 确定所需的超载压力值 p_s，以保证使用(或永久)荷载 p_t 作用下预期的总沉降量在给定的时间内完成；② 确定在给定超载下达到预定沉降量所需要的时间。

在永久填土或建(构)筑物荷载 p_t 作用下，地基的固结沉降采用通常的方法计算。

为了消除超载卸除后继续发生的主固结沉降，超载应维持到使土层中间部位的固结度 $U_{z(t+s)}$ 达到下式要求：

$$U_{z(t+s)} = \frac{p_t}{p_t + p_s} \tag{8-25}$$

该方法要求将超载保持到在 p_t 作用下所有的点都完全固结为止，这时土层的大部分将处于超固结状态。因此，这是一个安全度较大的方法，它所预估的 p_s 值或超载时间都大于实际所需的值。

对于有机质黏土、泥炭土等，次固结沉降在总沉降中占有相当的比例，采用超载预压法对减小永久荷载下的次固结沉降有一定的效果，计算原则是把 p_t 作用下的总沉降看做主固结沉降和次固结沉降之和。

4）砂井排水固结的设计计算

常用的竖向排水体有普通砂井、袋装砂井和塑料排水板，三者的作用机理相同，均可采用普通砂井的设计方法。

（1）砂井设计

砂井设计内容包括砂井的直径、间距、长度、布置方式和范围等。

① 砂井的直径和间距。砂井的直径和间距应根据地基土的固结特性和预定时间内所要求达到的固结度确定。砂井的直径不宜过大或过小，过大不经济，过小施工易造成灌砂率不足、缩颈或砂井不连续等质量问题。常用的普通砂井直径可取 300～500 mm，袋装砂井直径可取 70～120 mm。塑料排水板已标准化，一般相当于直径 60～70 mm。砂井的间距可按井径比选用，井径比（n）按下式确定：

$$n = d_e / d_w \tag{8-26}$$

式中：d_e——砂井有效排水范围等效圆直径（mm）；

d_w——砂井直径（mm）。

普通砂井的间距可按 $n = 6 \sim 8$ 选用，塑料排水板和袋装砂井的间距可按 $n = 15 \sim 22$ 选用。

② 砂井长度。砂井的长度应根据建筑物对地基的稳定性、变形要求和工期确定。当压缩土层不厚、底部有透水层时，砂井应尽可能贯穿压缩土层；当压缩土层较厚，且间有砂层或砂透镜体时，砂井应尽可能打至砂层或透镜体；当压缩土层很厚，其中又无透水层时，可按地基的稳定性及建筑物变形要求处理的深度来决定。按稳定性控制的工程，如路堤、土坝、岸坡、堆料场等，砂井深度应通过稳定分析确定，砂井长度应超过最危险滑弧面的深度 2.0 m。从沉降考虑，砂井长度宜穿透主要的压缩土层。

③ 砂井的布置和范围。砂井常按梅花形和正方形布置（如图 8-11）。假设每个砂井的有效影响面积为圆面积，如砂井间距为 l，则等效圆（有效排水范围）的直径 d_e 与 l 的关系为：梅花形时，$d_e = 1.05l$；正方形时，$d_e = 1.13l$。由于梅花形排列较正方形紧凑和有效，因

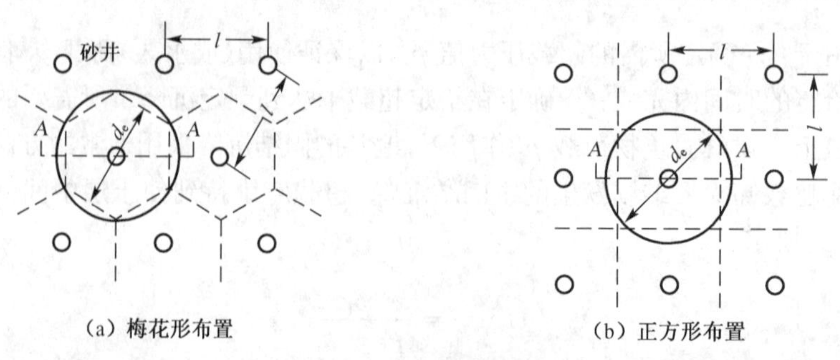

图 8-11　砂井平面布置图

此应用较多。砂井的布置范围应稍大于建筑物基础范围，扩大的范围可由基础轮廓线向外增大 2～4 m。

④ 砂垫层。在砂井顶面应铺设排水砂垫层，以连通各个砂井形成通畅的排水面，将水排到场地以外。砂垫层厚度不应小于 0.5 m；水下施工时，砂垫层厚度一般为 1.0 m 左右。为节省砂料，也可采用连通砂井的纵横砂沟代替整片砂垫层，砂沟的高度一般为 0.5～1.0 m，砂沟宽度取砂井直径的 2 倍。

（2）地基固结度计算

① 竖向平均固结度 U_z 可按下式计算：

$$U_z = 1 - \frac{8}{\pi^2}\exp\left(\frac{-\pi^2}{4}T_v\right) \tag{8-27}$$

如果考虑逐级加荷，则时间 t 从加荷历时的一半起算，如为双面排水，H 取土层厚度的一半。

② 根据 Barron 的解法计算径向平均固结度 U_r：

$$U_r = 1 - \exp\left(-\frac{8}{F}T_H\right) \tag{8-28}$$

式中：T_H——水平向固结时间因素，$T_H = \dfrac{C_H t}{d_e^2}$；

C_H——水平固结系数（cm^2/s），$C_H = \dfrac{K_H(1+e)}{\gamma_w a}$；

K_H——水平渗透系数（cm/s）；

F——与 n 有关的系数，$F = \dfrac{n^2}{n^2-1}\ln(n) - \dfrac{3n^2-1}{4n^2}$；

n——井径比，$n = d_e/d_w$，一般取 n 为 4～12。

③ 砂井的平均固结度为：

$$U_{rz} = 1 - (1-U_r)(1-U_z) \tag{8-29}$$

【例 8-3】 某工程建在饱和软黏土地基上，砂井长 $H = 12$ m，间距 $l = 1.5$ m，梅花形布置，$d_w = 30$ cm，$C_v = C_H = 1.0\times10^{-3}$ cm^2/s，求一次加荷 3 个月时砂井地基的平均固结度。

【解】（1）竖向固结度

$$T_v = \frac{C_v t}{H^2} = \frac{1.0\times10^{-3}\times90\times86\,400}{(12\times100)^2} = 5.4\times10^{-3}$$

$$U_z = 1 - \frac{8}{\pi^2}\exp\left(-\frac{\pi^2}{4}T_v\right) = 1 - \frac{8}{\pi^2}\exp\left(-\frac{\pi^2}{4}\times5.4\times10^{-3}\right)$$

$$= 1 - \frac{8}{\pi^2}\times0.987 = 20\%$$

（2）水平向平均固结度

$$d_e = 1.05l = 1.05\times150 = 157.5 \text{ cm}$$

$$n = \frac{d_e}{d_w} = \frac{157.5}{30} = 5.25$$

$$F = \frac{n^2}{n^2-1}\ln(n) - \frac{3n^2-1}{4n^2}$$

$$= \frac{5.25^2}{5.25^2-1}\ln(5.25) - \frac{3\times 5.25^2-1}{4\times 5.25^2} = 0.979$$

$$T_{\rm H} = \frac{C_{\rm H}t}{d_{\rm e}^2} = \frac{1.0\times 10^{-3}\times 90\times 86\,400}{157.5^2} = 0.313$$

$$U_{\rm r} = 1-\exp\left(-\frac{8}{F}T_{\rm H}\right) = 1-\exp\left(-\frac{8}{0.979}\times 0.313\right)$$

$$= 1-0.077\,5 = 92.25\%$$

地基的平均固结度

$$U_{\rm rz} = 1-(1-U_{\rm r})(1-U_z) = 1-(1-0.922\,5)(1-0.2) = 93.8\%$$

(3) 沉降计算

地基土的总沉降一般包括瞬时沉降、固结沉降和次固结沉降三部分。瞬时沉降是在荷载作用下由土的畸变所引起,并在荷载作用下立即发生的。固结沉降是由孔隙水的排出而引起土体积减小所造成的,占总沉降的主要部分。次固结沉降则是由于超静水压力消散后,在恒值有效应力作用下土骨架的徐变所致。

次固结大小和土的性质有关。泥炭土、有机质土或高塑性黏土的次固结沉降在总沉降中占很可观的部分,而其他土所占比例则不大。在建(构)筑物使用年限内,次固结沉降经判断可以忽略的话,则最终总沉降量可认为是瞬时沉降量与固结沉降量之和。软黏土的瞬时沉降 $s_{\rm d}$ 一般按弹性理论公式计算。固结沉降 $s_{\rm c}$ 目前工程上通常采用单向压缩分层总和法计算,这只有当荷载面积的宽度或直径大于可压缩土层或当可压缩土层位于两层较坚硬的土层之间时,单向压缩才可能发生,否则应对沉降计算值进行修正以考虑三向压缩的效应。

① 单向压缩固结沉降 $s_{\rm c}$ 的计算

应用一般单向压缩分层总和法将地基分成若干薄层,其中第 i 层土的压缩量为:

$$\Delta s_i = \frac{e_{0i}-e_{1i}}{1+e_{0i}}h_i \tag{8-30}$$

总压缩量为:

$$s_{\rm c} = \sum_{i=1}^{n}\Delta s_i \tag{8-31}$$

式中:e_{0i}——第 i 层土中点之土自重应力所对应的孔隙比;

e_{1i}——第 i 层土中点之土自重应力和附加应力之和所对应的孔隙比;

h_i——第 i 层土厚度。

e_{0i} 和 e_{1i} 从室内固结试验所得的 $e-\sigma_{\rm c}'$ 曲线上查得。

② 瞬时沉降 $s_{\rm d}$ 的计算

软黏土地基由于侧向变形而引起的瞬时沉降占总沉降相当可观的部分,特别是在荷载比较大,加荷速率比较快的情况下,因为这时地基中产生了局部塑性区。

$s_{\rm d}$ 这一部分沉降量,目前系采用弹性理论公式计算,当黏土地基厚度较大,作用于其上的圆形或矩形面积上的压力为均布时，s_d 可按照下式计算：

$$s_d = C_d pb\left(\frac{1-\mu^2}{E}\right) \tag{8-32}$$

式中：p——均布荷载；

b——荷载面积的直径或宽度；

C_d——考虑荷载面积形状和沉降计算点位置的系数(见表 8-11)；

E、μ——土的弹性模量和泊松比。

表 8-11　半无限弹性表面各种均布荷载面积上各点的 C_d 值

形　状		中心点	角点或边点	短边中心	长边中心	平均
圆形		1.00	0.64	0.64	0.64	0.35
圆形(刚性)		0.79	0.79	0.79	0.79	0.79
方形		1.12	0.56	0.76	0.76	0.95
方形(刚性)		0.99	0.99	0.99	0.99	0.99
矩形长宽比	1.5	1.36	0.67	0.89	0.97	1.15
	2	1.52	0.76	0.98	1.12	1.30
	3	1.78	0.88	1.11	1.35	1.52
	5	2.10	1.05	1.27	1.68	1.83
	10	2.53	1.26	1.49	2.12	2.25
	100	4.00	2.00	2.20	3.60	3.70
	1 000	5.37	2.57	2.94	5.03	5.15
	10 000	6.90	3.50	3.70	6.50	6.60

5）真空预压设计计算

真空预压法是先在需加固的软土地基表面铺设一层透水砂垫层或砂砾层，再在其上覆盖一层不透气的塑料薄膜或橡胶布，四周密封好，与大气隔绝，在砂垫层内埋设渗水管道，然后与真空泵连通进行抽气，使透水材料保持较高的真空度，在土的孔隙水中产生负的孔隙水压力，使土中孔隙水和空气逐渐吸出，从而使土体固结。

真空预压法适用于饱和均质黏性土及含薄层砂夹层的黏性土，特别适用于新吹填土、超软地基的加固，但不适用于在加固范围内有足够水源补给的透水土层，以及无法堆载的倾斜地面和施工场地狭窄等场合。

真空预压在抽气后薄膜内气压逐渐下降，薄膜内外形成一个压力差(称为真空度)，由于土体与砂垫层和塑料排水板间的压差，从而发生渗流，使孔隙水沿着砂井或塑料排水板上升而流入砂垫层内，被排出塑料薄膜外；地下水在上升的同时，形成塑料板附近的真空负压，使土体内的孔隙水压形成压差，促使土中的孔隙水压力不断下降，地基有效应力不断增加，从而使土体固结，直至加固区土体与排水体中压差趋向于零，此时渗流停止，土体固结完成。所以真空预压过程是在总应力不变的条件下，孔隙水压力降低、有效应力增加的过程，实质为利用大气压差作为预压荷载，使土体逐渐排水固结的过程。

真空预压法加固软土地基同堆载预压法一样，完全符合有效应力原理，只不过是负压边界条件的固结过程。因此，只要边界条件与初始条件符合实际，各种固结理论（如太沙基理论、比奥理论等）和计算方法都可求解。

工程经验和室内试验表明，土体除在正、负压作用下侧向变形方向不同外，其他固结特性无明显差异。真空预压加固中，竖向排水体间距、排列方式、深度的确定、土体固结时间的计算，一般可采用与堆载预压基本相同的方法进行。

真空预压的设计内容主要包括密封膜内的真空度、加固土层要求达到的平均固结度、竖向排水体的尺寸、加固后的沉降和工艺设计等。

(1) 膜内真空度

真空预压效果与密封膜内所能达到的真空度大小关系极大。根据国内一些工程的经验，当采用合理的工艺和设备，膜内真空度一般可维持 600 mm Hg 左右，相当于 80 kPa 的真空压力，此值可作为最低膜内设计真空度。

(2) 加固区内要求达到的平均固结度

一般可采用 80%的固结度，如工期许可，也可采用更大一些的固结度作为设计要求达到的固结度。

(3) 竖向排水体

一般采用袋装砂井或塑料排水带。真空预压处理地基时，必须设置竖向排水体。因为砂井（袋装砂井或塑料排水带）能将真空度从砂垫层中传至土体，并将土体中的水抽至砂垫层然后排出。若不设置砂井，就起不到上述作用，也达不到加固的目的。竖向排水体的规格、排列方式、间距和深度的确定与砂井排水固结设计相同。

抽真空的时间与土质条件和竖向排水体的间距密切相关。达到相同的固结度，竖向排水体的间距越小，则所需的时间越短（见表 8-12）。

表 8-12　袋装砂井间距与所需时间关系表

袋装砂井间距(m)	固结度(%)	所需时间(d)	袋装砂井间距(m)	固结度(%)	所需时间(d)	袋装砂井间距(m)	固结度(%)	所需时间(d)
1.3	80	40～50	1.5	80	60～70	1.8	80	90～105
	90	60～70		90	85～100		90	120～130

(4) 沉降计算

先计算加固前在建筑物荷载下天然地基的沉降量，然后计算真空预压期间所完成的沉降量，两者之差即为预压后在建筑物使用荷载作用下可能发生的沉降。预压期间的沉降可根据设计要求达到的固结度推算加固区所增加的平均有效应力，从 $e-\sigma_c'$ 曲线上查出相应的孔隙比进行计算。

对于承载力要求高，沉降限制严的建筑，可采用真空-堆载联合预压法。工程实践表明，真空预压和堆载预压的效果是可叠加的，但真空和堆载必须同时作用。

真空预压的面积不得小于基础外缘所包围的面积，一般真空的边缘应比建筑基础外缘超出不小于 3 m；另外，每块预压的面积应尽可能大，根据加固要求彼此间可搭接或有一定间距。加固面积越大，加固面积与周边长度之比也越大，气密性就越好，真空度就越高（见表 8-13）。

真空预压的关键在于要有良好的气密性，使预压区与大气层隔绝。当在加固区发现有透气层和透水层时，一般可在塑料薄膜周边采用另加水泥土搅拌桩的壁式密封措施。

真空预压法一般能取得相当于 78～92 kPa 的等效荷载堆载预压法的效果。

表 8-13 真空度与加固面积关系表

加固面积 $F(m^2)$	周边长度 $S(m)$	F/S	真空度 (mm Hg)/kPa	加固面积 $F(m^2)$	周边长度 $S(m)$	F/S	真空度 (mm Hg)/kPa
264	70	3.77	515/68.6	3 000	230	13.04	630/84
900	120	7.5	530/70.6	4 000	260	15.38	650/87
1 250	143	8.74	600/80	10 000	500	20	680/91
2 500	205	12.2	610/81	20 000	900	22.2	730/97

8.3 化学法加固技术

化学加固法指利用水泥浆液、黏土浆液或其他化学浆液，通过灌注压入、高压喷射或机械搅拌，使浆液与土颗粒胶结起来，以改善地基土的物理和力学性质的地基处理方法。本节将分别介绍灌浆法、水泥搅拌法和高压喷射注浆法。

8.3.1 灌浆法

1) 概述

灌浆法是指利用液压、气压或电化学原理，通过注浆管把浆液均匀地注入地层中，浆液以填充、渗透和挤密等方式，使土颗粒间或岩石裂隙中的水分和空气排出，经人工控制一定时间后，浆液将原来松散的土粒或裂隙胶结成一个整体，形成一个结构新、强度大、防水性能高和化学性能良好的结石体。

灌浆法的应用范围很广，能够达到很多强化的目的：可以防渗，增加地基土的不透水性，如防止流砂、钢板桩渗水及改善地下工程的开挖条件；防止桥墩和边坡护岸的冲刷；整治塌方滑坡、处理路基病害；加固、提高地基土的承载力，减少地基的沉降和不均匀沉降；进行托换技术，既有建筑物的地基加固与纠偏等。

2) 加固原理

(1) 浆液材料

选择的浆材品种和性能直接关系着灌浆工程的质量和造价。灌浆工程中所用的浆液是由主剂(原材料)、溶剂(水或其他溶剂)及各种外加剂混合而成。浆液材料分类的方法很多，可以按浆液所处状态分：真溶液、悬浮液和乳化液；按工艺性质分：单浆液和双浆液；按主剂性质分：无机系和有机系等。常见的灌浆材料有水泥浆材、粉煤灰水泥浆材、硅粉水泥浆材、黏土水泥浆等。灌浆材料的选择对浆液性质有直接的关系，所以要根据工程实际需要选择灌浆材料，从以下几个方面考察浆液的性质：材料的分散度、沉淀析水性、凝结性、热学性、收缩性、结石强度、渗透性和耐久性。

选择浆液材料有如下要求:①浆液应是真溶液而不是悬浊液,浆液黏度低,流动性好,能进入细小裂隙;②浆液凝胶时间可从几秒至几小时范围内随意调节,并能准确地控制,浆液一经发生凝液就在瞬间完成;③浆液的稳定性好,在常温常压下,长期存放不改变性质;④浆液无毒无臭,对环境不污染,对人体无害,属非易爆物品;⑤浆液应对注浆设备、管路、混凝土结构物、橡胶制品等无腐蚀性,并容易清洗;⑥浆液固化时无收缩现象,固化后与岩石、混凝土等有一定粘结性;⑦浆液结石体有一定抗压和抗拉强度,不龟裂,抗渗性能和防冲刷性能好;⑧结石体耐老化性能好,能长期耐酸、碱、盐、生物细菌等腐蚀,且不受温度和湿度的影响;⑨材料来源丰富,价格低廉;⑩浆液配制方便,操作容易。

(2) 灌浆理论

地基处理中,灌浆工艺所依据的理论主要可归纳为以下四类:

① 渗透灌浆。渗透灌浆是指在压力作用下使浆液充填土的孔隙和岩石的裂隙,排挤出孔隙中存在的自由水和气体,而基本上不改变原状土的结构和体积,所用灌浆压力相对较小,这类灌浆一般只适用于中砂以上的砂性土和有裂隙的岩石。代表性的渗透灌浆理论有:球形扩散理论、柱形扩散理论和袖套管法理论。

② 劈裂灌浆。劈裂灌浆是指在压力作用下,浆液克服地层的初始应力和抗拉强度,引起岩石和土体结构的破坏和扰动,使其沿垂直于小主应力的平面上发生劈裂,使地层中原有的裂隙或孔隙张开,形成新的裂隙或孔隙,浆液的可灌性和扩散距离增大,而所用的灌浆压力相对较高。

③ 挤密灌浆。挤密灌浆是指通过钻孔在土中灌入极浓的浆液,在注浆点使土体挤密,在注浆管端部附近形成"浆泡"。当浆泡的直径较小时,灌浆压力基本上沿着孔的径向扩展。随着浆泡尺寸的逐渐增大,便产生较大的上抬力而使地面抬动。

④ 电动化学灌浆。如地基土的渗透系数比较小,只靠一般静压力难以使浆液注入土的孔隙,此时需用电渗的作用使浆液进入土中。电动化学灌浆是指在施工时将带孔的注浆管作为阳极,用滤水管作为阴极,将溶液由阳极压入土中,并通以直流电,在电渗作用下,孔隙水由阳极流向阴极,促使通电区域中土的含水量降低,并形成渗浆通路,化学浆液也随之流入土的孔隙中,并在土中硬结。电动化学灌浆是在电渗排水和灌浆法的基础上发展起来的一种加固方法。但由于电渗排水作用,可能会引起邻近既有建筑物基础的附加下沉,这一情况应予以重视。

3) 设计与计算

(1) 设计程序和内容

灌浆设计一般应遵循以下程序:①地质调查:查明地基的工程地质特性和水文地质条件;②方案选择:根据工程性质、灌浆目的及地质条件,初步选定灌浆方案;③灌浆试验:除进行室内灌浆试验外,对较重要的工程,还应选择有代表性的地段进行现场灌浆试验,以便为确定灌浆技术及灌浆施工方法提供依据;④设计和计算:确定各项灌浆参数和技术措施;⑤补充和修改设计:在施工期间和竣工后的运用过程中,根据观测所得的异常情况,对原设计进行必要的调整。

设计内容主要包括以下方面:①灌浆标准:通过灌浆要求达到的效果和质量指标;②施工范围:包括灌浆深度、长度和宽度;③灌浆材料:包括浆材种类和浆液配方;④浆液影响半径：指浆液在设计压力下所能达到的有效扩散距离；⑤钻孔布置：根据浆液影响半径和灌浆体设计厚度，确定合理的孔距、排距、孔数和排数；⑥灌浆压力：规定不同地区和不同深度的允许最大灌浆压力；⑦ 灌浆效果评估：用各种方法和手段检测灌浆效果。

（2）灌浆方案的选择

① 灌浆目的如为提高地基强度和变形模量，一般可选用以水泥为基本材料的水泥浆、水泥砂浆和水泥水玻璃浆，或采用高强度化学浆材。

② 灌浆目的如为防渗堵漏时，可采用黏土水泥浆、黏土水玻璃浆、水泥粉煤灰混合物，以及无机试剂为固化剂的硅酸盐浆液等。

③ 在裂隙岩层中灌浆一般采用纯水泥浆或在水泥浆中掺入少量膨润土，在砂砾石层中或在溶洞中采用黏土水泥浆，在砂层中一般只采用化学浆液，在黄土中采用单液硅化法或碱液法。

④ 对孔隙较大的砂砾石层或裂隙岩层中采用渗入性注浆法，在砂层灌注粒状浆材宜采用水力劈裂法；在黏性土层中采用水力劈裂法或电动硅化法，纠偏建筑物的不均匀沉降则采用挤密灌浆法。

有时在考虑浆材选用上，还需要考虑浆材对人体的危害或对环境的污染问题。

（3）灌浆标准

所谓灌浆标准，是指设计者要求地基灌浆后应达到的质量指标。所用灌浆标准的高低，关系到工程量、进度、造价和建筑物的安全。灌浆目的和要求不同，很难规定一个比较具体和统一的准则，只能根据具体情况做出具体的规定。下面仅提出几点与确定灌浆标准有关的原则和方法。

① 防渗标准。防渗标准是指渗透性的大小。防渗标准越高，表明灌浆后地基的渗透性越低，灌浆质量也就越好。这不仅体现在地基渗水量的减少，而且因为渗透性越小，地下水在介质中的流速越低，地基上发生管涌破坏的可能性就越小。

② 强度和变形标准。根据灌浆的目的、强度和变形的标准随工程的具体要求而不同。如：A. 为了增加嫁接桩的承载力，主要应沿桩的周边溜浆，以提高桩侧界面间的黏聚力，对支承桩则在桩底灌浆以提高桩端土的抗压强度和变形模量；B. 为了减少坝基础的不均匀变形，仅需在坝基下游基础受压部位进行固结灌浆，以提高地基土的变形模量，而无需在整个坝基灌浆；C. 对振动基础，有时灌浆目的只是为了改变地基的自然频率以清除共振条件，因而不一定需用强度较高的浆材；D. 为了减小挡土墙的土压力，则应在墙背至滑动面附近的土体中灌浆，以提高地基土的重度和滑动面的抗剪强度。

③ 施工控制标准。灌浆后的质量指标只能在施工结束后通过现场检测来确定。有些灌浆工程甚至不能进行现场检测，因此必须制定一个保证获得最佳灌浆效果的施工控制标准。

A. 在正常情况下注入理论耗浆量 Q 为：

$$Q = V \cdot n \cdot m \tag{8-33}$$

式中：V——设计灌浆体积；

n——土的孔隙率；

m——无效注浆量。

B. 按耗浆量降低率进行控制。由于灌浆是按逐渐加密原则进行的,孔段耗浆量也随加密次序的增加而逐渐减少。若起始孔距布置正确,则第二次序的耗浆量将比第一次序大为减少,这是灌浆取得成功的标志。

(4) 浆材及配方设计原则

① 对渗入性灌浆工艺,浆液必须能渗入土的孔隙,即所用浆液必须是可灌的。这是一项最基本的要求,不满足它就谈不上灌浆。若采用劈裂灌浆工艺,则浆液不是向天然孔隙,而是向被较高灌浆压力扩大了的孔隙渗入,因而对可灌性要求就不如渗入性灌浆严格。

② 一般情况下浆液应具有良好的流动性和流动性维持能力,以便在不太高的灌浆压力下获得尽可能大的扩散距离。但在某些地质条件下,例如地下水的流速较快和土的孔隙尺寸较大的,往往要采用流动性较小和触变性较大的浆液,以免浆液扩散至不必要的距离和防止地下水对浆液的稀释及冲刷。

③ 浆液的析水性要小,稳定性要高,以防在灌浆过程中或灌浆结束后发生颗粒沉淀和分离,并导致浆液的可泵性、可灌性和灌浆体的均匀性大大降低。

④ 对防渗灌浆而言,要求浆液结石具有较高的不透水性和抗渗稳定性,若灌浆目的是加固地基,则结石应具有较高的力学强度和较小的变形性。与永久性灌浆工程相比,临时性工程所述要求较低。

⑤ 制备浆液所用原材料及凝固体都不应具有毒性或毒性尽可能小,以免伤害皮肤,刺激神经和污染环境。某些碱性物质虽然没有毒性,但若流失在地下水中,也会造成环境污染,故应尽量避免这种现象。

⑥ 有时浆液尚应具有某些特殊的性质,如膨胀性、高亲水性、高抗冻性和低温固化性等,以适应特殊环境和专门工程的需要。

⑦ 不论何种灌浆工程,所用原材料都应就近取材,从而降低造价。

⑧ 关于浆液的凝结时间,要注意以下几个问题:浆液的凝结时间变幅较大,如化学浆液的凝结时间可在几秒钟到几小时之间调整,水泥浆一般为 3~4 h,动土水泥浆则更慢,可根据灌浆土层的体积、渗透性、孔隙尺寸和孔隙率、浆液的流变性和地下水流速等实际情况决定。总的来说,浆液的凝结时间应足够长,以便计划注浆量能渗入到预定的影响半径内,当在地下水中灌浆时,除应控制注浆速率以防浆液被过分稀释或被冲走外,还应设法使浆液能在灌注过程中凝结;混凝土与水泥灰浆有初凝和终凝之分,但浆液的凝结时间并无严格的定义。许多试验室都是根据自己拟定的方法研究浆液的凝结时间,由于标准不一,难以进行比较。

(5) 浆液扩散半径的确定

浆液扩散半径 r 是一个重要参数,它对灌浆工程量及造价具有重要的影响,如果选用的 r 值不符合实际情况,还将降低灌浆效果甚至导致灌浆失败。r 值可按第二节中的理论公式估算,当地质条件较复杂或计算参数不易选准时,就应通过现场灌浆试验来确定。

(6) 孔位布置

灌浆孔的布置是根据浆液的注浆有效范围,且应相互重叠,使被加固土体在平面和深度范围内连成一个整体的原则决定的。

① 单排孔的布置。如图 8-12 所示,灌浆体的厚度为:

$$b=2\sqrt{r^2-\left[(l-r)+\frac{r-(l-r)}{2}\right]^2}$$
$$=2\sqrt{r^2-\frac{l^2}{4}} \tag{8-34}$$

若灌浆体的设计厚度为 T,则灌浆孔距为

$$l=2\sqrt{r^2-\frac{T^2}{4}} \tag{8-35}$$

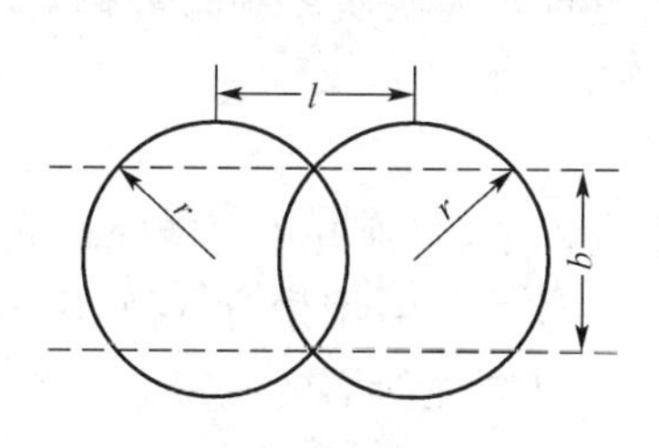

图 8-12 单排孔布置

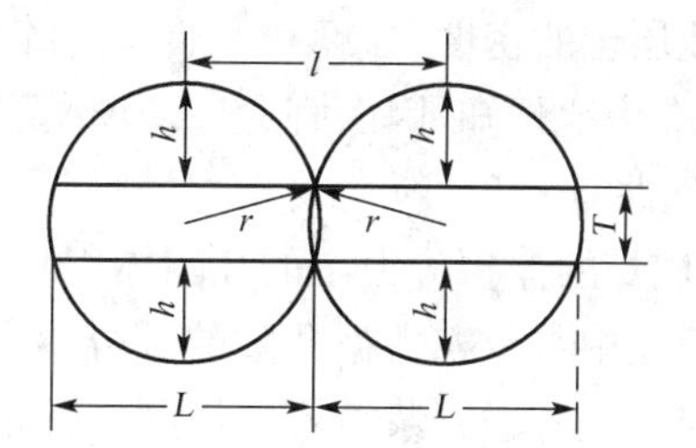

图 8-13 无效面积计算图

设计中可能出现以下几种情况:A. 当 l 值接近零时,b 值仍不能满足设计厚度时,应考虑采用多排灌浆孔;B. 虽单排孔能满足设计要求,但若孔距太小,钻孔数太多,就应进行双排孔的方案比较;C. 设 T 为设计帷幕厚度,h 为弓形高,L 为弓长,如图 8-13,则每个灌浆孔的无效面积为:

$$S_n=2\times\frac{2}{3}\cdot L\cdot h \tag{8-36}$$

浆液的浪费量为:

$$m=S_n\cdot n \tag{8-37}$$

式中:n——土的孔隙率。

② 多排孔的布置。多排孔设计的基本原则是要充分发挥灌浆孔的潜力,以获得最大的灌浆体厚度,不允许出现两排孔间搭接不紧密的情况,也不要求搭接过多而出现浪费。图 8-14 为双排孔正好紧密搭接的最优设计布孔方案。可以推导出最优排距 R_{m} 和最大灌浆有效厚度 B_{m} 的计算式:

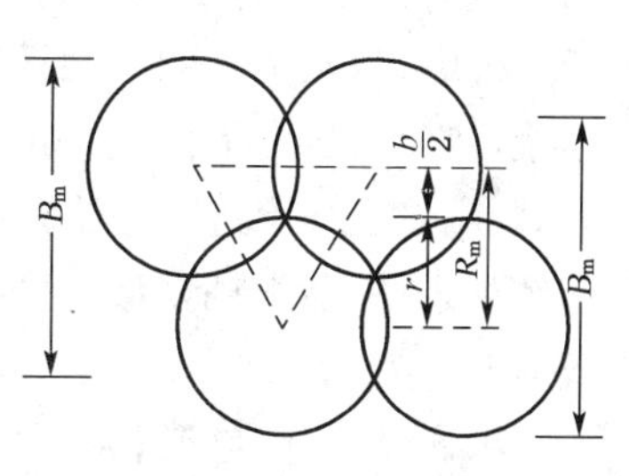

图 8-14 双排孔最优设计布孔方案

$$R_{\mathrm{m}}=r+\frac{b}{2} \tag{8-38}$$

奇数排: $$B_{\mathrm{m}}=(n-1)\left[r+\frac{n+1}{n-1}\cdot\frac{b}{2}\right] \tag{8-39}$$

偶数排: $$B_{\mathrm{m}}=n\left(r+\frac{b}{2}\right) \tag{8-40}$$

式中:n——灌浆孔排数。

(7) 灌浆压力

由于浆液的扩散能力与灌浆压力的大小密切相关,有不少人倾向于采用较高的灌浆压力,在保证灌浆质量的前提下,使钻孔数尽可能减少。高的灌浆压力还能使一些微细孔隙张开,有助于提高可灌性。当孔隙中被某种软弱材料填充时,高灌浆压力能在充填物中造成劈裂注浆,使软弱材料的密实度、强度和不透水性等得到改善。此外,高灌浆压力还有助于挤出浆液中的多余水分,使浆液结石的强度提高。但是,当灌浆压力超过地层的压重和强度时,有可能导致地基及其上部结构的破坏。因此,一般都以不使地层结构破坏或仅发生局部的和少量的破坏,作为确定地基允许灌浆压力的基本原则。容许灌浆压力值与一系列因素有关,如地层土的密度、强度和初始应力,钻孔深度、位置及灌浆次序等因素有关,而这些因素又难以准确地预知,因而宜通过现场灌浆试验来确定。

(8) 灌浆量

灌浆用量的体积应为土的孔隙体积。但在灌浆过程中,浆液并不可能完全充满土的孔腺体积,而土中水分亦占据孔隙的部分体积。所以,在计算浆液用量时,通常应乘以小于1的灌注系数,但考虑到浆液容易流到设计范围以外,所以灌注所需的浆液总用量Q可参照下式计算:

$$Q = K \cdot V \cdot n \cdot 1\,000 \tag{8-41}$$

式中:Q——浆液总用量(L);

V——注浆对象的土量(m^3);

n——土的孔隙率;

K——经验系数:软土、黏性土、细砂为0.3～0.5;中砂、细砂为0.5～0.7;砾砂为0.7～1.0;湿陷性黄土为0.5～0.8。

(9) 注浆顺序

注浆顺序必须采用适合于地基条件、现场环境及注浆目的的方法进行,一般不宜采用自注浆地带某一端单向推进压注方式,应按跳孔间隔注浆方式进行,以防止串浆,提高注浆孔内浆液的强度与时俱增的约束性。对有地下动水流的特殊情况,应考虑浆液在动水流下的迁移效应,从水头高的一端开始注浆。对加固渗透系数相同的土层,首先应完成最上层封顶注浆,然后再按由下而上的原则进行注浆,以防浆液上冒。如土层的渗透系数随深度而增大,则应自下而上进行注浆。注浆时应采用先外围后内部的注浆顺序,若注浆范围以外有边界约束条件(能阻挡浆液流动的障碍物)时,也可采用自内侧开始顺次往外侧的注浆方法。

8.3.2 水泥搅拌法

1) 概述

水泥土搅拌法是用于加固饱和黏性土地基的一种新方法。它是利用水泥(或石灰》等材料作为固化剂,通过特制的搅拌机械,在地基深处就地将软土和固化剂(浆液或粉体)强制搅拌,由固化剂和软土间所产生的一系列物理和化学反应,使软土硬结成具有整体性、水稳定性和一定强度的水泥加固土,从而提高地基强度和变形模量。根据施工方法的不同,水泥土搅拌法分为水泥浆搅拌(国内称深层搅拌法)和粉体喷射搅拌两种,前者是用水泥浆和地基土搅拌，后者是用水泥粉或石灰粉和地基土搅拌。

水泥土搅拌法相比较其他处理方法而言有很多优点：能够最大限度地利用原土；搅拌不会使地基土侧向挤出，所以对周围原有建筑物的影响很小；可以根据不同地基土及工程设计要求，合理选择固化剂及其配方，设计比较灵活；施工时无振动、无噪普、无污染，可在市区内和密集建筑群中进行施工；土体加固后重度基本不变，对软弱下卧层不致产生附加沉降；与钢筋混凝土桩基相比，节省了大量的钢材，并降低了造价；根据上部结构的需要，可灵活地采用柱状、壁状、格栅状和块状等加固型式。

2）加固原理

（1）加固机理

水泥搅拌桩的基本原理是基于水泥加固土的物理化学反应过程，首先将固化剂灌入需处理的软土地层内，并在灌注过程中上下搅拌均匀，使水泥与土发生水解和水化反应，生成水泥水化物并形成凝胶体，将土颗粒或小土团凝结在一起形成一种稳定的结构整体，从而形成水泥骨架作用，同时，水泥在水化过程中生成的钙离子与土颗粒表面的钠离子进行离子交换作用，生成稳定的钙离子，从而进一步提高土体的强度，达到提高其复合地基承载力的目的。水泥与软土拌合后，将发生如下物理化学反应：

① 水泥的水解水化反应。减少了软土中的含水量，增加土粒间的粘结，水泥与土拌合后，水泥中的硅酸二钙、硅酸三钙、铝酸三钙以及铁铝四钙等矿物与土中水发生水解反应，在水中形成各种硅、铁、铝质的水溶胶，土中的 $CaSO_4$ 大量吸水，水解后形成针状结晶体。

② 离子交换与团粒作用。水泥水解后，溶液中的 Ca^{2+} 含量增加，与土粒发生阳离子交换作用，等当量置换出 K^+、Na^+，形成软土大的土团粒和水泥土的团粒结构，使水泥土的强度大为提高。

③ 硬凝反应。阳离子交换后，过剩的 Ca^{2+} 在碱性环境中与 SiO_3^{2-}、Al_2O_3 发生化学反应，形成水稳性的结晶水化物，增大了水泥土的强度。

④ 碳化反应。水泥土中的 $Ca(OH)_2$ 与土中或水中 CO_2 化合生成不溶于水的 $CaCO_3$，增加了水泥土的强度。

水泥与地基土拌合后经上述的化学反应形成坚硬桩体，同时桩间土也有少量的改善，从而构成桩与土复合地基，提高地基承载力，减少了地基的沉降。

（2）水泥搅拌桩的加固土物理力学特性

根据冶金研究院、天津市勘察院、铁四院及铁三院的试验研究，水泥加固土的主要物理力学特性如下：

① 物理性质

重度：由于拌入土中的固化材料与孔隙中水的重度相差不大，搅拌中还产生部分土的挤出和隆起，且固化后固化材料本身存在孔隙，因此，在饱和的软土中加固土体的重度与天然土的饱和重度很接近，试验说明固化体重度仅增加 3%～5%。但在非饱和的大孔隙土中，固化体的重度将较天然土的重度增加量要大一些，见表 8-14。此外，固化料掺合量大时，固化体重度增加幅度也大。

含水量：水泥加固土含水量略低于原土的含水量，约减少 3%～7%，对粉喷桩而言，干粉状水泥的加入使土的塑性状态随之变化，掺入比为 7%～15%时，其塑性状态降低一个等级，即由流塑变为软塑，软塑变为可塑等；当掺入比大于 15%时，塑性状态可以降低 1～2 个等级。

② 化学性质

A. 土的种类对水泥土强度的影响。不同成因软土对水泥的强度有较大的影响。

B. 水泥掺入比对水泥土 q_u 的影响。不同成因的不同类别地基土的不同水泥掺入比与水泥加固土无侧限抗压强度的关系：q_u 随土的水泥掺入比的增大而增大，当掺入比小于5%时，水泥土水化反应很弱，水泥土的强度比原状土增长较小，水泥掺入比宜大于10%，地基土的不同水泥土的强度随水泥掺入比的增加速率也不同，粉土的增长速度最大，淤泥质土最小。

C. 水泥标号对水泥土的 q_u 的影响。试验表明，水泥标号越高，水泥的早期强度增长速率越快，当水泥掺入比相同时，水泥标号每提高100号，水泥土的无侧阻抗压强度提高15%～30%。根据试验结果可以用325# 水泥代替现在较常用的425# 水泥作为加固材料，以加大水泥用量，更有利于水泥掺入的均匀性。

D. 龄期的影响。根据室内试验，天津地区水泥加固土一般有以下关系：

$$q_u(7) = (0.6 \sim 0.7)q_u(28) = (0.4 \sim 0.47)q_u(90)$$

$$q_u(28) = (0.7 \sim 0.75)q_u(90);q_u(90) = (0.9 \sim 0.95)q_u(180)$$

E. 土中含水量的影响。在固化剂种类和掺入量相同的情况下，浆液喷搅时，土的天然含水量越低，加固土的强度就越高。由于土的种类及固化剂性质不尽相同，同时水泥掺入量也不相同。有的试验说明，水泥掺入量比较大时，强度随含水量增大而显著减少，当掺入比为32%时，土中含水量每减少10%，强度可增加66%。对粉喷桩，土中含水量对水泥土强度的影响不同于浆液搅拌，当土中含水量过低时，水泥水化不充分，水泥土强度反而降低。

F. 施工工艺的影响。水泥土体强度在其他条件相同时，还与施工工艺有关。如同一种土中，固化剂掺入量相同，采用复搅的办法可明显提高桩体强度。

在含水量很小的松散填土中，搅拌时块状土不能破碎，造成桩体松散，采用注水后上下多次预搅，即可保证桩体强度。

在黏性很大的土中，可能出现搅拌头上形成土团，随搅拌头转动，搅拌不均，复搅也不能奏效，只有改变搅拌头的形式才是有效途径。

3）设计与计算

（1）水泥土桩复合地基的承载力计算

① 单桩竖向承载力计算

单桩竖向承载力标准值可按下式计算，取其中较小值。

$$R_k^d = \eta f_{cuk} A_p \tag{8-42}$$

$$R_k^d = q_s U_p L + \alpha A_p q_p \tag{8-43}$$

式中：f_{cuk}——与搅拌桩桩身加固土配比相同的室内加固土试块（边长为70.7 mm或50 mm的立方体）的90 d龄期无侧限抗压强度平均值；

η——强度折减系数，可取0.3～0.5；

U_p——桩周边长；

L——桩长；

q_p——桩端天然地基土的承载力标准值，可按《建筑地基基础设计规范》(GBJ 7—89)第三章第二节的有关规定确定；

q_s——桩周土平均容许摩阻力如表8-14；

α——桩端天然地基土的承载力折减系数，可取0.4～0.6。

表8-14 搅拌桩桩周土的容许摩阻力

土的名称	土的状态	q_s(kPa)	土的名称	土的状态	q_s(kPa)
淤泥、泥炭	流塑	5～8	黏性土	软塑	12～15
淤泥质土	流塑～软塑	8～12	黏性土	可塑	15～18

式(8-42)中的加固土强度折减系数η是一个和工程经验以及拟建物性质密切相关的参数。工程经验包括施工队伍素质、施工质量、室内强度试验与实际加固强度比值以及对实际工程处理效果等的掌握情况。拟建工程性质包括拟建工程的工程地质条件、上部结构对地基的要求以及工程的重要性等，目前在设计中一般取$\eta = 0.35 \sim 0.50$。如果施工队伍素质较好，施工质量很高，现场实际施工的搅拌桩加固强度与室内试验结果接近，以往实际工程处理效果优良，且工程地质条件简单，工程对地基沉降要求又不高时，可取高值，反之取低值。

式(8-43)中桩端土承载力折减系数α取值与施工时桩底部施工质量有关，特别是当桩端为较硬土层、桩较短时，取高值。如果桩底施工质量不好，搅拌桩没能真正支承在硬土层上，桩端地基承载力不能充分发挥，或桩较长时，取低值，目前设计中常取$\alpha=0.5$。

为使单柱承载力的设计合理，设计时应使桩体强度与承载力相协调，即：

$$\eta f_{cuk} A_p \geqslant q_s U_p L + \alpha A_p q_p \tag{8-44}$$

单桩承载力应通过现场载荷试验加以验证，或先施工试桩，据以确定单桩承载力，当桩体强度小于500 kPa时，单桩承载力应通过现场载荷试验确定。式(8-44)表明当桩长超过一定长度，控制单桩承载力的主要指标为桩体强度，所以可采取有效方法提高桩体强度来提高搅拌桩竖向承载力，如加大上部喷灰量、桩体加芯技术等。

② 复合地基承载力计算

水泥土复合地基承载力的计算，采用桩土分担荷载比的原理，按下式计算：

$$f_{sp} = mR_k^d / A_p + \beta(1-m) f_k \tag{8-45}$$

式中：f_{sp}——复合地基的承载力标准值；

f_k——桩间土天然地基承载力标准值；

m——面积置换率；

β——桩间土承载力折减系数，当桩端土为软土时可取0.5～1.0，当桩端土为硬土时可取0.1～0.4，当不考虑桩间软土作用时可取零。

其实，桩身强度对β也有影响。例如桩端是硬土，但桩身强度很低，桩身压缩变形很大，这时桩间土可承受较大荷载，β也可取大值，这样较为经济。总之，桩间土承载力折减系数的确定，是各种复合地基所遇到的一个复杂问题，上述规范提出的经验数据，在实际工程中通过原型或大荷载试验来测定是切合实际的，在重要的或规模很大的工程中应进行桩土分担比测试。

上述式中的天然地基承载力标准值的取值概念较模糊，从经济和安全角度综合考虑，建议按如下取值：一般而言，任何复合地基的桩间土的承载力不低于天然地基土的承载力。从安全储备上考虑，水泥土桩的土的承载力用天然地基土的承载力替代是适宜的，如主要加固区在基底，则取该层土的承载力标准值；如在基底一定深度以下，则取加固段内该层土以上承载力的加权平均值。

(2) 水泥土复合地基的变形计算

水泥土复合地基的变形由复合土层的变形和桩端以下土层变形两部分组成。由于缺少系统的变形场测试资料，大多采用材料力学的推论或土力学的经验方法计算。

① 复合土层的变形计算

群桩体的压缩变形 S_1 可按下式计算：

$$S_1 = \frac{(p_o + p_{oz})L}{2E_{ps}} \tag{8-46}$$

式中：p_o——群桩体顶面处的平均压力；

p_{oz}——群桩体底面处的附加压力；

L——实际桩长；

E_{ps}——复合土层压缩模量；

$$E_{ps} = mE_p + (1-m)E_s \tag{8-47}$$

其中：E_p——搅拌桩的压缩模量，可取（$100 \sim 200 f_{cuk}$）；

E_s——桩间土的压缩模量。

大量的搅拌桩设计计算及实测结果表明，桩体的压缩变形量仅在 10～30 mm 之间变化。因此，当荷载大、桩较长或桩体强度小时，取大值；反之，当荷载小、桩较短或桩身强度高时，可取小值。

② 桩端以下土层的变形计算

将复合土层看作一层土，下部为若干层土，用分层总和法计算复合土层下影响深度内各层土的变形。具体按国家标准《建筑地基基础设计规范》的有关规定进行计算。在深厚的超软土中，当置换率较大时，如前述，复合土体呈现深基效应，此时，按刚性桩群桩桩底沉降计算方法较为稳妥。

8.3.3 高压喷射注浆法

1) 概述

高压喷射注浆法是用高压水泥浆通过钻杆由水平方向的喷嘴喷出，形成喷射流，以此切割土体并与土拌合形成水泥土加固体的地基处理方法。利用钻机将带有喷嘴的注浆管钻进至土层预定深度后，以 20～40 MPa 压力把浆液或水从喷嘴中喷射出来，形成喷射流冲击破坏土层。当能量大、速度快、脉动状的射流动压大于土层结构强度时，土颗粒便从土层中剥落下来。一部分细颗粒随浆液或水冒出地面，其余土粒在射流的冲击力、离心力和重力等的作用下与浆液搅拌混合，并按一定的浆土比例和质量大小有规律地重新排列。浆液凝固后，便在土层中形成一个固结体。高压喷射注浆法所形成的固结体的形态与高压喷射流的作用方向、移动轨迹和持续喷射时间有密切关系。一般分为旋转喷射(旋喷)、定向喷射(定喷)和摆动喷射(摆喷)三种。

高压喷射注浆法主要适用于处理淤泥、淤泥质土、流塑、软塑或可塑黏性土、粉土、砂土、黄土、素填土和碎石土等地基。对土中含有较多的大粒径块石、植物根茎或过多的有机质时,应根据现场试验确定其适用范围,对地下水流速度大、浆液无法凝固、永久冻土及对水泥有严重腐蚀性的地基不宜采用。其主要有以下几个特点:

(1) 适用范围广。由于固结体的质量明显提高,它既可用于工程新建之前,又可用于竣工后的托换工程,可以不损坏建筑物的上部结构,且能使已有建(构)筑物在施工时不影响使用功能。

(2) 施工简便。施工时只需在土层中钻一个孔径为 50 mm 或 300 mm 的小孔,便可在土中喷射成直径为 0.4~4.0 m 的固结体,因而施工时能贴近已有建(构)筑物,成型灵活,既可在钻孔的全长范围形成柱型固结体,也可仅作其中一段。

(3) 可控制固结体形状。在施工中可调整旋喷速度和提升速度,增减喷射压力或更换喷嘴孔径改变流量,使固结体形成工程设计所需要的形状。

(4) 可垂直、倾斜和水平喷射。通常是在地面上进行垂直喷射注浆,但在隧道、矿山井巷工程、地下铁道等建设中亦可采用倾斜和水平喷射注浆。处理深度已达 30 m 以上。

(5) 耐久性较好。由于能得到稳定的加固效果并有较好的耐久性,所以可用于永久性工程。

(6) 料源广阔。浆液以水泥为主体。在地下水流速快或含有腐蚀性元素、土的含水量大或固结体强度要求高的情况下,则可在水泥中掺入适量的外加剂,以达到速凝、高强、抗冻、耐蚀和浆液不沉淀等效果。

(7) 设备简单。高压喷射注浆全套设备结构紧凑,体积小,机动性强,占地少,能在狭窄和低矮的空间施工。

2) 加固机理

(1) 高压喷射流对土体的破坏作用

破坏土体结构强度的最主要因素是喷射动压,根据动量定律,在空气中喷射时的破坏力为:

$$P = \rho A v_{m}^{2} \tag{8-48}$$

式中:P——破坏力[(kg · m)/s²];

ρ——密度(kg/m³);

v_{m}——喷射流的平均速度(m/s);

A——喷嘴截面积(m²)。

亦即破坏力对于某一密度的液体而言,是与该射流的流量、流速的乘积成正比。而流量又为喷嘴截面积与流速的乘积。所以在一定的喷嘴面积的条件下,为了获得更大的破坏力,需要增加平均流速,也就是需要增加旋喷压力。一般要求高压脉冲泵的工作压力在 20 MPa 以上,这样就使射流像刚体一样冲击破坏土体,使土与浆液搅拌混合,凝固成圆柱状的固结体。

喷射流在终期区域,能量衰减很大,不能直接冲击土体使土颗粒剥落,但能对有效射程的边界土产生挤压力，对四周土有压密作用，并使部分浆液进入土粒之间的空隙里，使固结体与四周土紧密相依，不产生脱离现象。

(2) 水(浆)、气同轴喷射流对土的破坏作用

单射流虽然具有巨大的能量，但由于压力在土中急剧衰减，因此破坏土的有效射程较短，致使旋喷固结体的直径较小。

当在喷嘴出口的高压水喷射流的周围加上圆筒状空气射流，进行水、气同轴喷射时，空气流使水或浆的高压喷射流从破坏的土体上将土粒迅速吹散，使高压喷射流的喷射破坏条件得到改善，阻力大大减少，能量消耗降低，因而增大了高压喷射流的破坏能力，形成旋喷固结体的直径较大。图 8-15 为不同类喷射流中动水压力与距离的关系，表明高速空气具有防止高速水射流动压急剧衰减作用。

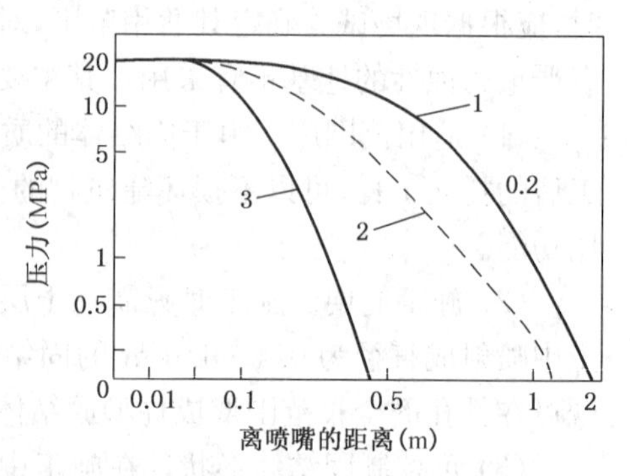

图 8-15　喷射流轴上动水压力与距离的关系

旋喷时，高压喷射流在地基中将土体切削破坏。其加固范围就是喷射距离加上渗透部分或压缩部分的长度为半径的圆柱体。一部分细小的土粒被喷射的浆液所置换，随着液流被带到地面上(俗称冒浆)，其余的土粒与浆液搅拌混合。在喷射动压力、离心力和重力的共同作用下，在横断面上土粒按质量大小有规律地排列起来，小颗粒在中部居多，大颗粒多数在外侧或边缘部分，形成了浆液主体搅拌混合、压缩和渗透等部分，经过一定时间便凝固成强度较高且渗透系数较小的固结体。随着土质的不同，横断面结构也多少有些不同。由于旋喷体不是等颗粒的单体结构，固结质量也不均匀，通常是中心部分强度低，边缘部分强度高。

定喷时，高压喷射注浆的喷嘴不旋转，只作水平的固定方向喷射，并逐渐向上提升，便在土中冲成一条沟槽，并把浆液灌进槽中，最后形成一个板状固结体。固结体在砂性土中有一部分渗透层，而在黏性土中却无这一部分渗透层。

在大砾石层中进行高压喷射注浆时，因射流不能将大砾石破碎和移位，只能绕行前进并充填其空隙。其机理接近于静压灌浆理论中的渗透灌浆机理。

在腐殖土中进行高压喷射注浆时，固结体的形状及其性质受植物纤维粗细长短、含水量高低及土颗粒多少影响很大。在含细短纤维不太多的腐殖土中喷射注浆时，纤维的影响很小，成桩机理与在黏性土中相同。在含粗长纤维不太多的腐殖土中喷射注浆时，射流仍能穿过纤维之间的空隙而形成预定形状的固结体；但在粗长纤维密集部位，射流受严重阻碍导致破坏力大为降低，固结体难以形成预定形状且强度受到显著的影响。

(3) 水泥与土的固结机理

水泥和水拌合后，首先产生铝酸三钙水化物和氢氧化钙，它们可溶于水中，但溶解度不高，很快就达到饱和，这种化学反应连续不断地进行，就析出一种胶质物。这种胶质物体有一部分混在水中悬浮，后来就包围在水泥微粒的表面，形成一层胶凝薄膜。所生成的硅酸二钙水化物几乎不溶于水，只能以无定形体的胶质包围在水泥微粒的表层，另一部分渗入水中。由水泥各种成分所生成的胶凝膜，逐渐发展起来成为胶凝体，此时表现为水泥的初凝状态，开始有胶粘的性质。此后，水泥各成分在不缺水、不干涸的情况下继续不断地按上述水化程序发展、增强和扩大，从而产生下列现象：①胶凝体增大并吸收水分，使凝固加速，结合

更密;②由于微晶(结核晶)的产生进而生出结晶体,结晶体与胶凝体相互包围渗透并达到一种稳定状态,这就是硬化的开始;③水化作用继续渗入到水泥微粒内部,使未水化部分再参加以上的化学反应,直到完全没有水分以及胶质凝固和结晶充盈为止,但无论水化时间持续多久,很难将水泥微粒内核全部水化完,所以水化过程是一个长久的过程。

3) 设计与计算

(1) 室内配方与现场喷射试验

为了解喷射注浆固结体的性质和浆液的合理配方,必须取现场各层土样,在室内按不同的含水量和配合比进行试验,优选出最合理的浆液配方。

对规模较大及较重要的工程,设计完成之后,要在现场进行试验,查明喷射固结体的直径和强度,验证设计的可靠性和安全度。

(2) 设计程序

高压喷射注浆的设计程序如图 8-16 所示。

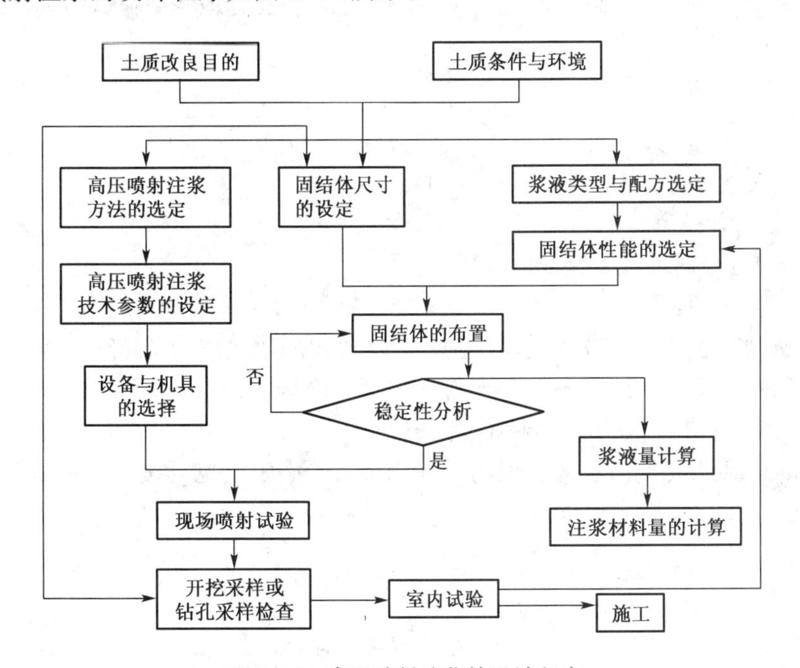

图 8-16 高压喷射注浆的设计程序

(3)固结体尺寸

① 固结体尺寸主要取决于下列因素:A. 土的类别及其密实程度;B. 高压喷射注浆方法(注浆管的类型);C. 喷射技术参数(包括喷射压力与流量,喷嘴直径与个数,压缩空气的压力、流量与喷嘴间隙,注浆管的提升速度与旋转速度)。

② 在无试验资料的情况下,对小型的或不太重要的工程,可根据经验选用。

③ 对于大型的或重要的工程,应通过现场喷射试验后开挖或钻孔采样确定。

(4) 固结体强度

① 固结体强度主要取决于下列因素:土质;喷射材料及水灰比;注浆管的类型和提升速度;单位时间的注浆量。

② 固结体强度设计规定按 28 d 强度计算。试验证明,在黏性土中,由于水泥水化物与

黏土矿物继续发生作用，故 28 d 后的强度将会继续增长，这种强度的增长可作为安全储备。

③ 注浆材料为水泥时，固结体抗压强度的初步设定可参考表 8-15。

④ 对于大型的重要的工程，应通过现场喷射试验后采样测试来确定固结体的强度和渗透性等性质。

表 8-15 固结体抗压强度

土 质	固结体抗压强度(MPa)		
	单管法	双管法	三重管法
砂类土	3～7	4～10	5～15
黏性土	1.5～5	1.5～5	1～5

(5)承载力计算

竖向承载旋喷桩复合地基承载力特征值应通过现场复合地基载荷试验确定。初步设计时，可按下式估算：

$$f_{spk}=m\frac{R_a}{A_p}+\beta(1-m)f_{sk} \tag{8-49}$$

式中：f_{spk}——复合地基承载力特征值(kPa)；

m——面积置换率；

R_a——单桩竖向承载力特征值(kN)；

A_p——桩的截面积(m^2)；

β——桩间土承载力折减系数，可根据试验或类似土质条件工程经验确定，当无试验资料或经验时，可取 0～0.5，承载力较低时取低值；

f_{sk}——处理后桩间土承载力特征值(kPa)。

单桩竖向承载力特征值可通过现场单桩载荷试验确定。也可按以下两式估算，取其中较小值：

$$R_a=\eta f_{cu}A_p \tag{8-50}$$

$$R_a=u_p\sum_{i=1}^{n}q_{si}l_i+q_pA_p \tag{8-51}$$

式中：f_{cu}——与旋喷桩桩身水泥土配比相同的室内加固土试块(边长为 70.7 mm 的立方体)在标准养护条件下 28 d 龄期的立方体抗压强度平均值(kPa)；

η——桩身强度折减系数，可取 0.33；

n——桩长范围内所划分的土层数；

l_i——桩周第 i 层土的厚度(m)；

q_{si}——桩周第 i 层土的侧阻力特征值(kPa)，可按现行国家标准《建筑地基基础设计规范》(GB 50007—2011)有关规定或地区经验确定；

q_p——桩端地基土未经修正的承载力特征值(kPa)，可按现行国家标准《建筑地基基础设计规范》(GB 50007—2011)有关规定或地区经验确定。

(6) 地基变形计算

旋喷桩复合地基的沉降计算应为桩长范围内复合土层以及下卧土层变形值之和，计算时应按国家标准《建筑地基基础设计规范》(GB 50007—2011)有关规定进行计算。其中复合土层的压缩模量可按下式确定:

$$E_{sp}=\frac{E_s(A_e-A_p)+E_pA_p}{A_e} \tag{8-52}$$

式中:E_{sp}——旋喷桩复合土层压缩模量(kPa);

E_s——桩间土的压缩模量,可用天然地基土的压缩模量代替(kPa);

A_e——加固单元面积(m^2);

A_p——旋喷桩截面积(m^2);

E_p——桩体的压缩模量,可采用测定混凝土割线模量的方法确定(kPa)。

由于旋喷桩迄今积累的沉降观测及分析资料很少,因此,复合地基变形计算的模式均以土力学和混凝土材料性质的有关理论为基础。

(7) 防渗堵水设计

防渗堵水工程设计时,最好按双排或三排布孔形成帷幕,见图 8-17。孔距为 $1.73R_0$(R_0 为旋喷桩设计半径),排距为 $1.5R_0$ 时最经济。

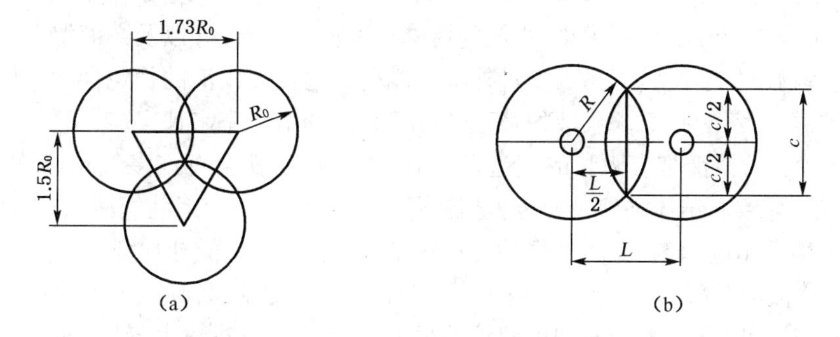

图 8-17 布孔孔距和旋喷注浆固结体交联图

定喷和摆喷是一种常用的防渗堵水的方法,由于喷射出的板墙薄而长,不但成本较旋喷低,而且整体连续性也很好。

(8) 浆量计算

浆量计算有两种方法,即体积法和喷量法,取其大者作为设计喷射浆量。

① 体积法

$$Q=\frac{\pi}{4}D_e^2K_1h_1(1+\beta)+\frac{\pi}{4}D_0^2K_2h_2 \tag{8-53}$$

② 喷量法

以单位时间喷射的浆量及喷射持续时间计算出浆量,计算公式为:

$$Q=\frac{H}{v}q(1+\beta) \tag{8-54}$$

式中:Q——需要用的浆量(m^3);

D_e——旋喷体直径(m);

D_0——注浆管直径(m);

K_1——填充率(0.75～0.9)；

h_1——旋喷长度(m)；

K_2——未旋喷范围土的填充率(0.5～0.75)；

h_2——未旋喷长度(m)；

β——损失系数(0.1～0.2)；

v——提升速度(m/min)；

H——喷射长度(m)；

q——单位时间喷浆量(m^3/min)。

根据计算所需的喷浆量和设计的水灰比，即可确定水泥的使用数量。

(9) 浆液材料与配方

根据喷射工艺要求，浆液应具备以下特性：

① 良好的可喷性。目前，国内基本上采用以水泥浆为主剂，掺入少量外加剂的喷射方法。水灰比一般采用1∶1到1.5∶1就能保证较好的喷射效果。浆液的可喷性可用流动度或黏度来评定。

② 足够的稳定性。浆液的稳定性好坏直接影响到固结体质量。以水泥浆液为例，其稳定性好系指浆液在初凝前析水率小，水泥的沉降速度慢、分散性好以及浆液混合后经高压喷射而不改变其物理化学性质。掺入少量外加剂能明显地提高浆液的稳定性。常用的外加剂有膨润土、纯碱、三乙醇胺等。浆液的稳定性可用浆液的析水率来评定。

③ 气泡少。若浆液带有大量的气泡，则固结体硬化后就会有许多气孔，从而降低喷射固结体的密度，导致固结体强度及抗渗性能降低。为了尽量减少浆液气泡，应选择非加气型的外加剂，不能采用起泡剂，比较理想的外加剂是代号为NNO的外加剂。

④ 调剂浆液的胶凝时间。胶凝时间是指从浆液开始配制起，到土体混合后逐渐失去其流动性为止的这段时间。胶凝时间由浆液的配方、外加剂的掺量、水灰比和外界温度确定。一般从几分钟到几小时，可根据施工工艺及注浆设备来选择合适的胶凝时间。

⑤ 良好的力学性能。影响抗压强度的因素很多，如材料的品种、浆液的浓度、配比和外加剂等。

⑥ 无毒、无臭。浆液对环境不污染及对人体无害，凝胶体为不溶和非易燃、易爆物。浆液对注浆设备、管路无腐蚀性并容易清洗。

⑦ 结石率高。固化后的固结体有一定粘结性，能牢固地与土粒相粘结。要求固结体耐久性好，能长期耐酸、碱、盐及生物细菌等腐蚀，并且不受温度、湿度的变化而变化。

8.3.4 水泥搅拌桩地基处理设计

1) 建筑条件

某七层框架结构建筑物，采用钢筋混凝土条形基础，基础埋深 $d = 1.9\ \text{m}$，基础宽度 $b = 3.8\ \text{m}$。采用深层搅拌桩处理地基，要求处理后复合地基承载力特征值 $f_{spk} = 150\ \text{kPa}$，取桩身水泥土强度 $f_{cu} = 1.8\ \text{MPa}$，基底平均压力 $p_0 = 164.4\ \text{kPa}$，地下水位0.9 m。

2）土质条件

表 8-16 各土层土质参数表

土层	土质参数	厚度
① 粉质黏土	$w=27.1\%$ $\gamma=18.6\ \mathrm{kN/m^3}$ $e=0.862$ $I_L=0.59$ $E_s=3.55\ \mathrm{MPa}$ $c=20\ \mathrm{kPa}$ $\varphi=6.2°$ $f_{ak}=65\ \mathrm{kPa}$	$h_1=1.4\ \mathrm{m}$
② 粉土	$w=28.2\%$ $\gamma=18.9\ \mathrm{kN/m^3}$ $e=0.826$ $I_L=0.59$ $E_s=3.55\ \mathrm{MPa}$ $c=20\ \mathrm{kPa}$ $\varphi=6.2°$ $f_{ak}=85\ \mathrm{kPa}$	$h_2=0.8\ \mathrm{m}$
③ 黏土	$w=39.4\%$ $\gamma=17.7\ \mathrm{kN/m^3}$ $e=1.129$ $I_L=0.53$ $E_s=4.73\ \mathrm{MPa}$ $c=44\ \mathrm{kPa}$ $\varphi=5.9°$ $f_{ak}=95\ \mathrm{kPa}$	$h_3=3.7\ \mathrm{m}$
④ 粉土夹粉质黏土	$w=25.3\%$ $\gamma=19.1\ \mathrm{kN/m^3}$ $e=0.730$ $I_L=0.60$ $E_s=10.7\ \mathrm{MPa}$ $c=10\ \mathrm{kPa}$ $\varphi=28.7°$ $f_{ak}=110\ \mathrm{kPa}$	$h_4=5.4\ \mathrm{m}$
⑤ 粉质黏土	$w=25.4\%$ $\gamma=19.2\ \mathrm{kN/m^3}$ $e=0.743$ $I_L=0.59$ $E_s=5.5\ \mathrm{MPa}$ $c=22\ \mathrm{kPa}$ $\varphi=13.2°$ $f_{ak}=100\ \mathrm{kPa}$	$h_5=4.0\ \mathrm{m}$
⑥ 粉砂	$w=21.8\%$ $\gamma=19.8\ \mathrm{kN/m^3}$ $e=0.624$ $I_L=0.57$ $E_s=9.28\ \mathrm{MPa}$ $c=10\ \mathrm{kPa}$ $\varphi=30.7°$ $f_{ak}=160\ \mathrm{kPa}$	$h_6=2.6\ \mathrm{m}$
⑦ 粉土夹粉质黏土	$w=23.8\%$ $\gamma=19.0\ \mathrm{kN/m^3}$ $e=0.686$ $I_L=0.47$ $E_s=9.12\ \mathrm{MPa}$ $c=35\ \mathrm{kPa}$ $\varphi=17.3°$ $f_{ak}=130\ \mathrm{kPa}$	地质勘察未穿透

3）设计计算

(1) 确定复合地基承载力特征值 f_{sp}

基础地面以上土的加权平均重度

$$\gamma_m=\frac{18.6\times0.9+(18.6-10)\times0.5+(18.9-10)\times0.5}{1.9}=13.4\ \mathrm{kN/m^3}$$

基础埋深承载力修正系数 $\eta_d=1.0$

$$f_{sp}=f_{spk}+\eta_d\cdot\gamma_m(d-0.5)=150+1.0\times13.4\times(1.9-0.5)=168.8\ \mathrm{kPa}$$

(2) 确定桩径 d，桩长 l，褥垫层厚度 d'

取褥垫层厚度 $d'=300\ \mathrm{mm}$，桩径 $d=500\ \mathrm{mm}$，桩长 $l=10.0\ \mathrm{m}$，桩端落在土层⑤上。

(3) 确定单桩承载力 R_a

① 按 $R_a=\eta f_{cu}A_p$ 确定

查表，水泥土搅拌桩(湿法)桩身强度折减系数 $\eta=0.25\sim0.33$，取 $\eta=0.30$，则 $R_a=0.30\times3600\times3.14\times0.25^2=212\ \mathrm{kN}$。

② 按桩端、桩侧摩阻力计算，由公式 $R_a=R_s+R_p=u_p\sum_{i=1}^{n}q_{si}l_i+\alpha q_pA_p$ 确定

A. 确定总桩侧阻力值 R_s

土层③：黏土 $I_L=0.53$，可塑状态黏土 $q_s=12\sim18\ \mathrm{kPa}$，取 $q_s=15\ \mathrm{kPa}$

$$R_s=u_pq_sl=2\times3.14\times0.25\times15\times10=235.5\ \mathrm{kN}$$

B. 确定总桩端阻力值 R_p

取桩端阻力折减系数 $\alpha=0.5$

$$R_p=\alpha q_pA_p=0.5\times110\times3.14\times0.25^2=10.8\ \mathrm{kN}$$

$$R_a=R_s+R_p=235.5+10.8=246.3\ \mathrm{kN}$$

C. 确定 R_a

所以按 $R_a = 212.0\ \text{kN}$ 进行设计。

(4) 确定桩土面积置换率 m

取桩间土承载力折减系数 $\beta = 0.3$

由公式 $f_{spk} = m\dfrac{R_a}{A_p} + \beta(1-m)f_{sk}$

可得：
$$m = \frac{f_{spk} - \beta f_{sk}}{\dfrac{R_a}{A_p} - \beta f_{sk}} = \frac{168.8 - 0.3 \times 95}{\dfrac{246.3}{3.14 \times 0.25^2} - 0.3 \times 95} = 0.114$$

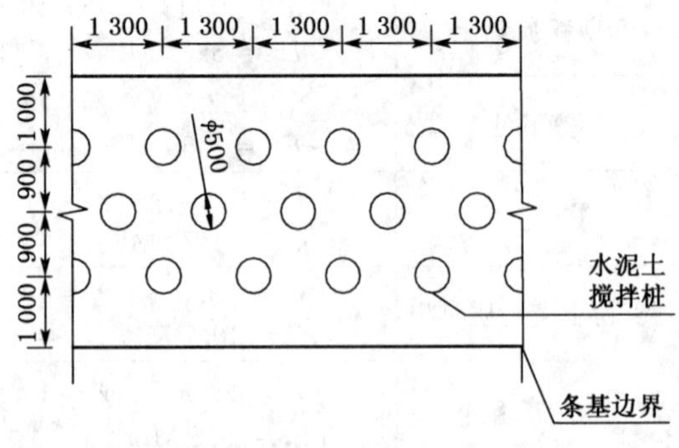

图 8-18 水泥土搅拌桩桩位布置平面图(1：100)

按 $m = 0.12$ 布桩。

(5) 桩位布置

桩距 $s = \dfrac{d}{1.13\sqrt{m}} = \dfrac{0.5}{1.13\sqrt{0.12}} = 1.3$，条形基础沿长度方向每 1.3 m 需要布桩数量

$$n = \frac{m \cdot A}{A_p} = \frac{0.12 \times 1.3 \times 3.8}{3.14 \times 0.25^2} = 3.0。$$

4) 持力层承载力验算

将基础和桩端范围内的搅拌桩和桩间土视为由复合土层组成的假想的实体基础。

搅拌桩桩体的压缩模量 $E_p = (100 \sim 200) f_{cu}$。

取 $E_{sp} = mE_p + (1-m)E_s = 0.12 \times 180 \times 3.6 + (1-0.12) \times 4.73 = 81.1\ \text{MPa}$

则 $E_{s1}/E_{s2} = E_{sp}/E_{s2} = 81.1/10.7 = 7.6, h/b = 3.1/3.8 = 0.8$

查表，确定地基压力扩散角 $\theta = 25°$。

基础底面处土的自重应力

$$p_c = \frac{18.6 \times 0.9 + (18.6-10) \times (1.4-0.9) + (18.9-10) \times (1.9-1.4)}{1.9} = 13.4\ \text{kPa}$$

桩端处的附加压力值

$$p_z = \frac{b \times (p_0 - p_c)}{b + 2h\tan\theta} = \frac{3.8 \times (164.4 - 13.4)}{3.8 + 2 \times 8.0 \times \tan 25°} = 51.8\ \text{kPa}$$

桩端以上土的自重压力值

$$p_{cz} = 18.6 \times 0.9 + (18.6-10) \times (1.4-0.9) + (18.9-10) \times 0.8 + (17.7-10) \times 3.7 + (19.1-10) \times 5.4 + (19.2-10) \times 0.9 = 114.1\ \text{kPa}$$

桩端以上土的平均重度

$$\gamma_0 = \frac{p_{cz}}{h_1 + h_2 + h_3 + h_4 + h_5} = \frac{114.1}{1.4 + 0.8 + 3.7 + 5.4 + 0.9} = 9.35\ \text{kN/m}^3$$

桩端处经深度修正后的地基承载力特征值

$$f_z = f_{ak} + \eta_d \gamma_0 (d - 0.5) = 100 + 1.0 \times 9.35 \times (1.4 + 0.8 + 3.7 + 5.4 + 0.9 - 0.5) = 209.4\ \text{kPa}$$

所以 $p_z + p_{cz} = 51.8 + 114.1 = 165.9\ \text{kPa} < f_z = 209.4\ \text{kPa}$

因此，桩端持力层承载力满足要求。

5) 沉降计算

水泥土搅拌桩复合地基的变形由复合土层的变形 s_1 和桩端以下未加固土层的变形 s_2 两部分组成，即 $s = s_1 + s_2$。

(1) 复合土层的变形 s_1 计算

在加固区底面的附加压力 p_{zl} 作用下，下卧层强度验算的应力扩散法中，复合土层顶面的附加压力值 $p_z = p_0 - p_c = 164.4 - 13.4 = 151\ \text{kPa}$

因此 $$s_1 = \frac{(p_z + p_{zl})l}{2E_{sp}} = \frac{(151 + 51.8) \times 3600}{2 \times 180 \times 10^3} = 2.0\ \text{mm}$$

(2) 桩端以下未加固土层的变形 s_2 计算

依《建筑地基基础设计规范》(GB 50007—2011)第 5.3.7 条规定，地基变形计算深度 $Z_n = b(2.5 - 0.4\ln b) = 3.8 \times (2.5 - 0.4 \times \ln 3.8) = 7.47\ \text{m}$。

计算至土层⑤底部，则 $Z_n = 13.1\ \text{m}$，满足要求。

取沉降计算系数 $\psi_s = 0.7$，由 $Z_n/b = 13.1/3.8 = 3.4$

查得附加应力 $\alpha = 0.116$

则 $$s_2 = \psi_s \sum_{i=1}^{n} \frac{p_z}{E_{si}} (Z_i \alpha_i - Z_{i-1} \alpha_{i-1}) = 0.7 \times \frac{51.8}{5.5 \times 10^3} \times 5\,430 \times 0.116 = 4.2\ \text{mm}$$

因此水泥土搅拌桩复合地基的总沉降 $s = s_1 + s_2 = 2.0 + 4.2 = 6.2\ \text{mm}$

《建筑地基基础设计规范》(GB 50007—2011)，表 5.3.4 规定地基变形允许值 $[s] = 0.002l = 0.002 \times 7\,200 = 14.4 > s = 6.2\ \text{mm}$，其中 l 为相邻柱基的中心距离，本工程 $l = 7.2\ \text{m}$。所以，复合地基变形计算符合要求。

8.4 特殊条件下地基处理技术

8.4.1 冷冻法处理

冷冻法地基处理即在地面上打设一定数目的冻结孔并下放冻结管，利用冷冻机将一定配比的盐水溶液降温，然后通过盐水泵将低温送入冻结管内，流动的低温盐水将地热带出地面，再经过冷冻机组进入冻结管内，如此不断循环进行热交换便会形成以冻结管为中心的冻土圆柱，冻土圆柱不断扩展直至与相邻冻结圆柱搭接，最终受冻土体就成为具有一定强度和厚度的冻土墙或冻土帷幕，达到土体加固的目的。

1) 冷冻法的技术难点

土体冻结有时会出现冻胀现象，土体融化时会出现融沉现象。其原因是水结冰时体积要增大 9%，并有水迁移现象。但像砂土这样的冻水地层，一般不会出现冻胀现象。冻胀现象出现在黏性土质的冻结过程中。冻结过程中土体的孔隙率和含水量的变化会导致土体渗透性变化。这种变化可能会造成地基土层的不均匀沉降，引起结构物的破坏。城市区域高层建筑林立，地面设施众多，地下管线密布。因此，冻胀、融沉引起地表移动造成的环境影响问题关系重大，应予以严格控制。

2）冷冻法的社会效益

冷冻法不受地表场地及深度限制，且不污染环境，为城市地下建设，特别是繁华市区内工程建设提供了新的施工方法。而且其工艺先进，安全可靠，经济合理，文明施工程度高，在我国大力发展城市建设之际，冷冻法施工技术具有良好的发展前景。该技术得到一致好评，具有良好的经济、社会效益，具有较高的推广、研究和运用价值。

8.4.2 建筑物纠偏技术

在建筑工程中，某些建筑物经常不可避免地建在承载力低、土层厚度变化大的较软弱地基上，或因地基局部浸水湿陷，或因建筑物荷载偏心等因素，往往造成建筑物或工业设备基础过大的沉降或不均匀沉降。此外，对大面积堆料的厂房，还会引起桩基础倾斜和吊车卡轨等现象。通常的处理方法有加大基础、加固地基、凿开基础矫正柱子、基础加压、基础减压等方法。近年来，我国在基础纠偏工程中创造出一些新的方法，实践证明，方法简便、效果良好。以下简要介绍顶桩掏土法和排土纠偏法。

1）建筑物倾斜的主要原因

导致建筑物产生过大不均匀沉降的主要原因如下：

(1) 对建筑场地工程地质情况了解不全面。产生建筑物倾斜过大的工程事故多数是设计人员对建筑物地质情况了解不全面造成的。例如，岩土工程勘察报告未能提供古河道、古井、古墓等的存在，以及未能准确提供软弱土层分布情况。而这大多数是由客观原因造成的，勘察孔分布密度未能满足地基土层变形情况要求，但这也有的是岩土工程勘察不合格造成的。

(2) 设计方面的原因。除了对地基土层情况不明造成设计不到位，也存在设计人员对非均质地基上建筑物地基设计经验不足造成的工程事故。对地基土层分布不均匀，特别是存在古河道以及建筑物上部荷载分布不均匀等情况，设计人员未作特殊处理是产生不均匀沉降的主要原因。有的设计人员对软土地基上的建筑物设计只重视地基承载力的验算，不重视或忽略控制沉降，这也是造成工程质量事故的原因。

(3) 施工方面的原因。有些建筑物产生过大变形倾斜是施工质量未能满足要求造成的。近年来，施工质量方面原因造成工程事故的比例有增多的趋势。

建筑物纠偏是一项技术难度较大的工作，需要对已有建筑物的结构、基础和地基，以及相邻建筑物做详细的了解，需要岩土工程、结构工程以及工程施工的知识，需要岩土工程和结构工程等专业技术人员的合作。纠偏技术人员应该具有较强的综合分析能力。建筑物纠偏过程中应力和位移的调整过程，不能过于求成，只能慢慢进行。因为纠偏过大也有可能造成建筑物另一侧的倾斜，对建筑物的整体有影响。

纠偏过程是为移动的调整过程，纠偏工作计划往往根据建筑物倾斜变化的情况不断调整，因此现场监测具有非常重要的意义。现场监测成果不仅利于对前段纠偏效果进行分析，而且可为下阶段纠偏工作提供依据。精密水准测量是重要的监测手段,如需要还可进行建筑物倾斜度测量、地基土水平位移以及结构应力测量等。

2) 考虑建筑物纠偏的条件

当建筑物发生以下情况时,一般考虑纠偏:①倾斜已造成建筑物结构性损坏或者明显影响建筑物的功能;②倾斜已经超过国家或地方颁布的危房标准值;③倾斜已经明显地影响人们的心理和情绪。

如果建筑物的地基变形在持续发展,则需要同时考虑地基加固,阻止建筑物的继续沉降。应该根据建筑物的结构形式和功能要求、地基与基础的情况、环境和施工条件选择合适的纠偏方法。一般有顶桩掏土法、排土纠偏法以及综合处理等纠偏方式。

3) 纠偏工作的一般程序

①搜集有关资料,包括建筑物的设计和施工文件、工程地质资料、建筑物的沉降、倾斜和裂缝观测资料等;②分析建筑物倾斜的原因、危害程度、发展趋势,确定对建筑物实施纠偏的必要性和可行性;③确定合适的纠偏方法和纠偏目标;④制定详细的纠偏方案,要求安全可靠、技术可行、不影响环境、总费用较低,纠偏方案中应该明确规定监测的内容和要求;⑤组织纠偏施工。在纠偏前应对纠偏建筑物及周围环境做一次认真的观测并做好记录,一方面用作纠偏施工控制的参考,另一方面,一旦发生纠纷,可作为法律依据;⑥做好纠偏结束以后的善后工作,同时继续进行定期监测,观测纠偏的效果和稳定性,如有变化,应采取补救措施。

4) 纠偏工作的要点

①确定纠偏目标;②控制纠偏速率;③考虑微调过程;④把握监测工作频率;⑤做好防护工作;⑥ 防止建筑物回倾;⑦选用专业施工队伍。

5) 建筑物纠偏的方法

倾斜建筑物的纠偏方法主要分为两大类:一类对沉降少的一侧促沉;另一类对沉降多的一侧顶升。促沉纠偏又可分为掏土促沉、加载促沉、降低地下水位促沉、湿陷性黄土地基浸水促沉、砍桩促沉和应力释放促沉等;顶升纠偏又可分为机械顶升、灌浆顶升等。常用的纠偏方法及其特点见表 8-17。

表 8-17 常用的纠偏方法分类

纠偏方法	方法说明	主要方法	特　点
顶升或抬升	在沉降大的一侧用机具顶升基础或者上部墙柱,或从侧面推顶张拉基础或构筑物使其复位; 在沉降大的一侧地基土中注入具有挤密加固作用或具有膨胀性的浆液,对建筑物基础起上抬作用	顶升纠偏法、顶推纠偏法、张拉纠偏法、灌浆抬升法	(1) 顶推法和张拉法一般用于局部纠偏和构筑物纠偏 (2) 当整体纠偏时必须注意均匀递变顶升 (3) 保证反力系统的可靠性 (4) 当地基变形未稳定时需要考虑地基基础的加固托换 (5) 灌浆抬升法纠偏抬高量不大,其值难以控制,并存在扰动地基土的危险,实用实例很少,慎用

续表 8-17

纠偏方法	方法说明	主要方法	特　　点
迫　降	采取某种措施迫使沉降较小的一侧下沉，消除或减少与另一侧的沉降差	浸水纠偏法、降水纠偏法、堆载纠偏法、掏土纠偏法、扰动地基土法、桩基水冲纠偏法、断桩纠偏法	(1) 迫降方式应用最多，适用于建筑物或整体纠偏，但纠偏后建筑物绝对标高有所降低 (2) 应根据土质情况选择迫降方法 (3) 整体纠偏时，力求建筑物各部位均匀递变下沉，并使沉降较小一侧产生最小的纠偏沉降量 (4) 当地基变形未稳定时，需考虑地基基础的加固托换
阻　沉	采用地基基础加固托换方法或卸载荷载，阻止或减少沉降较大一侧的沉降，而让沉降较小的一侧继续沉降	部分托换调整纠偏法、卸载纠偏法	(1) 部分托换调整纠偏法用于既有建筑物倾斜量不大，且沉降尚未稳定的情况 (2) 卸载纠偏法一般仅作为辅助措施
调整上部结构	改变结构形式和地基附加应力分布，使原来的沉降趋势反向发展	调整上部纠偏法	(1) 连接构件有足够的刚度去调整变形 (2) 应考虑利用外加结构的可能性 (3) 当地基变形未稳定时，需考虑地基基础的加固托换
综合处理	结合采用多种方法纠偏	综合纠偏法	兼有所用各种方法的特点

(1) 顶桩掏土法

该法是将锚杆静压桩和水平向掏土技术相结合。其工作原理是先在建筑物基础沉降多的一侧压桩，并立即将桩与基础锚固在一起，迅速制止建筑物的下沉，然后在沉降少的一侧基底下掏土，以减少基底受力面积，增加基底压力，从而增大该处土中应力，使建筑物缓慢而又均匀地下沉，产生回倾，必要时可在掏土一侧设置少量保护桩，以提高回倾的稳定性，最后达到纠偏矫正的目的。而施工过程中必须加强建筑物沉降和裂纹的观测。

(2) 排土纠偏法

排土纠偏法的形式有多种，现在介绍以下几种：

① 抽砂纠偏法。为了纠正建筑物在使用期间可能出现的不均匀沉降，在建筑物基底顶先做一层 0.7～1 m 厚的砂垫层，在预估沉降量较小的部位，每隔一定距离预留砂孔一个。当建筑物出现不均匀沉降时，可在沉降量较小的部位，用铁管在预留孔中取出一定数量的砂体，从而使建筑物强迫下沉，达到沉降均匀的目的。

当建筑物出现不均匀沉降时，可在沉降量较小的部位，用铁管在预留孔中取出一定数量的砂体，若取砂孔四周的砂体未能在自重下挤出孔洞，则应在砂孔中冲水，促使孔周围的砂体下陷，从而使建筑物强迫下沉，达到沉降均匀的目的。

施工中要严格控制取出砂的体积和取砂孔冲水以强迫基础的下沉时，可单排冲水，每孔的冲水量不宜过多，水压不宜过大，一般以取砂孔能自行被砂填满为限。取砂的深度也不宜过大，至少应小于垫层厚度的 10 cm，以免扰动砂垫层下面的地基土。为谨慎计，取砂可分阶段进行，每阶段沉降为 2 cm，待下沉稳定后再进行阶段的取砂。

② 钻孔取土纠偏法。软黏土地基上的建筑物发生倾斜时，用钻孔取土法纠正能收到良好的效果。

软黏土的特性是强度低而变形大，如果控制加荷速率，可以使地基逐步固结而提高承载力和减小变形量。如果加荷速率过大，有可能使地基土进入不排水状态，从而产生较大的塑性变形使基底土侧向挤出。这不但增大了地基变形，有时甚至导致整个地基剪切破坏。钻孔取土纠偏法就是利用软土中应力变化后产生侧向挤出这个特性来调整变形和纠偏倾斜。

当基础一侧出现较大沉降而倾斜时，就在沉降小的一侧基础周围钻孔，孔位距基础边缘 30 cm 左右，钻孔中心距约 10 cm，钻孔深度达到软黏土层。为了防止连续钻孔后可能使钻孔被挤塌以及便于钻孔的操作，在基础底面以上设内径 76 mm、长约 1 m 的套管。钻好孔后再在孔中掏土，使此侧软土地基有可能产生侧向挤出而产生较大的下沉，达到纠偏的目的。

为了加速倾斜的调整过程，还可在基础下沉较小一侧的基础上逐级增加偏心荷载，使该处地基中附加应力增大，加速软黏土的侧向变形和挤出，以达到纠偏的目的。

当黏性土地基上的建筑物发生倾斜时，用钻孔取土法纠正能收到良好的效果。其方法是利用软土中应力变化后将产生侧向挤出这一特征来调整变形和纠正倾斜。

当基础一侧出现较大沉降而倾斜时，在沉降小的一侧基础周围钻孔，然后再在孔中掏土，使此侧软土地基土有可能产生侧向挤出而产生较大下沉，达到纠偏的目的。

为了加速倾斜的调整过程，还可在基础下沉较小一侧的基础上逐级增加偏心荷载，该处地基中附加应力增大，加速软黏土的侧向变形和挤出。

③ 调整上部纠偏法。调整上部纠偏法是指当原有结构的受力状态很不合理而造成倾斜，通过对上部结构采取某些结构措施，使其受力状态得到改善，传到地基中的附加应力分布均匀，建筑物沉降反向调整，从而达到纠偏目的的方法。

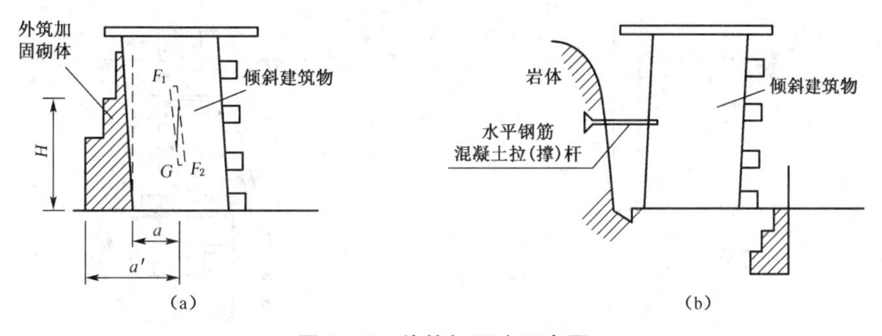

图 8-19　外筑加固法示意图

有人把建筑物外侧砌筑附加结构或者增设支撑系统的结构调整法称为外筑加固法(见图 8-19)，要求外筑部分有坚实的基础，新老砌体间有可靠的连接，充分估计新老基础可能产生的沉降差异，并采取一定的预防措施。图 8-20 是新老砌体的一种连接方式，支撑系统必须与房屋的钢筋混凝土梁柱有可靠的连接。

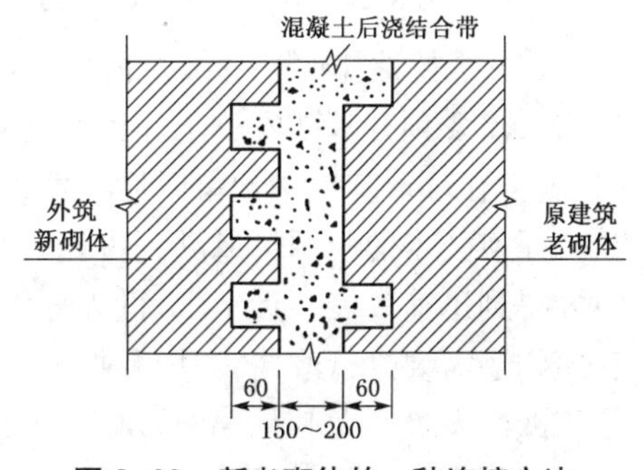

图 8-20　新老砌体的一种连接方法

8.4.3 托换技术

托换法指为了解决对原有建筑物的地基需要处理、基础需要加固或改建的问题，以及对原有建筑物基础下需要修建地下工程以及邻近建造新工程而影响到原有建筑物的安全问题的技术总称。

在进行托换施工时，应加强施工监测和竣工后的沉降观测，并做好施工记录。

按照托换工程的目的，托换技术可分为以下三类：

(1) 补救性托换。例如，原有建筑物基础下地基不满足地基承载力和变形要求时，需将原有基础加深至比较好的持力层上；若较好的土层埋藏较深，地下水位高等原因，也可采用扩大原有基础底面积以减小基底压力，或地基进行加固，提高其承载力，减少地基变形等均属补救性托换。在房屋增层工程上，也常采用这种托换技术。我国在 20 世纪 50 年代和 60 年代间，各地建造的住宅基本上是三层至四层，目前这些建筑物的上部结构和地基基础绝大多数仍然完好无损。为了节约用地和减小基建投资并达到改善居住条件的目的，许多城市采用了旧房加层改造方法，使二三层房屋增至四五层，国外也有增至七八层的，图 8-21 及图 8-22 就是这种托换形式。

(2) 预防性托换。例如，原有建筑物的地基已经满足承载力和变形的要求，但由于原有建筑邻近地段要修建较深的新建建筑物基础，包括深基坑的开挖和隧道穿越已有建筑物等，因而需将原有建筑物基础进行加固，或对其地基进行加固，有时在已有建筑物基础侧面修筑比较深的板墙、网状机构树桩或地下连续墙等，用以维护建筑物的地基和基础不受到挠动与破坏，故又称侧向托换。

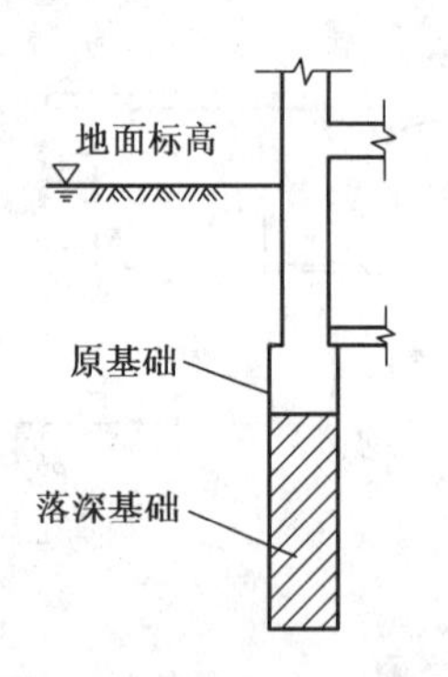

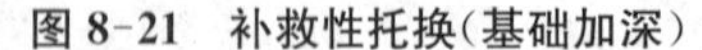
图 8-21 补救性托换(基础加深)

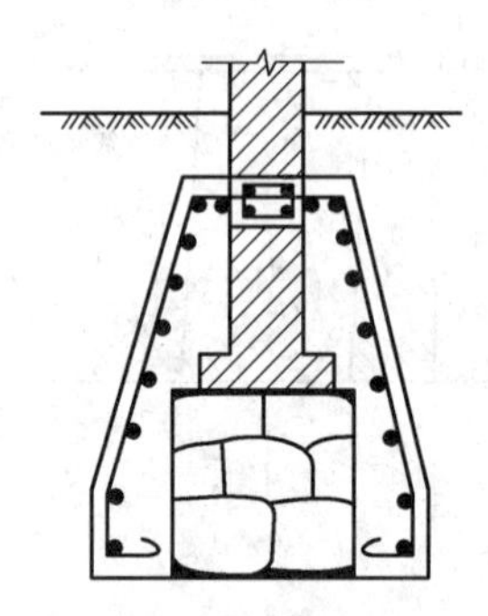
图 8-22 补救性托换(基础加宽)

(3) 维持性托换。在某些情况下，就考虑到以后基础可能出现差异沉降，在设计时就预留将来需要顶升基础安放千斤顶所需的净空等。例如，目前国内在软黏土地基上建造油罐时，就常在环形基础中预留以后可埋设千斤顶的净空，即属这种托换方式。

托换技术的起源可追溯到古代，但是直到 20 世纪 30 年代，兴建美国纽约市的地下铁道时才得到迅速发展。近年来，世界上大型和深埋的结构物和地下铁道的大量施工，尤其是古建筑物还需要进行改建、加层和加大使用荷载时，都需要采用托换技术，因而托换技术也有了飞跃的发展。尤其是德国，自 20 世纪 40 年代后期，在许多城市的扩建和改造技术，如基础加压纠偏法、锚杆静压法、基础减压和增加刚度法都有很大的创新特色。

托换技术是一种建筑技术难度较大、费用较高、责任心强的特殊施工方法，因为它可能危及生命和财产的安全，并需要应用各种地基处理技术，同时需要善于巧妙和灵活地综合选用这些技术。

1）桩式托换

桩式托换用于软弱黏性土、松散砂土、饱和黄土、素填土和杂填土等地基。

桩式托换可分为坑式静压桩托换、锚杆静压桩托换、灌注桩托换和树根桩托换等。

(1) 坑式静压桩托换

坑式静压桩托换适用于对条形基础的托换加固。其桩身直径为 15～25 cm 的预制钢筋混凝土方桩。每节桩长由托换坑的净高和千斤顶形成确定。

施工时先贴近托换加固建筑物的外侧或内侧开挖一个竖坑，并在基础底面下开挖一个横向导坑。在导坑内放入第一节桩，并安置千斤顶及测力传感器，驱动千斤顶压桩。每压入一节后，采用硫黄胶泥进行接桩。到达设计深度后，拆除千斤顶。对钢管桩，根据工程要求可在管内填入混凝土，并用混凝土将柱与原有基础浇筑成整体。

(2) 锚杆静压桩托换

锚杆式静压桩的工作原理是利用建筑物自重，先在基础上埋设锚杆，借助锚杆反力，通过反力架用千斤顶预制好的桩逐节经基础开槽出来的桩孔压入至设计土层。当桩压力达到 1.5 倍的设计荷载时，将桩与基础用微膨胀混凝土封住，当混凝土达到设计强度后，该桩便能承受上部结构荷载，并能阻止建筑物的不均匀沉降。

锚杆式静压桩的优点是施工时无振动、无噪音、设备简单、质量轻、造价低、操作方便、移动灵活等，可在场地和空间狭窄的条件下施工。

锚杆式静压桩托换法适用于既有建筑物和新建建筑物的地基处理和基础加固。锚杆式静压桩托换时采用 C30 的 200 mm×200 mm 或 300 mm×300 mm 预制钢筋混凝土桩，每节长 1～3 m。压桩时，千斤顶所产生的反力通过埋在基础上的锚杆和反力架传递给基础。当需要对桩施加预应力时，应在不卸载条件下立即将桩与基础锚固，在封桩混凝土达到设计强度后才能拆除压力架和千斤顶。当不需要对桩施加预应力时，在达到设计深度和压桩力后，即可拆除桩架，并进行封桩处理。

锚杆式静压桩施工的次序和注意事项：

① 桩位孔和锚杆孔的开凿。孔洞不宜过大，但最好是下大上小，利于基础受冲减，不宜将全部孔凿压完后再压桩，而是采用流水作业以保证托换过程中地基基础有足够的安全度。

② 安装锚杆静压桩反力装置。抗拔锚杆是用环氧砂浆做粘结剂，将锚杆埋设在已钻好孔的钢筋混凝土基础中，锚杆埋深是 10 倍的锚杆直径。锚杆可用光面直杆，端部加焊钢筋箍，也可用螺旋锚杆，以抗拔锚杆为支柱，安装反力架、电动葫芦、千斤顶等压桩设备。

③ 压桩和接桩。压桩施工应对称进行，以防止基础受力不均匀。压桩不宜中途停止，若停歇时间过长，会使桩圈一定范围内重塑区内原增大的孔隙水压力逐渐消散，土的抗剪强度逐渐增高，从而增大桩的侧向阻力。

④ 桩与基础锚固。当压桩力达到 1.5 倍设计承载力后，在不卸荷的条件下，立即将桩与基础用强度等级为 C30 的微膨胀早强混凝土灌在一起，不使桩因卸载而有回弹的余地，并促使桩下及桩周一定范围的土中形成预压力泡，可使基础有微量回弹，从而减小基底压力，减少了地基沉降。工程实践证明，凡施加预加应力的桩基础几乎没有沉降。

(3) 灌注桩托换

对于具有沉桩设备所需净空条件的既有建筑物的托换加固,可采用灌注桩托换。

各种灌注桩的试用条件宜按下述固定进行:①螺旋钻孔灌注桩适用于均质黏性土地基和地下水位较低的地质条件;②潜水钻孔灌注桩适用于黏性土、淤泥和砂土地基;③人工挖孔灌注桩适用于地下水位以上或透水性小的地层,当孔壁不能直立时,应加设砖砌护壁或混凝土护壁防塌孔。

灌注桩施工完毕后,应在桩顶用现浇梁等支撑建筑物的柱或墙。

(4) 树根桩托换

树根桩是一种小直径就地灌注的钢筋混凝土桩。由于成桩方向可竖可斜,犹如在基础下生出若干树根而得名。树根桩适用于既有建筑物的修复和加层,古建筑整修、地下铁道穿越、桥梁工程等各类地基处理和基础加固,以及增强边坡稳定等。

树根桩穿过既有建筑物基础时,将主钢筋和树根桩主筋焊接,并应将基础顶面上的混凝土凿毛,浇筑一层大于原基础强度的混凝土。采用斜向树根桩时,应采取防止钢筋笼端部插入孔壁土体中的措施。

(5) 压入桩托换

① 顶承静压桩。顶承静压桩是利用建筑物上部结构自重作支撑反力,采用普通千斤顶,将桩分节压入土中。施工时基础一侧开挖导坑,导坑逐步扩展到基础下面,再在基础底面挖开一个缺口,在缺口中垂直放进第一节带桩尖的钢管,桩顶放一块钢板,钢板上安装液压千斤顶,千斤顶上装压力传感器,传感器上垫钢板顶住基础,用千斤顶加压使桩压入土中,接桩用电焊,从压力传感器上可观测到桩贯入到设计图层时的阻力,当桩所承受的荷载已超过设计单桩承载力 150%时就可停止加荷。在按设计需要进行压桩托换的其他部位,先后将桩压入设计土层。在认为危险已经排除的情况下,交错取出千斤顶,并向管内浇灌混凝土,压实后再将基础上所挖缺口填平,并在基础下支模浇筑混凝土,使桩和基础浇筑成整体,如图 8-23 所示。

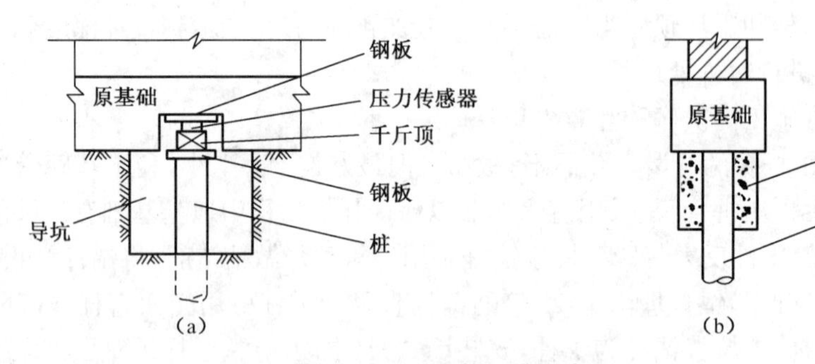

图 8-23　顶承静压桩示意图

② 预试桩托换。预试桩托换和顶承式静压桩托换的施工方法基本相同,其主要特点是,当桩管至顶进深度后,用两个并排设置的千斤顶放在基础底和钢管顶之间,两个千斤顶之间要有足够的空间,以便将来安放楔紧的工字钢桩。用千斤顶对桩顶加荷至设计荷载的 150%为止,在荷载保持不变的情况下,1 小时内桩的沉降不再增加时即认为已下沉稳定。然后,取一段工字型钢竖放在两个千斤顶之间,再用锤打紧钢楔。经验证明,只要转移约 10%的荷载,就可有效地对桩进行预压,从而阻止了千斤顶预压后桩的回弹,然后取出千斤

顶，采用干填法或在压力不大的条件下将混凝土灌注到基础底面。将桩顶和工字型钢用混凝土包起来，施工即告完成。这种楔固方法使用作用在桩顶上的全部荷载阻止桩体回弹和随后的沉降。这是此法比顶承式静压桩的优越之处。预试桩托换是1917年美国在纽约修建地下铁道时发明的，它适用于地下水位较高的地质条件，不适于在填石地基及有障碍的地基中压桩，如图8-24所示。

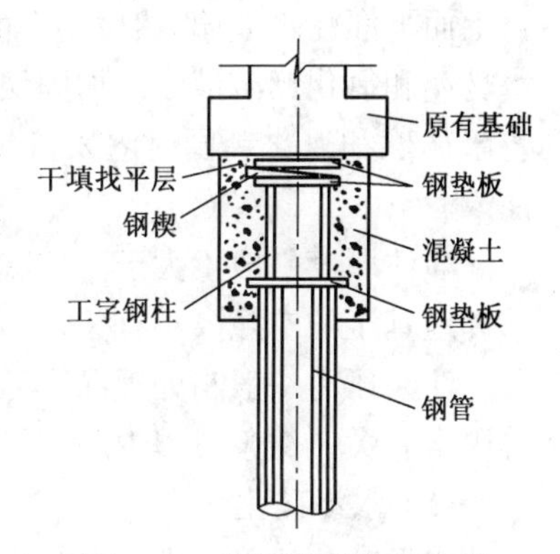

图8-24 预试桩托换示意图

③ 自承式静压桩。自承式静压桩是利用静压机械加配重作为反力，通过油压系统，将预制桩分节压入土中，桩身接头采用硫黄砂浆连接。

2）灌注托换法

灌浆托换是利用气压或液压将各种无机或有机化学浆液注入土中，使地基土固化，起到提高地基土的强度、消除湿陷性或防渗堵漏作用的一种加固方法。在各类土木工程中进行砂浆处理已有百余年历史。

灌浆材料有粒状浆材如水泥浆、黏土浆等，以及化学浆材如硅酸钠、氢氧化钠、环氧树脂等。灌浆托换属于原位处理，施工较为简便，能快速硬化，加固体强度高，一般情况下可以实现不停产加固。但是，灌浆托换因浆材价格多数较高，通常仅限于浅层加固处理，加固深度常为3～5 m。当加固深度超过5 m时往往是不经济的，应与其他托换方法进行技术经济比较后再决定是否采用。如图8-25所示。

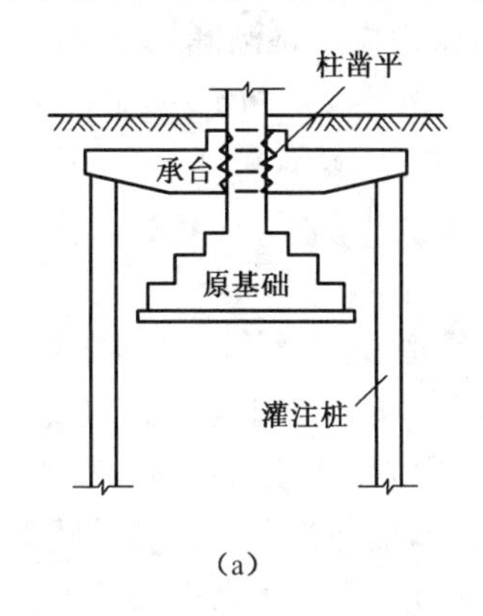

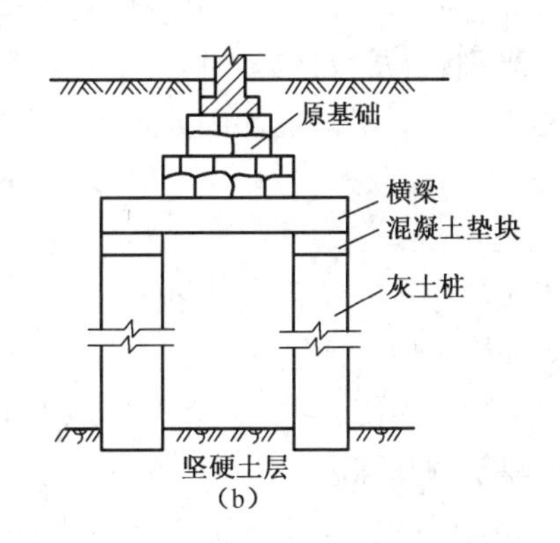

图8-25 灌注桩托换

灌注桩托换的施工过程是：①成孔，成孔一般采用螺旋钻孔桩、潜水钻钻孔、沉管后再挖出管中的土的方法以及人工挖孔等；②清除孔内沉渣；③在孔内下钢筋笼；④灌注混凝土；⑤桩身混凝土达到龄期后，将桩顶不密实的混凝土凿除，再与承台或者托梁连接，承台或托梁即可支承被托换的上部结构，其荷载的传递是靠楔或千斤顶来转移的。

建筑工程中用于基础托换的灌浆法主要有硅化加固法、水泥硅化法、碱液加固法。

（1）硅化加固法

硅化加固法始于1887年，是一种比较古老的灌浆工艺。它是利用带有孔眼的注浆管将硅酸钠溶液与氯化钙溶液分别轮换注入土中，使土体固化的一种化学加固法。采用双液硅化时，应根据地下水流速按下列规定灌注：①当地下水流小于1 m/d时，先向每个加固层中自上而下灌注水玻璃，然后自下而上灌注氯化钙溶液；②当地下水流小于 3 m/d 时，轮流将水玻璃和氯化钙溶液注入加固层中；③当地下水流大于 3 m/d 时，首先在所选定的深度内将水玻璃和氯化钙同时灌入，以减少地下水流速，然后再轮流将水玻璃和氯化钙溶液分别注入。

灌注厚度一般不大于 0.5 m，一次灌注不能完成者进行多层灌注，层次的厚度与工程要求和地基土的空隙大小有关，同时受注浆管长度的限制，灌注前应通过试验确定。

注浆压力一般与处理深度处的覆盖压力、建筑物的荷载、浆液黏度、灌注速度和灌浆量等因素有关。注浆过程中压力是变化的，起始压力小，最终压力高。

(2) 水泥硅化法

水泥硅化法是将水玻璃与水泥分别配成两种浆液，按照一定比例用两台泵或一台双缸独立分开的泵将两种浆液同时注入土中。这种浆液不仅具备水泥浆的优点，而且还兼有某些化学浆液的优点，例如凝结时间快、可灌性高等，可以准确控制凝结时间。

(3) 碱液加固法

已有的化学加固方法都是将化学溶液灌入土中后，由溶液本身析出胶凝物质将分散的土颗粒胶结而使土得到加固，例如上述硅化加固法及其他高分子有机溶液加固都是这种原理。但是，碱液加固的原理不同于上述方法，它本身并不能析出任何胶凝物质，而是使土颗粒表面活化，然后再接触彼此胶结成整体，从而提高土的强度。

碱液在常温下加固反应缓慢，一般加固 3 天土体才能获得强度，温度越高，早期土体强度越大，因此碱液加固土体强度的分布是不均匀的。在注浆管下端浆液出口处，由于浆液温度高，受热时间长，因而土体强度高，从上到下，由近至远，浆液温度逐渐降低，土体强度也随之降低。当细颗粒含量较多时，由于土颗粒的比表面积大，化学反应可充分发生，则加固土体强度相应较高。经碱液加固处理后，土体水稳定性大大改善，湿陷性可完全消除，压缩性也相应降低。

3) 综合托换

由于城市建设的发展，除各类建筑物不断增加外，地下铁道、地下商场、大型通风管沟以及电缆地沟等构筑物也日趋增多，而且往往穿越部分原有建筑，有时还会穿越一些重要的有历史价值的建筑物。为使这些建筑物相邻地下工程施工期间能正常使用或者尽量减少损坏，就需要对原有建筑物基础进行托换。在一个建筑物的托换过程中，往往需要多种方法进行综合使用，这就无论在规模上还是在技术难度上都远远超过一般托换工程。尤其在地下修建地下铁道时，为了防止对相邻建筑物及交通的影响，其托换技术往往具有大型、综合的特点。

8.4.4 建筑物移位技术

随着国民经济的快速发展，我国各大城市的地下工程活动日益增多，各种城市地下工程活动会使建筑物基础、道路路基和路面、立体交通枢纽各类地下管线等市政设施产生各种位移，如建筑物的沉降和不均匀沉降、建筑物的水平位移等，这些移位不同程度地影响甚至危害了建筑物的使用功能和安全。建筑物产生各种移位有如下几个方面的原因：①各种建筑物的基础在设计和施工方面有缺陷或不完善。建筑物的设计偏重于非对称的美学艺术，造成建筑物的不匀称；上部结构对地基施加的荷载作用不均匀，甚至差异较大；结构重心与荷载中心偏离；沉降缝布置欠妥等因素造成建筑物倾斜。②地基勘察和勘探点布置不全面或者勘探点深度不够。对大型高层建筑有的仅做了建筑物本身的地基勘察，未做区域性地质调查，地下情况不明就提出地质勘察报告。③地基内土层不均匀，填土层厚薄或松密不一；设计人员对各层岩土的类型、结构、厚度、坡度未加分析研究就采用一些不合理的勘察参数，导致基础设计错误；有的拟建场地内有未勘察明细的沟谷等不良工程地质现象，造成先天性缺陷。

从力学角度看，使建筑物产生各种移位的主要原因包括：①土体的应力、应变状态的变化；②土体的含水量和孔隙比的变化；③土体颗粒骨架的黏弹性变形，即土的流失；④土体的结构破坏；⑤土体的化学成分变化等。

1）地下机构移位控制的方法

地下构筑物移位的控制技术包括构筑物的地基加固、纠倾及迁移等。当建筑物沉降或沉降差过大，影响构筑物正常使用时，有时在进行加固后尚需进行移位控制。具体来说就是要对构筑物的纠倾和顶升。所谓纠倾是将偏斜的建筑物纠正，纠倾的途径有两种：一种途径是将沉降小的部位促沉，使沉降均匀而将建筑物的偏斜纠正；另一途径是沉降大的部位顶升，将建筑物纠偏纠正。顶升法有时也用于虽无不均匀沉降但沉降量过大的建筑物，通过顶升使之提高到一定高度。促沉纠倾有两类：一类是通过加载来使地基变形达到促沉纠倾的目的；另一类是通过掏土来调整地基土的变形达到促沉纠倾的目的。掏土有的直接在建筑物沉降较少一侧的基础下掏土；有的在建筑物沉降较少一侧的外侧地基中掏土。另外，移位控制技术还包括国内近来发展起来的 CCG 注浆法等。

（1）注浆法移位控制技术

注浆技术是岩土工程学的一个分支，属于地基处理的范畴，是由经验方法逐步完善成为一门具有一定理论体系的技术，到现在已有 200 年的历史。注浆技术大致经历了几个发展阶段，由原始黏土浆液注浆、初级水泥浆液注浆、中级化学注浆发展到今天的注浆阶段。

注浆的分类较多，根据注浆施工时间、注浆材料、工艺流程、受注对象等标准有多种分类方法。根据浆液在岩土层中的运动形式和浆液对注浆对象的作用方式可以分为以下几种类型。

① 充填或裂隙注浆。岩石裂隙、节理和断层的防渗注浆；或者洞穴、构造断裂带、隧道衬砌壁后注浆；或者采空区注浆、回填土的孔隙填充注浆等属于此类。土层填充注浆一般注浆深度不大，静压注浆即可；岩层裂隙、采空区注浆一般注浆深度大，压力也较高。

② 渗透注浆。渗透注浆是在不足以破坏土体结构的压力下，把浆液注入粒状土的孔隙中，从而取代和排除其中的空气和水。浆液一般是均匀地扩散到土颗粒间的孔隙内，将土粒胶结起来，以达到增强土体强度和防渗能力的目的。

③ 压密注浆。压密注浆通常是指土体的压密注浆，可以适用于中细砂和能够充分排水的黏土。压密注浆是指浆液在压力的作用下，通过钻孔挤密土体，以达到加固的目的。由于浆液材料的不同，浆液体在土层中的膨胀会以不同的形状出现。对于像砂浆、细石混凝土等一些极稠的注浆材料，浆液的颗粒较大，浆液在土体中只能形成球状或者圆柱状的浆泡，浆液体的主要运动形式就是球状和圆柱状膨胀，浆液对土体的作用方式也以径向挤密土体为主。

（2）CCG 注浆法移位控制和加固原理

CCG 注浆施工过程中浆泡向外扩张将在土体中形成非常复杂的径向和切向应力场。紧靠浆泡的土体中形成塑性区，离开浆泡区域中的土体基本上发生弹性变形。CCG 注浆加固原理主要有以下两个方面。

① 由于CCG注浆浆液很稠,浆液注入土层中的设计位置后形成一个泡状整体均匀地向周围扩大,从而挤密周围的土体,使土体强度有一定程度的提高。

② 桩体作用。通过注浆管的提升或下降,CCG注浆可以在土体中形成一个柱状注浆体,注浆体可作为竖向增强体与周围的土体形成复合地基。注浆体的刚度比桩间土的刚度大,在荷载作用下,为保持注浆体和浆间土之间的变形协调,在注浆体上产生应力集中现象,使注浆体承担较大比例的荷载,并通过注浆体将荷载传递给较深的土层,同时桩间土体承担的荷载减小。这样复合地基承载力较原天然地基承载力有所提高,地基沉降量减小。

CCG注浆在上述两方面的综合作用下达到加固地基、提高地基承载力的目的。

(3) CCG注浆对移位和加固效果的影响因素

① 土的性质。通常黏性土比砂性土难以挤密,CCG注浆最适宜于砂性土,对饱和的黏性土的挤密效果并不是十分理想。黏性土体中若采用较好的排水措施也可以采用CCG注浆法。若排水不畅,将在土体中引起较高的孔隙水压力,因此宜采用较低的注浆速率。

② 上覆土压力。如果上覆土比较薄,待加固的土层中的土自重应力较小,若注浆的速率和注浆压力较大,上覆土层将会产生较大的隆起。

③ 注浆压力和注浆速率。过大的注浆压力和注浆速率将会导致上覆土层的过分隆起。最大的注浆压力的确定还应考虑邻近建筑物的敏感程度。

④ 注浆量。注浆量的不均匀分布将会导致被加固的土层的加固程度不均匀。注浆浆液的体积通常占被加固土体体积的4%～20%。

⑤ 注浆方式和注浆点的顺序。注浆方式主要有两种,即由上而下的方式和由下而上的方式,通常按由下而上的方式注浆要经济得多。注浆点顺序的合理安排会明显影响土体的加固效果,通常采用跳注方式进行注浆。

(4) 静压桩法移位控制技术

静压桩施工由于其噪声小、无泥浆污染、沉桩速度快等优点在东南沿海软土地基城市建设中获得日益广泛的应用。在实际工程中,静压桩机可以用于基础工程,也可作为基坑围护桩。但作为移位控制中的应用,静压桩通常与锚杆结合在一起形成一种桩基施工工艺,称为锚杆静压桩。其基本原理是利用锚杆桩将上部结构部分荷载通过桩身和桩尖传入地基较深较好的持力层,达到控制移位,或者减轻基础持力层的负载,从而控制建筑物过大沉降及不均匀沉降的目的。

(5) 掏土法移位控制技术

掏土法也是对建筑物进行移位控制的有效技术之一。掏土法移位控制技术是指掏土、钻孔取土、穿孔取土纠倾等方法的技术总称。它属于迫降纠倾,已有30多年的应用历史,其基本原理是进行有控制的地基应力释放,在建筑物倾斜相反的一侧,根据工程地质情况,设计挖空取土,造成地基侧应力解除,使基底反力重新分布,从而调整建筑物的沉降差异,达到控制建筑物移位,实现扶正、纠偏的目的。

(6) 湿陷性黄土地基上人工注水方法移位控制技术

人工注水法移位控制技术的基本原理是利用湿陷性黄土地基遇水后在一定压力作用下发生较大沉陷的特征,在倾斜房屋基础较小的一侧,用人工控制水量将水注入地基内,使基础发生沉陷,达到控制房屋竖向移位,从而实现房屋纠偏的目的。

思考题与习题

1. 简述地基处理的对象和目的。

2. 何谓软弱地基？它有何特征？其特征指标和成因是什么？

3. 换填垫层法的原理是什么？如何确定垫层的厚度和宽度？为什么厚度太薄（<0.5 m）和太厚（>3.0 m）都不合适？宽度太小可能会出现什么问题？

4. 何谓强夯法？试述其加固原理。

5. 砂石桩的作用原理是什么？

6. 试述排水固结法的加固原理与应用条件。

7. 在砂井固结理论中，何谓竖向排水固结度、径向排水固结度和总固结度？

8. 阐述 CCG 注浆法移位控制和加固原理。

9. 阐述静压桩法移位控制技术。

10. 阐述掏土法移位控制技术。

11. 阐述湿陷性黄土地基上人工注水方法移位控制技术。

12. 阐述冷冻法的技术难点。

13. 阐述托换技术的种类及其要点。

14. 试述真空预压法的加固原理。

15. 某单独基础底面边长为 1.8 m，埋深 0.5 m，所受轴心荷载标准值 $F_k = 500$ kN。基底以上为填土，重度 $\gamma = 18.0\ \text{kN/m}^3$；其下为淤泥质土，其承载力特征值 $f_{ak} = 80$ kPa。若在基础下用重度为 $\gamma = 20.0\ \text{kN/m}^3$ 的粗砂做厚度为 1.0 m 的砂垫层，试验算砂垫层厚度是否满足要求，并确定砂垫层的底面尺寸。

16. 某砖混结构的办公楼，承重墙传至基础顶面的荷载 $N = 200$ kN/m，地表为 1.5 m 厚的杂填土，$\gamma = 16\ \text{kN/m}^3$，$\gamma_{sat} = 17\ \text{kN/m}^3$；下面为淤泥层，含水量 $w = 48\%$，$\gamma_{sat} = 19\ \text{kN/m}^3$，地下水位距地表深 1.2 m。设计基础的垫层。

17. 某海港工程为软黏土地基，$C_v = C_H = 1.5 \times 10^{-3}\ \text{cm}^2/\text{s}$，采用砂井堆载预压法加固，砂井长 $L = 16$ m，$d_w = 30$ cm，间距 $l = 1.5$ m，梅花形布置。求一次加荷 2 个月时砂井地基的平均固结度。

18. 某松砂地基，地下水位与地面平，采用砂桩或振冲桩加固，砂桩直径 $d_c = 0.6$ m，该地基土的 $d_s = 2.7$，$\gamma = 17.5\ \text{kN/m}^3$，$e_{max} = 0.95$，$e_{min} = 0.6$，要求处理后能抗地震的相对密实度 $D_r = 0.8$，求砂桩的间距。

19. 某场地为细砂地基，天然孔隙比 $e = 0.95$，$e_{max} = 1.12$，$e_{min} = 0.60$。基础埋深 1.0 m，有效覆盖压力 18 kPa。决定使用砂桩加密地基。砂桩长 8.0 m，直径 $d_0 = 500$ mm，间距 $s = 1.5$ m，正三角形排列。试计算加密后的相对密度，并查表估算地基承载力。

9　特殊土地基

9.1　概述

我国地域辽阔，从沿海到内陆，从山区到平原，广泛分布着各种各样的土类。某些土类，由于生成时不同的地理环境、气候条件、地质成因、历史过程和次生变化等原因，使它们具有一些特殊的成分、结构和性质。当用作建筑物的地基时，如果不注意这些特殊性就可能引起事故。通常把这些具有特殊性质的土类称为特殊土。各种天然形成的特殊土的地理分布存在着一定的规律，表现出一定的区域性，故又有区域性特殊土之称。

我国主要的区域性特殊土有软土、湿陷性黄土、膨胀土、红黏土、冻土、盐渍土等。此外，我国山区广大，广泛分布在西南地区，其工程地质条件更为复杂，主要表现为地基的不均匀性和场地的不稳定性两方面，如岩溶、土洞及土岩组合地基等，其对工程建设具有直接和潜在的危险，为保证各类建筑物的安全和正常使用，应根据其工程特点和要求，因地制宜，综合治理。

本章主要介绍软土、湿陷性黄土、膨胀土、红黏土、冻土、盐渍土等各类特殊土地基的工程特征和评估指标，以及在这些地区从事工程建设时应采取的措施。

9.2　软土地基

9.2.1　软土成因类型及分布

软土一般指外观以灰色为主，天然比大于或等于 1.0，天然含水量大于液限并且具有灵敏结构性的细粒土。它包括淤泥、淤泥质土(淤泥质黏性土、粉土)、泥炭和泥炭质土等，其压缩系数一般大于 0.5 MPa^{-1}，不排水抗剪强度小于 20 kPa。

软土多为在静水或非常缓慢的流水环境中沉积，经生物化学作用形成的，天然含水率大于液限、天然孔隙比大于或等于 1.0 的黏性土。当天然孔隙比大于或等于 1.0 而小于 1.5 时为淤泥质土；当天然孔隙比大于或等于 1.5 时为淤泥。它广泛分布在我国沿海地区、内陆地区以及江河湖泊处，形成滨海相、三角洲相、泻湖相、溺谷相和沼泽相等沉积。

以滨海相沉积为主的软土，沿海岸线由北至南分布在大连湾、天津塘沽、连云港、舟山、温州湾、厦门、香港、湛江等地；泻湖相沉积的软土以温州、宁波地区软土为代表；溺谷相软土则分布在福州、泉州一带；三角洲相软土主要分布在长江下游的上海地区和珠江下游的广州地区；河漫滩相沉积软土在长江中下游、珠江下游、淮河平原、松辽平原等地区有分布；内陆软土主要为湖相沉积，在洞庭湖、洪泽湖、太湖、鄱阳湖四周以及昆明滇池地区有分布；贵州六盘水地区的洪积扇和煤系地区分布区的山间洼地也有软土分布。不同成因类型的软土具有一定的分布规律和特征。

9.2.2 软土的工程特性及其评价

1）软土的工程特性

软土的主要特征是含水量高（$w=35\%\sim80\%$）、孔隙比大（$e\geqslant1$）、压缩性高、强度低、渗透性差，并含有机质，一般具有如下工程特性：

（1）触变性。软土一般为絮状结构，尤其是滨海相软土更为明显，一旦受到扰动（振动、搅拌、挤压或搓揉等），原有结构破坏，土的强度明显降低或很快变成稀释状态。触变性的大小，常用灵敏度 S_t 来表示，一般 S_t 在 3～4 之间，个别可达 8～9。故软土地基在振动荷载下，易产生侧向滑动、沉降及基底向两侧挤出等现象。

（2）流变性。软土除排水固结引起变形外，在剪应力作用下，土体还会发生缓慢而长期的剪切变形，对地基沉降有较大影响，对斜坡、堤岸、码头及地基稳定性不利。

（3）高压缩性。软土的压缩系数大，一般在 $a_{1-2}=0.5\sim1.5\ \mathrm{MPa^{-1}}$ 变化，最大可达 $4.5\ \mathrm{MPa^{-1}}$；压缩指数 C_c 约为 0.35～0.75，其压缩性随液限的增大而增高。软土地基的变形特性与其天然固结状态相关，欠固结软土在荷载作用下沉降较大，天然状态下的软土层大多属于正常固结状态。

（4）低强度。抗剪强度与加荷速度及排水条件密切相关。根据土工试验的结果，我国软土的天然不排水抗剪强度一般小于 20 kPa，其变化范围约为 5～25 kPa，有效内摩擦角 φ' 约为 12°～35°，固结不排水剪内摩擦角 $\varphi_{cu}=12°\sim17°$。软土地基的承载力常为 50～80 kPa。

（5）低透水性。软土的渗透性差，其渗透系数一般约为 $1\times10^{-6}\sim1\times10^{-8}\mathrm{cm/s}$，在自重或荷载作用下固结速率很慢。同时，在加载初期地基中常出现较高的孔隙水压力，影响地基的强度，延长建筑物沉降时间。

（6）不均匀性。由于沉降环境的变化，黏性土层中常局部夹有厚薄不等的粉土使水平和垂直分布上有所差异，使建筑物地基易产生差异沉降。

2）软土地基的工程评价

对软土地区拟建场地和地基进行岩土工程地质勘察时，应按《软土地区岩土工程勘察规范》（JGJ 83—2011）要求进行。在下达勘察任务时，宜布置多种原位测试手段代替部分钻探工作，部分常规钻探鉴别孔可用静力探孔替代，宜用十字板试验测定软土抗剪强度、灵敏度等，或采用旁压试验、螺旋板载荷试验等确定土的极限承载力，估算土的变形模量或旁压模量等参数，对软土地基中的砂层或中密粉土应辅以标准贯入试验。软土层中宜采用回转式提土钻探，应根据工程要求所需试样的质量等级选择采样方法及取土器，宜采用静压法以薄壁取土器采取原状土试样，并在试样运输、保存以及制备等过程中防止试样扰动。只有较准确地取得场地和地基岩土层资料和计算参数，结合拟建建筑物具体情况，经综合分析，才能对软土地基作出正确评价。

（1）场地和地基稳定性评价

地质条件复杂的地区，综合分析的首要任务是评价场地和地基的稳定性，然后才是地基的强度和变形问题。当拟建建筑物位于抗震设防烈度7度或7度以上地区，应分析场地和地基的地震效应，对饱和砂土和粉土进行地震液化判别，并对场地软土震陷可能性作出判定；当拟建建筑物离河岸、海岸、池塘等边坡较近时，应分析软土侧向塑性挤出或滑移的可能性；在地基土受力范围内有基岩或硬土层，其顶面倾斜度大时，应分析上部软土层沿倾斜面产生滑移或不均匀变形的可能性。软土地区地下水一般较高，应根据场地地下水位变化幅度、水头梯度或承压水头等判别其对软土地基稳定性和变形的影响。

（2）地基持力层选择

对不存在威胁场地稳定的不良地质现象的建筑地段，地基基础设计必须满足地基承载力和沉降这两个基本要求，而且应该充分发挥地基的潜力。在软土地区，在表层有硬壳层时，一般应充分利用，采用宽基浅埋天然地基基础方案。在选择地基持力层时，合理地确定地基土的承载力特征值，是选择地基持力层的关键，而地基承载力实际上取决于许多因素，单纯依靠某种方法确定承载力值未必十分合理，软土地区地基土承载力特征值应通过多种测试手段，并结合实践经验适当予以增减。软土地区确定地基承载力方法：①用理论公式计算，一般宜采用临塑荷载公式，不考虑基础宽度修正，可采用固结快剪试验确定土的内摩擦角和黏聚力，取值时可根据地区经验折减；②结合当地经验，根据软土的天然含水量查表确定；③利用静力触探及其他原位测试资料，经与荷载试验结果对比而建立地区性相关公式确定；④对于缺乏建筑经验和一级建筑物地基，宜以载荷试验确定。

在地基持力层承载力特征值确定后，还须进行地基变形验算。地基变形值按《建筑地基基础设计规范》(GB 50007—2011)有关沉降公式计算，但应参照当地已有建筑物的沉降观测资料与经验确定沉降计算经验系数；在软土地区如有欠固结土存在，应计算土的自重压密固结产生的附加变形，宜进行高压固结试验提供先期固结压力、压缩指数C_c等指标；地基压缩层厚度计算自基底底面算起，算到附加压力等于土层自重应力的10%处，并应考虑邻近底面堆载和相邻基础的影响。

软土地基的岩土工程分析和评价，结合不同工程和工程特性，通常应包括以下内容：

（1）判定地基产生滑移和不均匀变形的可能性。当建筑物位于池塘、河岸、边坡附近时，应验算其稳定性。

（2）选择适宜的持力层和基础型式，当有地表硬壳层时，基础宜浅埋。

（3）当建筑物相邻高低层荷载相差很大时，应分别计算各自的沉降，并分析其相互影响。当地面有较大面积堆载时，应分析对相邻建筑物的不利影响。

（4）软土地基承载力应根据地区建筑经验，并结合下列因素综合确定：①软土成分条件、应力历史、力学特性及排水条件；②上部结构的类型、刚度、荷载性质、大小和分布，对不均匀沉降的敏感性；③基础的类型、尺寸、埋深、刚度等；④施工方法和程序；⑤采用预压排水处理的地基，应考虑软土固结排水后强度的增长。

（5）地基的沉降量可采用分层总和法计算，并乘以经验系数；也可采用土的应力历史的沉降计算方法。

（6）在软土开挖、打桩、降水时，应按《岩土工程勘察规范》(GB 50021—2009)有关规定执行。

此外，还须特别强调软土地基承载力综合评定的原则，不能单靠理论计算，要以地区经验为主。软土地基承载力的评定，变形控制原则比按强度控制原则更为重要。

9.2.3 软土地基的工程措施

在软土地基上修建各种构筑物时，要特别重视地基的变形和稳定问题，并考虑上部结构与地基的共同作用，采用必要的建筑及结构措施，确定合理的施工顺序和地基处理方法，并应采取下列措施：①充分利用表层密实的黏性土（一般厚约 1～2 m）作为持力层，基底尽可能浅埋（埋深 $d = 300 \sim 800$ mm），但应验算下卧层软土的强度；②尽可能设法减小基底附加应力，如采用轻型结构、轻质墙体、扩大基础底面、设置地下室或半地下室等；③采用换土垫层或桩基础等，但应考虑欠固结软土产生的桩侧负摩阻力；④采用砂井预压，加速土层排水固结；⑤采用高压喷射、深层搅拌、粉体喷射等处理方法；⑥使用期间，对大面积地面堆载划分范围，避免荷载局部集中、直接压在基础上。

当遇到暗塘、暗沟、杂填土及冲填土时，须查明范围、深度及填土成分。较密实均匀的建筑垃圾及性能稳定的工业废料可作为持力层，而有机质含量大的生活垃圾和对地基有侵害作用的工业废料，未经处理不宜作为持力层。并应根据具体情况，选用如下处理方法：①不挖土，直接打入短桩。如上海地区通常采用长约 7 m、断面 200 mm×200 mm 的钢筋混凝土桩，每桩承载力 30～70 kN。并认为承台底土与桩共同承载，土承受该桩所受荷载的 70%左右，但不超过 30 kPa，对暗塘、暗沟下有强度较高的土层效果更佳。②填土不深时，可挖去填土，将基础落深，或用毛石混凝土、混凝土等加厚垫层，或用砂石垫层处理。若暗塘、暗沟不宽，也可设置基础梁直接跨越。③对于低层民用建筑可适当降低地基承载力，直接利用填土作为持力层。④冲填土一般可直接作为地基。若土质不良时，可选用上述方法加以处理。

9.3 湿陷性黄土地基

9.3.1 湿陷性黄土概述

黄土是一种产生于第四纪地质历史时期干旱条件下的沉积物，其外观颜色较杂乱，主要呈黄色或褐黄色，颗粒组成以粉粒（0.075～0.005 mm）为主，同时含有砂粒和黏粒。它的内部物质成分和外部形态特征与同时期其他沉积物不同。一般认为不具层理的风成黄土为原生黄土，原生黄土经流水冲刷、搬运和重新沉积形成的黄土称次生黄上，常具层理和砾石夹层。

具有天然含水量的黄土，如未受水浸湿，一般强度较高，压缩性较小。有的黄土，在覆盖土层的自重应力或自重应力和建筑物附加应力的综合作用下受水浸湿，使土的结构迅速破坏而发生显著的附加下沉（其强度也随着迅速降低），称为湿陷性黄土；有的黄土却并不发生显著附加下沉，则成为非湿陷性黄土。非湿陷性黄土地基的设计与施工与一般黏性土地基无异，无须另行讨论。湿陷性黄土分为非自重湿陷性和自重湿陷性两种。非自重湿陷性黄土在土自重应力作用下受水浸湿后不发生显著附加下沉；自重湿陷性黄土，在土自重应力下浸湿后则发生显著附加下沉。

湿陷性黄土的物理力学性质以粉土为主。粉粒含量一般大于60%；含水率低，一般w为10%～20%；天然密度小，ρ为1.40～1.65 g/cm^3；孔隙比大，通常$e>1.0$；塑性指数中偏低，I_p为7～13，属粉土或粉质黏土；压缩系数a为0.2～0.6 MPa^{-1}，属中、高压缩性。关键为遇水急剧下沉，具湿陷性；富含碳酸盐、硫酸盐和氯化物等可溶盐类。

我国黄土的沉积经历了整个第四纪时期，按形成年代的早晚，有老黄土和新黄土之分。黄土形成年代愈久，大孔结构退化，土质愈趋密实，强度高而压缩性小，湿陷性减弱甚至不具湿陷性；反之，形成年代愈短，其湿陷性愈显著。见表9-1。

表9-1 黄土的地层划分

时代		地层的划分	说明
全新世(Q_4)黄土	新黄土	黄土状土	一般具湿陷性
晚更新世(Q_3)黄土		马兰黄土	
中更新世(Q_2)黄土	老黄土	离石黄土	上部部分土层具湿陷性
早更新世(Q_1)黄土		午城黄土	不具湿陷性

注：全新世(Q_4)黄土包括湿陷性(Q_4^1)黄土和新近堆积(Q_4^2)黄土。

属于老黄土的地层有午城黄土(早更新世，Q_1)和离石黄土(中更新世，Q_2)。前者色微红至棕红，而后者为深黄及棕黄。老黄土的土质密实，颗粒均匀，无大孔或略具大孔结构。除离石黄土层上部要通过浸水试验确定有无湿陷性外，一般不具湿陷性，常出露于山西高原、豫西山前高地、渭北平原、陕西和陇西高原。午城黄土一般位于离石黄土层的下部。

新黄土是指覆盖于离石黄土层上部的马兰黄土(晚更新世，Q_3)以及全新世(Q_4)中各种成因的黄土状土，色灰黄至黄褐、棕褐。马兰黄土及全新世早期黄土，土质均匀或较为均匀，结构疏松，大孔隙发育，一般具有湿陷性，主要分布在黄土地区的河岸阶地。值得注意的是，全新世近期(Q_4^2)的新近堆积黄土，形成历史较短，只有几十到几百年的历史。其土质不均，结构松散，大孔排列杂乱，常混有岩性不一的土块、多虫孔和植物根孔。包含物常含有机质，斑状或条状氧化物；有的混有砂、砾或岩石碎屑；有的混有砖瓦陶瓷碎片或朽木片等人类活动的遗物，在大孔壁上常有白色钙质粉末。它的力学性质则远逊于马兰黄土，由于土的固结成岩差，在小压力下变形较大(0～100 kPa或50～150 kPa)，呈现高压缩性。新近堆积黄土多分布于黄土塬、梁、峁的坡脚和斜坡后缘，冲沟两侧及沟口处的洪积扇和山前坡积地带，河道拐角处的内侧，河漫滩及低阶地，山间或黄土梁，峁之间的凹地的表部，平原上被淹埋的池沼洼地。

黄土在世界各地分布甚广，其面积达1.3×10^7 km^2，约占陆地总面积的9.3%，主要分布于中纬度干旱、半干旱地区。如法国的中部和北部，东欧的罗马尼亚、保加利亚、俄罗斯等，美国沿密西西比河流域及西部不少地区。我国黄土分布亦非常广泛，面积约6.4×10^5 km^2，其中湿陷性黄土约占3/4。以黄河中游地区最为发育，多分布于甘肃、陕西、山西地区，青海、宁夏、河南也有部分分布，其他如河北、山东、辽宁、黑龙江、内蒙古和新疆等省(区)也有零星分布。

国标 GBJ 50025—2004《湿陷性黄土地区建筑规范》(以下简称《黄土规范》)在调查和搜集各地区湿陷性黄土的物理力学性质指标、水文地质条件、湿陷性资料的基础上，综合考虑各区域的气候、地貌、地层等因素，作为我国湿陷性黄土工程地质分区略图以供参考。

9.3.2 影响黄土地基湿陷性的主要因素

1) 黄土湿陷的原因

黄土的湿陷现象是一个复杂的地质、物理、化学过程，其湿陷机理国内外学者有各种不同假说，如毛细管假说、溶盐假说、胶体不足假说、欠压密理论和结构学假说等。但至今尚未获得能够充分解释所有湿陷现象和本质的统一理论。尽管解释黄土湿陷原因的观点各异，但归纳起来可分为外因和内因两个方面。

(1) 外因：主要为建筑物本身的上下水道漏水、大量降雨渗入地下，以及附近修建水库、渠道蓄水渗漏等，引起黄土的湿陷。

(2) 内因：黄土外观颜色呈淡黄至褐黄因而出名。没有层理，有肉眼可见大孔隙，又称大孔土。主要为黄土中含大量多种可溶盐，如硫酸钠、碳酸钠、碳酸镁和氯化钠等物质，受水浸湿后被溶化，土中胶结力大为减弱，导致土粒变形。黄土为欠密土，薄膜水增厚，在压密过程中起润滑作用。

2) 影响黄土湿陷性的因素

(1) 黄土的物质成分。黄土中胶结物的多寡和成分，以及颗粒的组成和分布，对于黄土的结构特点和湿陷性的强弱有着重要的影响。胶结物含量大，可把骨架颗粒包围起来，则结构致密。黏粒含量特别是胶结能力较强的小于 0.001 mm 颗粒的含量多，其均匀分布在骨架之间也起了胶结物的作用，均使湿陷性降低并使力学性质得到改善。反之，粒径大于 0.05 mm 的颗粒增多，胶结物多呈薄膜状分布，骨架颗粒多数彼此直接接触，其结构疏松，强度降低而湿陷性增强。我国黄土湿陷性存在着由西北向东南递减的趋势，就是与自西北向东南方向砂粒含量减少而黏粒含量增多是一致的。此外，黄土中的盐类以及其存在状态对湿陷性也有着直接的影响，如以较难溶解的碳酸钙为主而具有胶结作用时，湿陷性减弱，但石膏及其他碳酸盐、硫酸盐和氯化物等易溶盐的含量愈大时，湿陷性增强。

(2) 黄土的物理性质。黄土的湿陷性与其孔隙比和含水量等土的物理性质有关。天然孔隙比越大，或天然含水量越小，则湿陷性越强。饱和度 $S_r \geqslant 80\%$ 的黄土，称为饱和黄土，饱和黄土的湿陷性已退化。在天然含水量相同时，黄土的湿陷变形随湿度的增加而增大。

(3) 外加压力。黄土的湿陷性还与外加压力有关。外加压力越大，湿陷量也显著增加。但当压力超过某一数值后，再增加压力，湿陷量反而减少。

9.3.3 湿陷性黄土地基的评价

正确评价黄土地基的湿陷性具有很重要的工程意义，其主要包括三方面内容：①查明一定压力下黄土浸水后是否具有湿陷性；②判别场地的湿陷类型，是自重湿陷性还是非自重湿陷性；③判定湿陷黄土地基的湿陷等级，即其强弱程度。

1) 湿陷系数

黄土是否具有湿陷性以及湿陷性的强弱程度如何，应该用一个数值指标来判定。如上所述，黄土的湿陷量与所受的压力大小有关。所以湿陷性的有无、强弱，应按某一给定的压力作用下土体浸水后的湿陷系数值来衡量。

黄土湿陷系数可由室内压缩试验测定。实验的设备与固结实验相同，环刀面积应采用 50 cm^3。测土的湿陷系数 δ_s 时应将环刀试样保持在天然湿度下，分级加荷至规定压力，待稳定后浸水，至湿陷稳定为止。浸水宜用纯水，湿陷稳定标准：下沉量不大于 0.01 mm/h。分级加荷标准：在 0～200 kPa 之内，每级加荷增量为 50 kPa；在 200 kPa 以上，每级加荷增量为 100 kPa。

根据室内浸水压缩实验结果，土的湿陷系数 δ_s 按下式计算：

$$\delta_s = \frac{h_p - h'_p}{h_0} \tag{9-1}$$

式中：h_p——保持天然湿度和结构的土样，加压至一定压力时下沉稳定后的高度(cm)；

h'_p——上述加压稳定后的土样，在浸水作用下下沉稳定后的高度(cm)；

h_0——土样原始高度(cm)。

在工程中，δ_s 主要用于判别黄土的湿陷性，当 $\delta_s < 0.015$ 时，应定为非湿陷性黄土；$\delta_s \geqslant 0.015$ 时，应定为湿陷性黄土。湿陷性黄土的湿陷程度，可根据湿陷系数值大小分为三种：$0.015 \leqslant \delta_s \leqslant 0.03$ 时，湿陷性轻微；$0.03 < \delta_s \leqslant 0.07$ 时，湿陷性中等；$\delta_s > 0.07$ 时，湿陷性强烈。

试验时测定湿陷系数的压力 p 应采用黄土地基的实际压力，但初勘阶段，建筑物的平面位置、基础尺寸和埋深等尚未确定，即实际压力大小难以预估。因而《黄土规范》规定：自基础底面(初勘时，自地面下 1.5 m)算起，10 m 以内的土层应用 200 kPa；10 m 以下至非湿陷性土层顶面，应用其上覆土的饱和自重应力(当大于 300 kPa 时，仍应用 300 kPa)。

2) 湿陷起始压力

如前所述，黄土的湿陷量是压力的函数。因此，事实上存在一个压力界限值，若压力低于这个数值，黄土即使浸了水也只产生压缩变形而无湿陷现象。这个界限称为湿陷起始压力 p_{sh}(kPa)，它是一个有一定实用价值的指标。若在非自重湿陷性黄土地基设计中，使基底压力小于 p_{sh}，即使地基浸水，也不会发生严重湿陷事故。

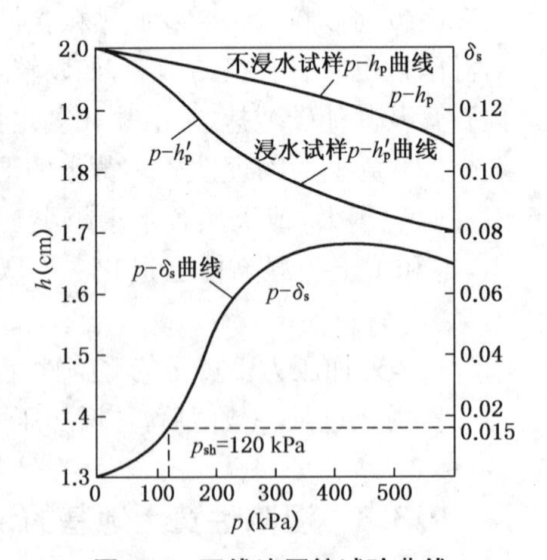

图 9-1 双线法压缩试验曲线

湿陷起始压力可根据室内压缩试验或原位载荷试验确定，其分析方法可采用双线法或单线法。

(1) 双线法。应在同一取土点的同一深度处，以环刀切取两个试样。一个在天然湿度下分级加荷，另一个在天然湿度下加第一级荷载，下沉稳定后浸水，待湿陷稳定后再分级加荷。分别测定这两个试样在各级压力下，下沉稳定后的试样高度 h_p 和浸水下沉稳定后的试样高度 h'_p，就可以绘出不浸水试样的 $p-h'_p$ 曲线和浸水试样的 $p-h'_p$ 曲线，如图9-1所示。然后按式(9-1)计算各级荷载下的湿陷系数δ_s，从而绘制$p-\delta_s$曲线。在$p-\delta_s$曲线上取$\delta_s=0.015$所对应的压力作为湿陷起始压力p_{sh}。

(2) 单线法。应在同一取土点的同一深度处，至少取5个环刀试样。各试样均分别在天然湿度下分级加荷至不同的规定压力。待下沉稳定后测定土样高度h_p，再浸水至湿陷稳定为止，测试样高度h'_p，绘制$p-\delta_s$曲线。p_{sh}的确定方法与双线法相同。

上述方法是针对室内压缩试验而言，原位载荷试验方法与之相同，在此不详述。我国各地湿陷起始压力相差较大，如兰州地区一般为20～50 kPa，洛阳地区常在120 kPa以上。此外，大量试验结果表明，黄土的湿陷起始压力随土的密度、湿度、胶结物含量以及土的埋藏深度等的增加而增加。

3) 建筑场地湿陷类型的划分

工程实践表明，自重湿陷性黄土在无外荷载作用时，浸水后也会迅速发生剧烈的湿陷，甚至一些很轻的建筑物也难免遭受其害。而在非自重湿陷性黄土地区，这种情况就很少见。对这两种湿陷性黄土地基，所采取的设计和施工措施应有所区别。在黄土地区地基勘察中，应按实测自重湿陷量或计算自重湿陷量判定建筑场地的湿陷类型。实测自重湿陷量应根据现场试坑浸水试验确定。其结果可靠，但费水费时，且有时受各种条件限制而不易做到。

计算自重湿陷量可按下式计算：

$$\Delta_{zs}=\beta_0\sum_{i=1}^{n}\delta_{zsi}h_i \tag{9-2}$$

式中：δ_{zsi}——第i层土在上覆土的饱和($S_r>0.85$)自重应力作用下的湿陷系数，其测定和计算方法同δ_s，即$\delta_{zs}=\dfrac{h_z-h'_z}{h_0}$。其中，$h_z$是指加压至土的饱和自重压力时，下沉稳定后的高度；$h'_z$是上述加压稳定后，在浸水作用下，下沉稳定后的高度。

h_i——第i层土的厚度(cm)。

n——总计算厚度内湿陷土层的数目。总计算厚度应从天然地面算起(当挖、填方厚度及面积较大时，自设计地面算起)至其下全部湿陷性黄土层的底面为止，但其中$\delta_{zs}<0.015$的土层不计。

β_0——因地区土质而异的修正系数。它从各地区湿陷性黄土地基试坑浸水试验实测值与室内实验值比较得出；在缺乏实测资料时，可按下列规定取值：陇西地区取1.5，陇东—陕北—晋西地区取1.2，对关中地区取0.9，其他地区可取0.5。

当$\Delta_{zs}\leqslant 7$ cm时，应定为非自重湿陷性黄土场地；当$\Delta_{zs}>7$ cm时，应定为自重湿陷性黄土场地。

4) 黄土地基的湿陷等级

湿陷性黄土地基的湿陷等级，应根据基底下各土层累计的总湿陷量Δ_s和计算自重湿陷量的大小等因素按表9-2判定。总湿陷量可按下式计算：

$$\Delta_s=\sum_{i=1}^{n}\beta\delta_{si}h_i \tag{9-3}$$

式中：δ_{si}——第i层土的湿陷系数；

h_i——第i层土的厚度(cm)；

β——考虑基底下地基土的受水浸湿可能性和侧向挤出等因素的修正系数。在缺乏实测资料时，可按下列规定取值：

(1) 基底下 0～5 m 深度内，取 $\beta = 1.5$。

(2) 基底下 5～10 m 深度内，取 $\beta = 1.0$。

(3) 基底下 10 m 以下至非湿陷性黄土层顶面，在自重湿陷性黄土场地，可取工程所在地区的 β_0 值。

湿陷量的计算值 Δ_s 的计算深度，应自基础底面(如基底标高不确定时，至地面下 1.5 m)算起；在非自重湿陷性黄土场地，累计至基底下 10 m(或地基压缩层)深度止；在自重湿陷性黄土场地，累计至非湿陷性黄土层的顶面止，其中湿陷系数 δ_s(10 m 以下为 δ_{zs})小于 0.015 的土层不参与累计。

表 9-2 湿陷性黄土地基的湿陷等级

计算自重湿陷量(cm)	湿陷类型		
	非自重湿陷性场地	自重湿陷性场地	
	$\Delta_{zs} \leqslant 7$ cm	7 cm $< \Delta_{zs} \leqslant 35$ cm	$\Delta_{zs} > 35$ cm
$\Delta_s \leqslant 30$	Ⅰ(轻微)	Ⅱ(中等)	—
$30 < \Delta_s \leqslant 70$	Ⅱ(中等)	* Ⅱ(中等)或Ⅲ(严重)	Ⅲ(严重)
$\Delta_s > 70$	Ⅱ(中等)	Ⅲ(严重)	Ⅳ(很严重)

* 注：当 $\Delta_s > 60$ cm 时，$\Delta_{zs} > 30$ cm 时，可判为Ⅲ级，其他情况可判为Ⅱ级。

Δ_s 是湿陷性黄土地基在规定压力下充分浸水后可能发生的湿陷变形值。设计时应根据黄土地基的湿陷等级考虑相应的设计措施。在相同情况下，湿陷程度愈高，设计措施要求也愈高。

9.3.4 湿陷性黄土地基的工程措施

湿陷性黄土地基的设计和施工，除了必须遵循一般地基的设计和施工原则外，还应针对黄土湿陷性这个特点和建筑类别(详见《黄土规范》)，因地制宜采用以地基处理为主的综合措施。这些措施有：

地基处理：其目的在于破坏湿陷性黄土的大孔结构，以便全部或部分消除地基的湿陷性，从根本上避免或削弱湿陷现象的发生。常用的地基处理方法有土(或灰土)垫层、重锤夯实、预浸水、化学加固(主要是硅化和碱液加固)、土(灰土)桩挤密等，也可采用将桩端进入非湿陷性土层的桩基。

防水措施：不仅要放眼于整个建筑场地的排水、防水问题，且要考虑到单体建筑物的防水措施，在建筑物长期使用过程中要防止地基被浸湿，同时也要做好施工阶段的排水、防水工作。

结构措施：在建筑物设计中，应从地基、基础和上部结构相互作用的概念出发，采用适当的措施，增强建筑物适应或抵抗因湿陷引起的不均匀沉降的能力。这样，即使地基处理或防水措施不周密而发生湿陷时，也不致造成建筑物的严重破坏或减轻其破坏程度。

在三种工程措施中，消除地基的全部湿陷量或采用桩基础穿透全部湿陷性黄土层，主要用于甲类建筑；消除地基的部分湿陷量，主要用于乙、丙类建筑；丁类属次要建筑，地基可不处理。防水措施和结构措施，一般用于地基不处理或消除地基部分湿陷量的建筑，以弥补地基处理的不足。

【例 9-1】 陕北某招待所经勘察为黄土地基。由探井取 3 个原状土样进行浸水压缩试验，取样深度分别为 2.0 m、4.0 m、6.0 m，实测数据见表 9-3。判别此黄土地基是否属湿陷性黄土。

表 9-3 黄土浸水压缩试验结果

试样编号	1	2	3
加 200 kPa 压力后百分表稳定读数	40	56	38
浸水后百分表稳定读数	162	194	88

【解】 按公式(9-1)计算各试样的湿陷系数：

(1) $\delta_{s1}=\dfrac{h_{p1}-h'_{p1}}{h_0}=\dfrac{19.60-18.38}{20.00}=\dfrac{1.22}{20.00}=0.061>0.015$

判别：为湿陷性黄土。

(2) $\delta_{s2}=\dfrac{h_{p2}-h'_{p2}}{h_0}=\dfrac{19.44-18.06}{20.00}=\dfrac{1.38}{20.00}=0.069>0.015$

判别：为湿陷性黄土。

(3) $\delta_{s3}=\dfrac{h_{p3}-h'_{p3}}{h_0}=\dfrac{19.62-19.12}{20.00}=\dfrac{0.50}{20.00}=0.025>0.015$

判别：为湿陷性黄土。

式中：h_0——土样的原始高度，即压缩试验环刀高，均为 20 cm。

h_p——原状土加压下沉稳定后的高度。土样深度分别为 2.0 m、4.0 m 与 6.0 m，均小于10 m；故压力都应用 200 kPa。1 号试样加压后百分表稳定读数为 40，则土样高 $h_{p1}=20-0.4=19.60$ mm。同理可得：$h_{p2}=20-0.56=19.44$ mm；$h_{p3}=20-0.38=19.62$ mm。

h'_p——上述加压稳定后的试样，在浸水下沉稳定的高度。1 号试样浸水下沉稳定百分表读数为 162，则 $h'_{p1}=20-1.62=18.38$ mm。同理可得：$h'_{p2}=20-1.94=18.06$ mm；$h'_{p3}=20-0.88=19.12$ mm。

【例 9-2】 山西地区某百货商场拟建新的百货大楼，地基为黄土，基础埋深为 1.0 m。岩土工程勘察结果如表 9-4 所示。判别该地基是否为自重湿陷性黄土场地，并判别该地基的湿陷等级。

表 9-4 百货商场新楼勘察结果

土层编号	1	2	3	4	5
土层厚度 h(cm)	175	425	380	435	210
自重湿陷系数 δ_{zs}	0.013	0.020	0.019	0.016	0.009
湿陷系数 δ_s	0.016	0.028	0.026	0.021	0.014

【解】 (1)应用公式(9-2)计算自重湿陷量

$$\Delta_{zs} = \beta_0 \sum_{i=1}^{n} \delta_{zsi} h_i$$

式中：β_0——因土质地区而异的修正系数，山西地区可取 0.5；

δ_{zs}——在上覆土的饱和自重压力下的自重湿陷系数，$\delta_{zs} < 0.015$ 的不计入。

将表 9-4 中的数据代入公式(9-2)得：

$$\begin{aligned}\Delta_{zs} &= \beta_0 \sum_{i=1}^{n} \delta_{zsi} h_i \\ &= 0.5 \times (0.020 \times 425 + 0.019 \times 380 + 0.016 \times 435) \\ &= 0.5 \times 22.68 = 11.34\ \text{cm} > 7\ \text{cm}\text{（故应判定为自重湿陷性黄土场地）}\end{aligned}$$

(2) 应用公式(9-3)计算总湿陷量

$$\Delta_s = \sum_{i=1}^{n} \beta \delta_{si} h_i$$

式中：δ_{si}——第 i 层土的湿陷系数，$\delta_{si} < 0.015$ 的土层不应累计。

β——考虑地基土的侧向挤出和浸水几率等因素的修正系数。基底下 5 m 深度内可取 1.5；5～10 m 深度内，取 $\beta = 1.0$；10 m 以下，在山西地区可取 0.5。

将上列数据代入公式(9-3)可得：

$$\begin{aligned}\Delta_s &= \sum_{i=1}^{n} \beta \delta_{si} h_i = 1.5 \times (0.016 \times 75 + 0.028 \times 425) \\ &\quad + 1.0(0.026 \times 380 + 0.021 \times 120) + 0.5 \times 0.021 \times 315 \\ &= 1.5 \times 13.1 + 12.4 + 3.31 = 35.36\ \text{cm}\end{aligned}$$

根据表 9-2，总湿陷量 $\Delta_s = 35.36$ cm，计算自重湿陷量 $\Delta_{zs} = 11.34$ cm，判定该百货商场新楼黄土地基的湿陷等级为Ⅱ级(中等湿陷等级)。

9.4 膨胀土地基

9.4.1 膨胀土及对建筑物的危害

1) 定义

膨胀土是土中黏粒成分主要由亲水性矿物组成，同时具有显著的吸水膨胀和失水收缩两种变形特征的黏土。

2) 膨胀土的危害性

膨胀土通常强度较高、压缩性低，易被误认为是良好的地基。

膨胀土具有显著的吸水膨胀和失水收缩的变形特性。建造在膨胀土地基上的建筑物，随季节性气候的变化会反复不断地产生不均匀的升降，致使房屋开裂、倾斜，公路路基发生破坏，堤岸、路堑产生滑坡，涵洞、桥梁等刚性结构物产生不均匀沉降等，造成巨大损失。其破坏具有如下特征：

(1) 建筑物的开裂破坏具有地区性成群出现的特点。遇干旱年份裂缝发展更为严重，建筑物裂缝随气候变化而张开和闭合。发生变形破坏的建筑物，多数为低层轻型的砖混结构，其重量轻，整体性较差，且基础埋置浅，地基土易受外界环境变化的影响而产生胀缩变形，故损坏最为严重。

(2) 因建筑物在垂直和水平方向受弯扭，故转角处首先开裂，墙上常出现对称或不对称的八字形、X形交叉裂缝。外纵墙基础因受到地基膨胀过程中产生的竖向切力和侧向水平推力作用而产生水平裂缝和位移，室内地坪和楼板则发生纵向隆起开裂。

(3) 膨胀土边坡不稳定，易产生浅层滑坡，引起房屋和构筑物开裂，且构筑物的损坏比平地上更为严重。

据报道，膨胀土造成的危害目前每年给工程建设带来的经济损失已超过百亿美元，比洪水、飓风和地震所造成的损失总和的两倍还多。膨胀土的工程问题已引起包括我国在内的各国学术界和工程界的高度重视。

3) 膨胀土的分布

膨胀土在地球上分布很广，世界上已有40多个国家发现膨胀土造成的危害。我国膨胀土分布也很广，以云南、广西、湖北、安徽、河北、河南等省区的山前丘陵和盆地边缘最严重。

在膨胀土地基上建设工程，应切实做好勘察、设计与处理。

9.4.2 膨胀土的特征

1) 野外特征

膨胀土一般分布在Ⅱ级以上河谷阶地、丘陵地区及山前缓坡地带。旱季时地表常见裂缝，雨季时裂缝闭合。

我国膨胀土生成年代大多数为第四纪晚更新世 Q_3 及其以前，少量为全新世 Q_4。土的颜色呈黄色、黄褐色、红褐色、灰白色或花斑色等。土的结构致密，常呈坚硬或硬塑状态。这种土在地表1～2 m内常见竖向张开裂缝，向下逐渐尖灭，并有斜交和水平方向裂缝。当地的地下水多为上层滞水的裂隙水，地下水位随季节变化大，易引起地基不均匀胀缩变形。

2) 矿物成分

膨胀土的矿物成分主要是次生黏土矿物蒙特土和伊利土，蒙土矿物晶格极不稳定，亲水性强，浸湿后强烈膨胀。伊利土的亲水性仅次于蒙特土。地基中含吸水性强的矿物较多时，遇水膨胀隆起，失水收缩下沉，对建筑物危害很大。

3) 物理力学特性

(1) 天然含水量接近塑限，$w \approx w_p$，为20% ～ 30%，一般饱和度 $S_r > 0.85$。

(2) 天然孔隙比中等偏小，e 为0.5～0.8。

(3) 液限 w_L 为38%～55%，塑限 w_p 为20%～35%；塑性指数 I_p 为18～35，为黏土，多数 I_p 在22～35之间。

(4) $d < 0.005$ mm的黏粒含量占24%～40%。

(5) 自由膨胀率 δ_{ef} 为40%～58%，最高可大于70%。膨胀率 δ_{ef} 为1%～4%。膨胀压

力 P_e 为 10～110 kPa.

(6) 缩限 w_s 为 11%～18%;红黏土类型的膨胀土 w_s 偏大。

(7) 抗剪强度指标 c、φ 值,浸水前后相差大;尤其 c 值可差数倍。

(8) 压缩性小,多属于低压缩性土。

4) 胀缩变形的主要内外因素

(1) 内因

膨胀土发生胀缩变形的内部因素主要有以下几个方面:①矿物及化学成分:如上所述,膨胀土含大量蒙特土和伊利土,亲水性强,胀缩变形大。化学成分以氧化硅、氧化铝、氧化铁为主,如氧化硅含量大,则胀缩量大。②黏粒含量:黏粒 $d<0.005$ mm 比表面积大,电分子吸引力大,因此黏粒含量高时胀缩变形大。③土的干密度 ρ_0:如 ρ_0 大即 e 小,则浸水膨胀强烈,失水收缩小;反之,如 ρ_0 小即 e 大,则浸水膨胀小,失水收缩大。④含水率 w:若初始 w 与膨胀后 w 接近,则膨胀小,收缩大;反之,则膨胀大,收缩小。⑤土的结构:土的结构强度大,则限制胀缩变形的作用大,当土的结构被破坏后,胀缩性增大。

(2) 外因

膨胀土发生胀缩变形的外部因素主要有以下几个方面:①气候条件:包括降雨量、蒸发量、气温、相对湿度和地温等,雨季土体吸水膨胀,旱季失水收缩;②地形地貌:同类膨胀地基,地势低处比高处胀缩变形小,例如云南某小学 3 排教室条件相同,建在 3 个台阶形膨胀土上,结果高处教室严重破坏,低处教室完好无损;③周围树木:尤其是阔叶乔木,旱季树根吸水,加剧地基土的干缩变形,使邻近树木房屋开裂;④日照程度:房屋向阳面开裂多,背阴面开裂少。

9.4.3 膨胀土地基的评价

1) 膨胀土的工程特性指标

评价膨胀土胀缩性的常用指标及其测定方法如下:

(1) 自由膨胀率 δ_{ef}

指研磨成粉末的干燥土样(结构内部无约束力),浸泡于水中,经充分吸水膨胀后所增加的体积与原干体积的百分比。试验时将烘干土样经无颈漏斗注入量土杯(容积 10 mL),盛满刮平后,将试样倒入盛有蒸馏水的量筒(容积 50 mL)内,然后加入凝聚剂并用搅拌器上下均匀搅拌 10 次,使土样充分吸水膨胀,至稳定后测其体积。自由膨胀率可按下式计算:

$$\delta_{ef}(\%)=\frac{V_w-V_0}{V_0}\times 100 \tag{9-4}$$

式中:V_w——土样在水中膨胀稳定后的体积(mL);

V_0——干土样原有体积(即量土杯的容积)(mL)。

自由膨胀率表示膨胀土在无结构力影响下和无压力作用下的膨胀特性,可反映土的矿物成分及含量,用于初步判定是否为膨胀土。

(2) 膨胀率 δ_{ep}

指原状土样在一定压力下,经侧限压缩后浸水膨胀稳定,并逐级卸荷至某级压力时土样单位体积的稳定膨胀量(以百分数表示)。试验时,将原状土置于侧限压缩仪中,根据工程需要确定最大压力，并逐级加荷至最大压力。待下沉稳定后，浸水使其膨胀并测读膨胀稳定值。然后逐级卸荷至零，测定各级压力下膨胀稳定时的土样高度变化值。膨胀率 δ_{ep} 按下式计算：

$$\delta_{ep}(\%) = \frac{h_w - h_0}{h_0} \times 100 \tag{9-5}$$

式中：h_w——侧限条件下土样在浸水后卸压膨胀过程中的第 i 级压力 p_i 作用下膨胀稳定后的高度(mm)；

h_0——土样的原始高度(mm)。

膨胀率 δ_{ep} 可用于评价地基的胀缩等级，计算膨胀土地基的变形量以及测定其膨胀力。

(3) 膨胀力 p_e

原状土样在体积不变时，由于浸水产生的最大内应力称为膨胀力 p_e，若以试验结果中各级压力下的膨胀率 δ_{ep} 为纵坐标，压力 p 为横坐标，可得 $p-\delta_{ep}$ 关系曲线如图 9-2 所示，该曲线与横坐标的交点即为膨胀力 p_e。

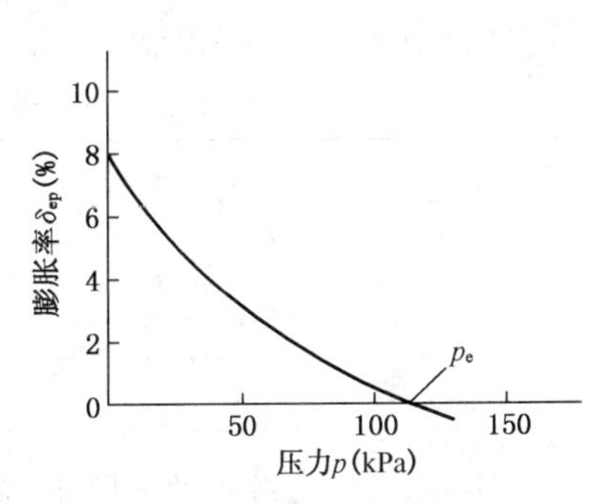

图 9-2　$p-\delta_{ep}$ 关系曲线

在选择基础形式及基底压力时，膨胀力是个有用的指标，若需减小膨胀变形，则应使基底压力接近 p_e。

(4) 线缩率 δ_s 和收缩系数 λ_s

膨胀土失水收缩，其收缩性可用线缩率和收缩系数表示，它们是地基变形计算中的两项主要指标。线缩率指土的竖向收缩变形与原状土样高度之百分比。试验时将土样从环刀中推出后，置于 20℃ 恒温或 15～40℃ 自然条件下干缩，按规定时间测读试样高度，并同时测定其含水量(w)。按下式计算土的线收缩率 δ_s：

$$\delta_s(\%) = \frac{h_0 - h_i}{h_0} \times 100 \tag{9-6}$$

式中：h_i——含水量 w_i 时的土样高度(mm)；

h_0——土样的原始高度(mm)。

根据不同时刻的线缩率及相应的含水量可绘制出收缩曲线如图 9-3 所示。可以看出，随着含水量的蒸发，土样高度逐渐减小，δ_s 增大。原状土样在直线收缩阶段中含水量每降低 1% 时，所对应的竖向线缩率的改变即为收缩系数 λ_s：

$$\lambda_s = \Delta\delta_s / \Delta w \tag{9-7}$$

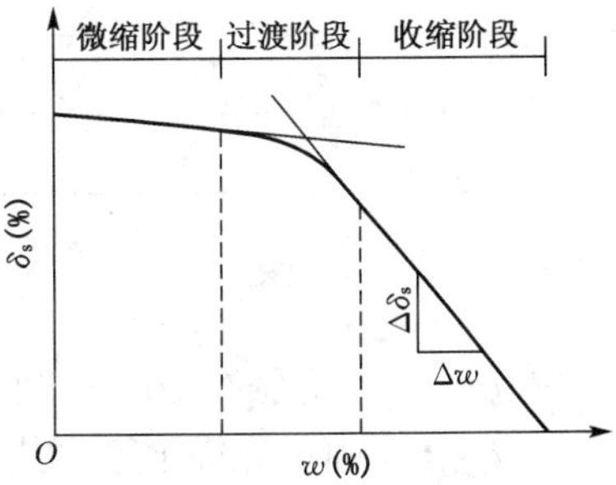

微缩阶段　过渡阶段　收缩阶段

δ_s(%)　$\Delta\delta_s$　Δw　O　w(%)

图 9-3　收缩曲线

式中：Δw——收缩过程中，直线变化阶段内两点含水量之差(%)；

$\Delta\delta_s$——两点含水量之差对应的竖向线缩率之差(%)。

(5) 原状土的缩限 w_s

在《土工试验方法标准》(GB/T 50123—1999)中已经介绍了缩限的定义和测定非原状

黏性土缩限含水量的收缩皿法。至于原状土的缩限则可在图 9-3 的收缩曲线中分别延长微缩阶段和收缩阶段的直线段至相交,其交点的横坐标即为原状土的缩限 w_s。

2）膨胀土地基的评价

(1）膨胀土的判别

膨胀土的判别是解决膨胀土地基勘察、设计的首要问题。其主要依据是工程地质特征与自由膨胀率 δ_{ef}。凡 $\delta_{ef} \geqslant 40\%$,且具有上述膨胀土野外特征和建筑物开裂破坏特征,胀缩性能较大的黏性土,应判定为膨胀土。

(2）膨胀土的膨胀潜势

不同胀缩性能的膨胀土对建筑物的危害程度明显不同。故判定为膨胀土后,还要进一步确定膨胀土的胀缩性能,即胀缩强弱。根据自由膨胀率 δ_{ef} 的大小,膨胀土的膨胀潜势可分为弱、中、强三类,见表 9-5。

表 9-5 膨胀土的膨胀潜势分类

自由膨胀率(%)	膨胀潜势
$40 \leqslant \delta_{ef} < 65$	弱
$65 \leqslant \delta_{ef} < 90$	中
$\delta_{ef} \geqslant 90$	强

研究表明:δ_{ef} 较小的膨胀土,膨胀潜势较弱,建筑物损坏轻微;δ_{ef} 较大的膨胀土,膨胀潜势较强,建筑物损坏严重。

(3）膨胀土地基的胀缩等级

根据建筑物地基的胀缩变形对低层砖混结构房屋的影响程度,膨胀土地基的胀缩等级可按表 9-6 分为Ⅰ、Ⅱ、Ⅲ级。等级越高其膨胀性越强,以此作为膨胀土地基的评价。《膨胀土规范》规定以 50 kPa 压力下(相当于一层砖石结构的基底压力)测定的土的膨胀率,地基土的膨胀变形量 s_e 的计算方法见式(9-7)。

表 9-6 膨胀土地基的膨胀等级

地基分级变形量 s_e(mm)	级别
$15 \leqslant s_e < 35$	Ⅰ
$35 \leqslant s_e < 70$	Ⅱ
$s_e \geqslant 70$	Ⅲ

$$s_e = \psi_e \sum_{i=1}^{n} (\delta_{epi} + \lambda_{si} \Delta w_i) h_i \tag{9-8}$$

式中:ψ_e——计算胀缩变形量的经验系数,可取 0.7;

δ_{epi}——基础底面下第 i 层土在压力为 p_i(该层土的平均自重应力与平均附加应力之和)作用下的膨胀率,由室内实验确定;

λ_{si}——第 i 层土的垂直线收缩系数;

h_i——第 i 层土计算厚度(mm),一般为基础宽度的 0.4 倍;

Δw_i——第 i 层土在收缩过程中可能发生的含水量变化的平均值(以小数表示),按《膨胀土规范》公式计算;

n——自基础底面至计算深度内所划分的土层数，计算深度可取大气影响深度，应由各气候区土的深层变形观测或含水量观测及地温观测资料确定，无此资料时可按表 9-7 取值。

表 9-7 大气影响深度

土的湿度系数 ψ_w	大气影响深度 d_a(m)
0.6	5.0
0.7	4.0
0.8	3.5
0.9	3.0

注：① 大气影响深度是自然气候作用下，由降水、蒸发、地温等因素引起土的升降变形的有效深度。
② 大气影响急剧深度系指大气影响特别显著的深度，可按表 9-8 大气影响深度的值乘以 0.45 采用。

膨胀土地基设计，根据地形地貌条件可分为下列两类：

① 平坦场地。地形坡度小于 5°或地形坡度大于 5°而小于 14°的坡脚地带和距坡肩水平距离大于 10 m 的坡顶地带。

② 坡地场地。地形坡度大于或等于 5°，或地形坡度虽然小于 5°，但同一座建筑物范围内局部地形高差大于 1 m。

位于平坦场地的建筑物地基，承载力可由现场浸水载荷试验、饱和三轴不排水试验或《膨胀土规范》承载力表确定，变形则按胀缩变形量控制；而位于斜坡场地上的建筑物地基，除按胀缩变形量设计外，尚应进行地基稳定性计算。

9.4.4 膨胀土地基的工程措施

膨胀土地基的工程建设，应根据当地气候条件、地基胀缩等级、场地工程地质和水文地质条件，结合当地建筑施工经验，因地制宜采取综合措施，一般可从以下几方面考虑：

1) 设计措施

建筑措施：建筑上力求体型简单，建筑物不宜过长。在挖方与填方交界处或地基土显著不均匀处、建筑平面转折、高差较大及建筑结构(或基础)类型不同处，应设置沉降缝。膨胀土地区的建筑层数宜多于 2 层，以加大基底压力，防止膨胀变形。外廊式房屋的外廊部分宜采用悬挑结构。一般地坪可采用预制块铺砌，块体间嵌柔性材料，大面积地面作分格变形缝，分格尺寸可为 3 m×3 m，变形缝均应填嵌柔性防水材料；对有特殊要求的地坪可采用地面配筋或地面架空等措施，尽量与墙体脱开。并应合理确定建筑物与周围树木间距离，避免选用吸水量大、蒸发量大的树种绿化。

场地的选择：建筑物应避开地质条件不良地段，如浅层滑坡、地裂发育、地下水位剧烈等地段。尽量布置在地形条件比较简单、地质较均匀、胀缩性较弱的场地。山区建筑应根据山区地基的特点，妥善地进行总平面布置，并进行竖向设计，避免大开挖，应依山就势布置，同时应利用和保护天然排水系统，并设置必要的排洪、截流和导流等排水措施，加强隔水、排水，防止局部浸水和渗漏现象。

结构处理：应加强建筑物的整体刚度，承重墙体宜采用拉结较好的实心砖墙，不得采用空斗墙、砌块墙或无砂混凝土砌体，避免采用对变形敏感的砖拱结构、无砂大孔混凝土和无筋中型砌块等。基础顶部和房屋顶层宜设置圈梁，多层房屋其他各层可隔层设置或层层设置圈梁。建筑物的角段和内外墙的连接处，必要时可增设水平钢筋。

加大基础埋深，且不应小于 1 m。当以基础埋深为主要防治措施时，基底埋深宜超过大气影响深度或通过变形验算确定。较均匀的膨胀土地基，可采用条基；基础埋深较大或基底压力较小时，宜采用墩基。

地基处理：可采用地基处理方法减小或消除地基胀缩对建筑物的危害，常用的方法有换土垫层、土性改良、深基础等。换土应采用非膨胀性黏土、砂石或灰土等材料，厚度应通过变形计算确定，垫层宽度应大于基底宽度。土性改良可通过在膨胀土中掺入一定量的石灰来提高土的强度。也可采用压力灌浆将石灰浆液灌注入膨胀土的裂缝中起加固作用。当大气影响深度较深，膨胀土层较厚，选用地基加固或墩式基础施工困难时，可选用桩基础穿越。桩基础应穿过膨胀土层，使桩尖进入非膨胀土层或伸入大气影响急剧层以下一定的深度。

2）施工措施

在施工中应尽量减少地基中含水量的变化。基槽开挖施工宜分段快速作业，避免基坑岩土体受到暴晒或浸泡。雨季施工应采取防水措施。当基槽开挖接近基底设计标高时，宜预留 150～300 mm 厚土层，待下一工序开始前挖除；基槽验槽后应及时封闭坑底和坑壁；基坑施工完毕后，应及时分层回填夯实。

由于膨胀土坡地具有多向失水性和不稳定性，坡地建筑比平坦场地的破坏严重，故应尽量避免在坡坎上建筑。若无法避开，首先应采取排水措施，设置支挡和护坡进行治坡，整治环境，再开始兴建建筑。

9.5 冻土地基

在寒冷季节温度低于零摄氏度，土中水冻结成冰，此时土称为冻土。冻土根据其冻融情况分为季节性冻土、隔年冻土和多年冻土。季节性冻土是指冬季冻结夏季全部融化的冻土；若冬季冻结，一两年内不融化的土称为隔年冻土；凡冻结状态持续三年或以上的土称为多年冻土。多年冻土的表土层，有时夏季融化，冬季再结冰，也属于季节性冻土。随着土中水的冻结，土体产生体积膨胀，即冻胀现象。土发生冻胀的原因是因为冻结时土中水分向冻结区迁移和积聚的结果。冻胀会使地基土隆起，使建造在其上的建(构)筑物被抬起，引起开裂、倾斜甚至倒塌，使得路面鼓包、开裂、错缝或折断等。对工程危害最大的是季节性冻土地区，当土层解冻融化后，土层软化，强度大大降低。这种冻融现象又使得房屋、桥梁和涵管等发生大量沉降和不均匀沉降，道路出现翻浆冒泥等危害。因此，冻土的冻融必须引起注意，并采取必要的防治措施。

我国多年冻土主要分布在青藏高原、天山、阿尔泰山地区和东北大小兴安岭等纬度或海拔较高的严寒地区。东部和西部的一些高山顶部也有分布。多年冻土占我国领土的 20% 以上，占世界多年冻土面积的 10%。

9.5.1 冻土的物理和力学性质

1）冻土的物理性质

(1) 冻土的总含水量：是指冻土中所有冰和未冻水的总质量与冻土骨架质量之比。即天然温度的冻土试样，在 100°～105°下烘至恒重时，失去水的质量与干土的质量之比。

$$w_n = w_i + w'_w \tag{9-9}$$

式中：w_i——土中冰的质量与土骨架质量之比(%)；

w'_w——土中未冻水的质量与土骨架质量之比(%)。

冻土在负温条件下，仍有一部分水不冻结，称为未冻水。未冻水的含量与土的性质和负温度有关。可按下式计算：

$$w'_w = K'_w w_p \tag{9-10}$$

式中：w_p——塑限(%)；

K'_w——与塑性指数和温度有关的系数。

(2) 冻土的重度：在冻结状态下，保持天然含水量及结构的土单位体积的重量，称为冻土的重度。

(3) 含冰量：衡量冻土中含冰量多少的指标，有质量含冰量、体积含冰量和相对含冰量。

相对含冰量(i_0)是指冻土中冰的质量 g_i 与全部水的质量 g_w(包括冰和未冰冻水)之比。

$$i_0 = \frac{g_i}{g_w} \times 100\% = \frac{g_i}{g_i + g'_w} \times 100\% \tag{9-11}$$

质量含冰量(i_g)：冻土中冰的质量与冻土中骨架质量 g_s 之比。

$$i_g = w_i$$

即

$$i_g = \frac{g_i}{g_s} \times 100\% \tag{9-12}$$

体积含冰量(i_V)：冻土中冰的体积 V_i 与冻土总体积 V 之比。

$$i_V = \frac{V_i}{V} \times 100\% \tag{9-13}$$

(4) 未冻水含量：是指冻土中未冻水的质量与干土的质量之比。对于一定的土，其未冻水含量仅取决于温度条件，而与土的含水量无关。

2）冻土的力学性质

土的冻胀作用常以冻胀量、冻胀强度、冻胀力和冻结力等指标来衡量。

(1) 冻土的融化压缩：冻土融化过程中在无外荷作用的情况下，所产生的沉降称为融化下沉(简称融陷)，用相对融陷量——融沉系数(亦称融化系数)δ_0 表示。

$$\delta_0 = \frac{e_1 - e_2}{1 + e_1} \times 100 \tag{9-14}$$

式中：e_1、e_2——冻土试样融化前后的孔隙比。

(2) 冻胀量：天然地基的冻胀量有两种情况，无地下水源补给和有地下水源补给。对于无地下水源补给的，冻胀量等于在冻结深度 H 范围内的自由水 $(w-w_p)$ 在冻结时的体积，冻胀量 h_n 可按下式计算：

$$h_n = 1.09\frac{\rho_s}{\rho_w}(w-w_p)H \tag{9-15}$$

式中：w、w_p——分别为土的含水量和土的塑限(%)；

ρ_s、ρ_w——分别为土粒和水的密度(g/cm^3)。

对于有地下水源补给的情况，冻胀量与冻胀时间有关，应该根据现场测试确定。

(3) 冻胀强度(冻胀率)：单位冻胀深度的冻胀量称为冻胀强度或冻胀率 η。

$$\eta = \frac{h_n}{H}\times 100\% \tag{9-16}$$

(4) 法向和切向冻胀力：地基土冻结时，随着土体的冻胀，作用于基础底面向上的抬起力，称为基础底面的法向冻胀力，简称法向冻胀力。平行向上作用于基础侧表面的抬起力，称为基础侧面的切向冻胀力，简称切向冻胀力。

基础侧面总的长期冻结力 Q_d 按下式计算：

$$Q_d = \sum_{i=1}^{n} S_{di}F_{di} \tag{9-17}$$

式中：Q_d——基础侧面总的长期冻结力(kN)；

F_{di}——第 i 层冻土与基础侧面的接触面积(m^2)；

n——冻土与基础侧面接触的土层数；

S_d——第 i 层冻土的冻结力。

(5) 冻结力：冻土与基础表面通过冰晶胶结在一起，这种胶结力称为基础与冻土间的冻结强度，简称冻结力。在实际使用和量测中通常以这种胶结的抗剪强度来衡量。

(6) 冻土的抗剪强度：是指冻土在外力作用下，抵抗剪切滑动的极限强度。而冻土的抗剪强度不仅与外压力有关，而且与土温及荷载作用历时有密切关系。

9.5.2 冻土的融陷性分级与评价

我国多年冻土地区，建筑物基底融化深度为 3 m 左右，所以将多年冻土融陷性分级评价也按 3 m 考虑。根据计算融陷量及融陷系数 δ_0 对冻土的融陷性可分成 5 级，见表 9-8。

表 9-8　多年冻土按融陷量的划分

融陷性分级	Ⅰ	Ⅱ	Ⅲ	Ⅳ	Ⅴ
融陷系数 δ_0(%)	<1	1～5	5～10	10～25	>25
按 3 m 计算的融陷量(mm)	<5	30～150	150～300	300～750	>750

表中Ⅰ～Ⅴ级地基土的工程特性如下：

Ⅰ级——少冰冻土(不融陷土)：为基岩以外最好的地基土，一般建筑物可不考虑冻融问题。

Ⅱ级——多冰冻土(弱融陷土)：为多年冻土中较良好的地基土，一般可直接作为建筑物的地基，当最大融化深度控制在 3 m 以内时，建筑物均未遭受明显破坏。

Ⅲ级——富冰冻土(中融陷土)：这类土不但有较大的融陷量和压缩量，而且在冬天回冻时有较大的冻胀性。作为地基，一般应采取专门措施，如深基、保温、防止基底融化等。

Ⅳ级——饱冰冻土(强融陷土)：作为天然地基，由于融陷量大，常造成建筑物的严重破坏。这类土作为建筑地基，原则上不允许发生融化，宜采用保持冻结原则设计，或采用桩基、架空基础等。

Ⅴ级——含土冰层(极融陷土)：这类土含有大量的冰，当直接作为地基时，发生融化，将产生严重融陷，造成建筑物极大破坏。这类土如受长期荷载将产生流变作用，所以作为地基应专门处理。

对于Ⅰ—Ⅴ级的具体划分标准见表 9-9。

表 9-9 多年冻土融陷性分级

多年冻土名称	土的类别	总含水量 w_n(%)	融化后的潮湿程度	融陷性分级
少冰冻土	粉黏粒含量≤15%(或粒径小于0.1 mm的颗粒≤25%，以下同)的粗颗粒土(其中包括碎石类土、砾砂、中砂，以下同)	$w_n \leqslant 10$	潮湿	Ⅰ 不融陷
	粉黏粒含量>15%(或粒径小于0.1 mm的颗粒>25%，以下同)的粗颗粒土、细砂、粉砂	$w_n \leqslant 12$	稍湿	
	黏性土、粉土	$w_n \leqslant w_p$	半干硬	
多冰冻土	粉黏粒含量≤15%的粗颗粒土	$10 < w_n \leqslant 16$	饱和	Ⅱ 弱融陷
	粉黏粒含量>15%的粗颗粒土、细砂、粉砂	$12 < w_n \leqslant 18$	潮湿	
	黏性土、粉土	$w_p < w_n \leqslant w_p + 7$	硬塑	
富冰冻土	粉黏粒含量≤15%的粗颗粒土	$16 < w_n \leqslant 25$	饱和出水(出水量小于10%)	Ⅲ 中融陷
	粉黏粒含量>15%的粗颗粒土、细砂、粉砂	$18 < w_n \leqslant 25$	饱和	
	黏性土、粉土	$w_p + 7 < w_n \leqslant w_p + 15$	软塑	
饱冰冻土	粉黏粒含量≤15%的粗颗粒土	$25 < w_n \leqslant 44$	饱和大量出水(出水量为10%～20%)	Ⅳ 强融陷
	粉黏粒含量>15%的粗颗粒土、细砂、粉砂		饱和出水(出水量小于10%)	
	黏性土、粉土	$w_p + 15 < w_n \leqslant w_p + 35$	流塑	

续表 9-9

多年冻土名称	土的类别	总含水量 w_n(%)	融化后的潮湿程度	融陷性分级
含土冰层	碎石类土、砂类土	$w_n \geqslant 44$	饱和大量出水(出水量为10%~20%)	V 极融陷
	黏性土、粉土	$w_n > w_p + 35$	流塑	

注:① w_p 为塑限。

② 碎石土及砂土的总含水量界限为该两类土的中间值,含粉类、黏粒少的粗颗粒土比表列数字小;细砂、粉砂比表列数字大。

③ 黏性土、粉土总含水量界限中的+7、+15、+35 为不同类型黏性土的中间值,黏土比该值大。

9.5.3 冻土岩土工程地质评价与地基处理

季节性冻土地基对不冻胀土的基础可不考虑冻深的影响;对冻胀土基础面可放在有效冻深之内的任一位置,但其埋深必须按规范规定进行冻胀力作用下基础的稳定性计算。若不满足,应重新调整基础尺寸和埋置深度,或采取减小或消除冻胀力的措施。

多年冻土的岩土工程评价应符合下列要求:

(1) 多年冻土的地基承载力,应区别保持冻结地基和容许融化地基,结合当地经验用荷载试验或其他原位测试方法综合确定,可根据邻近工程经验确定。

(2) 多年冻土场地的选择,对于重要的(一、二级)建筑物的场地,应尽量避开饱冰冻土、含土冰层地段和冰锥、冰丘、热融湖、厚层地下冰、融区与多年冻土区之间的过渡带。宜选择坚硬岩层、少冰冻土及多冰冻土地段;地下水位(多年冻土层上)低的干燥地段;地形平缓的高地。

采用强夯法处理可消除土的部分冻胀性。多年冻土地基基础最小埋置深度应比季节设计融深大 1~2 m,视建筑物等级而定。季节性冻土地基常采用浅基础、桩基础。多年冻土地基常采用通风基础、热泵基础,也采用桩基础,视具体情况而定。

9.6 红黏土地基

9.6.1 红黏土的形成与分布

炎热湿润气候条件下的石灰岩、白云岩等碳酸盐系出露区的岩石在长期的成土化学风化作用(红土化作用)下,形成的高塑性黏土物质,其液限一般大于 50%,一般呈褐红、棕红、紫红和黄褐色等色,称为红黏土。具有表面收缩、上硬下软、裂隙发育等特征。通常堆积在山坡、山麓、盆地或洼地中,主要为残积、坡积类型。常为岩溶地区的覆盖层,因受基岩起伏影响,厚度变化较大。

若红黏土层受间歇性水流冲蚀,被搬运至低洼处,沉积形成新土层,且液限大于 45%者称为次生红黏土,它仍保留红黏土的基本特征。

红黏土的形成，一般应具备气候和岩性两个条件。

(1) 气候条件：气候变化大，年降水量大于蒸发量，因而气候潮湿，容易产生风化，风化的结果便形成红黏土。

(2) 岩性条件：主要为碳酸盐类岩石。当岩层褶皱发育、岩石破碎，风化后形成红黏土。

红黏土主要分布在我国长江以南(即北纬 33°以南)的地区。西起云贵高原，经四川盆地南缘，鄂西、湘西、广西向东延伸到粤北、湘南、皖南、浙西等丘陵山地。

9.6.2　红黏土的工程特性

1) *矿物化学成分*

红黏土的矿物成分主要为石英和高岭石(或伊利石)，化学成分以 SiO_2、Fe_2O_3、Al_2O_3为主。土中基本结构单元除静电引力和吸附水膜连接外，还有铁质胶结，使土体具有较高的连接强度，抑制土粒扩散层厚度和晶格扩展，在自然条件下具有较好的水稳性。由于红黏土分布区气候潮湿多雨，含水量远高于缩限，在自然条件下失水，土粒结合水膜减薄，颗粒距离缩小，使红黏土具有明显的收缩性和裂隙发育等特征。

2) *物理力学性质*

红黏土中较高的黏土颗粒含量(55%～70%)，使其具有高分散性和较大的孔隙比($e=1.1\sim1.7$)。红黏土常处于饱和状态($S_r>85\%$)，它的天然含水量($w=30\%\sim60\%$)几乎与塑限相等，但液性指数较小($-0.1\sim0.4$)，这说明红黏土以含结合水为主。因此，红黏土的含水量虽高，但土体一般仍处于硬塑或坚硬状态。压缩系数 $a=0.1\sim0.4\ \mathrm{MPa^{-1}}$，变形模量 $E_0=10\sim30\ \mathrm{MPa}$，固结快剪试验的内摩擦角 $\varphi=8°\sim18°$，黏聚力 $c=40\sim90\ \mathrm{kPa}$，红黏土具有较高的强度和较低的压缩性。原状红黏土浸水后膨胀量很小，失水后收缩剧烈。

3) *不良工程特征*

从土的性质来说，红黏土是较好的建筑物地基，但也存在一些不良工程特征。①有些地区的红黏土具有胀缩性；②厚度分布不均，常因石灰岩表面石芽、溶沟等的存在，其厚度在短距离内相差悬殊(有的 1 m 之间相差竟达 8 m)；③上硬下软，从地表向下由硬至软明显变化，接近下卧基岩面处，土常呈软塑或流塑状态，土的强度逐渐降低，压缩性逐渐增大；④因地表水和地下水的运动引起的冲蚀和潜蚀作用，岩溶现象一般较为发育，在隐伏岩溶上的红黏土层常有土洞存在，影响场地稳定性。

9.6.3　红黏土地区的岩溶和土洞

由于红黏土的成土母岩为碳酸盐系岩石，这类基岩在水的作用下，岩溶发育，上覆红黏土层在地表水和地下水作用下常形成土洞。实际上，红黏土与岩溶、土洞之间有不可分割的联系，它们的存在可能严重影响建筑场地的稳定，并且造成地基的不均匀性。其不良影响如下：

(1) 溶洞顶板塌落造成地基失稳，尤其是一些浅埋、扁平状、跨度大的洞体，其顶板岩体受数组结构面切割，在自然或人为的作用下，有可能塌落造成地基的局部破坏。

(2) 土洞塌落形成场地坍陷。实践表明，土洞对建筑物的影响远大于岩溶，其主要原因是土洞埋藏浅、分布密、发育快、顶板强度低，因而危害也大。有时在建筑施工阶段还未出现土洞,只是由于新建建筑物后改变了地表水和地下水的条件才产生土洞和地表塌陷。

(3) 溶沟、溶槽等低洼岩面处易积水,使土呈软塑至流塑状态。在红黏土分布区,随着深度增加,土的状态可以由坚硬、硬塑变为可塑以致流塑。

(4) 基岩岩面起伏大,常有峰高不等的石芽埋藏于浅层土中,有时外露地表,导致红黏土地基的不均匀性。常见石芽分布区的水平距离只有 1 m、土层厚度相差可达 5 m 或更多的情况。

(5) 岩溶水的动态变化给施工和建筑物造成不良影响,雨期深部岩溶水通过漏斗、落水洞等竖向通道向地面涌泄,以致场地可能暂时被水淹没。

9.6.4 红黏土地基的评价

1) 地基稳定性评价

红黏土在天然状态下膨胀量很小,但具有强烈的失水收缩性,土中裂隙发育是红黏土的一大特征。坚硬、硬塑红黏土,在靠近地表部位或边坡地带,红黏土裂隙发育,且呈竖向开口状,这种土单独的土块强度很高,但由于裂隙破坏了土体的连续性和整体性,使土体整体强度降低。当基础浅埋且有较大水平荷载,外侧地面倾斜或有临空面时,要首先考虑地基稳定性问题,土的抗剪强度指标及地基承载力都应作相应的折减。另外,红黏土与岩溶、土洞有不可分割的联系,由于基岩岩溶发育,红黏土常有土洞存在,在土洞强烈发育地段,地表坍陷,严重影响地基稳定性。

2) 地基承载力评价

由于红黏土具有较高的强度和较低的压缩性,在孔隙比相同时,它的承载力是软黏土的 2~3 倍,是建筑物良好的地基。它的承载力的确定方法有:现场原位试验,浅层土进行静载荷试验,深层土进行旁压试验;按承载力公式计算,其抗剪强度指标应由三轴试验求得,当使用直剪仪快剪指标时,计算参数应予以修正,对 c 值一般乘 0.6~0.8 的系数,对 φ 值乘 0.8~1.0 的系数;在现场鉴别土的湿度状态,由经验确定,按相关分析结果,由土的物理指标按有关表格求得。红黏土承载力的评价应在土质单元划分基础上,根据工程性质及已有研究资料选用上述承载力方法综合确定。由于红黏土湿度状态受季节变化,还有地表水体和人为因素影响,在承载力评价时应予充分注意。

3) 地基均匀性评价

《岩土工程勘察规范》(GB 50021—2009)按基底下某一临界深度值 z 范围内的岩土构成情况,将红黏土地基划分为两类:Ⅰ类(全部由红黏土组成)和Ⅱ类(由红黏土和下覆基岩组成)。对于Ⅰ类红黏土地基,可不考虑地基均匀性问题。对于Ⅱ类红黏土地基,根据其不同情况,设检验段验算其沉降差是否满足要求。临界深度值 z 可按下列公式计算:

单独基础 $z = 0.003p_1 + 1.5$ $p_1 = 500 \sim 3\,000\ \text{kN/m}$

条形基础 $z = 0.05p_2 - 4.5$ $p_2 = 100 \sim 250\ \text{kN/m}$

9.6.5 红黏土地基的工程措施

在工程建设中,应根据具体情况,充分利用红黏土上硬下软的分布特征,基础尽量浅埋。

当红黏土层下部存在局部的软弱下卧层和岩层起伏过大时，应考虑地基不均匀沉降的影响，采取相应的措施。

红黏土场地还常存在岩溶和土洞，为了清除红黏土中地基存在的石芽、土洞和土层不均匀等不利因素的影响，应采取换土、填洞、加强基础和上部结构整体刚度，或采用桩基和其他深基础等措施。

红黏土裂隙发育，在建筑物施工或使用期间均应做好防水排水措施，避免水分渗入地基。对于天然土坡和人工开挖的边坡及基槽，应防止破坏坡面植被和自然排水系统，坡面上的裂隙应加填塞，做好地表水、地下水及生产和生活用水的排泄、防渗等措施，保证土体的稳定性。对基岩面起伏大、岩质坚硬的地基，也可采用大直径嵌岩桩和墩基进行处理。

9.7 山区地基

山区地基覆盖层厚薄不均，下卧基岩面起伏较大，土岩组合地基在山区较为普遍。当地基下卧岩层为可溶性岩层时易出现岩溶发育。土洞是岩溶作用的产物，凡具备土洞发育条件的岩溶地区，一般均有土洞发育。

9.7.1 土岩组合地基

当建筑地基的主要受力层范围内存在有下卧基岩表面坡度较大、石密布并有出露的地基、大块孤石地基之一时，则属于土岩组合地基。

1）土岩组合地基的工程特性

土岩组合地基在山区建设中较为常见，其主要特征是地基在水平和垂直方向具有不均匀性，主要工程特性如下：

(1) 下卧基岩表面坡度较大。若下卧基岩表面坡度较大，其上覆土层厚薄不均，将使地基承载力和压缩性相差悬殊而引起建筑物不均匀沉降，致使建筑物倾斜或土层沿岩面滑动而丧失稳定。如建筑物位于沟谷部位，基岩呈 V 形，岩石坡度较平缓，上覆土层强度较高时，对中小型建筑物，只需适当加强上部结构刚度，不必作地基处理。若基岩呈八字形倾斜，建筑物极易在两个倾斜面交界处出现裂缝，此时可在倾斜交界处用沉降缝将建筑物分开。

(2)石芽密布并有出露的地基。该类地基多系岩溶的结果，我国贵州、广西和云南等省广泛分布。其特点是基岩表面凹凸不平，起伏较大，石芽间多被红黏土充填(图 9-4)，即使采用很密集的勘探点，也不易查清岩石起伏变化全貌。其地基变形目前理论上尚无法计算。若充填于石芽间的土强度较高，则地基变形较小；反之，变形较大，有可能使建筑物产生过大的不均匀沉降。

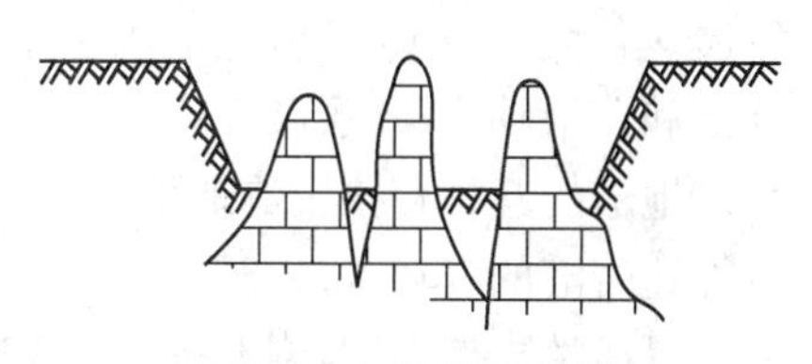

图 9-4 石芽密布地基

(3) 大块孤石或个别石芽出露地基。地基中夹杂着大块孤石，多出现在山前洪积层中或冰碛层中。该类地基类似于岩层面相背倾斜及个别石芽出露地基，其变形条件最为不利，在软硬交界处极易产生不均匀沉降,造成建筑物开裂。

2) 土岩组合地基的处理

土岩组合地基的处理,可分为结构措施和地基处理两个方面,两者相互协调与补偿。

(1)结构措施。建造在软硬相差比较悬殊的土岩组合地基,若建筑物长度较长或造型复杂,为减小不均匀沉降所造成的危害,宜用沉降缝将建筑物分开。缝宽 30～50 mm。必要时应加强上部结构的刚度,如加密隔墙、增设圈梁等。

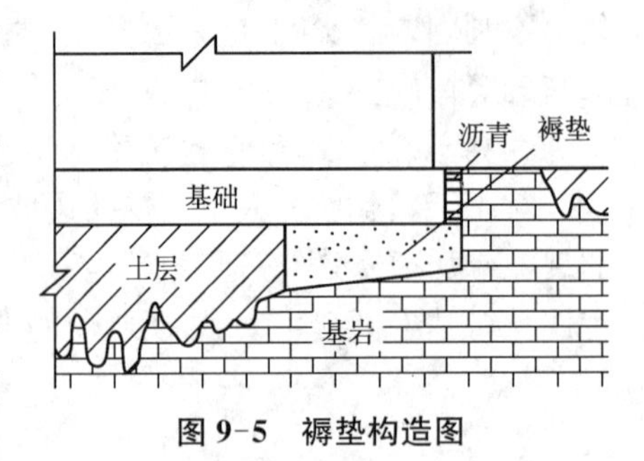

图 9-5 褥垫构造图

(2) 地基处理。地基处理措施可分为两大类。一类是处理压缩性较高部分的地基,使之适应压缩性较低的地基。如采用桩基础、局部深挖、换填或用梁、板、拱跨越,当石芽稳定可靠时,以石芽作支墩基础等方法。此类处理方法效果较好,但费用较高。另一类是处理压缩性较低部分的地基,使之适应压缩性较高的地基。如在石芽出露部位做褥垫(图 9-5),也能取得良好效果。褥垫可采用炉渣、中砂、土夹石(其中碎石含量占20%～30%)或黏性土等,厚度宜取 300～500 mm,采用分层夯实。

9.7.2 岩溶

岩溶或称喀斯特(Karst),是指可溶性岩石,如石灰岩、白云岩、石膏、岩盐等受水的长期溶蚀作用而形成溶洞、溶沟、裂隙、暗河、石芽、漏斗、钟乳石等奇特的地区及地下形态的总称(图 9-6)。我国岩溶分布较广,尤其是碳酸盐类岩溶,西南、东南地区均有分布,贵州、云南、广西等最为发育。

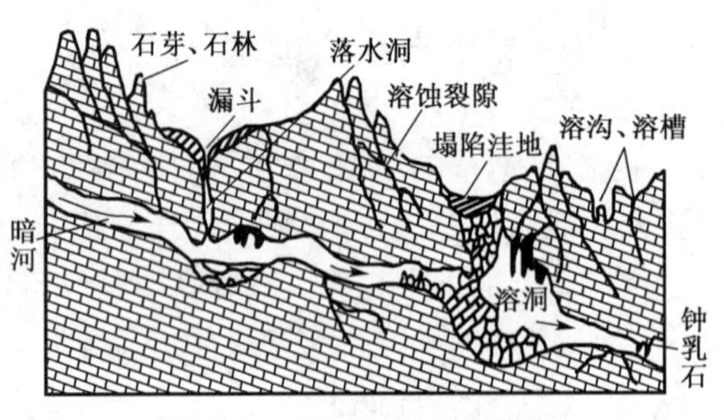

图 9-6 岩溶岩层剖面示图

1) 岩溶发育条件和规律

岩溶的发育与可溶性岩层、地下水活动、气候、地质构造及地形等因素有关,前两项是形成岩溶的必要条件。若可溶性岩层具有裂隙,能透水,而又具有足够溶解能力和足够流量的水,就可能出现岩溶现象。岩溶的形成必须有地下水的活动,因富含 CO_2 的大气降水和地表水渗入地下后,不断更新水质,维持地下水对可溶性岩层的化学溶解能力,从而加速岩溶的发展。若大气降水丰富,地下水源充沛,岩溶发展就快。此外,地质构造上具有裂隙的背斜顶部和向斜轴部、断层破碎带、岩层接触面和构造断裂带等,地下水流动快,有利于岩溶的发育。地形的起伏直接影响地下水的流速和流向,如地势高差大,地表水和地下水流速大,也将加速岩溶的发育。

可溶性岩层不同,岩石的性质和形成条件不同,岩溶的发育速度也就不同。一般情况下,石灰岩、泥灰岩、白云岩及大理岩发育较慢。岩盐、石膏及石膏质岩层发育很快,经常存在漏斗、洞穴并发生塌陷现象。岩溶的发育和分布规律主要受岩性、裂隙、断层以及不同可溶性岩层接触面的控制,其分布常具有带状和成层性。当不同岩性的倾斜岩层相互成层时,岩溶在平面上呈带状分布。

2）岩溶地基稳定性评价和处理措施

对岩溶地基的评价与处理，是山区工程建设经常遇到的问题，通常，应先查明其发育、分布等情况，作出准确评价，其次是预防与处理。

首先要了解岩溶的发育规律、分布情况和稳定程度。岩溶对地基稳定性的影响主要表现在：①地基主要受力层范围内若有溶洞、暗河等，在附加荷载或振动作用下，溶洞顶板塌陷，地基出现突然下沉；②溶洞、溶槽、石芽、漏斗等岩溶形态使基岩面起伏较大，或分布有软土，导致地基沉降不均匀；③基岩上基础附近有溶沟、竖向岩溶裂痕、落水洞等，可能使基底沿倾向临空面的软弱结构面产生滑动；④基岩和上覆土层内，因岩溶地区较复杂的水文地质条件，易产生新的工程地质问题，造成地基恶化。

一般情况下，应尽量避免在上述不稳定的岩溶地区进行工程建设。若一定要利用这些地段作为建筑场地，应结合岩溶的发育情况、工程要求、施工条件、经济与安全的原则，采取必要的防护和处理措施。主要有以下几种：

（1）清爆换填。适用于处理顶板不稳定的浅埋溶洞地基。即清除覆土，爆开顶板，挖去松软填充物，回填块石、碎石、黏土或毛石混凝土等，并分层密实。对地基岩体内的裂隙，可灌注水泥浆、沥青或黏土浆等。

（2）梁、板跨越。对于洞壁完整、强度较高而顶板破碎的岩溶地基，宜采用钢筋混凝土梁、板跨越，但支承点必须落在较完整的岩面上。

（3）洞底支撑。适用于处理跨度较大，顶板具有一定厚度，但稳定条件差，若能进入洞内，可用石砌柱、拱或钢筋混凝土柱支撑洞顶。但应查明洞底的稳定性。

（4）水流排导。地下水宜疏不宜堵，一般宜采用排水隧洞、排水管道等进行疏导，以防止水流通道堵塞，造成动水压力对基坑底板、地坪及道路等的不良影响。

9.7.3 土洞地基

1）概述

土洞是岩溶地区上覆土层在地表水冲蚀或地下水潜蚀作用下形成的洞穴（图 9-7）。土洞继续发展，逐渐扩大，则引起地表塌陷。

土洞多位于黏性土层中，砂土和碎石土中少见。其形成和发育与土层的性质、地质构造、水的活动、岩溶的发育等因素有关，且以土层、岩溶的存在和水的活动三因素最为重要。根据地表或地下水的作用可将土洞分为：①地表水形成的土洞，因地表水下渗，内部冲蚀淘空而逐渐形成的土洞；②地下水形成的土洞，若地下水升降频繁或人工降低地下水位，水对松软土产生潜蚀作用，使岩土交界面处形成土洞。

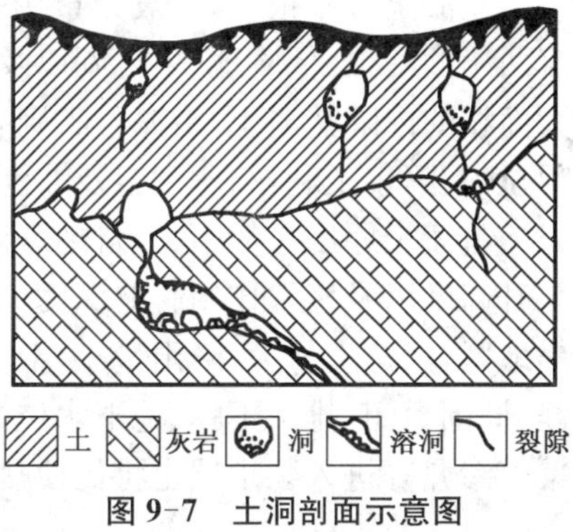

土 灰岩 洞 溶洞 裂隙

图 9-7 土洞剖面示意图

2）土洞地基的工程措施

在土洞发育地区进行工程建设，应查明土洞的发育程度和分布规律，土洞和塌陷的形状、大小、深度和密度，以提供建筑场地选择、建筑总平面布置所需的资料。

建筑场地最好选择于地势较高或最高水位低于基岩面的地段，并避开岩溶强烈发育及基岩面软黏土厚而集中的地段。若地下水位高于基岩面，在建筑施工或使用期间，应注意因人工降水或取水时形成土洞或发生地表塌陷的可能性。

在建筑物地基范围内有土洞和地表塌陷时，必须认真进行处理。采取如下措施：

(1) 地表、地下水处理。在建筑场地范围内，做好地表水的截流、防渗、堵漏，杜绝地表水渗入，使之停止发育。尤其对地表水引起的土洞和地表塌陷，可起到根治作用。对形成土洞的地下水，若地质条件许可，可采取截流、改道的办法，防止土洞和塌陷的进一步发展。

(2) 挖填夯实。对于浅层土洞，可先挖除软土，然后用块石或毛石混凝土回填。对地下水形成的土洞和塌陷，可挖除软土和抛填块石后做反滤层，面层用黏土夯实。也可用强夯破坏土洞，加固地基，效果良好。

(3) 灌填处理。适用于埋藏深、洞径大的土洞。施工时在洞体范围的顶板上钻两个或多个钻孔，用水冲法将砂、砾石从孔中(直径＞100 mm)灌入洞内，直至排气孔(小孔，直径50 mm)冒砂为止。若洞内有水，灌砂困难时，也可用压力灌注C15的细石混凝土等。

(4) 垫层处理。在基底夯填黏土夹碎石作垫层，以扩散土洞顶板的附加压力，碎石骨架还可降低垫层沉降量，增加垫层强度，碎石之间以黏性土充填，可避免地表水下渗。

(5) 梁板跨越。若土洞发育剧烈，可用梁、板跨越土洞，以支承上部建筑物，但需考虑洞旁土体的承载力和稳定性；若土洞直径较小，土层稳定性较好时，也可只在洞顶上部用钢筋混凝土连续板跨越。

(6) 桩基和沉井。对重要建筑物，当土洞较深时，可用桩、沉井或其他深基础穿过覆盖土层，将建筑物荷载传至稳定的岩层上。

9.8 盐渍土地基

9.8.1 盐渍土的形成和分布

盐渍土系指含有较多易溶盐(含量＞0.3%)，且具有溶陷、盐胀、腐蚀等工程特性的土。

盐渍土分布很广，一般分布在地势较低且地下水位较高的地段，如内陆洼地、盐湖和河流两岸的漫滩、低阶地、牛轭湖以及三角洲洼地、山间洼地等。我国西北地区如青海、新疆有大面积的内陆盐渍土，沿海各省则有滨海盐渍土。此外，在俄罗斯、美国、伊拉克、埃及、沙特阿拉伯、阿尔及利亚、印度以及非洲、欧洲等许多国家和地区均有分布。

盐渍土厚度一般不大，自地表向下约1.5～4.0 m，其厚度与地下水埋深、土的毛细作用上升高度以及蒸发作用影响深度(蒸发强度)等有关。其形成受如下因素影响：①干旱半干旱地区，因蒸发量大，降雨量小，毛细作用强，极利于盐分在表面聚集；②内陆盆地因地势低洼，周围封闭，排水不畅，地下水位高，利于水分蒸发盐类聚集；③农田洗盐、压盐、灌溉退水、渠道渗漏等进入某土层也将促使盐渍化。

9.8.2 盐渍土的工程特征

影响盐渍土基本性质的主要因素是土中易溶盐的含量。土中易溶盐主要有氯化物盐类、硫酸盐类和碳酸盐类三种。

(1) 氯盐渍土。氯盐渍土分布最广,地表常有盐霜与盐壳特征。因氯盐类富吸湿性,结晶时体积不膨胀,具脱水作用,故土的最佳含水量低,且长期维持在最佳含水量附近,使土易于压实。氯盐含量愈大,则土的液限、塑限、塑性指数及可塑性愈低,强度愈高。此外,含有氯盐的土,一般天然孔隙比较低,密度较高,并具有一定的腐蚀性。当氯盐含量大于4%时,将对混凝土、钢铁、木材、砖等建筑材料具有不同程度的腐蚀性。

(2) 硫酸盐渍土。硫酸盐渍土分布较广,地表常覆盖一层松软的粉状、雪状盐晶。随硫酸盐(Na_2SO_4)含量增大,体积变大,且随温度升降变化而胀缩,如此不断循环,使土体松胀。松胀现象一般出现在地表以下0.3 m处左右。由于硫酸盐渍土具有松胀和膨胀性,与氯盐渍土相比,其总含盐量对土的强度影响恰好相反,随总含盐量的增加而降低。当总含盐量约为12%时,可使强度降低到不含盐时的一半左右。此外,硫酸盐渍土具有较强的腐蚀性,当硫酸盐含量超过1%时,对混凝土产生有害影响,对其他建筑材料也具有不同程度的腐蚀作用。

(3) 碳酸盐渍土。碳酸盐渍土中存在大量的吸附性钠离子,其与土中胶体颗粒互相作用,形成结合水膜,使土颗粒间的粘聚力减弱,土体体积增大,遇水时产生强烈膨胀,使土的透水性减弱,密度减小,导致地基稳定性及强度降低,边坡塌滑等。当碳酸盐渍土中Na_2CO_3含量超过0.5%时,即产生明显膨胀,密度随之降低,其液塑限也随含盐量增高而增高。此外,碳酸盐渍土中的Na_2CO_3、$NaHCO_3$能加强土的亲水性,使沥青乳化,对各种建筑材料存在不同程度的腐蚀性。

9.8.3 盐渍土地基的溶陷性、盐胀性和腐蚀性

对盐渍土地基的评价,主要考虑三个方面。

(1) 溶陷性。天然状态的盐渍土在自重应力或附加应力下,受水浸湿时所产生的附加变形称作盐渍土的溶陷变形。大量研究表明,只有干燥和稍湿的盐渍土才具有溶陷性,且大多为自重溶陷。盐渍土的溶陷性可以用单一的有荷载作用时的溶陷系数δ来衡量,δ的测定与黄土的湿陷系数相似,由室内压缩试验确定:

$$\delta = \frac{h_p - h'_p}{h_0} \tag{9-18}$$

式中:h_p——原状土样在压力p作用下,沉降稳定后的高度(mm);

h'_p——上述加压稳定后的土样,经浸水溶滤下沉稳定后的高度(mm);

h_0——土样的原始高度(mm)。

溶陷系数也可以通过现场试验确定:

$$\delta = \frac{\Delta_s}{h} \tag{9-19}$$

式中:Δ_s——荷载板压力为p时,盐渍土浸水后的溶陷量(mm);

h——荷载板下盐渍土的湿润深度(mm)。

当$\delta \geqslant 0.01$时可判定为溶陷性盐渍土;$\delta < 0.01$时则判定为非溶陷性盐渍土。

实践表明:干燥和稍湿的盐渍土才具有溶陷性,且盐渍土大多为自重溶陷。

(2) 盐胀性。盐渍土地基的盐胀性一般可分为两类,即结晶膨胀和非结晶膨胀。结晶膨胀是盐渍土因温度降低或失去水分后,溶于孔隙水中的盐浓缩并析出结晶所产生的体积膨胀。当土中的硫酸钠含量超过某一定值(约2%),在低温或含水量下降时,硫酸钠发生结晶膨胀,对于无上覆压力的地面或路基,膨胀高度可达数十毫米至几百毫米,这成了盐渍土地区的一个严重的工程问题。

非结晶膨胀是指盐渍土中存在大量吸附性阳离子,特别是低价的水化阳离子与黏土胶粒相互作用,使扩散层水膜厚度增大而引起土体膨胀。最具代表性的是硫酸盐渍土,含水量增加时,土质泥泞不堪。

(3) 腐蚀性。盐渍土的腐蚀性是一个十分复杂的问题。盐渍土中含有大量的无机盐,它使土具有明显的腐蚀性,从而对建筑物基础和地下设施构成一种严重的腐蚀环境,影响其耐久性和安全使用。盐渍土中的氯盐是易溶盐,在水溶液中全部离解为阴、阳离子,属于电解质,具有很强的腐蚀作用,对于金属类的管线、设备以及混凝土中的钢筋等都会造成严重损坏。盐渍土中的硫酸盐,主要是指钠盐、镁盐和钙盐,这些都属于易溶盐和中溶盐;硫酸盐对水泥、黏土制品等腐蚀非常严重。

9.8.4 盐渍土的工程评价及防护措施

盐渍土的岩土工程评价应包括下列内容:

(1) 根据地区的气象、水文、地形、地貌、场地积水、地下水位、管道渗漏、地下洞室等环境条件变化,并对场地建筑适宜性作出评价。

(2) 评价岩土中含盐类型、含盐量及主要含盐矿物对岩土工程性能的影响。

(3) 盐渍土地基的承载力宜采用载荷试验确定,当采用其他原位测试方法,如标准贯入静(动)力触探及旁压试验等时,应与荷载试验结果进行对比。盐渍岩地基承载力可按《地基规范》软质岩石的小值确定,并应考虑盐渍岩的水溶性影响。

(4) 盐渍岩边坡的坡度宜比非盐渍岩的软质岩石边坡适当放缓,对软弱夹层、破碎带及中、强风化带应部分或全部加以防护。

(5) 盐渍土的含盐类型、含盐量及主要含盐矿物对金属及非金属建筑材料的腐蚀性评价。此外,对具有松胀性及湿陷性盐渍土评价时,尚应按照有关膨胀土及湿陷性土等专业规范的规定,作出相应评价。

思考题与习题

1. 何谓软土地基?其有何特征?在工程中应注意采取哪些措施?

2. 何谓湿陷性黄土、自重湿陷性黄土与非自重湿陷性黄土?

3. 影响黄土湿陷性的因素有哪些?工程中如何判定黄土地基的湿陷等级,并应采取哪些工程措施?

4. 某黄土试样原始高度20 mm,加压至200 kPa,下沉稳定后的土样高度为19.40 mm;然后浸水,下沉稳定后的高度为19.25 mm。试判断该土是否为湿陷性黄土。

5. 山西地区某建筑物场地,工程勘察时每1 m取一土样,测得各土样的自重湿陷性系数指标δ_{zs}和湿陷性系数δ_s。如下表所示，试判定场地的湿陷类型和地基的湿陷等级。

取土深度(m)	1	2	3	4	5	6	7	8	9	10
δ_{zs}	0.04*	0.014*	0.02	0.017	0.05	0.01*	0.02	0.015	0.04	0.002*
δ_s	0.045	0.038	0.052	0.027	0.056	0.048	0.040	0.036	0.025	0.012*

注：打*者为δ_{zs}或$\delta_s < 0.015$，属非湿陷性土层。

6. 膨胀土具有哪些工程特征？影响膨胀土胀缩变形的主要因素有哪些？

7. 什么是自由膨胀率？如何评价膨胀土地基的胀缩等级？

8. 某膨胀土地基试样原始体积V_0=10 mL，膨胀稳定后的体积V_w=15 mL，该土样原始高度h_0=20 mm，在压力 100 kPa 作用下膨胀稳定后的高度h_w=21 mm。试计算该土样的自由膨胀率δ_{ef}和膨胀率δ_{ep}，并确定其膨胀潜势。

9. 何谓季节性冻土和多年冻土地基？工程上如何划分和处理？

10. 简述冻土地基的冻胀机理。

11. 多年冻土总含水量w_0 = 30% 的粉土，冻土试样融化前后的孔隙比分别为 0.94 和 0.78，其融陷类别为多少？

12. 什么是红黏土？红黏土地基有何工程特点？

13. 何谓土岩组合地基？其有何工程特点及相应的工程处理措施？

14. 岩溶和土洞各有什么特点？在这些地区进行工程建设时应采取哪些工程措施？

15. 什么是盐渍土地基？其具有哪些工程特征？

10　地基基础的抗震

10.1　概述

10.1.1　地震的概念

地震又称地动、地振动，是地壳快速释放能量过程中造成的振动，期间会产生地震波的一种自然现象。按地震形成的原因分类主要有火山地震、陷落地震和构造地震。其中构造地震是由于地下深处岩层破裂、错动所形成的地震。这类地震发生的次数最多，约占全球地震总数的 90%以上，破坏力也最大。

产生构造地震的本质原因是由于地球在长期运动过程中，地壳的岩层中产生和积累着巨大的地应力。当某处积累的地应力逐渐增加到超过该处岩层的强度时，就会使岩层产生破裂或错断。此时，积累的能量随岩层的断裂急剧地释放出来，并以地震波的形式向四周传播。地震波到达地面时将引起地面的振动，即表现为地震。

地震的发源处称为震源。震源在地表面的垂直投影点称为震中。震中附近的地区称为震中区域。震中与某观测点间的水平距离称为震中距。震中到震源的距离称为震源深度。震源深度小于 70 km 时称为浅源地震，70～300 km 之间称为中源地震，大于 300 km 时称为深源地震。

地震带是地震集中分布的地带，在地震带内地震密集，在地震带外，地震分布零散。世界上主要有三大地震带：环太平洋地震带、欧亚地震带、海岭地震带(大洋中脊地震活动带)。我国正处在前两个大地震带的中间，属于多地震活动的国家，其中以台湾省发生的大地震最多，新疆、四川、西藏地区次之。

10.1.2　震级与烈度

1）震级

震级是以地震仪测定的每次地震活动释放的能量多少来确定的。震源释放的能量越大，震级也就越高。震级每增加一级，能量增大约 30 倍。国际上使用的地震震级——里克特级数，它的范围在 1～10 级之间。一般来说，小于 2.5 级的地震，人们感觉不到；5 级以上的地震开始引起不同程度的破坏，称为破坏性地震或强震；7 级以上的地震称为大震。

2）烈度

烈度是指发生地震时地面及建筑物受影响的程度。在一次地震中，地震的震级是确定的，但地面各处的烈度各异，距震中越近烈度越高，距震中越远烈度越低。震中附近的烈度称为震中烈度。根据地面建筑物受破坏和影响的程度,地震烈度划分为12度。烈度越高,表明受影响的程度越强烈。地震烈度不仅与震级有关,同时还与震源深度、震中距以及地震波通过的介质条件等多种因素有关。

震级和烈度虽然都是衡量地震强烈程度的指标,但烈度直接反映了地面建筑物受破坏的程度,因而与工程设计有着更密切的关系。工程中涉及的烈度概念除震中烈度外有以下几种:

(1) 基本烈度

基本烈度是指在今后一定时期内,某一地区在一般场地条件下可能遭受的最大地震烈度。基本烈度所指的地区,是一个较大的区域范围。因此,又称为区域烈度。1990年,中国地震烈度区划图规定在一般场地条件下50年内可能遭遇超越概率为10%的地震烈度称为地震基本烈度。

通常在烈度高的区域内可能包含烈度较低的场地,而在烈度低的区域内也可能包含烈度较高的场地。这主要是因为局部场地的地质构造、地基条件、地形变化等因素与整个区域有所不同,这些局部性控制因素称为小区域因素或场地条件。一般在场地选址时,应进行专门的工程地质和水文地质调查工作,查明场地条件,确定场地烈度,据此避重就轻,选择对抗震有利的地段布置工程。所谓场地烈度即指区域内一个具体场地的烈度。而场地是指建筑物所在的局部区域,大体相当于厂区、居民点和自然村的范围。

(2) 多遇与罕遇地震烈度

多遇地震烈度是指设计基准期50年内超越概率为63.2%的地震烈度,亦称众值烈度。罕遇地震烈度是指设计基准期50年内超越概率为2%～3%的地震烈度。

(3) 设防烈度

设防烈度是指按国家规定的权限批准的作为一个地区抗震设防依据的地震烈度。地震设防烈度是针对一个地区而不是针对某一建筑物确定,也不随建筑物的重要程度提高或降低。

10.2 地基基础的震害现象

构造地震活动频繁,影响范围大,破坏性强,对人类生存造成巨大的危害。全球每年约发生500万次地震,其中绝大多数属于微震,有感地震约5万次,造成严重破坏的地震约十几次。我国自古以来有记载的地震达8 000多次,7级以上地震就有100多次。

地震作用是通过地基和基础传递给上部结构的,因此,地震时首先是地基和基础受到影响,继而产生建筑物和构筑物振动并由此引发地震灾害。

10.2.1 地基的震害

由于地区特点和地形地质条件的复杂性,强烈地震造成的地面和建筑物的破坏类型多种多样。典型的地基震害有震陷、地基土液化、地震滑坡和地裂等几种。

1）震陷

震陷是指地基土由于地震作用而产生的明显的竖向永久变形。在发生强烈地震时，如果地基由软弱黏性土和松散砂土构成，其结构受到扰动和破坏，强度严重降低，在重力和基础荷载的作用下会产生附加的沉陷。

在我国沿海地区及较大河流的下游软土地区，震陷往往也是主要的地基震害。当地基土的级配较差、含水量较高、孔隙比较大时震陷也大。砂土的液化也往往引起地表较大范围的震陷。此外，在溶洞发育和地下存在大面积采空区的地区，在强烈地震的作用下也容易诱发震陷。

2）地基土液化

在地震的作用下，饱和砂土的颗粒之间发生相互错动而重新排列，其结构趋于密实，如果砂土为颗粒细小的粉细砂，则因透水性较弱而导致孔隙水压力加大，同时颗粒间的有效应力减小，当地震作用大到使有效应力减小到零时，将使砂土颗粒处于悬浮状态，即出现砂土的液化现象。

砂土液化时其性质类似于液体，抗剪强度完全丧失，位于液化土体上的建筑物将产生大量的沉降、倾斜和水平位移，建筑物自身将会开裂、破坏甚至倒塌。

影响砂土液化的主要因素为地震烈度、震动的持续时间、土的粒径组成、密实程度、饱和度、土中黏粒含量以及土层埋深等。

3）滑坡

在山区和陡峭的河谷区域，强烈地震可能引起山体滑坡、泥石流等大规模的岩土体运动，从而直接导致建筑物的破坏和人员伤亡。

4）地裂

地震导致岩面和地面的突然破裂和位移会引起位于附近或跨断层的建筑物的变形和破坏。

10.2.2 建筑基础的震害

建筑物基础的常见震害有：

1）沉降、不均匀沉降和倾斜

地震作用下，软土或液化土层中的基础易产生沉降、不均匀沉降和倾斜，黏土性土层上的基础受到影响较小。软土地基可产生 10～20 cm 的沉降，也有达 30 cm 以上者；如地基的主要受力层为液化土或含有厚度较大的液化土层，强震时则可能产生数十厘米甚至 1 m 以上的沉降。

2）水平位移

常见于边坡或河岸边的建筑物，在地震作用下会出现土坡失稳和岸边地下液化土层的侧向扩展等现象。

3）受拉破坏

地震时，受力矩作用较大的桩基础的外排桩受到过大的拉力时，桩与承台的连接处会产生破坏，杆、塔等高耸结构物的拉锚装置也可能因地震产生的拉力过大而破坏。

10.3　地基基础抗震设计

10.3.1　抗震设计的任务

任何建筑物都建造在地基上。地震时，土层中传播的地震波引起地基土体振动，导致土体产生附加变形，强度也相应发生变化。若地基土强度不能承受地基振动所产生的内力，建筑物就会失去支承能力，导致地基失效，严重时可产生像震陷、滑坡、液化、地裂等震害。

地基基础抗震设计的任务就是研究地震中地基和基础的稳定性和变形，包括地基的地震承载力验算、地基液化可能性判别和液化等级的划分、震陷分析、合理的基础结构形式以及为保证地基基础能有效工作所必须采取的抗震措施等内容。

《建筑工程抗震设防分类标准》将建筑物按使用功能的重要性和破坏后果的严重性分为四个抗震设防类别：特殊设防类（甲类）、重点设防类（乙类）、标准设防类（丙类）、适当设防类（丁类），如表 2-3 所示。

各抗震设防类别建筑的抗震设防标准应符合下列要求：

(1) 特殊设防类，应按高于本地区抗震设防烈度一度的要求加强其抗震措施。但抗震设防烈度为 9 度时应按比 9 度更高的要求采取抗震措施。同时，应按批准的抗震安全性评价的结果确定且高于本地区抗震设防烈度的要求确定其地震作用。

(2) 重点设防类，应按高于本地区抗震设防烈度一度的要求加强其抗震措施。但抗震设防烈度为 9 度时应按比 9 度更高的要求采取抗震措施；地基基础的抗震措施应符合有关规定。同时，应按本地区抗震设防烈度确定其地震作用。

(3) 标准设防类，应按本地区抗震设防烈度确定其抗震措施和地震作用，达到在遭遇高于当地抗震设防烈度的预估罕遇地震影响时不致倒塌或发生危及生命安全的严重破坏的抗震设防目标。

(4) 适当设防类，允许比本地区抗震设防烈度的要求适当降低其抗震措施，但抗震设防烈度为 6 度时不应降低。一般情况下，仍应按本地区抗震设防烈度确定其地震作用。

对于划为重点设防类而规模很小的工业建筑，当改用抗震性能较好的材料且符合抗震设计规范对结构体系的要求时，允许按标准设防类设防。

10.3.2　抗震设计的目标和方法

1) 抗震设计的目标

《抗震规范》将建筑物的抗震设防目标确定为“三个水准”，其具体表述为：

一般情况下，遭遇第一水准烈度（多遇地震烈度）的地震时，建筑物处于正常使用状态，从结构抗震分析的角度看，可将结构视为弹性体系，采用弹性反应谱进行弹性分析，规范所采取第一水准烈度比基本烈度约低一度半。

遭遇第二水准烈度（基本烈度）的地震时，结构进入非弹性工作阶段，但非弹性变形或结构体系的损坏控制在可修复的范围。

遭遇第三水准烈度地震(罕遇地震烈度)时,结构有较大的非弹性变形,但应控制在规定的范围内,以免倒塌。

相应于第二水准的烈度在基本烈度为6度时为7度强,7度时为8度强,8度时为9度弱,9度时为9度强。工程中通常将上述抗震设计的三个水准简要地概括为"小震不坏、中震可修、大震不倒"的抗震设防目标。

为保证实现上述抗震设防目标,《抗震规范》规定在具体的设计工作中采用两阶段设计步骤。

第一阶段的设计是承载力验算,取第一水准的地震动参数计算结构的弹性地震作用标准值和相应的地震作用效应,进行结构构件的承载力验算,即可实现第一、二水准的设计目标。大多数结构可仅进行第一阶段设计,而通过概念设计和抗震构造措施来满足第三水准的设计要求。

第二阶段设计是弹塑性变形验算,对特殊要求的建筑,地震时易倒塌的结构以及有明显薄弱层的不规则结构,除进行第一阶段设计外,还要进行结构薄弱部位的弹塑性层间变形验算并采取相应的抗震构造措施,以实现第三水准的设防要求。

上述设防原则和设计方法可简短地表述为"三水准设防,两阶段设计"。

2) 地基基础的抗震设计要求

地基基础一般只进行第一阶段设计。对于地基承载力和基础结构,只要满足了第一水准对于强度的要求,同时也就满足了第二水准的设防目标。对于地基液化验算则直接采用第二水准烈度,对判明存在液化土层的地基,采取相应的抗液化措施。地基基础相应于第三水准的设防要通过概念设计和构造措施来满足。

结构的抗震设计包括计算设计和概念设计两个方面。计算设计是指确定合理的计算简图和分析方法,对地震作用效应作定量计算及对结构抗震能力进行验算。概念设计是指从宏观上对建筑结构作合理的选型、规划和布置,选用合格的材料,采取有效的构造措施等。20世纪70年代以来,人们在总结大地震灾害的经验中发现,对结构抗震设计来说,"概念设计"比"计算设计"更为重要。由于地震动的不确定性和结构在地震作用下的响应和破坏机理的复杂性,"计算设计"很难全面有效地保证结构的抗震性能,因而必须强调良好的"概念设计"。

地震作用对地基基础影响的研究目前还很不足,因此地基基础的抗震设计更应重视概念设计。如前所述,场地条件对结构物的震害和结构的地震反应都有很大影响,因此,场地的选择、处理、地基与上部结构动力相互作用的考虑以及地基基础类型的选择等都是概念设计的重要方面。

10.3.3 场地选择

选择适宜的建筑场地对于建筑物的抗震设计至关重要。

1) 场地类别划分

《抗震规范》中采用以等效剪切波速和覆盖层厚度双指标分类方法来确定场地类别,具体划分如表10-1所示。

表 10-1 建筑场地的覆盖层厚度与场地类别(m)

等效剪切波速 v_{se}(m/s)	场地类别			
	Ⅰ	Ⅱ	Ⅲ	Ⅳ
$v_{se}>500$	0			
$500\geqslant v_{se}>250$	<5	$\geqslant 5$		
$250\geqslant v_{se}>140$	<3	$3\sim 50$	>50	
$v_{se}\leqslant 140$	<3	$3\sim 15$	$15\sim 80$	>80

场地覆盖层厚度的确定方法为:

(1) 一般情况下按地面至剪切波速大于 500 m/s 的坚硬土层或岩层顶面的距离确定。

(2) 当地面 5 m 以下存在剪切波速大于相邻上层土剪切波速 2.5 倍的下卧土层,且其下卧岩土层的剪切波速均不小于 400 m/s 时,可按地面至该下卧层顶面的距离确定。

(3) 剪切波速大于 500 m/s 的孤石和硬土透镜体视同周围土层。

(4) 土层中的火山岩硬夹层当作绝对刚体看待,其厚度从覆盖土层中扣除。

对土层剪切波速的测量,在大面积的初勘阶段,测量的钻孔应为控制性钻孔的 1/3～1/5,且不少于 3 个。在详勘阶段,单幢建筑不宜少于 2 个,密集的高层建筑群每幢建筑不少于 1 个。对于丁类建筑及层数不超过 10 层且高度不超过 30 m 的丙类建筑,当无实测剪切波速时,可根据岩土名称和性状,按表 10-2 划分土的类型,再利用当地经验在表 10-2 的剪切波速范围内估计各土层剪切波速。

表 10-2 土的类型划分和剪切波速范围

土的类型	岩土名称和状态	土层剪切波速范围(m/s)
坚硬土或岩石	稳定岩石,密实的碎石土	$v_s>500$
中硬土	中密、稍密的碎石土,密实、中密的砾、粗、中砂,$f_{ak}>200$ kPa 的黏性土和粉土、坚硬黄土	$500\geqslant v_s>250$
中软土	稍密的砾、粗、中砂,除松散外的细、粉砂,$f_{ak}\leqslant 200$ kPa 的黏性土和粉土,$f_{ak}>130$ kPa 的填土,可塑黄土	$250\geqslant v_s>140$
软弱土	淤泥和淤泥质土,松散的砂、新近沉寂的黏性土和粉土,$f_{ak}<130$ kPa 的填土,流塑黄土	$v_s\leqslant 140$

注:f_{ak} 为由载荷试验方法得到的地基承载力特征值;v_s 为岩土剪切波速。

场地土层的等效剪切波速按下列公式计算:

$$v_{se}=d_0/t \tag{10-1}$$

$$t=\sum_{i=1}^{n}(d_i/v_{si}) \tag{10-2}$$

式中:v_{se}——土层等效剪切波速(m/s);

v_{si}——计算深度范围内第 i 土层的剪切波速(m/s);

t——剪切波在地面至计算深度间的传播时间;

d_i——计算深度范围内第 i 土层的厚度(m);

d_0——计算深度，取覆盖层厚度和 20 m 二者的较小值(m)；

n——计算深度范围内土层的分层数。

【例 10-1】 已知某建筑场地的地质钻探资料如表 10-3 所示，试确定该建筑场地的类别。

表 10-3 场地的地质钻探资料

层底深度(m)	土层厚度(m)	土层名称	土层剪切波速(m/s)
9.5	9.5	砂	170
37.8	28.3	淤泥质黏土	135
48.6	10.8	砂	240
60.1	11.5	淤泥质粉质黏土	200
68.0	7.9	细砂	330
86.5	18.5	砾石夹砂	550

【解】 (1) 确定地面下 20 m 范围内土的类型

剪切波从地表到 20 m 深度范围的传播时间：

$$t = \sum_{i=1}^{n}(d_i/v_{si}) = 9.5/170 + 10.5/135 = 0.134\ \text{s}$$

等效剪切波速：

$$v_{se} = d_0/t = 20 \div 0.134 = 149.3\ \text{m/s}$$

查表 10-2 等效剪切波速：$250\ \text{m/s} \geqslant v_{se} > 140\ \text{m/s}$，故表层土属于中软土。

(2) 确定覆盖层厚度

由表 10-3 可知 68 m 以下的土层为砾石夹砂，土层剪切波速大于 500 m/s，覆盖层厚度应定为 68 m。

(3) 确定建筑场地的类别

根据表层土的等效剪切波速 $250\ \text{m/s} \geqslant v_{se} > 140\ \text{m/s}$ 和覆盖土层厚度大于 50 m 两个条件，查表 10-1 得该建筑场地的类别属Ⅲ类。

2) 场地选择

通常，场地的工程地质条件不同，建筑物在地震中的破坏程度也明显不同。因此，在工程建设中适当选取建筑场地，将大大减轻地震灾害。此外，由于建设用地受到地震以外众多因素的限制，除了极不利和有严重危险性的场地以外，往往是不能排除其作为建筑场地的。故很有必要按照场地、地基对建筑物所受地震破坏作用的强弱和特征采取抗震措施，这也是地震区场地分类与选择的目的。

研究表明，影响建筑震害和地震动参数的场地因素很多，其中包括有局部地形、地质构造、地基土质等，影响的方式也各不相同。一般认为，对抗震有利的地段系指地震时地面无残余变形的坚硬土或开阔平坦密实均匀的中硬土范围或地区；而不利地段为可能产生明显的地基变形或失效的某一范围或地区；危险地段指可能发生严重的地面残余变形的某一范围或地区。因此，《抗震规范》中将场地划分为有利、不利和危险地段的具体标准，如表 10-4 所示。

表 10-4 有利、不利和危险地段的划分

地段类别	地质、地形、地貌
有利地段	稳定基岩，坚硬土，开阔、平坦、密实、均匀的中硬土等
不利地段	软弱土，液化土，条状突出的山嘴，高耸孤立的山丘，非岩质的陡坡，河岸和边坡的边缘，平面分布上成因、岩性、状态明显不均匀的土层(如古河道、疏松的断层破碎带、暗埋的塘浜沟谷和半填半挖地基)等
危险地段	地震时可能发生滑坡、崩塌、地陷、地裂、泥石流等及发震断裂带上可能发生地表位错的部位

在选择建筑场地时，应根据工程需要，掌握地震活动情况和有关工程地质资料，做出综合评价，避开不利的地段，当无法避开时应采取有效的抗震措施；对于危险地段，严禁建造甲、乙类建筑，不应建造丙类建筑。对于山区建筑的地基基础，应注意设置符合抗震要求的边坡工程，并避开土质边坡和强风化岩石边坡的边缘。

建筑场地为Ⅰ类时，对甲、乙类建筑允许按本地区抗震设防烈度的要求采取抗震构造措施；丙类建筑允许按本地区抗震设防烈度降低一度的要求采取抗震构造措施，但抗震设防烈度为 6 度时应按本地区抗震设防烈度的要求采取抗震构造措施。建筑场地为Ⅲ、Ⅳ类时，对设计基本地震加速度为 $0.15g$ 和 $0.30g$ 的地区，除另有规定外，宜分别按抗震设防烈度 8 度($0.20g$)和 9 度($0.40g$)时各类建筑的要求采取抗震构造措施。此外，抗震设防烈度为 10 度地区或行业有特殊要求的建筑抗震设计，应按有关专门规定执行。

关于局部地形条件的影响，岩质地形与非岩质地形有所不同。大量宏观调查表明，非岩质地形对烈度的影响比岩质地形的影响更为明显。因此，对于岩石地基的陡坡、陡坎等，规范未将其列为不利地段。但对于岩石地基中高度达数十米的条状突出的山脊和高耸孤立的山丘，由于鞭梢效应明显，振动有所加大，烈度仍有增高的趋势。所谓局部突出地形主要是指山包、山梁和悬崖、陡坎等，情况比较复杂。从宏观震害经验和地震反应分析结果所反映的总趋势，大致可以归纳为以下几点：

(1) 高突地形距基准面的高度愈大，高处的反应愈强烈。

(2) 离陡坎和边坡顶部边缘的距离加大，反应逐步减小。

(3) 从岩土构成方面看，在同样的地形条件下，土质结构的反应比岩质结构大。

(4) 高突地形顶面愈开阔，远离边缘的中心部位的反应明显减小。

(5) 边坡愈陡，其顶部的放大效应愈明显。

当场地中存在发震断裂时，尚应对断裂的工程影响做出评价。《抗震规范》在对发震断裂的评价和处理上提出以下要求：

(1) 对符合下列规定之一者，可忽略发震断裂错动对地面建筑的影响：

① 抗震设防烈度小于 8 度。

② 非全新活动断裂。

③ 抗震设防烈度为 8 度和 9 度时，前第四纪基岩隐伏断裂的土层覆盖厚度分别大于 60 m和 90 m。

(2) 对不符合上列规定者，应避开主断裂带，其避让距离应满足表 10-5 规定。

进行场地选择时还应考虑建筑物自振周期与场地卓越周期的相互关系，原则上应尽量避免两种周期过于接近，以防共振，尤其要避免将自振周期较长的柔性建筑置于松软深厚的

地基土层上。若无法避免,例如我国上海、天津等沿海城市地基软弱土层深厚,又需兴建大量高层和超高层建筑,此时宜提高上部结构整体刚度和选用抗震性能较好的基础类型,如箱基或桩箱基础等。

表 10-5　发震断裂的最小避让距离(m)

烈度	建筑抗震设防类别			
	甲	乙	丙	丁
8	专门研究	300	200	—
9	专门研究	500	300	—

10.3.4　地基基础方案选择

地基在地震作用下的稳定性对基础和上部结构内力分布的影响十分明显,因此确保地震时地基基础不发生过大变形和不均匀沉降是地基基础抗震设计的基本要求。

地基基础的抗震设计应通过选择合理的基础体系和抗震验算来保证其抗震能力。对地基基础抗震设计的基本要求是:

(1) 同一结构单元不宜设置在性质截然不同的地基土层上,尤其不要放在半挖半填的地基上。

(2) 同一结构单元不宜部分采用天然地基而另外部分采用桩基。

(3) 地基有软弱黏性土、液化土、新近填土或严重不均匀土时,应估计地震时地基的不均匀沉降或其他不利影响,并采取相应措施。

一般在进行地基基础的抗震设计时,应根据具体情况,选择对抗震有利的基础类型,并在抗震验算时尽量考虑结构、基础和地基的相互作用影响,使之能反映地基基础在不同阶段的工作状态。在决定基础的类型和埋深时,还应考虑下列工程经验:

(1) 同一结构单元的基础不宜采用不同的基础埋深。

(2) 深基础通常比浅基础有利,因其可减少来自基底的振动能量输入。土中水平地震加速度一般在地表下 5 m 以内减少很多,四周土对基础振动能起阻抗作用,有利于将更多的振动能量耗散到周围土层中。

(3) 纵横内墙较密的地下室、箱形基础和筏板基础的抗震性能较好。对软弱地基,宜优先考虑设置全地下室,采用箱形基础或筏板基础。

(4) 地基较好、建筑物层数不多时,可采用单独基础,但最好用地基梁连成整体,或采用交叉条形基础。

(5) 实践证明,桩基础和沉井基础的抗震性能较好,并可穿透液化土层或软弱土层,将建筑物荷载直接传到下部稳定土层中,是防止因地基液化或严重震陷而造成震害的有效方法。但要求桩尖和沉井底面埋入稳定土层不应小于 1～2 m,并进行必要的抗震验算。

(6) 桩基宜采用低承台,可发挥承台周围土体的阻抗作用。

10.3.5 天然地基承载力验算

地基和基础的抗震验算，一般采用“拟静力法”。其假定地震作用如同静力，然后在该条件下验算地基和基础的承载力和稳定性。承载力的验算方法与静力状态下的验算方法相似，即计算的基底压力应不超过调整后的地基抗震承载力。因此，当需要验算天然地基承载力时，应采用地震作用效应标准组合《抗震规范》规定，基础底面平均压力和边缘最大压力应符合下列各式要求：

$$p \leqslant f_{aE} \tag{10-3}$$

$$p_{max} \leqslant 1.2 f_{aE} \tag{10-4}$$

式中：p——地震作用效应标准组合的基础底面平均压力(kPa)；

p_{max}——地震作用效应标准组合的基础底面边缘最大压力(kPa)；

f_{aE}——调整后的地基抗震承载力，按公式(10-5)计算(kPa)。

高宽比大于4的高层建筑，在地震作用下基础底面不宜出现拉应力；其他建筑的基础底面与地基之间的零应力区面积不应超过基础底面面积的15%。

目前大多数国家的抗震规范在验算地基土的抗震强度时，抗震承载力都采用在静承载力的基础上乘以一个系数的方法加以调整。考虑调整的出发点是：

(1) 地震是偶发事件，是特殊荷载，因而地基的可靠度容许有一定程度的降低。

(2) 地震是有限次数不等幅的随机荷载，其等效循环荷载不超过十几到几十次，而多数土在有限次数的动载下强度较静载下稍高。

基于上述两方面原因，《抗震规范》采用抗震极限承载力与静力极限承载力的比值作为地基土的承载力调整系数，其值也可近似通过动静强度之比求得。因此，在进行天然地基的抗震验算时，地基的抗震承载力应按下式计算：

$$f_{aE} = \zeta_a f_a \tag{10-5}$$

式中：ζ_a——地基抗震承载力调整系数，按表10-6采用；

f_a——深宽修正后的地基承载力特征值(kPa)。

表10-6 地基土抗震承载力调整系数表

岩土名称和性状	ζ_a
岩石，密实的碎石土，密实的砾、粗、中砂 $f_{ak} \geqslant 300$ kPa 的黏性土和粉土	1.5
中密、稍密的碎石土，中密和稍密的砾、粗、中砂，密实和中密的细、粉砂，150 kPa $\leqslant f_{ak} <$ 300 kPa 的黏性土和粉土，坚硬黄土	1.3
稍密的细、粉砂，100 kPa $\leqslant f_{ak} <$ 150 kPa 的黏性土和粉土，可塑黄土	1.1
淤泥，淤泥质土，松散的砂，杂填土，新近堆积黄土及流塑黄土	1.0

注：表中 f_{ak} 指未经深宽修正的地基承载力特征值。

对我国多次强地震中遭受破坏建筑的调查表明，只有少数房屋是因地基的原因而导致上部结构破坏的。而这类地基大多数是液化地基、易产生震陷的软土地基和严重不均匀的地基。一般地基均具有较好的抗震性能，极少发现因地基承载力不够而产生震害。因此，通常对于量大面广的一般地基和基础可不做抗震验算，而对于容易产生地基基础震害的液化地基、软土地基和严重不均匀地基，则应采用相应的抗震措施，以避免或减轻震害。

《抗震规范》规定地基主要受力范围内不存在软弱黏性土层的下列建筑可不进行天然地基及基础的抗震承载力验算：

(1) 规范规定可不进行上部结构抗震验算的建筑。

(2) 一般的单层厂房和单层空旷房屋。

(3) 砌体房屋。

(4) 不超过8层且高度在25 m以下的一般民用框架房屋。

(5) 基础荷载与(4)相当的多层框架厂房和多层混凝土抗震墙房屋。

注：软弱黏性土层指7度、8度和9度时，地基承载力特征值分别小于80、100、和120 kPa的土层。

【例 10-2】 某建筑物的室内柱基础，如图10-1所示，考虑地震作用组合，其内力标准组合值在室内地坪(±0.000)处为：$F=820\,\text{kN}$，$M=600\,\text{kN}\cdot\text{m}$，$V=90\,\text{kN}$。

基底尺寸 $b\times l=3.0\,\text{m}\times3.2\,\text{m}$，基础埋深 $d=2.2\,\text{m}$，G 为基础自重和基础上的土重标准值，G 的平均重度 $\bar{\gamma}=20\,\text{kN/m}^3$；建筑场地均是红黏土，其重度 $\gamma_0=18\,\text{kN/m}^3$。含水比 $a_w>0.8$，承载力特征值 $f_{ak}=160\,\text{kPa}$。要求根据《抗震规范》和《地基规范》要求复核地基抗震承载力。

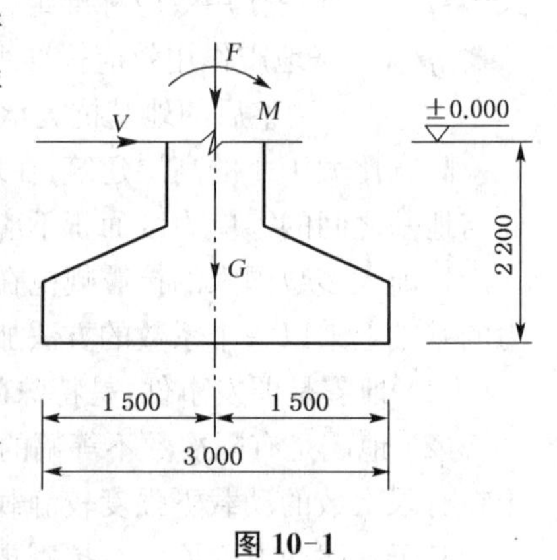

图 10-1

【解】 (1) 基础底面的压力值

基础自重和基础上土重标准值 G

$$G=3.2\,\text{m}\times3.0\,\text{m}\times2.2\,\text{m}\times20\,\text{kN/m}^3=422.4\,\text{kN}$$

$$N=F+G=820+422.4=1\,242.4\,\text{kN}$$

作用于基础底面的弯矩值 M

$$M=600\,\text{kN}\cdot\text{m}+90\,\text{kN}\times2.2\,\text{m}=798\,\text{kN}\cdot\text{m}$$

偏心距 $$e=\frac{M}{N}=\frac{798\,\text{kN}\cdot\text{m}}{1\,242.4\,\text{kN}}=0.643\,\text{m}>\frac{b}{6}=\frac{3.0}{6}=0.5\,\text{m}$$

$$a=0.5b-e=0.5\times3-0.643=0.857\,\text{m}$$

$$p_k=\frac{F+G}{A}=\frac{1\,242.4\,\text{kN}}{3.0\,\text{m}\times3.2\,\text{m}}=129.4\,\text{kN/m}^2$$

$$p_{max}=\frac{2(F+G)}{3la}=\frac{2\times1\,242.4\,\text{kN}}{3\times3.2\times0.857}=302\,\text{kN/m}^2$$

(2) 地基承载力设计值

由表3-4，查得含水比 $a_w>0.8$ 的红黏土的 $\eta_b=0$，$\eta_d=1.2$，则修正后的地基承载力特征值为：

$$
\begin{aligned}
f_a &= f_{ak} + \eta_d \gamma_m (d - 0.5) \\
&= 160 + 1.2 \times 18 \times (2.2 - 0.5) = 196.7 \text{ kN/m}^2
\end{aligned}
$$

根据表 10-6，$150 \leqslant f_{ak} \leqslant 300$ 的黏性土的地基土抗震承载力调整系数 $\xi_a = 1.3$（$f_{ak} = 160$ kPa）

由式(10-5)得地基抗震承载力特征值

$$f_{aE} = \xi_a f_a = 1.3 \times 196.7 = 255.7 \text{ kN/m}^2$$

(3) 地基土抗震承载力验算

由式(10-3)和式(10-4)知验算要求

则
$$p = 129.4 \text{ kN/m}^2 \leqslant f_{aE} = 255.7 \text{ kN/m}^2$$

$$p_{max} = 302 \text{ kN/m}^2 \leqslant 1.2 f_{aE} = 1.2 \times 255.7 = 306.8 \text{ kN/m}^2$$

满足要求。

基础底面与地基土之间零应力区的长度为

$$
\begin{aligned}
b - 3a &= 3.0 - 3 \times 0.857 = 0.429 \text{ m} \\
&< 15\% \times b = 0.15 \times 3 = 0.45 \text{ m}
\end{aligned}
$$

满足《抗震规范》要求。

10.3.6 桩基础验算

桩基础的抗震性能普遍优于其他类型基础，但桩端直接支承于液化土层和桩侧有较大地面堆载者除外。此外，当桩承受有较大水平荷载时仍会遭受较大的地震破坏作用。《抗震规范》关于桩基础的抗震验算和构造的有关规定如下。

1) 桩基可不进行承载力验算的范围

对于承受竖向荷载为主的低承台桩基，当地面下无液化土层，且桩承台周围无淤泥、淤泥质土和地基土承载力特征值不大于 100 kPa 的填土时，下列建筑可不进行桩基的抗震承载力验算：

在抗震设防烈度为 7 度和 8 度时，下列建筑：

(1) 一般的单层厂房和单层空旷房屋。

(2) 不超过 8 层且高度在 25 m 以下的一般民用框架房屋。

(3) 基础荷载与(2)相当的多层框架厂房和多层混凝土抗震墙房屋。

以及规范规定可不进行上部结构抗震验算的建筑。

2) 非液化土中低承台桩基的抗震验算

对单桩的竖向和水平向抗震承载力特征值，均可比非抗震设计时提高 25%。考虑到一定条件下承台周围回填土有明显分担地震荷载的作用，故规定当承台周围回填土夯实至干密度不小于《地基规范》对填土的要求时，可由承台正面填土与桩共同承担水平地震作用；但不应计入承台底面与地基土间的摩擦力。

3) 存在液化土层时的低承台桩基抗震验算

存在液化土层时的低承台桩基,其抗震验算应符合下列规定:

(1) 对埋置较浅的桩基础,不宜计入承台周围土的抗力或刚性地坪对水平地震作用的分担作用。

(2) 当承台底面上、下分别有厚度不小于 1.5 m、1.0 m 的非液化土层或非软弱土层时,可按下列两种情况进行桩的抗震验算,并按不利情况设计:

① 桩承受全部地震作用,桩的承载力比非抗震设计时提高 25%,液化土的桩周摩阻力及桩的水平抗力均乘以表 10-7 所列的折减系数。

表 10-7　土层液化影响折减系数

实际标贯击数/临界标贯击数	深度 d_s(m)	折减系数
≤0.6	$d_s \leqslant 10$	0
	$d_s \leqslant 20$	1/3
>0.6~0.8	$d_s \leqslant 10$	1/3
	$d_s \leqslant 20$	2/3
>0.8~1.0	$d_s \leqslant 10$	2/3
	$d_s \leqslant 20$	1

② 地震作用按水平地震影响系数最大值的 10%采用,桩承载力仍按非液化土中的桩基确定,但应扣除液化土层的全部摩阻力及桩承台下 2 m 深度范围内非液化土的桩周摩阻力。

(3) 对于打入式预制桩和其他挤土桩,当平均桩距为 2.5~4 倍桩径且桩数不少于 5×5 时,可计入打桩对土的加密作用及桩身对液化土变形限制的有利影响。当打桩后桩间土的标准贯入锤击数值达到不液化的要求时,单桩承载力可不折减,但对桩尖持力层作强度校核时,桩群外侧的应力扩散角应取为零。打桩后桩间土的标准贯入击数宜由试验确定,也可按下式计算:

$$N_1 = N_P + 100\rho(1 - e^{-0.3N_P}) \tag{10-6}$$

式中:N_1——打桩后的标准贯入锤击数;

ρ——打入式预制桩的面积置换率;

N_P——打桩前的标准贯入锤击数。

上述液化土中桩的抗震验算原则和方法主要考虑了以下情况:

① 不计承台旁土抗力或地坪的分担作用偏于安全,也就是将其作为安全储备,因目前对液化土中桩的地震作用与土中液化进程的关系尚未弄清。

② 根据地震反应分析与振动台试验,地面加速度最大的时刻出现在液化土的孔压比小于 1(常为 0.5~0.6)时,此时土尚未充分液化,只是刚度比未液化时下降很多,故可仅对液化土的刚度作折减。

③ 液化土中孔隙水压力的消散往往需要较长的时间。地震后土中孔压不会很快消散完毕,往往于震后才出现喷砂冒水,这一过程通常持续几小时甚至一两天,其间常有沿桩与基础四周排水的现象,这说明此时桩身摩阻力已大减,从而出现竖向承载力不足和缓慢地沉

降，因此应按静力荷载组合校核桩身的强度与承载力。

4) 构造要求

桩基理论分析表明，地震作用下桩基在软、硬土层交界面处最易受到剪、弯损害。在采用 m 法的桩身内力计算方法中却无法反映，目前除考虑桩土相互作用的地震反应分析可以较好地反映桩身受力情况外，还没有简便实用的计算方法保证桩在地震作用下的安全，因此必须采取有效的构造措施。

故液化土和震陷软土中的桩，应自桩顶至液化深度以下符合全部消除液化沉陷所要求的深度范围内配置钢筋，且纵向钢筋应与桩顶部位相同，箍筋应加粗和加密。

处于液化土中的桩基承台周围，宜用非液化土填筑夯实。若用砂土或粉土则应使土层的标准贯入锤击数不小于规定的液化判别标准贯入锤击数的临界值。

【例 10-3】 某预制方桩，桩截面积 350 mm × 350 mm，桩长 16.5 m，桩顶离地面，桩承台底面离地面 −1.5 m，桩顶 0.5 m 嵌入桩承台，地下水位于地表下 −3.0 m，8 度地震区。土层分布从上向下为：0～−5 m 为黏土，$q_{sia} = 30$ kPa；−5～−15 m 为粉土，$q_{sia} = 20$ kPa，黏粒含量 2.5%；−15～−30 m 为密砂，$q_{sia} = 50$ kPa，$q_{pa} = 3\,500$ kPa。当地表下 −10.0 m 处实际标准贯入锤击数为 7 击，临界标准贯入锤击数为 10 击时，按桩承受全部地震作用，求单桩竖向抗震承载力特征值。

【解】 根据表 10-7

实际标准贯入锤击数/临界标准贯入锤击数 $\lambda_N = 7/10 = 0.7$

地表下 5～10 m 为粉土，折减系数 $\psi = 1/3$

地表下 10～15 m 为粉土，折减系数 $\psi = 2/3$

单桩竖向极限承载力特征值为：

$$\begin{aligned} R_a &= 4 \times 0.35(3 \times 30 + 1/3 \times 5 \times 20 + 2/3 \times 5 \times 20 + 3 \times 50) + 0.35^2 \times 3\,500 \\ &= 1.4(90 + 33.33 + 66.67 + 150) + 428.75 \\ &= 904.75\ \text{kN} \end{aligned}$$

桩的竖向抗震承载力特征值，可比非抗震设计时提高 25%

$$R_{aE} = 1.25 \times 904.75 = 1\,131\ \text{kN}$$

10.4 液化判别与抗震措施

历次地震灾害调查表明，在地基失效破坏中由砂土液化造成的结构破坏在数量上占有很大的比例，因此有关砂土液化的规定在各国抗震规范中均有所体现。处理与液化有关的地基失效问题一般是从判别液化可能性和危害程度以及采取抗震对策两个方面来加以解决。

液化判别和处理的一般原则是：

(1) 对饱和砂土和饱和粉土（不含黄土）地基，除 6 度外，应进行液化判别。对 6 度区，一般情况下可不进行判别和处理，但对液化沉陷敏感的乙类建筑可按 7 度的要求进行判别和处理。

(2) 存在液化土层的地基,应根据建筑的抗震设防类别、地基的液化等级,结合具体情况采取相应的措施。

10.4.1 液化判别和危险性估计方法

对于一般工程项目,砂土或粉土液化判别及危害程度估计可按以下步骤进行,如图 10-2 所示。

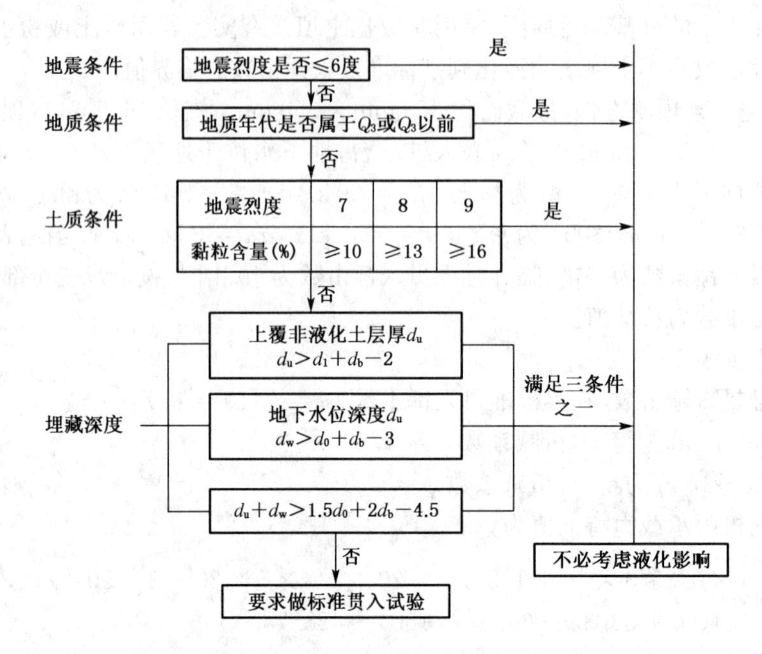

图 10-2 液化判别框图

1) 初判

以地质年代、黏粒含量、地下水位及上覆非液化土层厚度等作为判断条件,具体规定如下:

(1) 地质年代为第四纪晚更新世(Q_3)及以前的土层,7 度、8 度时可判为不液化。

(2) 粉土的黏粒(粒径小于 0.005 mm 的颗粒)含量百分率,在 7 度、8 度和 9 度时分别大于 10、13 和 16 的土层可判为不液化。

(3) 采用浅埋天然地基的建筑,当上覆非液化土层厚度和地下水位深度符合下列条件之一时,可不考虑液化影响:

$$d_u > d_0 + d_b - 2 \tag{10-7}$$

$$d_w > d_0 + d_b - 3 \tag{10-8}$$

$$d_u + d_w > 1.5d_0 + 2d_b - 4.5 \tag{10-9}$$

式中:d_w——地下水位埋深,宜按设计基准期内年平均最高水位采用,也可按近期内年最高水位采用(m);

d_u——上覆非液化土层厚度，计算时宜将淤泥和淤泥质土层扣除(m)；

d_b——基础埋置深度，不超过 2 m 时采用 2 m(m)；

d_0——液化土的特征深度(指地震时一般能达到的液化深度)，可按表 10-8 采用(m)。

表 10-8 液化土的特征深度 d_0(m)

饱和土类别	7 度	8 度	9 度
粉土	6	7	8
砂土	7	8	9

2) 细判

当饱和砂土、粉土的初步判别认为需进一步进行液化判别时，应采用标准贯入试验判别地面下 20 m 深度范围内土层的液化可能性；但按规定可不进行天然地基及基础的抗震承载力验算的各类建筑，可只判别地面下 15 m 范围内土的液化。当饱和土的标贯击数(未经杆长修正)小于或等于液化判别标贯击数临界值时，应判为液化土。当有成熟经验时，也可采用其他方法。

在地面以下 15 m 深度范围内，液化判别标贯击数临界值可按下式计算：

$$N_{cr} = N_0\beta[\ln(0.6d_s + 1.5) - 0.1d_w]\sqrt{3/\rho_c} \tag{10-10}$$

式中：N_{cr}——液化判别标准贯入锤击数临界值；

N_0——液化判别标准贯入锤击数基准值，按表 10-9 采用；

d_s——饱和土标准贯入试验点深度(m)；

d_w——地下水位深度(m)；

ρ_c——黏粒含量百分率，当小于 3 或为砂土时，均应取 3；

β——调整系数，设计地震第一组取 0.8，第二组取 0.95，第三组取 1.05。

表 10-9 液化判别标准贯入锤击数基准值 N_0

设计地震加速度(g)	0.10	0.15	0.20	0.30	0.40
液化判别标准贯入锤击数基准值	7	10	12	16	19

使用表 10-9 时，抗震设防区的设计地震分组组别应由《抗震规范》查取。

上面所述初判、细判都是针对土层柱状内一点而言，在一个土层柱状内可能存在多个液化点。根据地质钻孔资料，采用式(10-11)确定其液化指数 I_{IE}，并按表 10-10 综合划分地基的液化等级。

$$I_{IE} = \sum_{i=1}^{n}\left(1 - \frac{N_i}{N_{cri}}\right)d_iW_i \tag{10-11}$$

式中：I_{IE}——地基的液化指数。

n——判别深度内每一个钻孔的标准贯入试验总数。

N_i、N_{cri}——分别为第 i 点标准贯入锤击数的实测值和临界值，当实测值大于临界值时取临界值的数值。当只需要判别 15 m 范围以内的液化时，15 m 以下的实测值可按临界值采用。

d_i——第 i 点所代表的土层厚度(m)。可采用与该标贯试验点相邻的上、下两标贯试验点深度差的一半,但上界不高于地下水位深度,下界不深于液化深度。

W_i——第 i 层土考虑单位土层厚度的层位影响权函数值(m^{-1})。当该层中点深度不大于 5 m 时应采用 10,等于 20 m 时应采用零值,5～20 m 时应按线性内插法取值。

计算出液化指数 I_{IE} 后,便可按表 10-10 综合划分地基的液化等级。

表 10-10 液化指数与液化等级的对应关系

液化等级	轻微	中等	严重
液化指数	$I_{IE} \leqslant 6$	$6 < I_{IE} \leqslant 18$	$I_{IE} > 18$

【例 10-4】 某场地的土层分布及各土层中点处标准贯入击数如图 10-3 所示。该地区抗震设防烈度为 8 度,由《抗震规范》查得的设计地震分组组别为第一组。基础埋深按 2.0 m 考虑。请按《抗震规范》判别该场地土层的液化可能性以及场地的液化等级。

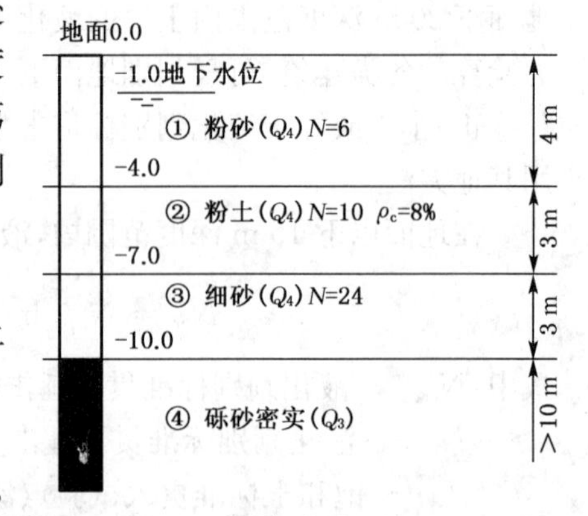

图 10-3

【解】 (1) 初判

根据地质年代,土层④可判为不液化土层,其他土层根据公式(10-7)～公式(10-9)进行判别如下:

由图可知,$d_w = 1.0$ m,$d_s = 2.0$ m。

对土层①,$d_u = 0$,由表 10-8 查得 $d_0 = 8.0$ m,计算结果表明不能满足上述三个公式的要求,故不能排除液化可能性。

对土层②,$d_u = 0$,由表 10-8 查得 $d_0 = 7.0$ m,计算结果不能排除液化可能性。

对土层③,$d_u = 0$,由表 10-8 查得 $d_0 = 8.0$ m,与土层①相同,不能排除液化可能性。

(2) 细判

对土层①,$d_w = 1.0$ m,$d_s = 2.0$ m,因土层为砂土,取 $\rho_c = 3$,另由表 10-9 查得 $N_0 = 10$,故由公式(10-10)算得标贯击数临界值 N_{cr} 为:

$$
\begin{aligned}
N_{cr} &= N_0\beta[\ln(0.6d_s + 1.5) - 0.1d_w]\sqrt{3/\rho_c} \\
&= 10 \times 0.8 \times [\ln(0.6 \times 2 + 1.5) - 0.1 \times 1] \times \sqrt{3/3} \\
&= 7.15 \text{ m}
\end{aligned}
$$

因 $N = 6 < N_{cr}$,故土层①判为液化土。

对土层②,$d_w = 1.0$ m,$d_s = 5.5$ m,$\rho_c = 8$,$N_0 = 10$,由公式(10-10)算得 N_{cr} 为:

$$
\begin{aligned}
N_{cr} &= N_0\beta[\ln(0.6d_s + 1.5) - 0.1d_w]\sqrt{3/\rho_c} \\
&= 10 \times 0.8 \times [\ln(0.6 \times 5.5 + 1.5) - 0.1 \times 1] \times \sqrt{3/8} \\
&= 7.19 \text{ m}
\end{aligned}
$$

因 $N = 10 > N_{cr}$,故土层②判为不液化土。

对土层③,$d_w = 1.0$ m,$d_s = 8.5$ m,$N_0 = 10$,因土层为砂土,取 $\rho_c = 3$,算得 N_{cr} 为:

$$
\begin{aligned}
N_{cr} &= N_0\beta[\ln(0.6d_s+1.5)-0.1d_w]\sqrt{3/\rho_c} \\
&= 10\times0.8\times[\ln(0.6\times8.5+1.5)-0.1\times1]\times\sqrt{3/3} \\
&= 14.30\ \mathrm{m}
\end{aligned}
$$

因 $N=24>N_{cr}$，故土层③判为不液化土。

(3) 场地的液化等级

由上面已经得出只有土层①为液化土，该土层中标贯点的代表厚度应取为该土层的水下部分厚度，即 $d=3.0\ \mathrm{m}$，按公式(10-12)的说明，取 $W=10$。代入公式(10-11)，有：

$$
I_{IE}=\sum_{i=1}^{n}\left(1-\frac{N_i}{N_{cri}}\right)d_iW_i=(1-6/7.15)\times3\times10=4.83
$$

由表10-10查得，该场地的地基液化等级为轻微。

10.4.2　地基的抗液化措施及选择

液化是地震中造成地基失效的主要原因，要减轻这种危害，应根据地基液化等级和结构特点选择相应措施。目前常用的抗液化工程措施都是在总结大量震害经验的基础上提出的，即综合考虑建筑物的重要性和地基液化等级，再根据具体情况确定。

理论分析与振动台试验均已证明液化的主要危害来自基础外侧，液化土层范围内位于基础正下方的部位其实最难液化。由于最先液化区域对基础正下方未液化部分产生影响，使之失去侧边土压力支持并逐步被液化，此种现象称为液化侧向扩展。已有的工程实践表明，将轻微和中等液化等级的土层作为持力层在一定条件下是可行的。但工程中应经过严密的论证，必要时应采取有效的工程措施予以控制。此外，在采用振冲加固或挤密碎石桩加固后桩间土的实测标贯值仍低于相应临界值时，不宜简单地判为液化。许多文献或工程实践均已指出振冲桩和挤密碎石桩有挤密、排水和增大地基刚度等多重作用，而实测的桩间土标贯值不能反映排水作用和地基土的整体刚度。因此，规范要求加固后的桩间土的标贯值不宜小于临界标贯值。

《抗震规范》对于地基抗液化措施及其选择具体规定如下：

(1) 当液化土层较平坦且均匀时，宜按表10-11选用地基抗液化措施；尚可计入上部结构重力荷载对液化危害的影响，根据对液化震陷量的估计适当调整抗液化措施。不宜将未处理的液化土层作为天然地基持力层。

表10-11　液化土层的抗液化措施

建筑抗震设防类别	地基的液化等级		
	轻微	中等	严重
乙类	部分消除液化沉陷，或对基础和上部结构处理	全部消除液化沉陷，或部分消除液化沉陷，或对基础和上部结构处理	全部消除液化沉陷

续表 10-11

建筑抗震设防类别	地基的液化等级		
	轻微	中等	严重
丙类	基础和上部结构处理，亦可不采取措施	基础和上部结构处理，或更高要求的措施	全部消除液化沉陷，或部分消除液化沉陷，或对基础和上部结构处理
丁类	可不采取措施	可不采取措施	基础和上部结构处理，或其他经济的措施

(2) 全部消除地基液化沉陷的措施应符合下列要求：

① 采用桩基时，桩端伸入液化深度以下稳定土层中的长度(不包括桩尖部分)应按计算确定，且对碎石土/砾、粗、中砂，坚硬黏土和密实粉土尚不应小于 0.8 m，对其他非岩石土尚不宜小于 1.5 m。

② 采用深基础时，基础底面应埋入液化深度以下的稳定土层中，其深度不应小于 0.5 m。

③ 采用加密法(如振冲、振动加密、挤密碎石桩、强夯等)加固时，应处理至液化深度下界；振冲或挤密碎石桩加固后，桩间土标贯击数不宜小于前述的液化判别标贯击数的临界值。

④ 用非液化土替换全部液化土层。

⑤ 采用加密法或换土法处理时，在基础边缘以外的处理宽度应超过基础底面以下处理深度的 1/2 且不小于基础宽度的 1/5。

(3) 部分消除地基液化沉陷的措施应符合下列要求：

① 处理深度应使处理后的地基液化指数减小，其值不宜大于 5；大面积筏基、箱基的中心区域，处理后的液化指数可降低 1；对独立基础和条形基础尚不应小于基础底面下液化土的特征深度和基础宽度的较大值。

② 采用振冲或挤密碎石桩加固后，桩间土的标贯击数不宜小于前述液化判别标贯击数的临界值。

③ 基础边缘以外的处理宽度应超过基础底面以下处理深度的 1/2，且不小于基础宽度的 1/5。

(4) 减轻液化影响的基础和上部结构处理，可综合采用下列各项措施：

① 选择合适的基础埋置深度。

② 调整基础底面积，减少基础偏心。

③ 加强基础的整体性和刚度，如采用箱基、筏基或钢筋混凝土交叉条形基础，加设基础圈梁等。

④ 减轻荷载，增强上部结构的整体刚度和均匀对称性，合理设置沉降缝，避免采用对不均匀沉降敏感的结构形式等。

⑤ 管道穿过建筑物处应预留足够尺寸或采用柔性接头等。

10.4.3 对于液化侧向扩展产生危害的考虑

为了有效地避免和减轻液化侧向扩展引起的震害，《抗震规范》根据国内外的地震调查资料，提出对于液化等级为中等液化和严重液化的古河道、现代河滨和海滨地段，当存在液化扩展和流滑可能时，在距常时水线（宜按设计基准期内平均最高水位采用，也可按近期最高水位采用）约 100 m 以内不宜修建永久性建筑，否则应进行抗滑验算（对桩基亦同），采取防土体滑动措施或结构抗裂措施。

（1）抗滑验算可按下列原则考虑：

① 非液化土覆土层施加于结构的侧压相当于被动土压力，破坏土楔的运动方向是土楔向上滑而楔后土体向下，与被动土压力发生时的运动方向一致。

② 液化层中的侧压相当于竖向总压的 1/3。

③ 桩基承受侧压的面积相当于垂直于流动方向桩排的宽度。

（2）减小地裂对结构影响的措施包括：

① 将建筑的主轴沿平行于河流的方向设置。

② 使建筑的长高比小于 3。

③ 采用筏基或箱基，基础板内应根据需要加配抗拉裂钢筋，筏基内的抗弯钢筋可兼作抗拉裂钢筋，抗拉裂钢筋可由中部向基础边缘逐段减少。

地基主要受力层范围内存在软弱黏性土层与湿陷性黄土时，应结合具体情况综合考虑，采用桩基、地基加固处理等措施，也可根据对软土震陷量的估计采取相应措施。

思考题与习题

1. 什么是地震？地震按成因如何分类？地震按震源深度如何分类？

2. 震级和烈度的概念是什么？工程设计常用的烈度有哪些？

3. 地基的震害有哪些常见类型？基础的震害有哪些常见类型？

4. 地基液化的原因是什么？全部消除地基液化沉陷的措施有哪些？

5. 对应抗震设防的三水准目标，地基基础的抗震设计包含哪些内容？

6. 地基基础的抗震概念性设计包含哪些内容？

7. 如何确定建筑场地的类别？不同类别的建筑场地抗震设防要求如何？

8. 某厂房的柱独立基础埋深 3 m，基础底面为边长 3.5 m 的正方形。现已测得基底主要受力层的地基承载力特征值为 $f_{ak}=180$ kPa，G 为基础自重和基础上的土重标准值 G 的平均重度 $\bar{\gamma}=20$ kN/m^3；建筑场地均是黏土，其重度 $\gamma_0=17.5$ kN/m^3，$e=0.75$，$I_L=0.73$。但考虑地震作用效应，标准组合时计算到基础底面形心的荷载为 $N=3\ 300$ kN，$M=750$ kN·m（单向偏心）。试验算地基的抗震承载力。

9. 场地土层如图 10-4 所示，各层土的土性指标如图，已知该地区的抗震设防烈度为 8 度，设计地震分组组别为第一组。基础埋深按 2.0 m 考虑，各土层中点处的标贯击数由上到下分别为 5、9、38。请判别该场地土层的液化可能性，并确定场地的液化等级。

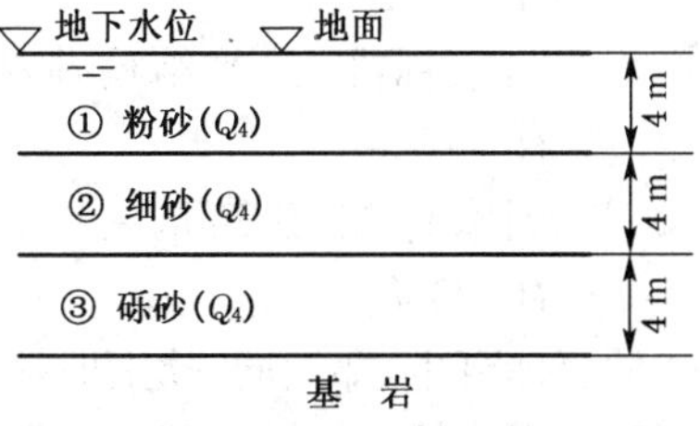

图 10-4 习题 9 图

参考文献

[1] 顾晓鲁,钱鸿晋,刘惠珊,汪时敏.地基与基础(第三版)[M].北京:中国建筑工业出版社,1993
[2] 陈仲颐,叶书麟.基础工程学[M].北京:中国建筑工业出版社,1990
[3] 宰金珉,宰金璋.高层建筑基础分析与设计[M].北京:中国建筑工业出版社,1994
[4] 刘金砺.桩基础设计与计算[M].北京:中国建筑工业出版社,1990
[5] 董建国,赵锡宏.高层建筑地基基础——共同作用理论与实践[M].上海:同济大学出版社,1997
[6] 刘惠珊,徐攸在.地基基础工程283问.北京:中国计划出版社,2002
[7] 莫海鸿,杨小平.基础工程(第二版).北京:中国建筑工业出版社,2008
[8] 高大钊.土力学与基础工程[M].北京:中国建筑工业出版社,1998
[9] 赵明华.基础工程(第二版).北京:高等教育出版社,2010
[10] 张永钧,叶书麟.既有建筑物地基基础加固工程实例应用手册[M].北京:中国建筑工业出版社,2002
[11] 龚晓南.地基处理新技术[M].西安:陕西科学技术出版社,1997
[12] 地基处理手册编委会.地基处理手册[M].北京:中国建筑工业出版社,1988
[13] 国家标准.岩土工程勘察规范(GB 50021—2009)[S].北京:中国建筑工业出版社,2009
[14] 国家标准.建筑地基基础设计规范(GB 50007—2011)[S].北京:中国建筑工业出版社,2011
[15] 行业标准.高层建筑箱形与筏形基础技术规范(JGJ 6—1999)[S].北京:中国建筑工业出版社,1999
[16] 国家标准.建筑桩基技术规范(JGJ 94—2008)[S].北京:中国建筑工业出版社,2008
[17] 国家标准.建筑地基处理技术规范(JGJ 79—2012)[S].北京:中国建筑工业出版社,2012
[18] 国家标准.混凝土结构设计规范(GB 50010—2010)[S].北京:中国建筑工业出版社,2011
[19] 国家标准.建筑结构荷载规范(GB 50009—2012)[S].北京:中国建筑工业出版社,2012
[20] 国家标准.建筑抗震设计规范(GB 50011—2010)[S].北京:中国建筑工业出版社,2008
[21] 孙更生,郑大同.软土地基与地下工程[M].北京:中国建筑工业出版社,1984
[22] 刘建航,侯学渊.基坑工程手册(第一版).北京:中国建筑工业出版社,1997
[23] 地基处理手册编委会.地基处理手册(第二版)[M].北京:中国建筑工业出版社,2001
[24] 龚晓南.深基坑工程设计手册[M].北京:中国建筑工业出版社,2000
[25] 周京华.地基处理[M].成都:西南交通大学出版社,1997